"十三五"国家重点出版物出版规划项目

中 国 生 物 物 种 名 录

第一卷 植 物

种子植物(X)

被子植物 **ANGIOSPERMS**

（桔梗科 **Campanulaceae**—忍冬科 **Caprifoliaceae**）

高天刚 张国进 编著

科 学 出 版 社

北 京

内 容 简 介

本书收录了中国被子植物共 9 科 299 属 2798 种（不含种下等级），其中 1451 种（51.86%）为中国特有，113 种（4.04%）为外来植物。每一种的内容包括中文名、学名和异名及原始发表文献、国内外分布等信息。

本书可作为中国植物分类系统学和多样性研究的基础资料，也可作为环境保护、林业、医学等从业人员及高等院校师生的参考书。

图书在版编目（CIP）数据

中国生物物种名录. 第一卷，植物. 种子植物. X，被子植物. 桔梗科—忍冬科/高天刚，张国进编著. —北京：科学出版社，2018.2

"十三五"国家重点出版物出版规划项目　国家出版基金项目

ISBN 978-7-03-056420-7

Ⅰ. ①中…　Ⅱ. ①高…　②张…　Ⅲ. ①生物–物种–中国–名录　②桔梗科–物种–中国–名录　③忍冬科–物种–中国–名录　Ⅳ. ①Q152-62　②Q949.783.2-62　③Q949.781.2-62

中国版本图书馆 CIP 数据核字（2018）第 016299 号

责任编辑：马　俊　王　静　付　聪　侯彩霞 / 责任校对：郑金红

责任印制：张　伟 / 封面设计：刘新新

科学出版社 出版

北京东黄城根北街 16 号

邮政编码：100717

http://www.sciencep.com

北京教图印刷有限公司 印刷

科学出版社发行　各地新华书店经销

*

2018 年 2 月第　一　版　开本：889 × 1194 1/16

2018 年 2 月第一次印刷　印张：18 3/4

字数：662 000

定价：150.00 元

（如有印装质量问题，我社负责调换）

Species Catalogue of China

Volume 1 Plants

SPERMATOPHYTES (X)

ANGIOSPERMS

(Campanulaceae—Caprifoliaceae)

Authors: Tiangang Gao　Guojin Zhang

Science Press

Beijing

《中国生物物种名录》编委会

总　序

生物多样性保护研究、管理和监测等许多工作都需要翔实的物种名录作为基础。建立可靠的生物物种名录也是生物多样性信息学建设的首要工作。通过物种唯一的有效学名可查询关联到国内外相关数据库中该物种的所有资料，这一点在网络时代尤为重要，也是整合生物多样性信息最容易实现的一种方式。此外，“物种数目”也是一个国家生物多样性丰富程度的重要统计指标。然而，像中国这样生物种类非常丰富的国家，各生物类群研究基础不同，物种信息散见于不同的志书或不同时期的刊物中，加之分类系统及物种学名也在不断被修订。因此建立实时更新、资料翔实，且经过专家审订的全国性生物物种名录，对我国生物多样性保护具有重要的意义。

生物多样性信息学的发展推动了生物物种名录编研工作。比较有代表性的项目，如全球鱼类数据库（FishBase）、国际豆科数据库（ILDIS）、全球生物物种名录（CoL）、全球植物名录（TPL）和全球生物名称（GNA）等项目；最有影响的全球生物多样性信息网络（GBIF）也专门设立子项目处理生物物种名称（ECAT）。生物物种名录的核心是明确某个区域或某个类群的物种数量，处理分类学名称，厘清生物分类学上有效发表的拉丁学名的性质，即接受名还是异名及其演变过程；好的生物物种名录是生物分类学研究进展的重要标志，是各种志书编研必需的基础性工作。

自 2007 年以来，中国科学院生物多样性委员会组织国内外 100 多位分类学专家编辑中国生物物种名录；并于 2008 年 4 月正式发布《中国生物物种名录》光盘版和网络版（http://www.sp2000.cn），此后，每年更新一次；2012 年版名录已于同年 9 月面世，包括 70 596 个物种（含种下等级）。该名录自发布受到广泛使用和好评，成为环境保护部物种普查和农业部作物野生近缘种普查的核心名录库，并为环境保护部中国年度环境公报物种数量的数据源，我国还是全球首个按年度连续发布全国生物物种名录的国家。

电子版名录发布以后，有大量的读者来信索取光盘或从网站上下载名录数据，取得了良好的社会效果。有很多读者和编者建议出版《中国生物物种名录》印刷版，以方便读者、扩大名录的影响。为此，在 2011 年 3 月 31 日中国科学院生物多样性委员会换届大会上正式征求委员的意见，与会者建议尽快编辑出版《中国生物物种名录》印刷版。该项工作得到原中国科学院生命科学与生物技术局的大力支持，设立专门项目，支持《中国生物物种名录》的编研，项目于 2013 年正式启动。

组织编研出版《中国生物物种名录》（印刷版）主要基于以下几点考虑。①及时反映和推动中国生物分类学工作。“三志”是本项工作的重要基础。从目前情况看，植物方面的基础相对较好，2004 年 10 月《中国植物志》80 卷 126 册全部正式出版，*Flora of China* 的编研也已完成；动物方面的基础相对薄弱，《中国动物志》虽已出版 130 余卷，但仍有很多类群没有出版；《中国孢子植物志》已出版 80 余卷，很多类群仍有待编研，且微生物名录数字化基础比较薄弱，在 2012 年版中国生物物种名录光盘版中仅收录 900 多种，而植物有 35 000 多种，动物有 24 000 多种。需要及时总结分类学研究成果，把新种和新的修订，包括分类系统修订的信息及时整合到生物物种名录中，以克服志书编写出版周期长的不足，让各个方面的读者和用户及时了解和使用新的分类学成果。②生物物种名称的审订和处理是志书编写的基础性工作，名录的编研出版可以推动生物志书的编研；相关学科如生物地理学、保护生物学、生态学等的研究工作需要及时更新的生物物种名录。③政府部门和社会团体等在生物多样性保护和可持续利用的实践中，希望及时得到中国物种多样性的统计信息。④全球生物物种名录等国际项目需要中国生物物种名录等区域性名录信息不断更新完善，因此，我们的工作也可以在一定程度上推动全球生物多样性编目与保护工作的进展。

编研出版《中国生物物种名录》（印刷版）是一项艰巨的任务，尽管不追求短期内涉及所有类群，也是难度很大的。衷心感谢各位参编人员的严谨奉献，感谢几位副主编和工作组的把关和协调，特别感谢不幸过世的副主编刘瑞玉院士的积极支持。感谢国家出版基金和科学出版社的资助和支持，保证了本系列丛书的顺利出版。在此，对所有为《中国生物物种名录》编研出版付出艰辛努力的同仁表示诚挚的谢意。

虽然我们在《中国生物物种名录》网络版和光盘版的基础上，组织有关专家重新审订和编写名录的印刷版。但限于资料和编研队伍等多方面因素，肯定会有诸多不尽如人意之处，恳请各位同行和专家批评指正，以便不断更新完善。

陈宜瑜

2013年1月30日于北京

植物卷前言

《中国生物物种名录》（印刷版）植物卷共计十二个分册和总目录一册，涵盖中国全部野生高等植物，以及重要和常见栽培植物和归化植物。包括苔藓植物、蕨类植物（包括石松类和蕨类植物）各一个分册，种子植物十个分册，提供每种植物（含种下等级）名称及国内外分布等基本信息，学名及其异名还附有原始发表文献；总目录册为索引性质，也包括全部高等植物，但不引异名及文献。

根据《中国生物物种名录》编委会关于采用新的和成熟的分类系统排列的决议，苔藓植物采用Frey等（2009）的系统；蕨类植物基本上采用*Flora of China*（Vol. 2-3，2013）的系统；裸子植物按Christenhusz等（2011）系统排列；被子植物科按“被子植物发育研究组（Angiosperm Phylogeny Group，APG）”第三版（APGIII）排列（APG，2009；Haston et al.，2009；Reveal and Chase，2011），但对菊目（Asterales）、南鼠刺目（Escalloniales）、川续断目（Dipsacales）、天门冬目（Asparagales）（除兰科外）各科及百合目（Liliales）百合科（Liliaceae）的顺序作了调整，以保持各册书籍体量之间的平衡；科级范畴与刘冰等（2015）文章基本一致（http://www.biodiversity-science.net/article/2015/1005-0094-23-2-225.html）。种子植物各册所包含类群及排列顺序见附件一。

本卷名录收载苔藓植物150科591属3021种（贾渝和何思，2013）；蕨类植物40科178属2147种（严岳鸿等，2016）；裸子植物10科45属262种；被子植物264科3191属30 729种。全书共收载中国高等植物464科4005属36 159种，其中外来种1283种，特有种18 919种。

“●”表示中国特有种，“☆”表示栽培种，“△”表示归化种。

工作组以2013年电子版（网络版）《中国生物物种名录》（http://www.sp2000.org.cn/）为基础，并补充*Flora of China*新出版卷册信息构建名录底库，提供给卷册编著者作为编研基础和参考；编著者在广泛查阅近期分类学文献后，按照编写指南精心编制类群名录；初稿经过同行评审和编委会组织的专家审稿会审定后，作者再修改终成文付梓。我们对名录编著者的辛勤劳动和各位审核专家的帮助表示诚挚的谢意！

2007～2009年，我们曾广泛邀请国内植物分类学专家审核《中国生物物种名录》（电子版）高等植物部分。共有28家单位82位专家参加名录审核工作，涉及大多数高等植物种类，一些疑难科属还进行了数次或多人交叉审核。我们借此机会感谢这些专家学者的贡献，尤其感谢内蒙古大学赵一之教授和曲阜师范大学侯元同教授协助审核许多小型科属。可以说，没有这些专家的工作就没有物种名录电子版，也是他们的工作奠定了名录印刷版编研的基础。电子版名录审核专家名单见附件二。

我们再次感谢各位名录编著者的支持、投入和敬业；感谢丛书编委会主编及植物卷各位编委的审核和把关；感谢中国科学院生物多样性委员会各位领导老师的指导和帮助；感谢何强、李奕、包伯坚、赵莉娜、刘慧圆、纪红娟、刘博、叶建飞等多位同事和学生在名录录入和数据整理工作上提供的帮助；感谢杨永、刘冰两位博士提供APGIII系统框架及其科级范畴资料；感谢科学出版社各位编辑耐心而细致的编辑工作。

《中国生物物种名录》植物卷工作组

2016年10月30日

主要参考文献

Angiosperm Phylogeny Group. 2009. An update of the Angiosperm Phylogeny Group classification for the orders and families of flowering plants: APG Ⅲ. Bot. J. Linn. Soc., 161(2): 105-121.

Christenhusz M J M, Reveal J L, Farjon A, Gardner M F, Mill R R, Chase M W. 2011. A new classification and linear sequence of extant gymnosperms. Phytotaxa, 19: 55-70.

Frey W, Stech M, Fischer E. 2009. Bryophytes and seedless vascular plants. Syllabus of plant families. 3. Berlin, Stuttgart: Gebr. Borntraeger Verlagsbuchhandlung.

Haston E, Richardson J E, Stevens P F, Chase M W, Harris D J. 2009. The Linear Angiosperm Phylogeny Group (LAPG) Ⅲ: a linear sequence of the families in APGⅢ. Bot. J. Linn. Soc., 161(2): 128-131.

Reveal J L, Chase M W. 2011. APGⅢ: Bibliographical Information and Synonymy of Magnoliidae. Phytotaxa, 19: 71-134.

Wu C Y, Raven P H, Hong D Y. 1994-2013. Flora of China. Volume 1-25. Beijing: Science Press, St. Louis: Missouri Botanical Garden Press.

贾渝, 何思. 2013. 中国生物物种名录 第一卷 植物 苔藓植物. 北京: 科学出版社.

刘冰, 叶建飞, 刘夙, 汪远, 杨永, 赖阳均, 曾刚, 林秦文. 2015. 中国被子植物科属概览: 依据 APGⅢ系统. 生物多样性, 23(2): 225-231.

骆洋, 何廷彪, 李德铢, 王雨华, 伊廷双, 王红. 2012. 中国植物志、*Flora of China* 和维管植物新系统中科的比较. 植物分类与资源学报, 34(3): 231-238.

汤彦承, 路安民. 2004. 《中国植物志》和《中国被子植物科属综论》所涉及“科”界定及比较. 云南植物研究, 26(2): 129-138.

严岳鸿, 张宪春, 周喜乐, 孙久琼. 2016. 中国生物物种名录 第一卷 植物 蕨类植物. 北京: 科学出版社.

中国科学院中国植物志编辑委员会. 1959-2004. 中国植物志(第一至第八十卷). 北京: 科学出版社.

附件一 《中国生物物种名录》植物卷种子植物部分系统排列

（Ⅰ分册）

裸子植物 GYMNOSPERMS

苏铁亚纲 Cycadidae

苏铁目 Cycadales

1 苏铁科 Cycadaceae

银杏亚纲 Ginkgoidae

银杏目 Ginkgoales

2 银杏科 Ginkgoaceae

买麻藤亚纲 Gnetidae

买麻藤目 Gnetales

3 买麻藤科 Gnetaceae

麻黄目 Ephedrales

4 麻黄科 Ephedraceae

松柏亚纲 Pinidae

松目 Pinales

5 松科 Pinaceae

南洋杉目 Araucariales

6 南洋杉科 Araucariaceae

7 罗汉松科 Podocarpaceae

柏目 Cupressales

8 金松科 Sciadopityaceae

9 柏科 Cupressaceae

10 红豆杉科 Taxaceae

被子植物 ANGIOSPERMS

木兰亚纲 Magnoliidae

睡莲超目 Nymphaeanae

睡莲目 Nymphaeales

1 莼菜科 Cabombaceae

2 睡莲科 Nymphaeaceae

木兰藤超目 Austrobaileyanae

木兰藤目 Austrobaileyales

3 五味子科 Schisandraceae

木兰超目 Magnolianae

胡椒目 Piperales

4 三白草科 Saururaceae

5 胡椒科 Piperaceae

6 马兜铃科 Aristolochiaceae

木兰目 Magnoliales

7 肉豆蔻科 Myristicaceae

8 木兰科 Magnoliaceae

9 番荔枝科 Annonaceae

樟目 Laurales

10 蜡梅科 Calycanthaceae

11 莲叶桐科 Hernandiaceae

12 樟科 Lauraceae

金粟兰目 Chloranthales

13 金粟兰科 Chloranthaceae

百合超目 Lilianae

菖蒲目 Acorales

14 菖蒲科 Acoraceae

泽泻目 Alismatales

15 天南星科 Araceae

16 岩菖蒲科 Tofieldiaceae

17 泽泻科 Alismataceae

18 花蔺科 Butomaceae

19 水鳖科 Hydrocharitaceae

20 冰沼草科 Scheuchzeriaceae

21 水蕹科 Aponogetonaceae

22 水麦冬科 Juncaginaceae

23 大叶藻科 Zosteraceae

24 眼子菜科 Potamogetonaceae

25 海神草科（波喜荡科）Posidoniaceae

26 川蔓藻科 Ruppiaceae

27 丝粉藻科 Cymodoceaceae

无叶莲目 Petrosaviales

28 无叶莲科 Petrosaviaceae

薯蓣目 Dioscoreales

29 肺筋草科 Nartheciaceae

30 水玉簪科 Burmanniaceae

31 薯蓣科 Dioscoreaceae

露兜树目 Pandanales

32 霉草科 Triuridaceae

33 翡若翠科 Velloziaceae

34 百部科 Stemonaceae

35 露兜树科 Pandanaceae

百合目 Liliales

36 藜芦科 Melanthiaceae

37 秋水仙科 Colchicaceae

38 菝葜科 Smilacaceae

39 白玉簪科 Corsiaceae

40 百合科 Liliaceae（移到Ⅲ分册）

天门冬目 Asparagales

41 兰科 Orchidaceae

（Ⅱ分册）

42 仙茅科 Hypoxidaceae（移到Ⅲ分册）

43 鸢尾蒜科 Ixioliriaceae（移到Ⅲ分册）

44 鸢尾科 Iridaceae（移到Ⅲ分册）

45 黄脂木科 Xanthorrhoeaceae（移到Ⅲ分册）

46 石蒜科 Amaryllidaceae（移到Ⅲ分册）

47 天门冬科 Asparagaceae（移到Ⅲ分册）

棕榈目 Arecales

48 棕榈科 Arecaceae

鸭跖草目 Commelinales

49 鸭跖草科 Commelinaceae

50 田葱科 Philydraceae

51 雨久花科 Pontederiaceae

姜目 Zingiberales

52a 鹤望兰科 Strelitziaceae

52b 兰花蕉科 Lowiaceae

53 芭蕉科 Musaceae

54 美人蕉科 Cannaceae

55 竹芋科 Marantaceae

56 闭鞘姜科 Costaceae

57 姜科 Zingiberaceae

禾本目 Poales

58 香蒲科 Typhaceae

59 凤梨科 Bromeliaceae

60 黄眼草科 Xyridaceae

61 谷精草科 Eriocaulaceae

62 灯心草科 Juncaceae

63 莎草科 Cyperaceae

64 刺鳞草科 Centrolepidaceae

65 帚灯草科 Restionaceae

66 须叶藤科 Flagellariaceae

67 禾本科 Poaceae

（Ⅲ分册）

百合科和天门冬目各科（除兰科外）

金鱼藻超目 Ceratophyllanae

金鱼藻目 Ceratophyllales

68 金鱼藻科 Ceratophyllaceae

毛茛超目 Ranunculanae

毛茛目 Ranunculales

69 领春木科 Eupteleaceae

70 罂粟科 Papaveraceae

71 星叶草科 Circaeasteraceae

72 木通科 Lardizabalaceae

73 防己科 Menispermaceae

74 小檗科 Berberidaceae

75 毛茛科 Ranunculaceae

山龙眼超目 Proteanae

清风藤目 Sabiales

76 清风藤科 Sabiaceae

山龙眼目 Proteales

77 莲科 Nelumbonaceae

78 悬铃木科 Platanaceae

79 山龙眼科 Proteaceae

昆栏树超目 Trochodendranae

昆栏树目 Trochodendrales

80 昆栏树科 Trochodendraceae

黄杨超目 Buxanae

黄杨目 Buxales

81 黄杨科 Buxaceae

156 芸香科 Rutaceae
157 苦木科 Simaroubaceae
158 楝科 Meliaceae
腺椒树目 Huerteales
159 瘿椒树科 Tapisciaceae
160 十齿花科 Dipentodontaceae
锦葵目 Malvales
161 锦葵科 Malvaceae
162 瑞香科 Thymelaeaceae
163 红木科 Bixaceae
164 半日花科 Cistaceae
165 龙脑香科 Dipterocarpaceae
十字花目 Brassicales
166 叠珠树科 Akaniaceae
167 旱金莲科 Tropaeolaceae
168 辣木科 Moringaceae
169 番木瓜科 Caricaceae
170 刺茉莉科 Salvadoraceae
171 木犀草科 Resedaceae
172 山柑科 Capparaceae
173 节蒴木科 Borthwickiaceae
174 白花菜科 Cleomaceae
175 十字花科 Brassicaceae
檀香超目 Santalanae
檀香目 Santalales
176 蛇菰科 Balanophoraceae
177 铁青树科 Olacaceae
178 山柚子科 Opiliaceae
179 檀香科 Santalaceae
180 桑寄生科 Loranthaceae
181 青皮木科 Schoepfiaceae
石竹超目 Caryophyllanae
石竹目 Caryophyllales
182 瓣鳞花科 Frankeniaceae
183 柽柳科 Tamaricaceae
184 白花丹科 Plumbaginaceae
185 蓼科 Polygonaceae
186 茅膏菜科 Droseraceae
187 猪笼草科 Nepenthaceae
188 钩枝藤科 Ancistrocladaceae
（Ⅶ分册）
189 石竹科 Caryophyllaceae
190 苋科 Amaranthaceae
191 针晶粟草科 Gisekiaceae
192 番杏科 Aizoaceae
193 商陆科 Phytolaccaceae
194 紫茉莉科 Nyctaginaceae
195 粟米草科 Molluginaceae
196 落葵科 Basellaceae
197 土人参科 Talinaceae
198 马齿苋科 Portulacaceae
199 仙人掌科 Cactaceae
菊超目 Asteranae
山茱萸目 Cornales
200 山茱萸科 Cornaceae
201 绣球花科 Hydrangeaceae
杜鹃花目 Ericales
202 凤仙花科 Balsaminaceae
203 花荵科 Polemoniaceae
204 玉蕊科 Lecythidaceae
205 肋果茶科 Sladeniaceae
206 五列木科 Pentaphylacaceae
207 山榄科 Sapotaceae
208 柿树科 Ebenaceae
209 报春花科 Primulaceae
210 山茶科 Theaceae
211 山矾科 Symplocaceae
212 岩梅科 Diapensiaceae
213 安息香科 Styracaceae
214 猕猴桃科 Actinidiaceae
215 桤叶树科 Clethraceae
216 帽蕊草科 Mitrastemonaceae
217 杜鹃花科 Ericaceae
（Ⅷ分册）
茶茱萸目 Icacinales
218 茶茱萸科 Icacinaceae
丝缨花目 Garryales
219 杜仲科 Eucommiaceae
220 丝缨花科 Garryaceae
龙胆目 Gentianales
221 茜草科 Rubiaceae
222 龙胆科 Gentianaceae
223 马钱科 Loganiaceae
224 钩吻科 Gelsemiaceae
225 夹竹桃科 Apocynaceae
紫草目 Boraginales
226 紫草科 Boraginaceae
茄目 Solanales
227 旋花科 Convolvulaceae
228 茄科 Solanaceae
229 尖瓣花科 Sphenocleaceae
唇形目 Lamiales
230 田基麻科 Hydroleaceae
231 香茜科 Carlemanniaceae
232 木犀科 Oleaceae
233 苦苣苔科 Gesneriaceae

234 车前科 Plantaginaceae
235 玄参科 Scrophulariaceae
236 母草科 Linderniaceae
237 芝麻科 Pedaliaceae

（Ⅸ分册）

238 唇形科 Lamiaceae
239 透骨草科 Phrymaceae
240 泡桐科 Paulowniaceae
241 列当科 Orobanchaceae
242 狸藻科 Lentibulariaceae
243 爵床科 Acanthaceae
244 紫葳科 Bignoniaceae
245 马鞭草科 Verbenaceae
246 角胡麻科 Martyniaceae

冬青目 Aquifoliales
247 粗丝木科 Stemonuraceae
248 心翼果科 Cardiopteridaceae
249 青荚叶科 Helwingiaceae
250 冬青科 Aquifoliaceae

伞形目 Apiales
260 鞘柄木科 Torricelliaceae
261 海桐花科 Pittosporaceae
262 五加科 Araliaceae
263 伞形科 Apiaceae

（X分册）

菊目 Asterales
251 桔梗科 Campanulaceae
252 五膜草科 Pentaphragmataceae
253 花柱草科 Stylidiaceae
254 睡菜科 Menyanthaceae
255 草海桐科 Goodeniaceae
256 菊科 Asteraceae

南鼠刺目 Escalloniales
257 南鼠刺科 Escalloniaceae

川续断目 Dipsacales
258 五福花科 Adoxaceae
259 忍冬科 Caprifoliaceae

附件二 《中国生物物种名录》（2007~2009）电子版植物类群编著者名单

苔藓植物：贾　渝[中国科学院植物研究所].
蕨类植物：张宪春[中国科学院植物研究所].
裸子植物：杨　永[中国科学院植物研究所].
被子植物：
曹　伟[中国科学院沈阳应用生态研究所]：杨柳科.
曹　明[广西壮族自治区中国科学院广西植物研究所]：芸香科.
陈家瑞[中国科学院植物研究所]：假繁缕科、锁阳科、小二仙草科、菱科、柳叶菜科.
陈　介[中国科学院昆明植物研究所]：野牡丹科、使君子科、桃金娘科.
陈世龙[中国科学院西北高原生物研究所]：龙胆科.
陈文俐，刘　冰[中国科学院植物研究所]：禾亚科.
陈艺林[中国科学院植物研究所]：鼠李科.
陈又生[中国科学院植物研究所]：槭树科、堇菜科.
陈之端[中国科学院植物研究所]：葡萄科.
邓云飞[中国科学院华南植物园]：爵床科.
方瑞征[中国科学院昆明植物研究所]：旋花科.
高天刚[中国科学院植物研究所]：菊科.
耿玉英[中国科学院植物研究所]：杜鹃花科.
谷粹芝[中国科学院植物研究所]：蔷薇科.
郭丽秀[中国科学院华南植物园]：棕榈科、清风藤科.
郭友好[武汉大学]：水蕹科、水鳖科、雨久花科、香蒲科、田葱科、花蔺科、茨藻科、浮萍科、泽泻科、黑三棱科、眼子菜科.
洪德元，潘开玉[中国科学院植物研究所]：桔梗科、芍药科、鸭跖草科.
侯元同[曲阜师范大学]：锦葵科、谷精草科、省沽油科、安息香科、苋科、椴树科、桃叶珊瑚科、蓼科、石蒜科等.
侯学良[厦门大学]：番荔枝科.
胡启明[中国科学院华南植物园]：报春花科、紫金牛科.
郎楷永[中国科学院植物研究所]：兰科.
雷立功[中国科学院昆明植物研究所]：冬青科.
黎　斌[西安植物园]：石竹科.
李安仁[中国科学院植物研究所]：藜科.
李秉滔[华南农业大学]：萝藦科、夹竹桃科、马钱科.
李　恒[中国科学院昆明植物研究所]：天南星科.
李建强[中国科学院武汉植物园]：猕猴桃科、景天科.
李锡文[中国科学院昆明植物研究所]：唇形科、藤黄科、龙脑香科.
李振宇[中国科学院植物研究所]：车前科、狸藻科.
梁松筠[中国科学院植物研究所]：百合科.
林　祁[中国科学院植物研究所]：五味子科、荨麻科.
林秦文[中国科学院植物研究所]：杜英科、梧桐科、黄杨科、漆树科、卫矛科、大风子科、山龙眼科.
刘启新[江苏省中国科学院植物研究所]：伞形科、十字花科.
刘　青[中国科学院华南植物园]：山矾科.
刘全儒[北京师范大学]：败酱科、川续断科.
刘心恬[中国科学院植物研究所]：马鞭草科.
刘　演[广西壮族自治区中国科学院广西植物研究所]：山榄科、苦苣苔科、柿科.
陆玲娣[中国科学院植物研究所]：虎耳草科.

罗　艳[中国科学院西双版纳热带植物园]：毛茛科（乌头属）.
马海英[云南大学]：金虎尾科、远志科.
马金双[中国科学院上海辰山植物科学研究中心]：大戟科、马兜铃科.
彭　华，刘恩德[中国科学院昆明植物研究所]：茶茱萸科、楝科.
彭镜毅[台湾“中央研究院”生物多样性研究中心]：秋海棠科.
齐耀东[中国医学科学院药用植物研究所]：瑞香科.
丘华兴[中国科学院华南植物园]：桑寄生科、槲寄生科.
任保青[中国科学院植物研究所]：桦木科.
萨　仁[中国科学院植物研究所]：榆科.
覃海宁[中国科学院植物研究所]：灯心草科、木通科、山柑科、海桑科.
王利松[中国科学院植物研究所]：伞形科.
王瑞江[中国科学院华南植物园]：茜草科（除粗叶木属外）.
王英伟[中国科学院植物研究所]：罂粟科.
韦发南[广西壮族自治区中国科学院广西植物研究所]：樟科.
文　军[美国史密斯研究院]、刘　博[中央民族大学]：五加科、葡萄科.
吴德邻[中国科学院华南植物园]：姜科.
武建勇[环境保护部南京环境科学研究所]：小檗科.
夏念和[中国科学院华南植物园]：竹亚科、木兰科、檀香科、无患子科、胡椒科.
向秋云[美国北卡罗来纳大学]：山茱萸科（广义）.
谢　磊[北京林业大学]、阳文静[江西师范大学]：毛茛科（铁线莲属、唐松草属）.
徐增莱[江苏省中国科学院植物研究所]：薯蓣科.
许炳强[中国科学院华南植物园]：木犀科.
阎丽春[中国科学院西双版纳热带植物园]：茜草科（粗叶木属）.
杨福生[中国科学院植物研究所]：玄参科.
杨世雄[中国科学院昆明植物研究所]：山茶科.
于　慧[中国科学院华南植物园]：桑科.
于胜祥[中国科学院植物研究所]：凤仙花科.
袁　琼[中国科学院华南植物园]：毛茛科（乌头属、铁线莲属和唐松草属除外）.
张树仁[中国科学院植物研究所]：莎草科.
张志耘[中国科学院植物研究所]：海桐花科、金缕梅科、列当科、茄科、葫芦科、胡桃科、紫葳科.
张志翔[北京林业大学]：谷精草科.
赵一之[内蒙古大学]：柽柳科、胡颓子科、八角枫科、金粟兰科、桤叶树科、千屈菜科、忍冬科、牻牛儿苗科、车前科等.
赵毓棠[东北师范大学]：鸢尾科.
周庆源[中国科学院植物研究所]：莼菜科、莲科、芸香科、睡莲科.
周浙昆[中国科学院西双版纳热带植物园]：壳斗科.
朱格麟[西北师范大学]：紫草科.
朱相云[中国科学院植物研究所]：豆科.

本册编写说明

《中国生物物种名录》植物卷种子植物X分册共收录中国种子植物9科299属2798种（不含种下等级），其中1451种（51.86%）为中国特有种，113种（4.04%）为外来植物。收录的类群涉及APGⅣ系统下超菊类（Superasterids）的菊目（Asterales）、南鼠刺目（Escalloniales）和川续断目（Dipsacales）。

分类要反映进化关系，这是100多年前就确定的原则。

我们对植物进化关系的理解在不断深入，因而相应地分类处理也在不断调整和变化。我们的处理应当力求反映这种新的理解。但是，分类学之外的学科，如生态学，往往希望分类能够稳定，少变化或者不变化，这样便于使用。这反映了分类学之外的学科要求分类处理稳定的愿望。变化与稳定，这两者有时看起来相互矛盾，容易引起争议。从林奈算起，历史上这样的事情不少。新变化难免引起争议。例如，林奈的分类系统（所谓的"性系统"），当时就曾经遭到一些植物学家的嘲讽，其中的一顶帽子是：这是一个淫秽的系统。现在来看，林奈的有些处理确实不妥，如水稻和小麦，仅仅由于雄蕊数目不同，就被林奈放得相距甚远。但这顶帽子未免有些偏离科学了。试想一下，如果我们现在使用的分类处理仍停留在林奈时代不变，稳定是稳定了，但以此为基础得出的结论恐怕难以令人信服。

我们力争在变化和稳定之间取得平衡。我们采纳了*Flora of China*有关类群处理的大部分意见，同时也吸收了一些最新的研究成果，特别是来自分子系统学论文和分类学专著的。对于*Flora of China*中处理不当或悬而未决的问题，我们提出了自己的意见或做了说明。需要指出的是，在本册涉及的类群里，以种数而论，比较大的是桔梗科、忍冬科、五福花科和菊科这四个科。此处对这四个科内部的系统学变化略作说明。与划分略细的哈钦松系统相比，此处的桔梗科（Campanulaceae）是广义的，包括了半边莲科（山梗菜科）（Lobeliaceae）；五福花科（Adoxaceae）的范围扩大，包括了原来隶属于忍冬科（Caprifoliaceae）的荚蒾属（*Viburnum*）和接骨木属（*Sambucus*）；忍冬科（Caprifoliaceae）则发生较大变化，"有进有出"，"出去"的如上所述，"进来"的包括*Flora of China*承认的川续断科（Dipsacaceae）、北极花科（Linnaeaceae）、刺参科（Morinaceae）和败酱科（Valerianaceae）。这些"新"的处理逐渐被接受，相对稳定下来。与此不同的是，近30年来，菊科的科下分类发生了巨大变化，没有稳定，现在还在快速变化之中，而且变化的深度在不断加大，从亚科、族向更低的阶层（如属的层面）推进，对传统属的拆分、整合不断出现，可谓"风起云涌"。对于主产亚洲而且研究较为充分的类群来说，编写名录问题不大；但对于那些非主产亚洲、且研究不充分的类群来说，名录的编写有一定难度，在我们看来，现有的一些处理证据并不充分。在这种情况下，我们尽量"测其善者而从之"。至于"善"的标准，只能由我们自己把握了。此中难免有不足之处，这也算是我们对这个风云激荡时代的一个小小的记录吧。

在*Flora of China*的基础上，我们增加了近年来发现的新属、新种、新记录属和种及部分亚种、变种（时间截至2015年6月30日），依据的是文献或标本。这些增加的新类群（多为狭域特有种），特别是菊科部分，我们大多没有在野外见过，或者没有研究过相关的标本。收录在此是"立此存档"的意思，希望能为以后的研究者提供一些基本的线索。另外，菊科部分植物［如蒿属（*Artemisia*）部分种类］分布广，经济价值高，为不同地域、不同民族的人广泛使用，相应地，俗名也比较多。为反映这些变化，在征得编委会同意后，我们适当增加了俗名的数量。彭华研究员提供了菊科部分种类的地理新分布信息，使本册增色不少。

在编写过程中，我们得到了多位分类学家的帮助，包括：洪德元院士、陈又生博士、王强博士（中国科学院植物研究所），彭华研究员（中国科学院昆明植物研究所），邓云飞研究员（中国科学院华南植物园）和朱世新博士（郑州大学）。在丛书编委会组织的专家审稿会上，下列专家认真审定了书稿，并提出了修改意见：洪德元院士（组长），彭华研究员，夏念和研究员（中国科学院华南植物园），张志翔教授（北京林业大学），朱相云研究员、张宪春研究员、马克平研究员、覃海宁研究员（中国科学院植物研究所）和侯元同教授（曲阜师范大学）。他们帮助发现了初稿中不少错误或疏漏之处，这种精益求精的工作态度使我们受益匪浅。中国科学院植物研究所种子植物分类研究组的研究生焦伯晗、聂宝、付志玺和闫虹等参与了部分前期工作，特此致谢。

本册名录牵涉类群范围甚广，有些并非我们擅长，积累不够，处理方法也不一定妥当，不足之处在所难免，敬请海内外专家指正。

高天刚

2016 年 6 月

目　　录

被子植物 ANGIOSPERMS

251. 桔梗科 CAMPANULACEAE [17 属：171 种]

沙参属 **Adenophora** Fisch.

阿穆尔沙参

●**Adenophora amurica** C. X. Fu et M. Y. Liu, Bull. Bot. Res. North-East. Forest. Inst. 6: 159 (1986).

黑龙江。

丝裂沙参

●**Adenophora capillaris** Hemsl., J. Linn. Soc., Bot. 26: 10 (1889).

内蒙古、河北、山西、山东、河南、陕西、湖北、四川、重庆、贵州、云南。

丝裂沙参（原亚种）

●**Adenophora capillaris** subsp. **capillaris**

Adenophora capillaris var. *tenuifolia* Diels, Bot. Jahrb. Syst. 29: 605 (1901); *Adenophora longisepala* P. C. Tsoong, Contr. Inst. Bot. Natl. Acad. Peiping 3: 74 (1935).

陕西、湖北、四川、重庆、贵州。

细萼沙参

●**Adenophora capillaris** subsp. **leptosepala** (Diels) D. Y. Hong, Fl. Reipubl. Popularis Sin. 73 (2): 136 (1983).

Adenophora leptosepala Diels, Notes Roy. Bot. Gard. Edinburgh 5: 175 (1912); *Adenophora leptosepala* var. *linearifolia* C. Y. Wu, Fl. Rep. Trop. Subtrop. Yunnan 1: 69 (1965); *Adenophora urceolata* C. Y. Wu, Fl. Rep. Trop. Subtrop. Yunnan 1: 74 (1965), not Y. Z. Zhao (2002).

四川、云南。

细叶沙参

●**Adenophora capillaris** subsp. **paniculata** (Nannf.) D. Y. Hong et S. Ge, Novon 20: 426 (2010).

Adenophora paniculata Nannf., Acta Horti Gothob. 5: 19 (1930); *Adenophora paniculata* var. *pilosa* Kitag., Rep. Inst. Sci. Res. Manchoukuo 2: 110 (1935); *Adenophora paniculata* var. *psilosa* Kitag., Rep. Inst. Sci. Res. Manchoukuo 2: 109 (1935); *Adenophora paniculata* var. *dentata* Y. Z. Zhao, Acta Sci. Nat. Univ. Intramongol. 11: 58 (1980); *Adenophora paniculata* var. *petiolata* Y. Z. Zhao, Acta Sci. Nat. Univ. Intramongol. 11: 58 (1980).

内蒙古、河北、山西、河南、陕西。

天蓝沙参

●**Adenophora coelestis** Diels, Notes Roy. Bot. Gard. Edinburgh 5: 173 (1912).

Adenophora megalantha Diels, Notes Roy. Bot. Gard. Edinburgh 5: 175 (1912); *Adenophora ornata* Diels, Notes Roy. Bot. Gard. Edinburgh 5: 174 (1912); *Adenophora pachyrhiza* Diels, Notes Roy. Bot. Gard. Edinburgh 5: 176 (1912); *Adenophora bulleyana* Diels var. *alba* C. Y. Wu, Fl. Rep. Trop. Subtrop. Yunnan 1: 65 (1965); *Adenophora coelestis* var. *stenophylla* Diels ex C. Y. Wu, Fl. Rep. Trop. Subtrop. Yunnan 1: 66 (1965); *Adenophora huangiae* C. Y. Wu, Fl. Rep. Trop. Subtrop. Yunnan 1: 68 (1965); *Adenophora ornata* var. *alba* C. Y. Wu, Fl. Rep. Trop. Subtrop. Yunnan 1: 71 (1965); *Adenophora raphanorrhiza* C. Y. Wu, Fl. Rep. Trop. Subtrop. Yunnan 1: 72 (1965).

四川、云南。

缢花沙参

●**Adenophora contracta** (Kitag.) J. Z. Qiu et D. Y. Hong, Acta Phytotax. Sin. 28: 399 (1990).

Adenophora polyantha var. *contracta* Kitag. in S. Tokun., Rep. Inst. Sci. Res. Manchoukuo 4: 112 (1935); *Adenophora urceolata* Y. Z. Zhao, Ann. Bot. Fenn. 39: 335 (2002), not C. Y. Wu (1965); *Adenophora kulunensis* Y. Z. Zhao, Acta Phytotax. Sin. 44: 615 (2006).

辽宁、内蒙古。

心叶沙参

●**Adenophora cordifolia** D. Y. Hong, Fl. Reipubl. Popularis Sin. 73 (2): 185 (1983).

河南。

道孚沙参（新拟）

●**Adenophora dawuensis** D. Y. Hong, Fl. Pan-Himalaya 47: 230 (2015).

四川。

短花盘沙参

●**Adenophora delavayi** (Franch.) D. Y. Hong, Fl. Pan-Himalaya 47: 226 (2015).

Campanula delavayi Franch., J. Bot. (Morot) 9: 364 (1895); *Adenophora brevidiscifera* D. Y. Hong, Fl. Reipubl. Popularis Sin. 73 (2): 184 (1983).

四川、云南。

展枝沙参

Adenophora divaricata Franch. et Sav., Enum. Pl. Jap. 2: 423 (1879).

Adenophora polymorpha Ledeb. var. *divaricata* (Franch. et Sav.) Makino, Bot. Mag. (Tokyo) 12: 57 (1898); *Adenophora manshurica* Nakai, Veg. Apoi 13: 70 (1930); *Adenophora divaricata* var. *manshurica* (Nakai) Kitag., Rep. Inst. Sci. Res. Manchoukuo 4: 106 (1935); *Adenophora divaricata* f. *angustifolia* A. I. Baranov, Quart. J. Taiwan Mus. 16: 163 (1963); *Adenophora divaricata* f. *manshurica* (Nakai) Kitag., Neo-Lin. Fl. Manshur. 600 (1979).

黑龙江、吉林、辽宁、河北、山西、山东；日本、朝鲜半岛、俄罗斯。

狭长花沙参

●**Adenophora elata** Nannf., Acta Horti Gothob. 5: 16 (1930).

Adenophora wutaiensis Hurus., Bot. Mag. (Tokyo) 62: 46 (1949).

内蒙古、河北、山西。

狭叶沙参

Adenophora gmelinii (Biehler) Fisch., Mém. Soc. Imp. Naturalistes Moscou 6: 167 (1823).

黑龙江、吉林、辽宁、内蒙古、河北、山西；蒙古国、朝鲜半岛、俄罗斯。

狭叶沙参（原亚种）

Adenophora gmelinii subsp. **gmelinii**

Campanula gmelinii Biehler, Pl. Nov. Herb. Spreng. 14 (1807); *Campanula erysimoides* Vest ex Schult., Syst. Veg., ed. 15 5: 102 (1819); *Campanula coronopifolia* Fisch. ex Schult., Syst. Veg., ed. 15 5: 157 (1819); *Adenophora coronopifolia* (Fisch. ex Schult.) Fisch., Mém. Soc. Imp. Naturalistes Moscou 6: 157 (1823); *Adenophora coronopifolia* var. *erysimoides* (Vest ex Schult.) Steud., Nomencl. Bot., ed. 2 (Steud.) 1: 25 (1840); *Adenophora communis* Fisch. var. *coronopifolia* (Fisch. ex Schult.) Trautv., Trudy Imp. S.-Peterburgsk. Bot. Sada 6: 98 (1879); *Adenophora communis* var. *gmelinii* (Biehler) Trautv., Trudy Imp. S.-Peterburgsk. Bot. Sada 6: 99 (1879); *Adenophora erysimoides* (Vest ex Schult.) Kitag., Rep. Inst. Sci. Res. Manchoukuo 2: 298 (1938); *Adenophora borealis* D. Y. Hong et Y. Z. Zhao, Fl. Reipubl. Popularis Sin. 73 (2): 129 (1983); *Adenophora biloba* Y. Z. Zhao, Ann. Bot. Fenn. 41: 381 (2004).

黑龙江、吉林、辽宁、内蒙古、河北；蒙古国、朝鲜半岛、俄罗斯。

海林沙参

Adenophora gmelinii subsp. **hailinensis** J. Z. Qiu et D. Y. Hong, Acta Phytotax. Sin. 31: 38 (1993).

黑龙江；俄罗斯。

山西沙参

●**Adenophora gmelinii** subsp. **nystroemii** J. Z. Qiu et D. Y. Hong, Acta Phytotax. Sin. 31: 38 (1993).

内蒙古、河北、山西。

喜马拉雅沙参

Adenophora himalayana Feer, Bot. Jahrb. Syst. 14: 618 (1890).

陕西、甘肃、青海、新疆、四川、西藏；尼泊尔、印度、塔吉克斯坦、吉尔吉斯斯坦、哈萨克斯坦。

喜马拉雅沙参（原亚种）

Adenophora himalayana subsp. **himalayana**

Adenophora smithii Nannf., Acta Horti Gothob. 5: 21 (1930); *Adenophora smithii* f. *crispa* Nannf., Acta Horti Gothob. 5: 22 (1930).

甘肃、青海、新疆、四川、西藏；尼泊尔、印度、塔吉克斯坦、吉尔吉斯斯坦、哈萨克斯坦。

高山沙参

Adenophora himalayana subsp. **alpina** (Nannf.) D. Y. Hong, Fl. Reipubl. Popularis Sin. 73 (2): 132 (1983).

Adenophora alpina Nannf., Acta Horti Gothob. 5: 14 (1930); *Adenophora tsinlingensis* Pax et K. Hoffm., Repert. Spec. Nov. Regni Veg. Beih. 12: 498 (1922).

陕西、甘肃、四川；印度。

鄂西沙参

●**Adenophora hubeiensis** D. Y. Hong, Fl. Reipubl. Popularis Sin. 73 (2): 186 (1983).

湖北。

甘孜沙参

●**Adenophora jasionifolia** Franch., J. Bot. (Morot) 9: 365 (1895).

Adenophora forrestii Diels, Notes Roy. Bot. Gard. Edinburgh 5: 174 (1912); *Adenophora forrestii* var. *intercedens* Pax et K. Hoffm., Repert. Spec. Nov. Regni Veg. Beih. 12: 500 (1922); *Adenophora pumila* P. C. Tsoong, Contr. Inst. Bot. Natl. Acad. Peiping 3: 76 (1935); *Adenophora forrestii* var. *handeliana* Nannf., Symb. Sin. 7 (4): 1070 (1936); *Adenophora atuntzensis* C. Y. Wu, Yunnan Trop. Subtrop. Fl. Res. Rep. 1: 64 (1965); *Adenophora microcodon* C. Y. Wu, Yunnan Trop. Subtrop. Fl. Res. Rep. 1: 70 (1965).

四川、云南、西藏。

云南沙参

Adenophora khasiana (Hook. f. et Thomson) Oliv. ex Collett et Hemsl., J. Linn. Soc., Bot. 28: 80 (1890).

Campanula khasiana Hook. f. et Thomson, J. Proc. Linn. Soc., Bot. 2: 25 (1857); *Adenophora diplodonta* Diels, Notes Roy. Bot. Gard. Edinburgh 5: 176 (1912); *Adenophora bulleyana* Diels, Notes Roy. Bot. Gard. Edinburgh 5: 175 (1912); *Adenophora albescens* C. Y. Wu, Fl. Rep. Trop. Subtrop. Yunnan 1: 63 (1965); *Adenophora bulleyana* var. *angustifolia* C. Y. Wu, Yunnan Trop. Subtrop. Fl. Res. Rep. 1: 65 (1965);

Adenophora chionantha C. Y. Wu, Yunnan Trop. Subtrop. Fl. Res. Rep. 1: 65 (1965); *Adenophora dimorphophylla* C. Y. Wu, Yunnan Trop. Subtrop. Fl. Res. Rep. 1: 67 (1965); *Adenophora likiangensis* C. Y. Wu, Yunnan Trop. Subtrop. Fl. Res. Rep. 1: 69 (1965); *Adenophora roseiflora* C. Y. Wu, Yunnan Trop. Subtrop. Fl. Res. Rep. 1: 73 (1965).
四川、云南、西藏；缅甸、不丹、印度。

天山沙参

Adenophora lamarckii Fisch., Mém. Soc. Imp. Naturalistes Moscou 6: 168 (1823).
Campanula lamarckii (Fisch.) D. Dietr., Syn. Pl. 1: 755 (1839); *Adenophora liliifolia* var. *lamarckii* (Fisch.) Krylov, Fl. Altaic. 3: 782 (1904).
新疆；蒙古国、朝鲜半岛、哈萨克斯坦、俄罗斯。

新疆沙参

Adenophora liliifolia (L.) A. DC., Monogr. Campan. 358 (1830).
Campanula liliifolia L., Sp. Pl. 1: 165 (1753); *Campanula alpini* L., Sp. Pl., ed. 2: 1669 (1763).
新疆；哈萨克斯坦、俄罗斯；欧洲。

川藏沙参

●**Adenophora liliifolioides** Pax et K. Hoffm., Repert. Spec. Nov. Regni Veg. Beih. 12: 499 (1922).
Adenophora gracilis Nannf., Acta Horti Gothob. 1: 17 (1922).
陕西、甘肃、四川、西藏。

线叶沙参（新拟）

●**Adenophora linearifolia** D. Y. Hong, Fl. Pan-Himalaya 47: 236 (2015).
四川、云南。

裂叶沙参

●**Adenophora lobophylla** D. Y. Hong, Fl. Reipubl. Popularis Sin. 73 (2): 186 (1983).
四川。

湖北沙参

●**Adenophora longipedicellata** D. Y. Hong, Fl. Reipubl. Popularis Sin. 73 (2): 185 (1983).
湖北、四川、重庆、贵州。

小花沙参

●**Adenophora micrantha** D. Y. Hong, Fl. Reipubl. Popularis Sin. 73 (2): 185 (1983).
Adenophora suolunensis P. F. Tu et X. F. Zhao, Acta Bot. Boreal.-Occid. Sin. 18 (4): 616 (1998).
内蒙古。

台湾沙参

●**Adenophora morrisonensis** Hayata, J. Coll. Sci. Imp. Univ. Tokyo 30 (1): 165 (1911).
台湾。

台湾沙参（原亚种）

●**Adenophora morrisonensis** subsp. **morrisonensis**
台湾。

玉山沙参

●**Adenophora morrisonensis** subsp. **uehatae** (Yamam.) Lammers, Bot. Bull. Acad. Sin. 33: 285 (1992).
Adenophora uehatae Yamam., J. Trop. Agric. Soc. Formosa 4: 484 (1932); *Adenophora coelestis* Diels var. *uehatae* (Yamam.) Masam., Trans. Nat. Hist. Soc. Formosa 29: 271 (1939).
台湾。

宁夏沙参

●**Adenophora ningxianica** D. Y. Hong, Novon 9: 46 (1999).
内蒙古、宁夏、甘肃。

沼沙参

Adenophora palustris Kom., Trudy Imp. S.-Peterburgsk. Bot. Sada 18: 426 (1901).
吉林；日本、朝鲜半岛。

长白沙参

Adenophora pereskiifolia (Fisch. ex Schult.) Fisch. ex G. Don in Loudon, Hort. Brit. 75 (1830).
Campanula pereskiifolia Fisch. ex Schult., Syst. Veg., ed. 15 5: 116 (1819); *Adenophora latifolia* Fisch., Mém. Soc. Imp. Naturalistes Moscou 6: 168 (1823); *Adenophora polymorpha* Ledeb. var. *latifolia* (Fisch.) Trautv., Trudy Imp. S.-Peterburgsk. Bot. Sada 1: 306 (1873); *Adenophora communis* Fisch. var. *latifolia* (Fisch.) Trautv., Trudy Imp. S.-Peterburgsk. Bot. Sada 6: 99 (1879); *Adenophora polymorpha* var. *pereskiifolia* (Fisch. ex Schult.) Makino, Bot. Mag. (Tokyo) 12: 56 (1898); *Adenophora curvidens* Nakai, Bot. Mag. (Tokyo) 29: 6 (1915); *Adenophora pereskiifolia* var. *curvidens* (Nakai) Kitag., Lin. Fl. Manshur. 417 (1939); *Adenophora pereskiifolia* f. *puberula* Kitag., Rep. Inst. Sci. Res. Manchoukuo 5: 158 (1941); *Adenophora pereskiifolia* subsp. *subalpina* A. I. Baranov, Quart. J. Taiwan Mus. 16: 161 (1963); *Adenophora polyantha* Nakai subsp. *subalpina* (A. I. Baranov) Kitag., Neo-Lin. Fl. Manshur. 603 (1979); *Adenophora pereskiifolia* var. *alternifolia* P. Y. Fu ex Y. Z. Zhao, Acta Sci. Nat. Univ. Intramongol. 11: 57 (1980); *Adenophora pereskiifolia* subsp. *alternifolia* (P. Y. Fu ex Y. Z. Zhao) C. X. Fu et M. Y. Liu, Acta Phytotax. Sin. 25: 186 (1987); *Adenophora pereskiifolia* var. *angustifolia* Y. Z. Zhao, Fl. Intramongolica, ed. 2 4: 846 (1992).
黑龙江、吉林；蒙古国、日本、朝鲜半岛、俄罗斯。

秦岭沙参

●**Adenophora petiolata** Pax et K. Hoffm., Repert. Spec. Nov. Regni Veg. Beih. 12: 499 (1922).
河北、山西、河南、陕西、甘肃、安徽、江苏、浙江、江西、湖南、湖北、四川、重庆、贵州、福建、广东、广西。

秦岭沙参（原亚种）

●**Adenophora petiolata** subsp. **petiolata**
山西、河南、陕西、甘肃。

华东杏叶沙参

●**Adenophora petiolata** subsp. **huadungensis** (D. Y. Hong) D. Y. Hong et S. Ge, Novon 20: 427 (2010).
Adenophora hunanensis subsp. *huadungensis* D. Y. Hong, Fl. Reipubl. Popularis Sin. 73 (2): 186 (1983).
安徽、江苏、浙江、江西、福建。

杏叶沙参

●**Adenophora petiolata** subsp. **hunanensis** (Nannf.) D. Y. Hong et S. Ge, Novon 20: 427 (2010).
Adenophora hunanensis Nannf. in Hand.-Mazz., Symb. Sin. 7 (4): 1070 (1936).
河北、山西、河南、陕西、江西、湖南、湖北、四川、重庆、贵州、广东、广西。

松叶沙参

●**Adenophora pinifolia** Kitag. in S. Tokun., Rep. Inst. Sci. Res. Manchoukuo 4: 110 (1935).
辽宁。

石沙参

Adenophora polyantha Nakai, Bot. Mag. (Tokyo) 23: 188 (1909).
辽宁、内蒙古、河北、山西、山东、河南、陕西、宁夏、甘肃、安徽、江苏；朝鲜半岛。

石沙参（原亚种）

Adenophora polyantha subsp. **polyantha**
Adenophora polyantha f. *eriocaulis* Kitag., Manchoukuo Rep. Inst. Sci. Res. Manchoukuo 2: 111 (1935); *Adenophora polyantha* var. *glabricalyx* Kitag., Manchoukuo Rep. Inst. Sci. Res. Manchoukuo 2: 111 (1935); *Adenophora polyantha* f. *densipila* Kitag., Manchoukuo Rep. Inst. Sci. Res. Manchoukuo 2: 112 (1935); *Adenophora obovata* Kitam., Acta Phytotax. Geobot. 5: 247 (1936).
辽宁；朝鲜半岛。

毛萼石沙参

●**Adenophora polyantha** subsp. **scabricalyx** (Kitag.) J. Z. Qiu et D. Y. Hong, Acta Phytotax. Sin. 31: 39 (1993).
Adenophora polyantha var. *scabricalyx* Kitag. in S. Tokun., Rep. Inst. Sci. Res. Manchoukuo 4: 112 (1935); *Campanula chanetii* H. Lév., Repert. Spec. Nov. Regni Veg. 9 (222-226): 450 (1911); *Adenophora scabridula* Nannf., Acta Horti Gothob. 5: 20 (1930); *Adenophora polyantha* var. *media* Nakai et Kitag., Manchoukuo Rep. Inst. Sci. Res. Manchoukuo 1: 57 (1934); *Adenophora scabridula* var. *viscida* P. C. Tsoong, Contr. Inst. Bot. Natl. Acad. Peiping 3: 80 (1935); *Adenophora chanetii* (H. Lév.) D. F. Chamb., Notes Roy. Bot. Gard. Edinburgh 35: 248 (1977).
辽宁、内蒙古、河北、山西、山东、河南、陕西、宁夏、甘肃、安徽、江苏。

泡沙参

●**Adenophora potaninii** Korsh., Mém. Acad. Imp. Sci. Saint-Pétersbourg, Sér. 7 42: 39 (1894).
辽宁、内蒙古、河北、山西、河南、陕西、宁夏、甘肃、青海、四川。

泡沙参（原亚种）

●**Adenophora potaninii** subsp. **potaninii**
Adenophora bockiana Diels, Bot. Jahrb. Syst. 29: 605 (1901); *Adenophora polydentata* P. F. Tu et G. J. Xu, J. China Pharmaceutical Univ. 21: 16 (1990); *Adenophora potaninii* var. *bockiana* (Diels) S. W. Liu, Fl. Qinghaiica 3: 317 (1996).
山西、陕西、宁夏、甘肃、青海、四川。

多歧沙参

●**Adenophora potaninii** subsp. **wawreana** (Zahlbr.) S. Ge et D. Y. Hong, J. Syst. Evol. 48: 452 (2010).
Adenophora wawreana Zahlbr., Ann. K. K. Naturhist. Hofmus. 10: 56 (1895); *Adenophora wawreana* f. *foliosa* Zahlbr, Ann. K. K. Naturhist. Hofmus. 10: 56 (1895); *Adenophora wawreana* f. *oligotricha* Kitag., Rep. Inst. Sci. Res. Manchoukuo 2: 114 (1935); *Adenophora wawreana* f. *polytricha* Kitag., Rep. Inst. Sci. Res. Manchoukuo 2: 114 (1935); *Adenophora biformifolia* Y. Z. Zhao, Acta Sci. Nat. Univ. Intramongol. 11: 57 (1980); *Adenophora wawreana* var. *lanceifolia* Y. Z. Zhao, Acta Sci. Nat. Univ. Intramongol. 11: 57 (1980).
辽宁、内蒙古、河北、山西、河南。

薄叶荠苨

Adenophora remotiflora (Siebold et Zucc.) Miq., Ann. Mus. Bot. Lugduno-Batavi 2: 193 (1866).
Campanula remotiflora Siebold et Zucc., Abh. Math.-Phys. Cl. Königl. Bayer. Akad. Wiss. 4: 180 (1846); *Adenophora remotiflora* f. *cordata* Kom., Fl. Manshur. 3: 558 (1907); *Adenophora remotiflora* f. *longifolia* Kom., Fl. Manshur. 3: 558 (1907).
黑龙江、吉林、辽宁；日本、朝鲜半岛、俄罗斯。

多毛沙参

●**Adenophora rupincola** Hemsl., J. Linn. Soc., Bot. 26: 13 (1889).
Adenophora pubescens Hemsl., J. Linn. Soc., Bot. 26: 12 (1889).
江西、湖南、湖北、四川。

中华沙参

●**Adenophora sinensis** A. DC., Monogr. Campan. 354 (1830).
Adenophora sinensis var. *glabra* A. DC., Monogr. Campan. 354 (1830); *Campanula sinensis* (A. DC.) D. Dietr., Syn. Pl. 1: 755 (1839); *Adenophora polymorpha* Ledeb. var. *sinensis* (A.

DC.) Pamp., Nuov. Giorn. Bot. Ital. n. s. 17 (4): 732 (1910).
安徽、江西、湖南、福建、广东。

长柱沙参

Adenophora stenanthina (Ledeb.) Kitag., Lin. Fl. Manshur. 418 (1939).
吉林、内蒙古、河北、山西、陕西、宁夏、甘肃、青海；蒙古国、俄罗斯。

长柱沙参（原亚种）

Adenophora stenanthina subsp. **stenanthina**
Campanula stenanthina Ledeb., Mém. Acad. Imp. Sci. St. Pétersbourg Hist. Acad. 5: 525 (1814); *Campanula coronata* Ker Gawl., Bot. Reg. 2: t. 149 (1816); *Campanula marsupiiflora* Schult., Syst. Veg., ed. 15 5: 116 (1819); *Adenophora marsupiiflora* (Schult.) Fisch., Mém. Soc. Imp. Naturalistes Moscou 6: 167 (1823); *Adenophora coronata* (Ker Gawl.) A. DC., Monogr. Campan. 363 (1830); *Adenophora polymorpha* Ledeb. var. *marsupiiflora* (Schult.) Franch., Pl. David. 1: 192 (1883); *Adenophora marsupiiflora* var. *crispata* Turcz. ex Kitag., Rep. Inst. Sci. Res. Manchoukuo 2: 108 (1935); *Adenophora crispata* (Turcz. ex Kitag.) Kitag., Rep. Inst. Sci. Res. Manchoukuo 3: 415 (1939); *Adenophora collina* Kitag., Rep. Inst. Sci. Res. Manchoukuo 7: 98 (1940); *Adenophora collina* f. *latifolia* Kitag., Rep. Inst. Sci. Res. Manchoukuo 7: 98 (1940); *Adenophora pratensis* Y. Z. Zhao, Fl. Intramongolica, ed. 2 4: 847 (1993).
吉林、内蒙古、河北、山西、陕西、宁夏、甘肃；蒙古国、俄罗斯。

林沙参

●**Adenophora stenanthina** subsp. **sylvatica** D. Y. Hong, Fl. Reipubl. Popularis Sin. 73 (2): 187 (1983).
甘肃、青海。

扫帚沙参

Adenophora stenophylla Hemsl., J. Linn. Soc., Bot. 26: 10 (1889).
Adenophora stenophylla var. *denudata* Kitag., Bot. Mag. (Tokyo) 48: 618 (1934); *Adenophora mongolica* A. I. Baranov, Acta Soc. Herb. Investig. Nat. 12: 35 (1954).
黑龙江、吉林、内蒙古；蒙古国。

沙参

Adenophora stricta Miq., Ann. Mus. Bot. Lugduno-Batavi 2: 192 (1866).
河南、陕西、甘肃、安徽、江苏、浙江、江西、湖南、湖北、四川、重庆、贵州、云南、福建、广西；朝鲜半岛；日本归化。

沙参（原亚种）

Adenophora stricta subsp. **stricta**
Adenophora sinensis A. DC. var. *pilosa* A. DC., Monogr. Campan. 354 (1830); *Campanula axilliflora* Borbás, Magyar Bot. Lapok 3: 191 (1903); *Adenophora axilliflora* (Borbás) Borbás ex Prain, Index Kew. Suppl. 3: 4 (1908); *Adenophora argyi* H. Lév., Bull. Acad. Geogr. Bot. 23: 292 (1914); *Adenophora rotundifolia* H. Lév., Bull. Acad. Geogr. Bot. 23: 294 (1914); *Adenophora stricta* var. *nanjingensis* P. F. Tu et G. J. Xu, J. China Pharmaceutical Univ. 21: 17 (1990); *Adenophora stricta* var. *qinglongshanica* P. F. Tu et G. J. Xu, J. China Pharmaceutical Univ. 21: 17 (1990).
河南、安徽、江苏、浙江、江西、湖南、福建；朝鲜半岛；日本归化。

川西沙参

●**Adenophora stricta** subsp. **aurita** (Franch.) D. Y. Hong et S. Ge, Novon 20: 428 (2010).
Adenophora aurita Franch., J. Bot. (Morot) 9: 366 (1895).
四川。

昆明沙参

●**Adenophora stricta** subsp. **confusa** (Nannf.) D. Y. Hong, Fl. Reipubl. Popularis Sin. 73 (2): 105 (1983).
Adenophora confusa Nannf. in Hand.-Mazz., Symb. Sin. 7 (4): 1068 (1936).
云南。

无柄沙参

●**Adenophora stricta** subsp. **sessilifolia** D. Y. Hong, Fl. Reipubl. Popularis Sin. 73 (2): 185 (1983).
Adenophora stricta subsp. *henanica* P. F. Tu et G. J. Xu, J. China Pharmaceutical Univ. 21: 17 (1990).
河南、陕西、甘肃、湖南、湖北、四川、重庆、贵州、云南、广西。

轮叶沙参

Adenophora tetraphylla (Thunb.) Fisch., Mém. Soc. Imp. Naturalistes Moscou 6: 169 (1823).
Campanula tetraphylla Thunb. in Murray, Syst. Veg., ed. 14: 211 (1784); *Campanula verticillata* Pall., Reise Russ. Reich 2: 719 (1773), not Hill (1765); *Campanula triphylla* Thunb., Fl. Jap. 87 (1784); *Adenophora verticillata* Fisch., Mém. Soc. Imp. Naturalistes Moscou 6: 167 (1823); *Adenophora triphylla* (Thunb.) A. DC., Monogr. Campan. 365 (1830); *Adenophora polymorpha* var. *verticillata* Franch. et Sav., Enum. Pl. Jap. 2: 422 (1879); *Adenophora verticillata* var. *linearis* Hayata, Fl. Mont. Formos. 148 (1908); *Adenophora verticillata* f. *triphylla* (Thunb.) Makino, Bot. Mag. (Tokyo) 22: 168 (1908); *Adenophora verticillata* var. *abbreviata* H. Lév., Repert. Spec. Nov. Regni Veg. 12: 22 (1913); *Adenophora polymorpha* Ledeb. var. *rhombifolia* H. Lév., Repert. Spec. Nov. Regni Veg. 12: 22 (1913); *Adenophora obtusifolia* Merr., Sunyatsenia 1: 82 (1930); *Adenophora triphylla* f. *linearis* (Hayata) Kitam., Acta Phytotax. Geobot. 10: 308 (1941); *Adenophora radiatifolia* Nakai, Bull. Natl. Sci. Mus., Tokyo 31: 110 (1952); *Adenophora radiatifolia* var. *abbreviata* (H. Lév.) Nakai, Bull.

Natl. Sci. Mus., Tokyo 31: 110 (1952); *Adenophora radiatifolia* var. *rhombifolia* (H. Lév.) Nakai, Bull. Natl. Sci. Mus., Tokyo 31: 110 (1952); *Adenophora tetraphylla* var. *integrifolia* Y. Z. Zhao, Fl. Intramongolica, ed. 2 4: 847 (1993).
中国大部分地区；日本、朝鲜半岛、越南、老挝、俄罗斯。

荠苨

●**Adenophora trachelioides** Maxim., Mém. Acad. Imp. Sci. St.-Pétersbourg Divers Savans 9: 186 (1859).
辽宁、内蒙古、河北、山东、安徽、江苏、浙江。

荠苨（原亚种）

●**Adenophora trachelioides** subsp. **trachelioides**
Adenophora isabellae Hemsl., J. Bot. 14: 207 (1876); *Adenophora trachelioides* var. *cordatifolia* Debeaux, Actes Soc. Linn. Bordeaux 33: 66 (1879); *Adenophora remotiflora* (Siebold et Zucc.) Miq. var. *cordatifolia* (Debeaux) Zahlbr., Ann. K. K. Naturhist. Hofmus. 10: 56 (1895); *Adenophora trachelioides* f. *puberula* A. I. Baranov, Quart. J. Taiwan Mus. 16: 155 (1963).
辽宁、内蒙古、河北、山东、安徽、江苏、浙江。

苏南荠苨

●**Adenophora trachelioides** subsp. **giangsuensis** D. Y. Hong, Fl. Reipubl. Popularis Sin. 73 (2): 186 (1983).
江苏。

锯齿沙参

Adenophora tricuspidata (Fisch. ex Schult.) A. DC., Monogr. Campan. 355 (1830).
Campanula tricuspidata Fisch. ex Schult., Syst. Veg., ed. 15 5: 158 (1819); *Adenophora denticulata* Fisch., Mém. Soc. Imp. Naturalistes Moscou 6: 167 (1823); *Campanula denticulata* (Fisch.) Spreng., Syst. Veg., ed. 16 1: 735 (1824), not Burchell (1822); *Adenophora polymorpha* Ledeb. var. *denticulata* (Fisch.) Trautv. ex Herder, Trudy Imp. S.-Peterburgsk. Bot. Sada 1: 309 (1873); *Adenophora communis* Fisch. var. *denticulata* (Fisch.) Trautv., Trudy Imp. S.-Peterburgsk. Bot. Sada 6: 99 (1879).
黑龙江、内蒙古；俄罗斯。

聚叶沙参

●**Adenophora wilsonii** Nannf. in Hand.-Mazz., Symb. Sin. 7 (4): 1075 (1936).
陕西、甘肃、湖北、四川、重庆、贵州。

雾灵沙参

●**Adenophora wulingshanica** D. Y. Hong, Fl. Reipubl. Popularis Sin. 73 (2): 187 (1983).
Adenophora elata Nannf. f. *verticillata* Kitag., Rep. Inst. Sci. Res. Manchoukuo Sect. 4 2: 107 (1925).
北京。

牧根草属 Asyneuma Griseb. et Schenk

球果牧根草

●**Asyneuma chinense** D. Y. Hong, Fl. Reipubl. Popularis Sin. 73 (2): 188 (1983).
湖北、四川、贵州、云南、广西。

长果牧根草

Asyneuma fulgens (Wall.) Briq., Candollea 4: 334 (1931).
云南、西藏；缅甸、不丹、尼泊尔、印度、斯里兰卡。

长果牧根草（原亚种）

Asyneuma fulgens subsp. **fulgens**
Campanula fulgens Wall. in Roxb., Fl. Ind. 2: 99 (1824).
西藏；缅甸、不丹、尼泊尔、印度、斯里兰卡。

玉龙长果牧根草（新拟）

●**Asyneuma fulgens** subsp. **forrestii** D. Y. Hong, Fl. Pan-Himalaya 47: 220 (2015).
云南。

牧根草

Asyneuma japonicum (Miq.) Briq., Candollea 4: 335 (1931).
Phyteuma japonicum Miq., Ann. Mus. Bot. Lugduno-Batavi 2: 192 (1866); *Campanula japonica* (Miq.) Vatke, Linnaea 38: 705 (1874).
黑龙江、吉林、辽宁；日本、朝鲜半岛、俄罗斯。

风铃草属 Campanula L.

钻裂风铃草

Campanula aristata Wall. in Roxb., Fl. Ind. 2: 98 (1824).
Wahlenbergia cylindrica Pax et K. Hoffm., Repert. Spec. Nov. Regni Veg. Beih. 12: 501 (1922); *Campanula aristata* var. *longisepala* C. Marquand, J. Linn. Soc., Bot. 48: 196 (1929); *Campanula cylindrica* (Pax et K. Hoffm.) Nannf., Acta Horti Gothob. 5: 24 (1930).
陕西、甘肃、青海、四川、云南、西藏；不丹、尼泊尔、印度、巴基斯坦、阿富汗。

南疆风铃草

●**Campanula austroxinjiangensis** Y. K. Yang, J. K. Wu et J. Z. Li, Acta Phytotax. Sin. 30: 92 (1992).
新疆。

灰岩风铃草

●**Campanula calcicola** W. W. Smith, Notes Roy. Bot. Gard. Edinburgh 12: 196 (1920).
四川、云南。

灰毛风铃草

Campanula cana Wall. in Roxb., Fl. Ind. 2: 101 (1824).
Campanula xylopoda Jeffrey, Notes Roy. Bot. Gard. Edinburgh 10: 17 (1917); *Campanula pasumensis* C. Marquand, J. Linn. Soc., Bot. 48: 196 (1929); *Campanula*

aprica Nannf., Acta Horti Gothob. 5: 23 (1930); *Campanula tortuosa* C. Y. Wu, Fl. Rep. Trop. Subtrop. Yunnan 1: 62 (1965).
四川、贵州、云南、西藏；缅甸、不丹、尼泊尔、印度。

丝茎风铃草

●**Campanula chrysospleniifolia** Franch., J. Bot. (Morot) 9: 364 (1895).
Campanula leucotricha C. Y. Wu, Fl. Rep. Trop. Subtrop. Yunnan 1: 58 (1965).
四川、云南。

流石风铃草

●**Campanula crenulata** Franch., J. Bot. (Morot) 9: 365 (1895).
Campanula nephrophylla C. Y. Wu, Fl. Rep. Trop. Subtrop. Yunnan 1: 60 (1965).
四川、云南。

一年生风铃草

Campanula dimorphantha Schweinf., Beitr. Fl. Aethiop. 140 (1867).
Campanula canescens Wall. ex A. DC., Monogr. Campan. 292 (1830), not Roth (1827); *Campanula veronicifolia* Hance, J. Bot. 9: 133 (1871); *Campanula benthamii* Wall. ex Kitam., Fl. Afghanistan 2: 377 (1960); *Campanula wallichii* Babu, J. Bombay Nat. Hist. Soc. 65: 808 (1969).
陕西、四川、重庆、贵州、云南、台湾、广东；越南、老挝、缅甸、尼泊尔、印度、巴基斯坦、斯里兰卡、阿富汗；非洲。

甘肃风铃草

●**Campanula gansuensis** L. Z. Wang et D. Y. Hong, Bot. Bull. Acad. Sin. 41: 159 (2000).
甘肃。

北疆风铃草

Campanula glomerata L., Sp. Pl. 1: 235 (1753).
黑龙江、吉林、辽宁、内蒙古、新疆；蒙古国、日本、朝鲜半岛、哈萨克斯坦、俄罗斯；亚洲（西南部）、欧洲；北美洲广泛栽培并归化。

北疆风铃草（原亚种）

Campanula glomerata subsp. **glomerata**
新疆；哈萨克斯坦、俄罗斯；欧洲；北美洲广泛栽培并归化。

大青山风铃草

●**Campanula glomerata** subsp. **daqingshanica** D. Y. Hong et Y. Z. Zhao, Fl. Reipubl. Popularis Sin. 73 (2): 184 (1983).
内蒙古。

聚花风铃草

Campanula glomerata subsp. **speciosa** (Spreng.) Domin, Preslia 13: 222 (1936).
Campanula glomerata var. *speciosa* Spreng., Syst. Veg., ed. 16 1: 731 (1824); *Campanula speciosa* Hornem., Hort. Bot. Hafn. 2: 957 (1815), not Gilibert (1782), nor Pourret (1788); *Campanula cephalotes* Fisch. ex Schrank, Denkschr. Königl.-Baier. Bot. Ges. Regensburg 2: 32 (1822); *Campanula glomerata* var. *dahurica* Fisch. ex Ker Gawl., Bot. Reg. 8: t. 620 (1822); *Campanula glomerata* var. *grandiflora* Herder, Trudy Imp. S.-Peterburgsk. Bot. Sada 1: 292 (1872), not Kuntze (1867); *Campanula glomerata* f. *speciosa* (Spreng.) Voss, Vilm. Blumengäertn, ed 3 1: 569 (1894); *Campanula glomerata* var. *salviifolia* Kom., Fl. Manshur. 3: 555 (1907); *Campanula glomerata* subsp. *cephalotes* (Fisch. ex Schrank) D. Y. Hong, Fl. Reipubl. Popularis Sin. 73 (2): 84 (1983).
黑龙江、吉林、辽宁、内蒙古；蒙古国、日本、朝鲜半岛、俄罗斯。

头花风铃草

●**Campanula glomeratoides** D. Y. Hong, Acta Phytotax. Sin. 18: 247 (1980).
西藏。

长柱风铃草

●**Campanula hongii** Y. F. Deng, Phytotaxa 255 (2): 179 (2016).
Campanula chinensis D. Y. Hong, Acta Phytotax. Sin. 18: 247 (1980), non *Campanula sinensis* Dietrich, Syn. Pl. 1: 755 (1893).
青海、云南、西藏。

藏滇风铃草

Campanula immodesta Lammers, Novon 8: 34 (1998).
Campanula modesta Hook. f. et Thomson, J. Proc. Linn. Soc., Bot. 2: 24 (1857), not Schott, Nyman et Kotschy (1854).
四川、云南、西藏；不丹、尼泊尔、印度。

石生风铃草

Campanula langsdorffiana (A. DC.) Fisch. ex Trautv. et C. A. Meyer in Middend., Reise Sibir. 1 (2): 60 (1856).
Campanula linifolia L. var. *langsdorffiana* A. DC., Monogr. Campan. 279 (1830); *Campanula rotundifolia* var. *langsdorffiana* (A. DC.) Britton, Mem. Torrey Bot. Club 5 (20): 309 (1894); *Campanula chinganensis* A. I. Baranov, Phyton (Horn) 6: 57 (1955); *Campanula rotundifolia* L. subsp. *langsdorffiana* (A. DC.) Vodop., Vysokogornaya Fl. Stanovogo Nagor'ya 139 (1972).
黑龙江、吉林、辽宁；俄罗斯。

澜沧风铃草

●**Campanula mekongensis** Diels ex C. Y. Wu, Yunnan Trop. Subtrop. Fl. Res. Rep. 1: 58 (1965).
云南、广西。

洛扎风铃草（新拟）

●**Campanula microphylloidea** D. Y. Hong, Phytotaxa 227 (2): 199 (2015).

西藏。

藏南风铃草

Campanula nakaoi Kitam., Acta Phytotax. Geobot. 15: 108 (1954).
西藏；尼泊尔。

峨眉风铃草

●**Campanula omeiensis** (Z. Y. Zhu) D. Y. Hong et Z. Yu Li in Z. Yu Li, Pl. Mt. Emei: 484 (2007).
Adenophora omeiensis Z. Y. Zhu, Acta Bot. Yunnan. 13: 141 (1991).
四川。

西南风铃草

Campanula pallida Wall., Asiat. Res. 13: 375 (1820).
Campanula colorata Wall. in Roxb., Fl. Ind. 2: 101 (1824); *Campanula colorata* var. *tibetica* Hook. f. et Thomson, J. Linn. Soc., Bot. 2: 23 (1858); *Campanula microcarpa* C. Y. Wu, Fl. Rep. Trop. Subtrop. Yunnan 1: 60 (1965); *Campanula pallida* var. *tibetica* (Hook. f. et Thomson) H. Hara, J. Jap. Bot. 59: 270 (1975).
四川、贵州、云南、西藏；老挝、缅甸、泰国、不丹、尼泊尔、印度、巴基斯坦、阿富汗。

紫斑风铃草

Campanula punctata Lam., Encycl. 1: 586 (1785).
Campanula nobilis Lindl., Journ. Hort. Soc. 1: 232 (1846).
黑龙江、吉林、辽宁、内蒙古、河北、山西、河南、陕西、甘肃、湖北、四川；日本、朝鲜半岛、俄罗斯。

辐花风铃草（新拟）

●**Campanula rotata** D. Y. Hong, Phytotaxa 227 (2): 196 (2015).
西藏。

刺毛风铃草

Campanula sibirica L., Sp. Pl. 1: 236 (1753).
新疆；哈萨克斯坦、俄罗斯；亚洲（西南部）、欧洲。

新疆风铃草

Campanula stevenii M. Bieb., Fl. Taur.-Caucas. 3: 138 (1819).
Campanula simplex Steven, Mém. Soc. Imp. Naturalistes Moscou 3: 255 (1812), not Lam. ex DC. (1805); *Campanula steveniana* Schult., Syst. Veg., ed. 15 5: 91 (1819); *Neocodon stevenii* (M. Bieb.) Kolak. et Serdyuk., Zametki Sist. Geogr. Rast. 38: 29 (1982).
新疆；吉尔吉斯斯坦、俄罗斯；亚洲（西南部）、欧洲。

云南风铃草

●**Campanula yunnanensis** D. Y. Hong, Fl. Reipubl. Popularis Sin. 73 (2): 184 (1983).
云南。

党参属 Codonopsis Wall.

大叶党参

Codonopsis affinis Hook. f. et Thomson, J. Proc. Linn. Soc., Bot. 2: 12 (1857).
西藏；缅甸、不丹、尼泊尔、印度。

高山党参

●**Codonopsis alpina** Nannf., Notes Roy. Bot. Gard. Edinburgh 16: 154 (1931).
Codonopsis foetens Hook. f. et Thomson var. *major* Hand.-Mazz., Akad. Wiss. Wien, Math.-Naturwiss. Kl., Anz. 61: 169 (1924).
云南、西藏。

银背叶党参

●**Codonopsis argentea** P. C. Tsoong, Contr. Inst. Bot. Natl. Acad. Peiping 3: 92 (1935).
贵州。

大萼党参

Codonopsis benthamii Hook. f. et Thomson, J. Proc. Linn. Soc., Bot. 2: 14 (1857).
Codonopsis macrocalyx Diels, Notes Roy. Bot. Gard. Edinburgh 5: 170 (1912); *Codonopsis macrocalyx* var. *coerulescens* Hand.-Mazz., Anz. Akad. Wiss. Wien, Math.-Naturwiss. Kl. 61: 169 (1924); *Codonopsis macrocalyx* var. *parviloba* J. Anthony, Notes Roy. Bot. Gard. Edinburgh 15: 183 (1926); *Codonopsis pianmaensis* S. H. Huang, Acta Bot. Yunnan. 6: 393 (1984).
四川、云南、西藏；缅甸、不丹、尼泊尔、印度。

西藏党参

Codonopsis bhutanica Ludlow, J. Roy. Hort. Soc. 97: 127 (1972).
Codonopsis xizangensis D. Y. Hong, Acta Phytotax. Sin. 18: 246 (1980).
西藏；不丹、尼泊尔。

波密党参

●**Codonopsis bomiensis** D. Y. Hong, Pl. Diversity Resources 36 (3): 285 (2014).
Codonopsis rotundifolia Benth. var. *angustifolia* Nannf., Bot. Mag. 167: pl. 131 (1950).
西藏。

管钟党参

●**Codonopsis bulleyana** Forrest ex Diels, Notes Roy. Bot. Gard. Edinburgh 5: 171 (1912).
Cyananthus mairei H. Lév., Cat. Pl. Yun-Nan 25 (1915).
四川、云南、西藏。

灰毛党参

●**Codonopsis canescens** Nannf., Svensk Bot. Tidskr. 34: 386

(1940).
青海、四川、西藏。

光叶党参

●**Codonopsis cardiophylla** Diels ex Kom., Trudy Imp. S.-Peterburgsk. Bot. Sada 29: 117 (1908).
山西、陕西、湖北、四川。

光叶党参（原亚种）

●**Codonopsis cardiophylla** subsp. **cardiophylla**
山西、陕西、湖北。

光叶党参大叶亚种

●**Codonopsis cardiophylla** subsp. **megaphylla** D. Y. Hong, Pl. Diversity Resources 36 (3): 290 (2014).
四川。

滇缅党参

●**Codonopsis chimiliensis** J. Anthony, Notes Roy. Bot. Gard. Edinburgh 15: 184 (1926).
云南。

绿钟党参

●**Codonopsis chlorocodon** C. Y. Wu, Yunnan Trop. Subtrop. Fl. Res. Rep. 1: 82 (1965).
Codonopsis viridiflora Maxim. var. *chlorocodon* (C. Y. Wu) S. H. Huang, Fl. Yunnan. 5: 490 (1991).
四川、云南。

新疆党参

Codonopsis clematidea (Schrenk) C. B. Clarke in Hook. f., Fl. Brit. Ind. 3: 433 (1881).
Wahlenbergia clematidea Schrenk in Fisch. et C. A. Meyer, Enum. Pl. Nov. 1: 38 (1841); *Glosocomia clematidea* (Schrenk) Fisch. ex Regel, Regel Gartenfl. 226: t. 167 (1856); *Codonopsis ovata* var. *ramosissima* Hook. f. et Thomson, J. Proc. Linn. Soc., Bot. 2: 15 (1858); *Codonopsis ovata* Benth. var. *cuspidata* Chipp, J. Linn. Soc., Bot. 38: 385 (1908); *Codonopsis ovata* var. *obtusa* Chipp, J. Linn. Soc., Bot. 38: 385 (1908); *Codonopsis obtusa* (Chipp) Nannf., Acta Horti Gothob. 5: 28 (1930); *Codonopsis clematidea* var. *obtusa* (Chipp) Kitam., Fl. Afghanistan 383 (1960).
新疆、西藏；印度、巴基斯坦、阿富汗、塔吉克斯坦、吉尔吉斯斯坦、哈萨克斯坦。

心叶党参

●**Codonopsis cordifolioidea** P. C. Tsoong, Contr. Inst. Bot. Natl. Acad. Peiping 3: 93 (1935).
云南。

三角叶党参

●**Codonopsis deltoidea** Chipp, J. Linn. Soc., Bot. 38: 387 (1908).
四川。

椭叶党参

●**Codonopsis elliptica** D. Y. Hong, Pl. Diversity Resources 36 (3): 292 (2014).
四川。

秃叶党参

Codonopsis farreri J. Anthony, Notes Roy. Bot. Gard. Edinburgh 15: 181 (1926).
Codonopsis gombalana C. Y. Wu, Yunnan Trop. Subtrop. Fl. Res. Rep. 1: 81 (1965); *Codonopsis farreri* var. *grandiflora* S. H. Huang, Acta Bot. Yunnan. 6: 394 (1984).
云南；缅甸。

臭党参

Codonopsis foetens Hook. f. et Thomson, J. Proc. Linn. Soc., Bot. 2: 16 (1857).
甘肃、青海、四川、云南、西藏；不丹、印度。

臭党参（原亚种）

Codonopsis foetens subsp. **foetens**
西藏；不丹、印度。

脉花党参

●**Codonopsis foetens** subsp. **nervosa** (Chipp) D. Y. Hong, Novon 20: 422 (2010).
Codonopsis ovata Benth. var. *nervosa* Chipp, J. Linn. Soc., Bot. 38: 385 (1908); *Codonopsis nervosa* (Chipp) Nannf., Acta Horti Gothob. 5: 26 (1930); *Codonopsis macrantha* Nannf., Notes Roy. Bot. Gard. Edinburgh 16: 157 (1931); *Codonopsis nervosa* var. *macrantha* (Nannf.) L. T. Shen, Fl. Reipubl. Popularis Sin. 73 (2): 57 (1983); *Codonopsis nervosa* subsp. *macrantha* (Nannf.) D. Y. Hong et L. M. Ma, Fl. Sichuan. 10: 541 (1992).
甘肃、青海、四川、云南、西藏。

高黎贡党参（新拟）

●**Codonopsis gongshanica** Qiang Wang et D. Y. Hong, Phytotaxa 188 (3): 147 (2014).
云南。

细钟花

Codonopsis gracilis Hook. f. et Thomson, Ill. Himal. Pl. t. 16 A (1855).
Leptocodon gracilis (Hook. f. et Thomson) Lem., Ill. Hort. 3: Misc. 49 (1856).
四川、云南；缅甸、不丹、尼泊尔、印度。

半球党参

●**Codonopsis hemisphaerica** P. C. Tsoong ex D. Y. Hong, Pl. Diversity Resources 36 (3): 288 (2014).
四川。

川鄂党参

●**Codonopsis henryi** Oliv., Hooker's Icon. Pl. 20: t. 1967

(1891).
Codonopsis levicalyx L. T. Shen, Acta Phytotax. Sin. 13: 55 (1975).
湖北、四川、重庆。

毛细钟花

Codonopsis hongii Lammers, Novon 11: 67 (2001).
Leptocodon hirsutus D. Y. Hong, Acta Phytotax. Sin. 18: 246 (1980); *Codonopsis hirsuta* (D. Y. Hong) K. E. Morris et Lammers, Novon 9: 387 (1999), not (Hand.-Mazz.) D. Y. Hong et L. M. Ma (1992).
云南、西藏；缅甸、不丹。

藏南金钱豹

Codonopsis inflata Hook. f. et Thomson, Ill. Himal. Pl. t. 16 C (1855).
Campanumoea inflata (Hook. f. et Thomson) C. B. Clarke in Hook. f., Fl. Brit. Ind. 3: 436 (1881).
西藏；不丹、尼泊尔、印度。

金钱豹

Codonopsis javanica (Blume) Hook. f. et Thomson, Ill. Himal. Pl. pl. 16 B (1855).
甘肃、安徽、浙江、江西、湖南、湖北、四川、贵州、云南、福建、台湾、广东、广西、海南；日本、越南、老挝、缅甸、泰国、印度尼西亚、不丹、尼泊尔、印度。

金钱豹（原亚种）

Codonopsis javanica subsp. **javanica**
Campanumoea javanica Blume, Bijdr. Fl. Ned. Ind. 13: 727 (1826); *Campanula javanica* (Blume) D. Dietr., Syn. Pl. 1: 758 (1839); *Codonopsis cordata* Hassk., Natuurw. Tijdschr. 10: 9 (1856); *Campanumoea cordata* (Hassk.) Miq., Fl. Ned. Ind., Eerste Bijv. 234 (1861); *Campanumoea labordei* H. Lév., Bull. Soc. Agric. Sarthe, ser. 2 31: 324 (1904); *Codonopsis cordifolia* Kom., Trudy Imp. S.-Peterburgsk. Bot. Sada 29 (1): 108 (1908).
贵州、云南、台湾、广东、广西、海南；日本、越南、老挝、缅甸、泰国、印度尼西亚、不丹、尼泊尔、印度。

小花金钱豹

Codonopsis javanica subsp. **japonica** (Makino) Lammers, Bot. Bull. Acad. Sin. 33: 285 (1992).
Campanumoea javanica var. *japonica* Makino, Bot. Mag. (Tokyo) 22: 155 (1908); *Campanumoea japonica* Maxim., Bull. Acad. Imp. Sci. Saint-Pétersbourg 12: 67 (1868), not Siebold ex E. Morren (1863); *Campanumoea maximowiczii* Honda, Bot. Mag. (Tokyo) 50: 389 (1936); *Campanumoea javanica* subsp. *japonica* (Makino) D. Y. Hong, Fl. Reipubl. Popularis Sin. 73 (2): 71 (1983).
甘肃、安徽、浙江、江西、湖南、湖北、四川、贵州、福建、台湾、广东、广西；日本。

台湾党参

●**Codonopsis kawakamii** Hayata, J. Coll. Sci. Imp. Univ. Tokyo 30 (1): 165 (1911).
台湾。

羊乳

Codonopsis lanceolata (Siebold et Zucc.) Trautv., Trudy Imp. S.-Peterburgsk. Bot. Sada 6: 46 (1879).
Campanumoea lanceolata Siebold et Zucc., Fl. Jap. 1: 174 (1841); *Campanumoea japonica* Siebold ex E. Morren, Belgique Hort. 337 (1863); *Codonopsis bodinieri* H. Lév., Fl. Kouy-Tchéou 57 (1914).
河北、山西、山东、河南、安徽、江苏、浙江、湖南、湖北、福建；日本、朝鲜半岛、俄罗斯。

理县党参

●**Codonopsis lixianica** D. Y. Hong, Pl. Diversity Resources 36 (3): 292 (2014).
四川。

珠鸡斑党参

●**Codonopsis meleagris** Diels, Notes Roy. Bot. Gard. Edinburgh 5: 172 (1912).
云南。

小花党参

●**Codonopsis micrantha** Chipp, J. Linn. Soc., Bot. 38: 382 (1908).
Campanumoea violifolia H. Lév., Cat. Pl. Yun-Nan 24 (1915); *Melothria violifolia* H. Lév., Cat. Pl. Yun-Nan 65 (1916).
四川、云南。

党参

Codonopsis pilosula (Franch.) Nannf., Acta Horti Gothob. 5: 29 (1930).
黑龙江、吉林、辽宁、内蒙古、河北、山西、山东、河南、陕西、宁夏、甘肃、青海、湖南、湖北、四川、重庆、贵州、云南；蒙古国、朝鲜半岛、俄罗斯。

党参（原亚种）

Codonopsis pilosula subsp. **pilosula**
Campanumoea pilosula Franch., Nouv. Arch. Mus. Hist. Nat., sér. 2 6: 72 (1883); *Codonopsis silvestris* Kom., Trudy Imp. S.-Peterburgsk. Bot. Sada 18: 425 (1901); *Codonopsis modesta* Nannf., Acta Horti Gothob. 5: 26 (1930); *Codonopsis volubilis* Nannf., Bot. Tidsskr. 34: 388 (1940); *Codonopsis glaberrima* Nannf., Bot. Tidsskr. 34: 386 (1940); *Codonopsis pilosula* var. *glaberrima* (Nannf.) P. C. Tsoong, Iconogr. Cormophyt. Sin. 4: 774 (1975), nom. invalid.; *Codonopsis pilosula* var. *modesta* (Nannf.) L. T. Shen, Fl. Reipubl. Popularis Sin. 73 (2): 41 (1983); *Codonopsis pilosula* var. *volubilis* (Nannf.) L. T. Shen, Fl. Reipubl. Popularis Sin. 73 (2): 41 (1983); *Codonopsis microtubulosa* Z. T. Wang et G. J. Xu, Acta Phytotax. Sin. 31: 184 (1993).

黑龙江、吉林、辽宁、内蒙古、河北、山西、山东、河南、陕西、宁夏、甘肃、青海、四川；蒙古国、朝鲜半岛、俄罗斯。

闪毛党参

●**Codonopsis pilosula** subsp. **handeliana** (Nannf.) D. Y. Hong et L. M. Ma, Fl. Sichuan. 10: 532 (1992).

Codonopsis handeliana Nannf. in Hand.-Mazz., Symb. Sin. 7 (4): 1078 (1936); *Codonopsis pilosula* var. *handeliana* (Nannf.) L. T. Shen, Fl. Reipubl. Popularis Sin. 73 (2): 41 (1983).

四川、云南。

川党参

●**Codonopsis pilosula** subsp. **tangshen** (Oliv.) D. Y. Hong, Novon 20: 423 (2010).

Codonopsis tangshen Oliv., Hooker's Icon. Pl. 20: t. 1966 (1891).

陕西、湖南、湖北、四川、重庆、贵州，中国广泛栽培。

长叶党参

Codonopsis rotundifolia Benth. in Royle, Ill. Bot. Himal. Mts. 1: 254 (1836).

Codonopsis longifolia D. Y. Hong, Acta Phytotax. Sin. 18: 245 (1980).

云南、西藏；尼泊尔、印度、克什米尔地区。

球花党参

●**Codonopsis subglobosa** W. W. Smith, Notes Roy. Bot. Gard. Edinburgh 8: 108 (1913).

四川、云南、西藏。

抽葶党参

●**Codonopsis subscaposa** Kom., Trudy Imp. S.-Peterburgsk. Bot. Sada 29: 114 (1908).

四川、云南。

藏南党参

Codonopsis subsimplex Hook. f. et Thomson, J. Proc. Linn. Soc., Bot. 2: 16 (1857).

西藏；不丹、尼泊尔、印度。

唐松草党参

Codonopsis thalictrifolia Wall. in Roxb., Fl. Ind. 2: 106 (1824).

Glosocomia tenera D. Don, Prodr. Fl. Nepal.: 158 (1825); *Campanula thalictrifolia* (Wall.) Spreng., Cura Post. 2: 77 (1825); *Wahlenbergia thalictrifolia* (Wall.) A. DC., Prodr. (DC.) 7: 425 (1839); *Codonopsis mollis* Chipp, J. Linn. Soc., Bot. 38: 381 (1908); *Codonopsis thalictrifolia* var. *mollis* (Chipp) L. T. Shen, Fl. Reipubl. Popularis Sin. 73 (2): 55 (1983).

西藏；尼泊尔、印度。

秦岭党参

●**Codonopsis tsinlingensis** Pax et K. Hoffm., Repert. Spec. Nov. Regni Veg. Beih. 12: 500 (1922).

陕西。

管花党参

●**Codonopsis tubulosa** Kom., Trudy Imp. S.-Peterburgsk. Bot. Sada 29: 112 (1908).

Codonopsis pilosa Chipp, J. Linn. Soc., Bot. 38: 388 (1908); *Codonopsis accrescenticalyx* H. Lév., Cat. Pl. Yun-Nan 24 (1915).

四川、贵州、云南。

雀斑党参

Codonopsis ussuriensis (Rupr. et Maxim.) Hemsl., J. Linn. Soc., Bot. 26: 6 (1889).

Glosocomia ussuriensis Rupr. et Maxim., Bull. Cl. Phys.-Math. Acad. Imp. Sci. Saint-Pétersbourg 15: 223 (1857); *Codonopsis lanceolata* (Siebold et Zucc.) Trautv. var. *ussuriensis* (Rupr. et Maxim.) Trautv., Trudy Imp. S.-Peterburgsk. Bot. Sada 6: 47 (1879); *Glosocomia lanceolata* (Siebold et Zucc.) Maxim. var. *ussuriensis* (Rupr. et Maxim.) Regel, Index Sem. [St. Petersburg] 92 (1882).

黑龙江、吉林；日本、朝鲜半岛、俄罗斯。

绿花党参

●**Codonopsis viridiflora** Maxim., Bull. Acad. Imp. Sci. Saint-Pétersbourg 27: 496 (1882).

Codonopsis bicolor Nannf., Acta Horti Gothob. 5: 24 (1930).

陕西、宁夏、甘肃、青海、四川、云南、西藏。

细萼党参

Codonopsis viridis Wall. in Roxb., Fl. Ind. 2: 103 (1824).

Campanula viridis (Wall.) Spreng., Syst. Veg. 4 (2): Cur. Post. 78 (1827); *Wahlenbergia viridis* (Wall.) A. DC., Prodr. (DC.) 7: 424 (1839); *Glosocomia viridis* (Wall.) Rupr., Bull. Cl. Phys.-Math. Acad. Imp. Sci. Saint-Pétersbourg 15: 210 (1857); *Codonopsis griffithii* C. B. Clarke, Fl. Brit. Ind. 3: 431 (1881); *Codonopsis viridis* var. *hirsuta* Chipp, J. Linn. Soc., Bot. 38: 386 (1908).

西藏；不丹、尼泊尔、印度、巴基斯坦。

蓝钟花属 **Cyananthus** Wall. ex Benth.

心叶蓝钟花

Cyananthus cordifolius Duthie, Bull. Misc. Inform. Kew 1912: 37 (1912).

西藏；尼泊尔、印度。

细叶蓝钟花

●**Cyananthus delavayi** Franch., J. Bot. (Morot) 1: 280 (1887).

Cyananthus barbatus Franch., Bull. Soc. Bot. France 32: 9 (1885), not Edgew. (1846); *Cyananthus microrhombeus* C. Y. Wu, Fl. Rep. Trop. Subtrop. Yunnan 1: 85 (1965); *Cyananthus microrhombeus* var. *leiocalyx* C. Y. Wu, Fl. Rep. Trop. Subtrop. Yunnan 1: 86 (1965).

四川、云南。

束花蓝钟花

●**Cyananthus fasciculatus** C. Marquand, Bull. Misc. Inform. Kew 1924: 247 (1924).

四川、云南。

黄钟花

●**Cyananthus flavus** C. Marquand, Bull. Misc. Inform. Kew 1924: 247 (1924).

四川、云南。

黄钟花（原亚种）

●**Cyananthus flavus** subsp. **flavus**

Cyananthus flavus var. *glaber* C. Y. Wu, Fl. Rep. Trop. Subtrop. Yunnan 1: 84 (1965).

云南。

白钟花

●**Cyananthus flavus** subsp. **montanus** (C. Y. Wu) D. Y. Hong et L. M. Ma, Acta Phytotax. Sin. 29: 46 (1991).

Cyananthus montanus C. Y. Wu, Yunnan Trop. Subtrop. Fl. Res. Rep. 1: 89 (1965); *Wahlenbergia mairei* H. Lév., Repert. Spec. Nov. Regni Veg. 12: 285 (1913); *Atropanthe mairei* (H. Lév.) H. Lév., Bull. Geogr. Bot. 25: 37 (1915); *Cyananthus mairei* (H. Lév.) Cowan, New Fl. et Silva 10: 188 (1938), not H. Lév. (1916); *Cyananthus albiflorus* D. F. Chamb., Notes Roy. Bot. Gard. Edinburgh 35: 252 (1977).

四川、云南。

美丽蓝钟花

●**Cyananthus formosus** Diels, Notes Roy. Bot. Gard. Edinburgh 5: 172 (1912).

Cyananthus chungdienensis C. Y. Wu., Fl. Rep. Trop. Subtrop. Yunnan 1: 83 (1965).

四川、云南。

蓝钟花

Cyananthus hookeri C. B. Clarke in Hook. f., Fl. Brit. Ind. 3: 435 (1881).

甘肃、青海、四川、云南、西藏；不丹、尼泊尔、印度。

灰毛蓝钟花

Cyananthus incanus Hook. f. et Thomson, J. Proc. Linn. Soc., Bot. 2: 20 (1857).

Cyananthus petiolatus Franch., Bull. Soc. Philom. Paris, sér. 8 3: 147 (1891); *Cyananthus dolichosceles* C. Marquand, Bull. Misc. Inform. Kew 1924: 250 (1924); *Cyananthus incanus* var. *parvus* C. Marquand, Bull. Misc. Inform. Kew 1924: 252 (1924); *Cyananthus neglectus* C. Marquand, Bot. Mag. 147: t. 8909 (1938); *Cyananthus pilifolius* C. Y. Wu, Fl. Rep. Trop. Subtrop. Yunnan 1: 87 (1965); *Cyananthus pilifolius* f. *leiocalyx* C. Y. Wu, Fl. Rep. Trop. Subtrop. Yunnan 1: 88 (1965); *Cyananthus pilifolius* var. *minor* C. Y. Wu, Fl. Rep. Trop. Subtrop. Yunnan 1: 89 (1965); *Cyananthus pilifolius* var. *pallidocoeruleus* C. Y. Wu, Fl. Rep. Trop. Subtrop. Yunnan 1: 89 (1965); *Cyananthus incanus* var. *decumbens* Y. S. Lian, Acta Phytotax. Sin. 17: 122 (1979); *Cyananthus petiolatus* var. *pilifolius* (C. Y. Wu) Y. S. Lian, Fl. Reipubl. Popularis Sin. 73 (2): 21 (1983); *Cyananthus incanus* subsp. *petiolatus* (Franch.) D. Y. Hong et L. M. Ma, Acta Phytotax. Sin. 29: 44 (1991); *Cyananthus incanus* subsp. *orientalis* K. K. Shrestha, Acta Phytotax. Sin. 35: 407 (1997).

青海、四川、云南、西藏；不丹、尼泊尔、印度。

胀萼蓝钟花

Cyananthus inflatus Hook. f. et Thomson, J. Proc. Linn. Soc., Bot. 2: 21 (1857).

Cyananthus forrestii Diels, Notes Roy. Bot. Gard. Edinburgh 5: 173 (1912); *Cyananthus pseudoinflatus* P. C. Tsoong, Contr. Inst. Bot. Natl. Acad. Peiping 3: 109 (1935).

四川、贵州、云南、西藏；缅甸、不丹、尼泊尔、印度。

丽江蓝钟花

●**Cyananthus lichiangensis** W. W. Smith, Notes Roy. Bot. Gard. Edinburgh 8: 109 (1913).

四川、云南、西藏。

舌裂蓝钟花（新拟）

●**Cyananthus ligulosus** D. Y. Hong, Fl. Pan-Himalaya 47: 86 (2015).

西藏。

裂叶蓝钟花

Cyananthus lobatus Wall. ex Benth. in Royle, Ill. Bot. Himal. Mts. 1: 309 (1836).

Cyananthus lobatus var. *farreri* C. Marquand., Bull. Misc. Inform. Kew 1924: 247 (1924).

云南、西藏；缅甸、不丹、尼泊尔、印度。

长花蓝钟花

●**Cyananthus longiflorus** Franch., J. Bot. (Morot) 1: 280 (1887).

Cyananthus argenteus C. Marquand, Bull. Misc. Inform. Kew 1924: 253 (1924); *Cyananthus obtusilobus* C. Marquand, Bull. Misc. Inform. Kew 1924: 254 (1924).

云南。

大萼蓝钟花

Cyananthus macrocalyx Franch., J. Bot. (Morot) 1: 279 (1887).

甘肃、青海、四川、云南、西藏；缅甸、不丹、尼泊尔、印度。

大萼蓝钟花（原亚种）

●**Cyananthus macrocalyx** subsp. **macrocalyx**

Cyananthus incanus Hook. f. et Thomson var. *leiocalyx* Franch., J. Bot. (Morot) 1: 279 (1887); *Cyananthus macrocalyx* var. *flavopurpureus* C. Marquand, Bull. Misc. Inform. Kew 1924: 252 (1924); *Cyananthus macrocalyx* var.

pilosus C. Marquand, Bull. Misc. Inform. Kew 1924: 251 (1924); *Cyananthus leiocalyx* (Franch.) Cowan, New Fl. et Silva 10: 187 (1938); *Cyananthus neurocalyx* C. Y. Wu, Fl. Rep. Trop. Subtrop. Yunnan 1: 86 (1965); *Cyananthus leiocalyx* subsp. *lucidus* K. K. Shrestha, Acta Phytotax. Sin. 35: 409 (1997); *Cyananthus pilosus* (C. Marquand) K. K. Shrestha, Acta Phytotax. Sin. 35: 405 (1997).
甘肃、青海、四川、云南。

匙叶蓝钟花

Cyananthus macrocalyx subsp. **spathulifolius** (Nannf.) K. K. Shrestha, Acta Phytotax. Sin. 35: 412 (1997).
Cyananthus spathulifolius Nannf., Acta Horti Gothob. 5: 30 (1930).
西藏；缅甸、不丹、尼泊尔、印度。

小叶蓝钟花

Cyananthus microphyllus Edgew., Trans. Linn. Soc. London 20: 81 (1846).
Cyananthus linifolius Wall. ex Hook. f. et Thomson, J. Proc. Linn. Soc., Bot. 2: 20 (1858); *Cyananthus nepalensis* Kitam., Acta Phytotax. Geobot. 15: 109 (1954).
西藏；尼泊尔、印度。

有梗蓝钟花

Cyananthus pedunculatus C. B. Clarke in Hook. f., Fl. Brit. Ind. 3: 434 (1881).
西藏；不丹、尼泊尔、印度。

绢毛蓝钟花

●**Cyananthus sericeus** Y. S. Lian, Acta Phytotax. Sin. 17: 122 (1979).
西藏。

杂毛蓝钟花

●**Cyananthus sherriffii** Cowan, New Fl. et Silva 10: 181 (1938).
西藏。

棕毛蓝钟花

●**Cyananthus wardii** C. Marquand, J. Linn. Soc., Bot. 48: 196 (1929).
西藏。

轮钟花属 **Cyclocodon** Griff. ex Hook. f. et Thomson

轮钟花

Cyclocodon axillaris (Oliv.) W. J. de Wilde et Duyfjes, Thai Forest Bull., Bot. 40: 22 (2012).
Campanumoea axillaris Oliv., Hooker's Icon. Pl. 18: t. 1775 (1888); *Campanula lancifolia* Roxb., Fl. Ind. 2: 96 (1824); *Codonopsis truncata* Wall. ex A. DC., Monogr. Campan. 120 (1830); *Cyclocodon truncatus* (Wall. ex A. DC.) Hook. f. et Thomson, J. Linn. Soc., Bot. 2: 18 (1858); *Campanumoea truncata* (Wall. ex A. DC.) Diels, Bot. Jahrb. Syst. 29: 606 (1901); *Campanumoea lancifolia* (Roxb.) Merr., Enum. Philipp. Fl. Pl. 3: 587 (1923); *Codonopsis lancifolia* (Roxb.) Moeliono, Fl. Males. Bull. 6: 120 (1960).
江西、湖南、湖北、四川、重庆、贵州、云南、福建、台湾、广东、广西、海南；日本、菲律宾、越南、老挝、柬埔寨、印度尼西亚、印度、孟加拉国。

小叶轮钟草

Cyclocodon lancifolius (Roxb.) Kurz, Flora 55: 303 (1872).
Campanula lancifolia Roxb., Fl. Ind. 2: 96 (1824); *Campanumoea celebica* Blume, Bijdr. Fl. Ned. Ind. 13: 727 (1826); *Codonopsis celebica* (Blume) Miq., Fl. Ned. Ind. 2: 565 (1835); *Campanula celebica* (Blume) D. Dietr., Syn. Pl. 1: 758 (1839); *Campanumoea lancifolia* (Roxb.) Merr., Enum. Philipp. Fl. Pl. 3: 587 (1923); *Codonopsis lancifolia* (Roxb.) Moeliono, Fl. Males. Bull. 6: 120 (1960); *Cyclocodon celebicus* (Blume) D. Y. Hong, Acta Phytotax. Sin. 36: 109 (1998); *Cyclocodon lancifolius* (Roxb.) Kurz subsp. *celebicus* (Blume) K. E. Morris et Lammers, Novon 9: 387 (1999).
云南、西藏；菲律宾、越南、老挝、缅甸、泰国、马来西亚、印度尼西亚、印度、孟加拉国、巴布亚新几内亚。

小花轮钟草

Cyclocodon parviflorus (Wall. ex A. DC.) Hook. f. et Thomson, J. Proc. Linn. Soc., Bot. 2: 18 (1857).
Codonopsis parviflora Wall. ex A. DC., Monogr. Campan. 123 (1830); *Campanula punduana* D. Dietr., Syn. Pl. 1: 757 (1839); *Campanumoea parviflora* (Wall. ex A. DC.) Benth. ex C. B. Clarke, Gen. Pl. [Benth. et Hook. f.] 2: 558 (1876).
云南；老挝、缅甸、不丹、印度、孟加拉国。

刺萼参属 **Echinocodon** D. Y. Hong

刺萼参

●**Echinocodon draco** (Pamp.) D. Y. Hong, Pl. Diversity Resources 36 (3): 301 (2014).
Codonopsis draco Pamp., Nuov. Giorn. Bot. Ital. n. s. 17: 733 (1910); *Echinocodon lobophyllus* D. Y. Hong, Acta Phytotax. Sin. 22: 183 (1984).
湖北。

须弥参属 **Himalacodon** D. Y. Hong et Q. Wang

须弥参

Himalacodon dicentrifolius (C. B. Clarke) D. Y. Hong et Q. Wang, J. Syst. Evol. 52: 549 (2014).
Wahlenbergia dicentrifolia C. B. Clarke in Hook. f., Fl. Brit. Ind. 3: 430 (1881); *Campanopsis dicentrifolia* (C. B. Clarke) Kuntze, Revis. Gen. Pl. 2: 379 (1891); *Codonopsis*

dicentrifolia (C. B. Clarke) W. W. Smith, Rec. Bot. Surv. India 4: 388 (1913).
西藏；尼泊尔、印度。

马醉草属 Hippobroma G. Don

马醉草

△**Hippobroma longiflora** (L.) G. Don, Gen. Hist. 3: 717 (1834).
Lobelia longiflora L., Sp. Pl. 2: 930 (1753); *Isotoma longiflora* (L.) C. Presl, Prodr. Monogr. Lobel. 42 (1836); *Laurentia longiflora* (L.) Peterm., Pflanzenr. 444 (1845); *Solenopsis longiflora* (L.) M. R. Almeida, Fl. Maharashtra 3 A: 155 (2001).
归化于台湾、广东；原产于牙买加，世界热带、亚热带地区广泛引种并归化。

同钟花属 Homocodon D. Y. Hong

同钟花

Homocodon brevipes (Hemsl.) D. Y. Hong, Acta Phytotax. Sin. 18: 474 (1980).
Wahlenbergia brevipes Hemsl., Hooker's Icon. Pl. 28: t. 2768 (1903); *Wahlenbergia monantha* H. J. P. Winkl. ex H. Limpr., Repert. Spec. Nov. Regni Veg. Beih. 12: 501 (1922); *Heterocodon brevipes* (Hemsl.) Hand.-Mazz. et Nannf., Symb. Sin. 7 (4): 1075 (1936).
四川、贵州、云南；不丹。

长梗同钟花

●**Homocodon pedicellatus** D. Y. Hong et L. M. Ma, Acta Phytotax. Sin. 29: 268 (1991).
四川。

半边莲属 Lobelia L.

短柄半边莲

Lobelia alsinoides Lam., Dict. Bot. 3: 588 (1791).
云南、西藏、台湾、广东、广西、海南；日本、越南、老挝、缅甸、泰国、马来西亚、尼泊尔、印度、孟加拉国、斯里兰卡、新几内亚岛。

短柄半边莲（原亚种）

Lobelia alsinoides subsp. **alsinoides**
Lobelia trigona Roxb., Hort. Bengal. 85 (1814); *Lobelia stipularis* Roth ex Schult., Syst. Veg., ed. 15 5: 67 (1819).
海南；越南、老挝、缅甸、泰国、马来西亚、尼泊尔、印度、孟加拉国、斯里兰卡、新几内亚岛。

假半边莲

Lobelia alsinoides subsp. **hancei** (H. Hara) Lammers, Bot. Bull. Acad. Sin. 33: 286 (1992).
Lobelia hancei H. Hara, J. Jap. Bot. 17: 23 (1941); *Lobelia chinensis* Lour. var. *cantonensis* F. E. Wimm. ex Danguy, Fl. Indo-Chine 3: 681 (1930); *Lobelia alsinoides* var. *cantonensis* (F. E. Wimm. ex Danguy) F. E. Wimm., Ann. Naturhist. Mus. Wien 56: 360 (1948).
云南、西藏、台湾、广东、广西；日本。

铜锤玉带草

Lobelia angulata G. Forst., Fl. Ins. Austr. 58 (1786).
Lobelia nummularia Lam., Encycl. 3: 589 (1792); *Lobelia begoniifolia* Wall., Asiat. Res. 13: 377 (1820); *Lobelia javanica* Thunb., Fl. Jav. 9 (1825); *Lobelia obliqua* Buch.-Ham. ex D. Don, Prodr. Fl. Nepal. 158 (1825); *Pratia begoniifolia* (Wall.) Lindl., Edwards's Bot. Reg. 16: sub t. 1373 (1830); *Lobelia horsfieldiana* Miq., Fl. Ned. Ind. 2: 577 (1857); *Pratia nummularia* (Lam.) A. Brown et Asch., Index Sem. (Berlin) (1861), Append. 6 (1861); *Pratia wollastonii* S. Moore, Trans. Linn. Soc. London, Bot. 9: 89 (1916).
湖南、湖北、西藏、台湾、广西；菲律宾、越南、老挝、缅甸、泰国、马来西亚、印度尼西亚、不丹、尼泊尔、印度、孟加拉国、斯里兰卡、巴布亚新几内亚。

半边莲

Lobelia chinensis Lour., Fl. Cochinch. 2: 514 (1790).
Lobelia campanuloides Thunb., Trans. Linn. Soc. London, Bot. 2: 331 (1794); *Lobelia radicans* Thunb., Trans. Linn. Soc. London 2: 330 (1794); *Lobelia caespitosa* Blume, Bijdr. Fl. Ned. Ind. 13: 729 (1825); *Pratia thunbergii* G. Don, Gen. Hist. 3: 700 (1834); *Lobelia radicans* var. *albiflora* F. E. Wimm., Anz. Akad. Wiss. Wien, Math.-Naturwiss. Kl. 61: 112 (1925); *Lobelia chinensis* var. *albiflora* (F. E. Wimm.) F. E. Wimm., Pflanzenr. Heft 107: 611 (1953).
安徽、江苏、浙江、江西、湖南、湖北、四川、贵州、云南、福建、台湾、广东、广西、海南；日本、朝鲜半岛、越南、老挝、泰国、柬埔寨、马来西亚、尼泊尔、印度、孟加拉国、斯里兰卡。

密毛山梗菜

Lobelia clavata F. E. Wimm., Repert. Spec. Nov. Regni Veg. 38: 78 (1935).
贵州、云南；越南、老挝、缅甸、泰国、印度。

狭叶山梗菜

Lobelia colorata Wall., Pl. Asiat. Rar. 2: 42 (1831).
Lobelia colorata var. *baculus* F. E. Wimm., Anz. Akad. Wiss. Wien, Math.-Naturwiss. Kl. 61: 110 (1924); *Lobelia colorata* var. *dsolinhoensis* F. E. Wimm., Anz. Akad. Wiss. Wien, Math.-Naturwiss. Kl. 61: 110 (1924); *Lobelia palustris* Kerr, Bull. Misc. Inform. Kew 1936: 35 (1936); *Lobelia colorata* subsp. *guizhouensis* T. J. Zhang et D. Y. Hong, Acta Phytotax. Sin. 30: 161 (1992).
贵州、云南；泰国、印度。

江南山梗菜

Lobelia davidii Franch., Nouv. Arch. Mus. Hist. Nat., sér. 2 6: 82 (1883).
Lobelia dolichothyrsa Diels, Bot. Jahrb. Syst. 29: 607 (1901);

Lobelia kwangsiensis F. E. Wimm., Ann. Naturhist. Mus. Wien 56: 367 (1948); *Lobelia davidii* var. *glaberrima* F. E. Wimm., Ann. Naturhist. Mus. Wien 56: 365 (1948); *Lobelia davidii* var. *dolichothyrsa* (Diels) F. E. Wimm., Pflanzenr. Heft 107: 658 (1953); *Lobelia oligantha* C. Y. Wu, Fl. Rep. Trop. Subtrop. Yunnan 1: 96 (1965); *Lobelia davidii* var. *kwangsiensis* (F. E. Wimm.) Y. S. Lian, Fl. Reipubl. Popularis Sin. 73 (2): 166 (1983); *Lobelia davidii* var. *sichuanensis* Y. S. Lian, Fl. Reipubl. Popularis Sin. 73 (2): 167 (1983); *Lobelia tibetica* W. L. Zheng, Acta Phytotax. Sin. 36: 549 (1998).
安徽、浙江、江西、湖南、湖北、四川、贵州、云南、西藏、福建、广东、广西；缅甸、不丹、尼泊尔、印度。

滇紫锤草

Lobelia deleiensis C. E. C. Fisch., Bull. Misc. Inform. Kew 1940: 297 (1941).
云南；印度。

微齿山梗菜

Lobelia doniana Skottsb., Acta Horti Gothob. 4: 19 (1928).
Lobelia seguinii H. Lév. et Vaniot var. *doniana* (Skottsb.) F. E. Wimm., Pflanzenr. Heft 107: 651 (1953).
云南、西藏；缅甸、不丹、尼泊尔、印度。

独龙江山梗菜（新拟）

●**Lobelia drungjiangensis** D. Y. Hong, Fl. Pan-Himalaya 47: 275 (2015).
云南。

直立山梗菜

Lobelia erectiuscula H. Hara, J. Jap. Bot. 40: 328 (1965).
Lobelia erecta Hook. f. et Thomson, J. Proc. Linn. Soc., Bot. 2: 28 (1857), not de Vriese (1845).
西藏；缅甸、尼泊尔、印度。

峨眉紫锤草

●**Lobelia fangiana** (F. E. Wimm.) S. Y. Hu, J. Arnold Arbor. 61: 90 (1980).
Pratia fangiana F. E. Wimm., Repert. Spec. Nov. Regni Veg. 38: 3 (1935); *Lobelia omeiensis* F. E. Wimm., Ann. Naturhist. Mus. Wien 56: 366 (1948).
四川。

苞叶山梗菜

●**Lobelia foliiformis** T. J. Zhang et D. Y. Hong, Acta Phytotax. Sin. 30: 155 (1992).
云南。

高黎贡山梗菜（新拟）

●**Lobelia gaoligongshanica** D. Y. Hong, Fl. Pan-Himalaya 47: 269 (2015).
云南。

海南半边莲

●**Lobelia hainanensis** F. E. Wimm., Ann. Naturhist. Mus. Wien 56: 348 (1948).
海南。

翅茎半边莲

Lobelia heyneana Schult., Syst. Veg., ed. 15 5: 50 (1819).
Lobelia trialata Buch.-Ham. ex D. Don, Prodr. Fl. Nepal. 157 (1825); *Lobelia trialata* var. *asiatica* Chiov., Res. Sci. Somal. Ital. 1: 109 (1916).
云南、台湾；菲律宾、越南、老挝、缅甸、泰国、印度尼西亚、不丹、尼泊尔、印度、斯里兰卡、巴布亚新几内亚；非洲。

柳叶山梗菜

●**Lobelia iteophylla** C. Y. Wu, Yunnan Trop. Subtrop. Fl. Res. Rep. 1: 93 (1965).
云南。

线萼山梗菜

●**Lobelia melliana** F. E. Wimm., Anz. Akad. Wiss. Wien, Math.-Naturwiss. Kl. 61: 111 (1924).
江苏、浙江、江西、湖南、湖北、福建、广东。

山紫锤草

Lobelia montana Reinw. ex Blume, Bijdr. Fl. Ned. Ind. 13: 728 (1826).
Pratia montana (Reinw. ex Blume) Hassk., Flora 25: 2 (1842); *Speirema montanum* (Reinw. ex Blume) Hook. f. et Thomson, J. Linn. Soc., Bot. 2: 27 (1858); *Lobelia wardii* C. E. C. Fisch., Bull. Misc. Inform. Kew 1940: 298 (1941); *Pratia wardii* (C. E. C. Fisch.) F. E. Wimm., Pflanzenr. Heft 107: 833 (1968); *Pratia reflexa* Y. S. Lian, Acta Phytotax. Sin. 17: 123 (1979); *Pratia brevisepala* Y. S. Lian, Fl. Reipubl. Popularis Sin. 73 (2): 169 (1983); *Lobelia brevisepala* (Y. S. Lian) Lammers, Novon 8: 34 (1998); *Lobelia reflexisepala* Lammers, Novon 8: 34 (1998).
云南、西藏；越南、缅甸、马来西亚、印度尼西亚、不丹、尼泊尔、印度。

毛萼山梗菜

Lobelia pleotricha Diels, Notes Roy. Bot. Gard. Edinburgh 5: 170 (1912).
Lobelia handelii F. E. Wimm., Anz. Akad. Wiss. Wien, Math.-Naturwiss. Kl. 61: 109 (1924); *Lobelia davidii* Franch. var. *handelii* (F. E. Wimm.) F. E. Wimm., Pflanzenr. Heft 107: 658 (1953); *Lobelia davidii* var. *pleotricha* (Diels) F. E. Wimm., Pflanzenr. Heft 107: 658 (1953); *Lobelia pleotricha* var. *handelii* (F. E. Wimm.) C. Y. Wu, Fl. Rep. Trop. Subtrop. Yunnan 1: 95 (1965); *Lobelia pleotricha* var. *cacumiflora* Y. S. Lian, Fl. Reipubl. Popularis Sin. 73 (2): 165 (1983).
云南、西藏；缅甸。

塔花山梗菜

Lobelia pyramidalis Wall., Asiat. Res. 13: 376 (1820).
Rapuntium wallichianum C. Presl., Prodr. Monogr. Lobel.: 23, 24 (1836); *Lobelia pyramidalis* var. *wallichiana* (C. Presl)

Steud., Nomencl. Bot., ed. 2 (Steud.) 2: 62 (1841); *Lobelia wallichiana* (C. Presl) Hook. f. et Thomson, J. Linn. Soc., Bot. 2: 29 (1858).
贵州、云南、西藏、广西；缅甸、泰国、不丹、尼泊尔、印度。

西南山梗菜

Lobelia seguinii H. Lév. et Vaniot, Repert. Spec. Nov. Regni Veg. 12: 186 (1913).
Lobelia seguinii f. *brevisepala* F. E. Wimm., Anz. Akad. Wiss. Wien, Math.-Naturwiss. Kl. 61: 111 (1924); *Lobelia seguinii* f. *longisepala* F. E. Wimm., Anz. Akad. Wiss. Wien, Math.-Naturwiss. Kl. 61: 111 (1924).
湖北、四川、重庆、贵州、云南、台湾、广西；越南、泰国。

山梗菜

Lobelia sessilifolia Lamb., Trans. Linn. Soc. London 10: 260 (1811).
Lobelia saligna Fisch., Mém. Soc. Imp. Naturalistes Moscou 3: 65 (1812); *Lobelia camtschatica* Pallas ex Spreng., Syst. Veg., ed. 16 1: 712 (1825); *Lobelia salicifolia* Fisch. ex Trautv., Incrementa Fl. Ross. 501 (1883), not Sweet (1818).
黑龙江、吉林、辽宁、山东、安徽、浙江、湖南、四川、云南、广西；日本、朝鲜半岛、俄罗斯。

大理山梗菜

●**Lobelia taliensis** Diels, Notes Roy. Bot. Gard. Edinburgh 5: 170 (1912).
Lobelia fossarum F. E. Wimm., Anz. Akad. Wiss. Wien, Math.-Naturwiss. Kl. 61: 109 (1924); *Lobelia hybrida* C. Y. Wu, Fl. Rep. Trop. Subtrop. Yunnan 1: 92 (1965), not Voss (1894); *Lobelia colorata* Wall. subsp. *taliensis* (Diels) T. J. Zhang et D. Y. Hong, Acta Phytotax. Sin. 30: 161 (1992).
云南。

顶花半边莲

Lobelia terminalis C. B. Clarke in Hook. f., Fl. Brit. Ind. 3: 424 (1881).
Lobelia thorelii F. E. Wimm., Repert. Spec. Nov. Regni Veg. 26: 3 (1927).
云南；越南、老挝、泰国、印度。

卵叶半边莲

Lobelia zeylanica L., Sp. Pl. 2: 932 (1753).
Lobelia hirta L., Sp. Pl. 2: 932 (1753); *Lobelia zeylanica* var. *hirta* (L.) Martyn, Gard. Dict., ed. 9: 932 (1797); *Lobelia barbata* Warb., Bot. Jahrb. Syst. 13: 444 (1891), not Cav. (1800); *Lobelia affinis* Wall. ex G. Don, Gen. Hist. 3: 709 (1834), not Mirbel (1805); *Lobelia succulenta* Blume, Bijdr. Fl. Ned. Ind. 13: 728 (1825); *Lobelia subcuneata* Miq., Fl. Ned. Ind. 2: 574 (1856); *Lobelia lobbiana* Hook. f. et Thomson, J. Linn. Soc., Bot. 2: 28 (1858); *Lobelia affinis* var. *lobbiana* (Hook. f. et Thomson) C. B. Clarke, Fl. Brit. Ind. 3: 424 (1881); *Lobelia succulenta* var. *lobbiana* (Hook. f. et Thomson) F. E. Wimm., Ann. Naturhist. Mus. Wien 56: 361 (1948); *Lobelia zeylanica* var. *lobbiana* (Hook. f. et Thomson) Y. S. Lian, Fl. Reipubl. Popularis Sin. 73 (2): 149 (1983).
云南、福建、台湾、广东、广西、海南；菲律宾、越南、老挝、缅甸、泰国、马来西亚、印度尼西亚、不丹、尼泊尔、印度、孟加拉国、斯里兰卡、巴布亚新几内亚。

山南参属 Pankycodon D. Y. Hong et X. T. Ma

山南参

Pankycodon purpureus (Wall.) D. Y. Hong et X. T. Ma, J. Syst. Evol. 52: 549 (2014).
Codonopsis purpurea Wall. in Roxb., Fl. Ind. 2: 105 (1824); *Campanula purpurea* (Wall.) Spreng., Syst. Veg. 4 (2): Cur. Post. 78 (1827); *Wahlenbergia purpurea* (Wall.) A. DC., Prodr. (DC.) 7: 425 (1839); *Glosocomia purpurea* (Wall.) Rupr., Bull. Cl. Phys.-Math. Acad. Imp. Sci. Saint-Pétersbourg 15: 210 (1857).
云南、西藏；尼泊尔、印度。

袋果草属 Peracarpa Hook. f. et Thomson

袋果草

Peracarpa carnosa (Wall.) Hook. f. et Thomson, J. Proc. Linn. Soc., Bot. 2: 26 (1857).
Campanula carnosa Wall. in Roxb., Fl. Ind. 2: 102 (1824); *Wahlenbergia ovata* D. Don, Prodr. Fl. Nepal. 156 (1825); *Campanula ovata* (D. Don) Spreng., Syst. Veg. 4 (2): Cur. Post. 78 (1827); *Campanula circaeoides* F. Schmidt, Reis. Amur-Land., Bot. 154: 222 (1868); *Peracarpa circaeoides* (F. Schmidt) Feer, Bot. Jahrb. Syst. 12: 621 (1890); *Peracarpa carnosa* var. *circaeoides* (F. Schmidt) Makino, J. Jap. Bot. 21: 20 (1947); *Peracarpa carnosa* var. *formosana* H. Hara, J. Jap. Bot. 21: 19 (1947).
安徽、江苏、浙江、湖北、四川、重庆、贵州、云南、西藏、台湾；日本、朝鲜半岛、菲律宾、缅甸、泰国、不丹、尼泊尔、印度、新几内亚岛、俄罗斯。

桔梗属 Platycodon A. DC.

桔梗

Platycodon grandiflorus (Jacq.) A. DC., Monogr. Campan. 125 (1830).
Campanula grandiflora Jacq., Hort. Bot. Vindob. 3: 4 (1776); *Campanula glauca* Thunb., Fl. Jap. 88 (1784); *Platycodon autumnalis* Decne., Rev. Hort., sér. 3 2: 361 (1848); *Platycodon chinensis* Lindl. et Paxton, Paxt. Fl. Gard., Revis. 2: 121, pl. 61 (1853); *Platycodon sinensis* Lem., Jard. Fleur. 3: pl. 250 (1853); *Platycodon glaucus* (Thunb.) Nakai, Bot. Mag. (Tokyo) 38: 301 (1924).
中国大部分地区有分布和栽培；日本、朝鲜半岛、俄罗斯；世界广泛栽培。

辐冠参属 Pseudocodon D. Y. Hong et H. Sun

辐冠参

Pseudocodon convolvulaceus (Kurz) D. Y. Hong et H. Sun, J. Syst. Evol. 52: 548 (2014).

Codonopsis convolvulacea Kurz, J. Bot. 11: 195 (1873).

四川、贵州、云南、西藏；缅甸、不丹、尼泊尔。

松叶辐冠参

●**Pseudocodon graminifolius** (H. Lév.) D. Y. Hong, J. Syst. Evol. 52: 548 (2014).

Codonopsis graminifolia H. Lév., Cat. Pl. Yun-Nan 24 (1916); *Codonopsis limprichtii* Lingelsh. et Borza var. *pinifolia* Hand.-Mazz., Anz. Akad. Wiss. Wien, Math.-Naturwiss. Kl. 61: 170 (1924); *Codonopsis convolvulacea* Kurz var. *pinifolia* (Hand.-Mazz.) Nannf., Symb. Sin. 7 (4): 1077 (1936).

四川、贵州、云南。

喜马拉雅辐冠参

Pseudocodon grey-wilsonii (J. M. H. Shaw) D. Y. Hong, J. Syst. Evol. 52: 548 (2014).

Codonopsis grey-wilsonii J. M. H. Shaw, New Plantsman 3 (2): 93 (1996); *Codonopsis nepalensis* Grey-Wilson, Plantsman 12 (2): 99 (1990), not H. Hara (1978); *Codonopsis convolvulacea* subsp. *grey-wilsonii* (J. M. H. Shaw) D. Y. Hong, Novon 20: 421 (2010).

西藏；不丹、尼泊尔。

毛叶辐冠参

●**Pseudocodon hirsutus** (Hand.-Mazz.) D. Y. Hong, J. Syst. Evol. 52: 548 (2014).

Codonopsis limprichtii Lingelsh. et Borza var. *hirsuta* Hand.-Mazz., Anz. Akad. Wiss. Wien, Math.-Naturwiss. Kl. 61: 169 (1924); *Codonopsis convolvulacea* Kurz var. *hirsuta* (Hand.-Mazz.) Nannf., Symb. Sin. 7 (4): 1077 (1936); *Codonopsis hirsuta* (Hand.-Mazz.) D. Y. Hong et L. M. Ma, Fl. Sichuan. 10: 546 (1992).

四川、云南。

长柄辐冠参

●**Pseudocodon petiolatus** D. Y. Hong et Q. Wang, Phytotaxa 204 (1): 62 (2015).

四川。

倒齿党参

●**Pseudocodon retroserratus** (Z. T. Wang et G. J. Xu) D. Y. Hong et Q. Wang, Phytotaxa 204 (1): 62 (2015).

Codonopsis retroserrata Z. T. Wang et G. J. Xu, Acta Phytotax. Sin. 31 (2): 186 (1993).

四川。

莲座状党参

●**Pseudocodon rosulatus** (W. W. Smith) D. Y. Hong, J. Syst. Evol. 52: 548 (2014).

Codonopsis rosulata W. W. Smith, Notes Roy. Bot. Gard. Edinburgh 13: 157 (1921).

四川、云南。

薄叶辐冠参

●**Pseudocodon vinciflorus** (Kom.) D. Y. Hong, J. Syst. Evol. 52: 548 (2014).

四川、云南、西藏。

薄叶辐冠参（原亚种）

●**Pseudocodon vinciflorus** subsp. **vinciflorus**

Codonopsis vinciflora Kom., Trudy Imp. S.-Peterburgsk. Bot. Sada 29: 103 (1908); *Codonopsis forrestii* var. *heterophylla* C. Y. Wu, Fl. Rep. Trop. Subtrop. Yunnan 1: 80 (1965); *Codonopsis convolvulacea* var. *vinciflora* (Kom.) L. T. Shen, Fl. Reipubl. Popularis Sin. 73 (2): 68 (1983); *Codonopsis convolvulacea* subsp. *vinciflora* (Kom.) D. Y. Hong, Fl. Xizang. 4: 582 (1985).

四川、云南、西藏。

滇川薄叶辐冠参

●**Pseudocodon vinciflorus** subsp. **dianchuanicus** D. Y. Hong et Q. Wang, Phytotaxa 204 (1): 62 (2015).

四川、云南、西藏。

异檐花属 Triodanis Raf.

穿叶异檐花

△**Triodanis perfoliata** (L.) Nieuwl., Amer. Midl. Naturalist 3: 192 (1914).

安徽、浙江、福建、台湾归化；原产于美洲。

穿叶异檐花（原亚种）

△**Triodanis perfoliata** subsp. **perfoliata**

Campanula perfoliata L., Sp. Pl. 1: 164 (1753); *Prismatocarpus perfoliatus* (L.) Sweet, Hort. Brit. 251 (1826); *Specularia perfoliata* (L.) A. DC., Monogr. Campan. 351 (1830); *Dysmicodon perfoliatus* (L.) Nutt., Trans. Amer. Philos. Soc. n. s. 8: 256 (1843); *Pentagonia perfoliata* (L.) Kuntze, Revis. Gen. Pl. 2: 381 (1891); *Legousia perfoliata* (L.) Britton, Mem. Torrey Bot. Club 5 (20): 309 (1894).

福建归化；原产于北美洲。

异檐花

△**Triodanis perfoliata** subsp. **biflora** (Ruiz et Pavon) Lammers, Novon 16: 72 (2006).

Campanula biflora Ruiz et Pavon, Fl. Peruv. 2: 55 (1799); *Specularia biflora* (Ruiz et Pavon) Fisch. et C. A. Meyer, Index Sem. [St. Petersburg] 1: 17 (1835); *Pentagonia biflora* (Ruiz et Pavon) Kuntze, Revis. Gen. Pl. 2: 381 (1891); *Legousia biflora* (Ruiz et Pavon) Britton, Mem. Torrey Bot. Club 5 (20): 309 (1894); *Triodanis biflora* (Ruiz et Pavon) Greene, Man. Bot. San Francisco Bay 230 (1894); *Triodanis perfoliata* var. *biflora* (Ruiz et Pavon) T. R. Bradley, Brittonia 27: 114 (1975); *Asyneuma anhuiense* B. A. Shen, Acta

Phytotax. Sin. 26: 463 (1988).
安徽、浙江、福建、台湾归化；原产于南美洲。

蓝花参属 **Wahlenbergia** Schrad. ex Roth

星花草

Wahlenbergia hookeri (C. B. Clarke) Tuyn in Steenis, Fl. Males., Ser. 1 Spermat. 6: 114 (1960).
Cephalostigma hookeri C. B. Clarke in Hook. f., Fl. Brit. Ind. 3: 429 (1881).
云南；泰国、印度尼西亚、印度；非洲。

蓝花参

Wahlenbergia marginata (Thunb.) A. DC., Monogr. Campan. 143 (1830).
Campanula marginata Thunb. in Murray, Syst. Veg., ed. 14: 211 (1784); *Campanopsis marginata* (Thunb.) Kuntze, Revis. Gen. Pl. 2: 379 (1891); *Wahlenbergia gracilis* (G. Forster) A. DC. var. *misera* Hemsl., J. Linn. Soc., Bot. 26: 4 (1889); *Adenophora microsperma* Y. Y. Qian, Guihaia 18: 9 (1998).
安徽、江苏、浙江、江西、湖南、湖北、四川、重庆、贵州、云南、福建、台湾、广东、广西；日本、朝鲜半岛、菲律宾、越南、老挝、缅甸、马来西亚、印度尼西亚、不丹、尼泊尔、印度、斯里兰卡、巴布亚新几内亚；北美洲和太平洋岛屿归化。

252. 五膜草科 PENTAPHRAGMATACEAE [1 属：2 种]

五膜草属 **Pentaphragma** Wall. ex G. Don

五膜草

Pentaphragma sinense Hemsl. et E. H. Wilson, Bull. Misc. Inform. Kew 1906: 160 (1906).
云南；越南。

直序五膜草

●**Pentaphragma spicatum** Merr., Philipp. J. Sci. 21: 511 (1922).
Pentaphragma corniculatum Chun et F. Chun, Sunyatsenia 6: 219 (1946).
广东、广西、海南。

253. 花柱草科 STYLIDIACEAE [1 属：2 种]

花柱草属 **Stylidium** Sw. ex Willd.

狭叶花柱草

Stylidium tenellum Sw. ex Willd., Sp. Pl. 4: 146 (1805).
云南、福建、广东、海南；越南、老挝、缅甸、泰国、柬埔寨、马来西亚、印度尼西亚、印度、孟加拉国。

花柱草

Stylidium uliginosum Sw. ex Willd., Sp. Pl. 4: 147 (1805).
Stylidium sinicum Hance, Ann. Bot. Syst. 2: 1030 (1852).
广东、海南；越南、泰国、柬埔寨、斯里兰卡。

254. 睡菜科 MENYANTHACEAE [2 属：7 种]

睡菜属 **Menyanthes** L.

睡菜

Menyanthes trifoliata L., Sp. Pl. 1: 145 (1753).
黑龙江、吉林、辽宁、河北、浙江、四川、贵州、云南、西藏；蒙古国、日本、尼泊尔、克什米尔地区、俄罗斯；亚洲（西南部）、欧洲、非洲（北部）、美洲。

荇菜属 **Nymphoides** Ség.

水金莲花

Nymphoides aurantiaca (Dalzell) Kuntze, Revis. Gen. Pl. 2: 429 (1891).
Limnanthemum aurantiacum Dalzell, Hooker’s J. Bot. Kew Gard. Misc. 2: 136 (1850).
台湾；印度、斯里兰卡。

小荇菜

Nymphoides coreana (H. Lév.) H. Hara, J. Jap. Bot. 13: 26 (1937).
Limnanthemum coreanum H. Lév., Repert. Spec. Nov. Regni Veg. 8: 284 (1910).
辽宁、台湾；日本、朝鲜半岛、俄罗斯。

水皮莲

Nymphoides cristata (Roxb.) Kuntze, Revis. Gen. Pl. 2: 429 (1891).
Menyanthes cristata Roxb., Pl. Coromandel 2: 3 (1798).
江苏、湖南、湖北、四川、福建、台湾、广东、海南；印度。

刺种荇菜

Nymphoides hydrophylla (Lour.) Kuntze, Revis. Gen. Pl. 2: 429 (1891).
Menyanthes hydrophylla Lour., Fl. Cochinch. 1: 105 (1790).
广东、广西、海南；越南、老挝、泰国、印度。

金银莲花

Nymphoides indica (L.) Kuntze, Revis. Gen. Pl. 2: 429 (1891).
Menyanthes indica L., Sp. Pl. 1: 145 (1753); *Nymphoides humboldtiana* Kuntze, Revis. Gen. Pl. 2: 429 (1891); *Limnanthemum esquirolii* H. Lév., Repert. Spec. Nov. Regni Veg. 13: 259 (1914).

黑龙江、吉林、辽宁、河南、江苏、浙江、江西、湖南、贵州、云南、福建、台湾、广东、广西、海南；日本、朝鲜半岛、越南、缅甸、柬埔寨、马来西亚、印度尼西亚、尼泊尔、印度、斯里兰卡、澳大利亚、太平洋岛屿。

荇菜

Nymphoides peltata (S. G. Gmel.) Kuntze, Revis. Gen. Pl. 2: 429 (1891).

Limnanthemum peltatum S. G. Gmel., Novi Comment. Acad. Sci. Imp. Petrop. 14 (1): 527 (1770); *Menyanthes nymphoides* L., Sp. Pl. 1: 145 (1753).

除青海、西藏、海南外，中国各地；蒙古国、日本、朝鲜半岛、俄罗斯；亚洲（西南部）、欧洲。

255. 草海桐科 GOODENIACEAE [2 属：3 种]

离根香属 **Goodenia** Smith

离根香

Goodenia pilosa subsp. **chinensis** (Benth.) D. G. Howarth et D. Y. Hong, Fl. China 19: 569 (2011).

Calogyne chinensis Benth., J. Proc. Linn. Soc., Bot. 5: 78 (1860); *Calogyne pilosa* R. Br. subsp. *chinensis* (Benth.) H. S. Kiu, Guihaia 9: 194 (1989).

福建、广东、广西、海南；越南。

草海桐属 **Scaevola** L.

小草海桐

Scaevola hainanensis Hance, J. Bot. 16: 229 (1878).

福建、台湾、广东、海南、东沙群岛；越南。

草海桐

Scaevola taccada (Gaertn.) Roxb., Hort. Bengal. 15 (1814).

Lobelia taccada Gaertn., Fruct. Sem. Pl. 1: 119 (1788); *Scaevola sericea* Vahl, Symb. Bot. 2: 37 (1791); *Scaevola koenigii* Vahl, Symb. Bot. 3: 36 (1794); *Scaevola frutescens* Krause, Pflanzenr. Heft 54: 125 (1912).

福建、台湾、广东、广西、海南、东沙群岛、南沙群岛、西沙群岛；日本、菲律宾、越南、缅甸、泰国、马来西亚、印度尼西亚、印度、巴基斯坦、斯里兰卡、马达加斯加、巴布亚新几内亚、澳大利亚、太平洋岛屿、印度洋岛屿；非洲。

256. 菊科 ASTERACEAE [251 属：2390 种]

刺苞果属 **Acanthospermum** Schrank

刺苞果

△**Acanthospermum hispidum** DC., Prodr. (DC.) 5: 522 (1836).

云南、广东归化；南美洲。

蓍属 **Achillea** L.

齿叶蓍（单叶蓍）

Achillea acuminata (Ledeb.) Sch.-Bip., Flora 38: 15 (1855).

Ptarmica acuminata Ledeb., Fl. Ross. (Ledeb.) 2: 529 (1845); *Achillea ptarmica* L. var. *acuminata* (Ledeb.) Heimerl, Akad. Wiss. Wien, Math.-Naturwiss. Kl., Denkschr. 48: 113 (1884).

吉林、内蒙古、河北、山西、河南、陕西、宁夏、甘肃、青海；蒙古国、日本、朝鲜半岛、俄罗斯。

高山蓍（羽叶草，蚰蜒草，锯齿草）

Achillea alpina L., Sp. Pl. 2: 899 (1753).

Achillea sibirica Ledeb., Fl. Ross. 2: 528 (1844), not Desf. ex Colla (1834); *Achillea mongolica* Fisch. ex Spreng., Nov. Prov. Hort. Hal. et Berol. 1: 3 (1818); *Ptarmica mongolica* (Fisch. ex Spreng.) DC., Prodr. (DC.) 6: 22 (1838); *Achillea sibirica* subsp. *mongolica* (Fisch. ex Spreng.) Heimerl, Monogr. Ptarmica 76 (1884); *Achillea sinensis* Heimerl, Acta Horti Gothob. 12: 254 (1938).

黑龙江、吉林、辽宁、内蒙古、河北、山西、陕西、宁夏、甘肃、青海、安徽、四川、云南；蒙古国、日本、朝鲜半岛、尼泊尔、俄罗斯。

亚洲蓍

Achillea asiatica Serg., Sist. Zametki Mater. Gerb. Krylova Tomsk. Gosud. Univ. Kuybysheva 1946: 6 (1946).

Achillea millefolium L. var. *mandshurica* Kitam., Acta Phytotax. Geobot. 12: 129 (1943); *Achillea setacea* Waldst. et Kit. subsp. *asiatica* (Serg.) Vorosch. in A. K. Skvortsov (ed.), Florist. Issl. V. Razn. Raionakh S. S. S. R. 195 (1985).

黑龙江、辽宁、内蒙古、河北、新疆；蒙古国、哈萨克斯坦、俄罗斯。

褐苞蓍

Achillea impatiens L., Sp. Pl. 2: 898 (1753).

Ptarmica impatiens (L.) DC., Prodr. (DC.) 6: 22 (1838); *Achillea impatiens* subsp. *euimpatiens* Heimerl, Akad. Wiss. Wien, Math.-Naturwiss. Kl., Denkschr. 48: 184 (1884).

新疆；蒙古国、哈萨克斯坦、俄罗斯。

阿尔泰蓍

Achillea ledebourii Heimerl, Flora 66: 389 (1883).

Achillea impatiens L. subsp. *ledebourii* (Heimerl) Heimerl, Denkschr. Kaiserl. Akad. Wiss., Wien. Math.-Naturwiss. Kl. 48: 186 (1884).

新疆；哈萨克斯坦、俄罗斯。

蓍（欧蓍，千叶蓍，锯草）

Achillea millefolium L., Sp. Pl. 2: 899 (1753).

内蒙古、新疆；北半球广布。

壮观蓍

Achillea nobilis L., Sp. Pl. 2: 899 (1753).

新疆；哈萨克斯坦、土库曼斯坦、俄罗斯；亚洲（西南部）、欧洲（中部和南部）。

短瓣蓍

Achillea ptarmicoides Maxim., Mém. Acad. Imp. Sci. St.-Pétersbourg Divers Savans 9: 154 (1859).

Achillea sibirica Ledeb. var. *discoidea* Regel, Mém. Acad. Imp. Sci. Saint-Pétersbourg 7: 87 (1861); *Achillea sibirica* subsp. *ptarmicoides* (Maxim.) Heimerl, Denkschr. Kaiserl. Akad. Wiss., Wien. Math.-Naturwiss. Kl. 48: 189 (1884); *Achillea sibirica* var. *ptarmicoides* (Maxim.) Makino, Bot. Mag. (Tokyo) 25: 15 (1911); *Ptarmica ptarmicoides* (Maxim.) Vorosch., Delect. Semin. Hort. Bot. Princ. Acad. Sc. U. R. S. S. 10: 21 (1955).

黑龙江、辽宁、内蒙古、河北；蒙古国、日本、朝鲜半岛、俄罗斯。

柳叶蓍

Achillea salicifolia Besser, Cat. Jard. Bot. Krzemieniec, Suppl. 1: 3 (1812).

陕西、新疆；哈萨克斯坦、俄罗斯；欧洲。

丝叶蓍

Achillea setacea Waldst. et Kit., Descr. Icon. Pl. Hung. 1: 82 (1802).

Achillea millefolium L. var. *setacea* (Waldst. et Kit.) W. D. J. Koch, Syn. Fl. Germ. Helv. [2]: 373 (1837).

黑龙江、新疆；蒙古国、哈萨克斯坦、俄罗斯；亚洲（西南部）、欧洲、非洲。

云南蓍（一支蒿，飞天蜈蚣，蓍草）

●**Achillea wilsoniana** (Heimerl ex Hand.-Mazz.) Heimerl in Hand.-Mazz., Symb. Sin. 7 (4): 1110 (1936).

Achillea sibirica Ledeb. subsp. *wilsoniana* Heimerl ex Hand.-Mazz., Sitzungsber. Kaiserl. Akad. Wiss., Math.-Naturwiss. Cl., Abt. 1 61: 22 (1924); *Achillea wilsoniana* f. *obconica* Heimerl, Acta Horti Gothob. 12: 254 (1938).

山西、陕西、甘肃、湖南、湖北、四川、贵州、云南。

金钮扣属 Acmella Pers.

短舌花金纽扣

△**Acmella brachyglossa** Cass. in F. Cuvier, Dict. Sci. Nat. 50: 258 (1827).

台湾、浙江归化；原产于中美洲、南美洲。

美形金钮扣（小麻药）

Acmella calva (DC.) R. K. Jansen, Syst. Bot. Monogr. 8: 41 (1985).

Spilanthes calva DC. in Wight, Contr. Bot. India [Wight] 19 (1834); *Spilanthes acmella* (L.) Murray var. *calva* (DC.) C. B. Clarke ex Hook. f., Fl. Brit. Ind. 3: 307 (1881); *Spilanthes callimorpha* A. H. Moore, Proc. Amer. Acad. Arts 42: 536 (1907).

云南；菲律宾、缅甸、泰国、印度尼西亚、尼泊尔、印度、斯里兰卡。

天文草

△**Acmella ciliata** (Kunth) Cass. in F. Cuvier, Dict. Sci. Nat. 24: 331 (1822).

Spilanthes ciliata Kunth in Humb. et al., Nov. Gen. Sp. 4: 163 (1818).

台湾归化；原产于南美洲。

桂圆菊

☆**Acmella oleracea** (L.) R. K. Jansen, Syst. Bot. Monogr. 8: 65 (1985).

Spilanthes oleracea L., Syst. Nat., ed. 12 2: 534 (1767).

中国南部（含台湾）栽培；原产于南美洲。

金钮扣（散血草，小铜锤，天文草）

Acmella paniculata (Wall. ex DC.) R. K. Jansen, Syst. Bot. Monogr. 8: 67 (1985).

Spilanthes paniculata Wall. ex DC., Prodr. (DC.) 5: 625 (1836); *Spilanthes acmella* (L.) Murray var. *paniculata* (Wall. ex DC.) C. B. Clarke ex Hook. f., Fl. Brit. Ind. 3: 307 (1881).

云南、台湾、广东、广西；菲律宾、越南、老挝、缅甸、泰国、马来西亚、印度尼西亚、尼泊尔、印度、斯里兰卡。

沼生金纽扣

△**Acmella uliginosa** (Sw.) Cass. in F. Cuvier, Dict. Sci. Nat. 24: 331 (1822).

Spilanthes uliginosa Sw., Prodr. [O. P. Swartz] 110 (1788); *Spilanthes iabadicensis* A. H. Moore, Proc. Amer. Acad. Arts 42: 542 (1907).

台湾、香港归化；原产于亚洲、非洲（北部）和美洲热带地区。

和尚菜属 Adenocaulon Hook.

和尚菜（腺梗菜）

Adenocaulon himalaicum Edgew., Trans. Linn. Soc. London 20: 64 (1846).

Adenocaulon adhaerescens Maxim., Mém. Acad. Imp. Sci. St.-Pétersbourg Divers Savans 9: 152 (1859); *Adenocaulon bicolor* Hook. var. *adhaerescens* (Maxim.) Makino, Bot. Mag. (Tokyo) 13: 240 (1901).

黑龙江、吉林、辽宁、河北、山西、山东、河南、陕西、甘肃、安徽、浙江、江西、湖南、湖北、四川、贵州、云南、西藏；日本、朝鲜半岛、尼泊尔、印度、俄罗斯。

下田菊属 Adenostemma J. R. Forst. et G. Forst.

下田菊（猪耳杂叶，白龙须，胖婆娘）

Adenostemma lavenia (L.) Kuntze, Revis. Gen. Pl. 1: 304 (1891).

中国大部分地区；日本、朝鲜半岛、菲律宾、缅甸、泰国、尼泊尔、印度、澳大利亚；亚洲。

下田菊（原变种）

Adenostemma lavenia var. **lavenia**

Verbesina lavenia L., Sp. Pl. 2: 902 (1753); *Adenostemma viscosum* J. R. Forst. et G. Forst., Char. Gen. Pl., ed. 2: 90 (1776); *Spilanthes tinctoria* Lour., Fl. Cochinch. 2: 484 (1790); *Adenostemma tinctorium* (Lour.) Cass., Dict. Sci. Nat. 25: 364 (1822); *Anisopappus candelabrum* H. Lév., Repert. Spec. Nov. Regni Veg. 8: 451 (1910); *Myriactis candelabrum* (H. Lév.) H. Lév., Repert. Spec. Nov. Regni Veg. 11: 303 (1912).

安徽、江苏、浙江、江西、湖南、贵州、云南、福建、台湾、广东、广西、海南、南海诸岛；日本、朝鲜半岛、菲律宾、尼泊尔、印度、澳大利亚。

宽叶下田菊

Adenostemma lavenia var. **latifolium** (D. Don) Hand.-Mazz., Symb. Sin. 7 (4): 1086 (1936).

Adenostemma latifolium D. Don, Prodr. Fl. Nepal. 181 (1825).

江苏、浙江、湖南、湖北、四川、贵州、云南、西藏、福建、台湾、广东、广西、海南、南海诸岛；日本、朝鲜半岛、印度。

小花下田菊

●**Adenostemma lavenia** var. **parviflorum** (Blume) Hochr., Candollea 5: 298 (1934).

Lavenia parviflora Blume, Bijdr. Fl. Ned. Ind. 15: 905 (1826); *Adenostemma parviflorum* (Blume) DC., Prodr. (DC.) 5: 111 (1836); *Adenostemma viscosum* var. *parviflorum* (Blume) Hook. f., Fl. Brit. Ind. 3: 242 (1881).

江西、湖南、台湾、海南。

紫茎泽兰属 Ageratina Spach

破坏草

△**Ageratina adenophora** (Spreng.) R. M. King et H. Rob., Phytologia 19: 211 (1970).

Eupatorium adenophorum Spreng., Syst. Veg., ed. 16 3: 420 (1826).

贵州、云南、广西、南海诸岛归化；原产于墨西哥，世界热带地区广泛入侵。

泽假藿香蓟

△**Ageratina riparia** (Regel) R. M. King et H. Rob., Phytologia 19: 216 (1970).

Eupatorium riparium Regel, Gartenflora 15: 324 (1866).

台湾归化；原产于中美洲，太平洋地区入侵。

藿香蓟属 Ageratum L.

藿香蓟（胜红蓟）

△**Ageratum conyzoides** L., Sp. Pl. 2: 839 (1753).

河南、陕西、安徽、江苏、江西、四川、贵州、云南、福建、台湾、广东、广西、海南、南海诸岛栽培和归化，河北和浙江仅栽培；原产于热带美洲，亚洲和非洲热带归化。

熊耳草

△**Ageratum houstonianum** Mill., Gard. Dict., ed. 8. *Ageratum* no. 2 (1768).

Ageratum mexicanum Sims, Bot. Mag. 52: t. 2524 (1825).

河北、山东、安徽、江苏、浙江、四川、贵州、云南、福建、台湾、广东、广西、海南归化和栽培；原产于热带美洲，缅甸、泰国、尼泊尔、印度归化，非洲也有归化。

兔儿风属 Ainsliaea DC.

槭叶兔儿风

Ainsliaea acerifolia var. **subapoda** Nakai, Bot. Mag. (Tokyo) 30: 290 (1916).

Ainsliaea affinis Miq., Ann. Mus. Bot. Lugduno-Batavi 2: 187 (1866); *Ainsliaea acerifolia* var. *affinis* (Miq.) Kitam., J. Jap. Bot. 14: 305 (1938).

吉林、辽宁；日本、朝鲜半岛。

马边兔儿风

●**Ainsliaea angustata** C. C. Chang, Sinensia 5: 158 (1934).

陕西、甘肃、四川、重庆。

龟甲兔儿风

Ainsliaea apiculata Sch.-Bip., Pollichia 18-19: 188 (1861).

江苏、台湾；日本、朝鲜半岛。

龟甲兔儿风（原变种）

Ainsliaea apiculata var. **apiculata**

江苏；日本、朝鲜半岛。

五裂龟甲兔儿风（新拟）

Ainsliaea apiculata var. **acerifolia** Masam., Mem. Fac. Sci. Taihoku Imp. Univ. 11: 455 (1934).

Ainsliaea liukiuensis Beauverd, Bull. Soc. Bot. Genève 1: 382 (1909); *Ainsliaea secundiflora* Hayata, J. Coll. Sci. Imp. Univ. Tokyo 30 (1): 377 (1911); *Ainsliaea macroclinidioides* Hayata var. *secundiflora* (Hayata) Kitam., J. Jap. Bot. 14: 307 (1938).

台湾；日本。

无翅兔儿风

Ainsliaea aptera DC., Prodr. (DC.) 7: 14 (1838).

云南、西藏；不丹、尼泊尔、印度、巴基斯坦、阿富汗。

狭翅兔儿风

Ainsliaea apteroides (C. C. Chang) Y. C. Tseng, Acta Phytotax. Sin. 31: 363 (1993).

Ainsliaea pteropoda DC. var. *apteroides* C. C. Chang, Sinensia 4: 227 (1934).

四川、云南；不丹、印度。

细辛叶兔儿风

●**Ainsliaea asaroides** Y. S. Ye, J. Wang et H. G. Ye, Nord. J. Bot. 28: 196 (2010).
广东。

心叶兔儿风

●**Ainsliaea bonatii** Beauverd, Bull. Soc. Bot. Genève 1: 377 (1909).
四川、重庆、贵州、云南。

心叶兔儿风（原变种）

●**Ainsliaea bonatii** var. **bonatii**
Ainsliaea pteropoda DC. var. *platyphylla* Franch., J. Bot. (Morot) 2: 69 (1888); *Ainsliaea bonatii* var. *arachnoidea* Beauverd, Bull. Soc. Bot. Genève 1: 338 (1909).
四川、重庆、贵州、云南。

薄叶兔儿风

●**Ainsliaea bonatii** var. **multibracteata** (Mattf.) S. E. Freire, Ann. Missouri Bot. Gard. 94: 108 (2007).
Ainsliaea multibracteata Mattf., Notizbl. Bot. Gart. Berlin-Dahlem 11: 106 (1931); *Ainsliaea mattfeldiana* Hand.-Mazz., Acta Horti Gothob. 12: 347 (1938).
四川。

蓝兔儿风

●**Ainsliaea caesia** Hand.-Mazz., Beih. Bot. Centralbl., Abt. 2 56: 469 (1937).
江西、广东。

卡氏兔儿风

●**Ainsliaea cavaleriei** H. Lév., Fl. Kouy-Tchéou. 82 (1914).
Ainsliaea cleistogama C. C. Chang, Sinensia 4: 225 (1934).
江西、广东、广西。

边地兔儿风

Ainsliaea chapaensis Merr., J. Arnold Arbor. 21: 387 (1940).
广西、海南；越南。

厚叶兔儿风

●**Ainsliaea crassifolia** C. C. Chang, Sinensia 6: 549 (1935).
四川、云南。

秀丽兔儿风

Ainsliaea elegans Hemsl., Hooker's Icon. Pl. 28: t. 2747 (1902).
贵州、云南；越南。

异叶兔儿风

●**Ainsliaea foliosa** Hand.-Mazz., Acta Horti Gothob. 12: 348 (1938).
四川、云南。

杏香兔儿风

Ainsliaea fragrans Champ. ex Benth., Hooker's J. Bot. Kew Gard. Misc. 4: 236 (1852).
Ainsliaea cordifolia var. *integrifolia* Maxim., Bot. Jahrb. Syst. 6: 69 (1885); *Ainsliaea rubrifolia* Franch., J. Bot. (Morot) 8: 296 (1894); *Ainsliaea integrifolia* (Maxim.) Makino, Bot. Mag. (Tokyo) 22: 167 (1908); *Ainsliaea ningpoensis* Matsuda, Bot. Mag. (Tokyo) 27: 236 (1913); *Ainsliaea asarifolia* Hayata, Icon. Pl. Formosan. 8: 71 (1919); *Ainsliaea fragrans* var. *integrifolia* (Maxim.) Kitam., Acta Phytotax. Geobot. 8: 67 (1939).
安徽、江苏、浙江、江西、湖南、湖北、四川、贵州、云南、福建、台湾、广东、广西；日本。

黄毛兔儿风

●**Ainsliaea fulvipes** Jeffrey et W. W. Smith, Notes Roy. Bot. Gard. Edinburgh 8: 175 (1914).
Ainsliaea fulvioides H. Chuang, Fl. Yunnan. 13: 834 (2004); *Ainsliaea fulvioides* var. *glabriachenia* H. Chuang, Fl. Yunnan. 13: 834 (2004); *Ainsliaea lijiangensis* H. Chuang, Fl. Yunnan. 13: 834 (2004).
四川、云南、广东。

光叶兔儿风

●**Ainsliaea glabra** Hemsl., J. Linn. Soc., Bot. 23: 471 (1888).
江西、湖南、湖北、四川、重庆、贵州、云南、福建。

纤枝兔儿风

●**Ainsliaea gracilis** Franch., J. Bot. (Morot) 8: 297 (1894).
江西、湖南、湖北、四川、重庆、贵州、广东、广西。

粗齿兔儿风

●**Ainsliaea grossedentata** Franch., J. Bot. (Morot) 8: 297 (1894).
Ainsliaea gracilis Franch. var. *robusta* Diels., Bot. Jahrb. Syst. 29: 629 (1901).
江西、湖南、湖北、四川、重庆、贵州、广西。

长穗兔儿风

●**Ainsliaea henryi** Diels, Bot. Jahrb. Syst. 29: 628 (1901).
湖南、湖北、四川、贵州、云南、福建、台湾、广东、广西、海南。

长穗兔儿风（原变种）

●**Ainsliaea henryi** var. **henryi**
Ainsliaea undulata Diels, Bot. Jahrb. Syst. 29 (5): 629 (1901); *Ainsliaea latifolia* (D. Don) Sch.-Bip. subsp. *henryi* (Diels) H. Koyama, Acta Phytotax. Geobot. 32 (1-4): 60 (1981); *Ainsliaea henryi* Diels var. *daguanensis* H. Chuang, Fl. Yunnan. 13: 835 (2004).
湖南、湖北、四川、贵州、云南、福建、台湾、广东、广西、海南。

亚高山长穗兔儿风

●**Ainsliaea henryi** var. **subalpina** (Hand.-Mazz.) S. E. Freire, Ann. Missouri Bot. Gard. 94 (1): 129 (2007).

Ainsliaea reflexa Merr. var. *subalpina* Hand.-Mazz., Akad. Wiss. Wien, Math.-Naturwiss. Kl., Denkschr. 63 (1): 12 (1926); *Ainsliaea morrisonicola* Hayata, J. Coll. Sci. Imp. Univ. Tokyo 24 (19): 142 (1908); *Ainsliaea reflexa* var. *nimborum* Hand.-Mazz., Akad. Wiss. Wien, Math.-Naturwiss. Kl., Denkschr. 63 (1): 5 (1926); *Ainsliaea henryi* var. *ovalifolia* C. C. Chang, Sinensia 4 (8): 227 (1934).
云南、台湾。

灯台兔儿风

●**Ainsliaea kawakamii** Hayata, Icon. Pl. Formosan. 8: 72 (1919).
Ainsliaea hui Diels ex Mattf., Notizbl. Bot. Gart. Berlin-Dahlem 11: 109 (1931).
安徽、浙江、湖南、福建、台湾、广东。

澜沧兔儿风

●**Ainsliaea lancangensis** Y. Y. Qian, J. Trop. Subtrop. Bot. 8 (2): 161 (2000).
云南。

宽叶兔儿风

Ainsliaea latifolia (D. Don) Sch.-Bip., Jahresber. Pollichia 18-19: 190 (1861).
Liatris latifolia D. Don, Prodr. Fl. Nepal. 169 (1825); *Ainsliaea hypoleuca* Diels, Repert. Spec. Nov. Regni Veg. Beih. 12: 514 (1922); *Ainsliaea heterantha* Hand.-Mazz., Oesterr. Bot. Z. 87: 128 (1938); *Ainsliaea latifolia* (D. Don) Sch.-Bip. var. *ramifera* H. Chuang, Fl. Yunnan. 13: 835 (2004).
湖北、四川、贵州、云南、西藏、广东、广西、海南；越南、缅甸、泰国、印度尼西亚、不丹、尼泊尔、印度、孟加拉国、克什米尔地区。

大头兔儿风

●**Ainsliaea macrocephala** (Mattf.) Y. C. Tseng, Acta Phytotax. Sin. 31: 364 (1993).
Ainsliaea pteropoda DC. var. *macrocephala* Mattf., Notizbl. Bot. Gart. Berlin-Dahlem 11: 107 (1931).
四川、云南。

阿里山兔儿风

Ainsliaea macroclinidioides Hayata, J. Coll. Sci. Imp. Univ. Tokyo 25 (19): 141 (1908).
Ainsliaea okinawensis Hayata, J. Coll. Sci. Imp. Univ. Tokyo 30 (1): 161 (1911); *Ainsliaea dentata* Koidz., Bot. Mag. (Tokyo) 28: 149 (1914); *Ainsliaea ovata* Koidz., Bot. Mag. (Tokyo) 28: 150 (1914); *Ainsliaea yadsimae* Koidz., Bot. Mag. (Tokyo) 28: 149 (1914); *Ainsliaea macroclinidioides* var. *okinawensis* (Hayata) Kitam., J. Jap. Bot. 20: 192 (1944).
台湾；日本。

药山兔儿风

●**Ainsliaea mairei** H. Lév., Monde Pl. 18: 31 (1916).
四川、贵州、云南。

小兔儿风

●**Ainsliaea nana** Y. C. Tseng, Acta Phytotax. Sin. 31: 365 (1993).
四川。

直脉兔儿风

●**Ainsliaea nervosa** Franch., Bull. Mus. Hist. Nat. (Paris) 1: 64 (1895).
四川、贵州、云南。

小叶兔儿风

●**Ainsliaea parvifolia** Merr., Philipp. J. Sci., C 12: 110 (1917).
广东。

花莲兔儿风

●**Ainsliaea paucicapitata** Hayata, Icon. Pl. Formosan. 8: 71 (1919).
台湾。

腋花兔儿风

●**Ainsliaea pertyoides** Franch., J. Bot. (Morot) 2: 70 (1888).
四川、贵州、云南。

腋花兔儿风（原变种）

●**Ainsliaea pertyoides** var. **pertyoides**
Ainsliaea sparsiflora Vaniot., Bull. Acad. Int. Geogr. Bot. 12: 118 (1903); *Ainsliaea pertyoides* f. *sparsiflora* (Vaniot) Beauverd, Bull. Soc. Bot. Genève 1: 384 (1909); *Ainsliaea pertyoides* var. *sparsiflora* (Vaniot) H. Lév., Cat. Pl. Yun-Nan 37 (1915).
四川、贵州、云南。

白背兔儿风

●**Ainsliaea pertyoides** var. **albotomentosa** Beauverd, Bull. Soc. Bot. Genève 1: 384 (1909).
Ainsliaea ovalifolia Vaniot, Bull. Acad. Int. Geogr. Bot. 12: 119 (1903); *Ainsliaea pertyoides* var. *intermedia* Beauverd, Bull. Soc. Bot. Genève 1: 384 (1909).
四川、贵州、云南。

屏边兔儿风

●**Ainsliaea pingbianensis** Y. C. Tseng, Acta Phytotax. Sin. 31: 365 (1993).
Ainsliaea gongshanensis H. Chuang, Fl. Yunnan. 13: 833 (2004); *Ainsliaea pingbianensis* var. *malipoensis* H. Chuang, Fl. Yunnan. 13: 833 (2004).
四川、云南、广东。

钱氏兔儿风

●**Ainsliaea qianiana** S. E. Freire, Novon 12: 453 (2002).
四川、云南。

莲沱兔儿风

●**Ainsliaea ramosa** Hemsl., J. Linn. Soc., Bot. 23: 471 (1888).
湖南、湖北、四川、重庆、贵州、广东、广西。

长柄兔儿风

Ainsliaea reflexa Merr., Philipp. J. Sci. 1 (Suppl. 3): 242 (1906).
Ainsliaea longipetiolata Merr., Pap. Michigan Acad. Sci., Part 1. (1938), 24: 91 (1939); *Ainsliaea angustifolia* Hook. f. et Thomson ex C. B. Clarke var. *luchunensis* H. Chuang, Fl. Yunnan. 13: 834 (2004).
云南、西藏、台湾、广东、海南；菲律宾、越南、印度尼西亚。

红脉兔儿风

●**Ainsliaea rubrinervis** C. C. Chang, Sinensia 4: 226 (1934).
四川。

紫枝兔儿风

●**Ainsliaea smithii** Mattf., Acta Horti Gothob. 8: 79 (1933).
四川、云南。

细穗兔儿风

Ainsliaea spicata Vaniot, Bull. Acad. Int. Geogr. Bot. 12: 117 (1903).
Ainsliaea pteropoda DC. var. *obovata* Franch., Cat. Pl. Yun-Nan 37 (1915); *Ainsliaea latifolia* (D. Don) Sch.-Bip. var. *obovata* (Franch.) Grierson et Lauener, Notes Roy. Bot. Gard. Edinburgh 34: 385 (1976).
湖北、四川、重庆、贵州、云南、广东、广西；泰国、不丹、印度、孟加拉国。

三脉兔儿风

Ainsliaea trinervis Y. C. Tseng, Acta Phytotax. Sin. 31: 367 (1993).
Ainsliaea oblonga Koidz., Bot. Mag. (Tokyo) 28: 150 (1914); *Ainsliaea macroclinidioides* Hayata var. *oblonga* (Koidz.) Hatus., Fl. Ryukyus: 607 (1971), nom. invalid.
江西、贵州、福建、广东、广西；日本。

华南兔儿风（狭叶兔儿风）

●**Ainsliaea walkeri** Hook. f., Bot. Mag. 102: t. 6225 (1876).
福建、广东、广西。

云南兔儿风

●**Ainsliaea yunnanensis** Franch., J. Bot. (Morot) 2: 70 (1888).
Ainsliaea pteropoda DC. var. *leiophylla* Franch., J. Bot. (Morot) 2: 69 (1888); *Ainsliaea scabrida* Dunn, J. Linn. Soc., Bot. 35: 510 (1903); *Ainsliaea latifolia* (D. Don) Sch.-Bip. f. *yunnanensis* (Franch.) Kitam., Acta Phytotax. Geobot. 41: 171 (1990).
四川、贵州、云南。

亚菊属 Ajania Poljakov

蓍状亚菊

Ajania achilleoides (Turcz.) Poljakov ex Grubov, Novosti Sist. Vyssh. Rast. 9: 926 (1972).
Artemisia achilleoides Turcz., Bull. Soc. Imp. Naturalistes Moscou 5: 195 (1832); *Tanacetum achilleoides* (Turcz.) DC., Prodr. (DC.) 6: 130 (1838); *Chrysanthemum achilleoides* (Turcz.) Hand.-Mazz., Acta Horti Gothob. 12: 270 (1938).
内蒙古；蒙古国。

丽江亚菊

●**Ajania adenantha** (Diels) Y. Ling et C. Shih, Bull. Bot. Lab. N. E. Forest. Inst., Harbin 6: 13 (1980).
Tanacetum adenanthum Diels, Notes Roy. Bot. Gard. Edinburgh 5: 187 (1912); *Chrysanthemum adenanthum* (Diels) Hand.-Mazz., Symb. Sin. 7 (4): 1112 (1936).
河北、云南。

内蒙亚菊

●**Ajania alabasica** H. C. Fu in Ma, Fl. Intramongolica 6: 325 (1982).
Chrysanthemum alabasicum (H. C. Fu) H. Ohashi et Yonek., J. Jap. Bot. 79: 187 (2004).
内蒙古。

灰叶亚菊

●**Ajania amphisericea** (Hand.-Mazz.) C. Shih, Acta Phytotax. Sin. 32: 366 (1994).
Chrysanthemum potaninii (Krasch.) Hand.-Mazz. var. *amphisericeum* Hand.-Mazz., Acta Horti Gothob. 12: 271 (1938).
四川。

短冠亚菊

●**Ajania brachyantha** C. Shih, Acta Phytotax. Sin. 17: 114 (1979).
Chrysanthemum brachyanthum (C. Shih) H. Ohashi et Yonek., J. Jap. Bot. 79: 188 (2004).
西藏。

短裂亚菊

●**Ajania breviloba** (Franch. ex Hand.-Mazz.) Y. Ling et C. Shih, Bull. Bot. Lab. N. E. Forest. Inst., Harbin 6: 13 (1980).
Chrysanthemum pallasianum (Fisch. ex Besser) Komarov var. *brevilobum* Franch. ex Hand.-Mazz., Symb. Sin. 7 (4): 1112 (1936); *Chrysanthemum brevilobum* (Franch. ex Hand.-Mazz.) Hand.-Mazz., Acta Horti Gothob. 12: 266 (1938); *Dendranthema brevilobum* (Franch. ex Hand.-Mazz.) Kitam., Acta Phytotax. Geobot. 41: 184 (1990).
吉林、陕西、湖北、云南。

云南亚菊

●**Ajania elegantula** (W. W. Smith) C. Shih, Bull. Bot. Lab. N.

E. Forest. Inst., Harbin 6: 15 (1980).
Tanacetum elegantulum W. W. Smith, Notes Roy. Bot. Gard. Edinburgh 10: 201 (1918); *Chrysanthemum elegantulum* (W. W. Smith) S. Y. Hu, Quart. J. Taiwan Mus. 19: 27 (1966).
云南。

新疆亚菊

Ajania fastigiata C. Winkl., Trudy Imp. S.-Peterburgsk. Bot. Sada 11: 373 (1891).
Chrysanthemum fastigiatum (C. Winkl.) H. Ohashi et Yonek., J. Jap. Bot. 79: 189 (2004).
新疆；阿富汗、哈萨克斯坦。

灌木亚菊

Ajania fruticulosa (Ledeb.) Poljakov, Bot. Mater. Gerb. Bot. Inst. Komarova Akad. Nauk S. S. S. R. 17: 428 (1955).
Tanacetum fruticulosum Ledeb., Icon. Pl. 1: 10 (1829); *Tanacetum aureoglobosum* W. W. Smith et Farrer, Notes Roy. Bot. Gard. Edinburgh 9: 133 (1916); *Chrysanthemum neofruticulosum* Y. Ling, Contr. Inst. Bot. Natl. Acad. Peiping 3: 482 (1935) in obs.; *Chrysanthemum aureoglobosum* (W. W. Smith et Farrer) Hand.-Mazz., Acta Horti Gothob. 12: 270 (1938).
内蒙古、陕西、甘肃、青海、新疆、江苏、西藏；蒙古国、哈萨克斯坦、土库曼斯坦、俄罗斯。

纤细亚菊

Ajania gracilis (Hook. f. et Thomson) Poljakov in Schischk. et Bobrov, Fl. U. R. S. S. 26: 407 (1961).
Tanacetum gracile Hook. f. et Thomson in Hook. f., Fl. Brit. Ind. 3: 318 (1881); *Chrysanthemum gracile* (Hook. f. et Thomson) B. Fedtsch., Rastitel'n. Turkestana 737 (1915); *Chrysanthemum hookeri* Kitam., Acta Phytotax. Geobot. 17: 34 (1957).
宁夏、西藏；塔吉克斯坦、吉尔吉斯斯坦。

下白亚菊

●**Ajania hypoleuca** Y. Ling ex C. Shih, Acta Phytotax. Sin. 32: 366 (1994).
Chrysanthemum hypoleucum (Y. Ling ex C. Shih) H. Ohashi et Yonek., J. Jap. Bot. 79: 189 (2004).
甘肃、四川。

铺散亚菊

Ajania khartensis (Dunn) C. Shih, Acta Phytotax. Sin. 17: 115 (1979).
Tanacetum khartense Dunn, Bull. Misc. Inform. Kew 1922: 150 (1922); *Tanacetum mutellinum* Hand.-Mazz., Akad. Wiss. Wien, Math.-Naturwiss. Kl., Anz. 61: 203 (1924); *Chrysanthemum mutellinum* (Hand.-Mazz.) Hand.-Mazz., Symb. Sin. 7 (4): 1112, pl. 17, f. 2 (1936); *Dendranthema mutellinum* (Hand.-Mazz.) Kitam., Enum. Fl. Pl. Nepal 3: 24 (1982); *Chrysanthemum khartense* (Dunn) H. Ohashi et Yonek., J. Jap. Bot. 79: 189 (2004).
内蒙古、宁夏、甘肃、青海、四川、云南、西藏；印度。

宽叶亚菊

●**Ajania latifolia** C. Shih, Bull. Bot. Lab. N. E. Forest. Inst., Harbin 6: 12 (1980).
Chrysanthemum shihchuanum H. Ohashi et Yonek., J. Jap. Bot. 79: 191 (2004).
四川。

多花亚菊（千花亚菊）

Ajania myriantha (Franch.) Y. Ling ex C. Shih, Acta Phytotax. Sin. 17: 114 (1979).
Tanacetum myrianthum Franch., Bull. Annuel Soc. Philom. Paris, sér. 8 3: 144 (1891); *Tanacetum myrianthum* var. *wardii* C. Marquand et Airy Shaw, J. Linn. Soc., Bot. 48 (321): 190 (1929); *Chrysanthemum myrianthum* (Franch.) Y. Ling, Contr. Inst. Bot. Natl. Acad. Peiping 3: 216 (1935); *Chrysanthemum myrianthum* var. *wardii* (C. Marquand et Airy Shaw) Hand.-Mazz., Symb. Sin. 7 (4): 1112 (1936); *Chrysanthemum mairei* (H. Lév.) Hand.-Mazz., Acta Horti Gothob. 12: 267 (1938); *Chrysanthemum myrianthum* var. *sericocephalum* Hand.-Mazz., Acta Horti Gothob. 12: 267 (1938).
甘肃、青海、湖北、四川、云南、西藏；不丹。

丝裂亚菊

●**Ajania nematoloba** (Hand.-Mazz.) Y. Ling et C. Shih, Bull. Bot. Lab. N. E. Forest. Inst., Harbin 6: 16 (1980).
Chrysanthemum nematolobum Hand.-Mazz., Acta Horti Gothob. 12: 271 (1938).
内蒙古、甘肃、青海。

光苞亚菊

●**Ajania nitida** C. Shih, Bull. Bot. Lab. N. E. Forest. Inst., Harbin 6: 15 (1980).
Chrysanthemum nitidum (C. Shih) H. Ohashi et Yonek., J. Jap. Bot. 79: 190 (2004).
四川。

黄花亚菊

Ajania nubigena (Wall. ex DC.) C. Shih, Acta Phytotax. Sin. 17: 116 (1979).
Tanacetum nubigenum Wall. ex DC., Prodr. (DC.) 6: 130 (1838); *Chrysanthemum nubigenum* (Wall. ex DC.) Hand.-Mazz., Symb. Sin. 7 (4): 1113 (1936); *Dendranthema nubigenum* (Wall. ex DC.) Kitam., Enum. Fl. Pl. Nepal 3: 24 (1982).
甘肃、四川、云南、西藏；不丹、尼泊尔、印度。

亚菊

Ajania pallasiana (Fisch. ex Besser) Poljakov, Bot. Mater. Gerb. Bot. Inst. Komarova Akad. Nauk S. S. S. R. 17: 420 (1955).
Artemisia pallasiana Fisch. ex Besser, Tent. Abrot. 61 (1832); *Tanacetum pallasianum* (Fisch. ex Besser) Trautv. et C. A.

Meyer, Fl. Ochot. Phaenog. 55 (1856); *Pyrethrum pallasianum* (Fisch. ex Besser) Maxim., Bull. Acad. Imp. Sci. Saint-Pétersbourg 17: 423 (1872); *Chrysanthemum pallasianum* (Fisch. ex Besser) Kom., Trudy Imp. S.-Peterburgsk. Bot. Sada 25: 645 (1907).
黑龙江、吉林、辽宁、陕西、甘肃；蒙古国、朝鲜半岛、俄罗斯。

小花亚菊（束伞亚菊）

Ajania parviflora (Grüning) Y. Ling, Bull. Bot. Lab. N. E. Forest. Inst., Harbin 6: 15 (1980).
Chrysanthemum parviflorum Grüning, Repert. Spec. Nov. Regni Veg. 12: 312 (1913); *Tanacetum davidii* Krasch., Bot. Mater. Gerb. Bot. Inst. Bot. Acad. Nauk Kazakhsk. S. S. R. 6: 5 (1923); *Tanacetum parviflorum* (Grüning) H. W. Kung, Contr. Inst. Bot. Natl. Acad. Peiping 2: 404 (1934).
内蒙古、河北、山西；蒙古国。

细裂亚菊

●**Ajania przewalskii** Poljakov, Bot. Mater. Gerb. Bot. Inst. Komarova Akad. Nauk S. S. S. R. 17: 422 (1955).
Chrysanthemum przewalskii (Poljakov) H. Ohashi et Yonek., J. Jap. Bot. 79: 190 (2004).
内蒙古、宁夏、甘肃、青海、四川。

紫花亚菊

●**Ajania purpurea** C. Shih, Acta Phytotax. Sin. 17: 115 (1979).
Chrysanthemum purpureiflorum H. Ohashi et Yonek., J. Jap. Bot. 79: 190 (2004).
西藏。

栎叶亚菊

●**Ajania quercifolia** (W. W. Smith) Y. Ling et C. Shih, Bull. Bot. Lab. N. E. Forest. Inst., Harbin 6: 12 (1980).
Tanacetum quercifolium W. W. Smith, Notes Roy. Bot. Gard. Edinburgh 8: 119 (1913); *Chrysanthemum quercifolium* (W. W. Smith) Hand.-Mazz., Symb. Sin. 7 (4): 1112 (1936); *Phaeostigma quercifolium* (W. W. Smith) Muldashev, Bot. Zhurn. (Moscow et Leningrad) 66: 587 (1981); *Dendranthema quercifolium* (W. W. Smith) Kitam., Acta Phytotax. Geobot. 33: 193 (1982).
四川、云南。

分枝亚菊

●**Ajania ramosa** (C. C. Chang) C. Shih, Acta Phytotax. Sin. 17: 114 (1979).
Chrysanthemum variifolium C. C. Chang var. *ramosum* C. C. Chang, Sinensia 5: 163 (1934); *Phaeostigma variifolium* (C. C. Chang) Muldashev var. *ramosum* (C. C. Chang) Muldashev, Bot. Zhurn. (Moscow et Leningrad) 66: 587 (1981); *Chrysanthemum ramosum* (C. C. Chang) H. Ohashi et Yonek., J. Jap. Bot. 79: 190 (2004).
陕西、湖北、四川、西藏。

疏齿亚菊

●**Ajania remotipinna** (Hand.-Mazz.) Y. Ling et C. Shih, Bull. Bot. Lab. N. E. Forest. Inst., Harbin 6: 13 (1980).
Chrysanthemum remotipinnum Hand.-Mazz., Acta Horti Gothob. 12: 265 (1938).
山西、陕西、甘肃、四川、西藏。

柳叶亚菊

●**Ajania salicifolia** (Mattf. ex Rehder et Kobuski) Poljakov, Bot. Mater. Gerb. Bot. Inst. Komarova Akad. Nauk S. S. S. R. 17: 424 (1955).
Tanacetum salicifolium Mattf. ex Rehder et Kobuski, J. Arnold Arbor. 13: 207 (1932); *Chrysanthemum linearifolium* C. C. Chang, Sinensia 5: 160 (1934); *Chrysanthemum salicifolium* (Mattf. ex Rehder et Kobuski) Hand.-Mazz., Acta Horti Gothob. 12: 264 (1938); *Phaeostigma salicifolium* (Mattf. ex Rehder et Kobuski) Muldashev, Bot. Zhurn. (Moscow et Leningrad) 66 (4): 587 (1981).
陕西、甘肃、青海、四川。

单头亚菊

●**Ajania scharnhorstii** (Regel et Schmalh.) Tzvelev in Schischk. et Bobrov, Fl. U. R. S. S. 26: 409 (1961).
Tanacetum scharnhorstii Regel et Schmalh., Trudy Imp. S.-Peterburgsk. Bot. Sada 5: 620 (1878); *Chrysanthemum scharnhorstii* (Regel et Schmalh.) B. Fedtsch., Rastit. Turkest. 738 (1915); *Hippolytia scharnhorstii* (Regel et Schmalh.) Poljakov, Grow. Typk. 738 (1915).
甘肃、青海、新疆、西藏。

密绒亚菊

●**Ajania sericea** C. Shih, Bull. Bot. Lab. N. E. Forest. Inst., Harbin 6: 14 (1980).
Chrysanthemum delavayanum H. Ohashi et Yonek., J. Jap. Bot. 79: 188 (2004).
云南。

细叶亚菊（细叶菊艾）

●**Ajania tenuifolia** (Jacquem. ex DC.) Tzvelev in Schischk. et Bobrov, Fl. U. R. S. S. 26: 411 (1961).
Tanacetum tenuifolium Jacquem. ex DC., Prodr. (DC.) 6: 129 (1838); *Ajania roborowskii* Muldashev, Bot. Zhurn. (Moscow et Leningrad) 67: 1528 (1982); *Ajania roborowskii* var. *tsinghaica* Muldashev, Bot. Zhurn. (Moscow et Leningrad) 67: 1529 (1982); *Chrysanthemum roborowskii* (Muldashev) H. Ohashi et Yonek., J. Jap. Bot. 79: 191 (2004); *Chrysanthemum roborowskii* var. *tsinghaicum* (Muldashev) H. Ohashi et Yonek., J. Jap. Bot. 79: 191 (2004).
甘肃、青海、江苏、四川、云南、西藏。

西藏亚菊

Ajania tibetica (Hook. f. et Thomson ex C. B. Clarke) Tzvelev in Schischk. et Bobrov, Fl. U. R. S. S. 26: 410 (1961).
Tanacetum tibeticum Hook. f. et Thomson ex C. B. Clarke, Compos. Ind. 154 (1876); *Chrysanthemum tibeticum* (Hook. f. et Thomson ex C. B. Clarke) S. Y. Hu, Pauls. Pl. Coll. in Asia

Med. and Pers. 149 (1903).
四川、西藏；印度、巴基斯坦、哈萨克斯坦。

女蒿（打斯都巴拉）

Ajania trifida (Turcz.) Muldashev, Bot. Zhurn. (Moscow et Leningrad) 68: 213 (1983).
Artemisia trifida Turcz., Bull. Soc. Imp. Naturalistes Moscou 5: 196 (1832); *Tanacetum trifidum* (Turcz.) DC., Prodr. (DC.) 6: 130 (1838); *Chrysanthemum trifidum* (Turcz.) Krasch., Bot. Mater. Gerb. Glavn. Bot. Sada R. S. F. S. R. 4: 5 (1923); *Hippolytia trifida* (Turcz.) Poljakov, Bot. Mater. Gerb. Bot. Inst. Bot. Acad. Nauk Kazakhsk. S. S. R. 18: 289 (1957).
内蒙古；蒙古国。

矮亚菊

●**Ajania trilobata** Poljakov in Schischk. et Bobrov, Fl. U. R. S. S. 26: 880 (1961).
Chrysanthemum trilobatum (Poljakov) H. Ohashi et Yonek., J. Jap. Bot. 79: 192 (2004).
新疆。

多裂亚菊

●**Ajania tripinnatisecta** Y. Ling et C. Shih, Bull. Bot. Lab. N. E. Forest. Inst., Harbin 6: 14 (1980).
Chrysanthemum tripinnatisectum (Y. Ling et C. Shih) H Ohashi et Yonek., J. Jap. Bot. 79: 192 (2004).
四川。

深裂亚菊

●**Ajania truncata** (Hand.-Mazz.) Y. Ling ex C. Shih, Acta Phytotax. Sin. 32: 366 (1994).
Chrysanthemum truncatum Hand.-Mazz., Acta Horti Gothob. 12: 270 (1938).
四川。

异叶亚菊

Ajania variifolia (C. C. Chang) Tzvelev in Schischk. et Bobrov, Fl. U. R. S. S. 26: 401 (1961).
Chrysanthemum variifolium C. C. Chang, Sinensia 5: 161 (1934); *Ajania manchurica* Poljakov, Bot. Mater. Gerb. Bot. Inst. Bot. Acad. Nauk Kazakhsk. S. S. R. 17: 425 (1955); *Dendranthema variifolium* (C. C. Chang) Vorosch., Fl. Sovetsk. Dal'n. Vost. 410 (1966); *Phaeostigma variifolium* (C. C. Chang) Muldashev, Bot. Zhurn. (Moscow et Leningrad) 66: 587 (1981).
黑龙江、陕西、湖北；朝鲜半岛、俄罗斯。

画笔菊属 Ajaniopsis C. Shih

画笔菊

●**Ajaniopsis penicilliformis** C. Shih, Acta Phytotax. Sin. 16: 87 (1978).
西藏。

翅膜菊属 Alfredia Cass.

薄叶翅膜菊（土升麻，亚飞廉）

Alfredia acantholepis Kar. et Kir., Bull. Soc. Imp. Naturalistes Moscou 15: 394 (1842).
新疆；哈萨克斯坦。

糙毛翅膜菊

●**Alfredia aspera** C. Shih, Acta Phytotax. Sin. 22: 454 (1984).
新疆。

翅膜菊

Alfredia cernua (L.) Cass. in F. Cuvier, Dict. Sci. Nat. 1 (Suppl.): 115 (1816).
Cnicus cernuus L., Sp. Pl. 2: 826 (1753); *Alfredia stenolepis* Kar. et Kir., Bull. Soc. Imp. Naturalistes Moscou 14: 452 (1841).
新疆；哈萨克斯坦、俄罗斯。

长叶翅膜菊

●**Alfredia fetissowii** Iljin, Bot. Mater. Gerb. Glavn. Bot. Sada R. S. F. S. R. 4: 38 (1923).
新疆。

厚叶翅膜菊（白背亚飞廉）

Alfredia nivea Kar. et Kir., Bull. Soc. Imp. Naturalistes Moscou 15: 395 (1842).
Alfredia suaveolens Rupr., Mém. Acad. Imp. Sci. St.-Pétersbourg 14: 56 (1869); *Arctium niveum* (Kar. et Kir.) Kuntze, Revis. Gen. Pl. 1: 307 (1891).
新疆；哈萨克斯坦。

扁毛菊属 Allardia Decne.

扁毛菊（扁芒菊，刚布，西藏扁芒菊）

Allardia glabra Decne. in Jacquem., Voy. Inde 4 (Bot.): 88 (1841).
Waldheimia tridactylites Kar. et Kir. subsp. *glabra* (Decne.) Podlech, Bull. Soc. Imp. Naturalistes Moscou 15: 126 (1842); *Waldheimia glabra* (Decne.) Regel, Trudy Imp. S.-Peterburgsk. Bot. Sada 6: 310 (1879).
西藏；不丹、印度、巴基斯坦、阿富汗、哈萨克斯坦、乌兹别克斯坦。

多毛扁毛菊（多毛扁芒菊）

Allardia huegelii Sch.-Bip., Pollichia 20-21: 442 (1863).
Waldheimia stracheyana Regel, Trudy Imp. S.-Peterburgsk. Bot. Sada 6: 309 (1879); *Waldheimia huegelii* (Sch.-Bip.) Tzvelev, Fl. U. R. S. S. 26: 271 (1961).
西藏；印度、巴基斯坦。

毛果扁毛菊（毛果扁芒菊）

●**Allardia lasiocarpa** (G. X. Fu) Bremer et Humphries, Bull. Nat. Hist. Mus. London, Bot. 23: 98 (1993).

Waldheimia lasiocarpa G. X. Fu, Acta Phytotax. Sin. 17: 113 (1979).
西藏。

小扁毛菊（小扁芒菊）

Allardia nivea Hook. f. et Thomson ex C. B. Clarke, Compos. Ind. 145 (1876).
Waldheimia nivea (Hook. f. et Thomson ex C. B. Clarke) Regel, Trudy Imp. S.-Peterburgsk. Bot. Sada 6: 309 (1879).
西藏；尼泊尔、印度、巴基斯坦、阿富汗。

光叶扁毛菊

Allardia stoliczkae C. B. Clarke, Compos. Ind. 145 (1876).
Waldheimia korolkowii Regel et Schmalh., Trudy Imp. S.-Peterburgsk. Bot. Sada 6: 310 (1879); *Waldheimia stoliczkae* (C. B. Clarke) Ostenf., S. Tibet 6 (3): 38 (1922).
新疆、西藏；印度、巴基斯坦、阿富汗、哈萨克斯坦、乌兹别克斯坦。

羽裂扁毛菊

Allardia tomentosa Decne. in Jacquem., Voy. Inde 4 (Bot.): 87 (1841).
Waldheimia tomentosa (Decne.) Regel, Trudy Imp. S.-Peterburgsk. Bot. Sada 6: 308 (1880).
西藏；印度、巴基斯坦、阿富汗、哈萨克斯坦、乌兹别克斯坦。

三指扁毛菊（新疆扁芒菊）

Allardia tridactylites (Kar. et Kir.) Sch.-Bip., Pollichia 20-21: 442 (1863).
Waldheimia tridactylites Kar. et Kir., Bull. Soc. Imp. Naturalistes Moscou 15: 126 (1842).
新疆、西藏；蒙古国、哈萨克斯坦、俄罗斯。

厚毛扁毛菊

Allardia vestita Hook. f. et Thomson ex C. B. Clarke, Compos. Ind. 145 (1876).
Waldheimia vestita (Hook. f. et Thomson ex C. B. Clarke) Pamp., Fl. Carac. 208 (1930).
西藏；印度、巴基斯坦。

珀菊属 Amberboa Vaill.

珀菊

△**Amberboa moschata** (L.) DC., Prodr. (DC.) 6: 560 (1838).
Centaurea moschata L., Sp. Pl. 2: 909 (1753).
甘肃归化；原产于亚洲（西南部）。

黄花珀菊（珀菊）

Amberboa turanica Iljin, Izv. Glavn. Bot. Sada S. S. S. R. 30: 110 (1932).
新疆；阿富汗、塔吉克斯坦、哈萨克斯坦、乌兹别克斯坦、土库曼斯坦、俄罗斯；亚洲（西南部）。

豚草属 Ambrosia L.

豚草（豕草）

△**Ambrosia artemisiifolia** L., Sp. Pl. 2: 988 (1753).
Ambrosia elatior L., Sp. Pl. 2: 988 (1753); *Ambrosia artemisiifolia* var. *elatior* (L.) Descourt., Fl. Méd. Antilles 1: 239 (1821).
中国归化；亚洲、欧洲广泛归化；原产于北美洲和中美洲。

裸穗豚草

△**Ambrosia psilostachya** DC., Prodr. (DC.) 5: 526 (1836).
Ambrosia coronopifolia Torr. et A. Gray, Fl. N. Amer. 2: 271 (1842).
台湾归化；原产于中美洲、南美洲温带地区。

三裂叶豚草（豚草）

△**Ambrosia trifida** L., Sp. Pl. 2: 987 (1753).
黑龙江、吉林、辽宁、河北、山东、浙江、江西、湖南、四川归化；原产于北美洲。

香青属 Anaphalis DC.

尖叶香青

●**Anaphalis acutifolia** Hand.-Mazz., J. Bot. 76: 286 (1938).
西藏。

黄腺香青

●**Anaphalis aureopunctata** Lingelsh. et Borza, Repert. Spec. Nov. Regni Veg. 13: 392 (1914).
山西、河南、陕西、甘肃、青海、江西、湖南、湖北、四川、贵州、云南、广东、广西。

黄腺香青（原变种）

●**Anaphalis aureopunctata** var. **aureopunctata**
Anaphalis pterocaulon (Franch. et Sav.) Maxim. var. *calvescens* Pamp., Nuov. Giorn. Bot. Ital. n. s. 18 (1): 80 (1911); *Anaphalis pterocaulon* var. *intermedia* Pamp., Nuovo Giorn. Bot. Ital., n. s. 18: 80 (1911); *Anaphalis sinica* subsp. *intermedia* (Pamp.) Kitam., Acta Phytotax. Geobot. 12: 100 (1943); *Anaphalis sinica* Hance var. *calvescens* (Pamp.) S. Y. Hu, Quart. J. Taiwan Mus. 18: 113 (1965); *Anaphalis aureopunctata* f. *calvescens* (Pamp.) Y. L. Chen, Acta Phytotax. Sin. 11: 104 (1966).
山西、河南、陕西、甘肃、青海、湖南、湖北、四川、贵州、云南、广东、广西。

黑鳞黄腺香青

●**Anaphalis aureopunctata** var. **atrata** (Hand.-Mazz.) Hand.-Mazz., Acta Horti Gothob. 12: 242 (1938).
Anaphalis pterocaulon var. *atrata* Hand.-Mazz., Symb. Sin. 7 (4): 1103 (1936); *Anaphalis conferta* C. C. Chang, Sinensia 6: 543 (1935); *Anaphalis sinica* var. *atrata* (Hand.-Mazz.) Kitam., Acta Phytotax. Geobot. 12: 110 (1941).

四川、云南。

车前叶黄腺香青

●**Anaphalis aureopunctata** var. **plantaginifolia** F. H. Chen, Acta Phytotax. Sin. 11: 105 (1966).
江西、湖南、湖北、四川。

绒毛黄腺香青

●**Anaphalis aureopunctata** var. **tomentosa** Hand.-Mazz., Acta Horti Gothob. 12: 242 (1938).
Anaphalis sinica var. *tomentosa* (Hand.-Mazz.) Kitam., Acta Phytotax. Geobot. 12: 100 (1943).
河南、陕西、湖北、四川、贵州、云南。

巴塘香青

●**Anaphalis batangensis** Y. L. Chen, Acta Phytotax. Sin. 28: 488 (1990).
四川。

二色香青

●**Anaphalis bicolor** (Franch.) Diels, Notes Roy. Bot. Gard. Edinburgh 7: 337 (1912).
Gnaphalium bicolor Franch., J. Bot. (Morot) 10: 411 (1896).
甘肃、青海、四川、云南、西藏。

二色香青（原变种）

●**Anaphalis bicolor** var. **bicolor**
Gnaphalium bicolor Franch., J. Bot. (Morot) 10: 411 (1896).
四川、云南。

青海二色香青

●**Anaphalis bicolor** var. **kokonorica** Y. Ling, Acta Phytotax. Sin. 11: 99 (1966).
甘肃、青海。

长叶二色香青

●**Anaphalis bicolor** var. **longifolia** C. C. Chang, Sinensia 6: 548 (1935).
四川、云南。

同色二色香青

●**Anaphalis bicolor** var. **subconcolor** Hand.-Mazz., Acta Horti Gothob. 12: 245 (1938).
甘肃、四川、西藏。

波缘二色香青

●**Anaphalis bicolor** var. **undulata** (Hand.-Mazz.) Y. Ling, Acta Phytotax. Sin. 11: 99 (1966).
Anaphalis undulata Hand.-Mazz., Symb. Sin. 7 (4): 1104 (1936).
四川、云南。

粘毛香青（五香草）

●**Anaphalis bulleyana** (Jeffrey) C. C. Chang, Sinensia 6: 549 (1935).
Pluchea bulleyana Jeffrey, Notes Roy. Bot. Gard. Edinburgh 5: 183 (1912); *Conyza mollis* H. Lév. (1912), Repert. Spec. Nov. Regni Veg. 11: 304 (1912) not Willd. (1803).
四川、贵州、云南。

蛛毛香青

Anaphalis busua (Buch.-Ham. ex D. Don) DC., Prodr. (DC.) 6: 275 (1838).
Gnaphalium busua Buch.-Ham. ex D. Don, Prodr. Fl. Nepal. 173 (1825); *Gnaphalium smidecurrens* Wall. ex DC., Contr. Bot. India [Wight] 21 (1834); *Anaphalis araneosa* DC., Prodr. (DC.) 6: 275 (1838); *Anaphalis semidecurrens* (Wall. ex DC.) DC., Prodr. (DC.) 6: 271 (1838).
四川、云南、西藏；不丹、尼泊尔、印度、克什米尔地区。

茧衣香青

●**Anaphalis chlamydophylla** Diels, Notes Roy. Bot. Gard. Edinburgh 5: 188 (1912).
云南。

中甸香青

●**Anaphalis chungtienensis** F. H. Chen, Acta Phytotax. Sin. 11: 102 (1966).
云南。

灰毛香青

●**Anaphalis cinerascens** Y. Ling et W. Wang, Acta Phytotax. Sin. 11: 110 (1966).
四川、云南。

灰毛香青（原变种）

●**Anaphalis cinerascens** var. **cinerascens**
四川、云南。

密聚灰毛香青

●**Anaphalis cinerascens** var. **congesta** Y. Ling et W. Wang, Acta Phytotax. Sin. 11: 111 (1966).
四川。

旋叶香青

Anaphalis contorta (D. Don) Hook. f., Fl. Brit. Ind. 3: 284 (1881).
Antennaria contorta D. Don, Bot. Reg. 7: t. 605 (1822); *Anaphalis tenella* DC., Prodr. (DC.) 6: 273 (1837); *Anaphalis falconeri* C. B. Clarke, Compos. Ind. 107 (1876); *Gnaphalium pellucidum* Franch., J. Bot. (Morot) 10: 411 (1896); *Anaphalis franchetiana* Diels, Notes Roy. Bot. Gard. Edinburgh 5: 189 (1912); *Anaphalis contorta* var. *pellucida* (Franch.) Y. Ling, Fl. Reipubl. Popularis Sin. 75: 159 (1979).
湖南、四川、贵州、云南、西藏；不丹、尼泊尔、印度、阿富汗、克什米尔地区。

银衣香青

●**Anaphalis contortiformis** Hand.-Mazz., Acta Horti Gothob. 12: 245 (1938).

云南、西藏。

伞房香青

Anaphalis corymbifera C. C. Chang, Sinensia 6: 545 (1935).
云南；缅甸。

苍山香青

●**Anaphalis delavayi** (Franch.) Diels, Notes Roy. Bot. Gard. Edinburgh 7: 337 (1912).
Gnaphalium delavayi Franch., J. Bot. (Morot) 10: 409 (1896).
云南。

江孜香青

●**Anaphalis deserti** J. R. Drumm., Bull. Misc. Inform. Kew 1910: 76 (1910).
西藏。

雅致香青

●**Anaphalis elegans** Y. Ling, Acta Phytotax. Sin. 11: 101 (1966).
四川、云南。

萎软香青

●**Anaphalis flaccida** Y. Ling, Acta Phytotax. Sin. 11: 105 (1966).
四川、贵州、云南。

淡黄香青（铜钱花，清明菜）

●**Anaphalis flavescens** Hand.-Mazz., Symb. Sin. 7 (4): 1100 (1936).
陕西、甘肃、青海、四川、西藏。

淡黄香青（原变种）

●**Anaphalis flavescens** var. **flavescens**
Anaphalis flavescens f. *rosea* Y. Ling, Acta Phytotax. Sin. 11: 111 (1966); *Anaphalis flavescens* f. *sulphurea* Y. Ling, Acta Phytotax. Sin. 11: 111 (1966).
陕西、甘肃、青海、四川、西藏。

棉毛淡黄香青

●**Anaphalis flavescens** var. **lanata** Y. Ling, Acta Phytotax. Sin. 11: 111 (1966).
四川。

纤枝香青

●**Anaphalis gracilis** Hand.-Mazz., Symb. Sin. 7 (4): 1103 (1936).
四川、云南。

纤枝香青（原变种）

●**Anaphalis gracilis** var. **gracilis**
四川。

糙叶纤枝香青

●**Anaphalis gracilis** var. **aspera** Hand.-Mazz., Acta Horti Gothob. 12: 244 (1938).
四川。

皱缘纤枝香青

●**Anaphalis gracilis** var. **ulophylla** Hand.-Mazz., Acta Horti Gothob. 12: 244 (1938).
四川、云南。

铃铃香青（铃铃香，铜钱花）

●**Anaphalis hancockii** Maxim., Bull. Acad. Imp. Sci. Saint-Pétersbourg 27: 479 (1882).
Anaphalis bodinieri Franch., J. Bot. (Morot) 4: 306 (1890); *Gnaphalium bodinieri* (Franch.) Franch., J. Bot. (Morot) 10: 410 (1896).
河北、山西、陕西、甘肃、青海、四川、西藏。

多茎香青

Anaphalis hondae Kitam., Acta Phytotax. Geobot. 15: 78 (1953).
西藏；尼泊尔。

大山香青

●**Anaphalis horaimontana** Masam., Trans. Nat. Hist. Soc. Formosa 26: 57 (1936).
台湾。

膜苞香青

●**Anaphalis hymenolepis** Y. Ling, Acta Phytotax. Sin. 11: 99 (1966).
甘肃、四川。

乳白香青（大矛香艾）

●**Anaphalis lactea** Maxim., Bull. Acad. Imp. Sci. Saint-Pétersbourg 27: 479 (1882).
甘肃、青海、四川。

德钦香青

●**Anaphalis larium** Hand.-Mazz., Symb. Sin. 7 (4): 1104 (1936).
云南。

宽翅香青

●**Anaphalis latialata** Y. Ling et Y. L. Chen, Acta Phytotax. Sin. 11: 98 (1966).
Anaphalis alata Maxim. var. *viridis* Hand.-Mazz., Acta Horti Gothob. 12: 245 (1938); *Anaphalis latialata* var. *viridis* (Hand.-Mazz.) Y. Ling et Y. L. Chen., Acta Phytotax. Sin. 11: 99 (1966).
甘肃、青海、四川、云南。

丽江香青

●**Anaphalis likiangensis** (Franch.) Y. Ling, Fl. Reipubl. Popularis Sin. 75: 168 (1979).
Gnaphalium likiangense Franch., J. Bot. (Morot) 10: 410 (1896); *Anaphalis nervosa* Y. Ling, Acta Phytotax. Sin. 11:

100 (1966).
云南。

珠光香青（山荻）

Anaphalis margaritacea (L.) Benth. et Hook. f., Gen. Pl. [Benth. et Hook. f.] 2: 303 (1873).

河北、山西、河南、甘肃、青海、江西、湖南、湖北、四川、贵州、云南、西藏、台湾、广东、广西；日本、朝鲜半岛、越南、缅甸、泰国、不丹、尼泊尔、印度、俄罗斯；欧洲、北美洲。

珠光香青（原变种）

Anaphalis margaritacea var. **margaritacea**

Gnaphalium margaritaceum L., Sp. Pl. 2: 850 (1753); *Antennaria cinnamomea* DC. var. *angustior* Miq., Ann. Mus. Bot. Lugduno-Batavi 2: 178 (1866); *Anaphalis margaritacea* var. *angustior* (Miq.) Nakai, Bot. Mag. (Tokyo) 40: 148 (1926); *Anaphalis cinnamomea* (DC.) C. B. Clarke var. *angustior* (Miq.) Nakai, Bot. Mag. (Tokyo) 40: 148 (1926); *Anaphalis margaritacea* subsp. *angustior* (Miq.) Kitam., Bot. Mag. (Tokyo) 52: 2 (1938).

山西、甘肃、青海、湖南、湖北、四川、云南、西藏、广西；日本、尼泊尔、印度、俄罗斯；欧洲、北美洲。

线叶珠光香青

Anaphalis margaritacea var. **angustifolia** (Franch. et Sav.) Hayata, J. Coll. Sci. Imp. Univ. Tokyo 25 (19): 128 (1908).

Gnaphalium margaritaceum var. *angustifolium* Franch. et Sav., Enum. Pl. Jap. 1: 242 (1875), based on *Antennaria japonica* Miq., Ann. Mus. Bot. Lugduno-Batavi 2: 178 (1866) ["*iaponica*"], not Turcz. (1851); *Anaphalis margaritacea* var. *japonica* Makino, Bot. Mag. (Tokyo) 33: 26 (1908); *Anaphalis margaritacea* subsp. *japonica* Kitam., Acta Phytotax. Geobot. 5: 148 (1936); *Anaphalis margaritacea* var. *tsoongiana* Y. Ling., Contr. Bot. Surv. N. W. China 1: 12 (1939).

山西、河南、甘肃、青海、湖北、四川、贵州、云南、西藏；日本、朝鲜半岛。

黄褐珠光香青

Anaphalis margaritacea var. **cinnamomea** (DC.) Herder ex Maxim., Bull. Acad. Imp. Sci. Saint-Pétersbourg 27: 481 (1882).

Antennaria cinnamomea DC., Prodr. (DC.) 6: 270 (1838); *Anaphalis cinnamomea* (DC.) C. B. Clarke, Compos. Ind. 104 (1876).

山西、甘肃、江西、湖南、湖北、四川、贵州、云南、西藏、广东、广西；缅甸、不丹、尼泊尔、印度。

玉山香青

Anaphalis morrisonicola Hayata, Icon. Pl. Formosan. 8: 56 (1919).

Anaphalis margaritacea (L.) Benth. et Hook. f. f. *morrisonicola* Hayata, J. Coll. Agric. Imp. Univ. Tokyo 25 (19): 129 (1908); *Anaphalis margaritacea* f. *nana* Hayata., J. Coll. Agric. Imp. Univ. Tokyo 25 (19): 128 (1908); *Anaphalis buisanensis* Hayata, Icon. Pl. Formosan. 8: 51 (1919); *Anaphalis contorta* (D. Don) Hook. f. var. *morrisonicola* (Hayata) Yamam., J. Soc. Trop. Agric. 8: 265 (1936); *Anaphalis margaritacea* subsp. *morrisonicola* (Hayata) Kitam., Faun. et Fl. Nepal Himal. 1: 244 (1953).

台湾；菲律宾。

木里香青

Anaphalis muliensis (Hand.-Mazz.) Hand.-Mazz., Notizbl. Bot. Gart. Berlin-Dahlem 13: 631 (1937).

Anaphalis yunnanensis (Franch.) Diels var. *muliensis* Hand.-Mazz., Anz. Akad. Wiss. Wien, Math.-Naturwiss. Kl. 61: 203 (1924).

四川、云南；尼泊尔。

永健香青

●**Anaphalis nagasawae** Hayata, Bot. Mag. (Tokyo) 20: 15 (1906).

Gnaphalium niitakayamense Hayata, Bot. Mag. (Tokyo) 20: 14 (1906).

台湾。

尼泊尔香青（打火草）

Anaphalis nepalensis (Spreng.) Hand.-Mazz., Symb. Sin. 7 (4): 1099 (1936).

陕西、甘肃、四川、云南、西藏；缅甸、不丹、尼泊尔、印度。

尼泊尔香青（原变种）

Anaphalis nepalensis var. **nepalensis**

Helichrysum nepalense Spreng., Syst. Veg., ed. 16 3: 485 (1826), based on *H. stoloniferum* D. Don, Prodr. Fl. Nepal. 176 (1825), not (L. f.) Willd. (1803); *Anaphalis mucronata* DC. var. *polycephala* DC., Prodr. (DC.) 6: 272 (1838); *Antennaria triplinervis* var. *intermedia* DC., Prodr. (DC.) 6: 270 (1838); *Antennaria triplinervis* var. *cuneifolia* DC., Prodr. (DC.) 6: 270 (1838); *Anaphalis cuneifolia* (DC.) Hook. f., Fl. Brit. India 3 (8): 280 (1881); *Anaphalis intermedia* (DC.) Duthie, Ecom. Prodr. 436 (1886); *Anaphalis mairei* H. Lév., Bull. Acad. Geogr. Bot. 25: 13 (1915).

陕西、甘肃、四川、云南、西藏；不丹、尼泊尔、印度。

伞房尼泊尔香青

Anaphalis nepalensis var. **corymbosa** (Bureau et Franch.) Hand.-Mazz., Acta Horti Gothob. 12: 239 (1938).

Gnaphalium corymbosum Bureau et Franch., J. Bot. (Morot) 5: 71 (1891); *Anaphalis corymbosa* (Bureau et Franch.) Diels, Repert. Spec. Nov. Regni Veg. Beih. 12: 505 (1922).

四川、云南。

单头尼泊尔香青

Anaphalis nepalensis var. **monocephala** (DC.) Hand.-Mazz., Acta Horti Gothob. 12: 239 (1938).

Anaphalis monocephala DC., Prodr. (DC.) 6: 272 (1838); *Anaphalis mucronata* var. *monocephala* DC., Prodr. (DC.) 6: 272 (1838); *Anaphalis nubigena* DC., Fl. Brit. Ind. 3: 279 (1881); *Anaphalis mucronata* DC., J. Linn. Soc., Bot. 30: 136 (1894); *Anaphalis triplinervis* var. *monocephala* (DC.) Airy Shaw, Curtis's Bot. Mag. 158: t. 9336 (1935).
四川、云南、西藏；不丹、尼泊尔、印度。

锐叶香青

●**Anaphalis oxyphylla** Y. Ling et C. Shih, Acta Phytotax. Sin. 11: 107 (1966).
云南。

厚衣香青

●**Anaphalis pachylaena** F. H. Chen et Y. Ling, Acta Phytotax. Sin. 11: 106 (1966).
四川。

污毛香青

●**Anaphalis pannosa** Hand.-Mazz., Symb. Sin. 7 (4): 1100 (1936).
云南。

褶苞香青

●**Anaphalis plicata** Kitam., Acta Phytotax. Geobot. 15: 37 (1953).
西藏。

紫苞香青

●**Anaphalis porphyrolepis** Y. Ling et Y. L. Chen, Acta Phytotax. Sin. 11: 107 (1966).
西藏。

红指香青

●**Anaphalis rhododactyla** W. W. Smith, Notes Roy. Bot. Gard. Edinburgh 10: 169 (1918).
四川、云南、西藏。

须弥香青

Anaphalis royleana DC., Prodr. (DC.) 6: 272 (1837).
Anaphalis polylepis DC., Prodr. (DC.) 6: 272 (1837).
西藏；不丹、尼泊尔、印度、克什米尔地区。

香青（通畅香，萩，籁箫）

Anaphalis sinica Hance, J. Bot. 12: 261 (1874).
河北、山西、山东、河南、陕西、甘肃、安徽、江苏、浙江、江西、湖南、湖北、四川、贵州、云南、福建、广西；日本、朝鲜半岛、尼泊尔。

香青（原变种）

Anaphalis sinica var. **sinica**
Gnaphalium pterocaulon Franch. et Sav., Enum. Pl. Jap. 2: 405 (1878); *Anaphalis pterocaulon* (Franch. et Sav.) Maxim., Bull. Acad. Imp. Sci. Saint-Pétersbourg 27: 478 (1881); *Anaphalis possietica* Kom., Izv. Bot. Sada Akad. Nauk S. S. S. R. 30: 218 (1932); *Anaphalis todaiensis* Honda, Bot. Mag. (Tokyo) 46: 373 (1932); *Anaphalis pterocaulon* var. *sinica* (Hance) Hand.-Mazz., Acta Horti Gothob. 12 (9): 241 (1938).
江苏、浙江、江西、湖南、四川；日本、朝鲜半岛。

疏生香青

●**Anaphalis sinica** var. **alata** (Maxim.) S. X. Zhu et R. J. Bayer, Fl. China 20-21: 803 (2011).
Anaphalis alata Maxim., Bull. Acad. Imp. Sci. Saint-Pétersbourg 27: 478 (1882); *Anaphalis alata* var. *viridis* Hand.-Mazz., Acta Horti Gothob. 12: 245 (1938); *Anaphalis chanetii* (H. Lév.) H. Lév., Repert. Spec. Nov. Regni Veg. 11: 189 (May 1913); *Gnaphalium chanetii* H. Lév., Repert. Spec. Nov. Regni Veg. 11: 492 (Jan. 1913); *Anaphalis sinica* var. *remota* Y. Ling, Acta Phytotax. Sin. 11: 103 (1966), nom. illeg. superfl.
河北、山西、陕西、甘肃。

密生香青

●**Anaphalis sinica** var. **densata** Y. Ling, Acta Phytotax. Sin. 11: 103 (1966).
山东。

棉毛香青

●**Anaphalis sinica** var. **lanata** Y. Ling, Acta Phytotax. Sin. 11: 103 (1966).
河南。

蜀西香青

●**Anaphalis souliei** Diels, Repert. Spec. Nov. Regni Veg. Beih. 12: 505 (1922).
四川。

灰叶香青

●**Anaphalis spodiophylla** Y. Ling et Y. L. Chen, Acta Phytotax. Sin. 11: 103 (1966).
西藏。

狭苞香青

●**Anaphalis stenocephala** Y. Ling et C. Shih, Acta Phytotax. Sin. 11: 108 (1966).
云南、西藏。

亚灌木香青

●**Anaphalis suffruticosa** Hand.-Mazz., Notizbl. Bot. Gart. Berlin-Dahlem 13: 631 (1937).
云南。

萌条香青

●**Anaphalis surculosa** (Hand.-Mazz.) Hand.-Mazz., Acta Horti Gothob. 12: 243 (1938).
Anaphalis pterocaulon (Franch. et Sav.) Maxim. var. *surculosa* Hand.-Mazz., Symb. Sin. 7 (4): 1103 (1936).
四川、云南。

四川香青

•**Anaphalis szechuanensis** Y. Ling et Y. L. Chen, Acta Phytotax. Sin. 11: 109 (1966).
四川。

细弱香青

•**Anaphalis tenuissima** C. C. Chang, Sinensia 6: 542 (1935).
四川。

西藏香青

•**Anaphalis tibetica** Kitam., Acta Phytotax. Geobot. 15: 38 (1953).
西藏。

能高香青

•**Anaphalis transnokoensis** Sasaki, Trans. Nat. Hist. Soc. Formosa 20: 166 (1930).
台湾。

三脉香青

Anaphalis triplinervis (Sims) C. B. Clarke, Compos. Ind. 105 (1876).
Antennaria triplinervis Sims, Bot. Mag. 51: t. 2468 (1824); *Gnaphalium cynoglossoides* Trevir., Nov. Actorum Acad. Caes. Leop.-Carol. Nat. Cur. 13 (1): 200 (1826).
西藏；不丹、尼泊尔、印度、巴基斯坦、阿富汗、克什米尔地区。

黄绿香青

•**Anaphalis virens** C. C. Chang, Sinensia 6: 546 (1935).
四川、云南。

帚枝香青

Anaphalis virgata Thomson in C. B. Clarke, Compos. Ind. 107 (1876).
新疆、西藏；尼泊尔、巴基斯坦、克什米尔地区；亚洲（中部和西南部）。

绿香青

•**Anaphalis viridis** Cummins, Bull. Misc. Inform. Kew 1908: 19 (1908).
四川、云南、西藏。

绿香青（原变种）

•**Anaphalis viridis** var. **viridis**
云南、西藏。

无茎绿香青

•**Anaphalis viridis** var. **acaulis** Hand.-Mazz., Acta Horti Gothob. 12: 240 (1938).
四川。

木根香青

Anaphalis xylorhiza Sch.-Bip. ex Hook. f., Fl. Brit. Ind. 3: 281 (1881).
西藏；不丹、尼泊尔、印度。

竟生香青

•**Anaphalis yangii** Y. L. Chen et Y. L. Lin, Acta Phytotax. Sin. 41: 387 (2003).
西藏。

云南香青

Anaphalis yunnanensis (Franch.) Diels, Notes Roy. Bot. Gard. Edinburgh 7: 337 (1912).
Gnaphalium yunnanense Franch., J. Bot. (Morot) 10: 410 (1896).
四川、云南；尼泊尔。

肋果蓟属 Ancathia DC.

肋果蓟

Ancathia igniaria (Spreng.) DC., Arch. Bot. (Paris) 2: 331 (1833).
Cirsium igniarium Spreng., Syst. Veg., ed. 16 3: 375 (1826).
新疆；蒙古国、哈萨克斯坦、俄罗斯。

山黄菊属 Anisopappus Hook. et Arn.

山黄菊（菊涧菊，旱山菊）

Anisopappus chinensis (L.) Hook. et Arn., Bot. Beechey Voy. 196 (1837).
Verbesina chinensis L., Sp. Pl. 2: 901 (1753); *Inula yunnanensis* J. Anthony, Notes Roy. Bot. Gard. Edinburgh 18: 198 (1934).
江西、四川、云南、福建、广东、广西；缅甸、泰国、印度、马达加斯加；热带非洲。

蝶须属 Antennaria Gaertn.

蝶须（兴安蝶须）

Antennaria dioica (L.) Gaertn., Fruct. Sem. Pl. 2: 410 (1791).
Gnaphalium dioicum L., Sp. Pl. 2: 850 (1753); *Antennaria hyperborea* D. Don, Engl. Bot., Suppl. 1: t. 2640 (1830); *Antennaria insularis* Greene, Pittonia 3: 276 (1898).
黑龙江、甘肃、新疆；蒙古国、日本、哈萨克斯坦、俄罗斯；欧洲、北美洲。

春黄菊属 Anthemis L.

臭春黄菊

Anthemis cotula L., Sp. Pl. 2: 894 (1753).
Anthemis foetida Lam., Fl. Franç. (Lam.) 2: 164 (1779); *Maruta foetida* (Lam.) Cass., Dict. Sci. Nat. 29: 174 (1823); *Maruta cotula* (L.) DC., Prodr. (DC.) 6: 13 (1838).
内蒙古；亚洲（西南部）、欧洲、非洲（北部）。

滇麻花头属 Archiserratula L. Martins

滇麻花头

•**Archiserratula forrestii** (Iljin) L. Martins, Taxon 55: 973

(2006).
Serratula forrestii Iljin, Izv. Glavn. Bot. Sada S. S. S. R. 27: 91 (1928).
云南。

牛蒡属 Arctium L.

牛蒡（恶实，大力子）

Arctium lappa L., Sp. Pl. 2: 816 (1753).
Arctium leiospermum Juz. et Ye. V. Sergievskaja, Bot. Mater. Gerb. Bot. Inst. Bot. Acad. Nauk Kazakhsk. S. S. R. 18: 299 (1957).
中国除西藏、台湾、海南之外均有；日本、不丹、尼泊尔、印度、巴基斯坦、阿富汗；亚洲、欧洲。

毛头牛蒡

Arctium tomentosum Mill., Gard. Dict., ed. 8. *Arctium* no. 3 (1768).
Lappa tomentosa (Mill.) Lam., Fl. Franç. (Lam.) 2: 37 (1778).
新疆；塔吉克斯坦、吉尔吉斯斯坦、哈萨克斯坦、乌兹别克斯坦、俄罗斯；欧洲。

莎菀属 Arctogeron DC.

莎菀

Arctogeron gramineum (L.) DC., Prodr. (DC.) 5: 261 (1836).
Erigeron gramineus L., Sp. Pl. 2: 864 (1753); *Aster gramineus* (L.) Kom., Trudy Imp. S.-Peterburgsk. Bot. Sada 25: 605 (1907).
黑龙江、内蒙古；蒙古国、哈萨克斯坦、俄罗斯。

蒿属 Artemisia L.

阿坝蒿

●**Artemisia abaensis** Y. R. Ling et S. Y. Zhao, Bull. Bot. Res., Harbin 5 (2): 4 (1985).
甘肃、青海、四川。

中亚苦蒿（洋艾，苦艾，苦蒿，啤酒蒿）

Artemisia absinthium L., Sp. Pl. 2: 848 (1753).
新疆、江苏；日本、印度、巴基斯坦、阿富汗、吉尔吉斯斯坦、哈萨克斯坦、俄罗斯；亚洲、欧洲、非洲、北美洲。

东北丝裂蒿（阿氏蒿，丝叶蒿，雅夫冈-沙里尔日，乌姆希-沙里尔日）

Artemisia adamsii Besser, Tent. Abrot. 27 (1832).
黑龙江、内蒙古；蒙古国、俄罗斯。

阿克塞蒿

●**Artemisia aksaiensis** Y. R. Ling, Bull. Bot. Res., Harbin 5 (2): 3 (1985).
甘肃。

碱蒿（盐蒿，大莳萝蒿，糜糜蒿，臭蒿，伪茵陈，博知莫格，霍宁-沙里尔日）

Artemisia anethifolia Weber ex Stechm., Artemis. 29 (1775).
Absinthium divaricatum Fisch. ex Besser, Bull. Soc. Imp. Naturalistes Moscou 1: 263 (1829); *Artemisia multicaulis* Ledeb., Fl. Altaic. 4: 60 (1833); *Artemisia anethifolia* var. *multicaulis* (Ledeb.) DC., Bull. Soc. Imp. Naturalistes Moscou 9: 31 (1836); *Artemisia anethifolia* var. *stelleriana* DC., Prodr. (DC.) 6: 126 (1837); *Artemisia anethifolia* var. *erectiflora* DC., Prodr. (DC.) 6: 126 (1837); *Artemisia anethifolia* f. *shansiensis* Pamp., Contr. Inst. Bot. Natl. Acad. Peiping 2: 504 (1934).
黑龙江、内蒙古、河北、山西、陕西、宁夏、甘肃、青海、新疆；蒙古国、俄罗斯。

莳萝蒿（肇东蒿，小碱蒿，伪茵陈，博知莫格，霍宁-沙里尔日）

Artemisia anethoides Mattf., Repert. Spec. Nov. Regni Veg. 22: 249 (1926).
Artemisia anethifolia Weber ex Stechm. var. *anethoides* (Mattf.) Pamp., Nuovo Giorn. Bot. Ital. n. s. 34 (3): 636 (1927); *Artemisia zhaodongensis* G. Y. Chang et M. Y. Liou, Bull. Bot. Lab. N. E. Forest. Inst., Harbin 7 (3): 79 (1987).
黑龙江、吉林、辽宁、内蒙古、河北、山西、山东、河南、陕西、宁夏、甘肃、青海、新疆、四川；蒙古国、俄罗斯。

狭叶牡蒿

Artemisia angustissima Nakai, Bot. Mag. (Tokyo) 29: 8 (1915).
Artemisia japonica Thunb. subf. *angustissima* (Nakai) Pamp., Nuov. Giorn. Bot. Ital. n. s. 34 (3): 665 (1927); *Artemisia japonica* var. *angustissima* (Nakai) Kitam., Mem. Coll. Sci. Kyoto Imp. Univ., Ser. B, Biol. 15: 38 (1940).
黑龙江、吉林、辽宁、河北、山西、山东、河南、陕西、甘肃、江苏；朝鲜半岛。

黄花蒿（草蒿，青蒿，臭蒿，黄蒿，黄香蒿，莫林-沙里尔日，康帕）

Artemisia annua L., Sp. Pl. 2: 847 (1753).
Artemisia wadei Edgew., Trans. Linn. Soc. London 20: 72 (1846); *Artemisia stewartii* C. B. Clarke, Compos. Ind. 1623 (1876); *Artemisia chamomilla* C. Winkl., Trudy Imp. S.-Peterburgsk. Bot. Sada 10: 87 (1887); *Artemisia annua* f. *macrocephala* Pamp., Nuov. Giorn. Bot. Ital. n. s. 34 (3): 639 (1927).
中国各地；亚洲、欧洲、非洲、北美洲。

奇蒿（刘寄奴，金寄奴，乌藤菜，金寄奴，珍珠蒿，南刘寄奴）

●**Artemisia anomala** S. Moore, J. Bot. 13: 227 (1875).
河南、安徽、江苏、浙江、江西、湖南、湖北、四川、贵州、福建、台湾、广东、广西。

奇蒿（原变种）

●**Artemisia anomala** var. **anomala**
河南、安徽、江苏、江西、湖南、湖北、四川、贵州、福建、台湾、广东、广西。

密毛奇蒿（奇蒿）

●**Artemisia anomala** var. **tomentella** Hand.-Mazz., Notizbl. Bot. Gart. Berlin-Dahlem 13: 633 (1937).
浙江、江西、湖南、湖北、广东、广西。

艾（艾蒿，白蒿，甜艾，灸草，蕲艾，恰尔古斯-苏伊加，菱哈）

Artemisia argyi H. Lév. et Vaniot, Repert. Spec. Nov. Regni Veg. 8: 138 (1910).
Artemisia vulgaris var. *incana* Maxim., Prim. Fl. Amur. 160 (1859); *Artemisia nutans* Nakai, Fl. Kor. 2: 33 (1911); *Artemisia nutantiflora* Nakai, Fl. Sylv. Kor. 14: 101 (1923); *Artemisia argyi* var. *incana* (Maxim.) Pamp., Nuov. Giorn. Bot. Ital. n. s. 36 (4): 451 (1930); *Artemisia chiarugii* Pamp., Nuov. Giorn. Bot. Ital. n. s. 36 (4): 486 (1930); *Artemisia princeps* var. *candicans* Pamp., Nuov. Giorn. Bot. Ital. n. s. 36 (4): 446 (1930), p. p.
中国大部分地区；蒙古国、朝鲜半岛、俄罗斯。

银叶蒿

Artemisia argyrophylla Ledeb., Fl. Altaic. 4: 166 (1833).
内蒙古、宁夏、甘肃、新疆；蒙古国、俄罗斯。

银叶蒿（原变种）

Artemisia argyrophylla var. **argyrophylla**
Artemisia frigida Willd. var. *argyrophylla* (Ledeb.) Trautv., Bull. Soc. Imp. Naturalistes Moscou 2: 358 (1866).
内蒙古、宁夏、甘肃、新疆；蒙古国、俄罗斯。

小银叶蒿

●**Artemisia argyrophylla** var. **brevis** (Pamp.) Y. R. Ling, Bull. Bot. Res., Harbin 8 (4): 7 (1988).
Artemisia brevis Pamp., Rendiconti Seminario Fac. Sci. Univ. Cagliari 8: 165 (1938).
新疆。

褐头蒿

Artemisia aschurbajewii C. Winkl., Trudy Imp. S.-Peterburgsk. Bot. Sada 11: 332 (1890).
Artemisia sericea (Besser) Weber var. *turkestanica* C. Winkl., Cit. Dat. 203 (1911).
甘肃、青海、新疆；塔吉克斯坦、吉尔吉斯斯坦、哈萨克斯坦。

暗绿蒿（铁蒿，白蒿，白毛蒿，水蒿）

Artemisia atrovirens Hand.-Mazz., Acta Horti Gothob. 12: 280 (1938).
河南、陕西、甘肃、安徽、浙江、江西、湖南、湖北、四川、贵州、云南、福建、广东、广西；蒙古国。

黄金蒿

Artemisia aurata Kom., Trudy Imp. S.-Peterburgsk. Bot. Sada 18: 422 (1901).
Artemisia palustris L. var. *aurata* (Kom.) Pamp., Nuov. Giorn. Bot. Ital. n. s. 34 (3): 684 (1927).
黑龙江、吉林、辽宁；日本、朝鲜半岛、俄罗斯。

银蒿（银叶蒿）

Artemisia austriaca Jacquem. in Murray, Syst. Veg., ed. 14: 744 (1784).
Artemisia orientalis Willd. Sp. Pl., ed. 4 3: 1836 (1803); *Artemisia nivea* Redowsky ex Willd., Enum. Hort. Berol. Alt. 2: 836 (1813); *Artemisia austriaca* var. *jacquiniana* DC., Nouv. Mém. Soc. Imp. Naturalistes Moscou 3: 49 (1834); *Artemisia austriaca* var. *orientalis* (Willd.) DC., Prodr. (DC.) 6: 112 (1837); *Artemisia Austriaca* f. *microcephala* Pamp., Poljak. Fl. U. S. S. R. 26: 498 (1961).
内蒙古、新疆；塔吉克斯坦、吉尔吉斯斯坦、哈萨克斯坦、俄罗斯、伊朗；欧洲。

滇南艾

Artemisia austroyunnanensis Y. Ling et Y. R. Ling, Bull. Bot. Res., Harbin 4 (2): 20 (1984).
Artemisia burmanica Pamp. f. *latifolia* Pamp., Nuov. Giorn. Bot. Ital. n. s. 33 (3): 455 (1926); *Artemisia dubia* Wall. ex Besser f. *tonkinensis* Pamp., Nuov. Giorn. Bot. Ital. n. s. 36 (4): 439 (1930).
云南；越南、缅甸、泰国、不丹、印度。

班玛蒿

●**Artemisia baimaensis** Y. R. Ling et Z. C. Chou, Bull. Bot. Res., Harbin 4 (2): 16 (1984).
青海。

巴尔古津蒿

Artemisia bargusinensis Spreng., Syst. Veg., ed. 16 3: 493 (1826).
Artemisia borealis Pall. var. *willdenovii* Besser, Linnaea 15: 96 (1841); *Oligosporus bargusinensis* (Spreng.) Poljakov, Mat. Fl. Rast. Kazakh. 11: 167 (1961).
黑龙江；俄罗斯；欧洲。

白沙蒿（糜蒿，白莎蒿，白里蒿，苏儿目斯图-沙里尔日）

Artemisia blepharolepis Bunge, Beitr. Fl. Russl. 164 (1852).
内蒙古、陕西、宁夏；蒙古国。

山蒿（岩蒿，骆驼蒿，哈丹-西巴嘎，乌拉音-西巴嘎）

Artemisia brachyloba Franch., Nouv. Arch. Mus. Hist. Nat., sér. 2 6: 51 (1883).
Artemisia licentii Pamp., Nuov. Giorn. Bot. Ital. n. s. 34 (3):

676 (1927).
辽宁、内蒙古、河北、山西、陕西、宁夏、甘肃；蒙古国。

高岭蒿（长白山蒿，绒叶蒿，塔格音-沙里尔日）

Artemisia brachyphylla Kitam., Acta Phytotax. Geobot. 5: 97 (1936).
Artemisia koidzumii Nakai var. *manchurica* Pamp., p. p., Nuov. Giorn. Bot. Ital. n. s. 36 (4): 483 (1930); *Artemisia pronutans* Kitag., Rep. Inst. Sci. Res. Manchoukuo 6: 126 (1942).
吉林；朝鲜半岛。

矮丛蒿（灰莲蒿）

Artemisia caespitosa Ledeb., Fl. Altaic. 4: 80 (1833).
Artemisia frigidioides H. C. Fu et S. Y. Zhu, Fl. Intramongolica 6: 326 (1982).
内蒙古、新疆；蒙古国、俄罗斯。

美叶蒿

●**Artemisia calophylla** Pamp., Nuov. Giorn. Bot. Ital. n. s. 36 (4): 457 (1930).
青海、四川、贵州、云南、西藏、广西。

绒毛蒿

Artemisia campbellii Hook. f. et Thomson ex C. B. Clarke, Compos. Ind. 164 (1876).
青海、四川、西藏；不丹、印度、巴基斯坦。

荒野蒿

Artemisia campestris L., Sp. Pl. 2: 846 (1753).
Oligosporus campestris (L.) Cass., Dict. Sci. Nat. 36: 25 (1826).
甘肃、新疆、台湾；日本、俄罗斯；亚洲（中部）、欧洲、北美洲。

茵陈蒿（因尘，因陈，茵陈，绵茵陈，白茵陈臭蒿，安吕草）

Artemisia capillaris Thunb., Nova Acta Regiae Soc. Sci. Upsal. 3: 209 (1780).
Artemisia capillaris var. *arbuscula* Miq., Ann. Mus. Bot. Lugduno-Batavi 2: 175 (1866); *Artemisia capillaris* var. *acaulis* Pamp., p. p., Nuov. Giorn. Bot. Ital. n. s. 34 (3): 646 (1927); *Artemisia capillaris* f. *glabra* Pamp., Nuov. Giorn. Bot. Ital. n. s. 34 (3): 648 (1927).
辽宁、河北、山东、河南、陕西、安徽、江苏、浙江、江西、湖南、湖北、四川、云南、福建、台湾、广东、广西；日本、朝鲜半岛、菲律宾、越南、柬埔寨、马来西亚、印度尼西亚、尼泊尔、俄罗斯。

青蒿（草蒿，茵陈蒿，邪蒿，香蒿，苹蒿，黑蒿，白染艮）

Artemisia caruifolia Buch.-Ham. ex Roxb., Fl. Ind. 3: 422 (1832).
吉林、辽宁、河北、山东、河南、陕西、安徽、江苏、浙江、江西、湖南、湖北、四川、贵州、云南、福建、广东、广西；日本、朝鲜半岛、越南、缅甸、尼泊尔、印度。

青蒿（原变种）

Artemisia caruifolia var. **caruifolia**
Artemisia apiacea Hance, Ann. Bot. Syst. 2: 895 (1852); *Artemisia thunbergiana* Maxim., Bull. Acad. Imp. Sci. Saint-Pétersbourg 17: 432 (1872).
吉林、辽宁、河北、山东、河南、陕西、安徽、江苏、浙江、江西、湖南、湖北、四川、贵州、云南、福建、广东、广西；日本、朝鲜半岛、越南、缅甸、尼泊尔、印度。

大头青蒿

●**Artemisia caruifolia** var. **schochii** (Mattf.) Pamp., Nuov. Giorn. Bot. Ital. n. s. 34 (3): 649 (1927).
Artemisia schochii Mattf., Repert. Spec. Nov. Regni Veg. 22: 245 (1926); *Artemisia apiacea* var. *schochii* (Mattf.) Hand.-Mazz., Symb. Sin. 7 (4): 1115 (1936).
江苏、江西、湖南、湖北、贵州、云南、广东、广西。

千山蒿

●**Artemisia chienshanica** Y. Ling et W. Wang, Acta Phytotax. Sin. 17: 89 (1979).
辽宁。

南毛蒿

●**Artemisia chingii** Pamp., Nuov. Giorn. Bot. Ital. n. s. 39 (1): 24 (1932).
山西、河南、陕西、甘肃、安徽、浙江、江西、湖南、湖北、四川、贵州、云南、台湾、广东、广西。

高山矮蒿

●**Artemisia comaiensis** Y. Ling et Y. R. Ling, Bull. Bot. Res., Harbin 8 (3): 3 (1988).
四川、西藏。

错那蒿（灰蒿，察尔汪）

●**Artemisia conaensis** Y. Ling et Y. R. Ling, Acta Phytotax. Sin. 18: 511 (1980).
西藏。

米蒿（达赖蒿，驴驴蒿，碱蒿，达赖-沙里尔日）

●**Artemisia dalai-lamae** Krasch., Bot. Mater. Gerb. Glavn. Bot. Sada R. S. F. S. R. 3: 17 (1922).
内蒙古、甘肃、青海、西藏。

纤杆蒿

Artemisia demissa Krasch., Trudy Bot. Inst. Akad. Nauk S. S. S. R., Ser. 1, Fl. Sist. Vyssh. Rast. 3: 348 (1937).
Oligosporus demissus (Krasch.) Poljakov, Mat. Fl. Rast. Kazakh. 11: 167 (1961).
内蒙古、甘肃、青海、新疆、四川、西藏；印度、阿富汗、塔吉克斯坦。

中亚草原蒿（诺姆杭-博尔）

Artemisia depauperata Krasch., Sist. Zametki Mater. Gerb. Krylova Tomsk. Gosud. Univ. Kuybysheva 1949: 3 (1949).

新疆；蒙古国、哈萨克斯坦、俄罗斯。

沙蒿（漠蒿，薄蒿，草蒿，荒地蒿，荒漠蒿，芒汗-沙里尔日）

Artemisia desertorum Spreng., Syst. Veg., ed. 16 3: 490 (1826).

黑龙江、吉林、辽宁、内蒙古、河北、山西、陕西、宁夏、甘肃、青海、新疆、四川、贵州、云南、西藏；蒙古国、日本、朝鲜半岛、尼泊尔、印度、巴基斯坦、俄罗斯。

沙蒿（原变种）

Artemisia desertorum var. **desertorum**

Artemisia desertorum var. *sprengeliana* Besser, Byull. Moskovsk. Obshch. Isp. Prir., Otd. Biol. 8: 65 (1835); *Artemisia japonica* Thunb. var. *desertorum* (Spreng.) Maxim., Ind. Pl. Jap. 2: 634 (1912); *Artemisia desertorum* f. *latifolia* Pamp., p. p., Nuov. Giorn. Bot. Ital. n. s. 39 (1): 25 (1932); *Artemisia desertorum* var. *willdenowiana* Mattf., Repert. Spec. Nov. Regni Veg. 22 (618-626): 242 (1936); *Oligosporus desertorum* (Spreng.) Poljakov, Trudy Inst. Bot. Akad. Nauk Kazakhst. S. S. R. 11: 167 (1961).

黑龙江、吉林、辽宁、内蒙古、河北、山西、陕西、宁夏、甘肃、青海、新疆、四川、贵州、云南、西藏；蒙古国、日本、朝鲜半岛、尼泊尔、印度、巴基斯坦、俄罗斯。

矮沙蒿

●**Artemisia desertorum** var. **foetida** (Jacquem. ex DC.) Y. Ling et Y. R. Ling, Bull. Bot. Res., Harbin 8 (4): 55 (1988).

Artemisia foetida Jacquem. ex DC., Prodr. (DC.) 6: 98 (1838).

青海、四川、西藏。

东俄洛沙蒿（沙蒿）

●**Artemisia desertorum** var. **tongolensis** Pamp., Nuov. Giorn. Bot. Ital. n. s. 34 (3): 651 (1927).

甘肃、四川、西藏。

侧蒿（笋花蒿）

●**Artemisia deversa** Diels, Bot. Jahrb. Syst. 29: 618 (1901).

陕西、甘肃、湖北、四川。

矮丛光蒿

Artemisia disjuncta Krasch., Bot. Mater. Gerb. Bot. Inst. Komarova Akad. Nauk S. S. S. R. 9: 176 (1946).

新疆；蒙古国。

叉枝蒿

●**Artemisia divaricata** (Pamp.) Pamp., Nuov. Giorn. Bot. Ital. n. s. 46: 560 (1939).

Artemisia roxburghiana Besser var. *divaricata* Pamp., Nuov. Giorn. Bot. Ital. n. s. 36 (4): 431 (1930).

湖北、四川、云南。

龙蒿（狭叶青蒿，蛇蒿，椒蒿，青蒿，伊舍根-沙里尔日，伊舍根-沙瓦格）

Artemisia dracunculus L., Sp. Pl. 2: 849 (1753).

黑龙江、吉林、辽宁、内蒙古、山西、陕西、宁夏、甘肃、青海、新疆、西藏；蒙古国、印度、巴基斯坦、阿富汗、塔吉克斯坦、哈萨克斯坦、俄罗斯；亚洲、欧洲、北美洲。

龙蒿（原变种）

Artemisia dracunculus var. **dracunculus**

Artemisia inodora Willd., Enum. Pl. [Willd.] 2: 864 (1809), not Mill. (1768), nor M. Bieb. (1808); *Artemisia desertorum* Spreng. var. *macrocephala* Franch., Pl. Turk. 88 (1883); *Artemisia dracunculus* f. *minor* Kom., Fl. Manshur. 3: 658 (1907); *Artemisia dracunculus* var. *inodora* Besser, p. p., Nuov. Giorn. Bot. Ital. n. s. 36 (3): 379 (1929); *Oligosporus dracunculus* (L.) Poljakov, Fl. Rast. Res. Kaz. 11: 166 (1961).

黑龙江、吉林、辽宁、内蒙古、山西、陕西、宁夏、甘肃、青海、新疆；蒙古国、印度、巴基斯坦、阿富汗。

杭爱龙蒿

Artemisia dracunculus var. **changaica** (Krasch.) Y. R. Ling, Bull. Bot. Res., Harbin 2 (2): 36 (1982).

Artemisia changaica Krasch., Trudy Bot. Inst. Akad. Nauk S. S. S. R., Ser. 1, Fl. Sist. Vyssh. Rast. 3: 346 (1937); *Oligosporus changaicus* (Krasch.) Poljakov, Mat. Fl. Rast. Kazakh. 11: 169 (1961).

宁夏、甘肃、青海、新疆；蒙古国。

帕米尔蒿

Artemisia dracunculus var. **pamirica** (C. Winkl.) Y. R. Ling et Humphries, Bull. Bot. Res., Harbin 8 (4): 45 (1988).

Artemisia pamirica C. Winkl., Trudy Imp. S.-Peterburgsk. Bot. Sada 11: 329 (1890); *Artemisia simplicifolia* Pamp., Sped. Ital. De Filippi Himal., Ser. 2: 11 (1913); *Oligosporus pamiricus* (C. Winkl.) Poljakov, Mat. Fl. Rast. Kazakh. 11: 166 (1961).

青海、新疆、西藏；巴基斯坦、阿富汗、塔吉克斯坦。

青海龙蒿

●**Artemisia dracunculus** var. **qinghaiensis** Y. R. Ling, Bull. Bot. Res., Harbin 8 (4): 44 (1988).

青海。

宽裂龙蒿

Artemisia dracunculus var. **turkestanica** Krasch., Mater. Istorii Fl. Rastitel'n. S. S. S. R. 2: 177 (1946).

新疆；哈萨克斯坦。

牛尾蒿（荻蒿，紫杆蒿，水蒿，艾蒿，米蒿，指叶蒿，普儿芒）

Artemisia dubia Wall. ex Besser, Tent. Abrot. 39 (1832).

内蒙古、河北、山西、山东、河南、陕西、宁夏、甘肃、青海、湖北、四川、贵州、云南、西藏、广西；日本、泰国、不丹、尼泊尔、印度。

牛尾蒿（原变种）

Artemisia dubia var. **dubia**

Artemisia dracunculus L. f. *thomsonii* Pamp., Nuov. Giorn. Bot. Ital. n. s. 36 (3): 379 (1929); *Artemisia subdigitata* Mattf. var. *thomsonii* (Pamp.) S. Y. Hu, Quart. J. Taiwan Mus. 18: 263 (1965).

内蒙古、甘肃、四川、云南、西藏；日本、泰国、不丹、尼泊尔、印度。

无毛牛尾蒿

Artemisia dubia var. **subdigitata** (Mattf.) Y. R. Ling, Kew Bull. 42: 445 (1987).

Artemisia subdigitata Mattf., Repert. Spec. Nov. Regni Veg. 22: 243 (1926); *Artemisia jacquemontiana* Besser, Bull. Soc. Imp. Naturalistes Moscou 8: 59 (1835); *Artemisia cannabina* Jacquem. ex Besser, Prodr. (DC.) 6: 97 (1837); *Artemisia desertorum* Spreng. var. *jacquemontiana* (Besser) DC., Prodr. (DC.) 6: 98 (1837); *Artemisia dracunculus* f. *pinnata* Besser ex Pamp., Nuov. Giorn. Bot. Ital. n. s. 36 (3): 379 (1929).

内蒙古、河北、山西、山东、河南、陕西、宁夏、甘肃、青海、湖北、四川、贵州、云南、广西；不丹、尼泊尔、印度。

青藏蒿

●**Artemisia duthreuil-de-rhinsi** Krasch., Bot. Mater. Gerb. Glavn. Bot. Sada R. S. F. S. R. 3: 22 (1922).

Oligosporus duthreuil-de-rhinsi (Krasch.) Poljakov, Mat. Fl. Veg. Kaschg. 11: 169 (1961).

青海、四川、西藏。

峨眉蒿（峨参叶蒿）

●**Artemisia emeiensis** Y. R. Ling, Bull. Bot. Res., Harbin 8 (4): 42 (1988).

Artemisia anthriscifolia C. C. Chang, Sunyatsenia 6: 24 (1941).

四川。

南牡蒿（牡蒿，拔拉蒿，黄蒿，一支蒿，米蒿，乌苏力格-沙里尔日）

Artemisia eriopoda Bunge, Enum. Pl. China Bor. 37 (1833).

辽宁、内蒙古、河北、山西、山东、河南、陕西、甘肃、安徽、江苏、湖南、湖北、四川、云南；蒙古国、日本、朝鲜半岛。

南牡蒿（原变种）

Artemisia eriopoda var. **eriopoda**

Artemisia japonica var. *eriopoda* (Bunge) Kom., Fl. Manshur. 3: 657 (1907); *Artemisia japonica* Thunb. f. *eriopoda* (Bunge) Pamp., Nuov. Giorn. Bot. Ital. n. s. 34 (3): 663 (1927); *Artemisia capillaris* Thunb. f. *grandiflora* Pamp., Nuov. Giorn. Bot. Ital. n. s. 39 (1): 24 (1932); *Artemisia capillaris* var. *grandiflora* (Pamp.) Pamp., Nuov. Giorn. Bot. Ital. n. s. 39 (1): 24 (1932); *Artemisia desertorum* Spreng. f. *latifolia* Pamp., Nuov. Giorn. Bot. Ital. n. s. 39 (1): 25 (1932), p. p.

辽宁、内蒙古、河北、山西、山东、河南、陕西、安徽、江苏、湖南、湖北、四川、云南；蒙古国、日本、朝鲜半岛。

甘肃南牡蒿

●**Artemisia eriopoda** var. **gansuensis** Y. Ling et Y. R. Ling, Bull. Bot. Res., Harbin 8 (3): 7 (1988).

甘肃。

渤海滨南牡蒿

●**Artemisia eriopoda** var. **maritima** Y. Ling et Y. R. Ling, Bull. Bot. Res., Harbin 8 (3): 6 (1988).

山东。

圆叶南牡蒿

●**Artemisia eriopoda** var. **rotundifolia** (Debeaux) Y. R. Ling, Bull. Bot. Res., Harbin 8 (4): 56 (1988).

Artemisia japonica var. *rotundifolia* Debeaux, Actes Soc. Linn. Bordeaux 31: 220 (1877); *Artemisia japonica* f. *rotundifolia* (Debeaux) Franch., Mém. Soc. Sci. Nat. Cherbourg 24: 226 (1884); *Artemisia rotundifolia* (Debeaux) Krasch., Mat. Hist. Fl. Veg. 2: 174 (1946).

河北、山东、江苏。

山西南牡蒿

●**Artemisia eriopoda** var. **shanxiensis** Y. R. Ling, Bull. Bot. Res., Harbin 8 (3): 7 (1988).

山西。

二郎山蒿

●**Artemisia erlangshanensis** Y. Ling et Y. R. Ling, Bull. Bot. Res., Harbin 4 (2): 23 (1984).

四川。

海州蒿（苏北碱蒿，矮青蒿）

Artemisia fauriei Nakai, Bot. Mag. (Tokyo) 29: 7 (1915).

Artemisia fukudo Makino var. *mokpensis* Pamp., Nuov. Giorn. Bot. Ital. n. s. 34 (3): 656 (1927); *Artemisia haichowensis* C. C. Chang, Bull. Fan Mem. Inst. Biol. Bot. 7: 158 (1936).

河北、山东、江苏；日本、朝鲜半岛。

垂叶蒿（原变种）

●**Artemisia flaccida** var. **flaccida**

四川、贵州、云南。

齿裂垂叶蒿

●**Artemisia flaccida** var. **meiguensis** Y. R. Ling, Bull. Bot. Res., Harbin 8 (3): 6 (1988).

四川。

亮苞蒿

●**Artemisia forrestii** W. W. Smith, Notes Roy. Bot. Gard.

Edinburgh 12: 195 (1920).
云南。

绿栉齿叶蒿

Artemisia freyniana (Pamp.) Krasch., Spisok Rast. Gerb. Fl. S. S. S. R. Bot. Inst. Vsesojuzn. Akad. Nauk 11: 42 (1949).
Artemisia sacrorum Ledeb. f. *freyniana* Pamp., Nuov. Giorn. Bot. Ital. n. s. 34 (3): 688 (1927).
黑龙江、吉林、内蒙古、宁夏、甘肃；蒙古国、俄罗斯。

冷蒿（白蒿，小白蒿，兔毛蒿，寒地蒿，阿格，杭姆巴）

Artemisia frigida Willd., Sp. Pl. 3: 1838 (1803).
黑龙江、吉林、辽宁、内蒙古、河北、陕西、宁夏、甘肃、青海、新疆、湖北、西藏；蒙古国、塔吉克斯坦、吉尔吉斯斯坦、俄罗斯；亚洲（西南部）、欧洲。

冷蒿（原变种）

Artemisia frigida var. **frigida**
Artemisia frigida var. *fischeriana* (Besser) DC., Prodr. (DC.) 6: 125 (1837); *Absinthium frigidum* (Willd.) Besser, Bull. Soc. Imp. Naturalistes Moscou 1: 251 (1829); *Absinthium frigidum* var. *fischerianum* Besser, Bull. Soc. Imp. Naturalistes Moscou 1: 251 (1829); *Absinthium frigidum* var. *willdenowianum* Besser, Bull. Soc. Imp. Naturalistes Moscou 1: 251 (1829); *Artemisia frigida* var. *intermedia* Trautv., Bull. Soc. Imp. Naturalistes Moscou 2: 358 (1866).
黑龙江、吉林、辽宁、内蒙古、陕西、宁夏、甘肃、青海、新疆、湖北、西藏；蒙古国、塔吉克斯坦、吉尔吉斯斯坦、俄罗斯；亚洲（西南部）、欧洲。

紫花冷蒿

●**Artemisia frigida** var. **atropurpurea** Pamp., Nuov. Giorn. Bot. Ital. n. s. 34 (3): 655 (1927).
宁夏、甘肃、新疆。

滨艾

Artemisia fukudo Makino, Bot. Mag. (Tokyo) 23: 146 (1909).
浙江、台湾；日本、朝鲜半岛。

亮蒿

●**Artemisia fulgens** Pamp., Nuov. Giorn. Bot. Ital. n. s. 36 (4): 427 (1930).
青海、四川、西藏。

甘肃蒿

●**Artemisia gansuensis** Y. Ling et Y. R. Ling, Bull. Bot. Res., Harbin 5 (2): 9 (1985).
内蒙古、河北、山西、陕西、宁夏、甘肃、青海。

甘肃蒿（原变种）

●**Artemisia gansuensis** var. **gansuensis**
内蒙古、河北、山西、陕西、宁夏、甘肃、青海。

小甘肃蒿

●**Artemisia gansuensis** var. **oligantha** Y. Ling et Y. R. Ling, Bull. Bot. Res., Harbin 5 (2): 10 (1985).
内蒙古。

湘赣艾

Artemisia gilvescens Miq., Ann. Mus. Bot. Lugduno-Batavi 2: 175 (1866).
Artemisia vulgaris L. var. *gilvescens* (Miq.) Nakai, Bot. Mag. (Tokyo) 26: 102 (1912).
陕西、安徽、江西、湖南、湖北、四川；日本。

华北米蒿（吉氏蒿，艾蒿，灰蒿，米棉蒿，麻拉图西-沙里尔日，普儿芒）

●**Artemisia giraldii** Pamp., Nuov. Giorn. Bot. Ital. n. s. 34 (3): 657 (1927).
内蒙古、河北、山西、陕西、宁夏、甘肃、四川。

华北米蒿（原变种）

●**Artemisia giraldii** var. **giraldii**
Artemisia dracunculus L. f. *chinensis* Pamp., Nuov. Giorn. Bot. Ital. n. s. 36 (3): 379 (1929); *Artemisia dracunculus* f. *falciloba* Pamp., Nuov. Giorn. Bot. Ital. n. s. 36 (3): 379 (1929); *Artemisia dracunculus* f. *intermedia* Pamp., Nuov. Giorn. Bot. Ital. n. s. 36 (3): 380 (1929); *Oligosporus giraldii* (Pamp.) Poljakov, Mat. Fl. Rast. Kazakh. 11: 169 (1961).
内蒙古、河北、山西、陕西、宁夏、甘肃、四川。

长梗米蒿

●**Artemisia giraldii** var. **longipedunculata** Y. R. Ling, Bull. Bot. Res., Harbin 8 (3): 7 (1988).
内蒙古、河北。

假球蒿

●**Artemisia globosoides** Y. Ling et Y. R. Ling, Bull. Bot. Res., Harbin 5 (2): 7 (1985).
内蒙古、宁夏。

细裂叶莲蒿

Artemisia gmelinii Weber ex Stechm., Artemis. 30 (1775).
黑龙江、吉林、辽宁、内蒙古、河北、山西、山东、河南、陕西、宁夏、甘肃、青海、新疆、安徽、江苏、湖北、四川、西藏、广东；蒙古国、日本、朝鲜半岛、尼泊尔、印度、巴基斯坦、阿富汗、塔吉克斯坦、吉尔吉斯斯坦、哈萨克斯坦、乌兹别克斯坦、俄罗斯；欧洲。

细裂叶莲蒿（原变种）

Artemisia gmelinii var. **gmelinii**
Artemisia gmelinii var. *legitima* Besser, Nouv. Mém. Soc. Imp. Naturalistes Moscou 3: 26 (1834); *Artemisia messerschmidiana* var. *viridis* Besser, Nouv. Mém. Soc. Imp. Naturalistes Moscou 3: 28 (1834); *Artemisia iwayomogi* Kitam., Acta Phytotax. Geobot. 7: 65 (1938); *Artemisia gmelinii* var.

intermedia (Ledeb.) Krasch., Fl. Sibir. Occid., ed. 2 11: 2790 (1949).
吉林、辽宁、内蒙古、河北、山西、河南、陕西、宁夏、甘肃、新疆、安徽、江苏、湖北、四川、西藏、广东；蒙古国、日本、朝鲜半岛、尼泊尔、印度、巴基斯坦、阿富汗、塔吉克斯坦、吉尔吉斯斯坦、哈萨克斯坦、俄罗斯。

灰莲蒿（万年蒿，万年蓬，铁杆蒿，供蒿，吉吉格毛日音-西巴嘎，哈尔砂-瓦格）

Artemisia gmelinii var. **incana** (Besser) H. C. Fu in Ma, Fl. Intramongolica 6: 152 (1982).
Artemisia messerschmidiana var. *incana* Besser, Tent. Abrot. 28 (1832); *Artemisia gmelinii* var. *discolor* (Kom.) Nakai, Fl. Kor. 2: 31 (1911); *Artemisia gmelinii* var. *vestita* (Kom.) Nakai, Fl. Kor. 2: 31 (1911); *Artemisia freyniana* (Pamp.) Krasch. f. *discolor* (Kom.) Kitag., J. Jap. Bot. 41: 367 (1936).
中国各地；蒙古国、日本、朝鲜半岛。

密毛细裂叶莲蒿（白万年蒿）

Artemisia gmelinii var. **messerschmidiana** (Besser) Poljakov in Schischk. et Bobrov, Fl. U. R. S. S. 26: 464 (1961).
Artemisia messerschmidiana Besser, Tent. Abrot. 27 (1832); *Artemisia sacrorum* var. *messerschmidiana* (Besser) Y. R. Ling, Bull. Bot. Res., Harbin 8 (4): 13 (1988).
黑龙江、吉林、辽宁、内蒙古、河北、山西、山东、河南、陕西、宁夏、甘肃、青海、新疆、江苏；蒙古国、日本、朝鲜半岛、阿富汗、俄罗斯。

贡山蒿

●**Artemisia gongshanensis** Y. R. Ling et Humphries, Bull. Bot. Res., Harbin 10 (1): 20 (1990).
云南。

江孜蒿

●**Artemisia gyangzeensis** Y. Ling et Y. R. Ling, Acta Phytotax. Sin. 18: 510 (1980).
甘肃、青海、西藏。

吉塘蒿

●**Artemisia gyitangensis** Y. Ling et Y. R. Ling, Acta Phytotax. Sin. 18: 507 (1980).
四川、西藏。

盐蒿（差不嘎蒿，褐沙蒿，沙蒿，沙把嘎，沙漠嘎，呼伦-沙里尔日，普勒罕达）

Artemisia halodendron Turcz. ex Besser, Bull. Soc. Imp. Naturalistes Moscou 8: 19 (1835).
Oligosporus halodendron (Turcz. ex Besser) Poljakov, Mat. Fl. Rast. Kazakh. 11: 168 (1961); *Artemisia intramongolica* var. *microphylla* H. C. Fu, Fl. Intramongolica 6: 327 (1982); *Artemisia intramongolica* H. C. Fu, Fl. Intramongolica 6: 125 (1982).
黑龙江、吉林、辽宁、内蒙古、河北、山西、陕西、宁夏、甘肃、新疆；蒙古国、俄罗斯。

雷琼牡蒿

Artemisia hancei (Pamp.) Y. Ling et Y. R. Ling, Bull. Bot. Res., Harbin 2 (2): 39 (1982).
Artemisia hallaisanensis Nakai var. *hancei* Pamp., Nuov. Giorn. Bot. Ital. n. s. 34 (3): 659 (1927).
广东、海南；越南。

臭蒿（海定蒿，牛尾蒿，乌母黑-沙里尔日，桑子那保，克朗）

Artemisia hedinii Ostenf. in Hedin, S. Tibet 6 (3): 41 (1922).
内蒙古、甘肃、青海、新疆、四川、云南、西藏；印度、巴基斯坦、塔吉克斯坦。

歧茎蒿（锯叶家蒿，白艾，蒌蒿，野艾，萨格拉嘎日-沙里尔日）

●**Artemisia igniaria** Maxim., Mém. Acad. Imp. Sci. St.-Pétersbourg Divers Savans 9: 161 (1859).
Artemisia princeps Pamp. f. *dentata* Pamp., Nuov. Giorn. Bot. Ital. n. s. 36 (4): 446 (1930); *Artemisia princeps* f. *dissecta* Pamp., Nuov. Giorn. Bot. Ital. n. s. 36 (4): 446 (1930).
黑龙江、吉林、辽宁、内蒙古、河北、山西、山东、河南、陕西、宁夏。

锈苞蒿

●**Artemisia imponens** Pamp., Nuov. Giorn. Bot. Ital. n. s. 36 (4): 424 (1930).
青海、湖北、四川、云南、西藏。

尖裂叶蒿

Artemisia incisa Pamp., Nuov. Giorn. Bot. Ital. n. s. 33 (3): 456 (1926).
Artemisia nuristanica Kitam, Fl. Afghanistan 2: 388 (1960).
西藏；尼泊尔、印度、巴基斯坦、阿富汗、克什米尔地区。

五月艾（艾，野艾蒿，鸡脚艾，草蓬，白蒿，指叶艾，卡兰-加松）

Artemisia indica Willd., Sp. Pl. 3: 1846 (1803).
吉林、辽宁、内蒙古、河北、山西、山东、河南、陕西、甘肃、安徽、江苏、浙江、江西、湖南、湖北、四川、贵州、云南、西藏、福建、台湾、广东、广西、海南；日本、朝鲜半岛、菲律宾、越南、缅甸、泰国、印度尼西亚、印度；大洋洲、美洲。

五月艾（原变种）

Artemisia indica var. **indica**
Absinthium moxa Besser, Bull. Soc. Imp. Naturalistes Moscou 1: 228 (1829); *Artemisia asiatica* Nakai ex Pamp., Nuov. Giorn. Bot. Ital. n. s. 36 (3): 383 (1929); *Artemisia dubia* Wall. ex Besser f. *communis* Pamp., Nuov. Giorn. Bot. Ital. n. s. 36 (4): 435 (1930); *Artemisia dubia* var. *compacta* Pamp., Nuov. Giorn. Bot. Ital. n. s. 36 (4): 440 (1930).

吉林、辽宁、内蒙古、河北、山西、山东、河南、陕西、甘肃、安徽、江苏、浙江、江西、湖南、湖北、四川、贵州、云南、西藏、福建、台湾、广东、广西、海南；日本、朝鲜半岛、菲律宾、越南、缅甸、泰国、印度尼西亚、印度；大洋洲、美洲。

雅致艾

Artemisia indica var. **elegantissima** (Pamp.) Y. R. Ling et Humphries, Bull. Bot. Res., Harbin 8 (3): 29 (1988).

Artemisia elegantissima Pamp., Nuov. Giorn. Bot. Ital. n. s. 33 (3): 454 (1926).

西藏；印度。

柳叶蒿（柳蒿，乌达力格-沙里尔日，九牛草）

Artemisia integrifolia L., Sp. Pl. 2: 848 (1753).

Artemisia vulgaris L. var. *integrifolia* (L.) Ledeb., Catal. Jap. Pl. 5 (1914); *Artemisia integrifolia* f. *bothnhofii* Pamp., Nuov. Giorn. Bot. Ital. n. s. 36 (4): 477 (1930); *Artemisia integrifolia* f. *suzievii* Pamp., Nuov. Giorn. Bot. Ital. n. s. 36 (4): 477 (1930); *Artemisia integrifolia* f. *transiens* Pamp., Nuov. Giorn. Bot. Ital. n. s. 36 (4): 477 (1930); *Artemisia quadriauriculata* F. H. Chen, Bull. Fan Mem. Inst. Biol. Bot. 5: 69 (1934); *Artemisia mongolica* (Fisch. ex Besser) Nakai var. *interposita* Kitag., Rep. Inst. Sci. Res. Manchoukuo 4: 107 (1940); *Artemisia komarovii* Poljakov, Not. Syst. Herb. Inst. Bot. Acad. Sci. U. R. S. S. 17: 402 (1955).

黑龙江、吉林、辽宁、内蒙古、河北；蒙古国、朝鲜半岛、俄罗斯。

牡蒿（蔚，齐头蒿，水辣菜，土柴胡，油蒿）

Artemisia japonica Thunb., Nova Acta Regiae Soc. Sci. Upsal. 3: 209 (1780).

黑龙江、辽宁、河北、山西、山东、河南、陕西、甘肃、安徽、江苏、浙江、江西、湖南、湖北、四川、贵州、云南、西藏、福建、台湾、广东、广西、海南；日本、朝鲜半岛、菲律宾、越南、老挝、缅甸、泰国、不丹、尼泊尔、印度、巴基斯坦、阿富汗、俄罗斯。

牡蒿（原变种）

Artemisia japonica var. **japonica**

Artemisia cuneifolia DC., Prodr. (DC.) 6: 126 (1837); *Artemisia glabrata* Wall. ex Besser, Icon. Pl. Ind. Orient. (Wight) 3: 9 (1846); *Artemisia japonica* var. *macrocephala* Pamp., Nuov. Giorn. Bot. Ital. n. s. 34 (3): 668 (1927); *Artemisia japonica* var. *myriocephala* Pamp., Nuov. Giorn. Bot. Ital. n. s. 34 (3): 665 (1927); *Artemisia japonica* var. *lanata* Pamp., Rend. Sem. Fac. Sci. Univ. Cagl. 8: 3 (1938).

黑龙江、辽宁、河北、山西、山东、河南、陕西、甘肃、安徽、江苏、浙江、江西、湖南、湖北、四川、贵州、云南、西藏、福建、台湾、广东、广西；日本、朝鲜半岛、菲律宾、越南、老挝、缅甸、泰国、不丹、尼泊尔、印度、阿富汗、俄罗斯。

海南牡蒿

●**Artemisia japonica** var. **hainanensis** Y. R. Ling, Bull. Bot. Res., Harbin 8 (4): 58 (1988).

广西、海南。

吉隆蒿

●**Artemisia jilongensis** Y. R. Ling et Humphries, Bull. Bot. Res., Harbin 10 (1): 18 (1990).

西藏。

狭裂白蒿（白蒿，康拉巴）

●**Artemisia kanashiroi** Kitam., Acta Phytotax. Geobot. 12: 147 (1943).

内蒙古、河北、山西、陕西、宁夏、甘肃、青海。

康马蒿

●**Artemisia kangmarensis** Y. Ling et Y. R. Ling, Acta Phytotax. Sin. 18: 510 (1980).

西藏。

山艾（川上氏艾）

●**Artemisia kawakamii** Hayata, Icon. Pl. Formosan. 8: 65 (1919).

台湾。

菴蕳

Artemisia keiskeana Miq., Ann. Mus. Bot. Lugduno-Batavi 2: 176 (1866).

Artemisia keiskeana subf. *rotundifolia* Pamp., Nuov. Giorn. Bot. Ital. n. s. 34 (3): 671 (1927).

黑龙江、吉林、辽宁、河北、山东；日本、朝鲜半岛、俄罗斯。

蒙古沙地蒿

Artemisia klementzae Krasch., Mater. Istorii Fl. Rastitel'n. S. S. S. R. 2: 163 (1946).

Artemisia xylorhiza Krasch. ex Filatova., Bot. Zhurn. (Moscow et Leningrad) 71: 1553 (1986).

内蒙古；蒙古国。

掌裂蒿

Artemisia kuschakewiczii C. Winkl., Trudy Imp. S.-Peterburgsk. Bot. Sada 11: 330 (1890).

Oligosporus kuschakewiczii (C. Winkl.) Poljakov, Mat. Fl. Rast. Kazakh. 11: 168 (1961).

新疆、西藏；塔吉克斯坦。

白苞蒿（秦州菴闾子，鸭脚艾，鸡甜菜，四季菜，白花蒿，广东刘寄奴，白米蒿）

Artemisia lactiflora Wall. ex DC., Prodr. (DC.) 6: 115 (1838).

河南、陕西、甘肃、安徽、江苏、浙江、江西、湖南、湖北、四川、贵州、云南、福建、台湾、广东、广西、海南；老挝、泰国、柬埔寨、新加坡、印度尼西亚、印度。

白苞蒿（原变种）

Artemisia lactiflora var. **lactiflora**

Artemisia septemlobata H. Lév. et Vaniot, Repert. Spec. Nov. Regni Veg. 7: 2 (1909); *Artemisia lactiflora* f. *henryana* Pamp., Nuov. Giorn. Bot. Ital. n. s. 34 (3): 675 (1927); *Artemisia lactiflora* f. *septemlobata* (H. Lév. et Vaniot) Pamp., Nuov. Giorn. Bot. Ital. n. s. 34 (3): 675 (1927).

河南、陕西、甘肃、安徽、江苏、浙江、江西、湖南、湖北、四川、贵州、云南、福建、台湾、广东、广西；老挝、泰国、柬埔寨、新加坡、印度尼西亚、印度。

细裂叶白苞蒿

●**Artemisia lactiflora** var. **incisa** (Pamp.) Y. Ling et Y. R. Ling, Bull. Bot. Res., Harbin 8 (4): 42 (1988).

Artemisia lactiflora f. *incisa* Pamp., Nuov. Giorn. Bot. Ital. n. s. 34 (3): 675 (1927).

陕西、湖北、四川。

太白山白苞蒿

●**Artemisia lactiflora** var. **taibaishanensis** X. D. Cui in K. T. Fu et Z. Ying Zhang, Fl. Tsinling. 1 (5): 421 (1985).

陕西、甘肃。

白山蒿（狭叶蒿，宝古尔里-沙里尔日）

Artemisia lagocephala (Fisch. ex Besser) DC., Prodr. (DC.) 6: 122 (1838).

Absinthium lagocephalum Fisch. ex Besser, Bull. Soc. Imp. Naturalistes Moscou 1: 233 (1829); *Artemisia kruhsiana* Besser, Nouv. Mém. Soc. Imp. Naturalistes Moscou 3: 22 (1834); *Artemisia besseriana* Ledeb., Fl. Ross. (Ledeb.) 2: 590 (1844); *Artemisia besseriana* var. *integrifolia* Ledeb, Fl. Ross. (Ledeb.) 2: 590 (1844); *Artemisia besseriana* var. *triloba* Ledeb, Fl. Ross. (Ledeb.) 2: 590 (1844).

黑龙江、吉林、内蒙古、四川；俄罗斯。

矮蒿（牛尾蒿，小艾，野艾蒿，细叶艾，小蓬蒿）

Artemisia lancea Vaniot, Bull. Acad. Int. Geogr. Bot. 12: 500 (1903).

Artemisia feddei H. Lév. et Vaniot, Repert. Spec. Nov. Regni Veg. 8: 138 (1910); *Artemisia minutiflora* Nakai, Fl. Kor. 2: 30 (1911); *Artemisia vulgaris* L. var. *maximowiczii* Nakai, p. p., Bot. Mag. (Tokyo) 26: 104 (1912).

中国大部分地区；日本、朝鲜半岛、印度、俄罗斯。

宽叶蒿（乌尔根-沙里尔日）

Artemisia latifolia Ledeb., Mém. Acad. Imp. Sci. St. Pétersbourg Hist. Acad. 5: 569 (1815).

Artemisia laciniata Willd. var. *glabriuscula* Ledeb., Fl. Altaic. 4: 75 (1833); *Artemisia laciniata* var. *latifolia* (Ledeb.) Maxim., Nuov. Giorn. Bot. Ital. n. s. 36 (3): 470 (1929); *Artemisia tanacetifolia* L. var. *laxa* Kitam., Acta Phytotax. Geobot. 12: 141 (1943).

黑龙江、吉林、辽宁、内蒙古、甘肃；蒙古国、朝鲜半岛、哈萨克斯坦、乌兹别克斯坦、俄罗斯；亚洲（西南部）、欧洲。

野艾蒿（荫地蒿，野艾，小叶艾，狭叶艾，苦艾，色古得尔音-沙里尔日，哲尔日格-蒌哈）

Artemisia codonocephala Diels, Notes Roy. Bot. Gard. Edinburgh 5: 186 (1912).

Artemisia lavandulifolia DC., Prodr. (DC.) 6: 110 (1838), not Salisb. (1796); *Artemisia argyi* H. Lév. et Vaniot f. *eximia* Pamp., Nuov. Giorn. Bot. Ital. n. s. 36 (4): 453 (1930); *Artemisia clemensiana* Pamp., Nuov. Giorn. Bot. Ital. n. s. 36 (4): 441 (1930); *Artemisia codonocephala* var. *maireana* Pamp., Nuov. Giorn. Bot. Ital. n. s. 36 (4): 457 (1930); *Artemisia araneosa* Kitam., Acta Phytotax. Geobot. 2: 171 (1933).

黑龙江、吉林、辽宁、内蒙古、河北、山西、山东、河南、陕西、甘肃、安徽、江苏、江西、湖南、湖北、四川、贵州、云南、广东、广西；蒙古国、日本、朝鲜半岛、俄罗斯。

白叶蒿（白毛蒿，白蒿，朝鲜艾，野艾蒿，苦蒿，茭蒿）

Artemisia leucophylla (Turcz. ex Ledeb.) C. B. Clarke, Compos. Ind. 162 (1876).

Artemisia vulgaris L. var. *leucophylla* Turcz. ex Ledeb., Fl. Ross. (Ledeb.) 2: 586 (1845); *Artemisia leucophylla* f. *luxurians* Pamp., Nuov. Giorn. Bot. Ital. n. s. 36 (4): 414 (1930); *Artemisia leucophylla* var. *pusilla* Pamp., Nuov. Giorn. Bot. Ital. n. s. 36 (4): 415 (1930).

黑龙江、吉林、辽宁、内蒙古、河北、山西、陕西、宁夏、甘肃、青海、新疆、四川、贵州、云南、西藏；蒙古国、朝鲜半岛、俄罗斯。

有润蒿（新拟）

●**Artemisia lingyeouruennii** L. M. Shultz et Boufford, Harvard Pap. Bot. 17: 21 (2012).

四川。

滨海牡蒿

Artemisia littoricola Kitam., Acta Phytotax. Geobot. 5: 94 (1936).

Artemisia japonica f. *resedifolia* Takeda, Bot. Mag. (Tokyo) 25: 22 (1911); *Artemisia japonica* f. *sachalinensis* Pamp., Nuov. Giorn. Bot. Ital. n. s. 34 (3): 668 (1927); *Oligosporus littoricola* (Kitam.) Poljakov, Trudy Inst. Bot. Akad. Nauk Kazakhst. S. S. R. 11: 167 (1961).

黑龙江、内蒙古；日本、朝鲜半岛、俄罗斯。

细杆沙蒿（小砂蒿，细叶蒿，那力薄其-沙里尔日）

Artemisia macilenta (Maxim.) Krasch., Mater. Istorii Fl. Rastitel'n. S. S. S. R. 2: 156 (1946).

Artemisia campestris L. var. *macilenta* Maxim., Mém. Acad. Imp. Sci. St.-Pétersbourg Divers Savans 9: 158 (1859); *Artemisia desertorum* Spreng. var. *macilenta* (Maxim.) Pamp., Nuov. Giorn. Bot. Ital. n. s. 34 (3): 651 (1927); *Oligosporus macilentus* (Maxim.) Poljakov, Mat. Fl. Rast. Kazakh. 11: 167

(1967).
内蒙古、河北、山西；俄罗斯。

亚洲大花蒿（大花蒿）

Artemisia macrantha Ledeb., Mém. Acad. Imp. Sci. St. Pétersbourg Hist. Acad. 5: 573 (1815).
内蒙古、新疆；蒙古国、塔吉克斯坦、吉尔吉斯斯坦、哈萨克斯坦、乌兹别克斯坦、土库曼斯坦、俄罗斯；亚洲（西南部）。

大花蒿（草蒿，戈壁蒿）

Artemisia macrocephala Jacquem. ex Besser, Bull. Soc. Imp. Naturalistes Moscou 9: 28 (1836).
Artemisia griffithiana Boiss., Compos. Ind. 159 (1878); *Artemisia sieversiana* Ehrhart ex Willd. var. *pygmaea* Krylov, Fl. Altaic. 3: 656 (1904).
宁夏、甘肃、青海、新疆、西藏；蒙古国、印度、巴基斯坦、阿富汗、塔吉克斯坦、吉尔吉斯斯坦、哈萨克斯坦、俄罗斯；亚洲（西南部）。

小亮苞蒿

●**Artemisia mairei** H. Lév., Repert. Spec. Nov. Regni Veg. 11: 303 (1912).
Artemisia mairei f. *latifolia* Pamp., Nuov. Giorn. Bot. Ital. n. s. 34 (3): 678 (1927).
云南。

东北牡蒿（关东牡蒿）

●**Artemisia manshurica** (Kom.) Kom. in Kom. et Aliss., Key Pl. Far East. Reg. U. S. S. R. 2: 1053 (1932).
Artemisia japonica Thunb. var. *manshurica* Kom., Fl. Manshur. 3: 625 (1907).
黑龙江、吉林、辽宁、内蒙古、河北。

中亚旱蒿

Artemisia marschalliana Spreng., Syst. Veg., ed. 16 3: 496 (1826).
新疆；哈萨克斯坦、俄罗斯；欧洲。

中亚旱蒿（原变种）

Artemisia marschalliana var. **marschalliana**
Artemisia inodora M. Bieb., Fl. Taur.-Caucas. 2: 295 (1808), not Mill. (1768); *Oligosporus marschallianus* (Spreng.) Less., Linnaea 9: 191 (1834); *Artemisia campestris* L. var. *gmeliniana* Besser, Byull. Moskovsk. Obshch. Isp. Prir., Otd. Biol. 8: 45 (1835); *Artemisia campestris* var. *steveniana* Besser, Byull. Moskovsk. Obshch. Isp. Prir., Otd. Biol. 8: 44, 45 (1835); *Artemisia tomentella* var. *subglabra* Krasch, Fl. Sibir. Occid., ed. 2 11: 2772 (1949); *Artemisia campestris* var. *marschalliana* (Spreng.) Poljakov, Fl. U. R. S. S. 26: 553 (1961).
新疆；哈萨克斯坦、俄罗斯；欧洲。

绢毛旱蒿

Artemisia marschalliana var. **sericophylla** (Rupr.) Y. R. Ling, Bull. Bot. Res., Harbin 8 (4): 48 (1988).
Artemisia sericophylla Rupr., Beitr. Pflanzenk. Russ. Reiches 2: 41 (1845); *Artemisia campestris* var. *sericophylla* (Rupr.) Poljakov, Fl. U. R. S. S. 26: 554 (1961).
新疆；哈萨克斯坦、俄罗斯；欧洲。

粘毛蒿

●**Artemisia mattfeldii** Pamp., Nuov. Giorn. Bot. Ital. n. s. 36 (4): 425 (1930).
甘肃、青海、湖北、四川、贵州、云南、西藏。

粘毛蒿（原变种）

●**Artemisia mattfeldii** var. **mattfeldii**
甘肃、青海、四川、西藏。

无绒粘毛蒿（粘毛蒿）

●**Artemisia mattfeldii** var. **etomentosa** Hand.-Mazz., Acta Horti Gothob. 12: 276 (1938).
甘肃、青海、四川、西藏。

东亚栉齿蒿

Artemisia maximovicziana Krasch. ex Poljakov, Bot. Mater. Gerb. Bot. Inst. Komarova Akad. Nauk S. S. S. R. 17: 403 (1955).
黑龙江、内蒙古；俄罗斯。

尖栉齿叶蒿

Artemisia medioxima Krasch. ex Poljakov, Bot. Mater. Gerb. Bot. Inst. Komarova Akad. Nauk S. S. S. R. 17: 405 (1955).
黑龙江、内蒙古、河北、山西；俄罗斯。

垫型蒿（小灰蒿，那马-甲马）

Artemisia minor Jacquem. ex Besser, Bull. Soc. Imp. Naturalistes Moscou 9: 22 (1836).
Artemisia sieversiana Ehrhart ex Willd. var. *tibetica* C. B. Clarke, Compos. Ind. 165 (1875); *Artemisia tibetica* (C. B. Clarke) Hook. f. et Thomson, Fl. Brit. Ind. 3: 329 (1881).
甘肃、青海、新疆、西藏；印度、巴基斯坦；亚洲（西南部）。

蒙古蒿（蒙蒿，狭叶蒿，狼尾蒿，水红蒿，蒙古-沙里尔日）

Artemisia mongolica (Fisch. ex Besser) Nakai, Bot. Mag. (Tokyo) 31: 112 (1917).
Artemisia vulgaris L. var. *mongolica* Fisch. ex Besser, Tent. Abrot. 53 (1832); *Artemisia mongolica* var. *krascheninnikovii* Pamp., Nuov. Giorn. Bot. Ital. n. s. 36 (4): 410 (1930), p. p.; *Artemisia obscura* Pamp., Nuov. Giorn. Bot. Ital. n. s. 36 (4): 417 (1930); *Artemisia mongolica* var. *orientalis* Kitag., Rep. Inst. Sci. Res. Manchoukuo 4: 109 (1940).
黑龙江、吉林、辽宁、内蒙古、河北、山西、山东、河南、陕西、宁夏、甘肃、青海、新疆、安徽、江苏、江西、湖南、湖北、四川、贵州、福建、台湾、广东；朝鲜半岛、吉尔吉斯斯坦、哈萨克斯坦、乌兹别克斯坦、土库曼斯坦、俄罗斯。

山地蒿

Artemisia montana (Nakai) Pamp., Nuov. Giorn. Bot. Ital. n. s. 36 (4): 461 (1930).

Artemisia vulgaris L. f. *montana* Nakai, Bot. Mag. (Tokyo) 26: 104 (1912); *Artemisia montana* var. *latiloba* Pamp., Nuov. Giorn. Bot. Ital. n. s. 36 (4): 461 (1930); *Artemisia gigantea* Kitam., Acta Phytotax. Geobot. 2: 172 (1933).

安徽、江西、湖南；日本、俄罗斯。

小球花蒿（大叶青蒿，小白蒿，芳枝蒿，看拉）

Artemisia moorcroftiana Wall. ex DC., Prodr. (DC.) 6: 117 (1838).

Artemisia moorcroftiana var. *campanulata* Pamp., Nuov. Giorn. Bot. Ital. n. s. 36 (4): 421 (1930); *Artemisia moorcroftiana* f. *tenuifolia* Pamp., Nuov. Giorn. Bot. Ital. n. s. 36 (4): 422 (1930).

宁夏、甘肃、青海、四川、云南、西藏；不丹、印度、巴基斯坦。

细叶山艾

●**Artemisia morrisonensis** Hayata, Icon. Pl. Formosan. 8: 63 (1919).

台湾。

多花蒿（蒿枝，苦蒿，黑蒿）

Artemisia myriantha Wall. ex Besser, Tent. Abrot. 51 (1832).

甘肃、青海、四川、贵州、云南、广西；缅甸、泰国、不丹、尼泊尔、印度。

多花蒿（原变种）

Artemisia myriantha var. **myriantha**

Artemisia burmanica Pamp., Nuov. Giorn. Bot. Ital. n. s. 33 (3): 455 (1926); *Artemisia dolichocephala* Pamp., Nuov. Giorn. Bot. Ital. n. s. 34 (1): 175 (1927); *Artemisia dolichocephala* f. *yunnanensis* Pamp., Nuov. Giorn. Bot. Ital. n. s. 34 (1): 175 (1927); *Artemisia dubia* var. *myriantha* (Wall. ex Besser) Pamp., Nuov. Giorn. Bot. Ital. n. s. 36 (4): 381 (1929); *Artemisia dubia* Wall. ex Besser var. *longeracemulosa* Pamp., Nuov. Giorn. Bot. Ital. n. s. 36 (4): 439 (1930).

甘肃、青海、四川、贵州、云南、广西；缅甸、泰国、不丹、尼泊尔、印度。

白毛多花蒿

Artemisia myriantha var. **pleiocephala** (Pamp.) Y. R. Ling, Kew Bull. 42: 446 (1987).

Artemisia dubia f. *meridionalis* Pamp., Nuov. Giorn. Bot. Ital. n. s. 33 (3): 450 (1926); *Artemisia pleiocephala* Pamp., Nuov. Giorn. Bot. Ital. n. s. 36 (4): 446 (1930).

青海、四川、贵州、云南、西藏；不丹、尼泊尔、印度。

矮滨蒿

Artemisia nakaii Pamp., Nuov. Giorn. Bot. Ital. n. s. 34 (3): 682 (1927).

辽宁、内蒙古、河北；朝鲜半岛。

昆仑蒿（祁连山蒿，南山蒿）

●**Artemisia nanschanica** Krasch., Bot. Mater. Gerb. Glavn. Bot. Sada R. S. F. S. R. 3: 19 (1922).

Oligosporus nanschanicus (Krasch.) Poljakov, Mat. Fl. Rast. Kazakh. 11: 169 (1961).

甘肃、青海、新疆、西藏。

玉山艾

●**Artemisia niitakayamensis** Hayata, Bot. Mag. (Tokyo) 20: 16 (1906).

台湾。

南亚蒿

Artemisia nilagirica (C. B. Clarke) Pamp., Nuov. Giorn. Bot. Ital. n. s. 33 (3): 452 (1926).

Artemisia vulgaris L. var. *nilagirica* C. B. Clarke, Compos. Ind. 162 (1876).

四川、西藏；缅甸、印度。

藏旱蒿

●**Artemisia nortonii** Pamp., Nuov. Giorn. Bot. Ital. n. s. 34 (3): 683 (1927).

西藏。

怒江蒿（云南蒿）

●**Artemisia nujianensis** (Y. Ling et Y. R. Ling) Y. R. Ling, Bull. Bot. Res., Harbin 8 (4): 26 (1988).

Artemisia yunnanensis Jeffrey ex Diels var. *nujianensis* Y. Ling et Y. R. Ling, Acta Phytotax. Sin. 18: 505 (1980).

云南、西藏。

钝裂蒿（小裂蒿）

Artemisia obtusiloba Ledeb., Fl. Altaic. 4: 68 (1833).

新疆；蒙古国、哈萨克斯坦、俄罗斯。

钝裂蒿（原变种）

Artemisia obtusiloba var. **obtusiloba**

Artemisia obtusiloba var. *gracilis* Ledeb., Fl. Altaic. 4: 68 (1833).

新疆；蒙古国、哈萨克斯坦、俄罗斯。

亮绿蒿

Artemisia obtusiloba var. **glabra** Ledeb., Fl. Altaic. 4: 70 (1833).

Artemisia glabella Kar. et Kir., Bull. Soc. Imp. Naturalistes Moscou 14: 441 (1841); *Artemisia obtusiloba* var. *glabella* (Kar. et Kir.) Poljakov, Fl. U. R. S. S. 26: 510 (1961).

新疆；俄罗斯。

川西腺毛蒿

●**Artemisia occidentalisichuanensis** Y. R. Ling et S. Y. Zhao, Bull. Bot. Res., Harbin 5 (2): 6 (1985).

四川。

华西蒿

●**Artemisia occidentalisinensis** Y. R. Ling, Bull. Bot. Res., Harbin 8 (3): 2 (1988).
四川、西藏。

华西蒿（原变种）

●**Artemisia occidentalisinensis** var. **occidentalisinensis**
西藏。

齿裂华西蒿

●**Artemisia occidentalisinensis** var. **denticulata** Y. R. Ling, Bull. Bot. Res., Harbin 8 (3): 3 (1988).
四川、西藏。

高山艾

●**Artemisia oligocarpa** Hayata, J. Coll. Sci. Imp. Univ. Tokyo 25 (19): 137 (1908).
Artemisia borealis Pall. var. *oligocarpa* (Hayata) Kitam., Acta Phytotax. Geobot. 3: 128 (1934).
台湾。

黑沙蒿（沙蒿，鄂尔多斯蒿，油蒿，籽蒿，哈拉-沙巴嘎）

●**Artemisia ordosica** Krasch., Bot. Mater. Gerb. Bot. Inst. Komarova Akad. Nauk S. S. S. R. 9: 173 (1946).
Artemisia salsoloides Willd. var. *mongolica* Pamp., p. p., Nuov. Giorn. Bot. Ital. n. s. 34 (3): 698 (1927); *Artemisia ordosica* var. *furva* H. C. Fu, Fl. Intramongolica 6: 328 (1982); *Artemisia ordosica* var. *montana* H. C. Fu, Fl. Intramongolica 6: 124, 328 (1982).
内蒙古、河北、山西、陕西、宁夏、甘肃、新疆。

东方蒿（白蒿）

Artemisia orientalihengduangensis Y. Ling et Y. R. Ling, Bull. Bot. Res., Harbin 8 (4): 34 (1988).
Artemisia roxburghiana Besser var. *orientalis* Pamp., Nuov. Giorn. Bot. Ital. n. s. 36 (4): 430 (1930); *Artemisia roxburghiana* f. *angustisecta* Pamp., Nuov. Giorn. Bot. Ital. n. s. 36 (4): 430 (1930).
四川、云南；缅甸。

昌都蒿

●**Artemisia orientalixizangensis** Y. R. Ling et Humphries, Bull. Bot. Res., Harbin 10 (1): 19 (1990).
西藏。

滇东蒿

●**Artemisia orientaliyunnanensis** Y. R. Ling, Bull. Bot. Res., Harbin 8 (3): 5 (1988).
云南。

光沙蒿（沙蒿，小白蒿，红杆蒿，给鲁格日-沙里尔日，塔腾海-沙巴嘎）

●**Artemisia oxycephala** Kitag., Rep. Inst. Sci. Res. Manchoukuo 4: 93 (1936).
Artemisia pubescens Ledeb. var. *oxycephala* (Kitag.) Kitag., Lin. Fl. Manshur. 429 (1939); *Artemisia oxycephala* Kitag. var. *xinkaiensis* G. Y. Zhang et L. S. Wang, Bull. Bot. Res., Harbin 13 (1): 51 (1993); *Artemisia oxycephala* Kitag. subsp. *shanhaiensis* G. Y. Zhang, L. S. Wang et H. X. Ma, Bull. Bot. Res., Harbin 13 (2): 125 (1993); *Artemisia oxycephala* Kitag. var. *aureinitens* W. Wang ex J. Yun Li, Bull. Bot. Res., Harbin 23 (4): 388 (2003); *Artemisia oxycephala* Kitag. var. *sporadantha* W. Wang ex J. Yun Li, Bull. Bot. Res., Harbin 23 (4): 388 (2003).
黑龙江、吉林、辽宁、内蒙古、河北、山西。

黑蒿（沼泽蒿，阿拉坦-沙里尔日）

Artemisia palustris L., Sp. Pl. 2: 846 (1753).
黑龙江、吉林、辽宁、内蒙古、河北；蒙古国、朝鲜半岛、俄罗斯。

西南牡蒿（小花牡蒿，小花蒿，青蒿）

Artemisia parviflora Buch.-Ham. ex D. Don, Prodr. Fl. Nepal. 181 (1825).
Artemisia tongtchouanensis H. Lév., Repert. Spec. Nov. Regni Veg. Beih. 11: 304 (1912); *Artemisia japonica* Thunb. var. *parviflora* (Buch.-Ham. ex D. Don) Pamp., Nuov. Giorn. Bot. Ital. n. s. 34 (3): 665 (1927); *Oligosporus parviflorus* (Buch.-Ham. ex D. Don) Poljakov, Mat. Fl. Rast. Kazakh. 11: 170 (1961).
河南、陕西、甘肃、青海、湖北、四川、贵州、云南、西藏；缅甸、尼泊尔、印度、斯里兰卡、阿富汗。

彭错蒿

●**Artemisia pengchuoensis** Y. R. Ling et S. Y. Zhao, Bull. Bot. Res., Harbin 5 (2): 11 (1985).
四川。

伊朗蒿（波斯蒿）

Artemisia persica Boiss., Diagn. Pl. Orient., ser. 1 6: 91 (1846).
青海、西藏；缅甸、印度、巴基斯坦、阿富汗、塔吉克斯坦、吉尔吉斯斯坦、哈萨克斯坦；亚洲（西南部）。

伊朗蒿（原变种）

Artemisia persica var. **persica**
Artemisia togusbulakensis O. Fedtsch., Trudy Bot. Muz. Imp. Akad. Nauk 1: 143 (1902).
西藏；缅甸、印度、巴基斯坦、阿富汗、塔吉克斯坦、吉尔吉斯斯坦、哈萨克斯坦；亚洲（西南部）。

微刺伊朗蒿

Artemisia persica var. **subspinescens** (Boiss.) Boiss., Fl. Orient. 3: 374 (1875).
Artemisia subspinescens Boiss., Diagn. Pl. Orient., ser. 1 6: 91 (1846).
西藏；阿富汗；亚洲（西南部）。

纤梗蒿

●**Artemisia pewzowii** C. Winkl., Trudy Imp. S.-Peterburgsk. Bot. Sada 13: 3 (1893).
青海、新疆、西藏。

褐苞蒿（褐鳞蒿，巴然-沙里尔日）

Artemisia phaeolepis Krasch., Sovetsk. Bot. 5: 7 (1943).
Artemisia laciniata Willd. var. *turtschaninoviana* Besser, Bull. Soc. Imp. Naturalistes Moscou 9: 48 (1836); *Artemisia laciniata* f. *racemosa* Krylov, Fl. Altaic. 3: 645 (1904); *Artemisia laciniata* f. *tomentosa* Krylov, Fl. Altaic. 3: 645 (1904), p. p.
内蒙古、山西、宁夏、甘肃、青海、新疆、西藏；蒙古国、哈萨克斯坦、俄罗斯。

叶苞蒿

●**Artemisia phyllobotrys** (Hand.-Mazz.) Y. Ling et Y. R. Ling, Bull. Bot. Res., Harbin 8 (4): 27 (1988).
Artemisia strongylocephala Pamp. var. *phyllobotrys* Hand.-Mazz., Acta Horti Gothob. 12: 278 (1938).
青海、四川。

甘新青蒿

●**Artemisia polybotryoidea** Y. R. Ling, Bull. Bot. Res., Harbin 5 (2): 1 (1985).
甘肃、新疆。

西北蒿（宁新叶莲蒿）

Artemisia pontica L., Sp. Pl. 2: 847 (1753).
宁夏、甘肃、新疆；哈萨克斯坦、俄罗斯；欧洲、北美洲。

藏岩蒿

●**Artemisia prattii** (Pamp.) Y. Ling et Y. R. Ling, Acta Phytotax. Sin. 18: 511 (1980).
Artemisia salsoloides Willd. var. *prattii* Pamp., Nuov. Giorn. Bot. Ital. n. s. 34 (3): 698 (1927); *Artemisia salsoloides* var. *paniculata* Hook. f., Fl. Brit. Ind. 3: 321 (1881); *Artemisia salsoloides* f. *halodendron* Pamp., Nuov. Giorn. Bot. Ital. n. s. 34 (3): 697 (1927); *Artemisia salsoloides* f. *paniculata* (Hook. f.) Pamp., Nuov. Giorn. Bot. Ital. n. s. 34 (3): 697 (1927).
青海、四川、西藏。

魁蒿（野艾蒿，王侯蒿，五月艾，野艾，黄花艾，端午艾，陶如格-沙里尔日）

Artemisia princeps Pamp., Nuov. Giorn. Bot. Ital. n. s. 36 (4): 444 (1930).
Artemisia vulgaris L. var. *maximoviczii* Nakai, p. p., Bot. Mag. (Tokyo) 26: 104 (1912); *Artemisia vulgaris* f. *nipponica* Nakai, Bot. Mag. (Tokyo) 26: 104 (1912); *Artemisia montana* (Nakai) Pamp. f. *occidentalis* Pamp., Nuov. Giorn. Bot. Ital. n. s. 36 (4): 462 (1930); *Artemisia parvula* Pamp., Nuov. Giorn. Bot. Ital. n. s. 36 (4): 460 (1930).
辽宁、内蒙古、河北、山西、山东、河南、陕西、甘肃、安徽、江苏、江西、湖南、湖北、四川、贵州、云南、台湾、广东、广西；日本、朝鲜半岛。

甘青小蒿

●**Artemisia przewalskii** Krasch., Bot. Mater. Gerb. Glavn. Bot. Sada R. S. F. S. R. 2: 191 (1921).
甘肃、青海。

柔毛蒿（立沙蒿，变蒿，麻蒿，米拉蒿，转蒿，呼尔干-沙里尔日，马尔托什）

Artemisia pubescens Ledeb., Mém. Acad. Imp. Sci. St. Pétersbourg Hist. Acad. 5: 568 (1815).
黑龙江、吉林、辽宁、内蒙古、山西、陕西、甘肃、青海、新疆、四川；蒙古国、俄罗斯。

柔毛蒿（原变种）

●**Artemisia pubescens** var. **pubescens**
Artemisia commutata Besser, Bull. Soc. Imp. Naturalistes Moscou 8: 70 (1835); *Artemisia commutata* var. *helmiana* Besser, Bull. Soc. Imp. Naturalistes Moscou 8: 70 (1835); *Artemisia commutata* var. *pallasiana* Besser, Bull. Soc. Imp. Naturalistes Moscou 8: 70 (1835); *Artemisia campestris* L. var. *pubescens* (Ledeb.) Trautv., Fl. Ochot. Phaenog. 52 (1856); *Artemisia capillaris* Thunb. var. *simplex* Maxim., Bull. Acad. Imp. Sci. Saint-Pétersbourg 8: 525 (1872).
黑龙江、吉林、辽宁、内蒙古、山西、陕西、甘肃、青海、新疆、四川。

黑柔毛蒿（黑沙蒿）

●**Artemisia pubescens** var. **coracina** (W. Wang) Y. Ling et Y. R. Ling, Bull. Bot. Res., Harbin 8 (4): 51 (1988).
Artemisia coracina W. Wang, Acta Phytotax. Sin. 17: 89 (1979).
吉林。

大头柔毛蒿（大头变蒿）

Artemisia pubescens var. **gebleriana** (Besser) Y. R. Ling, Bull. Bot. Res., Harbin 8 (4): 51 (1988).
Artemisia commutata var. *gebleriana* Besser, Bull. Soc. Imp. Naturalistes Moscou 8: 72 (1835).
黑龙江、吉林、辽宁、内蒙古；蒙古国、俄罗斯。

秦岭蒿

●**Artemisia qinlingensis** Y. Ling et Y. R. Ling, Bull. Bot. Res., Harbin 4 (2): 18 (1984).
河南、陕西、甘肃。

粗茎蒿

●**Artemisia robusta** (Pamp.) Y. Ling et Y. R. Ling, Bull. Bot. Res., Harbin 8 (4): 26 (1988).
Artemisia strongylocephala Pamp. f. *robusta* Pamp., Nuov. Giorn. Bot. Ital. n. s. 34 (1): 178 (1927).
四川、云南、西藏。

川南蒿

•**Artemisia rosthornii** Pamp., Nuov. Giorn. Bot. Ital. n. s. 36 (4): 428 (1930).
四川。

灰苞蒿（白蒿子，肯马巴）

Artemisia roxburghiana Besser, Bull. Soc. Imp. Naturalistes Moscou 9: 57 (1836).
陕西、甘肃、青海、湖北、四川、贵州、云南、西藏；泰国、尼泊尔、印度、巴基斯坦、阿富汗。

灰苞蒿（原变种）

Artemisia roxburghiana var. **roxburghiana**
Artemisia hypoleuca Edgew., Trans. Linn. Soc. London 20: 71 (1846); *Artemisia revoluta* Edgew., Trans. Linn. Soc. London 20: 72 (1846); *Artemisia dubia* Wall. ex Besser var. *jacquemontiana* Pamp., Nuov. Giorn. Bot. Ital. n. s. 33 (3): 451 (1926); *Artemisia eriocephala* Pamp., Nuov. Giorn. Bot. Ital. n. s. 33 (3): 454 (1926); *Artemisia indica* Willd. var. *exilis* Pamp., Nuov. Giorn. Bot. Ital. n. s. 33 (3): 459 (1926); *Artemisia roxburghiana* var. *acutiloba* Pamp., Nuov. Giorn. Bot. Ital. n. s. 33 (3): 456 (1926).
陕西、甘肃、青海、湖北、四川、贵州、云南、西藏；泰国、尼泊尔、印度、阿富汗。

紫苞蒿

Artemisia roxburghiana var. **purpurascens** (Jacquem. ex Besser) Hook. f., Fl. Brit. Ind. 3: 326 (1881).
Artemisia purpurascens Jacquem. ex Besser, Bull. Soc. Imp. Naturalistes Moscou 9: 60 (1836).
四川、西藏；尼泊尔、印度、巴基斯坦。

红足蒿（大狭叶蒿，小香艾，红茎蒿，乌兰沙里尔日）

Artemisia rubripes Nakai, Bot. Mag. (Tokyo) 31: 112 (1917).
Artemisia vulgaris var. *parviflora* Besser, Prim. Fl. Amur. 160 (1859); *Artemisia vulgaris* L. var. *maximowiczii* Nakai, p. p., Bot. Mag. (Tokyo) 26: 104 (1912); *Artemisia mongolica* var. *pseudovulgaris* Pamp., Nuov. Giorn. Bot. Ital. n. s. 36 (4): 413 (1930); *Artemisia nipponica* Pamp. var. *rubripes* (Nakai) Pamp., Nuov. Giorn. Bot. Ital. n. s. 36 (4): 463 (1930); *Artemisia venusta* Pamp., Nuov. Giorn. Bot. Ital. n. s. 36 (4): 470 (1930); *Artemisia mongolica* (Fisch. ex Besser) Nakai var. *parviflora* (Besser) Kitag., Rep. Inst. Sci. Res. Manchoukuo 4: 108 (1940).
黑龙江、吉林、辽宁、内蒙古、河北、山西、山东、安徽、江苏、浙江、江西、四川、福建；蒙古国、日本、朝鲜半岛、俄罗斯。

岩蒿（鹿角蒿，一枝蒿）

Artemisia rupestris L., Sp. Pl. 2: 847 (1753).
Artemisia dentata Willd., Sp. Pl., ed. 3: 1826 (1800); *Absinthium rupestre* (L.) Schrank, Byull. Moskovsk. Obshch. Isp. Prir., Otd. Biol. 1: 246 (1829); *Artemisia rupestre* var. *oelandicum* Besser, Bull. Soc. Imp. Naturalistes Moscou 1: 248 (1829); *Artemisia viride* Besser, Bull. Soc. Imp. Naturalistes Moscou 1: 249 (1829).
新疆；蒙古国、阿富汗、塔吉克斯坦、吉尔吉斯斯坦、哈萨克斯坦、俄罗斯；欧洲。

香叶蒿（芸香叶蒿，察汗-沙里尔日）

Artemisia rutifolia Stephen ex Spreng., Syst. Veg., ed. 16 3: 488 (1826).
内蒙古、青海、新疆、西藏；蒙古国、尼泊尔、巴基斯坦、阿富汗、塔吉克斯坦、吉尔吉斯斯坦、哈萨克斯坦、俄罗斯；亚洲（西南部）。

香叶蒿（原变种）

Artemisia rutifolia var. **rutifolia**
Artemisia turczaninoviana Besser, Nouv. Mém. Soc. Imp. Naturalistes Moscou 3: 23 (1834); *Artemisia turczaninoviana* var. *dasyantha* Schrenk, Enum. Pl. Nov. 1: 50 (1841); *Artemisia falconeri* C. B. Clarke, Fl. Brit. Ind. 3: 328 (1881); *Artemisia turczaninoviana* var. *falconeri* (C. B. Clarke) O. Fedtsch., Trudy Imp. S.-Peterburgsk. Bot. Sada 24: 332 (1905).
青海、新疆、西藏；蒙古国、尼泊尔、巴基斯坦、阿富汗、塔吉克斯坦、吉尔吉斯斯坦、哈萨克斯坦、俄罗斯；亚洲（西南部）。

阿尔泰香叶蒿

Artemisia rutifolia var. **altaica** (Krylov) Krasch. in Krylov, Fl. Zapadnoi Sibiri 11: 2789 (1949).
Artemisia turczaninoviana var. *altaica* Krylov, Fl. Altaic. 3: 61 (1904).
新疆；蒙古国。

诺羌香叶蒿

•**Artemisia rutifolia** var. **ruoqiangensis** Y. R. Ling, Ann. Bot. Fenn. 52: 301 (2015).
新疆。

昆仑沙蒿

Artemisia saposhnikovii Krasch. ex Poljakov, Bot. Mater. Gerb. Bot. Inst. Komarova Akad. Nauk S. S. S. R. 17: 412 (1955).
新疆；吉尔吉斯斯坦。

猪毛蒿（石茵陈，山茵陈，北茵陈，扫帚艾，阿各弄，伊麻干-沙里尔日，察尔旺）

Artemisia scoparia Waldst. et Kit., Descr. Icon. Pl. Hung. 1: 66 (1802).
Artemisia capillaris f. *elegans* (Roxb.) Pamp., Nuov. Giorn. Bot. Ital. n. s. 34 (3): 645 (1927); *Artemisia capillaris* f. *kohatica* (Klatt) Pamp., Nuov. Giorn. Bot. Ital. n. s. 34 (3): 642 (1927); *Artemisia capillaris* f. *myriocephala* Pamp., Nuov. Giorn. Bot. Ital. n. s. 34 (3): 646 (1927); *Artemisia capillaris* var. *scoparia* (Waldst. et Kit.) Pamp., Nuov. Giorn. Bot. Ital. n.

s. 34 (3): 642 (1927); *Artemisia capillaris* f. *villosa* Pamp., Nuov. Giorn. Bot. Ital. n. s. 34 (3): 644 (1927).
中国各地；日本、朝鲜半岛、泰国、印度、巴基斯坦、阿富汗、俄罗斯；亚洲（中部和西南部）、欧洲。

蒌蒿（蒌，白蒿，闾蒿，狭叶艾，水艾，奥存-沙里尔日）

Artemisia selengensis Turcz. ex Besser, Tent. Abrot. 50 (1832).
黑龙江、吉林、辽宁、内蒙古、河北、山西、山东、河南、陕西、甘肃、安徽、江苏、江西、湖南、湖北、四川、贵州、云南、广东；蒙古国、朝鲜半岛、俄罗斯。

蒌蒿（原变种）

Artemisia selengensis var. **selengensis**
Artemisia cannabifolia H. Lév., Repert. Spec. Nov. Regni Veg. 12: 284 (1913); *Artemisia cannabifolia* var. *nigrescens* H. Lév., Repert. Spec. Nov. Regni Veg. 12: 284 (1913); *Artemisia selengensis* f. *amurensis* Pamp., Nuov. Giorn. Bot. Ital. n. s. 36 (4): 473 (1930); *Artemisia selengensis* var. *cannabifolia* (H. Lév.) Pamp., Nuov. Giorn. Bot. Ital. n. s. 36 (4): 475 (1930); *Artemisia selengensis* f. *dielsii* Pamp., Nuov. Giorn. Bot. Ital. n. s. 36 (4): 476 (1930).
黑龙江、吉林、辽宁、内蒙古、河北、山西、山东、河南、陕西、甘肃、安徽、江苏、江西、湖南、湖北、四川、贵州、云南、广东；蒙古国、朝鲜半岛、俄罗斯。

山西蒌蒿（无齿蒌蒿，柳叶蒿）

●**Artemisia selengensis** var. **shansiensis** Y. R. Ling, Bull. Bot. Res., Harbin 8 (3): 5 (1988).
河北、山西、河南、湖南、湖北。

绢毛蒿（陶尔干-沙里尔日）

Artemisia sericea Weber ex Stechm., Artemis. 16 (1775).
Absinthium sericeum (Weber ex Stechm.) Besser, Bull. Soc. Imp. Naturalistes Moscou 1: 237 (1829); *Absinthium grandiflorum* Besser, Bull. Soc. Imp. Naturalistes Moscou 1: 232 (1829); *Absinthium nitens* Steven ex Besser, Bull. Soc. Imp. Naturalistes Moscou 1: 235 (1829); *Artemisia holosericea* Ledeb., Fl. Altaic. 4: 63 (1833).
内蒙古、宁夏、新疆；蒙古国、印度、巴基斯坦、哈萨克斯坦、俄罗斯；欧洲。

商南蒿

●**Artemisia shangnanensis** Y. Ling et Y. R. Ling, Bull. Bot. Res., Harbin 4 (2): 14 (1984).
河南、陕西、湖北、四川、云南。

神农架蒿（鄂西蒿）

●**Artemisia shennongjiaensis** Y. Ling et Y. R. Ling, Bull. Bot. Res., Harbin 4 (2): 24 (1984).
湖北。

四川艾（白蒿）

●**Artemisia sichuanensis** Y. Ling et Y. R. Ling, Bull. Bot. Res., Harbin 4 (2): 21 (1984).
四川。

四川艾（原变种）

●**Artemisia sichuanensis** var. **sichuanensis**
四川。

密毛四川艾

●**Artemisia sichuanensis** var. **tomentosa** Y. Ling et Y. R. Ling, Bull. Bot. Res., Harbin 4 (2): 22 (1984).
四川。

大籽蒿（山艾，大白蒿，大头蒿，苦蒿，额尔木，埃勒姆-察乌尔，青甲）

Artemisia sieversiana Ehrhart ex Willd., Sp. Pl. 3: 1845 (1803).
Absinthium sieversianum (Ehrhart ex Willd.) Besser, Bull. Soc. Imp. Naturalistes Moscou 1: 259 (1829); *Artemisia moxa* DC., Prodr. (DC.) 6: 121 (1837); *Artemisia koreana* Nakai, Bot. Mag. (Tokyo) 23: 186 (1909); *Artemisia chrysolepis* Kitag., Rep. Inst. Sci. Res. Manchoukuo 4: 35 (1935); *Artemisia scaposa* Kitag., Rep. Inst. Sci. Res. Manchoukuo Sect. 4 4: 37 (1935).
黑龙江、吉林、辽宁、内蒙古、河北、山西、陕西、宁夏、甘肃、青海、新疆、四川、贵州、云南、西藏；日本、朝鲜半岛、尼泊尔、印度、巴基斯坦、阿富汗、塔吉克斯坦、吉尔吉斯斯坦、哈萨克斯坦、乌兹别克斯坦、土库曼斯坦、俄罗斯；欧洲。

中南蒿

●**Artemisia simulans** Pamp., Nuov. Giorn. Bot. Ital. n. s. 36 (4): 434 (1930).
安徽、浙江、江西、湖南、湖北、四川、贵州、云南、福建、广东、广西。

西南圆头蒿（长柄蒿）

●**Artemisia neosinensis** B. H. Jiao et T. G. Gao, Phytotaxa 267 (1): 89 (2016).
Artemisia strongylocephala Pamp. var. *sinensis* Pamp., Nuov. Giorn. Bot. Ital. n. s. 34 (1): 177 (1927); *Artemisia strongylocephala* f. *virgata* Pamp., Nuov. Giorn. Bot. Ital. n. s. 34 (1): 178 (1927); *Artemisia sinensis* (Pamp.) Y. Ling et Y. R. Ling, Acta Phytotax. Sin. 18: 505 (1980), not *Artemisia chinensis* L.
青海、四川、云南、西藏。

球花蒿（高山蒿）

●**Artemisia smithii** Mattf., Repert. Spec. Nov. Regni Veg. 22: 246 (1926).
甘肃、青海、四川。

台湾狭叶艾（相马氏艾）

●**Artemisia somae** Hayata, Icon. Pl. Formosan. 8: 64 (1919).
台湾。

台湾狭叶艾（原变种）

●**Artemisia somae** var. **somae**
台湾。

太鲁阁艾

●**Artemisia somae** var. **batakensis** (Hayata) Kitam., Acta Phytotax. Geobot. 9: 32 (1940).
Artemisia batakensis Hayata, Icon. Pl. Formosan. 8: 64 (1919).
台湾。

准噶尔沙蒿（中亚沙蒿）

Artemisia songarica Schrenk ex Fisch. et C. A. Meyer, Enum. Pl. Nov. 1: 49 (1841).
Oligosporus songaricus (Schrenk ex Fisch. et C. A. Meyer) Poljakov, Mat. Fl. Rast. Kazakh. 11: 168 (1961).
新疆；哈萨克斯坦。

西南大头蒿

●**Artemisia speciosa** (Pamp.) Y. Ling et Y. R. Ling, Acta Phytotax. Sin. 18: 505 (1980).
Artemisia smithii Mattf. var. *speciosa* Pamp., Nuov. Giorn. Bot. Ital. n. s. 36 (4): 423 (1930); *Artemisia smithii* f. *paniculata* Pamp., Nuov. Giorn. Bot. Ital. n. s. 36 (4): 423 (1930).
四川、云南、西藏。

圆头蒿（籽蒿，白砂蒿，黄蒿，黄毛菜籽，查干-西巴嘎，阿根，扑勒蒙）

Artemisia sphaerocephala Krasch., Trudy Bot. Inst. Akad. Nauk S. S. S. R., Ser. 1, Fl. Sist. Vyssh. Rast. 3: 348 (1937).
Artemisia salsoloides Willd. var. *mongolica* Pamp., p. p., Nuov. Giorn. Bot. Ital. n. s. 34 (3): 698 (1927); *Oligosporus sphaerocephalus* (Krasch.) Poljakov, Mat. Fl. Rast. Kazakh. 11: 169 (1961).
内蒙古、山西、陕西、宁夏、甘肃、青海、新疆；蒙古国。

白莲蒿

Artemisia stechmanniana Besser, Tent. Abrot. 35 (1832).
Artemisia sacrorum var. *minor* Ledeb., Fl. Altaic. 4: 72 (1833); *Artemisia gmelinii* Weber ex Stechm. var. *biebersteiniana* Besser, Nouv. Mém. Soc. Imp. Naturalistes Moscou 3: 26 (1834); *Artemisia sacrorum* f. *minor* Freyn, Oesterr. Bot. Z. 45: 345 (1895); *Artemisia sacrorum* var. *santolinifolia* Pamp., Nuov. Giorn. Bot. Ital. n. s. 34 (3): 693 (1927).
内蒙古、陕西、宁夏、甘肃、青海、新疆、湖北、四川、西藏；蒙古国、朝鲜半岛、塔吉克斯坦、吉尔吉斯斯坦、哈萨克斯坦、乌兹别克斯坦；欧洲。

宽叶山蒿（天目蒿，阿古拉音-西巴嘎）

Artemisia stolonifera (Maxim.) Kom., Fl. Manshur. 3: 676 (1907).
Artemisia vulgaris L. var. *stolonifera* Maxim., Mém. Acad. Imp. Sci. St.-Pétersbourg Divers Savans 9: 161 (1859); *Artemisia megalobotrys* Nakai, Bot. Mag. (Tokyo) 31: 111 (1917); *Artemisia stolonifera* var. *laciniata* Nakai, Bot. Mag. (Tokyo) 34: 53 (1927); *Artemisia integrifolia* L. var. *stolonifera* (Maxim.) Pamp., Nuov. Giorn. Bot. Ital. n. s. 36 (4): 481 (1930); *Artemisia koidzumii* var. *manchurica* Pamp., p. p., Nuov. Giorn. Bot. Ital. n. s. 36 (4): 483 (1930); *Artemisia koidzumii* Nakai var. *laciniata* (Nakai) Kitam., Acta Phytotax. Geobot. 12: 154 (1943).
吉林、辽宁、内蒙古、山西、山东、河南、新疆、江苏、浙江、江西、湖北；日本、朝鲜半岛、俄罗斯。

冻原白蒿

Artemisia stracheyi Hook. f. et Thomson ex C. B. Clarke, Compos. Ind. 164 (1876).
Artemisiella stracheyi (Hook. f. et Thomson ex C. B. Clarke) Ghafoor, Candollea 47: 642 (1992).
西藏；印度、巴基斯坦。

直茎蒿（劲直蒿，察尔汪）

Artemisia stricta Edgeworth, Trans. Linn. Soc. London 20: 73 (1846).
甘肃、青海、新疆、四川、云南、西藏；不丹、尼泊尔、印度。

直茎蒿（原变种）

Artemisia stricta var. **stricta**
Artemisia edgeworthii Balakrishnan, J. Bombay Nat. Hist. Soc. 63: 329 (1967).
甘肃、青海、新疆、四川、云南、西藏；不丹、尼泊尔、印度。

披散直茎蒿

Artemisia stricta var. **diffusa** (Pamp.) Y. R. Ling et M. G. Gilbert, Fl. China 20-21: 730 (2011).
Artemisia stricta f. *diffusa* Pamp., Nuov. Giorn. Bot. Ital. n. s. 34 (3): 705 (1927); *Artemisia edgeworthii* var. *diffusa* (Pamp.) Y. Ling et Y. R. Ling, Acta Phytotax. Sin. 18: 509 (1980).
四川、云南、西藏；尼泊尔、印度。

线叶蒿（钻形叶蒿，西日合力格-沙里尔日）

Artemisia subulata Nakai, Bot. Mag. (Tokyo) 29: 8 (1915).
Artemisia integrifolia L. var. *subulata* (Nakai) Pamp., Nuov. Giorn. Bot. Ital. n. s. 36 (4): 480 (1930); *Artemisia stenophylla* Kitam., p. p., Acta Phytotax. Geobot. 5: 97 (1936).
黑龙江、吉林、辽宁、内蒙古、河北、山西；日本、朝鲜半岛、俄罗斯。

苏联肉质叶蒿

Artemisia succulenta Ledeb., Fl. Altaic. 4: 81 (1833).
新疆；哈萨克斯坦、俄罗斯。

肉质叶蒿

●**Artemisia succulentoides** Y. Ling et Y. R. Ling, Acta

Phytotax. Sin. 18: 504 (1980).
西藏。

阴地蒿（林下艾，林地蒿，火绒蒿，白蒿，山艾叶，茶绒蒿，白脸蒿）

Artemisia sylvatica Maxim., Mém. Acad. Imp. Sci. St.-Pétersbourg Divers Savans 9: 161 (1859).
黑龙江、吉林、辽宁、内蒙古、河北、山西、山东、河南、陕西、甘肃、青海、安徽、江苏、浙江、江西、湖南、湖北、四川、贵州、云南；蒙古国、朝鲜半岛、俄罗斯。

阴地蒿（原变种）

Artemisia sylvatica var. **sylvatica**
黑龙江、吉林、辽宁、内蒙古、河北、山西、山东、河南、陕西、甘肃、青海、安徽、江苏、浙江、江西、湖南、湖北、四川、贵州、云南；蒙古国、朝鲜半岛、俄罗斯。

密序阴地蒿（阴地蒿）

●**Artemisia sylvatica** var. **meridionalis** Pamp., Nuov. Giorn. Bot. Ital. n. s. 36 (4): 444 (1930).
山西、河南、江苏。

波密蒿（寒漠蒿）

●**Artemisia tafelii** Mattf., Repert. Spec. Nov. Regni Veg. 22: 244 (1926).
Artemisia lagocephala (Fisch. ex Besser) DC. var. *tafelii* (Mattf.) Pamp., Nuov. Giorn. Bot. Ital. n. s. 34 (3): 676 (1927).
西藏。

太白山蒿

●**Artemisia taibaishanensis** Y. R. Ling et Humphries, Bull. Bot. Res., Harbin 10 (1): 17 (1990).
陕西、四川。

川藏蒿

Artemisia tainingensis Hand.-Mazz., Acta Horti Gothob. 12: 277 (1938).
青海、湖北、四川、西藏；印度。

川藏蒿（原变种）

●**Artemisia tainingensis** var. **tainingensis**
Artemisia campbellii Hook. f. et Thomson ex C. B. Clarke var. *limprichtii* Pamp., Nuov. Giorn. Bot. Ital. n. s. 34 (3): 642 (1927).
青海、湖北、四川、西藏。

无毛川藏蒿（球花蒿）

Artemisia tainingensis var. **nitida** (Pamp.) Y. R. Ling, Bull. Bot. Res., Harbin 8 (4): 33 (1988).
Artemisia moorcroftiana Wall. ex DC. f. *nitida* Pamp., Nuov. Giorn. Bot. Ital. n. s. 34 (3): 681 (1927); *Artemisia moorcroftiana* var. *nitida* (Pamp.) Y. Ling et Y. R. Ling, Acta Phytotax. Sin. 18: 505 (1980).
西藏；印度。

裂叶蒿（条蒿，深山菊蒿，萨拉巴日海-沙里尔日）

Artemisia tanacetifolia L., Sp. Pl. 2: 848 (1753).
Artemisia laciniata var. *glabriuscula* Ledeb., Fl. Altaic. 4: 75 (1833), p. p.; *Artemisia macrobotrys* Ledeb., Fl. Altaic. 4: 73 (1833); *Artemisia laciniata* var. *macrobotrys* (Ledeb.) Maxim., Mélanges Biol. Bull. Phys.-Math. Acad. Imp. Sci. Saint-Pétersbourg 8: 530 (1872); *Artemisia laciniata* Willd., Compos. Ind. 161 (1876); *Artemisia sacrorum* var. *major* Pamp., Nuov. Giorn. Bot. Ital. n. s. 34 (3): 695 (1927); *Artemisia orthobotrys* Kitag., Rep. Inst. Sci. Res. Manchoukuo 6: 125 (1942).
黑龙江、吉林、辽宁、内蒙古、河北、山西、陕西、宁夏、甘肃；蒙古国、朝鲜半岛、哈萨克斯坦、乌兹别克斯坦、俄罗斯；欧洲、北美洲。

甘青蒿

●**Artemisia tangutica** Pamp., Nuov. Giorn. Bot. Ital. n. s. 36 (4): 426 (1930).
甘肃、青海、湖北、四川、云南、西藏。

甘青蒿（原变种）

●**Artemisia tangutica** var. **tangutica**
甘肃、青海、四川、西藏。

绒毛甘青蒿（甘青蒿）

●**Artemisia tangutica** var. **tomentosa** Hand.-Mazz., Acta Horti Gothob. 12: 277 (1938).
四川。

藏腺毛蒿

Artemisia thellungiana Pamp., Nuov. Giorn. Bot. Ital. n. s. 33 (3): 457 (1926).
云南、西藏；不丹、尼泊尔。

湿地蒿

Artemisia tournefortiana Rchb., Iconogr. Bot. Exot. 1: 6 (1824).
新疆、西藏；蒙古国、巴基斯坦、阿富汗、哈萨克斯坦、亚洲（西南部）、欧洲栽培。

指裂蒿（三裂蒿）

●**Artemisia tridactyla** Hand.-Mazz., Acta Horti Gothob. 12: 275 (1938).
四川、西藏。

指裂蒿（原变种）

●**Artemisia tridactyla** var. **tridactyla**
四川、西藏。

小指裂蒿

●**Artemisia tridactyla** var. **minima** Y. R. Ling, Bull. Bot. Res., Harbin 8 (3): 7 (1988).
四川。

雪山艾

●**Artemisia tsugitakaensis** (Kitam.) Y. Ling et Y. R. Ling, Bull. Bot. Res., Harbin 2 (2): 43 (1982).
Artemisia niitakayamensis Hayata var. *tsugitakaensis* Kitam., Acta Phytotax. Geobot. 9: 32 (1940).
台湾。

黄毛蒿

●**Artemisia velutina** Pamp., Nuov. Giorn. Bot. Ital. n. s. 36 (4): 413 (1930).
Artemisia velutina f. *foliosa* Pamp., Nuov. Giorn. Bot. Ital. n. s. 36 (4): 414 (1930).
河北、山西、山东、河南、陕西、安徽、江西、湖南、湖北、四川、云南、西藏、福建。

辽东蒿（蒿，小花蒙古蒿）

●**Artemisia verbenacea** (Kom.) Kitag., Lin. Fl. Manshur. 434 (1939).
Artemisia vulgaris L. var. *verbenacea* Kom., Fl. Manshur. 3: 673 (1907); *Artemisia mongolica* (Fisch. ex Besser) Nakai var. *verbenacea* (Kom.) Pamp., Nuov. Giorn. Bot. Ital. n. s. 36 (4): 412 (1930); *Artemisia obscura* Pamp. var. *congesta* Pamp., p. p., Nuov. Giorn. Bot. Ital. n. s. 36 (4): 418 (1930); *Artemisia princeps* Pamp. var. *candicans* Pamp., Nuov. Giorn. Bot. Ital. n. s. 36 (4): 446 (1930); *Artemisia liaotungensis* Kitag., Rep. Inst. Sci. Res. Manchoukuo 4: 109 (1940).
黑龙江、吉林、辽宁、内蒙古、山西、陕西、宁夏、甘肃、青海、四川。

南艾蒿（白蒿，大青蒿，苦蒿，紫蒿，红陈艾，刘寄奴）

Artemisia verlotorum Lamotte, Mém. Assoc. Franç. Congr. Clermont Ferrand 1876: 511 (1876).
Artemisia dubia subf. *pauciflora* Pamp., Nuov. Giorn. Bot. Ital. n. s. 33 (3): 449 (1926); *Artemisia dubia* Wall. ex Besser subf. *intermedia* Pamp., Nuov. Giorn. Bot. Ital. n. s. 36 (4): 435 (1930); *Artemisia dubia* var. *orientalis* Pamp., p. p., Nuov. Giorn. Bot. Ital. n. s. 36 (4): 438 (1930); *Artemisia dubia* f. *pseudolavendulifolia* Pamp., Nuov. Giorn. Bot. Ital. n. s. 36 (4): 439 (1930).
黑龙江、吉林、辽宁、内蒙古、河北、山西、山东、河南、陕西、甘肃、江苏、浙江、江西、湖南、湖北、四川、贵州、云南、台湾、广东、广西；亚洲大部、欧洲、大洋洲、北美洲、南美洲。

毛莲蒿（老羊蒿，结白蒿，山蒿，白蒿）

Artemisia vestita Wall. ex Besser, Tent. Abrot. 25 (1832).
Artemisia potentillifolia H. Lév., Repert. Spec. Nov. Regni Veg. 11: 303 (1912); *Artemisia sacrorum* Ledeb. subf. *obscura* Pamp., Nuov. Giorn. Bot. Ital. n. s. 34 (3): 688 (1927); *Artemisia sacrorum* f. *wallichiana* Pamp., Nuov. Giorn. Bot. Ital. n. s. 34 (3): 690 (1927); *Artemisia sacrorum* f. *platiloba* Pamp., Nuov. Giorn. Bot. Ital. n. s. 34 (3): 693 (1927); *Artemisia sacrorum* var. *vestita* (Wall. ex Besser) Kitam., Acta Phytotax. Geobot. 7: 66 (1938).
辽宁、甘肃、青海、新疆、湖北、四川、贵州、云南、西藏、广西；尼泊尔、印度、巴基斯坦。

藏东蒿

Artemisia vexans Pamp., Nuov. Giorn. Bot. Ital. n. s. 36 (4): 427 (1930).
四川、西藏；不丹。

绿苞蒿

●**Artemisia viridisquama** Kitam., Acta Phytotax. Geobot. 12: 148 (1943).
河北、山西、甘肃、四川。

林艾蒿（绿蒿，一枝蒿）

Artemisia viridissima (Kom.) Pamp., Nuov. Giorn. Bot. Ital. n. s. 36 (4): 484 (1930).
Artemisia vulgaris L. var. *viridissima* Kom., Fl. Manshur. 3: 673 (1907); *Artemisia viridissima* var. *japonica* Pamp., Nuov. Giorn. Bot. Ital. n. s. 36 (4): 485 (1930).
吉林、辽宁；朝鲜半岛。

腺毛蒿

●**Artemisia viscida** (Mattf.) Pamp., Nuov. Giorn. Bot. Ital. n. s. 36 (4): 424 (1930).
Artemisia moorcroftiana Wall. ex DC. var. *viscida* Mattf., Repert. Spec. Nov. Regni Veg. 22: 247 (1926).
甘肃、青海、四川、云南、西藏。

密腺毛蒿

●**Artemisia viscidissima** Y. Ling et Y. R. Ling, Acta Phytotax. Sin. 18: 508 (1980).
西藏。

北艾（白蒿，细叶艾，野艾）

Artemisia vulgaris L., Sp. Pl. 2: 848 (1753).
陕西、甘肃、青海、新疆、四川、西藏；蒙古国、日本、越南、缅甸、泰国、巴基斯坦、阿富汗、俄罗斯；亚洲（西南部）、欧洲、非洲、北美洲。

北艾（原变种）

Artemisia vulgaris var. **vulgaris**
Artemisia samamisica Besser, Nouv. Mém. Soc. Imp. Naturalistes Moscou 3: 50 (1834); *Artemisia vulgaris* var. *coarctica* Forbes ex Besser, Nouv. Mém. Soc. Imp. Naturalistes Moscou 3: 53 (1834), p. p.; *Artemisia superba* Pamp., Nuov. Giorn. Bot. Ital. n. s. 36 (4): 473 (1930).
陕西、甘肃、青海、新疆、四川；蒙古国、日本、越南、缅甸、泰国、巴基斯坦、阿富汗、俄罗斯；亚洲、欧洲、非洲、北美洲。

藏北艾（北艾）

●**Artemisia vulgaris** var. **xizangensis** Y. Ling et Y. R. Ling,

Acta Phytotax. Sin. 18: 505 (1980).
西藏。

藏龙蒿（肯格马）

●**Artemisia waltonii** J. R. Drumm. ex Pamp., Nuov. Giorn. Bot. Ital. n. s. 34 (3): 707 (1927).
青海、四川、云南、西藏。

藏龙蒿（原变种）

●**Artemisia waltonii** var. **waltonii**
青海、四川、云南、西藏。

玉树龙蒿

●**Artemisia waltonii** var. **yushuensis** Y. R. Ling, Bull. Bot. Res., Harbin 8 (4): 49 (1988).
青海、西藏。

藏沙蒿

Artemisia wellbyi Hemsl. et H. Pearson, J. Linn. Soc., Bot. 35: 183 (1902).
Artemisia salsoloides Willd. var. *wellbyi* (Hemsl. et H. Pearson) Ostenf. et Paulsen, Contr. Inst. Bot. Natl. Acad. Peiping 3: 211 (1935); *Oligosporus wellbyi* (Hemsl. et H. Pearson) Poljakov, Trudy Inst. Bot. Akad. Nauk Kazakhsk. S. S. R. 11: 169 (1961).
西藏；印度。

乌丹蒿（大头蒿，圆头蒿，希日-沙巴嘎）

●**Artemisia wudanica** Liou et W. Wang, Acta Phytotax. Sin. 17: 88 (1979).
内蒙古、河北。

黄绿蒿

Artemisia xanthochroa Krasch., Bot. Mater. Gerb. Bot. Inst. Komarova Akad. Nauk S. S. S. R. 9: 174 (1946).
Oligosporus xanthochrous (Krasch.) Poljakov, Trudy Inst. Bot. Akad. Nauk Kazakhst. S. S. R. 11: 169 (1961).
内蒙古；蒙古国。

内蒙古旱蒿（旱蒿，小砂蒿，宝日-西巴嘎）

Artemisia xerophytica Krasch., Bot. Mater. Gerb. Glavn. Bot. Sada R. S. F. S. R. 3: 24 (1922).
内蒙古、陕西、宁夏、甘肃、青海、新疆；蒙古国。

日喀则蒿

●**Artemisia xigazeensis** Y. R. Ling et M. G. Gilbert, Fl. China 20-21: 726 (2011).
甘肃、青海、西藏。

亚东蒿

●**Artemisia yadongensis** Y. Ling et Y. R. Ling, Acta Phytotax. Sin. 18: 506 (1980).
西藏。

藏白蒿

●**Artemisia younghusbandii** J. R. Drumm. ex Pamp., Nuov. Giorn. Bot. Ital. n. s. 34 (3): 708 (1927).
西藏。

高原蒿

●**Artemisia youngii** Y. R. Ling, Bull. Bot. Res., Harbin 8 (3): 4 (1988).
青海、西藏。

云南蒿（滇艾，戟叶蒿）

●**Artemisia yunnanensis** Jeffrey ex Diels, Notes Roy. Bot. Gard. Edinburgh 5: 187 (1912).
Artemisia jeffreyana H. Lév., Cat. Pl. Yun-Nan 38 (1915); *Artemisia igniaria* Maxim. var. *yunnanensis* (Jeffrey ex Diels) Pamp., Nuov. Giorn. Bot. Ital. n. s. 36 (4): 443 (1930).
青海、四川、云南、西藏。

察隅蒿

●**Artemisia zayuensis** Y. Ling et Y. R. Ling, Acta Phytotax. Sin. 18: 507 (1980).
云南、西藏。

察隅蒿（原变种）

●**Artemisia zayuensis** var. **zayuensis**
西藏。

片马蒿

●**Artemisia zayuensis** var. **pienmaensis** Y. Ling et Y. R. Ling, Bull. Bot. Res., Harbin 8 (3): 6 (1988).
云南。

中甸艾（缅甸艾）

●**Artemisia zhongdianensis** Y. R. Ling, Bull. Bot. Res., Harbin 8 (3): 1 (1988).
云南。

假苦菜属 **Askellia** W. A. Weber

红齿假苦菜

Askellia alaica (Krasch.) W. A. Weber, Phytologia 55: 6 (1984).
Crepis alaica Krasch., Trudy Bot. Inst. Akad. Nauk S. S. S. R., Ser. 1, Fl. Sist. Vyssh. Rast. 1: 182 (1933); *Youngia alaica* (Krasch.) Kamelin, Opred. Rast. Sred. Azii 10: 140 (1993).
新疆；塔吉克斯坦、吉尔吉斯斯坦。

弯茎假苦菜（弯茎还阳参）

Askellia flexuosa (Ledeb.) W. A. Weber, Phytologia 55: 6 (1984).
Prenanthes polymorpha Ledeb. var. *flexuosa* Ledeb., Fl. Altaic. 4: 145 (1833); *Barkhausia flexuosa* (Ledeb.) DC., Prodr. (DC.) 7: 156 (1838); *Barkhausia flexuosa* var. *lyrata* Schrenk, Enum. Pl. Nov. 1: 39 (1841); *Youngia flexuosa* (Ledeb.) Ledeb., Fl. Ross. (Ledeb.) 2: 838 (1846); *Crepis flexuosa* (Ledeb.) C. B. Clarke, Compos. Ind.: 254 (1876).

内蒙古、山西、宁夏、甘肃、青海、新疆、西藏；蒙古国、尼泊尔、巴基斯坦、阿富汗、塔吉克斯坦、吉尔吉斯斯坦、哈萨克斯坦、克什米尔地区、俄罗斯；亚洲（西南部）。

乌恰假苦菜

Askellia karelinii (Popov et Schischk. ex Czerep.) W. A. Weber, Phytologia 55: 6 (1984).

Crepis karelinii Popov et Schischk. ex Czerep., Fl. U. R. S. S. 29: 757 (1964); *Youngia pygmaea* var. *dentata* Ledeb., Fl. Ross. (Ledeb.) 2: 838 (1846); *Youngia pygmaea* (Ledeb.) Ledeb. var. *caulescens* Rupr., Ost.-Sack. et Rupr., Sert. Tianschan. 59 (1869); *Youngia karelinii* (Popov et Schischk. ex Czerep.) Kamelin, Opred. Rast. Sred. Azii 10: 141 (1993).

青海、新疆；吉尔吉斯斯坦、哈萨克斯坦、俄罗斯。

红花假苦菜（红花还阳参）

Askellia lactea (Lipsch.) W. A. Weber, Phytologia 55: 7 (1984).

Crepis lactea Lipsch., Repert. Spec. Nov. Regni Veg. 42: 159 (1937); *Crepis minuta* Kitam., Acta Phytotax. Geobot. 15: 70 (1953); *Askellia minuta* (Kitam.) Sennikov, Komarovia 5: 89 (2008).

新疆、西藏；塔吉克斯坦。

长苞假苦菜（长苞还阳参）

●**Askellia pseudonaniformis** (C. Shih) Sennikov, Komarovia 5: 89 (2008).

Crepis pseudonaniformis C. Shih, Acta Phytotax. Sin. 33: 190 (1995).

新疆。

矮小假苦菜

Askellia pygmaea (Ledeb.) Sennikov, Komarovia 5: 86 (2008).

Prenanthes pygmaea Ledeb., Mém. Acad. Imp. Sci. St. Pétersbourg Hist. Acad. 5: 553 (1815); *Crepis nana* Richardson, Bot. App. Franklin, 1st Journ., ed. 1: 746 (1823); *Barkhausia nana* (Richardson) DC., Prodr. (DC.) 7: 156 (1838); *Crepis humilis* Fisch. ex Herder, Bull. Soc. Imp. Naturalistes Moscou 43: 190 (1870); *Askellia nana* (Richardson) W. A. Weber, Phytologia 55: 7 (1984).

新疆、西藏；蒙古国、哈萨克斯坦、俄罗斯；北美洲。

注：*Askellia ladyginii* Tzvelev, Bot. Zhurn. (Moscow et Leningrad) 92 (11): 1751 (2007)。据记载原产于中国，但作者未见到原始资料与相关文献，故在此不作处理。

紫菀属 Aster L.

三脉紫菀（野白菊花，山白菊，鸡儿肠）

Aster ageratoides Turcz., Bull. Soc. Imp. Naturalistes Moscou 10: 154 (1837).

中国大部分地区；日本、朝鲜半岛、越南、缅甸、泰国、不丹、尼泊尔、印度、俄罗斯。

三脉紫菀（原变种）

Aster ageratoides var. ageratoides

Aster ageratoides var. *adustus* Maxim., Prim. Fl. Amur. 144 (1859); *Aster trinervius* var. *potaninii* Diels, Bot. Jahrb. Syst. 29: 611 (1901); *Aster trinervius* var. *rosthornii* Diels, Bot. Jahrb. Syst. 29: 611 (1901); *Aster quelpaertensis* H. Lév. et Vaniot, Bull. Acad. Int. Geogr. Bot. 20: 140 (1909); *Aster adustus* (Maxim.) Koidz. ex Nakai, Fl. Sylv. Kor. 14: 102 (1923); *Aster trinervius* subsp. *ageratoides* (Turcz.) Grierson, Notes Roy. Bot. Gard. Edinburgh 26: 102 (1964); *Aster ageratoides* f. *adustus* (Maxim.) Zdor., Byull. Glavn. Bot. Sada 90: 38 (1973).

黑龙江、吉林、辽宁、内蒙古、河北、山西、山东、河南、陕西、甘肃、青海、四川、云南；朝鲜半岛、俄罗斯（西伯利亚）。

坚叶三脉紫菀

Aster ageratoides var. **firmus** (Diels) Hand.-Mazz., Acta Horti Gothob. 12: 215 (1938).

Aster trinervius var. *firmus* Diels, Bot. Jahrb. Syst. 29: 610 (1901) ["firma"].

陕西、安徽、湖南、四川、云南，喜马拉雅（南部）。

狭叶三脉紫菀

●**Aster ageratoides** var. **gerlachii** (Hance) C. C. Chang ex Y. Ling, Fl. Reipubl. Popularis Sin. 74: 163 (1985).

Aster gerlachii Hance, J. Bot. 18: 262 (1880); *Aster curvatus* Vaniot, Bull. Acad. Int. Geogr. Bot. 12: 499 (1903).

湖北、贵州、广东、广西。

异叶三脉紫菀（玉米托子花）

●**Aster ageratoides** var. **holophyllus** Maxim., Mém. Acad. Imp. Sci. St.-Pétersbourg Divers Savans 9: 144 (1859).

Aster nigrescens Vaniot, Bull. Acad. Int. Geogr. Bot. 12: 493 (1903).

河北、山西、陕西、甘肃、湖北、四川、云南。

毛枝三脉紫菀（银柴胡，大柴胡，绒山白兰）

●**Aster ageratoides** var. **lasiocladus** (Hayata) Hand.-Mazz., Acta Horti Gothob. 12: 215 (1938).

Aster lasiocladus Hayata, Icon. Pl. Formosan. 8: 49 (1919); *Aster trinervius* var. *lasiocladus* (Hayata) Yamam., J. Trop. Agric. 8: 268 (1936); *Aster ageratoides* subsp. *lasiocladus* (Hayata) Kitam., Acta Phytotax. Geobot. 10: 30 (1941).

安徽、江西、湖南、贵州、云南、福建、台湾、广东、广西、海南。

宽伞三脉紫菀

●**Aster ageratoides** var. **laticorymbus** (Vaniot) Hand.-Mazz., Acta Horti Gothob. 12: 214 (1938).

Aster laticorymbus Vaniot, Bull. Acad. Int. Geogr. Bot. 12: 494 (1903).

陕西、安徽、江西、湖南、湖北、四川、贵州、福建、广东、广西。

光叶三脉紫菀

Aster ageratoides var. **leiophyllus** (Franch. et Sav.) Y. Ling, Fl. Reipubl. Popularis Sin. 74: 164 (1985).

Aster leiophyllus Franch. et Sav., Enum. Pl. Jap. 1: 223 (1875); *Aster ageratoides* f. *leucanthus* Kitam., J. Jap. Bot. 12: 644 (1936); *Aster ageratoides* subsp. *leiophyllus* (Franch. et Sav.) Kitam., J. Jap. Bot. 12: 644 (1936).

台湾；日本。

小花三脉紫菀

●**Aster ageratoides** var. **micranthus** Y. Ling, Fl. Reipubl. Popularis Sin. 74: 356 (1985).

四川。

卵叶三脉紫菀

●**Aster ageratoides** var. **oophyllus** Y. Ling, Fl. Reipubl. Popularis Sin. 74: 161 (1985).

Aster blinii H. Lév., Repert. Spec. Nov. Regni Veg. 13: 344 (1914).

陕西、湖北、四川、云南。

垂茎三脉紫菀

●**Aster ageratoides** var. **pendulus** W. P. Li et G. X. Chen, Acta Phytotax. Sin. 44: 349 (2006).

湖南。

长毛三脉紫菀

●**Aster ageratoides** var. **pilosus** (Diels) Hand.-Mazz., Acta Horti Gothob. 12: 214 (1938).

Aster trinervius var. *pilosus* Diels, Bot. Jahrb. Syst. 29: 610 (1901) ["*pilosa*"].

陕西、湖北、四川。

微糙三脉紫菀（鸡儿肠，野粉团儿，山白菊）

Aster ageratoides var. **scaberulus** (Miq.) Y. Ling, Fl. Reipubl. Popularis Sin. 74: 162 (1985).

Aster scaberulus Miq., J. Bot. Néerl. 1: 100 (1861); *Aster trinervius* f. *pubescens* Kuntze, Rev. Gen. 1: 313 (1891).

安徽、江苏、浙江、江西、湖南、湖北、四川、贵州、云南、福建、广东、广西；越南。

翼柄紫菀

●**Aster alatipes** Hemsl., J. Linn. Soc., Bot. 23: 407 (1888).

河南、陕西、安徽、湖北、四川。

小舌紫菀

Aster albescens (DC.) Wall. ex Koehne, Deut. Dendrol. 562 (1893).

Amphirhapis albescens DC., Prodr. (DC.) 5: 343 (1836); *Microglossa albescens* (DC.) C. B. Clarke, Compos. Ind. 59 (1876).

陕西、甘肃、湖北、四川、贵州、云南、西藏；缅甸、不丹、尼泊尔、印度、克什米尔地区。

小舌紫菀（原变种）

Aster albescens var. **albescens**

Aster ferrugineus Edgew., Trans. Linn. Soc. London 20: 64 (1846), not H. L. Wendl. (1819); *Aster cabulicus* Lindl., Edwards's Bot. Reg. 29: 62 (1843); *Aster ignoratus* Kunth et C. D. Bouché, Ind. Sem. Hort. Berol. 11 (1845); *Homostylium cabulicum* (Lindl.) Nees, Linnaea 18: 513 (1845); *Microglossa cabulica* (Lindl.) C. B. Clarke, Compos. Ind. 57 (1876); *Microglossa griffithii* C. B. Clarke, Compos. Ind. 58 (1876); *Microglossa salicifolia* Diels, Bot. Jahrb. Syst. 29: 612 (1901).

甘肃、湖北、四川、贵州、云南、西藏，喜马拉雅（南部和西部）。

白背小舌紫菀

●**Aster albescens** var. **discolor** Y. Ling, Fl. Reipubl. Popularis Sin. 74: 358 (1985).

四川。

无毛小舌紫菀

●**Aster albescens** var. **glabratus** (Diels) Boufford et Y. S. Chen, Harvard Pap. Bot. 14: 43 (2009).

Aster harrowianus Diels var. *glabratus* Diels, Notes Roy. Bot. Gard. Edinburgh 5: 184 (1912); *Aster albescens* var. *levissimus* Hand.-Mazz., Acta Horti Gothob. 12: 208 (1938).

湖北、四川、云南。

腺点小舌紫菀

Aster albescens var. **glandulosus** Hand.-Mazz., J. Bot. 76: 284 (1938).

四川、云南、西藏；印度。

狭叶小舌紫菀

●**Aster albescens** var. **gracilior** (Hand.-Mazz.) Hand.-Mazz., Acta Horti Gothob. 12: 206 (1938).

Aster limprichtii Diels var. *gracilior* Hand.-Mazz., Symb. Sin. 7 (4): 1093 (1936); *Aster harrowianus* Diels, Notes Roy. Bot. Gard. Edinburgh 5: 184 (1912).

陕西、甘肃、四川、云南。

椭叶小舌紫菀

●**Aster albescens** var. **limprichtii** (Diels) Hand.-Mazz., Acta Horti Gothob. 12: 206 (1938).

Aster limprichtii Diels, Repert. Spec. Nov. Regni Veg. Beih. 12: 503 (1922).

甘肃、四川。

大叶小舌紫菀

●**Aster albescens** var. **megaphyllus** Y. Ling, Fl. Reipubl. Popularis Sin. 74: 358 (1985).

四川。

长毛小舌紫菀

●**Aster albescens** var. **pilosus** Hand.-Mazz., Acta Horti Gothob. 12: 207 (1938).

四川、云南、西藏。

糙毛小舌紫菀

●**Aster albescens** var. **rugosus** Y. Ling, Fl. Reipubl. Popularis Sin. 74: 358 (1985).
四川、云南。

柳叶小舌紫菀

Aster albescens var. **salignus** (Franch.) Hand.-Mazz., Acta Horti Gothob. 12: 207 (1938).
Inula cuspidata C. B. Clarke var. *saligna* Franch., Nouv. Arch. Mus. Hist. Nat., sér. 2 10: 37 (1887); *Aster harrowianus* Diels var. *glabratus* Diels, Notes Roy. Bot. Gard. Edinburgh 5: 184 (1912).
四川、云南；印度。

高山紫菀

Aster alpinus L., Sp. Pl. 2: 872 (1753).
Diplactis alpinus (L.) Semple, Univ. Waterloo Biol., Ser. 38: 17 (1996).
黑龙江、内蒙古、河北、山西、陕西、甘肃、青海、新疆；蒙古国、塔吉克斯坦、俄罗斯；亚洲（西南部）、北美洲（西部）。

异苞高山紫菀

●**Aster alpinus** var. **diversisquamus** Y. Ling, Fl. Reipubl. Popularis Sin. 74: 359 (1985).
新疆。

伪形高山紫菀

Aster alpinus var. **fallax** (Tamamsch.) Y. Ling, Fl. Reipubl. Popularis Sin. 74: 205 (1985).
Aster fallax Tamamsch., Fl. U. R. S. S. 25: 580 (1959); *Aster flaccidus* Bunge var. *atropurpureus* Onno, Biblioth. Bot. 26 (Heft 106): 65 (1932).
黑龙江、内蒙古；俄罗斯（西伯利亚）。

蛇岩高山紫菀

Aster alpinus var. **serpentimontanus** (Tamamsch.) Y. Ling, Fl. Reipubl. Popularis Sin. 74: 204 (1985).
Aster serpentimontanus Tamamsch., Fl. U. R. S. S. 25: 108 (1959); *Aster alpinus* subsp. *serpentimontanus* (Tamamsch.) Á. Löve et D. Löve, Bot. Not. 128 (4): 521 (1976).
新疆；蒙古国、塔吉克斯坦、俄罗斯（西伯利亚）。

空秆高山紫菀

Aster alpinus var. **vierhapperi** (Onno) Cronquist, Vasc. Pl. Pacific NorthW. 5: 76 (1955).
Aster alpinus subsp. *vierhapperi* Onno, Biblioth. Bot. 26 (Heft 106): 25 (1932); *Aster culminis* A. Nelson, New Man. Bot. Centr. Rocky Mt. 513 (1909); *Diplactis alpinus* (L.) Semple subsp. *vierhapperi* (Onno) Semple, Univ. Waterloo Biol., Ser. 38: 17 (1996).
黑龙江、内蒙古、河北、山西、新疆；俄罗斯；北美洲（西部）。

阿尔泰狗娃花（阿尔泰紫菀）

Aster altaicus Willd., Enum. Pl. [Willd.] 2: 881 (1809).
黑龙江、吉林、辽宁、内蒙古、河北、山西、山东、河南、陕西、宁夏、甘肃、青海、新疆、浙江、四川、云南、西藏、台湾；蒙古国、朝鲜半岛、尼泊尔、印度、巴基斯坦、阿富汗、伊朗、哈萨克斯坦、乌兹别克斯坦、土库曼斯坦、克什米尔地区、俄罗斯（西伯利亚）。

阿尔泰狗娃花（原变种）

Aster altaicus var. **altaicus**
Aster gmelinii Tausch, Flora 11: 486 (1828); *Kalimeris altaica* (Willd.) Nees, Gen. Sp. Aster. 228 (1832); *Kalimeris altaica* var. *subincana* Avé-Lall., Index Sem. [St. Petersburg] 8: 52 (1841); *Heteropappus altaicus* (Willd.) Novopokr., Sched. Herb. Fl. Ross. 8: 193 (1922).
黑龙江、吉林、辽宁、内蒙古、河北、山西、山东、河南、陕西、宁夏、甘肃、青海、新疆、四川、西藏；蒙古国、哈萨克斯坦、克什米尔地区、俄罗斯（西伯利亚）。

灰白阿尔泰狗娃花

Aster altaicus var. **canescens** (Nees) Serg. in Krylov, Fl. Zapadnoi Sibiri 11: 2664 (1949).
Kalimeris canescens Nees, Gen. Sp. Aster. 229 (1832); *Aster canescens* (Nees) Fisjun, Fl. Kazakhst. 8: 315 (1965), not Pursh (1813); *Aster pyropappus* Boiss., Fl. Orient. 3: 158 (1875); *Aster spatioides* C. B. Clarke, Compos. Ind. 48 (1876); *Kalimeris alberti* Regel, Gartenflora 33: 130 (1884); *Heteropappus canescens* (Nees) Novopokr., Trudy Bot. Inst. Akad. Nauk S. S. S. R., Ser. 1, Fl. Sist. Vyssh. Rast. 4: 278 (1937); *Heteropappus alberti* (Regel) Novopokr, Fl. U. R. S. S. 25: 67 (1959); *Heteropappus altaicus* var. *canescens* (Nees) Koroljuk, Fl. Sibiriae 13: 23 (1998).
新疆；蒙古国、印度、巴基斯坦、阿富汗、伊朗、哈萨克斯坦、乌兹别克斯坦、土库曼斯坦、俄罗斯（西伯利亚）。

糙毛阿尔泰狗娃花

●**Aster altaicus** var. **hirsutus** Hand.-Mazz., Acta Horti Gothob. 12: 221 (1938).
Heteropappus altaicus var. *hirsutus* (Hand.-Mazz.) Y. Ling, Fl. Reipubl. Popularis Sin. 74: 116 (1985).
四川、云南。

千叶阿尔泰狗娃花

●**Aster altaicus** var. **millefolius** (Vaniot) Hand.-Mazz., Acta Horti Gothob. 12: 220 (1938).
Aster millefolius Vaniot, Bull. Acad. Int. Geogr. Bot. 12: 496 (1903); *Heteropappus altaicus* var. *millefolius* (Vaniot) Grierson et Lauener, Notes Roy. Bot. Gard. Edinburgh 34: 332 (1976).
黑龙江、辽宁、内蒙古、河北、山西、陕西、甘肃。

粗糙阿尔泰狗娃花

●**Aster altaicus** var. **scaber** (Avé-Lall.) Hand.-Mazz., Acta

Horti Gothob. 12: 220 (1938).
Kalimeris altaica var. *scabra* Fisch., C. A. Meyer et Avé-Lall., Index Sem. Hort. Petrop. 8: 53 (1842); *Heteropappus altaicus* var. *scaber* (Avé-Lall.) Wang, Clav. Pl. Chin. Bor.-Orient. 377 (1959).
辽宁、山西。

台东阿尔泰狗娃花（台东铁杆蒿）

●**Aster altaicus** var. **taitoensis** Kitam., Acta Phytotax. Geobot. 1: 289 (1932).
Heteropappus altaicus var. *taitoensis* (Kitam.) Y. Ling, Fl. Reipubl. Popularis Sin. 74: 116 (1985).
台湾。

普陀狗娃花

Aster arenarius (Kitam.) Nemoto, Fl. Jap. Suppl.: 736 (1937).
Heteropappus arenarius Kitam., Acta Phytotax. Geobot. 2: 43 (1933); *Heteropappus hispidus* (Thunb.) Less. subsp. *arenarius* (Kitam.) Kitam., Mem. Coll. Sci. Kyoto Imp. Univ., Ser. B. 26: 53 (1957).
浙江；日本。

银鳞紫菀

●**Aster argyropholis** Hand.-Mazz., Acta Horti Gothob. 12: 208 (1938).
四川、云南、西藏。

银鳞紫菀（原变种）

●**Aster argyropholis** var. **argyropholis**
四川、西藏。

白雪银鳞紫菀

●**Aster argyropholis** var. **niveus** Y. Ling, Fl. Reipubl. Popularis Sin. 74: 358 (1985).
四川、云南。

奇形银鳞紫菀

●**Aster argyropholis** var. **paradoxus** Y. Ling, Fl. Reipubl. Popularis Sin. 74: 358 (1985) ["paradoxa"].
四川。

华南狗娃花（华南铁杆蒿）

Aster asagrayi Makino, Bot. Mag. (Tokyo) 22: 157 (1908).
Kalimeris ciliosa Turcz., Bull. Soc. Imp. Naturalistes Moscou 24: 61 (1851); *Kalimeris ciliata* A. Gray, Mém. Amer. Acad. Arts n. s. 6: 394 (1858); *Aster ciliosus* (Turcz.) Hand.-Mazz., Notizbl. Bot. Gart. Berlin-Dahlem 13: 614 (1937), not Kitam. (1934); *Heteropappus ciliosus* (Turcz.) Y. Ling, Fl. Reipubl. Popularis Sin. 74: 116 (1985).
福建、广东、海南；日本。

星舌紫菀

Aster asteroides (DC.) Kuntze, Revis. Gen. Pl. 1: 315 (1891), ["asterodes"].
Heterochaeta asteroides DC., Prodr. (DC.) 5: 282 (1836); *Aster heterochaeta* Benth. ex C. B. Clarke, Compos. Ind. 44 (1876), nom. illeg. superfl.; *Aster hedinii* Ostenf., S. Tibet 6 (3): 37 (1922); *Erigeron heterochaeta* Botsch., Bot. Mater. Gerb. Bot. Inst. Komarova Akad. Nauk S. S. S. R. 16: 388 (1954).
甘肃、青海、四川、云南、西藏；不丹、尼泊尔、印度、克什米尔地区。

耳叶紫菀（银线菊）

●**Aster auriculatus** Franch., J. Bot. (Morot) 10: 376 (1896).
甘肃、湖北、四川、贵州、云南、西藏、广西。

白舌紫菀

●**Aster baccharoides** (Benth.) Steetz, Bot. Voy. Herald, 385 (1857).
Diplopappus baccharoides Benth., London J. Bot. 1: 487 (1842); *Aster brevipes* Benth., Fl. Hongk. 175 (1861).
浙江、江西、湖南、福建、广东、广西。

髯毛紫菀

Aster barbellatus Grierson, Notes Roy. Bot. Gard. Edinburgh 26: 119 (1964).
西藏；不丹、尼泊尔、印度。

巴塘紫菀

●**Aster batangensis** Bureau et Franch., J. Bot. (Morot) 5: 50 (1891).
四川、云南、西藏。

巴塘紫菀（原变种）

●**Aster batangensis** var. **batangensis**
四川、云南、西藏。

匙叶巴塘紫菀（打毒根）

●**Aster batangensis** var. **staticifolius** (Franch.) Y. Ling, Fl. Reipubl. Popularis Sin. 74: 253 (1985) ["staticefolius"].
Aster staticifolius Franch., J. Bot. (Morot) 10: 370 (1896).
四川、云南。

线舌紫菀

●**Aster bietii** Franch., J. Bot. (Morot) 10: 373 (1896).
云南。

重羽紫菀

●**Aster bipinnatisectus** Ludlow ex Grierson, Notes Roy. Bot. Gard. Edinburgh 26: 144 (1964).
西藏。

青藏狗娃花

●**Aster boweri** Hemsl., J. Linn. Soc., Bot. 30: 113 (1894) ["Bowerii"].
Aster boweri f. *annuus* Onno, Biblioth. Bot. 26 (Heft 106): 56 (1932); *Heteropappus boweri* (Hemsl.) Grierson., Notes Roy. Bot. Gard. Edinburgh 26: 154 (1964).

甘肃、青海、新疆、云南、西藏。

短毛紫菀

Aster brachytrichus Franch., J. Bot. (Morot) 10: 372 (1896).
Aster bodinieri H. Lév., Bull. Acad. Int. Geogr. Bot. 25: 14 (1915).
四川、贵州、云南；缅甸。

短茎紫菀

●**Aster brevis** Hand.-Mazz., Notizbl. Bot. Gart. Berlin- Dahlem 13: 625 (1937).
Aster flaccidus Bunge f. *tunicatus* Onno, Biblioth. Bot. 26 (Heft 106): 65 (1932).
云南。

扁毛紫菀

●**Aster bulleyanus** Jeffrey ex Diels, Notes Roy. Bot. Gard. Edinburgh 5: 184 (1912).
云南。

清水马兰

●**Aster chingshuiensis** Y. C. Liu et C. H. Ou, Quart. J. Chin. Forest. 14: 26 (1981).
Aster hualiensis S. S. Ying., Mem. Coll. Agric. Natl. Taiwan Univ. 28 (2): 39 (1988).
台湾。

圆齿狗娃花

Aster crenatifolius Hand.-Mazz., Symb. Sin. 7 (4): 1092 (1936).
Aster crenatifolius var. *subracemosus* Hand.-Mazz., Acta Horti Gothob. 12: 219 (1938); *Heteropappus crenatifolius* (Hand.-Mazz.) Grierson, Notes Roy. Bot. Gard. Edinburgh 26: 152 (1964).
河北、陕西、宁夏、甘肃、青海、四川、云南、西藏；尼泊尔。

重冠紫菀（太阳花）

Aster diplostephioides (DC.) Benth. ex C. B. Clarke, Compos. Ind. 45 (1876).
Heterochaeta diplostephioides DC., Prodr. (DC.) 5: 282 (1836); *Aster delavayi* Franch., J. Bot. 10: 374 (1896); *Aster diplostephioides* var. *delavayi* (Franch.) Onno, Biblioth. Bot. 26 (Heft 106): 69 (1932); *Erigeron delavayi* (Franch.) Botsch., Acta Inst. Bot. Acad. Sci. U. R. S. S. 21: 341 (1961); *Erigeron diplostephioides* (DC.) Botsch., Acta Inst. Bot. Acad. Sci. U. R. S. S. 21: 342 (1961).
甘肃、青海、四川、云南、西藏；不丹、尼泊尔、印度、巴基斯坦、克什米尔地区。

长叶紫菀

●**Aster dolichophyllus** Y. Ling, Fl. Reipubl. Popularis Sin. 74: 357 (1985).
广西。

长梗紫菀

●**Aster dolichopodus** Y. Ling, Fl. Reipubl. Popularis Sin. 74: 356 (1985).
陕西、甘肃、四川。

无舌狗娃花

●**Aster eligulatus** (Y. Ling ex Y. L. Chen, S. Yun Liang et K. Y. Pan) Brouillet, Semple et Y. L. Chen, Fl. China 20-21: 590 (2011).
Heteropappus eligulatus Y. Ling ex Y. L. Chen, S. Yun Liang et K. Y. Pan, Acta Phytotax. Sin. 19: 85 (1981).
西藏。

镰叶紫菀

●**Aster falcifolius** Hand.-Mazz., Notizbl. Bot. Gart. Berlin-Dahlem 13: 610 (1937).
Aster brachyphyllus C. C. Chang, Bull. Fan Mem. Inst. Biol. Bot. 6: 44 (1935), not (Sonder) F. Mueller (1865).
陕西、甘肃、湖北、四川。

梵净山紫菀

●**Aster fanjingshanicus** Y. L. Chen et D. J. Liu, Bull. Bot. Res., Harbin 8 (3): 11 (1988).
贵州。

狭苞紫菀

●**Aster farreri** W. W. Smith et Jeffrey, Notes Roy. Bot. Gard. Edinburgh 9: 78 (1916).
Aster diplostephioides (DC.) C. B. Clarke subsp. *farreri* (W. W. Smith et Jeffrey) Onno, Biblioth. Bot. 26 (Heft 106): 69 (1932); *Aster nigrotinctus* Y. Ling, Contr. Inst. Bot. Natl. Acad. Peiping 2: 461 (1934); *Erigeron farreri* (W. W. Smith et Jeffrey) Botsch., Bot. Mater. Gerb. Bot. Inst. Komarova Akad. Nauk S. S. S. R. 21: 341 (1961).
河北、山西、甘肃、青海、四川。

萎软紫菀（太白菊，肺经草）

Aster flaccidus Bunge, Mém. Acad. Imp. Sci. Saint-Pétersbourg, Sér. 7 2: 599 (1835).
河北、山西、陕西、甘肃、青海、新疆、四川、云南、西藏；蒙古国、不丹、尼泊尔、印度、巴基斯坦、阿富汗、伊朗、哈萨克斯坦、乌兹别克斯坦、克什米尔地区、俄罗斯（西伯利亚）。

萎软紫菀（原亚种）

Aster flaccidus subsp. **flaccidus**
Aster tibeticus Hook. f., Fl. Brit. Ind. 3: 251 (1881); *Aster glarearum* W. W. Smith et Farrer, Notes Roy. Bot. Gard. Edinburgh 9: 79 (1916); *Aster kansuensis* Farrer, J. Roy. Hort. Soc. 42: 58 (1916); *Aster flaccidus* var. *fructuglandulosus* Ostenf., S. Tibet 6 (3): 36 (1922); *Aster flaccidus* f. *stolonifer* Onno, Biblioth. Bot. 26 (Heft 106): 65 (1932); *Aster flaccidus* subsp. *fructuglandulosus* (Ostenf.) Onno, Biblioth. Bot. 26 (Heft 106): 65 (1932); *Erigeron flaccidus* (Bunge) Botsch.,

Bot. Mater. Gerb. Bot. Inst. Komarova Akad. Nauk S. S. S. R. 16: 388 (1954).
河北、山西、陕西、甘肃、青海、新疆、四川、云南、西藏；蒙古国、不丹、尼泊尔、印度、巴基斯坦、伊朗、哈萨克斯坦、乌兹别克斯坦、克什米尔地区、俄罗斯（西伯利亚）。

腺毛萎软紫菀

Aster flaccidus subsp. **glandulosus** (Keissler) Onno, Biblioth. Bot. 26 (Heft 106): 66 (1932).
Aster flaccidus var. *glandulosus* Keissler, Ann. K. K. Naturhist. Hofmus. 22: 26 (1907); *Aster glandulosus* (Keissl.) Hand.-Mazz., Oesterr. Bot. Z. 79: 35 (1930), not Labill. (1806).
新疆、西藏；印度、克什米尔地区。

台岩紫菀

●**Aster formosanus** Hayata, Icon. Pl. Formosan. 8: 46 (1919).
浙江、台湾。

辉叶紫菀

●**Aster fulgidulus** Grierson, Notes Roy. Bot. Gard. Edinburgh 26: 110 (1964).
西藏。

褐毛紫菀

Aster fuscescens Bureau et Franch., J. Bot. (Morot) 5: 49 (1891).
四川、云南、西藏；缅甸。

褐毛紫菀（原变种）

Aster fuscescens var. **fuscescens**
Aster doronicifolius H. Lév., Repert. Spec. Nov. Regni Veg. 12: 283 (1913).
四川、云南、西藏；缅甸。

长圆叶褐毛紫菀

Aster fuscescens var. **oblongifolius** Grierson, Notes Roy. Bot. Gard. Edinburgh 26: 93 (1964).
西藏；缅甸。

少毛褐毛紫菀

●**Aster fuscescens** var. **scaberoides** C. C. Chang, Bull. Fan Mem. Inst. Biol. Bot. 6: 46 (1935).
云南、西藏。

秦中紫菀

●**Aster giraldii** Diels, Bot. Jahrb. Syst. 36: 103 (1905).
陕西、甘肃。

拉萨狗娃花

Aster gouldii C. E. C. Fisch., Bull. Misc. Inform. Kew 1938: 286 (1938).
Heteropappus gouldii (C. E. C. Fisch.) Grierson, Notes Roy. Bot. Gard. Edinburgh 26: 153 (1964).
青海、西藏；不丹、印度。

细茎紫菀

●**Aster gracilicaulis** Y. Ling ex J. Q. Fu, Bull. Bot. Res., Harbin 3 (1): 116 (1983).
甘肃。

红冠紫菀

●**Aster handelii** Onno, Biblioth. Bot. 26 (Heft 106): 52 (1932).
四川、云南。

横斜紫菀

●**Aster hersileoides** C. K. Schneid. in Sargent, Pl. Wilson. 3 (2): 460 (1917).
四川。

异苞紫菀

●**Aster heterolepis** Hand.-Mazz., Notizbl. Bot. Gart. Berlin-Dahlem 13: 614 (1937).
甘肃。

须弥紫菀

Aster himalaicus C. B. Clarke, Compos. Ind. 42 (1876).
四川、云南、西藏；缅甸、不丹、尼泊尔、印度。

狗娃花

Aster hispidus Thunb., Nova Acta Regiae Soc. Sci. Upsal. 4: 39 (1783).
Heteropappus hispidus (Thunb.) Less., Syn. Gen. Compos. 189 (1832); *Kalimeris hispida* (Thunb.) Nees, Gen. Sp. Aster. 227 (1832); *Heteropappus incisus* Siebold et Zucc., Abh. Math.-Phys. Cl. Königl. Bayer. Akad. Wiss. 4: 182 (1846); *Aster hispidus* var. *heterochaeta* Franch. et Sav., Enum. Pl. Jap. 2: 396 (1856); *Aster hispidus* var. *mesochaeta* Franch. et Sav., Enum. Pl. Jap. 2: 396 (1856); *Heteropappus decipiens* Maxim., Prim. Fl. Amur. 148 (1859); *Aster fusanensis* H. Lév. et Vaniot, Bull. Acad. Int. Geogr. Bot. 20: 139 (1909); *Aster hispidus* var. *microphyllus* Pamp., Nuov. Giorn. Bot. Ital. n. s. 18 (1): 83 (1911); *Aster batakensis* Hayata, Icon. Pl. Formosan. 8: 48 (1919); *Aster omerophyllus* Hayata, Icon. Pl. Formosan. 8: 47 (1919); *Aster rufopappus* Hayata, Icon. Pl. Formosan. 8: 47 (1919); *Aster oldhamii* Hemsl. var. *batakensis* (Hayata) Sasaki, List Pl. Formosa 401 (1928); *Heteropappus pinetorum* Kom., Bull. Jard. Bot. Acad. Sc. U. R. S. S. 1931 30: 216 (1932).
黑龙江、吉林、内蒙古、河北、山西、山东、陕西、甘肃、安徽、江苏、浙江、江西、湖北、四川、福建、台湾；蒙古国、日本、朝鲜半岛、俄罗斯。

全茸紫菀

●**Aster hololachnus** Y. Ling ex Y. L. Chen, S. Yun Liang et K. Y. Pan, Acta Phytotax. Sin. 19: 88 (1981).
西藏。

等苞紫菀

●**Aster homochlamydeus** Hand.-Mazz., Symb. Sin. 7 (4): 1091 (1936).

Aster trinervius Roxb. ex D. Don var. *grossedentatus* Thunb. ex Diels, Notes Roy. Bot. Gard. Edinburgh 7: 166 (1912); *Aster trinervius* var. *grossedentatus* Franch. ex Diels, Notes Roy. Bot. Gard. Edinburgh 7: 166 (1912); *Aster ageratoides* Turcz. var. *grossedentatus* (Thunb. ex Diels) Kitam., Acta Phytotax. Geobot. 41: 86 (1990).
甘肃、四川、云南。

湖南紫菀

●**Aster hunanensis** Hand.-Mazz., Notizbl. Bot. Gart. Berlin-Dahlem 13: 611 (1937).
湖南。

白背紫菀

●**Aster hypoleucus** Hand.-Mazz., J. Bot. 76: 285 (1938).
西藏。

裂叶马兰

Aster incisus Fisch., Mém. Soc. Imp. Naturalistes Moscou 3: 76 (1812).
Kalimeris platycephala Cass., Dict. Sci. Nat. 24: 325 (1822); *Grindelia incisa* (Fisch.) Spreng., Syst. Veg., ed. 16 3: 575 (1826); *Kalimeris incisa* (Fisch.) DC., Prodr. (DC.) 5: 258 (1836); *Boltonia incisa* (Fisch.) Benth., Fl. Hongk. 173 (1861); *Aster pinnatifidus* Makino f. *robustus* Makino, Bot. Mag. (Tokyo) 27: 115 (1913); *Asteromoea incisa* (Fisch.) Koidz., Bot. Mag. (Tokyo) 37: 56 (1923); *Aster incisus* var. *australis* Kitag., Rep. Inst. Sci. Res. Manchoukuo 1: 323 (1937); *Kalimeris incisa* var. *australis* (Kitag.) Kitag., Neo-Lin. Fl. Manshur. 652 (1979).
黑龙江、吉林、辽宁、内蒙古；日本、朝鲜半岛、俄罗斯。

叶苞紫菀

Aster indamellus Grierson, Notes Roy. Bot. Gard. Edinburgh 26: 87 (1964).
Aster pseudamellus Hook. f., Fl. Brit. Ind. 3: 249 (1881), not Wenderoth (1831).
西藏；尼泊尔、印度、巴基斯坦、阿富汗、克什米尔地区。

马兰（马兰头，田边菊，鱼鳅串）

Aster indicus L., Sp. Pl. 2: 876 (1753).
河北、山西、山东、河南、陕西、宁夏、甘肃、安徽、江苏、浙江、江西、湖南、湖北、四川、贵州、云南、福建、台湾、广东、广西、海南；日本、朝鲜半岛、越南、老挝、缅甸、泰国、马来西亚、印度、俄罗斯。

马兰（原变种）

Aster indicus var. **indicus**
Matricaria cantoniensis Lour., Fl. Cochinch. 2: 498 (1790); *Aster indica* (L.) Blume, Bijdr. Fl. Ned. Ind. 15: 901 (1826); *Hisutsua cantoniensis* (Lour.) DC., Prodr. (DC.) 6: 44 (1838); *Hisutsua serrata* Hook. et Arn., Bot. Beechey Voy. 265 (1838); *Kalimeris indica* (L.) Sch.-Bip., Syst. Verz. (Zollinger) 125 (1854); *Boltonia indica* (L.) Benth., Fl. Hongk. 174 (1861); *Boltonia indica* var. *rivularis* Hance, Ann. Sci. Nat., Bot., sér. 5 5: 219 (1866); *Boltonia cantoniensis* (Lour.) Franch. et Sav., Enum. Pl. Jap. 2: 398 (1879); *Asteromoea cantoniensis* Matsum., Nippon Shokubutsumeii, ed. 2: 41 (1895); *Martinia polymorpha* Vaniot, Bull. Acad. Int. Geogr. Bot. 12: 32 (1903); *Aster ursinus* H. Lév., Repert. Spec. Nov. Regni Veg. 12: 100 (1913), not E. S. Burgess (1903); *Aster cantoniensis* (Lour.) Courtois, Fl. Nganh. 61 (1933); *Aster yangtzensis* Migo, Bot. Mag. (Tokyo) 54: 300 (1942); *Kalimeris indica* var. *stenophylla* Kitam., J. Jap. Bot. 19: 340 (1943); *Kalimeris lancifolia* J. Q. Fu, Bull. Bot. Res., Harbin 3 (1): 112 (1983); *Kalimeris indica* var. *polymorpha* (Vaniot) Kitam. ex Y. Ling, Fl. Reipubl. Popularis Sin. 74: 102 (1985).
河北、山西、山东、河南、陕西、宁夏、甘肃、安徽、江苏、浙江、江西、湖南、湖北、四川、贵州、云南、福建、台湾、广东、广西；日本、朝鲜半岛、越南、老挝、缅甸、泰国、马来西亚、印度、俄罗斯。

丘陵马兰

●**Aster indicus** var. **collinus** (Hance) Soejima et Igari, Acta Phytotax. Geobot. 58: 98 (2007).
Boltonia indica var. *collina* Hance, Ann. Sci. Nat., Bot., sér. 5 5: 219 (1866); *Kalimeris indica* var. *collina* (Hance) Kitam., J. Jap. Bot. 19: 340 (1943); *Kalimeris indica* subsp. *collina* (Hance) H. Y. Gu, Ann. Missouri Bot. Gard. 84: 789 (1998).
江西、湖南、贵州、云南、福建、广东、广西、海南。

狭苞马兰

●**Aster indicus** var. **stenolepis** (Hand.-Mazz.) Soejima et Igari, Acta Phytotax. Geobot. 58: 98 (2007).
Asteromoea indica var. *stenolepis* Hand.-Mazz., Acta Horti Gothob. 12: 225 (1938); *Kalimeris indica* var. *stenolepis* (Hand.-Mazz.) Kitam., J. Jap. Bot. 19: 340 (1943); *Kalimeris indica* subsp. *stenolepis* (Hand.-Mazz.) H. Y. Gu, Ann. Missouri Bot. Gard. 84: 791 (1998).
河南、陕西、甘肃、安徽、江苏、浙江、江西、湖南、湖北、四川、福建、广东。

堇舌紫菀

●**Aster ionoglossus** Y. Ling ex Y. L. Chen, S. Yun Liang et K. Y. Pan, Acta Phytotax. Sin. 19: 87 (1981).
西藏。

大埔紫菀（大武山紫菀）

●**Aster itsunboshi** Kitam., Acta Phytotax. Geobot. 3: 130 (1934).
台湾。

滇西北紫菀

●**Aster jeffreyanus** Diels, Notes Roy. Bot. Gard. Edinburgh 5: 185 (1912).
四川、贵州、云南。

吉首紫菀

●**Aster jishouensis** W. P. Li et S. X. Liu, Acta Phytotax. Sin. 40:

455 (2002).
湖南。

岚皋紫菀

●**Aster langaoensis** J. Q. Fu, Bull. Bot. Res., Harbin 3 (1): 118 (1983).
陕西。

宽苞紫菀

Aster latibracteatus Franch., J. Bot. (Morot) 10: 371 (1896).
云南；缅甸。

山马兰（山鸡儿肠）

●**Aster lautureanus** (Debeaux) Franch., Mém. Soc. Sci. Nat. Cherbourg 24: 224 (1884).
黑龙江、吉林、辽宁、河北、山西、山东、河南、陕西、宁夏、甘肃、江苏、浙江。

山马兰（原变种）

●**Aster lautureanus** var. **lautureanus**
Boltonia lautureana Debeaux, Actes Soc. Linn. Bordeaux 31: 215 (1877); *Asteromoea lautureana* (Debeaux) Hand.-Mazz., Acta Horti Gothob. 22: 224 (1937); *Kalimeris lautureana* (Debeaux) Kitam., Acta Phytotax. Geobot. 6: 22 (1937).
黑龙江、吉林、辽宁、河北、山西、山东、河南、陕西、宁夏、甘肃、江苏、浙江。

小龙山马兰

●**Aster lautureanus** var. **mangtaoensis** (Kitag.) Kitag., J. Jap. Bot. 13: 554 (1937).
Aster mangtaoensis Kitag., J. Jap. Bot. 9: 109 (1933); *Kalimeris mangtaoensis* (Kitag.) Kitam., Acta Phytotax. Geobot. 6: 21 (1937); *Kalimeris lautureana* subsp. *mangtaoensis* (Kitag.) H. Y. Gu, Ann. Missouri Bot. Gard. 84: 807 (1998).
辽宁。

线叶紫菀

●**Aster lavandulifolius** Hand.-Mazz., Notizbl. Bot. Gart. Berlin-Dahlem 13: 609 (1937).
四川、云南。

丽江紫菀（肥儿草）

Aster likiangensis Franch., J. Bot. (Morot) 10: 370 (1896).
Aster costei H. Lév., Bull. Acad. Int. Geogr. Bot. 25: 14 (1915); *Aster likiangensis* subsp. *costei* (H. Lév.) Onno, Biblioth. Bot. 26 (Heft 106): 72 (1932); *Aster asteroides* (DC.) Kuntze subsp. *costei* (H. Lév.) Grierson, Notes Roy. Bot. Gard. Edinburgh 26: 136 (1964).
四川、云南、西藏；不丹。

湿生紫菀

●**Aster limosus** Hemsl., J. Linn. Soc., Bot. 23: 413 (1888).
湖北。

舌叶紫菀

●**Aster lingulatus** Franch., J. Bot. (Morot) 10: 377 (1896).
四川、云南。

青海紫菀

●**Aster lipskii** Kom., Bot. Mater. Gerb. Glavn. Bot. Sada R. S. F. S. R. 2: 8 (1921).
青海。

理县裸菀

●**Aster lixianensis** (J. Q. Fu) Brouillet, Semple et Y. L. Chen, Fl. China 20-21: 606 (2011).
Gymnaster lixianensis J. Q. Fu, Bull. Bot. Res., Harbin 5 (3): 143 (1985).
四川。

长柄马兰

●**Aster longipetiolatus** C. C. Chang, Sunyatsenia 6: 22 (1941).
Aster trichanthus Hand.-Mazz., Oesterr. Bot. Z. 90: 125 (1941); *Kalimeris longipetiolata* (C. C. Chang) Y. Ling, Fl. Reipubl. Popularis Sin. 74: 108 (1985).
四川。

圆苞紫菀（肥后紫菀）

Aster maackii Regel, Mém. Acad. Imp. Sci. Saint-Pétersbourg, Sér. 7 4: 81 (1861).
Aster kodzumanus Makino, Bot. Mag. (Tokyo) 21: 16 (1907); *Aster horridifolius* H. Lév. et Vaniot, Bull. Acad. Int. Geogr. Bot. 20: 141 (1909).
黑龙江、吉林、辽宁、内蒙古、宁夏；日本、朝鲜半岛、俄罗斯。

莽山紫菀

●**Aster mangshanensis** Y. Ling, Fl. Reipubl. Popularis Sin. 74: 355 (1985).
湖南。

短冠东风菜

●**Aster marchandii** H. Lév., Repert. Spec. Nov. Regni Veg. 11: 306 (1912).
Doellingeria marchandii (H. Lév.) Y. Ling, Fl. Reipubl. Popularis Sin. 74: 130 (1985).
浙江、江西、湖北、四川、贵州、福建、广东、广西。

大花紫菀

●**Aster megalanthus** Y. Ling, Fl. Reipubl. Popularis Sin. 74: 359 (1985).
四川。

黔中紫菀

●**Aster menelii** H. Lév., Fl. Kouy-Tchéou 87 (1914).
贵州。

砂狗娃花

Aster meyendorffii (Regel et Maack) Voss, Vilm. Blumengäertn., ed. 3: 469 (1894).

Galatella meyendorffii Regel et Maack, Mém. Acad. Imp. Sci. Saint-Pétersbourg, Sér. 7 4: 81 (1861); *Heteropappus hispidus* (Thunb.) Less. var. *longiradiatus* Kom., Trudy Imp. S.-Peterburgsk. Bot. Sada 25: 587 (1907); *Aster depauperatus* H. Lév. et Vaniot, Bull. Acad. Int. Geogr. Bot. 20: 142 (1909), not Fernald (1908); *Heteropappus meyendorffii* (Regel et Maack) Kom. et Aliss., Key Pl. Far East. Reg. U. S. S. R. 2: 1010 (1932); *Aster ciliosus* Kitam., Acta Phytotax. Geobot. 3: 98 (1934); *Heteropappus meyendorffii* var. *hirsutus* Y. Ling et W. Wang, Clav. Pl. Chin. Bor.-Orient. 377 (1959); *Heteropappus tataricus* (Lindl. ex DC.) Tamamsch. var. *hirsutus* (Y. Ling et W. Wang) H. C. Fu, Fl. Intramongolica 6: 17 (1982); *Heteropappus magnicalathinus* J. Q. Fu, Bull. Bot. Res., Harbin 3 (1): 115 (1983).

黑龙江、吉林、内蒙古、河北、山西、陕西、甘肃；日本、朝鲜半岛、俄罗斯。

软毛紫菀

Aster molliusculus (Lindl. ex DC.) C. B. Clarke, Compos. Ind. 45 (1876).

Diplopappus molliusculus Lindl. ex DC., Prodr. (DC.) 5: 277 (1836); *Diplopappus roylei* Lindl. ex DC., Prodr. (DC.) 5: 276 (1836).

西藏；印度、巴基斯坦、克什米尔地区。

蒙古马兰

Aster mongolicus Franch., Nouv. Arch. Mus. Hist. Nat., sér. 2 6: 41 (1883).

Kalimeris incisa (Fisch.) DC. var. *holophylla* Maxim., Prim. Fl. Amur. 146 (1856); *Asteromoea mongolica* (Franch.) Kitam., Compos. Nov. Jap. 21 (1931); *Aster lautureanus* (Debeaux) Franch. var. *holophyllus* (Maxim.) F. H. Chen, Bull. Fan Mem. Inst. Biol. Bot. 5: 41 (1934); *Aster lautureanus* var. *mongolicus* (Franch.) Kitag., Bot. Mag. (Tokyo) 48: 110 (1934); *Kalimeris mongolica* (Franch.) Kitam., Acta Phytotax. Geobot. 6: 21 (1937); *Aster associatus* Kitag., Rep. Inst. Sci. Res. Manchoukuo 2: 299 (1938); *Aster associatus* var. *stenolobus* Kitag., Lin. Fl. Manshur. 435 (1939); *Kalimeris associata* (Kitag.) Kitag., Neo-Lin. Fl. Manshur. 652 (1979).

黑龙江、吉林、辽宁、内蒙古、河北；朝鲜半岛、俄罗斯。

玉山紫菀（玉山铁杆蒿）

●**Aster morrisonensis** Hayata, Icon. Pl. Formosan. 8: 48 (1919).

台湾。

墨脱紫菀

●**Aster motuoensis** Y. L. Chen, Bull. Bot. Res., Harbin 8 (3): 12 (1988).

西藏。

川鄂紫菀（穆坪紫菀）

●**Aster moupinensis** (Franch.) Hand.-Mazz., Notizbl. Bot. Gart. Berlin-Dahlem 13: 613 (1937).

Erigeron moupinensis Franch., Nouv. Arch. Mus. Hist. Nat., sér. 2 10: 36 (1887); *Aster henryi* Hemsl., J. Linn. Soc., Bot. 23: 411 (1888).

湖北、重庆。

鞑靼狗娃花

Aster neobiennis Brouillet, Semple et Y. L. Chen, Fl. China 20-21: 591 (2011).

Callistephus biennis Lindl. ex DC., Prodr. (DC.) 5: 275 (1836), not *Aster biennis* Nuttall, Gen. N. Amer. Pl. 2: 155 (1818); *Kalimeris tatarica* Lindl. ex DC., Prodr. (DC.) 5: 259 (1836), not *Aster tataricus* L. f. (1782); *Kalimeris biennis* (Lindl. ex DC.) Ledeb., Fl. Ross. (Ledeb.) 2: 483 (1845), not Nees (1832); *Heteropappus hispidus* (Thunb.) Less. var. *sibiricus* Kom., Trudy Imp. S.-Peterburgsk. Bot. Sada 25: 587 (1907); *Heteropappus meyendorffii* (Regel et Maack) Kom. et Aliss. var. *tataricus* (Lindl. ex DC.) Y. Ling et W. Wang, Clav. Pl. Chin. Bor.-Orient. 377 (1959); *Heteropappus tataricus* (Lindl. ex DC.) Tamamsch., Fl. U. R. S. S. 25: 71 (1959).

内蒙古、河北、山西；蒙古国、俄罗斯（欧洲部分、西伯利亚）。

新雅紫菀

Aster neoelegans Grierson, Notes Roy. Bot. Gard. Edinburgh 26: 118 (1964) ["*neo-elegans*"].

Aster elegans Hook. f. et Thomson ex C. B. Clarke, Compos. Ind. 44 (1876), not Willd. (1803), nor Nees (1818), nor (Nuttall) Torrey et A. Gray (1841).

西藏；不丹、印度。

棉毛紫菀（华菀）

●**Aster neolanuginosus** Brouillet, Semple et Y. L. Chen, Fl. China 20-21: 625 (2011).

Wardaster lanuginosus J. Small, Trans. et Proc. Bot. Soc. Edinburgh 29: 230 (1926); *Aster lanuginosus* (J. Small) Y. Ling in Y. Ling et Y. L. Chen, Fl. Reipubl. Popularis Sin. 74: 234 (1985), not H. L. Wendl. (1825).

四川。

黑山紫菀

●**Aster nigromontanus** Dunn, J. Linn. Soc., Bot. 35: 501 (1903) ["*nigromontana*"].

云南。

亮叶紫菀

●**Aster nitidus** C. C. Chang, Bull. Fan Mem. Inst. Biol. Bot. 6: 47 (1935).

重庆、贵州。

台北狗娃花（台湾狗娃花）

●**Aster oldhamii** Hemsl., J. Linn. Soc., Bot. 23: 414 (1888) ["*Oldhami*"].

Heteropappus oldhamii (Hemsl.) Kitam., Acta phytotax.

Geobot. 1: 146 (1932); *Heteropappus hispidus* (Thunb.) Less. subsp. *oldhamii* (Hemsl.) Kitam., Mem. Coll. Sci. Kyoto Imp. Univ., Ser. B 26: 53 (1957).
台湾。

石生紫菀（菊花暗消，野冬菊，肋痛草）

●**Aster oreophilus** Franch., J. Bot. (Morot) 10: 378 (1896).
Aster tricapitatus Vaniot, Bull. Acad. Int. Geogr. Bot. 12: 493 (1903); *Aster vaniotii* H. Lév., Repert. Spec. Nov. Regni Veg. 11: 307 (1912).
四川、云南、西藏。

卵叶紫菀（台湾绀菊，卵形紫菀）

●**Aster ovalifolius** Kitam., Acta Phytotax. Geobot. 1: 289 (1932).
台湾。

琴叶紫菀（福氏紫菀，岗边菊）

●**Aster panduratus** Nees ex Walpers, Nov. Actorum Acad. Caes. Leop.-Carol. Nat. Cur. 19 (Suppl. 1): 258 (1843).
Aster candelabrum Vaniot, Bull. Acad. Int. Geogr. Bot. 12: 498 (1903); *Aster argyi* H. Lév., Bull. Acad. Int. Geogr. Bot. 25: 14 (1915).
江苏、浙江、江西、湖南、湖北、四川、贵州、福建、广东、广西。

全叶马兰（全叶鸡儿肠）

Aster pekinensis (Hance) F. H. Chen, Bull. Fan Mem. Inst. Biol. Bot. 5: 41 (1934).
Asteromoea pekinensis Hance, Ann. Sci. Nat., Bot., sér. 4 15: 225 (1861); *Kalimeris integrifolia* Turcz. ex DC., Prodr. 5: 259 (1836); *Boltonia pekinensis* (Hance) Hance, J. Bot. 5: 370 (1867); *Boltonia integrifolia* (Turcz. ex DC.) Benth. et Hook. f., Gen. Pl. [Benth. et Hook. f.] 2: 269 (1873); *Aster integrifolius* (Turcz. ex DC.) Franch., Mém. Soc. Sci. Nat. Cherbourg 24: 224 (1884), not Nutt. (1840); *Aster holophyllus* Hemsl., J. Linn. Soc., Bot. 23: 412 (1888), nom. illeg. superfl.; *Aster franchetianus* H. Lév., Cat. Pl. Yun-Nan 40 (1915); *Asteromoea integrifolia* (Turcz. ex DC.) Loes., Beih. Bot. Centralbl., Abt. 2 37: 189 (1919).
黑龙江、吉林、辽宁、内蒙古、河北、山西、山东、河南、陕西、甘肃、安徽、江苏、浙江、江西、湖南、湖北、四川、云南；朝鲜半岛、俄罗斯。

裸菀

●**Aster piccolii** Hook. f., Bot. Mag. 125: t. 7669 (1899).
Gymnaster piccolii (Hook. f.) Kitam., Mem. Coll. Sci. Kyoto Imp. Univ., Ser. B. 13: 303 (1937); *Asteromoea piccolii* (Hook. f.) Hand.-Mazz., Acta Horti Gothob., 22: 225 (1938); *Kalimeris piccolii* (Hook. f.) S. Y. Hu, Quart. J. Taiwan Mus. 20: 12 (1967); *Miyamayomena piccolii* (Hook. f.) Kitam., Acta Phytotax. Geobot. 33: 409 (1982).
山西、河南、陕西、甘肃、四川、贵州。

阔苞紫菀

Aster platylepis Y. L. Chen, Kew Bull. 39: 159 (1984).
Doronicum latisquamatum C. E. C. Fisch., Bull. Misc. Inform. Kew 1937: 98 (1937), not *Aster latisquamatus* (Maxim.) Hand.-Mazz. (1938).
？西藏；印度。

灰枝紫菀

●**Aster poliothamnus** Diels, Repert. Spec. Nov. Regni Veg. Beih. 12: 503 (1922).
陕西、甘肃、青海、四川、西藏。

灰毛紫菀

●**Aster polius** C. K. Schneid. in Sargent, Pl. Wilson. 3 (2): 459 (1917) [“*polia*”].
四川。

厚棉紫菀

Aster prainii (J. R. Drummond) Y. L. Chen, Geol. Ecol. Stud. Qinghai-Xizang Plateau 2: 1314 (1981).
Chlamydites prainii J. R. Drummond, Bull. Misc. Inform. Kew 1907: 91 (1907).
四川、西藏；不丹。

高茎紫菀

●**Aster procerus** Hemsl., J. Linn. Soc., Bot. 23: 415 (1888).
Asteromoea procera (Hemsl.) Y. Ling, Contr. Bot. Surv. N. W. China 1: 6 (1939); *Kalimeris procera* (Hemsl.) S. Y. Hu, Quart. J. Taiwan Mus. 20: 12 (1967).
安徽、浙江、湖北。

四川裸菀

●**Aster pseudosimplex** Brouillet, Semple et Y. L. Chen, Semple et Y. L. Chen, Fl. China 20-21: 606 (2011).
Aster simplex C. C. Chang, Sinensia 6: 541 (1935), not *Aster simplex* Willd., Enum. Pl. [Willd.] 2: 887 (1809); *Asteromoea simplex* Hand.-Mazz., Acta Horti Gothob. 22: 225 (1938); *Gymnaster simplex* (Hand.-Mazz.) Y. Ling, Fl. Reipubl. Popularis Sin. 74: 95 (1985); *Miyamayomena simplex* (Hand.-Mazz.) Y. L. Chen, Bull. Bot. Res., Harbin 6 (2): 42 (1986).
四川。

密叶紫菀

Aster pycnophyllus Franch. ex W. W. Smith, Notes Roy. Bot. Gard. Edinburgh 8: 332 (1915).
Aster harrowianus Diels var. *pycnophyllus* (Franch. ex W. W. Smith) H. Lév., Cat. Pl. Yun-Nan 40 (1915).
四川、云南、西藏；缅甸、印度。

凹叶紫菀

●**Aster retusus** Ludlow, Bull. Brit. Mus. (Nat. Hist.), Bot. 2: 69 (1956).
西藏。

腾越紫菀

●**Aster rockianus** Hand.-Mazz., Notizbl. Bot. Gart. Berlin-Dahlem 13: 613 (1937).
云南。

怒江紫菀

Aster salwinensis Onno, Biblioth. Bot. 26 (Heft 106): 74 (1932).
四川、云南、西藏；缅甸。

短舌紫菀（桑氏紫菀，黑根紫菀）

●**Aster sampsonii** (Hance) Hemsl., J. Linn. Soc., Bot. 23: 415 (1888) ["*Sampsoni*"].
湖南、广东、广西。

短舌紫菀（原变种）

●**Aster sampsonii** var. **sampsonii**
Heteropappus sampsonii Hance, J. Bot. 5: 370 (1867); *Erigeron hirsutus* Lour., Fl. Cochinch. 2: 500 (1790), not *Aster hirsutus* Host (1831), nor *Aster hirsutus* Harv. (1865).
湖南、广东。

等毛短舌紫菀

●**Aster sampsonii** var. **isochaetus** C. C. Chang, Bull. Fan Mem. Inst. Biol. Bot. 7: 162 (1936).
湖南、广东、广西。

东风菜（山蛤芦，钻山狗，草三七）

Aster scaber Thunb. in Murray, Syst. Veg., ed. 14: 763 (1784).
Doellingeria scabra (Thunb.) Nees, Gen. Sp. Aster. 183 (1832); *Biotia discolor* Maxim., Prim. Fl. Amur. 146 (1859); *Biotia corymbosa* (Aiton) DC. var. *discolor* (Maxim.) Regel, Tent. Fl. Ussur. 33 (1864); *Aster komarovii* H. Lév., Bull. Acad. Int. Geogr. Bot. 20: 142 (1909).
黑龙江、吉林、辽宁、内蒙古、河北、山西、山东、河南、陕西、安徽、江苏、浙江、江西、湖南、湖北、四川、贵州、福建、广东、广西；日本、朝鲜半岛、俄罗斯（远东地区）。

半卧狗娃花

Aster semiprostratus (Grierson) H. Ikeda, Fl. Mustang [Nepal] 351 (2008).
Heteropappus semiprostratus Grierson, Notes Roy. Bot. Gard. Edinburgh 26: 151 (1964).
青海、西藏；尼泊尔、克什米尔地区。

狗舌草紫菀

●**Aster senecioides** Franch., J. Bot. (Morot) 10: 381 (1896).
Aster senecioides var. *latisquamus* Y. Ling, Fl. Reipubl. Popularis Sin. 74: 360 (1985).
四川、云南。

四川紫菀

●**Aster setchuenensis** Franch., J. Bot. (Morot) 10: 377 (1896).
四川。

神农架紫菀

●**Aster shennongjiaensis** W. P. Li et Z. G. Zhang, Bot. Bull. Acad. Sin. 45: 96 (2004).
湖南。

毡毛马兰（岛田鸡儿肠）

●**Aster shimadae** (Kitam.) Nemoto, Fl. Jap. Suppl.: 740 (1936) ["*shimadai*"].
Asteromoea shimadae Kitam., Acta Phytotax. Geobot. 2: 37 (1933) ["*Shimadai*"]; *Asteromoea indica* (L.) Blume var. *lautureana* Yamam., Contr. Herb. Taihoku Imp. Univ. 8: 266 (1927); *Aster indicus* L. var. *lautureanus* (Yamam.) Yamam., J. Trop. Agric. 8: 266 (1936); *Kalimeris shimadae* (Kitam.) Kitam., Acta Phytotax. Geobot. 6: 50 (1937).
山西、山东、河南、陕西、甘肃、安徽、江苏、浙江、江西、湖南、湖北、四川、福建、台湾。

锡金紫菀

Aster sikkimensis Hook. f., Bot. Mag. 77: t. 4557 (1851).
西藏；尼泊尔、印度。

西固紫菀

●**Aster sikuensis** W. W. Smith et Farrer, Notes Roy. Bot. Gard. Edinburgh 9: 80 (1916).
甘肃、四川。

岳麓紫菀

●**Aster sinianus** Hand.-Mazz., Notizbl. Bot. Gart. Berlin-Dahlem 13: 609 (1937).
江西、湖南。

狭叶裸菀

●**Aster sinoangustifolius** Brouillet, Semple et Y. L. Chen, Fl. China 20-21: 606 (2011).
Aster angustifolius C. C. Chang, Bull. Fan Mem. Inst. Biol. Bot. 6: 43 (1935), not Jacquin (1798); *Asteromoea angustifolia* Hand.-Mazz., Acta Horti Gothob. 22: 225 (1938); *Kalimeris angustifolia* (Hand.-Mazz.) S. Y. Hu, Quart. J. Taiwan Mus. 20: 10 (1967); *Gymnaster angustifolius* (Hand.-Mazz.) Y. Ling, Fl. Reipubl. Popularis Sin. 74: 97 (1985); *Miyamayomena angustifolia* (Hand.-Mazz.) Y. L. Chen, Bull. Bot. Res., Harbin 6 (2): 43 (1986).
浙江、福建。

甘川紫菀

●**Aster smithianus** Hand.-Mazz., Acta Horti Gothob. 12: 216 (1938).
Aster smithianus var. *pilosior* Hand.-Mazz., Acta Horti Gothob. 12: 216 (1938); *Kalimeris smithiana* (Hand.-Mazz.) S. Y. Hu, Quart. J. Taiwan Mus. 20: 13 (1967).
甘肃、四川、云南。

缘毛紫菀

Aster souliei Franch., J. Bot. (Morot) 10: 372 (1896).
甘肃、青海、四川、云南、西藏；缅甸、不丹。

缘毛紫菀（原变种）

Aster souliei var. **souliei**
Aster ganlun Kitam., Acta Phytotax. Geobot. 15: 40 (1953).
四川、云南、西藏；缅甸、不丹。

毛背缘毛紫菀

Aster souliei var. **limitaneus** (W. W. Smith et Farrer) Hand.-Mazz., Notizbl. Bot. Gart. Berlin-Dahlem 13: 620 (1937).
Aster limitaneus W. W. Smith et Farrer, Notes Roy. Bot. Gard. Edinburgh 9: 80 (1916); *Aster forrestii* Stapf, Bot. Mag. 152: t. 9123 (1927); *Aster tongolensis* Franch. subsp. *forrestii* (Stapf) Onno, Biblioth. Bot. 26 (Heft 106): 59 (1932).
甘肃、青海、四川、云南；缅甸、不丹。

圆耳紫菀

●**Aster sphaerotus** Y. Ling, Fl. Reipubl. Popularis Sin. 74: 145 (1985).
Erigeron panduratus C. C. Chang, Sunyatsenia 6: 17 (1941), not *Aster panduratus* Nees ex Walpers (1843).
广西。

匐生紫菀

Aster stracheyi Hook. f., Fl. Brit. Ind. 3: 250 (1881).
西藏；不丹、尼泊尔、印度。

台湾紫菀（台湾马兰）

●**Aster taiwanensis** Kitam., Acta Phytotax. Geobot. 1: 145 (1932).
Aster scaberrimus Hayata, Icon. Pl. Formosan. 8: 49 (1919), not Less. (1830); *Aster baccharoides* (Benth.) Steetz var. *kanehirae* Yamam., J. Trop. Agric. 8: 267 (1936); *Aster trinervius* Roxb. ex D. Don var. *hayatae* Yamam., J. Trop. Agric. 8: 269 (1936).
台湾。

山紫菀（雪山马兰）

●**Aster takasagomontanus** Sasaki, Trans. Nat. Hist. Soc. Formosa 21: 151 (1931) ["*Takasago-montanus*"].
台湾。

凉山紫菀

●**Aster taliangshanensis** Y. Ling, Fl. Reipubl. Popularis Sin. 74: 356 (1985).
四川。

桃园马兰

●**Aster taoyuenensis** S. S. Ying, J. Jap. Bot. 63: 49 (1988).
台湾。

紫菀（青牛舌头花，驴耳朵菜，青菀）

Aster tataricus L. f., Suppl. Pl. 373 (1782).
Aster trinervius Roxb. ex D. Don var. *longifolius* Franch. et Sav., Enum. Pl. Jap. 1: 222 (1875); *Aster nakaii* H. Lév. et Vaniot, Bull. Acad. Int. Geogr. Bot. 20: 140 (1909); *Aster tataricus* var. *nakaii* (H. Lév. et Vaniot) Kitam., Compos. Nov. Jap. 20 (1931).
黑龙江、吉林、辽宁、内蒙古、河北、山西、山东、河南、陕西、宁夏、甘肃、安徽、湖北、四川、贵州；蒙古国、日本、朝鲜半岛、俄罗斯。

德钦紫菀

●**Aster techinensis** Y. Ling, Fl. Reipubl. Popularis Sin. 74: 359 (1985).
云南。

天门山紫菀（新拟）

●**Aster tianmenshanensis** G. J. Zhang et T. G. Gao, PLoS ONE 10, e0134895: 8 (2015) (epulished).
湖南

天全紫菀

●**Aster tientschwanensis** Hand.-Mazz., Oesterr. Bot. Z. 89: 819 (1940).
四川。

东俄洛紫菀

●**Aster tongolensis** Franch., J. Bot. (Morot) 10: 376 (1896).
Aster subcaerulea S. Moore, Gard. Chron., ser. 3 30: 385 (1901).
甘肃、青海、四川、云南、西藏。

三头紫菀

Aster tricephalus C. B. Clarke, Compos. Ind. 43 (1876).
西藏；尼泊尔、印度。

毛脉紫菀

●**Aster trichoneurus** Y. Ling, Fl. Reipubl. Popularis Sin. 74: 355 (1985).
云南。

三基脉紫菀（三脉叶马兰）

Aster trinervius Roxb. ex D. Don, Prodr. Fl. Nepal. 177 (1825).
Galatella asperrima Nees, Gen. Sp. Aster. 173 (1832); *Diplopappus asperrimus* (Nees) DC., Prodr. (DC.) 5: 277 (1836); *Aster scabridus* C. B. Clarke, Compos. Ind. 47 (1876), not DC. (1836).; *Aster ageratoides* var. *trinervius* (Roxb. ex D. Don) Hand.-Mazz., Acta Horti Gothob. 12: 214 (1938); *Aster ageratoides* Turcz. subsp. *trinervius* (Roxb. ex D. Don) Kitam., Notes Roy. Bot. Gard. Edinburgh 28: 227 (1968).
西藏；缅甸、泰国、不丹、尼泊尔、印度。

察瓦龙紫菀

●**Aster tsarungensis** (Grierson) Y. Ling, Fl. Reipubl. Popularis Sin. 74: 241 (1985).

Aster flaccidus Bunge subsp. *tsarungensis* Grierson, Notes Roy. Bot. Gard. Edinburgh 26: 133 (1964).
四川、云南、西藏。

陀螺紫菀（一枝香，百条根，单头紫菀）

●**Aster turbinatus** S. Moore, J. Bot. 16: 132 (1878).
安徽、江苏、浙江、江西、福建。

陀螺紫菀（原变种）

●**Aster turbinatus** var. **turbinatus**
安徽、江苏、浙江、江西、福建。

仙白草

●**Aster turbinatus** var. **chekiangensis** C. Ling ex Y. Ling, Fl. Reipubl. Popularis Sin. 74: 359 (1985).
浙江。

峨眉紫菀

●**Aster veitchianus** Hutch. et J. R. Drumm. ex G. J. Zhang et T. G. Gao, Phytotaxa 152 (1): 53 (2013).
四川。

毡毛紫菀

●**Aster velutinosus** Y. Ling, Fl. Reipubl. Popularis Sin. 74: 359 (1985).
广西。

秋分草

Aster verticillatus (Reinw.) Brouillet, Semple et Y. L. Chen, Fl. China 20-21: 608 (2011).
Rhynchospermum verticillatum Reinw., Syll. Pl. Nov. 2: 8 (1825); *Leptocoma racemosa* Less., Linnaea 6: 130 (1831); *Zollingeria scandens* Sch.-Bip., Flora 37: 275 (1854); *Rhynchospermum verticillatum* var. *subsessile* Oliver ex Miq., Ann. Mus. Bot. Lugduno-Batavi 3: 198 (1867); *Rhynchospermum formosanum* Yamam., Suppl. Ic. Pl. Formos. 4: 25 (1928).
江西、湖南、湖北、四川、贵州、云南、西藏、福建、台湾、广东、广西；日本、越南、缅甸、马来西亚、印度尼西亚、不丹、尼泊尔、印度。

密毛紫菀

Aster vestitus Franch., J. Bot. (Morot) 10: 378 (1896).
Aster mairei H. Lév., Repert. Spec. Nov. Regni Veg. 11: 307 (1912); *Aster sherriffianus* Hand.-Mazz., J. Bot. 76: 285 (1938).
四川、云南、西藏；缅甸、泰国、不丹、印度。

垣曲裸菀

●**Aster yuanqunensis** (J. Q. Fu) Brouillet, Semple et Y. L. Chen, Fl. China 20-21: 606 (2011).
Gymnaster yuanqunensis J. Q. Fu, Bull. Bot. Res., Harbin 5 (3): 141 (1985).
山西。

云南紫菀

●**Aster yunnanensis** Franch., J. Bot. (Morot) 10: 375 (1896).
甘肃、青海、四川、云南、西藏。

云南紫菀（原变种）

●**Aster yunnanensis** var. **yunnanensis**
Aster diplostephioides (DC.) C. B. Clarke var. *yunnanensis* (Franch.) Onno, Biblioth. Bot. 26 (Heft 106): 69 (1932).
四川、云南。

狭苞云南紫菀

●**Aster yunnanensis** var. **angustior** Hand.-Mazz., Notizbl. Bot. Gart. Berlin-Dahlem 13: 622 (1937).
Aster vilmorinii Franch., J. Bot. 10: 373 (1896); *Erigeron vilmorinii* (Franch.) Botsch., Bot. Mater. Gerb. Bot. Inst. Komarova Akad. Nauk S. S. S. R. 21: 342 (1961).
四川、云南。

夏河云南紫菀

●**Aster yunnanensis** var. **labrangensis** (Hand.-Mazz.) Y. Ling, Fl. Reipubl. Popularis Sin. 74: 246 (1985).
Aster labrangensis Hand.-Mazz., Notizbl. Bot. Gart. Berlin-Dahlem 13: 621 (1937); *Aster kawaguchii* Kitam., Acta Phytotax. Geobot. 25: 41 (1953).
甘肃、青海、四川、西藏。

紫菀木属 **Asterothamnus** Novopokr.

紫菀木

Asterothamnus alyssoides (Turcz.) Novopokr., Bot. Mater. Gerb. Bot. Inst. Komarova Akad. Nauk S. S. S. R. 13: 336 (1950).
Aster alyssoides Turcz., Bull. Soc. Imp. Naturalistes Moscou 5: 198 (1832); *Kalimeris alyssoides* (Turcz.) DC., Prodr. (DC.) 5: 259 (1836).
内蒙古；蒙古国。

中亚紫菀木

Asterothamnus centraliasiaticus Novopokr., Bot. Mater. Gerb. Bot. Inst. Komarova Akad. Nauk S. S. S. R. 13: 338 (1950).
Aster alyssoides Turcz. var. *achnolepis* Hand.-Mazz., Notizbl. Bot. Gart. Mus. Berl.-Dahl. 13: 611 (1937).
内蒙古、宁夏、甘肃、青海、新疆；蒙古国。

灌木紫菀木

Asterothamnus fruticosus (C. Winkl.) Novopokr., Bot. Mater. Gerb. Bot. Inst. Komarova Akad. Nauk S. S. S. R. 13: 337 (1950).
Kalimeris fruticosa C. Winkl., Trudy Imp. S.-Peterburgsk. Bot. Sada 9: 419 (1886).
甘肃、新疆；哈萨克斯坦、俄罗斯。

软叶紫菀木

Asterothamnus molliusculus Novopokr., Bot. Mater. Gerb. Bot. Inst. Komarova Akad. Nauk S. S. S. R. 13: 342 (1950).
内蒙古；蒙古国。

毛叶紫菀木

Asterothamnus poliifolius Novopokr., Bot. Mater. Gerb. Bot. Inst. Komarova Akad. Nauk S. S. S. R. 13: 343 (1950).
新疆；蒙古国、俄罗斯。

苍术属 Atractylodes DC.

鄂西苍术

●**Atractylodes carlinoides** (Hand.-Mazz.) Kitam., Acta Phytotax. Geobot. 7: 119 (1938).
Atractylis carlinoides Hand.-Mazz., Notizbl. Bot. Gart. Berlin-Dahlem 13: 642 (1937).
湖北。

朝鲜苍术

Atractylodes koreana (Nakai) Kitam., Acta Phytotax. Geobot. 4: 178 (1935).
Atractylis koreana Nakai, Bot. Mag. (Tokyo) 42: 478 (1928).
辽宁、山东；朝鲜半岛。

苍术（术，赤术）

Atractylodes lancea (Thunb.) DC., Prodr. (DC.) 7: 48 (1838).
Atractylis lancea Thunb. in Murray, Syst. Veg., ed. 14: 729 (1784); *Acarna chinensis* Bunge, Enum. Pl. Chin. Bor. [A. A. von Bunge] 36 (1833); *Atractylodes japonica* Koidz. ex Kitam., Act. Hort. Phytotax. et Geobot. 4: 178 (1935); *Atractylis japonica* (Koidz. ex Kitam.) Kitag., Lin. Fl. Manshur. 439 (1939).
黑龙江、吉林、辽宁、内蒙古、河北、山西、山东、河南、陕西、甘肃、安徽、江苏、浙江、江西、湖南、湖北、重庆；日本、朝鲜半岛、俄罗斯。

白术

●**Atractylodes macrocephala** Koidz., Fl. Symb. Orient.-Asiat. 5 (1930).
Atractylis macrocephala (Koidz.) Nemoto, Fl. Jap. Suppl.: 743 (1936), not Desf. (1799); *Atractylis macrocephala* var. *hunanensis* Y. Ling, Contr. Inst. Bot. Natl. Acad. Peiping 6: 66 (1949).
安徽、浙江、江西、湖南、湖北、重庆、贵州、福建。

云木香属 Aucklandia Falc.

云木香（广木香，青木香）

☆**Aucklandia costus** Falc., Ann. Mag. Nat. Hist. 6: 475 (1841).
Aplotaxis lappa Decne., Repert. Bot. Syst. (Walpers) 2: 669 (1843); *Saussurea costus* (Falc.) Lipsch., Bot. Zhurn. (Moscow et Leningrad) 49: 131 (1964).
陕西、安徽、浙江、四川、贵州、云南、福建、广西等地栽培；原产于印度、巴基斯坦、克什米尔地区。

南泽兰属 Austroeupatorium R. M. King et H. Rob.

南泽兰（假泽兰）

△**Austroeupatorium inulifolium** (Kunth) R. M. King et H. Rob., Phytologia 19: 434 (1970).
Eupatorium inulifolium Kunth, Nov. Gen. Sp. 4, ed. f: 85 (1818).
台湾归化；印度尼西亚、斯里兰卡归化，原产于中南美洲。

雏菊属 Bellis L.

雏菊（延命菊，马兰头花）

☆**Bellis perennis** L., Sp. Pl. 2: 886 (1753).
各地广泛栽培；原产于非洲，亚洲、欧洲广泛栽培。

鬼针草属 Bidens L.

婆婆针（鬼针草，刺针草）

Bidens bipinnata L., Sp. Pl. 2: 832 (1753).
Bidens pilosa L. var. *bipinnata* (L.) Hook. f., Fl. Brit. Ind. 3: 309 (1881).
吉林、辽宁、内蒙古、河北、山西、山东、陕西、甘肃、安徽、江苏、浙江、江西、四川、云南、福建、台湾、广东、广西；朝鲜半岛、越南、老挝、泰国、柬埔寨、尼泊尔、太平洋岛屿；欧洲、美洲。

金盏银盘

Bidens biternata (Lour.) Merr. et Sherff, Bot. Gaz. 88: 293 (1929).
Coreopsis biternata Lour., Fl. Cochinch. 2: 508 (1790); *Bidens chinensis* Willd., Sp. Pl., ed. 3: 1719 (1803); *Bidens robertianifolia* H. Lév. et Vaniot, Repert. Spec. Nov. Regni Veg. 8: 140 (1910).
辽宁、河北、山西、山东、河南、陕西、甘肃、安徽、浙江、江西、湖南、湖北、贵州、云南、福建、台湾、广东、广西、海南；亚洲、非洲、大洋洲。

柳叶鬼针草

Bidens cernua L., Sp. Pl. 2: 832 (1753).
Bidens minima Hudson, Fl. Angl. 310 (1762); *Bidens cernua* var. *elliptica* Wiegand, Bull. Torrey Bot. Club 26 (8): 41 7 (1899); *Bidens glaucescens* Greene, Pittonia 4: 258 (1901); *Bidens gracilenta* Greene, Pittonia 4: 255 (1901); *Bidens filamentosa* Rydb., Brittonia 1: 104 (1931).
黑龙江、吉林、辽宁、内蒙古、河北、四川、云南、西藏；蒙古国、俄罗斯；欧洲、北美洲。

大狼杷草（接力草，外国脱力草）

△**Bidens frondosa** L., Sp. Pl. 2: 832 (1753).
Bidens melanocarpa Wiegand, Bull. Torrey Bot. Club 26: 405 (1899); *Bidens frondosa* var. *anomala* Porter ex Fernald,

Rhodora 5: 91 (1903); *Bidens frondosa* var. *stenodonta* Fernald et H. St. John, Rhodora 17: 22 (1915); *Bidens frondosa* var. *pallida* (Wiegand) Wiegand, Rhodora 26: 5 (1924); *Bidens frondosa* var. *caudata* Sherff, Brittonia 11: 190 (1959).
江苏、上海、江西、广东等地归化；原产于北美洲。

薄叶鬼针草

●**Bidens leptophylla** C. H. An, Fl. Xinjiangensis 5: 476 (1999).
新疆。

羽叶鬼针草

Bidens maximowicziana Oett., Trudy Bot. Sada Imp. Yur'evsk. Univ. 6: 219 (1906).
黑龙江、吉林、辽宁、内蒙古；日本、朝鲜半岛、俄罗斯。

小花鬼针草（细叶刺针草，小鬼叉，一包针）

Bidens parviflora Willd., Enum. Pl. [Willd.] 2: 840 (1809).
黑龙江、吉林、辽宁、内蒙古、河北、山西、山东、河南、陕西、宁夏、甘肃、青海、安徽、江苏、四川、贵州；蒙古国、日本、朝鲜半岛、俄罗斯。

鬼针草（三叶鬼针草，一包针，金盏银盘）

△**Bidens pilosa** L., Sp. Pl. 2: 832 (1753).
Bidens chilensis DC., Prodr. (DC.) 5: 603 (1836); *Bidens pilosa* f. *radiata* Sch.-Bip., Hist. Nat. Iles Canaries (Phytogr.) 3: 242 (1844); *Bidens pilosa* var. *radiata* (Sch.-Bip.) J. A. Schmidt, Beitr. Fl. Cap Verd. Ins. 197 (1852); *Bidens pilosa* var. *minor* (Blume) Sherff, Brittonia 6: 340, 744 (1948).
中国大部分地区归化；世界热带和亚热带。

大羽叶鬼针草

Bidens radiata Thuill., Fl. Env. Paris, ed. 2: 432 (1799).
Bidens radiata var. *microcephala* C. H. An, Fl. Xinjiangensis 5: 476 (1999).
黑龙江、吉林、内蒙古、新疆；蒙古国、日本、朝鲜半岛、俄罗斯；欧洲。

狼杷草（鬼叉，鬼针，鬼刺）

Bidens tripartita L., Sp. Pl. 2: 831 (1753).
Bidens repens D. Don, Prodr. Fl. Nepal. 180 (1825); *Bidens tripartita* var. *repens* (D. Don) Sherff, Bot. Gaz. 81 (1926).
黑龙江、吉林、辽宁、内蒙古、河北、山东、河南、陕西、宁夏、甘肃、青海、新疆、安徽、江苏、浙江、江西、湖南、湖北、四川、贵州、云南、西藏、福建、台湾；蒙古国、日本、朝鲜半岛、菲律宾、马来西亚、印度尼西亚、不丹、尼泊尔、印度、俄罗斯、澳大利亚；欧洲、非洲、北美洲。

百能葳属 Blainvillea Cass.

百能葳

Blainvillea acmella (L.) Philipson, Blumea 6: 350 (1950).
Verbesina acmella L., Sp. Pl. 2: 901 (1753); *Spilanthes acmella* (L.) Murray, Murr. Syst., ed. 3: 610 (1774); *Eclipta latifolia* L. f., Suppl. Pl. 378 (1781); *Blainvillea latifolia* (L. f.) DC., Prodr. (DC.) 5: 492 (1836).
四川、云南、海南；菲律宾、越南、缅甸、泰国、马来西亚、印度尼西亚、尼泊尔、印度、澳大利亚；非洲、南美洲。

艾纳香属 Blumea DC.

具腺艾纳香

Blumea adenophora Franch., J. Bot. (Morot) 10: 382 (1896).
云南；越南。

馥芳艾纳香（香艾）

Blumea aromatica DC., Prodr. (DC.) 5: 446 (1836).
Blumea leptophylla Hayata, Icon. Pl. Formosan. 8: 54 (1919); *Conyza setschwanica* Hand.-Mazz., Symb. Sin. 7 (4): 1095 (1936); *Gynura taiwanensis* S. S. Ying, Mem. Coll. Agric. Natl. Taiwan Univ. 30 (2): 57 (1990); *Blumea emeiensis* Z. Y. Zhu, Guihaia 17: 16 (1997).
浙江、江西、湖南、四川、贵州、云南、福建、台湾、广东、广西；越南、缅甸、泰国、不丹、尼泊尔、印度。

柔毛艾纳香

Blumea axillaris (Lam.) DC., Prodr. (DC.) 5: 434 (1836).
Conyza axillaris Lam., Encycl. 2: 84 (1786); *Erigeron mollis* D. Don, Prodr. Fl. Nepal. 172 (1825); *Blumea wightiana* DC., Contr. Bot. India [Wight] 14: 1834 (1834); *Blumea mollis* (D. Don) Merr., Philipp. J. Sci. 5: 395 (1910).
浙江、江西、湖南、四川、贵州、云南、福建、台湾、广东、广西、海南；菲律宾、越南、缅甸、泰国、柬埔寨、印度尼西亚、不丹、尼泊尔、印度、巴基斯坦、斯里兰卡、阿富汗、澳大利亚、太平洋岛屿；非洲。

艾纳香（大风艾）

Blumea balsamifera (L.) DC., Prodr. (DC.) 5: 447 (1836).
Conyza balsamifera L., Sp. Pl., ed. 2: 1208 (1763); *Baccharis salvia* Lour., Fl. Cochinch. 2: 494 (1790); *Pluchea balsamifera* (L.) Less., Linnaea 6: 150 (1831).
贵州、云南、福建、台湾、广东、广西、海南；菲律宾、越南、老挝、缅甸、泰国、柬埔寨、马来西亚、印度尼西亚、不丹、尼泊尔、印度、巴基斯坦。

七里明

Blumea clarkei Hook. f., Fl. Brit. Ind. 3: 267 (1881).
Blumea malabarica Hook. f., Fl. Brit. Ind. 3: 267 (1881); *Blumea hongkongensis* Vaniot, Bull. Acad. Geogr. Bot. 12: 22 (1903); *Blumea lessingii* Merr., Enum. Philipp. Fl. Pl. 3: 603 (1923); *Blumea hirsuta* King-Jones, Englera 23: 120 (2001).
江西、福建、广东、广西、海南；菲律宾、越南、缅甸、泰国、马来西亚、印度尼西亚、印度。

大花艾纳香

Blumea conspicua Hayata, J. Coll. Sci. Imp. Univ. Tokyo 30 (1): 151 (1911).

Blumea fruticosa Koidz., Pl. Nov. Amami-Ohsim. 9 (1928).
台湾；日本。

节节红（聚花艾纳香）

Blumea fistulosa (Roxb.) Kurz, J. Asiat. Soc. Bengal, Pt. 2, Nat. Hist. 46: 187 (1877).
Conyza fistulosa Roxb., Fl. Ind. 3: 429 (1832); *Blumea glomerata* DC., Contr. Bot. India [Wight] 15 (1834); *Blumea purpurea* DC., Prodr. (DC.) 5: 442 (1836); *Blumea racemosa* DC., Prodr. (DC.) 5: 442 (1836); *Blumea amethystina* Hance, J. Bot. 6: 173 (1868).
四川、贵州、云南、广东、广西、海南；越南、缅甸、泰国、不丹、尼泊尔、印度。

拟艾纳香

Blumea flava DC., Prodr. (DC.) 5: 439 (1836).
Laggera flava (DC.) Benth., Gen. Pl. [Benth. et Hook. f.] 2: 290 (1873); *Blumea lecomtei* Vaniot et H. Lév., Repert. Spec. Nov. Regni Veg. 4: 331 (1907); *Blumeopsis flava* (DC.) Gagnep., Bull. Mus. Natl. Hist. Nat. 26: 76 (1920).
贵州、云南、广西、海南；越南、缅甸、泰国、马来西亚、印度尼西亚、不丹、印度、巴基斯坦。

台北艾纳香

●**Blumea formosana** Kitam., Acta Phytotax. Geobot. 2: 38 (1933).
江西、湖南、福建、台湾、广东、广西。

拟毛毡草（田芥菜子，少叶艾纳香，丝毛艾纳香）

Blumea hamiltonii DC., Prodr. (DC.) 5: 439 (1836).
Blumea hieraciifolia (Spreng.) DC. var. *hamiltonii* (DC.) C. B. Clarke, Compos. Ind. 83 (1876); *Blumea barbata* DC. var. *sericans* Kurz, J. Asiat. Soc. Bengal, Pt. 2, Nat. Hist. 46: 188 (1877); *Blumea sericans* (Kurz) Hook. f., Fl. Brit. Ind. 3: 262 (1881); *Blumea cavaleriei* H. Lév. et Vaniot, Repert. Spec. Nov. Regni Veg. 7: 22 (1909); *Blumea gnaphalioides* Hayata, Icon. Pl. Formosan. 8: 52 (1919).
浙江、江西、湖南、贵州、福建、台湾、广东、广西；菲律宾、越南、缅甸、印度尼西亚、印度。

毛毡草

Blumea hieraciifolia (Spreng.) DC. in Wight, Contr. Bot. India [Wight] 15 (1834).
Conyza hieraciifolia Spreng., Syst. Veg., ed. 16 3: 514 (1826), based on *Erigeron hieraciifolius* D. Don, Prodr. Fl. Nepal. 172 (1825), not Poir. (1808); *Blumea macrostachya* DC., Prodr. (DC.) 5: 442 (1836); *Blumea chinensis* Walp., Nov. Actorum Acad. Caes. Leop.-Carol. Nat. Cur. 19 (Suppl. 1): 294 (1843), not (L.) DC. (1836), nor Hook. et Arn. (1837).
浙江、江西、四川、贵州、云南、福建、台湾、广东、广西、海南；日本、菲律宾、缅甸、泰国、印度尼西亚、尼泊尔、印度、巴基斯坦、巴布亚新几内亚。

薄叶艾纳香

Blumea hookeri C. B. Clarke ex Hook. f., Fl. Brit. Ind. 3: 269 (1881).
Blumea densiflora DC. var. *hookeri* (C. B. Clarke ex Hook. f.) C. C. Chang et Y. Q. Tseng, Fl. Reipubl. Popularis Sin. 75: 23 (1979).
云南；越南、不丹、印度。

见霜黄

Blumea lacera (N. L. Burman) DC. in Wight, Contr. Bot. India [Wight] 14 (1834).
Conyza lacera N. L. Burman, Fl. Indica, 180 (1768); *Blumea glandulosa* DC., Contr. Bot. India [Wight] 14 (1834); *Blumea Duclouxii* Vaniot, Bull. Acad. Int. Geogr. Bot. 25 (1903); *Blumea bodinieri* Vaniot, Bull. Acad. Int. Geogr. Bot. 23 (1903); *Blumea chevalieri* Gagnep., Bull. Soc. Bot. France 68: 42 (1921).
浙江、江西、四川、贵州、云南、福建、台湾、广东、广西、海南；日本、越南、老挝、缅甸、泰国、马来西亚、不丹、尼泊尔、印度、巴基斯坦、斯里兰卡、新几内亚岛、澳大利亚、太平洋岛屿；非洲。

千头艾纳香

Blumea lanceolaria (Roxb.) Druce, Rep. Bot. Soc. Exch. Club Brit. Isles 4: 609 (1917).
Conyza lanceolaria Roxb., Fl. Ind. 3: 432 (1832); *Blumea myriocephala* DC., Prodr. (DC.) 5: 445 (1836); *Blumea spectabilis* DC., Prodr. (DC.) 5: 445 (1836); *Bileveillea granulatifolia* H. Lév., Repert. Spec. Nov. Regni Veg. 8: 449 (1910).
贵州、云南、台湾、广东、广西；日本、菲律宾、越南、缅甸、泰国、印度尼西亚、不丹、印度、巴基斯坦、斯里兰卡。

条叶艾纳香

●**Blumea linearis** C. I Peng et W. P. Leu, Bot. Bull. Acad. Sin. 40: 53 (1999).
台湾。

裂苞艾纳香

Blumea martiniana Vaniot, Bull. Acad. Int. Geogr. Bot. 12: 26 (1903).
Blumea henryi Dunn, J. Linn. Soc., Bot. 35: 503 (1903); *Leveillea martini* Vaniot, Bull. Acad. Geogr. Bot. 12: 30 (1903); *Blumea tonkinensis* Gagnep., Bull. Soc. Bot. France 68: 45 (1921).
贵州、云南、广西；越南。

东风草

Blumea megacephala (Randeria) C. C. Chang et Y. Q. Tseng in Y. Ling, Fl. Reipubl. Popularis Sin. 75: 11 (1979).
Blumea riparia DC. var. *megacephala* Randeria, Blumea 10: 215 (1960).

浙江、江西、湖南、四川、贵州、云南、福建、台湾、广东、广西；琉球群岛、越南、泰国。

长柄艾纳香

Blumea membranacea DC., Prodr. (DC.) 5: 440 (1836).
Blumea balansae Gagnep., Bull. Soc. Bot. France 68: 41 (1921).
云南、广东、广西、海南；越南、缅甸、泰国、马来西亚、印度尼西亚、尼泊尔、印度、巴基斯坦、斯里兰卡。

芜菁叶艾纳香

Blumea napifolia DC., Prodr. (DC.) 5: 440 (1836).
云南；越南、老挝、缅甸、泰国、马来西亚、印度。

长圆叶艾纳香

Blumea oblongifolia Kitam., Acta Phytotax. Geobot. 2: 37 (1933).
浙江、江西、福建、台湾、广东；越南、缅甸、印度。

尖齿艾纳香

Blumea oxyodonta DC. in Wight, Contr. Bot. India [Wight] 15 (1834).
Placus oxyodontus (DC.) Kuntze, Revis. Gen. Pl. 1: 357 (1891).
云南；越南、缅甸、泰国、不丹、尼泊尔、印度、巴基斯坦。

高艾纳香

Blumea repanda (Roxb.) Hand.-Mazz., Symb. Sin. 7 (5): 1378 (1936).
Conyza repanda Roxb., Fl. Ind. 3: 431 (1832); *Blumea procera* DC., Prodr. (DC.) 5: 445 (1836); *Leveillea procera* (DC.) Vaniot, Bull. Acad. Int. Geogr. Bot. 13: 16 (1903); *Blumea eberhardtii* Gagnep., Bull. Soc. Bot. France 68: 42 (1921).
云南；越南、缅甸、不丹、尼泊尔、印度、巴基斯坦。

假东风草

Blumea riparia DC., Prodr. (DC.) 5: 444 (1836).
Conyza riparia Blume, Bijdr. Fl. Ned. Ind. 15: 899 (1826), not Kunth (1818).
云南、台湾、广东、广西；菲律宾、越南、缅甸、泰国、马来西亚、印度尼西亚、不丹、尼泊尔、印度、巴布亚新几内亚、太平洋岛屿（所罗门群岛）。

戟叶艾纳香

Blumea sagittata Gagnep., Bull. Soc. Bot. France 68: 43 (1921).
贵州、云南、广西；越南、老挝。

全裂艾纳香

●**Blumea saussureoides** C. C. Chang et Y. Q. Tseng, Acta Phytotax. Sin. 16: 84 (1978).
云南。

无梗艾纳香（密花艾纳香）

Blumea sessiliflora Decne., Nouv. Ann. Mus. Hist. Nat. 3: 410 (1834).
江西、广东、海南；越南、缅甸、泰国、印度尼西亚、印度。

六耳铃（吊钟黄，波缘艾纳香）

Blumea sinuata (Lour.) Merr., Trans. Amer. Philos. Soc., ser. 2 24 (2): 388 (1935).
Gnaphalium sinuatum Lour., Fl. Cochinch. 2: 497 (1790); *Blumea glandulosa* Benth., Fl. Hongk. 177 (1861), not DC. (1834); *Blumea laciniata* DC., Prodr. (DC.) 5: 436 (1836); *Blumea okinawensis* Hayata, Icon. Pl. Formosan. 8: 53 (1919); *Blumea onnaensis* Hayata, Icon. Pl. Formosan. 8: 53 (1919).
贵州、云南、福建、台湾、广东、广西、海南；菲律宾、越南、缅甸、马来西亚、印度尼西亚、不丹、尼泊尔、印度、巴基斯坦、斯里兰卡、巴布亚新几内亚、太平洋岛屿。

狭叶艾纳香

●**Blumea tenuifolia** C. Y. Wu ex C. C. Chang et Y. Q. Tseng, Fl. Reipubl. Popularis Sin. 75: 44 (1979).
Blumea gracilis Dunn, J. Linn. Soc., Bot. 35: 502 (1903), not DC. (1836).
云南。

纤枝艾纳香

●**Blumea veronicifolia** Franch., J. Bot. (Morot) 10: 382 (1896).
四川、云南。

绿艾纳香

Blumea virens DC. in Wight, Contr. Bot. India [Wight] 14 (1834).
云南；菲律宾、越南、老挝、缅甸、泰国、柬埔寨、马来西亚、不丹、印度、巴基斯坦、斯里兰卡。

球菊属 Bolocephalus Hand.-Mazz.

球菊

●**Bolocephalus saussureoides** Hand.-Mazz., J. Bot. 76: 292 (1938).
Dolomiaea saussureoides (Hand.-Mazz.) Y. L. Chen et C. Shih, Geol. Ecol. Stud. Qinghai-Xizang Plateau 2: 1314 (1981).
西藏。

短舌菊属 Brachanthemum DC.

灌木短舌菊

Brachanthemum fruticulosum DC., Prodr. (DC.) 6: 45 (1838).
新疆；哈萨克斯坦。

戈壁短舌菊

Brachanthemum gobicum Krasch., Trudy Bot. Inst. Akad.

Nauk S. S. S. R., Ser. 1, Fl. Sist. Vyssh. Rast. 1: 177 (1933).
内蒙古；蒙古国。

吉尔吉斯短舌菊

Brachanthemum kirghisorum Krasch., Bot. Mater. Gerb. Bot. Inst. Komarova Akad. Nauk S. S. S. R. 9: 171 (1946).
新疆；哈萨克斯坦。

蒙古短舌菊

Brachanthemum mongolicum Krasch., Bot. Mater. Gerb. Bot. Inst. Komarova Akad. Nauk S. S. S. R. 11: 196 (1949).
甘肃、新疆；蒙古国。

星毛短舌菊

●**Brachanthemum pulvinatum** (Hand.-Mazz.) C. Shih, Bull. Bot. Lab. N. E. Forest. Inst., Harbin 6: 1 (1980).
Chrysanthemum pulvinatum Hand.-Mazz., Acta Horti Gothob. 12: 263 (1938); *Brachanthemum nanschanicum* Krasch., Not. Syst. Herb. Inst. Bot. Acad. Sci. U. R. S. S. 11: 200 (1949).
内蒙古、宁夏、甘肃、青海、新疆。

无毛短舌菊

Brachanthemum titovii Krasch., Bot. Mater. Gerb. Bot. Inst. Komarova Akad. Nauk S. S. S. R. 11: 196 (1949).
新疆；哈萨克斯坦。

牛眼菊属 Buphthalmum L.

牛眼菊

☆**Buphthalmum salicifolium** L., Sp. Pl. 2: 904 (1753).
中国栽培；原产于欧洲。

金盏花属 Calendula L.

金盏菊

☆**Calendula officinalis** L., Sp. Pl. 2: 921 (1753).
中国广泛栽培；世界各地广泛栽培。

翠菊属 Callistephus Cass.

翠菊（五月菊，江西腊）

Callistephus chinensis (L.) Nees, Gen. Sp. Aster. 222 (1832).
Aster chinensis L., Sp. Pl. 2: 877 (1753); *Callistemma hortense* Cass., Dict. Sci. Nat. 6 (Suppl.): 45 (1817); *Diplopappus chinensis* (L.) Less., Syn. Comp. 165 (1832).
黑龙江、吉林、辽宁、内蒙古、河北、山西、山东、河南、甘肃、新疆、江苏、四川、云南，各地广泛栽培；日本、朝鲜半岛，世界各地均有栽培。

刺冠菊属 Calotis R. Br.

刺冠菊

●**Calotis caespitosa** C. C. Chang, Sunyatsenia 3: 280 (1937).
海南。

金腰箭舅属 Calyptocarpus Less.

金腰箭舅

△**Calyptocarpus vialis** Less., Syn. Gen. Compos. 221 (1832).
云南、台湾归化；原产于美国、墨西哥、古巴。

凋缨菊属 Camchaya Gagnep.

凋缨菊（俘俘菊）

Camchaya loloana Kerr, Bull. Misc. Inform. Kew 1935: 327 (1935).
云南、广西；泰国。

小甘菊属 Cancrinia Kar. et Kir.

黄头小甘菊

Cancrinia chrysocephala Kar. et Kir., Bull. Soc. Imp. Naturalistes Moscou 15: 125 (1842).
新疆；哈萨克斯坦。

小甘菊

Cancrinia discoidea (Ledeb.) Poljakov ex Tzvelev in Schischk. et Bobrov, Fl. U. R. S. S. 26: 313 (1961).
Pyrethrum discoideum Ledeb., Icon. Pl. 2: t. 153 (1830); *Tanacetum ledebourii* Sch.-Bip., Tanaceteen 47 (1844); *Chrysanthemum ledebourianum* Y. Ling, Contr. Inst. Bot. Natl. Acad. Peiping 3: 474 (1935); *Matricaria ledebourii* (Sch.-Bip.) Schischk. in Krylov, Fl. Sibir. Occid., ed. 2 11: 2733 (1949); *Microcephala discoidea* (Ledeb.) K. Bremer et al, Pl. Syst. Evol. 200 (3-4): 269 (1996).
内蒙古、甘肃、新疆、西藏；蒙古国、哈萨克斯坦、俄罗斯。

毛果小甘菊

Cancrinia lasiocarpa C. Winkl., Trudy Imp. S.-Peterburgsk. Bot. Sada 12: 30 (1892).
宁夏、甘肃、西藏；蒙古国。

灌木小甘菊

Cancrinia maximowiczii C. Winkl., Trudy Imp. S.-Peterburgsk. Bot. Sada 12: 29 (1892).
Tanacetum falcatolobatum Krasch., Not. Syst. Herb. Hort. Petrop. 4: 7 (1923); *Cancrinia paucicephala* Y. Ling, Contr. Inst. Bot. Natl. Acad. Peiping 2: 503 (1934); *Poljakovia falcatolobata* (Krasch.) Grubov et Filatova, Novosti Sist. Vyssh. Rast. 33: 227 (2001).
内蒙古、甘肃、青海、新疆、云南；蒙古国。

天山小甘菊

Cancrinia tianschanica (Krasch.) Tzvelev in Schischk. et Bobrov, Fl. U. R. S. S. 26: 315 (1961).
Cancrinia chrysocephala Kar. et Kir. subsp. *tianschanica* Krasch., Bot. Mater. Gerb. Glavn. Bot. Sada R. S. F. S. R. 3:

81 (1922).
新疆；哈萨克斯坦。

飞廉属 Carduus L.

节毛飞廉

Carduus acanthoides L., Sp. Pl. 2: 821 (1753).
内蒙古、河北、山西、山东、河南、陕西、宁夏、甘肃、青海、新疆、江苏、江西、湖南、四川、贵州、云南、西藏；俄罗斯；亚洲（西南部）、欧洲。

丝毛飞廉（飞廉）

Carduus crispus L., Sp. Pl. 2: 821 (1753).
中国各地；蒙古国、朝鲜半岛、哈萨克斯坦、俄罗斯；亚洲（西南部）、欧洲。

飞廉

Carduus nutans L., Sp. Pl. 2: 821 (1753).
Carduus armenus Boiss., Fl. Orient. 3: 516 (1875); *Carduus coloratus* Tamamsch., Bot. Mater. Gerb. Bot. Inst. Bot. Acad. Nauk Kazakhsk. S. S. R. 15: 390 (1953).
新疆；蒙古国、哈萨克斯坦、俄罗斯；亚洲（西南部）、欧洲、非洲。

刺苞菊属 Carlina L.

刺苞菊（新疆刺苞术）

Carlina biebersteinii Bernh. ex Hornem., Suppl. Hort. Bot. Hafn. 94 (1819).
Carlina longifolia Rchb., Pl. Crit. 8: 25 (1830), not Viviani (1824); *Carlina longifolia* var. *pontica* Boiss., Fl. Orient. 3: 448 (1875); *Carlina vulgaris* L. var. *longifolia* Grab., Tent. Fl. Ross. Or. 234 (1898).
新疆；哈萨克斯坦、俄罗斯；欧洲。

天名精属 Carpesium L.

天名精（鹤虱，天蔓菁，天菘）

Carpesium abrotanoides L., Sp. Pl. 2: 860 (1753).
Carpesium thunbergianum Siebold et Zucc., Abh. Math.-Phys. Cl. Königl. Bayer. Akad. Wiss. 4: 187 (1846).
河南、陕西、甘肃、安徽、江苏、浙江、江西、湖南、湖北、四川、贵州、云南、西藏、福建、台湾、广东、广西、海南；日本、朝鲜半岛、越南、缅甸、不丹、尼泊尔、印度、阿富汗、俄罗斯；欧洲。

烟管头草（杓儿菜，烟袋菜）

Carpesium cernuum L., Sp. Pl. 2: 859 (1753).
Carpesium spathiforme Hosokawa, Trans. Nat. Hist. Soc. Formosa 22: 225 (1932).
吉林、辽宁、河北、山西、山东、河南、陕西、甘肃、安徽、江苏、浙江、江西、湖南、湖北、四川、贵州、云南、西藏、福建、台湾、广东、广西；日本、朝鲜半岛、菲律宾、越南、印度尼西亚、印度、巴基斯坦、阿富汗、俄罗斯、巴布亚新几内亚、澳大利亚；欧洲。

心叶天名精

Carpesium cordatum F. H. Chen et C. M. Hu, Acta Phytotax. Sin. 12: 497 (1974).
四川、云南、西藏；尼泊尔、印度。

金挖耳（除州鹤虱）

Carpesium divaricatum Siebold et Zucc., Abh. Math.-Phys. Cl. Königl. Bayer. Akad. Wiss. 4 (3): 187 (1846).
Carpesium atkinsonianum Hemsl., Bull. Misc. Inform. Kew 1893: 157 (1893).
吉林、辽宁、河南、安徽、浙江、江西、湖南、湖北、四川、贵州、福建、台湾、广东；日本、朝鲜半岛。

中日金挖耳

Carpesium faberi C. Winkl., Trudy Imp. S.-Peterburgsk. Bot. Sada 14: 65 (1895).
Carpesium kweichowense C. C. Chang, Sinensia 3: 205 (1933); *Carpesium hosokawae* Kitam., Acta Phytotax. Geobot. 3: 98 (1934).
湖北、四川、贵州、台湾、广西；日本。

矮天名精

●**Carpesium humile** C. Winkl., Trudy Imp. S.-Peterburgsk. Bot. Sada 14: 70 (1895).
甘肃、青海、四川、云南、西藏。

高原天名精（高山金挖耳，贡布美多露米）

●**Carpesium lipskyi** C. Winkl., Trudy Imp. S.-Peterburgsk. Bot. Sada 14: 68 (1895).
山西、甘肃、青海、四川、云南。

长叶天名精

●**Carpesium longifolium** F. H. Chen et C. M. Hu, Acta Phytotax. Sin. 12: 498 (1974).
Carpesium leptophyllum F. H. Chen et C. M. Hu, Acta Phytotax. Sin. 12: 499 (1974); *Carpesium leptophyllum* var. *linearibracteatum* F. H. Chen et C. M. Hu, Acta Phytotax. Sin. 12: 500 (1974).
陕西、甘肃、湖北、四川、贵州。

大花金挖耳（香油罐，千日草，神灵草）

Carpesium macrocephalum Franch. et Sav., Enum. Pl. Jap. 2: 405 (1878).
Carpesium eximium C. Winkl., Trudy Imp. S.-Peterburgsk. Bot. Sada 14: 58 (1895).
黑龙江、吉林、辽宁、河南、陕西、甘肃、四川；日本、朝鲜半岛、俄罗斯。

小花金挖耳

●**Carpesium minus** Hemsl., J. Linn. Soc., Bot. 23: 431 (1888).
江西、湖南、湖北、四川、云南。

尼泊尔天名精

Carpesium nepalense Less., Linnaea 6: 234 (1831).
陕西、湖南、湖北、四川、贵州、云南、西藏、台湾；不丹、尼泊尔、印度、巴基斯坦。

尼泊尔天名精（原变种）

Carpesium nepalense var. **nepalense**
Carpesium acutum Hayata, J. Coll. Agric. Imp. Univ. Tokyo 25 (19): 133 (1908).
云南、西藏、台湾；不丹、尼泊尔、印度、巴基斯坦。

棉毛尼泊尔天名精（倒提壶，地朝阳，野葵花）

Carpesium nepalense var. **lanatum** (Hook. f. et Thomson ex C. B. Clarke) Kitam. in H. Hara, Fl. E. Himalaya, 335 (1966).
Carpesium cernuum var. *lanatum* Hook. f. et Thomson ex C. B. Clarke, Compos. Ind. 130 (1876); *Carpesium verbascifolium* H. Lév., Repert. Spec. Nov. Regni Veg. 8: 359 (1910).
陕西、湖南、湖北、四川、贵州、云南；不丹、印度。

葶茎天名精

Carpesium scapiforme F. H. Chen et C. M. Hu, Acta Phytotax. Sin. 12: 497 (1974).
四川、云南、西藏；不丹、尼泊尔、印度。

四川天名精

●**Carpesium szechuanense** F. H. Chen et C. M. Hu, Acta Phytotax. Sin. 12: 499 (1974).
湖北、四川、云南。

粗齿天名精

Carpesium tracheliifolium Less., Linnaea 6: 233 (1831).
四川、云南、西藏、台湾；不丹、尼泊尔、印度。

暗花金挖耳（东北金挖耳）

Carpesium triste Maxim., Bull. Acad. Imp. Sci. Saint-Pétersbourg 19: 479 (1874).
Carpesium pseudotracheliifolium Y. Ling, Contr. Inst. Bot. Natl. Acad. Peiping 2: 482 (1934); *Carpesium tristiforme* Hand.-Mazz., Oesterr. Bot. Z. 83: 236 (1934); *Carpesium manshuricum* Kitam., Acta Phytotax. Geobot. 4: 71 (1935).
黑龙江、吉林、辽宁、河北、河南、陕西、甘肃、新疆、浙江、湖北、贵州、台湾；日本、朝鲜半岛、俄罗斯。

绒毛天名精

●**Carpesium velutinum** C. Winkl., Trudy Imp. S.-Peterburgsk. Bot. Sada 14: 73 (1895).
陕西、甘肃、四川。

红花属 Carthamus L.

红花（红蓝花，刺红花）

☆**Carthamus tinctorius** L., Sp. Pl. 2: 830 (1753).
黑龙江、吉林、辽宁、内蒙古、河北、山西、山东、陕西、甘肃、青海、新疆、江苏、浙江、四川、贵州、西藏等地栽培；原产地未知。

葶菊属 Cavea W. W. Smith et J. Small

葶菊（嘎）

Cavea tanguensis (J. R. Drumm.) W. W. Smith et J. Small, Trans. et Proc. Bot. Soc. Edinburgh 27: 120 (1917).
Saussurea tanguensis J. R. Drumm., Bull. Misc. Inform. Kew 1910: 78 (1910).
四川、西藏；不丹、印度。

矢车菊属 Centaurea L.

藏掖花

Centaurea benedicta (L.) L., Sp. Pl., ed. 2: 1296 (1763).
Cnicus benedictus L., Sp. Pl. 2: 826 (1753).
新疆；巴基斯坦、阿富汗、塔吉克斯坦、吉尔吉斯斯坦、哈萨克斯坦、乌兹别克斯坦、土库曼斯坦、俄罗斯；亚洲（西南部）、欧洲、非洲。

铺散矢车菊

☆**Centaurea diffusa** Lam., Encycl. 1: 675 (1785).
辽宁栽培；原产于亚洲（西南部）、欧洲。

薄鳞菊

Centaurea glastifolia subsp. **intermedia** (Boiss.) L. Martins, Fl. China 20-21: 192 (2011).
Chartolepis intermedia Boiss., Diagn. Pl. Orient., ser. 2 3: 64 (1856).
新疆；哈萨克斯坦、俄罗斯；欧洲。

镇刺矢车菊

Centaurea iberica Trevir. ex Spreng., Syst. Veg., ed. 16 3: 406 (1826).
Calcitrapa iberica (Trevir. ex Spreng.) Schur, Enum. Pl. Transsilv. 409 (1866).
新疆；巴基斯坦、阿富汗、塔吉克斯坦、吉尔吉斯斯坦、哈萨克斯坦、乌兹别克斯坦、土库曼斯坦、俄罗斯；亚洲（西南部）、欧洲。

琉苞菊

Centaurea pulchella Ledeb., Icon. Pl. 1: 22 (1829).
Hyalea pulchella (Ledeb.) K. Koch, Linnaea 24: 418 (1851).
新疆；蒙古国、阿富汗、塔吉克斯坦、吉尔吉斯斯坦、哈萨克斯坦、乌兹别克斯坦、土库曼斯坦；亚洲（西南部）。

糙叶矢车菊

Centaurea scabiosa subsp. **adpressa** (Ledeb.) Gugler, Ann. Hist.-Nat. Mus. Natl. Hung. 6: 132 (1907).
Centaurea adpressa Ledeb., Index Sem. Horti Dorpat. 1824 (Suppl. 2): 3 (1824).
内蒙古、新疆；吉尔吉斯斯坦、哈萨克斯坦、乌兹别克斯坦、俄罗斯；欧洲。

小花矢车菊

Centaurea virgata subsp. **squarrosa** (Boiss.) Gugler, Ann. Hist.-Nat. Mus. Natl. Hung. 6: 248 (1907).
Centaurea virgata var. *squarrosa* Boiss., Fl. Orient. 3: 651 (1875).
新疆；巴基斯坦、阿富汗、塔吉克斯坦、吉尔吉斯斯坦、哈萨克斯坦、乌兹别克斯坦、土库曼斯坦、俄罗斯；亚洲（西南部）、欧洲。

石胡荽属 Centipeda Lour.

石胡荽（球子草）

Centipeda minima (L.) A. Braun et Asch., Index Sem. Hort. Berol. App. 6 (1867).
Artemisia minima L., Sp. Pl. 2: 849 (1753); *Centipeda orbicularis* Lour., Fl. Cochinch. 2: 493 (1790); *Cotula minima* (L.) Willd., Sp. Pl., ed. 3: 2170 (1804); *Artemisia sternutatoria* Roxb., Hort. Bengal. 61 (1814); *Centipeda minuta* (G. Forst.) Benth. ex C. B. Clarke, Compos. Ind. 151 (1876).
山东、河南、陕西、安徽、江苏、浙江、江西、湖南、湖北、四川、重庆、贵州、云南、福建、台湾、广东、广西、海南；日本、菲律宾、泰国、印度尼西亚、印度、俄罗斯、巴布亚新几内亚、澳大利亚、太平洋岛屿。

纽扣花属 Centratherum Cass.

菲律宾纽扣花（苹果蓟）

△**Centratherum punctatum** Cass., Dict. Sci. Nat. 7: 384 (1817).
台湾归化；原产于菲律宾。

粉苞菊属 Chondrilla L.

沙地粉苞菊

Chondrilla ambigua Fisch. ex Kar. et Kir., Bull. Soc. Imp. Naturalistes Moscou 15: 398 (1842).
新疆；哈萨克斯坦、乌兹别克斯坦、土库曼斯坦、俄罗斯。

硬叶粉苞菊

Chondrilla aspera Poir., Encycl. Suppl. 2: 329 (1811).
Prenanthes aspera Schrader ex Willd., Sp. Pl. 3: 1539 (Dec. 1803), not Michx. (Mar. 1803); *Chondrilla stricta* Ledeb., Fl. Altaic. 4: 146 (1833); *Youngia aspera* (Poir.) Steud., Nomencl. Bot., ed. 2 (Steud.) 2: 393 (1841).
新疆；塔吉克斯坦、吉尔吉斯斯坦、哈萨克斯坦、俄罗斯。

短喙粉苞菊

Chondrilla brevirostris Fisch. et C. A. Meyer, Index Sem. Hort. Petrop. 3: 32 (1837).
新疆；吉尔吉斯斯坦、哈萨克斯坦、俄罗斯。

宽冠粉苞菊

Chondrilla laticoronata Leonova, Fl. U. R. S. S. 29: 754 (1964).
新疆；哈萨克斯坦、俄罗斯。

北疆粉苞菊

Chondrilla leiosperma Kar. et Kir., Bull. Soc. Imp. Naturalistes Moscou 14: 456 (1841).
Chondrilla articulata L. E. Rodin, Trans. Rubber et Guttap. Inst. U. R. S. S. 5: 67 (1932).
新疆；蒙古国、塔吉克斯坦、吉尔吉斯斯坦、哈萨克斯坦、乌兹别克斯坦。

暗粉苞菊

Chondrilla maracandica Bunge, Mém. Acad. Imp. Sci. St.-Pétersbourg Divers Savans 7: 380 (1851).
Chondrilla phaeocephala Rupr., Zap. Imp. Akad. Nauk 14: 59 (1869).
新疆；阿富汗、塔吉克斯坦、吉尔吉斯斯坦、哈萨克斯坦、乌兹别克斯坦。

中亚粉苞菊

Chondrilla ornata Iljin, Bjull. Otdel. Kaučuk. 3: 43 (1930).
新疆；吉尔吉斯斯坦。

少花粉苞菊

Chondrilla pauciflora Ledeb., Fl. Altaic. 4: 148 (1833).
新疆；哈萨克斯坦、乌兹别克斯坦、俄罗斯。

粉苞菊

Chondrilla piptocoma Fisch., C. A. Meyer et Avé-Lall., Index Sem. Hort. Petrop. 8: 54 (1842).
Chondrilla soongarica Stschegl., Bull. Soc. Imp. Naturalistes Moscou 27: 179 (1854).
新疆；哈萨克斯坦、俄罗斯。

基叶粉苞菊（基节粉苞菊）

Chondrilla rouillieri Kar. et Kir., Bull. Soc. Imp. Naturalistes Moscou 14: 456 (1841).
新疆；哈萨克斯坦、俄罗斯。

飞机草属 Chromolaena DC.

飞机草

△**Chromolaena odorata** (L.) R. M. King et H. Rob., Phytologia 20: 204 (1970).
Eupatorium odoratum L., Syst. Nat., ed. 10 2: 1205 (1759).
云南、福建、海南归化；原产于墨西哥。

菊属 Chrysanthemum L.

北极菊

Chrysanthemum arcticum L., Sp. Pl. 2: 889 (1753).
Leucanthemum arcticum (L.) DC., Prodr. (DC.) 6: 45 (1838); *Leucanthemum gmelinii* Ledeb., Fl. Ross. (Ledeb.) 2: 541 (1845); *Arctanthemum arcticum* (L.) Tzvelev, Novosti Sist. Vyssh. Rast. 22: 274 (1985).

河北；俄罗斯；北美洲。

银背菊

●**Chrysanthemum argyrophyllum** Y. Ling, Contr. Inst. Bot. Natl. Acad. Peiping 3: 465 (1935).
河南、陕西。

阿里山菊

●**Chrysanthemum arisanense** Hayata, Icon. Pl. Formosan. 6: 26 (1916).
Dendranthema arisanense (Hayata) Y. Ling et C. Shih., Bull. Bot. Lab. N. E. Forest. Inst., Harbin 6: 7 (1980).
江苏、台湾。

小红菊

Chrysanthemum chanetii H. Lév., Repert. Spec. Nov. Regni Veg. 9: 450 (1911).
Chrysanthemum erubescens Stapf, Bot. Mag. 156: sub t. 9330 (1933); *Chrysanthemum maximoviczianum* Y. Ling, Contr. Inst. Bot. Natl. Acad. Peiping 3: 459 (1935); *Chrysanthemum maximoviczianum* var. *aristatomucronatum* Y. Ling, Contr. Inst. Bot. Natl. Acad. Peiping 3: 459 (1935); *Dendranthema erubescens* (Stapf) Tzvelev, Fl. U. R. S. S. 26: 374 (1961); *Dendranthema chanetii* (H. Lév.) C. Shih, Bull. S. Calif. Acad. Sci. 6: 3 (1980).
黑龙江、吉林、辽宁、内蒙古、河北、山西、山东、陕西、宁夏、台湾；蒙古国、朝鲜半岛、俄罗斯。

异色菊

●**Chrysanthemum dichroum** (C. Shih) H. Ohashi et Yonek., J. Jap. Bot. 79: 188 (2004).
Dendranthema dichroum C. Shih, Bull. Bot. Lab. N. E. Forest. Inst., Harbin 6: 8 (1980).
河北。

叶状菊

●**Chrysanthemum foliaceum** (G. F. Peng, C. Shih et S. Q. Zhang) J. M. Wang et Y. T. Hou, Guihaia 30: 816 (2010).
Dendranthema foliaceum G. F. Peng, C. Shih et S. Q. Zhang, Acta Phytotax. Sin. 37: 600 (1999).
山东。

拟亚菊

●**Chrysanthemum glabriusculum** (W. W. Smith) Hand.-Mazz., Symb. Sin. 7 (4): 1112 (1936).
Tanacetum glabriusculum W. W. Smith, Notes Roy. Bot. Gard. Edinburgh 10: 202 (1918); *Chrysanthemum brachyglossum* Y. Ling, Contr. Inst. Bot. Natl. Acad. Peiping 3: 470 (1935).
陕西、四川、云南。

蓬莱油菊

●**Chrysanthemum horaimontanum** Masam., Trans. Nat. Hist. Soc. Formosa 29: 26 (1939).
台湾。

黄花小山菊

●**Chrysanthemum hypargyreum** Diels, Bot. Jahrb. Syst. 36: 104 (1905).
Chrysanthemum licentianum W. C. Wu, Oesterr. Bot. Z. 83: 237 (1934); *Chrysanthemum neo-oreastrum* C. C. Chang, Sinensia 5: 159 (1934).
陕西、四川。

野菊（山菊花，黄菊仔，菊花脑）

Chrysanthemum indicum L., Sp. Pl. 2: 889 (1753).
Chrysanthemum indicum var. *hibernum* Makino, Bot. Mag. (Tokyo) 16: 88 (1902); *Chrysanthemum indicum* var. *coreanum* H. Lév., Repert. Spec. Nov. Regni Veg. 10: 351 (1912); *Chrysanthemum indicum* var. *litorale* Y. Ling, Contr. Inst. Bot. Natl. Acad. Peiping 3: 469 (1935); *Chrysanthemum lushanense* Kitam., J. Jap. Bot. 13 (3): 163 (1937); *Chrysanthemum indicum* var. *lushanense* (Kitam.) Hand.-Mazz., Acta Horti Gothob. 12: 257 (1938); *Chrysanthemum indicum* var. *edule* Kitam., J. Jap. Bot. 19: 343 (1943).
黑龙江、河北、山东、河南、安徽、江苏、江西、湖南、湖北、四川、贵州、云南、福建、台湾、广东、广西；日本、朝鲜半岛、不丹、尼泊尔、印度、乌兹别克斯坦、俄罗斯。

甘菊（岩香菊）

Chrysanthemum lavandulifolium (Fisch. ex Trautv.) Makino, Bot. Mag. (Tokyo) 23: 20 (1909).
Pyrethrum lavandulifolium Fisch. ex Trautv, Trudy Imp. S.-Peterburgsk. Bot. Sada 1: 181 (1872).
吉林、辽宁、内蒙古、河北、山西、山东、陕西、甘肃、青海、新疆、安徽、江苏、浙江、江西、湖北、四川、贵州、云南、台湾；蒙古国、日本、朝鲜半岛、印度。

长苞菊

●**Chrysanthemum longibracteatum** (C. Shih, G. F. Peng et S. Y. Jin) J. M. Wang et Y. T. Hou, Guihaia 30: 816 (2010).
Dendranthema longibracteatum C. Shih, G. F. Peng et S. Y. Jin, Acta Phytotax. Sin. 37: 598 (1999).
山东。

细叶菊

Chrysanthemum maximowiczii Kom., Izv. Imp. Bot. Sada Petra Velikago 16: 179 (1916).
Dendranthema maximowiczii Kom. Tzvelev, Fl. U. R. S. S. 26: 379 (1961).
内蒙古；朝鲜半岛、俄罗斯。

蒙菊

Chrysanthemum mongolicum Y. Ling, Contr. Inst. Bot. Natl. Acad. Peiping 3: 463 (1935).
Dendranthema mongolicum (Y. Ling) Tzvelev, Fl. U. R. S. S. 26: 378 (1961).
内蒙古；蒙古国、俄罗斯。

菊花（鞠，秋菊）

☆**Chrysanthemum morifolium** Ramat., J. Hist. Nat. 2: 240 (1792).
中国各地广泛栽培；多数国家有引种栽培。
注：菊花的学名现在还有较多争议，此处暂时选用在东亚使用较广的 *Chrysanthemum morifolium*，且不列异名。

森氏菊

●**Chrysanthemum morii** Hayata, Icon. Pl. Formosan. 8: 61 (1919).
Dendranthema morii (Hayata) Kitam., Acta Phytotax. Geobot. 29: 167 (1978).
台湾。

楔叶菊

Chrysanthemum naktongense Nakai, Bot. Mag. (Tokyo) 23: 186 (1909).
Chrysanthemum zawadskii Herbich subsp. *latilobum* (Maxim.) Kitag., Addit. Fl. Galic. 43 (1831); *Leucanthemum sibiricum* var. *latilobum* Maxim., Prim. Fl. Amur. 156 (1859); *Dendranthema naktongense* (Nakai) Tzvelev, Fl. U. R. S. S. 26: 375 (1959); *Dendranthema zawadskii* (Herbich) Tzvelev var. *latilobum* (Maxim.) Kitam., Acta Phytotax. Geobot. 29: 167 (1978); *Chrysanthemum zawadskii* subsp. *naktongense* (Nakai) Y, N. Lee, Fl. Kor. 1162 (1996).
黑龙江、吉林、辽宁、内蒙古、河北、山西、山东、甘肃；蒙古国、朝鲜半岛、俄罗斯。

小山菊（毛山菊）

Chrysanthemum oreastrum Hance, J. Bot. 16: 108 (1878).
Chrysanthemum sibiricum (DC.) Fisch. ex Kom. var. *alpinum* Nakai, Bot. Mag. (Tokyo) 31: 109 (1917); *Dendranthema sichotense* Tzvelev, Fl. U. R. S. S. 26: 879 (1961); *Dendranthema oreastrum* (Hance) Y. Ling, Bull. Bot. Lab. N. E. Forest. Inst., Harbin. 6: 4 (1980); *Chrysanthemum zawadskii* Herbich var. *alpinum* (Nakai) Kitam., Pl. Mt. Paektu Hyunamsa, Seoul 523 (1993).
吉林、河北、云南；朝鲜半岛、俄罗斯。

小叶菊

●**Chrysanthemum parvifolium** C. C. Chang, Bull. Fan Mem. Inst. Biol. Bot. 7: 159 (1936).
贵州。

委陵菊

●**Chrysanthemum potentilloides** Hand.-Mazz., Acta Horti Gothob. 12: 261 (1938).
Dendranthema potentilloides (Hand.-Mazz.) C. Shih, Bull. Bot. Lab. N. E. Forest. Inst., Harbin. 6: 7 (1980).
山西、陕西。

菱叶菊

●**Chrysanthemum rhombifolium** (Y. Ling et C. Shih) H. Ohashi et Yonek., J. Jap. Bot. 79: 190 (2004).
Dendranthema rhombifolium Y. Ling et C. Shih, Bull. Bot. Lab. N. E. Forest. Inst., Harbin 6: 2 (1980).
重庆。

毛华菊

●**Chrysanthemum vestitum** (Hemsl.) Stapf, Bot. Mag. 156: t. 9330 (1933).
河南、陕西、安徽、湖北。

毛华菊（原亚种）

●**Chrysanthemum vestitum** var. **vestitum**
Chrysanthemum sinense var. *vestitum* Hemsley, J. Linn. Soc., Bot. 23: 438 (1888).
河南、陕西、安徽、湖北。

阔叶毛华菊

●**Chrysanthemum vestitum** var. **latifolium** J. Zhou et Jun Y. Chen, Bull. Bot. Res., Harbin 30 (6): 649 (2010).
？河南、安徽。

桌子山菊（新拟）

●**Chrysanthemum zhuozishanense** L. Q. Zhao et Jie Yang, Novon 23 (2): 255 (2014).
内蒙古。

岩参属 Cicerbita Wallr.

抱茎岩参

●**Cicerbita auriculiformis** (C. Shih) N. Kilian, Fl. China 20-21: 215 (2011).
Stenoseris auriculiformis C. Shih, Acta Phytotax. Sin. 33: 195 (1995); *Chaetoseris qiliangshanensis* S. W. Liu et T. N. Ho, Fl. Qinghaiica 3: 512 (1996).
内蒙古、甘肃、青海。

岩参

Cicerbita azurea (Ledeb.) Beauverd, Bull. Soc. Bot. Genève 2: 123 (1910).
Sonchus azureus Ledeb., Fl. Altaic. 4: 138 (1833); *Mulgedium azureum* (Ledeb.) DC., Prodr. (DC.) 7: 248 (1838); *Lactuca azurea* (Ledeb.) Danguy, Bull. Mus. Natl. Hist. Nat. 20: 39 (1914); *Cicerbita azurea* var. *glabra* Sennikov, Bot. Zhurn. (Moscow et Leningrad) 82: 112 (1997); *Cicerbita glabra* (Sennikov) Tzvelev, Bot. Zhurn. (Moscow et Leningrad) 92: 1754 (2007).
新疆；蒙古国、吉尔吉斯斯坦、哈萨克斯坦、俄罗斯。

高原岩参

●**Cicerbita ladyginii** (Tzvelev) N. Kilian, Fl. China 20-21: 216 (2011).
Chaetoseris ladyginii Tzvelev, Bot. Zhurn. (Moscow et Leningrad) 92: 1756 (2007).
西藏。

光苞岩参

●**Cicerbita neglecta** (Tzvelev) N. Kilian, Fl. China 20-21: 216 (2011).

Chaetoseris neglecta Tzvelev, Bot. Zhurn. (Moscow et Leningrad) 92: 1756 (2007).

西藏。

川甘岩参（青甘岩参，川甘毛鳞菊）

●**Cicerbita roborowskii** (Maxim.) Beauverd, Bull. Soc. Bot. Genève 2: 135 (1910).

Lactuca roborowskii Maxim., Bull. Acad. Imp. Sci. Saint-Pétersbourg 29: 177 (1883); *Lactuca prattii* Dunn, J. Linn. Soc., Bot. 35: 513 (1903); *Chaetoseris roborowskii* (Maxim.) C. Shih, Acta Phytotax. Sin. 29: 407 (1991); *Chaetoseris albiflora* Tzvelev, Bot. Zhurn. (Moscow et Leningrad) 92: 1754 (2007); *Chaetoseris potaninii* Tzvelev, Bot. Zhurn. (Moscow et Leningrad) 92: 1754 (2007); *Chaetoseris prattii* (Dunn) Tzvelev, Bot. Zhurn. (Moscow et Leningrad) 92: 1754 (2007).

宁夏、甘肃、青海、四川、西藏。

天山岩参

Cicerbita thianschanica (Regel et Schmalh.) Beauverd, Bull. Soc. Bot. Genève 2: 123 (1910).

Mulgedium thianschanicum Regel et Schmalh., Trudy Imp. S.-Peterburgsk. Bot. Sada 6: 329 (1880).

新疆；塔吉克斯坦、哈萨克斯坦。

振铎岩参

●**Cicerbita zhenduoi** (S. W. Liu et T. N. Ho) N. Kilian, Fl. China 20-21: 216 (2011).

Youngia zhenduoi S. W. Liu et T. N. Ho, Acta Phytotax. Sin. 39: 554 (2001); *Youngia cyanea* S. W. Liu et T. N. Ho., Acta Phytotax. Sin. 39: 554 (2001); *Chaetoseris zhenduoi* (S. W. Liu et T. N. Ho) Tzvelev, Bot. Zhurn. (Moscow et Leningrad) 92: 1756 (2007).

青海。

菊苣属 Cichorium L.

菊苣

Cichorium intybus L., Sp. Pl. 2: 813 (1753).

黑龙江、吉林、辽宁、河北、山西、山东、河南、陕西、甘肃、新疆、台湾；亚洲、欧洲、非洲。

蓟属 Cirsium Mill.

天山蓟

Cirsium alberti Regel et Schmalh., Trudy Imp. S.-Peterburgsk. Bot. Sada 6: 318 (1880).

新疆；哈萨克斯坦。

南蓟

Cirsium argyracanthum DC., Prodr. (DC.) 6: 640 (1838).

Cirsium tibeticum Kitam., Acta Phytotax. Geobot. 15: 43 (1953).

云南、西藏；不丹、尼泊尔、印度、巴基斯坦。

丝路蓟

Cirsium arvense (L.) Scop., Fl. Carniol., ed. 2 2: 126 (1772).

黑龙江、吉林、辽宁、内蒙古、河北、山西、山东、河南、陕西、宁夏、甘肃、青海、新疆、安徽、江苏、浙江、江西、湖南、湖北、四川、重庆、贵州、西藏、福建；蒙古国、日本、朝鲜半岛、尼泊尔、印度、阿富汗、哈萨克斯坦、俄罗斯；亚洲（西南部）、欧洲。

丝路蓟（原变种）

Cirsium arvense var. **arvense**

Serratula arvensis L., Sp. Pl. 2: 820 (1753); *Carduus arvensis* (L.) Robson, Brit. Fl. 163 (1777); *Breea arvensis* (L.) Less., Syn. Comp. 9 (1832).

甘肃、新疆、西藏；尼泊尔、印度、阿富汗、哈萨克斯坦；亚洲（西南部）、欧洲。

藏蓟

Cirsium arvense var. **alpestre** Nägeli, Neue Denkschr. Allg. Schweiz. Ges. Gesammten Naturwiss. 5 (1): 104 (1840).

Cirsium lanatum (Willd.) Spreng., Syst. Veg., ed. 16 3: 372 (1826).

甘肃、青海、新疆、西藏；欧洲。

刺儿菜（大蓟，小蓟，大刺儿菜）

Cirsium arvense var. **integrifolium** Wimmer et Grab., Fl. Siles. 2: 92 (1829).

Serratula setosa Willd., Sp. Pl., ed. 4 [Willd.] 3 (3): 1645 (1803); *Cirsium setosum* (Willd.) Besser ex M. Bieb., Fl. Taur.-Caucas. 3: 560 (1819); *Cirsium argunense* DC., Prodr. (DC.) 6: 644 (1837); *Carduus segetum* (Bunge) Franch., Nouv. Arch. Mus. Hist. Nat., sér. 2 6: 57 (1883); *Cephalonoplos segetum* (Bunge) Kitam., Acta Phytotax. Geobot. 3: 8 (1934).

黑龙江、吉林、辽宁、内蒙古、河北、山西、山东、河南、陕西、宁夏、甘肃、青海、新疆、安徽、江苏、浙江、江西、湖南、湖北、四川、重庆、贵州、福建；蒙古国、日本、朝鲜半岛、俄罗斯；亚洲（西南部）、欧洲。

阿尔泰蓟

Cirsium arvense var. **vestitum** Wimmer et Grab., Fl. Siles. 2: 92 (1829).

Serratula incana S. G. Gmel., Reise Russland (S. G. Gmel.) 1: 155 (1770); *Cirsium incanum* (S. G. Gmel.) Fisch. ex M. Bieb., Fl. Taur.-Caucas. 3: 561 (1819); *Cirsium argenteum* Peyer ex Vest, Flora 12: 57 (1829); *Cirsium arvense* var. *incanum* (S. G. Gmelin) Ledeb., Fl. Ross. 2: 735 (1845).

新疆；哈萨克斯坦；亚洲（西南部）、欧洲。

灰蓟

●**Cirsium botryodes** Petrak, Anz. Akad. Wiss. Wien, Math.-

Naturwiss. Kl. 63: 109 (1926).
Cnicus mairei H. Lév., Repert. Spec. Nov. Regni Veg. 11: 307 (1912); *Cirsium mairei* (H. Lév.) H. Lév., Repert. Spec. Nov. Regni Veg. 12: 189 (1913), not Halácsy (1908); *Cirsium griseum* H. Lév., Repert. Spec. Nov. Regni Veg. 12: 284 (1913), not K. Schum. (1903), nor Cockerell ex Daniels (1911); *Cirsium heleophilum* Petr., Anz. Akad. Wiss. Wien, Math.-Naturwiss. Kl. 1926 63: 108 (1926); *Cirsium yunnanense* Petr., Ann. Naturhist. Mus. Wien 75: 152 (1972).
湖南、四川、贵州、云南。

刺盖草

●**Cirsium bracteiferum** C. Shih, Acta Phytotax. Sin. 22: 388 (1984).
重庆。

绿蓟

●**Cirsium chinense** Gardner et Champ., Hooker's J. Bot. Kew Gard. Misc. 1: 323 (1849).
Cirsium laushanense Y. Yabe, Prelim. Rep. Fl. Tsing-tau-Reg. 112 (1918); *Cirsium chinense* var. *laushanense* (Y. Yabe) Kitam., Cirs. Nov. Orient.-Asiat. 4 (1931); *Cirsium lineare* (Thunb.) Sch.-Bip. var. *glabrescens* Petrak, Repert. Spec. Nov. Regni Veg. Fedde 43: 273 (1938).
辽宁、内蒙古、河北、山东、江苏、浙江、江西、四川、福建、广东、广西。

两面蓟

●**Cirsium chlorolepis** Petrak, Anz. Akad. Wiss. Wien, Math.-Naturwiss. Kl. 63: 109 (1926).
贵州、云南。

黄苞蓟

●**Cirsium chrysolepis** C. Shih, Acta Phytotax. Sin. 22: 451 (1984).
西藏。

贡山蓟

Cirsium eriophoroides (Hook. f.) Petrak, Biblioth. Bot. 18 (Heft 78): 9 (1912).
Cnicus eriophoroides Hook. f., Fl. Brit. Ind. 3: 363 (1881); *Cirsium bolocephalum* Petrak, Akad. Wiss. Wien, Math.-Naturwiss. Kl., Anz. 63: 107 (1926); *Cirsium bolocephalum* var. *racemosum* Petrak, Anz. Akad. Wiss. Wien, Math.-Naturwiss. Kl. 63: 108 (1926).
四川、云南、西藏；不丹、印度。

莲座蓟

Cirsium esculentum (Sievers) C. A. Meyer, Beitr. Pflanzenk. Russ. Reiches 5: 43 (1848).
Cnicus esculentus Sievers, Neueste Nord. Beytr. Phys. Geogr. Erd-Volkerbeschreib. 3: 362 (1796); *Cnicus gmelinii* Spreng., Hist. Rei Herb. 2: 270 (1808); *Cirsium acaule* Ledeb. var. *gmelinii* (Spreng.) C. A. Meyer, Prodr. (DC.) 6: 652 (1837).
吉林、辽宁、内蒙古、河北、新疆；蒙古国、哈萨克斯坦、乌兹别克斯坦、俄罗斯。

峨眉蓟

●**Cirsium fangii** Petrak, Repert. Spec. Nov. Regni Veg. 44: 48 (1938).
四川。

梵净蓟

●**Cirsium fanjingshanense** C. Shih, Acta Phytotax. Sin. 22: 394 (1984).
贵州。

等苞蓟（光苞蓟）

●**Cirsium fargesii** (Franch.) Diels, Bot. Jahrb. Syst. 29: 627 (1901).
Cnicus fargesii Franch., J. Bot. (Morot) 11: 22 (1897).
陕西、湖北、四川。

褐毛蓟

●**Cirsium fuscotrichum** C. C. Chang, Bull. Fan Mem. Inst. Biol. Bot. 7: 161 (1936).
四川。

无毛蓟

Cirsium glabrifolium (C. Winkl.) Petrak, Oesterr. Bot. Z. 61: 324 (1911).
Cnicus glabrifolium C. Winkl., Trudy Imp. S.-Peterburgsk. Bot. Sada 9: 523 (1886).
新疆、西藏；印度、哈萨克斯坦、乌兹别克斯坦。

骆骑

●**Cirsium handelii** Petrak, Anz. Akad. Wiss. Wien, Math.-Naturwiss. Kl. 63: 110 (1926).
四川、云南。

堆心蓟

Cirsium helenioides (L.) Hill, Hort. Kew. 64 (1768).
Carduus helenioides L., Sp. Pl. 2: 825 (1753); *Cnicus helenioides* (L.) Retz., Sp. Pl., ed. 3: 1674 (1803); *Cirsium heterophylloides* Pavlov, Fl. Centr. Kazakhst. 3: 313 (1938), not Treuinf. (1875).
新疆；哈萨克斯坦、俄罗斯。

刺苞蓟

●**Cirsium henryi** (Franch.) Diels, Bot. Jahrb. Syst. 29: 627 (1901).
Cnicus henryi Franch., J. Bot. (Morot) 11: 21 (1897); *Cnicus forrestii* Diels, Notes Roy. Bot. Gard. Edinburgh 5: 196 (1912); *Cirsium forrestii* (Diels) H. Lév., Cat. Pl. Yun-Nan 41 (1916).
湖北、四川、云南。

披裂蓟

●**Cirsium interpositum** Petrak, Repert. Spec. Nov. Regni Veg. 43: 283 (1938).

Cnicus griffithii Hook. f., Fl. Brit. Ind. 3: 363 (1881), not *Cirsium griffithii* Boiss. (1875).
云南、西藏。

蓟（山萝卜，大蓟，地萝卜）

Cirsium japonicum DC., Prodr. (DC.) 6: 640 (1838).
Carduus japonicus (DC.) Franch., Nouv. Arch. Mus. Hist. Nat., sér. 2 6: 571 (1883); *Cirsium hainanense* Masam., Trans. Nat. Hist. Soc. Formosa 33: 167 (1943).
内蒙古、河北、山东、陕西、青海、江苏、浙江、江西、湖南、湖北、四川、重庆、贵州、云南、福建、台湾、广东、广西；日本、朝鲜半岛、越南、俄罗斯。

覆瓦蓟

Cirsium leducii (Franch.) H. Lév., Cat. Pl. Yun-Nan 42 (1916).
Cnicus leducii Franchet, J. Bot. (Morot) 11: 23 (1897).
四川、贵州、云南、广东、广西；越南。

魁蓟

●**Cirsium leo** Nakai et Kitag., Rep. Inst. Sci. Res. Manchoukuo Sect. 4 1: 60 (1934).
Cirsium chienii C. C. Chang, Bull. Fan Mem. Inst. Biol. Bot. 7: 160 (1936).
河北、山西、河南、陕西、宁夏、甘肃、四川。

丽江蓟

●**Cirsium lidjiangense** Petrak et Hand.-Mazz. in Hand.-Mazz., Symb. Sin. 7 (4): 1170 (1936).
四川、云南。

线叶蓟

Cirsium lineare (Thunb.) Sch.-Bip., Linnaea 19: 335 (1846).
Carduus linearis Thunb. in Murray, Syst. Veg., ed. 14: 726 (1784); *Cirsium hupehense* Pamp., Nuov. Giorn. Bot. Ital. n. s. 18 (1): 86 (1911).
河北、河南、陕西、甘肃、安徽、浙江、江西、湖南、湖北、四川、重庆、贵州、云南、福建、台湾、广东；日本、越南、泰国。

野蓟（牛戳口）

Cirsium maackii Maxim., Mém. Acad. Imp. Sci. St.-Pétersbourg Divers Savans 9: 172 (1859).
Cirsium asperum Nakai, Bot. Mag. (Tokyo) 26: 618 (1912); *Cirsium japonicum* DC. var. *amurense* Kitam., Cirs. Nov. Orient.-Asiat. 12 (1931).
黑龙江、吉林、辽宁、内蒙古、河北、山东、安徽、江苏、浙江、四川；朝鲜半岛、俄罗斯。

马刺蓟

●**Cirsium monocephalum** (Vaniot) H. Lév., Repert. Spec. Nov. Regni Veg. 12: 189 (1913).
Cnicus monocephalus Vaniot, Bull. Acad. Int. Geogr. Bot. 12: 122 (1903); *Cnicus cavaleriei* H. Lév., Repert. Spec. Nov. Regni Veg. 11: 496 (1913); *Cirsium cavaleriei* (H. Lév.) H. Lév., Repert. Spec. Nov. Regni Veg. 12: 189 (1913).
山西、陕西、甘肃、湖北、四川、重庆、贵州。

木里蓟

●**Cirsium muliense** C. Shih, Acta Phytotax. Sin. 22: 393 (1984).
四川。

烟管蓟

Cirsium pendulum Fisch. ex DC., Prodr. (DC.) 6: 650 (1838).
Cnicus pendulus (Fisch. ex DC.) Maxim., Bull. Acad. Imp. Sci. Saint-Pétersbourg 19: 510 (1874); *Cnicus provostii* Franch., J. Bot. (Morot) 11 (2): 23 (1897); *Cirsium provostii* (Franch.) Petrak, Repert. Spec. Nov. Regni Veg. 44: 52 (1938).
黑龙江、吉林、辽宁、内蒙古、河北、山西、河南、陕西、甘肃、云南；蒙古国、日本、朝鲜半岛、俄罗斯。

川蓟

●**Cirsium periacanthaceum** C. Shih, Acta Phytotax. Sin. 22: 396 (1984).
四川。

总序蓟

●**Cirsium racemiforme** Y. Ling et C. Shih, Acta Phytotax. Sin. 22: 445 (1984).
江西、湖南、贵州、云南、福建、广西。

赛里木蓟

Cirsium sairamense (C. Winkl.) O. Fedtsch. et B. Fedtsch., Consp. Fl. Turkestanicae [O. A. Fedchenko et B. A. Fedchenko] 4: 286 (1911).
Cnicus sairamensis C. Winkl., Trudy Imp. S.-Peterburgsk. Bot. Sada 9: 522 (1886).
新疆；哈萨克斯坦、乌兹别克斯坦。

林蓟

Cirsium schantarense Trautv. et C. A. Meyer in Middend., Reise Sibir. 1 (2): 58 (1856).
Cnicus diamantiacus Nakai, Bot. Mag. (Tokyo) 23: 99 (1909); *Cirsium diamantiacum* (Nakai) Nakai, Bot. Mag. (Tokyo) 26: 363 (1912).
黑龙江、吉林、辽宁；俄罗斯。

新疆蓟

Cirsium semenowii Regel, Bull. Soc. Imp. Naturalistes Moscou 40: 161 (1867).
Chamaepeuce macrantha Schrank var. *bracteata* Rupr., Mém. Acad. Imp. Sci. Saint-Pétersbourg, Sér. 7 14 (4): 56 (1869).
新疆；哈萨克斯坦、乌兹别克斯坦。

麻花头蓟

Cirsium serratuloides (L.) Hill, Hort. Kew. 64 (1768).
Carduus serratuloides L., Sp. Pl. 2: 825 (1753); *Cnicus*

serratuloides (L.) Roth, Tent. Fl. Germ. 346 (1788); *Cirsium asiaticum* Schischk., Fl. Siles. 2: 2890 (1949).
新疆；蒙古国、俄罗斯。

牛口蓟

Cirsium shansiense Petrak, Mitth. Thüring. Bot. Vereins 50: 176 (1943).
Cirsium chinense Gardner et Champ. var. *australe* Diels, Bot. Jahrb. Syst. 29: 628 (1901); *Cirsium wallichii* DC. var. *intermedium* Pamp., Nuov. Giorn. Bot. Ital. n. s. 18 (1): 87 (1911); *Cirsium lineare* var. *rigidum* Petrak, Repert. Spec. Nov. Regni Veg. 43: 274 (1938); *Cirsium lineare* var. *yunnanense* Petrak, Repert. Spec. Nov. Regni Veg. 43: 277 (1938); *Cirsium lineare* (Thunb.) Sch.-Bip. var. *intermedium* (Pamp.) Petrak, Repert. Spec. Nov. Regni Veg. 43: 276 (1938); *Cirsium lineare* var. *spatulatum* Petrak, Repert. Spec. Nov. Regni Veg. 43: 277 (1938); *Cirsium lineare* var. *tenii* Petrak, Repert. Spec. Nov. Regni Veg. 43: 278 (1938).
内蒙古、河北、山西、河南、陕西、甘肃、青海、安徽、江西、湖南、湖北、四川、重庆、贵州、云南、西藏、福建、广东、广西；越南、缅甸、不丹、印度。

薄叶蓟

●**Cirsium shihianum** Greuter, Fl. China 20-21: 175 (2011).
Cirsium tenuifolium C. Shih, Acta Phytotax. Sin. 22: 452 (1984), not *Cirsium tenuifolium* (Gaudin) Hagenbach, Verh. Schweiz. Naturf. Ges. 23: 235 (1838).
新疆。

附片蓟

Cirsium sieversii (Fisch. et C. A. Meyer) Petrak, Oesterr. Bot. Z. 61: 324 (1911).
Echenais sieversii Fisch. et C. A. Meyer, Enum. Pl. Nov. 1: 44 (1841).
新疆；哈萨克斯坦、乌兹别克斯坦、俄罗斯。

葵花大蓟（聚头蓟）

Cirsium souliei (Franch.) Mattf., J. Arnold Arbor. 14: 42 (1933).
Cnicus souliei Franch., J. Bot. (Morot) 11: 21 (1897).
宁夏、甘肃、青海、四川、西藏；印度。

钻苞蓟

●**Cirsium subulariforme** C. Shih, Fl. Reipubl. Popularis Sin. 78: 90 (1987).
云南、西藏。

杭蓟

●**Cirsium tianmushanicum** C. Shih, Bull. Bot. Res., Harbin 4 (2): 64 (1984).
浙江。

斑鸠蓟

●**Cirsium vernonioides** C. Shih, Acta Phytotax. Sin. 22: 447 (1984).
广西。

苞叶蓟

Cirsium verutum (D. Don) Spreng., Syst. Veg., ed. 16 3: 370 (1826).
Cnicus verutus D. Don, Prodr. Fl. Nepal. 167 (1825).
西藏；越南、不丹、尼泊尔、印度、巴基斯坦、阿富汗。

块蓟

●**Cirsium viridifolium** (Hand.-Mazz.) C. Shih, Acta Phytotax. Sin. 22: 394 (1984).
Cirsium vlassovianum var. *viridifolium* Hand.-Mazz., Oesterr. Bot. Z. 85: 223 (1936).
吉林、内蒙古、河北。

绒背蓟

Cirsium vlassovianum Fisch. ex DC., Prodr. (DC.) 6: 653 (1838).
Cirsium vlassovianum var. *bracteatum* Ledeb., Fl. Ross. (Ledeb.) 2: 741 (1845); *Cnicus vlassovianus* Maxim., Bull. Acad. Imp. Sci. Saint-Pétersbourg 19: 509 (1874).
黑龙江、吉林、辽宁、内蒙古、河北、山西、河南；蒙古国、朝鲜半岛、俄罗斯。

翼蓟

Cirsium vulgare (Savi) Tenore, Fl. Napol. 5: 209 (1835).
Carduus vulgaris Savi, Fl. Pis. 2: 241 (1798); *Carduus lanceolatus* L., Sp. Pl. 2: 821 (1753); *Cirsium lanceolatum* (L.) Scop., Fl. Carniol., ed. 2 2: 130 (1772), not Hill (1769); *Eriolepis lanceolata* (L.) Cass., Dict. Sci. Nat. 41: 331 (1826).
新疆；巴基斯坦、阿富汗、吉尔吉斯斯坦、哈萨克斯坦、土库曼斯坦、俄罗斯；亚洲（西南部）、欧洲、非洲。

藤菊属 **Cissampelopsis** (DC.) Miq.

尼泊尔藤菊

Cissampelopsis buimalia (Buch.-Ham. ex D. Don) C. Jeffrey et Y. L. Chen, Kew Bull. 41: 937 (1986).
Senecio buimalia Buch.-Ham. ex D. Don, Prodr. Fl. Nepal. 178 (1825).
云南；不丹、尼泊尔、印度。

革叶滕菊

Cissampelopsis corifolia C. Jeffrey et Y. L. Chen, Kew Bull. 39: 342 (1984).
云南、西藏；缅甸、泰国、不丹、印度。

赤缨藤菊

●**Cissampelopsis erythrochaeta** C. Jeffrey et Y. L. Chen, Kew Bull. 39: 349 (1984).
Senecio buimalia Buch.-Ham. ex D. Don var. *bambusetorum* Hand.-Mazz., Anz. Akad. Wiss. Wien, Math.-Naturwiss. Kl. 62: 147 (1925).

湖南。

腺毛藤菊

●**Cissampelopsis glandulosa** C. Jeffrey et Y. L. Chen, Kew Bull. 39: 345 (1984).

云南。

岩穴藤菊（岩穴千里光）

●**Cissampelopsis spelaeicola** (Vaniot) C. Jeffrey et Y. L. Chen, Kew Bull. 39: 346 (1984).

Vernonia spelaeicola Vaniot, Bull. Acad. Int. Geogr. Bot. 12: 123 (1903); *Senecio spelaeicola* (Vaniot) Gagnep., Bull. Soc. Bot. France 67: 364 (1920); *Senecio yalungensis* Hand.-Mazz., Anz. Akad. Wiss. Wien, Math.-Naturwiss. Kl. 62: 148 (1925).

四川、贵州、云南、广西。

藤菊（滇南千里光）

Cissampelopsis volubilis (Blume) Miq., Fl. Ned. Ind. 2: 102 (1856).

Cacalia volubilis Blume, Bijdr. Fl. Ned. Ind. 15: 908 (1826); *Senecio blumei* DC., Prodr. (DC.) 6: 334 (1838); *Senecio hoi* Dunn, J. Linn. Soc., Bot. 35: 506 (1903); *Vernonia esquirolii* Vaniot, Repert. Spec. Nov. Regni Veg. 4: 331 (1907); *Senecio araneosus* DC., Prodr. (DC.) 6: 364 (1838).

贵州、云南、广东、广西、海南；越南、缅甸、泰国、马来西亚、印度。

苏利南野菊属 Clibadium F. Allamand ex L.

苏利南野菊

△**Clibadium surinamense** L., Mant. Pl. 2: 294 (1771).

Baillieria aspera Aublet, Hist. Pl. Guiane 2: 804, t. 317 (1775); *Clibadium caracasanum* DC., Prodr. (DC.) 5: 506 (1836); *Clibadium trinitatis* DC., Prodr. (DC.) 5: 505 (1836); *Clibadium lehmannianum* O. E. Schulz, Bot. Jahrb. Syst. 46: 620 (1912); *Clibadium lanceolatum* Rusby, Descr. S. Amer. Pl. 150 (1920).

台湾归化；印度尼西亚、印度；原产于中南美洲。

锥托泽兰属 Conoclinium DC.

锥托泽兰

△**Conoclinium coelestinum** (L.) DC., Prodr. (DC.) 5: 135 (1836).

Eupatorium coelestinum L., Sp. Pl. 2: 838 (1753).

贵州、云南归化；原产于美国。

非洲白酒草属（新拟）Conyza Less.

劲直非洲白酒草（新拟）（劲直白酒草，劲直假蓬）

Conyza stricta Willd., Sp. Pl. 3: 1922 (1803).

四川、云南、西藏、海南；越南、缅甸、泰国、不丹、尼泊尔、印度、巴基斯坦、阿富汗；非洲。

劲直非洲白酒草（原变种）

Conyza stricta var. **stricta**

四川、云南、西藏、海南；越南、缅甸、泰国、不丹、尼泊尔、印度、巴基斯坦、阿富汗；非洲。

羽裂非洲白酒草（新拟）（羽裂白酒草）

Conyza stricta var. **pinnatifida** Kitam. in H. Hara, Fl. E. Himalaya, 337 (1966).

Erigeron pinnatifidus D. Don, Prodr. Fl. Nepal. 172 (1825), not Thunb (1800); *Erigeron trisulcus* D. Don, Prodr. Fl. Nepal. 171 (1825); *Conyza pinnatifida* Buch.-Ham. ex Roxb., Fl. Ind. ed. 1832 3: 430 (1832); *Conyza absinthifolia* DC., Contrib. 16 (1834); *Conyza mairei* H. Lév., Repert. Spec. Nov. Regni Veg. Beih. 11: 307 (1912).

四川、云南、西藏；缅甸、不丹、尼泊尔、印度、巴基斯坦、阿富汗。

金鸡菊属 Coreopsis L.

大花金鸡菊（大花波斯菊）

△**Coreopsis grandiflora** Hogg ex Sweet, Brit. Fl. Gard. 2: t. 175 (1826).

中国归化；原产于北美洲。

剑叶金鸡菊（大金鸡菊，线叶金鸡菊）

△**Coreopsis lanceolata** L., Sp. Pl. 2: 908 (1753).

中国归化；原产于北美洲。

两色金鸡菊（蛇目菊）

△**Coreopsis tinctoria** Nutt., J. Acad. Nat. Sci. Philadelphia 2: 114 (1821).

中国归化；原产于北美洲。

秋英属 Cosmos Cav.

秋英（大波斯菊，波斯菊）

☆**Cosmos bipinnatus** Cav., Icon. 1: 10 (1791).

中国广泛栽培；原产于美国、墨西哥。

硫磺菊

☆**Cosmos sulphureus** Cav., Icon. 1: 56 (1791).

北京、云南、广东等地栽培；原产于墨西哥。

山芫绥属 Cotula L.

芫绥菊（芫荽菊，山芫荽）

Cotula anthemoides L., Sp. Pl. 2: 891 (1753).

湖北、四川、云南、福建、台湾、广东；越南、老挝、缅甸、泰国、柬埔寨、印度尼西亚、尼泊尔、印度、巴基斯坦；非洲。

南方山芫荽

Cotula australis Hook. f., Bot. Antarct. Voy. 2. (Fl. Nov.-Zel.)

1: 128 (1852).
台湾；日本、澳大利亚、新西兰、美国、墨西哥、智利、加那利群岛、挪威、南非。

山芫绥（山芫荽）

Cotula hemisphaerica (Roxb.) Wall. ex Benth. in Benth. et Hook. f., Gen. Pl. [Benth. et Hook. f.] 2: 429 (1873).
Artemisia hemisphaerica Roxb., Fl. Ind. 3: 423 (1832); *Machlis hemisphaerica* (Roxb.) DC., Prodr. (DC.) 6: 140 (1838); *Cotula chinensis* Kitam., Faun. et Fl. Nepal Himal. 1: 251 (1955).
湖北、四川、台湾；不丹、尼泊尔、印度、巴基斯坦。

刺头菊属 Cousinia Cass.

刺头菊

Cousinia affinis Schrenk ex Fisch. et C. A. Meyer, Enum. Pl. Nov. 1: 41 (1841).
Cousinia wolgensis (M. Bieb. ex Willd.) C. A. Meyer ex DC. var. *affinis* (Schrenk ex Fisch. et C. A. Meyer) Regel, Trudy Imp. S.-Peterburgsk. Bot. Sada 6: 317 (1879); *Arctium affine* (Schrenk ex Fisch. et C. A. Meyer) Kuntze, Revis. Gen. Pl. 1: 307 (1891).
新疆；蒙古国、哈萨克斯坦。

翼茎刺头菊

Cousinia alata Schrenk ex Fisch. et C. A. Meyer, Enum. Pl. Nov. 1: 40 (1841).
新疆；哈萨克斯坦、乌兹别克斯坦。

丛生刺头菊

Cousinia caespitosa C. Winkl., Trudy Imp. S.-Peterburgsk. Bot. Sada 10: 93 (1887).
新疆；哈萨克斯坦。

深裂刺头菊

Cousinia dissecta Kar. et Kir., Bull. Soc. Imp. Naturalistes Moscou 15: 391 (1842).
Arctium dissectum (Kar. et Kir.) Kuntze, Rev. Gén. Bot. 1: 307 (1891).
新疆；哈萨克斯坦。

穗花刺头菊

●**Cousinia falconeri** Hook. f., Fl. Brit. Ind. 3: 360 (1881).
西藏。

丝毛刺头菊

●**Cousinia lasiophylla** C. Shih, Bull. Bot. Res., Harbin 4 (2): 59 (1984).
新疆。

光苞刺头菊

Cousinia leiocephala (Regel) Juz., Trudy Bot. Inst. Akad. Nauk S. S. S. R., Ser. 1, Fl. Sist. Vyssh. Rast. 3: 314 (1937).
Cousinia sewertzowii Regel var. *leiocephala* Regel, Trudy Imp. S.-Peterburgsk. Bot. Sada 6: 314 (1880).
新疆；乌兹别克斯坦。

宽苞刺头菊

Cousinia platylepis Fisch., C. A. Meyer et Avé-Lall., Index Sem. [St. Petersburg (Petropolitanus)] 9 (Suppl.): 10 (1844).
Arctium platylepis (Fisch., C. A. Meyer et Avé-Lall.) Kuntze, Revis. Gen. Pl. 1: 308 (1891).
新疆；哈萨克斯坦、乌兹别克斯坦。

多花刺头菊

Cousinia polycephala Rupr., Mém. Acad. Imp. Sci. Saint-Pétersbourg, Sér. 7 14: 54 (1869).
Arctium polycephalum (Rupr.) Kuntze, Revis. Gen. Pl. 1: 308 (1891).
新疆；塔吉克斯坦。

硬苞刺头菊

●**Cousinia sclerolepis** C. Shih, Bull. Bot. Res., Harbin 4 (2): 60 (1984).
新疆。

毛苞刺头菊

Cousinia thomsonii C. B. Clarke, Compos. Ind. 213 (1876).
西藏；尼泊尔、印度、巴基斯坦。

野茼蒿属 Crassocephalum Moench

野茼蒿（革命菜）

△**Crassocephalum crepidioides** (Benth.) S. Moore, J. Bot. 50: 211 (1912).
Gynura crepidioides Benth. in Hook., Niger Fl. 438 (1849).
陕西、安徽、江苏、浙江、江西、湖南、湖北、四川、贵州、云南、西藏、福建、台湾、广东、广西、海南等地归化；澳大利亚、太平洋岛屿；亚洲（东部和东南部）、中南美洲；原产于非洲。

蓝花野茼蒿

△**Crassocephalum rubens** (Juss. ex Jacq.) S. Moore, J. Bot. 50: 212 (1912).
Senecio rubens Juss. ex Jacq., Hort. Bot. Vindob. 3: 50 (1777).
云南归化；印度；亚洲（西南部）；原产于非洲。

垂头菊属 Cremanthodium Benth.

狭叶垂头菊

●**Cremanthodium angustifolium** W. W. Smith, Notes Roy. Bot. Gard. Edinburgh 12: 200 (1920).
四川、云南、西藏。

宽舌垂头菊

Cremanthodium arnicoides (DC. ex Royle) R. D. Good, J. Linn. Soc., Bot. 48: 288 (1929).

Ligularia arnicoides DC. ex Royle, Ill. Bot. Himal. Mts. 1: 251 (1835); *Senecio arnicoides* (DC. ex Royle) Wall. ex C. B. Clarke, Compos. Ind. 207 (1876).
西藏；尼泊尔、巴基斯坦。

黑垂头菊

Cremanthodium atrocapitatum R. D. Good, J. Linn. Soc., Bot. 48: 282 (1929).
云南；缅甸。

不丹垂头菊

Cremanthodium bhutanicum Ludlow, Bull. Brit. Mus. (Nat. Hist.), Bot. 5: 278 (1976).
西藏；不丹、印度。

总状垂头菊

●**Cremanthodium botryocephalum** S. W. Liu, Acta Biol. Plateau Sin. 3: 55 (1984).
西藏。

短缨垂头菊

●**Cremanthodium brachychaetum** C. C. Chang, Acta Phytotax. Sin. 1: 322 (1951).
云南。

褐毛垂头菊

●**Cremanthodium brunneopilosum** S. W. Liu, Acta Biol. Plateau Sin. 3: 63 (1984).
甘肃、青海、四川、西藏。

珠芽垂头菊

●**Cremanthodium bulbilliferum** W. W. Smith, Notes Roy. Bot. Gard. Edinburgh 12: 201 (1920).
云南、西藏。

柴胡叶垂头菊

●**Cremanthodium bupleurifolium** W. W. Smith, Notes Roy. Bot. Gard. Edinburgh 8: 112 (1913).
四川、云南、西藏。

长鞘垂头菊

●**Cremanthodium calcicola** W. W. Smith, Notes Roy. Bot. Gard. Edinburgh 12: 201 (1920).
云南。

钟花垂头菊

Cremanthodium campanulatum Diels, Notes Roy. Bot. Gard. Edinburgh 5: 190 (1912).
四川、云南、西藏；缅甸。

钟花垂头菊（原变种）

Cremanthodium campanulatum var. **campanulatum**
Senecio campanulatus Franch., Bull. Soc. Bot. France 39: 284 (1892), not Sch.-Bip. ex Klatt (1888); *Cremanthodium wardii* W. W. Smith, Notes Roy. Bot. Gard. Edinburgh 10: 27 (1917); *Cremanthodium larium* Hand.-Mazz., Sitzungsber. Kaiserl. Akad. Wiss., Math.-Naturwiss. Cl., Abt. 1 62: 14 (1925).
四川、云南、西藏；缅甸。

短毛钟花垂头菊

●**Cremanthodium campanulatum** var. **brachytrichum** Y. Ling et S. W. Liu, Acta Biol. Plateau Sin. 1: 52 (1982).
云南。

黄苞钟花垂头菊

●**Cremanthodium campanulatum** var. **flavidum** S. W. Liu et T. N. Ho, Acta Phytotax. Sin. 39: 558 (2001).
四川。

中甸垂头菊

●**Cremanthodium chungdienense** Y. Ling et S. W. Liu, Acta Biol. Plateau Sin. 1: 52 (1982).
云南。

柠檬色垂头菊

Cremanthodium citriflorum R. D. Good, J. Linn. Soc., Bot. 48: 277 (1929).
云南；缅甸。

错那垂头菊

●**Cremanthodium conaense** S. W. Liu, Acta Biol. Plateau Sin. 3: 56 (1984).
西藏。

心叶垂头菊

●**Cremanthodium cordatum** S. W. Liu, Acta Biol. Plateau Sin. 7: 28 (1988).
西藏。

革叶垂头菊

●**Cremanthodium coriaceum** S. W. Liu, Fl. Reipubl. Popularis Sin. 77 (2): 165 (1989).
Senecio scytophyllus Diels, Notes Roy. Bot. Gard. Edinburgh 5: 193 (1912), not Kunth (1818); *Senecio dielsii* H. Lév., Cat. Pl. Yun-Nan 51 (1916), not Muschl. (1909).
云南。

兜鞘垂头菊

●**Cremanthodium cucullatum** Y. Ling et S. W. Liu, Acta Biol. Plateau Sin. 1: 53 (1982).
云南。

香客来垂头菊

●**Cremanthodium cyclaminanthum** Hand.-Mazz., Anz. Akad. Wiss. Wien, Math.-Naturwiss. Kl. 62: 14 (1925).
四川、云南。

稻城垂头菊

●**Cremanthodium daochengense** Y. Ling et S. W. Liu, Acta Biol. Plateau Sin. 1: 54 (1982).

四川。

喜马拉雅垂头菊（我嘎）

Cremanthodium decaisnei C. B. Clarke, Compos. Ind. 168 (1876).

甘肃、青海、四川、云南、西藏；不丹、尼泊尔、印度。

大理垂头菊

Cremanthodium delavayi (Franch.) Diels ex H. Lév., Cat. Pl. Yun-Nan 43 (1916).

Senecio delavayi Franch., Bull. Soc. Bot. France 39: 286 (1892).

云南；缅甸。

盘花垂头菊

Cremanthodium discoideum Maxim., Bull. Acad. Imp. Sci. Saint-Pétersbourg 27: 482 (1882).

Senecio discoideus (Maxim.) Franch., Bull. Soc. Bot. France 39: 284 (1892); *Cremanthodium cuculliferum* W. W. Smith, Rec. Bot. Surv. India 4: 209 (1911).

甘肃、青海、四川、西藏；不丹、尼泊尔、印度。

细裂垂头菊

●**Cremanthodium dissectum** Grierson, Notes Roy. Bot. Gard. Edinburgh 22: 431 (1958).

云南。

车前叶垂头菊（车前状垂头菊，俄尕）

Cremanthodium ellisii (Hook. f.) Kitam. in H. Hara et al., Enum. Fl. Pl. Nepal 3: 22 (1982).

甘肃、青海、四川、云南、西藏；不丹、尼泊尔、印度、巴基斯坦。

车前叶垂头菊（原变种）

Cremanthodium ellisii var. **ellisii**

Werneria ellisii Hook. f., Fl. Brit. Ind. 3: 357 (1881); *Cremanthodium plantagineum* Maxim., Bull. Acad. Imp. Sci. Saint-Pétersbourg 27: 481 (1881); *Senecio goringensis* Hemsl., Bull. Misc. Inform. Kew 1896 (119): 212 (1986); *Senecio fletcheri* Hemsl., Bull. Misc. Inform. Kew 1896 (119): 212 (1986); *Cremanthodium fletcheri* (Hemsl.) Hemsl., J. Linn. Soc., Bot. 35: 185 (1902); *Cremanthodium goringense* (Hemsl.) Hemsl., J. Linn. Soc., Bot. 35: 185 (1902).

甘肃、青海、四川、云南、西藏；尼泊尔、巴基斯坦。

祁连垂头菊

●**Cremanthodium ellisii** var. **ramosum** (Y. Ling) Y. Ling et S. W. Liu, Acta Biol. Plateau Sin. 3: 65 (1984).

Cremanthodium discoideum Maxim. subsp. *ramosum* Y. Ling, Contr. Inst. Bot. Natl. Acad. Peiping 5: 1 (1937); *Cremanthodium plantagineum* var. *ramosum* (Y. Ling) Y. Ling et S. W. Liu, Fl. Xizang. 4: 853 (1985).

青海、西藏。

红舌垂头菊

●**Cremanthodium ellisii** var. **roseum** (Hand.-Mazz.) S. W. Liu, Fl. Reipubl. Popularis Sin. 77 (2): 162 (1989).

Cremanthodium plantagineum f. *roseum* Hand.-Mazz., Acta Horti Gothob. 12: 307 (1938).

四川。

红花垂头菊

Cremanthodium farreri W. W. Smith, Notes Roy. Bot. Gard. Edinburgh 12: 202 (1920).

云南；缅甸。

矢叶垂头菊

●**Cremanthodium forrestii** Jeffrey, Notes Roy. Bot. Gard. Edinburgh 5: 191 (1912).

Cremanthodium lobatum Grierson, Notes Roy. Bot. Gard. Edinburgh 22: 431 (1958).

云南、西藏。

腺毛垂头菊

●**Cremanthodium glandulipilosum** Y. L. Chen ex S. W. Liu, Acta Biol. Plateau Sin. 3: 58 (1984).

新疆、西藏。

灰绿垂头菊

●**Cremanthodium glaucum** Hand.-Mazz., Notizbl. Bot. Gart. Berlin-Dahlem 13: 641 (1937).

云南。

向日垂头菊

●**Cremanthodium helianthus** (Franch.) W. W. Smith, Notes Roy. Bot. Gard. Edinburgh 14: 289 (1924).

Senecio helianthus Franch., Bull. Soc. Bot. France 39: 286 (1892).

云南。

矮垂头菊

Cremanthodium humile Maxim., Bull. Acad. Imp. Sci. Saint-Pétersbourg 27: 481 (1882).

Senecio kansuensis Franch., Bull. Soc. Bot. France 39: 287 (1892); *Cremanthodium comptum* W. W. Smith, Notes Roy. Bot. Gard. Edinburgh 8: 184 (1914).

甘肃、青海、四川、云南、西藏；不丹。

条裂垂头菊

●**Cremanthodium laciniatum** Y. Ling et Y. L. Chen ex S. W. Liu, Acta Biol. Plateau Sin. 3: 65 (1984).

西藏。

宽裂垂头菊

●**Cremanthodium latilobum** Y. S. Chen, Nord. J. Bot. 28: 756 (2010).

云南。

条叶垂头菊

●**Cremanthodium lineare** Maxim., Bull. Acad. Imp. Sci. Saint-Pétersbourg 27: 482 (1882).
甘肃、青海、四川、西藏。

条叶垂头菊（原变种）

●**Cremanthodium lineare** var. **lineare**
Senecio armeriifolius Franch., Bull. Soc. Bot. France 39: 287 (1892), not Philippi (1891).
甘肃、青海、四川、西藏。

无舌条叶垂头菊

●**Cremanthodium lineare** var. **eligulatum** Y. Ling et S. W. Liu, Acta Biol. Plateau Sin. 1: 54 (1982).
四川。

红花条叶垂头菊

●**Cremanthodium lineare** var. **roseum** Hand.-Mazz., Acta Horti Gothob. 12: 307 (1938).
四川。

舌叶垂头菊

●**Cremanthodium lingulatum** S. W. Liu, Acta Biol. Plateau Sin. 3: 57 (1984).
云南、西藏。

墨脱垂头菊

●**Cremanthodium medogense** Y. S. Chen, Nord. J. Bot. 28: 757 (2010).
西藏。

小舌垂头菊

●**Cremanthodium microglossum** S. W. Liu, Novon 6: 185 (1996).
甘肃、青海、四川、云南。

小叶垂头菊

●**Cremanthodium microphyllum** S. W. Liu, Fl. Xizang. 4: 856 (1985).
西藏。

小垂头菊

Cremanthodium nanum (Decne.) W. W. Smith, Notes Roy. Bot. Gard. Edinburgh 14: 118 (1924).
Ligularia nana Decne., Voy. Inde [Jacquemont] 4 (Bot.): 91 (1843); *Senecio sessilifolius* Sch.-Bip., Flora 28: 50 (1845); *Senecio clarkeanus* Franch., Bull. Soc. Bot. France 39: 288 (1892), not A. Gray (1868); *Werneria nana* Benth. et Hook. f., Gen. Pl. [Benth. et Hook. f.] 2: 451 (1873); *Cremanthodium deasyi* Hemsl., J. Linn. Soc., Bot. 35: 184 (1902).
新疆、四川、云南、西藏；尼泊尔、印度、巴基斯坦。

尼泊尔垂头菊

Cremanthodium nepalense Kitam., Acta Phytotax. Geobot. 15: 105 (1954).
西藏；尼泊尔。

显脉垂头菊

●**Cremanthodium nervosum** S. W. Liu, Acta Biol. Plateau Sin. 3: 58 (1984).
西藏。

壮观垂头菊

●**Cremanthodium nobile** (Franch.) Diels ex H. Lév., Cat. Pl. Yun-Nan 43 (1916).
Senecio nobilis Franchet, Bull. Soc. Bot. France 39: 287 (1892).
四川、云南、西藏。

矩叶垂头菊

Cremanthodium oblongatum C. B. Clarke, Compos. Ind. 168 (1876).
Senecio oblongatus (C. B. Clarke) Franch., Bull. Soc. Bot. France 39: 286 (1892); *Senecio pyrolifolius* H. Lév., Bull. Acad. Int. Geogr. Bot. 24: 282 (1914); *Cremanthodium nakaoi* Kitam., Acta Phytotax. Geobot. 15: 105 (1954).
西藏；尼泊尔、印度。

硕首垂头菊

●**Cremanthodium obovatum** Y. Ling et S. W. Liu, Acta Biol. Plateau Sin. 3: 59 (1984).
四川、西藏。

掌叶垂头菊

Cremanthodium palmatum Benth., Hooker's Icon. Pl. 12: 38 (1873).
Senecio benthamianus Franch., Bull. Soc. Bot. France 39: 286 (1892).
西藏；不丹、印度。

长柄垂头菊

●**Cremanthodium petiolatum** S. W. Liu, Acta Biol. Plateau Sin. 3: 64 (1984).
西藏。

叶状柄垂头菊

●**Cremanthodium phyllodineum** S. W. Liu, Acta Biol. Plateau Sin. 3: 60 (1984).
云南、西藏。

黄毛垂头菊

●**Cremanthodium pilosum** S. W. Liu, Acta Biol. Plateau Sin. 7: 29 (1988).
四川。

羽裂垂头菊

Cremanthodium pinnatifidum Benth., Hooker's Icon. Pl. 12: 39 (1873).
Senecio himalayensis Franch., Bull. Soc. Bot. France 39: 287

(1892).
西藏；不丹、尼泊尔、印度。

裂叶垂头菊

Cremanthodium pinnatisectum (Ludlow) Y. L. Chen et S. W. Liu, Acta Biol. Plateau Sin. 3: 65 (1984).
Cremanthodium campanulatum Diels var. *pinnatisectum* Ludlow, Bull. Brit. Mus. (Nat. Hist.), Bot. 5: 279 (1976).
云南、西藏；缅甸。

戟叶垂头菊

•**Cremanthodium potaninii** C. Winkl., Trudy Imp. S.-Peterburgsk. Bot. Sada 14: 150 (1895).
Senecio kialensis Franch., J. Bot. (Morot) 10: 413 (1896); *Cremanthodium limprichtii* Diels, Repert. Spec. Nov. Regni Veg. Beih. 12: 510 (1922).
陕西、甘肃、四川。

长舌垂头菊

•**Cremanthodium prattii** (Hemsl.) R. D. Good, J. Linn. Soc., Bot. 48: 285 (1929).
Senecio prattii Hemsl., Hooker's Icon. Pl. 25: t. 2491 (1896).
四川。

方叶垂头菊

•**Cremanthodium principis** (Franch.) R. D. Good, J. Linn. Soc., Bot. 48: 283 (1929).
Senecio principis Franch., J. Bot. (Morot) 10: 412 (1896); *Cremanthodium gypsophilum* R. D. Good, J. Linn. Soc., Bot. 48: 283 (1929).
四川、云南。

无毛垂头菊

Cremanthodium pseudo-oblongatum R. D. Good, J. Linn. Soc., Bot. 48: 297 (1929).
西藏；不丹、印度。

毛叶垂头菊

•**Cremanthodium puberulum** S. W. Liu, Acta Biol. Plateau Sin. 3: 61 (1984).
青海、西藏。

美丽垂头菊

Cremanthodium pulchrum R. D. Good, J. Linn. Soc., Bot. 48: 274 (1929).
云南；缅甸。

紫叶垂头菊

Cremanthodium purpureifolium Kitam., Acta Phytotax. Geobot. 15: 106 (1954).
西藏；尼泊尔。

肾叶垂头菊（垂头菊）

Cremanthodium reniforme (DC.) Benth., Hooker's Icon. Pl. 12: 37 (1873).
Ligularia reniformis DC., Prodr. (DC.) 6: 315 (1838).
云南、西藏；不丹、尼泊尔、印度。

长柱垂头菊（红头垂头菊）

•**Cremanthodium rhodocephalum** Diels, Notes Roy. Bot. Gard. Edinburgh 5: 190 (1912).
Cremanthodium gracillimum W. W. Smith, Notes Roy. Bot. Gard. Edinburgh 10: 27 (1917); *Cremanthodium sherriffii* H. R. Fletcher, Notes Roy. Bot. Gard. Edinburgh 19: 328 (1938).
四川、云南、西藏。

箭叶垂头菊

•**Cremanthodium sagittifolium** Y. Ling et Y. L. Chen ex S. W. Liu, Acta Biol. Plateau Sin. 1: 54 (1982).
云南。

铲叶垂头菊

•**Cremanthodium sino-oblongatum** R. D. Good, J. Linn. Soc., Bot. 48: 288 (1929).
云南。

紫茎垂头菊

Cremanthodium smithianum (Hand.-Mazz.) Hand.-Mazz., Anz. Akad. Wiss. Wien, Math.-Naturwiss. Kl. 62: 14 (1925).
Cathcartia smithiana Hand.-Mazz., Anz. Akad. Wiss. Wien, Math.-Naturwiss. Kl. 60: 182 (1923); *Cremanthodium acernuum* R. D. Good, J. Linn. Soc., Bot. 48: 284 (1929); *Cremanthodium heterocephalum* Y. L. Chen, Acta Phytotax. Sin. 26: 50 (1988).
四川、云南、西藏；缅甸。

匙叶垂头菊

•**Cremanthodium spathulifolium** S. W. Liu, Acta Biol. Plateau Sin. 3: 56 (1984).
西藏。

膜苞垂头菊

•**Cremanthodium stenactinium** Diels, Repert. Spec. Nov. Regni Veg. Beih. 12: 510 (1922).
四川、西藏。

狭舌垂头菊

•**Cremanthodium stenoglossum** Y. Ling et S. W. Liu, Acta Biol. Plateau Sin. 1: 55 (1982).
青海、四川。

木里垂头菊

•**Cremanthodium suave** W. W. Smith, Notes Roy. Bot. Gard. Edinburgh 12: 203 (1920).
四川、云南。

叉舌垂头菊

Cremanthodium thomsonii C. B. Clarke, Compos. Ind. 169 (1876).
Senecio nephelagetus Franch., Bull. Soc. Bot. France 39: 285

(1892).
云南、西藏；不丹、尼泊尔、印度。

裂舌垂头菊

●**Cremanthodium trilobum** S. W. Liu, Acta Biol. Plateau Sin. 3: 61 (1984).
西藏。

变叶垂头菊

●**Cremanthodium variifolium** R. D. Good, J. Linn. Soc., Bot. 48: 298 (1929).
四川、云南、西藏。

乌蒙山垂头菊（新拟）

●**Cremanthodium wumengshanicum** L. Wang, C. Ren et Q. E. Yang, Phytotaxa 238 (3): 265 (2015).
云南。

亚东垂头菊

●**Cremanthodium yadongense** S. W. Liu, Acta Biol. Plateau Sin. 3: 62 (1984).
西藏。

假还阳参属 Crepidiastrum Nakai

叉枝假还阳参（细茎黄鹌菜，叉枝还阳参）

Crepidiastrum akagii (Kitag.) J. W. Zhang et N. Kilian, Fl. China 20-21: 269 (2011).
Geblera akagii Kitag., J. Jap. Bot. 13: 430 (1937); *Youngia akagii* (Kitag.) Kitag., J. Jap. Bot. 16: 182 (1940); *Youngia ordosica* Y. Z. Zhao et L. Ma, Bull. Bot. Res., Harbin 23 (3): 261 (2003); *Youngia nansiensis* Y. Z. Zhao et L. Ma, Bull. Bot. Res., Harbin 24 (2): 133 (2004); *Crepidifolium tenuicaule* (Babc. et Stebbins) Tzvelev, Bot. Zhurn. (Moscow et Leningrad) 92: 1752 (2007); *Crepidifolium akagii* (Kitag.) Sennikov, Komarovia 5: 95 (2008).
内蒙古、河北、甘肃、新疆；蒙古国、俄罗斯。

少花假还阳参

Crepidiastrum chelidoniifolium (Makino) Pak et Kawano, Mem. Fac. Sci. Kyoto Univ., Ser. Biol. 15: 56 (1992).
Lactuca chelidoniifolia Makino, Bot. Mag. (Tokyo) 12: 47 (1898); *Lactuca senecio* H. Lév. et Vaniot, Repert. Spec. Nov. Regni Veg. 8: 140 (1910); *Paraixeris chelidoniifolia* (Makino) Nakai, Bot. Mag. (Tokyo) 34: 156 (1920); *Ixeris chelidoniifolia* (Makino) Stebbins, J. Bot. 75: 46 (1937); *Youngia chelidoniifolia* (Makino) Kitam., Acta Phytotax. Geobot. 11: 128 (1942).
黑龙江、吉林；日本、朝鲜半岛、俄罗斯。

黄瓜假还阳参

Crepidiastrum denticulatum (Houtt.) Pak et Kawano, Mem. Fac. Sci. Kyoto Univ., Ser. Biol. 15: 56 (1992).
黑龙江、吉林、辽宁、河北、山西、山东、河南、安徽、江苏、浙江、江西、湖南、湖北、四川、重庆、贵州、云南、福建、广东、广西；蒙古国、日本、朝鲜半岛、越南、俄罗斯。

黄瓜假还阳参（原亚种）

Crepidiastrum denticulatum subsp. **denticulatum**
Prenanthes denticulata Houtt., Nat. Hist. 10: 385 (1779); *Prenanthes hastata* Thunb., Syst. Veg., ed. 14: 715 (1784); *Chondrilla denticulata* (Houtt.) Poir., Encycl. Suppl. 2: 329 (1811); *Chondrilla hastata* (Thunb.) Poir., Encycl. Suppl. 2: 332 (1811); *Lactuca denticulata* f. *pinnatipartita* Makino, Bot. Mag. (Tokyo) 13: 48 (1898); *Paraixeris denticulata* (Houtt.) Nakai, Bot. Mag. (Tokyo) 34: 156 (1920); *Paraixeris pinnatipartita* (Makino) Tzvelev, Fl. U. R. S. S. 29: 398 (1964).
黑龙江、吉林、辽宁、河北、山西、山东、河南、安徽、江苏、浙江、江西、湖南、湖北、贵州、福建、广东、广西；蒙古国、日本、朝鲜半岛、越南、俄罗斯。

长叶假还阳参

●**Crepidiastrum denticulatum** subsp. **longiflorum** (Stebbins) N. Kilian, Fl. China 20-21: 267 (2011).
Ixeris denticulata subsp. *longiflora* Stebbins, J. Bot. 75: 48 (1937).
江西、福建、广东。

枝状假还阳参

●**Crepidiastrum denticulatum** subsp. **ramosissimum** (Benth.) N. Kilian, Fl. China 20-21: 267 (2011).
Brachyramphus ramosissimus Benth., London J. Bot. 1: 489 (1842); *Ixeris ramosissima* (Benth.) A. Gray, Mém. Amer. Acad. Arts n. s. 6: 397 (1859); *Ixeris denticulata* subsp. *ramosissima* (Benth.) Stebbins, J. Bot. 75: 49 (1937).
贵州、云南、广东、广西。

细裂假还阳参（异叶黄鹌菜，细裂黄鹌菜）

Crepidiastrum diversifolium (Ledeb. ex Spreng.) J. W. Zhang et N. Kilian, Fl. China 20-21: 269 (2011).
Prenanthes diversifolia Ledeb. ex Spreng., Syst. Veg., ed. 16 3: 657 (1826); *Youngia diversifolia* (Ledeb. ex Spreng.) Ledeb., Fl. Ross. (Ledeb.) 2: 837 (1845).
甘肃、新疆、西藏；蒙古国、尼泊尔、印度、哈萨克斯坦、俄罗斯。

心叶假还阳参（心叶黄瓜菜）

●**Crepidiastrum humifusum** (Dunn) Sennikov, Bot. Zhurn. (Moscow et Leningrad) 82: 115 (1997).
Lactuca humifusa Dunn, J. Linn. Soc., Bot. 35: 512 (1903); *Crepis stolonifera* H. Lév., Repert. Spec. Nov. Regni Veg. 12: 531 (1913); *Ixeris humifusa* (Dunn) Stebbins, J. Bot. 75: 50 (1937); *Ixeris stebbinsiana* Hand.-Mazz., Acta Horti Gothob. 12: 353 (1938); *Paraixeris humifusa* (Dunn) C. Shih, Acta Phytotax. Sin. 31: 547 (1993).
湖北、重庆、云南。

假还阳参

Crepidiastrum lanceolatum (Houtt.) Nakai, Bot. Mag. (Tokyo) 34: 150 (1920).

Prenanthes lanceolata Houtt., Nat. Hist. 10: 383 (1779); *Prenanthes integra* Thunb., Syst. Veg., ed. 14: 714 (1784); *Chondrilla lanceolata* (Houtt.) Poir., Encycl. Suppl. 2: 329 (1811); *Crepis integra* (Thunb.) Miq., Ann. Mus. Bot. Lugduno-Batavi 2: 190 (1866); *Crepis koshunensis* Hayata, Icon. Pl. Formosan. 8: 79 (1919); *Crepidiastrum koshunense* (Hayata) Nakai, Bot. Mag. (Tokyo) 34: 149 (1920); *Ixeris koshunensis* (Hayata) Stebbins, J. Bot. 75: 45 (1937).

台湾；日本、朝鲜半岛。

尖裂假还阳参

Crepidiastrum sonchifolium (Maxim.) Pak et Kawano, Mem. Fac. Sci. Kyoto Univ., Ser. Biol. 15: 58 (1992).

黑龙江、吉林、辽宁、内蒙古、河北、山西、山东、河南、陕西、甘肃、安徽、江苏、江西、湖南、湖北、四川、重庆、贵州；蒙古国、朝鲜半岛。

尖裂假还阳参（原亚种）

Crepidiastrum sonchifolium subsp. **sonchifolium**

Youngia sonchifolia Maxim., Mém. Acad. Imp. Sci. St.-Pétersbourg Divers Savans 9: 180 (1859); *Lactuca elegans* Franch., J. Bot. (Morot) 11: 262 (1895); *Ixeridium elegans* (Franch.) C. Shih, Acta Phytotax. Sin. 31: 543 (1993); *Ixeridium sonchifolium* (Maxim.) C. Shih, Acta Phytotax. Sin. 31: 543 (1993).

黑龙江、吉林、辽宁、内蒙古、河北、山西、山东、河南、陕西、甘肃、安徽、江苏、江西、湖南、湖北、四川、重庆、贵州；蒙古国、朝鲜半岛、俄罗斯。

柔毛假还阳参

●**Crepidiastrum sonchifolium** subsp. **pubescens** (Stebbins) N. Kilian, Fl. China 20-21: 266 (2011).

Ixeris denticulata subsp. *pubescens* Stebbins, J. Bot. 75: 49 (1937).

湖北。

台湾假还阳参

●**Crepidiastrum taiwanianum** Nakai, Bot. Mag. (Tokyo) 34: 252 (1920).

Lactuca taiwaniana (Nakai) Makino et Nemoto, Fl. Jap., ed. 2 1246 (1931); *Ixeris taiwaniana* (Nakai) Stebbins, J. Bot. 75: 46 (1937).

台湾。

细叶假还阳参

Crepidiastrum tenuifolium (Willd.) Sennikov, Bot. Zhurn. (Moscow et Leningrad) 82: 115 (1997).

Crepis tenuifolia Willd., Sp. Pl. 3: 1606 (1803); *Crepis baicalensis* Ledeb., Mém. Acad. Imp. Sci. St. Pétersbourg Hist. Acad. 5: 559 (1815); *Barkhausia tenuifolia* (Willd.) DC., Prodr. (DC.) 7: 155 (1838); *Chondrilla baicalensis* (Ledeb.) Sch.-Bip., Mus. Senckenberg. 3: 49 (1839); *Berinia tenuifolia* (Willd.) Sch.-Bip., Jahresber. Pollichia 22-24: 316 (1866); *Crepis altaica* (Babc. et Stebbins) Roldugin, Fl. Kazakhst. 4: 548 (1966).

黑龙江、吉林、辽宁、内蒙古、河北、新疆、西藏；蒙古国、俄罗斯。

还阳参属 Crepis L.

果山还阳参

●**Crepis bodinieri** H. Lév., Bull. Geogr. Bot. 25: 15 (1915).

云南、西藏。

金黄还阳参

Crepis chrysantha (Ledeb.) Turcz., Bull. Soc. Imp. Naturalistes Moscou 11: 96 (1838).

Hieracium chrysanthum Ledeb., Fl. Altaic. 4: 129 (1833); *Crepis polytricha* (Ledeb.) Turcz., Bull. Soc. Imp. Naturalistes Moscou 96 (1838); *Hieracium frigidum* Steven ex DC., Prodr. (DC.) 7: 165 (1838); *Soyeria chrysantha* (Ledeb.) D. Dietr., Syn. Pl. 4: 1331 (1847); *Berinia chrysantha* (Ledeb.) Sch.-Bip., Jahresber. Pollichia 22-24: 319 (1866).

新疆；蒙古国、哈萨克斯坦、俄罗斯。

宽叶还阳参（宽叶山柳菊）

Crepis coreana (Nakai) H. S. Pak, Fl. Coreana 7: 378 (1999).

Hieracium coreanum Nakai, Bot. Mag. (Tokyo) 29: 9 (1915).

吉林、辽宁；朝鲜半岛。

北方还阳参

Crepis crocea (Lam.) Babc., Univ. Calif. Publ. Bot. 19: 400 (1941).

Hieracium croceum Lam., Encycl. 2: 360 (1786); *Crepis gmelinii* Schultes var. *grandifolia* Tausch, Flora 11: 78 (1828); *Crepis aurea* Rchb. var. *crocea* (Lam.) DC., Prodr. (DC.) 7: 168 (1838); *Crepis turczaninowii* C. A. Meyer, Bull. Soc. Imp. Naturalistes Moscou 21: 110 (1848); *Berinia crocea* (Lam.) Sch.-Bip., Jahresber. Pollichia 22-24: 317 (1866); *Hieracioides croceum* (Lam.) Kuntze, Revis. Gen. Pl. 1: 345 (1891).

内蒙古、河北、山西、陕西、甘肃、青海；蒙古国、俄罗斯。

新疆还阳参

Crepis darvazica Krasch., Trudy Bot. Inst. Akad. Nauk S. S. S. R., Ser. 1, Fl. Sist. Vyssh. Rast. 1: 182 (1933).

Crepis rigida Waldst. et Kit. var. *songorica* Kar. et Kir., Bull. Soc. Imp. Naturalistes Moscou 15: 394 (1842); *Crepis songorica* (Kar. et Kir.) Babc., Univ. Calif. Publ. Bot. 7: 426 (1947).

新疆；塔吉克斯坦、吉尔吉斯斯坦、哈萨克斯坦。

藏滇还阳参（长茎还阳参）

Crepis elongata Babc., Univ. Calif. Publ. Bot. 14: 326 (1928).

Crepis tibetica Babc., Univ. Calif. Publ. Bot. 14: 330 (1928).

四川、云南、西藏；不丹、尼泊尔、印度。

绿茎还阳参（马尾参，铁扫把，万丈深）

Crepis lignea (Vaniot) Babc., Univ. Calif. Publ. Bot. 22: 644 (1947).

Lactuca lignea Vaniot, Bull. Acad. Int. Geogr. Bot. 12: 318 (1903).

四川、贵州、云南、广西；越南、老挝、泰国。

琴叶还阳参

Crepis lyrata (L.) Froelich in DC., Prodr. (DC.) 7: 170 (1838).

Hieracium lyratum L., Sp. Pl. 2: 803 (1753).

新疆；哈萨克斯坦、俄罗斯。

多茎还阳参

Crepis multicaulis Ledeb., Icon. Pl. 1: 9 (1829).

Aracium multicaule (Ledeb.) D. Dietr., Syn. Pl. 4: 1329 (1847); *Crepis multicaulis* var. *congesta* Regel et Herder, Bull. Soc. Imp. Naturalistes Moscou 40: 178 (1867); *Crepis multicaulis* subsp. *congesta* (Regel et Herder) Babc., Univ. Calif. Publ. Bot. 91: 401 (1941).

新疆；蒙古国、巴基斯坦、塔吉克斯坦、吉尔吉斯斯坦、哈萨克斯坦、克什米尔地区、俄罗斯；欧洲。

芜菁还阳参（丽江一支箭，大一枝箭）

●**Crepis napifera** (Franch.) Babc., Univ. Calif. Publ. Bot. 22: 629 (1947).

Lactuca napifera Franch., J. Bot. (Morot) 9: 292 (1895); *Prenanthes chaffanjonii* H. Lév., Repert. Spec. Nov. Regni Veg. 11: 305 (1912).

四川、贵州、云南。

山地还阳参

Crepis oreades Schrenk ex Fisch. et C. A. Meyer, Enum. Pl. Nov. 2: 32 (1842).

Crepis oreades var. *cinerascens* Fisch. et C. A. Meyer, Enum. Pl. Nov. 2: 33 (1842); *Hieracioides oreades* (Schrenk ex Fisch. et C. A. Meyer) Kuntze, Revis. Gen. Pl. 1: 346 (1891).

青海、新疆；阿富汗、塔吉克斯坦、吉尔吉斯斯坦、哈萨克斯坦。

万丈深

●**Crepis phoenix** Dunn, J. Linn. Soc., Bot. 35: 511 (1903).

云南。

还阳参

Crepis rigescens Diels, Notes Roy. Bot. Gard. Edinburgh 5: 202 (1912).

Crepis rigescens subsp. *lignescens* Babc., Univ. Calif. Publ. Bot. 22: 643 (1947).

四川、云南；缅甸。

全叶还阳参

●**Crepis shihii** Tzvelev, Bot. Zhurn. (Moscow et Leningrad) 92: 1749 (2007).

Crepis integrifolia C. Shih, Acta Phytotax. Sin. 33: 191 (1995), not Vest (1820).

新疆。

西伯利亚还阳参

Crepis sibirica L., Sp. Pl. 2: 807 (1753).

Hieracium sibiricum (L.) Lam., Encycl. 2: 368 (1786); *Sonchus caucasicus* Biehler, Pl. Nov. Herb. Spreng. Cent. 12 (1807); *Sonchus flexuosus* Ledeb., Ind. Pl. Hort. Dorpat. Suppl. 5 (1811); *Hapalostephium sibiricum* (L.) D. Don, D. Don, Edinburgh New Philos. J. 6: 308 (1829); *Soyeria sibirica* (L.) Monnier, Ess. Monogr. Hieracium. 77 (1829); *Lepicaune sibirica* (L.) K. Koch, Linnaea 23: 680 (1850); *Aracium sibiricum* (L.) Sch.-Bip., Jahresber. Pollichia 22-24: 319 (1866); *Crepis ruprechtii* Boiss., Fl. Orient. 3: 843 (1875); *Hieracioides ruprechtii* (Boiss.) Kuntze, Revis. Gen. Pl. 1: 346 (1891).

黑龙江、辽宁、内蒙古、新疆；蒙古国、塔吉克斯坦、吉尔吉斯斯坦、哈萨克斯坦、俄罗斯；欧洲。

抽茎还阳参

Crepis subscaposa Collett et Hemsl., J. Linn. Soc., Bot. 28: 78 (1890).

云南；老挝、缅甸。

屋根草

Crepis tectorum L., Sp. Pl. 2: 807 (1753).

Hieracioides tectorum (L.) Kuntze., Revis. Gen. Pl. 1: 346 (1891).

黑龙江、内蒙古、新疆；蒙古国、哈萨克斯坦、俄罗斯；欧洲。

天山还阳参

●**Crepis tianshanica** C. Shih, Acta Phytotax. Sin. 33: 190 (1995).

Tibetoseris tianshanica (C. Shih) Tzvelev, Bot. Zhurn. (Moscow et Leningrad) 92: 1751 (2007); *Pseudoyoungia tianshanica* (C. Shih) D. Maity et Maiti, Compositae Newslett. 48: 33 (2010).

新疆。

麻菀属 Crinitina Soják

新疆麻菀

Crinitina tatarica (Less.) Soják, Zprávy Krajsk. Vlastiv. Muz. Olomouci 215: 2 (1982).

Chrysocoma tatarica Less., Linnaea 9: 186 (1834); *Linosyris tatarica* (Less.) C. A. Meyer, Verz. Saisang-nor Pfl. 38 (1841); *Crinitaria tatarica* (Less.) Soják, Čas. Nár. Muz. Praze, Rada Přír. 148 (2): 77 (1980).

新疆；哈萨克斯坦、俄罗斯；欧洲。

灰毛麻菀

Crinitina villosa (L.) Soják, Zprávy Krajsk. Vlastiv. Muz. Olomouci 215: 2 (1982).

Chrysocoma villosa L., Sp. Pl. 2: 841 (1753); *Crinitaria villosa* (L.) Cass., Dict. Sci. Nat. 37: 476 (1825); *Linosyris villosa* (L.) DC., Prodr. (DC.) 5: 352 (1836); *Galatella villosa* (L.) H. G. Rchb., Icon. Fl. Germ. Helv. (H. G. L. Rchb.) 16: 8 (1853-1854).
新疆；哈萨克斯坦、俄罗斯；亚洲（西南部）、欧洲。

芙蓉菊属 Crossostephium Less.

芙蓉菊（香菊，玉芙蓉，蕲艾）

Crossostephium chinensis (L.) Makino, Bot. Mag. (Tokyo) 20: 33 (1906).
Artemisia chinensis L., Sp. Pl. 2: 849 (1753); *Crossostephium artemisioides* Less., Linnaea 6: 220 (1831); *Tanacetum chinense* (L.) A. Gray ex Maxim., Mel. Biol. 8: 620 (1872); *Chrysanthemum artemisioides* (Less.) Kitam., Acta Phytotax. Geobot. 8: 77 (1939).
浙江、云南、福建、台湾、广东；日本。

半毛菊属 Crupina (Pers.) DC.

半毛菊

Crupina vulgaris Pers. ex Cass. in F. Cuvier, Dict. Sci. Nat. 12: 68 (1819).
Centaurea crupina L., Sp. Pl. 2: 909 (1753); *Serratula crupina* (L.) Villars, Hist. Pl. Dauphine 3: 38 (1789).
新疆；印度、阿富汗、塔吉克斯坦、吉尔吉斯斯坦、哈萨克斯坦、乌兹别克斯坦、土库曼斯坦、俄罗斯；亚洲（西南部）、欧洲、非洲。

蓝花矢车菊属 Cyanus Mill.

蓝花矢车菊（蓝芙蓉，车轮花，矢车菊）

△**Cyanus segetum** Hill, Veg. Syst. 4: 29 (1762).
Centaurea cyanus L., Sp. Pl. 2: 911 (1753).
青海、新疆归化；原产于欧洲。

杯菊属 Cyathocline Cass.

杯菊

Cyathocline purpurea (Buch.-Ham. ex D. Don) Kuntze, Revis. Gen. Pl. 1: 333 (1891).
Tanacetum purpureum Buch.-Ham. ex D. Don, Prodr. Fl. Nepal. 181 (1825); *Cyathocline lyrata* Cass., Ann. Sci. Nat. (Paris) 17: 420 (1829); *Dichrocephala abyssinica* DC., Flora 24: 26 (1841); *Dichrocephala minutifolia* Vaniot, Bull. Acad. Int. Geogr. Bot. 12: 243 (1903).
四川、贵州、云南、广东、广西；越南、老挝、缅甸、泰国、柬埔寨、不丹、尼泊尔、印度、孟加拉国。

歧笔菊属 Dicercoclados C. Jeffrey et Y. L. Chen

歧笔菊

●**Dicercoclados triplinervis** C. Jeffrey et Y. L. Chen, Kew Bull. 39: 214 (1984).
贵州。

鱼眼草属 Dichrocephala L'Hér. ex DC.

小鱼眼草

Dichrocephala benthamii C. B. Clarke, Compos. Ind. 36 (1876).
Dichrocephala bodinieri Vaniot, Bull. Acad. Int. Geogr. Bot. 12: 242 (1903); *Dichrocephala amphiloba* H. Lév. et Vaniot, Repert. Spec. Nov. Regni Veg. 8: 59 (1910).
甘肃、湖北、四川、贵州、云南、西藏、广西；越南、老挝、柬埔寨、不丹、尼泊尔、印度。

菊叶鱼眼草

Dichrocephala chrysanthemifolia (Blume) DC., Arch. Bot. (Paris) 2: 518 (1833).
Cotula chrysanthemifolia Blume, Bijdr. Fl. Ned. Ind. 15: 918 (1826); *Dichrocephala grangeifolia* DC., Prodr. (DC.) 5: 372 (1836); *Dichrocephala abyssinica* Sch.-Bip. ex Hochst., Flora 24: 26 (1841).
云南、西藏；日本、菲律宾、缅甸、马来西亚、印度尼西亚、不丹、尼泊尔、印度、巴布亚新几内亚、澳大利亚；非洲。

鱼眼草

Dichrocephala integrifolia (L. f.) Kuntze, Revis. Gen. Pl. 1: 333 (1891).
Hippia integrifolia L. f., Suppl. Pl. 389 (1782); *Ethulia auriculata* Thunb., Prodr. Pl. Cap. 141 (1794); *Cotula bicolor* Roth, Catal. Bot. 1: 116 (1800); *Dichrocephala bicolor* (Roth) Schltdl., Linnaea 25: 209 (1852); *Dichrocephala auriculata* (Thunb.) Druce, Bot. Soc. Exch. Club Brit. Isles 4: 619 (1917).
陕西、浙江、江西、湖南、湖北、四川、贵州、云南、西藏、福建、台湾、广东、广西、海南；菲律宾、越南、老挝、缅甸、泰国、柬埔寨、马来西亚、印度尼西亚、尼泊尔、印度、巴布亚新几内亚；亚洲（西南部）、非洲。

黄花斑鸠菊属 Distephanus Cass.

滇西斑鸠菊

●**Distephanus forrestii** (J. Anthony) H. Rob. et B. Kahn, Proc. Biol. Soc. Washington 99 (3): 499 (1986).
Vernonia forrestii J. Anthony, Notes Roy. Bot. Gard. Edinburgh 18: 35 (1933).

四川、云南。

黄花斑鸠菊

•**Distephanus henryi** (Dunn) H. Rob., Proc. Biol. Soc. Washington 112 (1): 238 (1999).

Vernonia henryi Dunn, J. Linn. Soc., Bot. 35: 500 (1903).

云南。

川木香属 Dolomiaea DC.

厚叶川木香（青木香，木香）

•**Dolomiaea berardioidea** (Franch.) C. Shih, Acta Phytotax. Sin. 24: 294 (1986).

Jurinea edulis (Franch.) Franch. var. *berardioidea* Franch., J. Bot. (Morot) 8: 338 (1894); *Jurinea berardioidea* (Franch.) Diels, Notes Roy. Bot. Gard. Edinburgh 5: 19 (1912); *Vladimiria berardioidea* (Franch.) Y. Ling, Acta Phytotax. Sin. 10: 82 (1965).

云南。

美叶川木香（多罗菊，美叶藏菊）

•**Dolomiaea calophylla** Y. Ling, Acta Phytotax. Sin. 10: 88 (1965).

西藏。

皱叶川木香

•**Dolomiaea crispoundulata** (C. C. Chang) Y. Ling, Acta Phytotax. Sin. 10: 9 (1965).

Jurinea crispoundulata C. C. Chang, Bull. Fan Mem. Inst. Biol. Bot. 6: 67 (1935).

西藏。

菜川木香

Dolomiaea edulis (Franch.) C. Shih, Acta Phytotax. Sin. 24: 294 (1986).

Saussurea edulis Franch., J. Bot. (Morot) 2: 337 (1888); *Jurinea edulis* (Franch.) Franch., J. Bot. (Morot) 8: 337 (1894); *Vladimiria edulis* (Franch.) Y. Ling, Acta Phytotax. Sin. 10: 82 (1965).

四川、云南、西藏；缅甸。

膜缘川木香

•**Dolomiaea forrestii** (Diels) C. Shih, Acta Phytotax. Sin. 24: 293 (1986).

Jurinea forrestii Diels, Notes Roy. Bot. Gard. Edinburgh 5: 200 (1912); *Vladimiria denticulata* Y. Ling, Acta Phytotax. Sin. 10: 81 (1965); *Dolomiaea denticulata* (Y. Ling) C. Shih, Acta Phytotax. Sin. 24: 293 (1986).

四川、云南、西藏。

腺叶川木香

•**Dolomiaea georgei** (J. Anthony) C. Shih, Acta Phytotax. Sin. 24: 294 (1986).

Jurinea georgei J. Anthony, Notes Roy. Bot. Gard. Edinburgh 18: 21 (1934).

云南。

红冠川木香

•**Dolomiaea lateritia** C. Shih, Acta Phytotax. Sin. 32: 190 (1994).

西藏。

平苞川木香

•**Dolomiaea platylepis** (Hand.-Mazz.) C. Shih, Acta Phytotax. Sin. 24: 295 (1986).

Jurinea platylepis Hand.-Mazz., Notizbl. Bot. Gart. Berlin-Dahlem 13: 658 (1937); *Vladimiria platylepis* (Hand.-Mazz.) Y. Ling, Acta Phytotax. Sin. 10: 82 (1965).

四川。

怒江川木香

Dolomiaea salwinensis (Hand.-Mazz.) C. Shih, Acta Phytotax. Sin. 24: 295 (1986).

Jurinea salwinensis Hand.-Mazz., Anz. Akad. Wiss. Wien, Math.-Naturwiss. Kl. 62: 69 (1925).

云南；缅甸。

糙羽川木香

•**Dolomiaea scabrida** (C. Shih et S. Y. Jin) C. Shih, Acta Phytotax. Sin. 24: 293 (1986).

Vladimiria scabrida C. Shih et S. Y. Jin, Acta Phytotax. Sin. 21: 91 (1983).

西藏。

川木香（木香）

•**Dolomiaea souliei** (Franch.) C. Shih, Acta Phytotax. Sin. 24: 294 (1986).

Jurinea souliei Franch., J. Bot. (Morot) 8: 337 (1894).

四川、云南、西藏。

西藏川木香（南藏菊）

•**Dolomiaea wardii** (Hand.-Mazz.) Y. Ling, Acta Phytotax. Sin. 10: 88 (1965).

Jurinea wardii Hand.-Mazz., J. Bot. 76: 290 (1938).

西藏。

多榔菊属 Doronicum L.

阿尔泰多郎菊

Doronicum altaicum Pall., Acta Acad. Sci. Imp. Petrop. 2: 271 (1779).

Aronicum altaicum (Pall.) DC., Prodr. (DC.) 6: 320 (1887).

内蒙古、陕西、新疆；蒙古国、俄罗斯。

西藏多郎菊

•**Doronicum calotum** (Diels) Q. Yuan, Acta Bot. Yunnan. 30: 439 (2008).

Cremanthodium calotum Diels, Bot. Jahrb. Syst. 36: 105 (1905); *Doronicum thibetanum* Cavill., J. Arnold Arbor. 14: 39

[1933 (1907)]; *Doronicum limprichtii* Diels, Repert. Spec. Nov. Regni Veg. 12: 507 (1922).
陕西、青海、四川、云南、西藏。

错那多郎菊

●**Doronicum conaense** Y. L. Chen, Acta Phytotax. Sin. 36: 75 (1998).
西藏。

甘肃多郎菊

●**Doronicum gansuense** Y. L. Chen, Acta Phytotax. Sin. 36: 73 (1998).
Doronicum cavillieri Alv. Fern. et Nieto Fel., Ann. Bot. Fenn. 37 (4): 250 (2000).
甘肃。

长圆叶多郎菊

Doronicum oblongifolium DC., Prodr. (DC.) 6: 321 (1838).
新疆；蒙古国、哈萨克斯坦、俄罗斯。

狭舌多郎菊

●**Doronicum stenoglossum** Maxim., Bull. Acad. Imp. Sci. Saint-Pétersbourg 27: 483 (1882).
Doronicum souliei Cavill., Annuaire Conserv. Jard. Bot. Genève 10: 235 (1907); *Doronicum yunnanense* Franch. ex Diels, Notes Roy. Bot. Gard. Edinburgh 7: 151, 356 (1912).
甘肃、青海、四川、云南、西藏。

中亚多郎菊

Doronicum turkestanicum Cavill., Annuaire Conserv. Jard. Bot. Genève 13-14: 301 (1911).
Doronicum oblongifolium DC. var. *leiocarpum* Trautv., Byull. Moskovsk. Obshch. Isp. Prir., Otd. Biol. 39: 361 (1866).
内蒙古、新疆；蒙古国、哈萨克斯坦、俄罗斯。

厚喙菊属 Dubyaea DC.

棕毛厚喙菊（假蒲公英）

●**Dubyaea amoena** (Hand.-Mazz.) Stebbins, J. Bot. 75: 17 (1937).
Lactuca amoena Hand.-Mazz., Anz. Akad. Wiss. Wien, Math.-Naturwiss. Kl. 61: 23 (1924).
云南。

紫花厚喙菊

Dubyaea atropurpurea (Franch.) Stebbins, J. Bot. 75: 51 (1937).
Lactuca atropurpurea Franch., J. Bot. (Morot) 9: 294 (1895); *Dubyaea panduriformis* C. Shih, Acta Phytotax. Sin. 31: 438 (1993).
四川、云南；缅甸。

刚毛厚喙菊

●**Dubyaea blinii** (H. Lév.) N. Kilian, Fl. China 20-21: 336 (2011).
Crepis blinii H. Lév., Repert. Spec. Nov. Regni Veg. 13: 345 (1914); *Faberia blini* (H. Lév.) H. Lév., Bull. Acad. Int. Geogr. Bot. 24: 252 (1914); *Crepis setigera* J. Scott, Notes Roy. Bot. Gard. Edinburgh 8: 333 (1915); *Youngia setigera* (J. Scott) Babc. et Stebbins, Univ. Calif. Publ. Bot. 18: 227 (1943); *Youngia blinii* (H. Lév.) Lauener, Notes Roy. Bot. Gard. Edinburgh 34: 388 (1976).
四川、云南。

伞房厚喙菊

●**Dubyaea cymiformis** C. Shih, Acta Phytotax. Sin. 31: 439 (1993).
西藏。

峨眉厚喙菊

●**Dubyaea emeiensis** C. Shih, Acta Phytotax. Sin. 33: 191 (1995).
四川。

光滑厚喙菊

●**Dubyaea glaucescens** Stebbins, Mem. Torrey Bot. Club 19 (3): 16 (1940).
Dubyaea grandis Hand.-Mazz., Oesterr. Bot. Z. 90: 126 (1941).
四川。

矮小厚喙菊

●**Dubyaea gombalana** (Hand.-Mazz.) Stebbins, J. Bot. 75: 17 (1937).
Lactuca gombalana Hand.-Mazz., Anz. Akad. Wiss. Wien, Math.-Naturwiss. Kl. 61: 23 (1924).
云南、西藏。

厚喙菊

Dubyaea hispida (D. Don) DC., Prodr. (DC.) 7: 247 (1838).
Hieracium hispidum D. Don, Prodr. Fl. Nepal. 165 (1825); *Lactuca dubyaea* C. B. Clarke, Compos. Ind. 271 (1876); *Crepis bhotanica* Hutch., Bull. Misc. Inform. Kew 1916: 189 (1916); *Crepis dubyaea* (C. B. Clarke) C. Marquand et Airy Shaw, J. Linn. Soc., Bot. 48: 194 (1929); *Dubyaea bhotanica* (Hutch.) C. Shih, Acta Phytotax. Sin. 31: 436 (1993); *Dubyaea lanceolata* C. Shih, Acta Phytotax. Sin. 31: 435 (1993).
四川、云南、西藏；缅甸、不丹、尼泊尔、印度。

金阳厚喙菊

●**Dubyaea jinyangensis** C. Shih, Acta Phytotax. Sin. 31: 441 (1993).
四川。

长柄厚喙菊

●**Dubyaea rubra** Stebbins, Mem. Torrey Bot. Club 19 (3): 17 (1940).
Dubyaea muliensis C. Shih, Acta Phytotax. Sin. 31: 437 (1993).
四川。

朗县厚喙菊

Dubyaea stebbinsii Ludlow, Bull. Brit. Mus. (Nat. Hist.), Bot.

2: 74 (1956).
西藏；不丹。

察隅厚喙菊

Dubyaea tsarongensis (W. W. Smith) Stebbins, J. Bot. 75: 17 (1937).
Lactuca tsarongensis W. W. Smith, Notes Roy. Bot. Gard. Edinburgh 12: 211 (1920); *Crepis tsarongensis* (W. W. Smith) J. Anthony, Notes Roy. Bot. Gard. Edinburgh 18: 194 (1934).
云南；缅甸。

羊耳菊属 Duhaldea DC.

羊耳菊（猪耳风，羊耳风，八面风）

Duhaldea cappa (Buch.-Ham. ex D. Don) Pruski et Anderb., Compositae Newslett. 40: 44 (2003).
Conyza cappa Buch.-Ham. ex D. Don, Prodr. Fl. Nepal. 176 (1825); *Baccharis chinensis* Lour., Fl. Cochinch. 2: 494 (1790); *Conyza dentata* Blanco, Fl. Filip. [F. M. Blanco] 629 (1837), not Willd. (1803); *Inula cappa* (Buch.-Ham. ex D. Don) DC., Prodr. (DC.) 5: 469 (1836); *Duhaldea chinensis* DC., Prodr. (DC.) 5: 366 (1836); *Blumea arnottiana* Steud., Nomencl. Bot., ed. 2 (Steud.) 1: 210 (1840); *Blumea chinensis* Hook. et Arn., Bot. Beechey Voy. 195 (1837), not (L.) DC. (1836), nor Walp. (1843).
浙江、四川、贵州、云南、福建、广东、广西、海南；越南、泰国、马来西亚、不丹、尼泊尔、印度、巴基斯坦。

泽兰羊耳菊

Duhaldea eupatorioides (DC.) Steetz, Bonplandia 5: 308 (1857).
Inula eupatorioides DC., Prodr. (DC.) 5: 469 (1836); *Aster zayuensis* Y. L. Chen, Acta Phytotax. Sin. 28: 483 (1990).
西藏；越南、老挝、缅甸、泰国、不丹、尼泊尔、印度、巴基斯坦。

拟羊耳菊（木枝旋覆花）

●**Duhaldea forrestii** (J. Anthony) Anderb., Pl. Syst. Evol. 176: 104 (1991).
Inula forrestii J. Anthony, Notes Roy. Bot. Gard. Edinburgh 18: 197 (1934).
四川、云南。

显脉旋覆花（威灵仙，小黑药，黑威灵）

Duhaldea nervosa (Wall. ex DC.) Anderb., Pl. Syst. Evol. 176: 104 (1991).
Inula nervosa Wall. ex DC., Prodr. (DC.) 5: 471 (1836); *Inula asperrima* Edgew., Trans. Linn. Soc. London 20: 69 (1846); *Inula verrucosa* Klatt, Sitzungsber. Math.-Phys. Cl. Königl. Akad. Wiss. München 8: 86 (1878); *Inula esquirolii* H. Lév., Repert. Spec. Nov. Regni Veg. 11: 306 (1912).
四川、贵州、云南、西藏、广西；越南、缅甸、泰国、不丹、尼泊尔、印度。

翼茎羊耳菊（石如意大黑药，大黑根，大黑洋参）

●**Duhaldea pterocaula** (Franch.) Anderb., Pl. Syst. Evol. 176: 104 (1991).
Inula pterocaula Franch., J. Bot. (Morot) 10: 383 (1896).
四川、云南。

赤茎羊耳菊

Duhaldea rubricaulis (DC.) Anderb., Pl. Syst. Evol. 176: 104 (1991).
Amphirhapis rubricaulis DC., Prodr. (DC.) 5: 343 (1836); *Inula rubricaulis* (DC.) Benth. et Hook. f., Gen. Pl. [Benth. et Hook. f.] 2: 331 (1873).
云南；越南、缅甸、泰国、不丹、尼泊尔、印度。

滇南羊耳菊（火把梗）

Duhaldea wissmanniana (Hand.-Mazz.) Anderb., Pl. Syst. Evol. 176: 104 (1991).
Inula wissmanniana Hand.-Mazz., Oesterr. Bot. Z. 87: 127 (1938).
云南；越南。

蓝刺头属 Echinops L.

截叶蓝刺头（硬叶蓝刺头）

●**Echinops coriophyllus** C. Shih, Bull. Bot. Lab. N. E. Forest. Inst., Harbin 5: 63 (1979).
江苏。

驴欺口（蓝刺头）

Echinops davuricus Fisch. ex Hornem., Suppl. Hort. Bot. Hafn. 105 (1819).
Echinops latifolius Tausch, Flora 11: 486 (1828); *Echinops davuricus* var. *angustilobus* DC., Prodr. (DC.) 6: 523 (1837); *Echinops davuricus* var. *latilobus* DC., Prodr. (DC.) 6: 523 (1837); *Echinops manshuricus* Kitag., J. Jap. Bot. 40: 135 (1965); *Echinops latifolius* var. *manshuricus* (Kitag.) C. Y. Li, Clavis Pl. Chinae Bor.-Or. ed. 2 (ed. P. Y. Fu): 694 (1995).
黑龙江、吉林、辽宁、内蒙古、河北、山西、山东、河南、陕西、宁夏、甘肃；蒙古国、俄罗斯。

东北蓝刺头（老虎球，褐毛蓝刺头）

Echinops dissectus Kitag., Rep. Inst. Sci. Res. Manchoukuo Sect. 4 2: 118 (1935).
黑龙江、吉林、辽宁、内蒙古、河北、山西、山东；朝鲜半岛、俄罗斯。

砂蓝刺头

Echinops gmelinii Turcz., Bull. Soc. Imp. Naturalistes Moscou 5: 195 (1832).
Echinops turczaninowii Trautv., Diss. Echin. 28 (1833).
黑龙江、吉林、辽宁、内蒙古、河北、山西、河南、陕西、宁夏、甘肃、青海、新疆；蒙古国、俄罗斯。

华东蓝刺头（格利氏蓝刺头）

●**Echinops grijsii** Hance, Ann. Sci. Nat., Bot., sér. 5 5: 221 (1866).

Echinops cathayanus Kitag., Bot. Mag. (Tokyo) 50: 197 (1936).
辽宁、山东、河南、安徽、江苏、浙江、江西、湖北、福建、台湾、广西。

矮蓝刺头

Echinops humilis M. Bieb., Fl. Taur.-Caucas. 3: 598 (1819).
新疆；蒙古国、哈萨克斯坦、俄罗斯。

全缘叶蓝刺头

Echinops integrifolius Kar. et Kir., Bull. Soc. Imp. Naturalistes Moscou 14: 446 (1841).
新疆；蒙古国、哈萨克斯坦、俄罗斯。

丝毛蓝刺头（矮蓝刺头）

Echinops nanus Bunge, Bull. Acad. Imp. Sci. Saint-Pétersbourg 6: 411 (1863).
新疆；蒙古国、哈萨克斯坦、乌兹别克斯坦、俄罗斯。

火烙草

●**Echinops przewalskyi** Iljin, Bot. Mater. Gerb. Glavn. Bot. Sada R. S. F. S. R. 4: 108 (1923).
内蒙古、山西、山东、宁夏、甘肃、新疆。

羽裂蓝刺头

●**Echinops pseudosetifer** Kitag., Rep. Inst. Sci. Res. Manchoukuo Sect. 4 2: 120 (1935).
河北、山西。

硬叶蓝刺头

Echinops ritro L., Sp. Pl. 2: 815 (1753).
Echinops tenuifolius Fisch. ex Schkuhr, Bot. Handb. [C. Schkuhr]. 3: 181 (1808); *Echinops ritro* var. *tenuifolius* (Fisch. ex Schkuhr) DC., Prodr. (DC.) 6: 524 (1937).
新疆；蒙古国、哈萨克斯坦、土库曼斯坦、俄罗斯；亚洲（西南部）、欧洲。

糙毛蓝刺头

Echinops setifer Iljin, Bot. Mater. Gerb. Glavn. Bot. Sada R. S. F. S. R. 4: 108 (1923).
山东、河南；日本、朝鲜半岛。

蓝刺头

Echinops sphaerocephalus L., Sp. Pl. 2: 814 (1753).
Echinops maximus Sievers ex Pallas, Neueste Nord. Beytr. Phys. Geogr. Erd-Volkerbeschreib. 3: 323 (1796); *Echinops rochelianus* Grisebach var. *cirsiifolius* K. Koch, Spic. Fl. Rumel. 2 (5/6): 229 (1846); *Echinops cirsiifolius* (K. Koch) Grossheim, Linnaea 24: 379 (1851), not K. Koch (1851).
新疆；哈萨克斯坦、俄罗斯；亚洲（西南部）、欧洲。

林生蓝刺头

●**Echinops sylvicola** C. Shih, Bull. Bot. Lab. N. E. Forest. Inst., Harbin 5: 68 (1979).
新疆。

大蓝刺头

Echinops talassicus Golosk., Bot. Mater. Gerb. Inst. Bot. Akad. Nauk Kazakhsk. S. S. R. 3: 52 (1965).
新疆；哈萨克斯坦。

天山蓝刺头

Echinops tjanschanicus Bobrov, Fl. U. R. S. S. 27: 714 (1962).
新疆；哈萨克斯坦。

薄叶蓝刺头

Echinops tricholepis Schrenk ex Fisch. et C. A. Meyer, Enum. Pl. Nov. 1: 47 (1841).
新疆；哈萨克斯坦。

鳢肠属 Eclipta L.

鳢肠（旱莲草，墨菜）

Eclipta prostrata (L.) L., Mant. Pl. 2: 286 (1771).
Verbesina prostrata L., Sp. Pl. 2: 902 (1753); *Verbesina alba* L., Sp. Pl., 2: 902 (1753); *Eclipta zippeliana* Blume, Bijdr. Fl. Ned. Ind. 15: 914 (1826); *Eclipta thermalis* Bunge, Mém. Acad. Imp. Sci. St.-Pétersbourg Divers Savans 1: 113 (1833); *Eclipta alba* (L.) Hassk., Pl. Jav. Rar. 528 (1848); *Eclipta angustata* Umemoto et H. Koyama, Thai Forest Bull., Bot. 35: 114 (2007).
吉林、辽宁、河北、山西、山东、河南、陕西、甘肃、安徽、江苏、浙江、江西、湖南、湖北、四川、贵州、云南、福建、台湾、广西；澳大利亚、太平洋岛屿；亚洲、欧洲、非洲（北部）、美洲。

地胆草属 Elephantopus L.

地胆草（苦地胆，地胆头，鹿耳草）

Elephantopus scaber L., Sp. Pl. 2: 814 (1753).
Scabiosa cochinchinensis Lour., Fl. Cochinch., ed. 2 1: 68 (1790); *Asterocephalus cochinchinensis* Spreng., Syst. Veg., ed. 16 1: 380 (1825).
浙江、江西、湖南、贵州、云南、福建、台湾、广东、广西、海南；亚洲、非洲、美洲热带地区。

白花地胆草（牛舌草）

Elephantopus tomentosus L., Sp. Pl. 2: 814 (1753).
Elephantopus bodinieri Gagnep., Bull. Soc. Bot. France 68: 117 (1921).
福建、台湾、广东、海南；世界热带。

离药金腰箭属 Eleutheranthera Poit.

离药金腰箭

△**Eleutheranthera ruderalis** (Sw.) Sch.-Bip., Bot. Zeitung (Berlin) 24: 165 (1866).
Melampodium ruderale Sw., Fl. Ind. Occid. 3: 1372 (1806), nom. cons.; *Eleutheranthera ovata* Poit., Bull. Sci. Soc. Philom. Paris 3 (no. 66): 137 (1802), nom. rej.; *Verbesina foliacea*

Spreng., Syst. Veg., ed. 16 3: 578 (1826); *Gymnopsis microcephala* Gardner, London J. Bot. 7: 292 (1848); *Kegelia ruderalis* (Sw.) Sch.-Bip., Linnaea 21: 245 (1848).
台湾归化；澳大利亚；非洲、中南美洲。

一点红属 Emilia Cass.

绒缨菊（缨绒花）

☆**Emilia coccinea** (Sims) G. Don in Sweet, Hort. Brit., ed. 3: 382 (1839).
Cacalia coccinea Sims, Bot. Mag. 16: t. 564 (1802); *Cacalia sagittata* Willd., Sp. Pl., ed. 3: 1771 (1803); *Emilia sagittata* DC. var. *lutea* L. H. Bailey, Prodr. (DC.) 6: 302 (1838).
中国栽培；原产于非洲，世界广泛栽培。

缨荣花

△**Emilia fosbergii** Nicolson, Phytologia 32: 34 (1975).
台湾栽培和归化；原产于非洲、热带太平洋岛屿、新热带。

黄花紫背草

☆**Emilia praetermissa** Milne-Redhead, Kew Bull. 5: 375 (1951).
台湾栽培；原产于热带西非。

小一点红（细红背叶，耳挖草）

Emilia prenanthoidea DC., Prodr. (DC.) 6: 302 (1838).
浙江、四川、贵州、云南、福建、广东、广西；菲律宾、越南、泰国、马来西亚、印度尼西亚、印度、巴布亚新几内亚。

一点红（红背叶，羊蹄草，野木耳菜）

Emilia sonchifolia (L.) DC. in Wight, Contr. Bot. India [Wight] 24 (1834).
河北、河南、陕西、安徽、江苏、浙江、湖南、湖北、四川、贵州、云南、福建、台湾、广东、海南；世界泛热带。

一点红（原亚种）

Emilia sonchifolia var. **sonchifolia**
Cacalia sonchifolia L., Sp. Pl. 2: 835 (1753); *Senecio sonchifolius* (L.) Moench, Meth. Suppl.: 231 (1802); *Crassocephalum sonchifolium* (L.) Less., Linnaea 6: 252 (1831); *Emilia sinica* Miq., J. Bot. Néerl. 1: 105 (1861).
河北、河南、陕西、安徽、江苏、浙江、湖南、湖北、四川、贵州、云南、福建、台湾、广东、海南；世界泛热带。

紫背草

Emilia sonchifolia var. **javanica** (N. L. Burman) Mattf., Bot. Jahrb. Syst. 62: 445 (1929).
Hieracium javanicum N. L. Burman, Fl. Indica, 174 (1768); *Emilia flammea* Cass., Dict. Sci. Nat. 14: 406 (1819); *Emilia sagittata* DC., Prodr. (DC.) 6: 302 (1838); *Emilia javanica* (N. L. Burman) C. B. Rob., Philipp. J. Sci., C 3: 217 (1908).
安徽、浙江、湖南、福建、台湾、广东、海南；日本、印度尼西亚。

沼菊属 Enydra Lour.

沼菊

Enydra fluctuans Lour., Fl. Cochinch. 2: 511 (1790).
云南、海南；越南、缅甸、泰国、马来西亚、印度尼西亚、印度、澳大利亚。

鹅不食草属 Epaltes Cass.

鹅不食草（球菊）

Epaltes australis Less., Linnaea 5: 148 (1830).
Sphaeromorphaea australis (Less.) Kitam., Acta Phytotax. Geobot. 5: 276 (1936).
云南、福建、台湾、广东、广西、海南；越南、泰国、马来西亚、印度、澳大利亚。

翅柄球菊（翅柄鹅不食草）

Epaltes divaricata (L.) Cass., Bull. Sci. Soc. Philom. Paris 1818: 139 (1818).
Ethulia divaricata L., Syst. Nat., ed. 12 2: 536; Mant. Pl. 1: 110 (1767); *Poilania laggeroides* Gagnep., Bull. Soc. Bot. France 71: 56 (1924).
海南；越南、印度尼西亚、印度、斯里兰卡。

鼠毛菊属 Epilasia (Bunge) Benth.

顶毛鼠毛菊

Epilasia acrolasia (Bunge) C. B. Clarke ex Lipsch., Fragm. Monogr. Gen. Scorzon. 2: 29 (1939).
Scorzonera acrolasia Bunge, Beitr. Fl. Russl. 202 (1852); *Epilasia ammophila* (Bunge) C. B. Clarke ex Tzvelev, Compos. Ind. 279 (1876).
新疆；巴基斯坦、阿富汗、塔吉克斯坦、哈萨克斯坦、乌兹别克斯坦、土库曼斯坦；亚洲（西南部）。

鼠毛菊（腰毛草，环子苣，腰毛鼠毛菊）

Epilasia hemilasia (Bunge) C. B. Clarke ex Kuntze, Trudy Imp. S.-Peterburgsk. Bot. Sada 10: 202 (1887).
Scorzonera hemilasia Bunge, Beitr. Fl. Russl. 201 (1852); *Epilasia cenopleura* (Bunge) C. B. Clarke ex Soják, Novit. Bot. et Del. Sem. Hort. Bot. Univ. Carol. Prag. 1962: 49 (1962).
新疆；巴基斯坦、阿富汗、塔吉克斯坦、哈萨克斯坦、乌兹别克斯坦、土库曼斯坦；亚洲（西南部）。

菊芹属 Erechtites Raf.

梁子菜（菊芹，饥荒草）

△**Erechtites hieraciifolius** (L.) Raf. ex DC., Prodr. (DC.) 6: 294 (1838).
Senecio hieraciifolius L., Sp. Pl. 2: 866 (1753).

四川、贵州、云南、福建、台湾等地归化；广布亚洲（东南部）；原产于热带美洲。

败酱叶菊芹（飞机草）

△**Erechtites valerianifolius** (Link ex Spreng.) DC., Prodr. (DC.) 6: 295 (1838).

Senecio valerianifolius Link ex Spreng., Syst. Veg., ed. 16 3: 565 (1826).

台湾、广东、海南归化；世界泛热带；原产于热带美洲。

飞蓬属 Erigeron L.

飞蓬

Erigeron acris L., Sp. Pl. 2: 863 (1753).

黑龙江、吉林、辽宁、内蒙古、河北、山西、河南、陕西、甘肃、青海、新疆、湖南、湖北、四川、云南、西藏、广东、广西；蒙古国、日本、朝鲜半岛、不丹、阿富汗、吉尔吉斯斯坦、哈萨克斯坦、乌兹别克斯坦、俄罗斯；亚洲（西南部）、欧洲、北美洲。

飞蓬（原亚种）

Erigeron acris subsp. **acris**

Trimorpha acris (L.) Gray, Nat. Arr. Brit. Pl. 2: 466 (1821).

黑龙江、吉林、辽宁、内蒙古、河北、山西、河南、陕西、甘肃、青海、新疆、湖南、湖北、四川、云南、西藏、广东、广西；蒙古国、日本、朝鲜半岛、不丹、阿富汗、吉尔吉斯斯坦、哈萨克斯坦、乌兹别克斯坦、俄罗斯；亚洲（西南部）、欧洲、北美洲。

堪察加飞蓬

Erigeron acris subsp. **kamtschaticus** (DC.) H. Hara, J. Jap. Bot. 15: 317 (1939).

Erigeron kamtschaticus DC., Prodr. (DC.) 5: 290 (1836); *Erigeron angulosus* Gaudin var. *kamtschaticus* (DC.) H. Hara, Rhodora 41: 389 (1939).

黑龙江、吉林、辽宁、内蒙古、河北、山西、河南、陕西、青海、广东；蒙古国、俄罗斯；北美洲。

长茎飞蓬

Erigeron acris subsp. **politus** (Fr.) H. Lindb., Enum. Pl. Fennoscandia, 56 (1901).

Erigeron politus Fr., Summa Veg. Scand. 1: 184 (1845); *Erigeron elongatus* Ledeb., Fl. Altaic. 4: 91 (1833), not Moench (1802); *Trimorpha polita* (Fr.) Vierh., Beih. Bot. Centralbl., Abt. 2 19: 2: 424 (1906).

黑龙江、吉林、内蒙古、河北、山西、陕西、宁夏、甘肃、青海、新疆、四川、西藏；吉尔吉斯斯坦、哈萨克斯坦、俄罗斯；欧洲。

异色飞蓬

Erigeron allochrous Botsch., Bot. Mater. Gerb. Bot. Inst. Komarova Akad. Nauk S. S. S. R. 18: 259 (1957).

新疆；哈萨克斯坦。

山飞蓬

Erigeron alpicola Makino, Bot. Mag. (Tokyo) 28: 339 (1914).

Aster consanguineus Ledeb., Fl. Ross. (Ledeb.) 2: 473 (1845), not *Erigeron consanguineus* (Phil.) Cabrera (1936); *Erigeron thunbergii* var. *glabratus* A. Gray, Mém. Amer. Acad. Arts n. s. 6: 395 (1859); *Erigeron consanguineus* (Ledeb.) Novopokr., Bot. Mater. Gerb. Bot. Inst. Komarova Akad. Nauk S. S. S. R. 7: 137 (1938), not (Phil.) Cabrera (1936); *Erigeron komarovii* Botsch., Not. Syst. Herb. Inst. Bot. Acad. Sci. U. R. S. S. 16: 390 (1954); *Erigeron thunbergii* subsp. *komarovii* (Botsch.) Á. Löve et D. Löve, Bot. Not. 128 (4): 521 (1976); *Erigeron komarovii* Botsch. var. *heilongjiangensis* P. H. Huang et W. H. Ye, Bull. Bot. Res., Harbin 14 (4): 357 (1994).

吉林；日本、俄罗斯。

阿尔泰飞蓬

Erigeron altaicus Popov, Bot. Mater. Gerb. Bot. Inst. Komarova Akad. Nauk S. S. S. R. 8: 53 (1940).

新疆；哈萨克斯坦、俄罗斯。

一年蓬（千层塔，治疟草，野蒿）

△**Erigeron annuus** (L.) Pers., Syn. Pl. 2: 431 (1807).

Aster annuus L., Sp. Pl. 2: 875 (1753); *Erigeron heterophyllus* Muhl. ex Willd., Sp. Pl. 3: 1956 (1803); *Stenactis annua* (L.) Cass. ex Less., Dict. Sci. Nat. 37: 485 (1825).

中国大部分地区归化；原产于北美洲。

橙花飞蓬

Erigeron aurantiacus Regel, Gartenflora 28: 289 (1879).

新疆；哈萨克斯坦。

类雏菊飞蓬

△**Erigeron bellioides** DC., Prodr. (DC.) 5: 288 (1836).

台湾归化；原产于南非，美国（夏威夷）、波多黎各、澳大利亚、南美洲归化。

香丝草（野塘蒿，野地黄菊，蓑衣草）

△**Erigeron bonariensis** L., Sp. Pl. 2: 863 (1753).

Erigeron crispus Pourr., Mém. Acad. Toul. 3: 318 (1788); *Erigeron linifolius* Willd., Sp. Pl. 3: 1955 (1803); *Conyza crispa* (Pourr.) Rupr., Bull. Cl. Phys.-Math. Acad. Imp. Sci. Saint-Pétersbourg 14: 235 (1856); *Conyza leucodasys* Miq., J. Bot. Néerl. 1: 103 (1861); *Conyza bonariensis* (L.) Cronquist, Bull. Torrey Bot. Club 70: 632 (1943).

河北、山东、河南、陕西、甘肃、安徽、江苏、浙江、江西、湖南、湖北、四川、贵州、云南、西藏、福建、台湾、广东、广西、海南归化；世界热带和亚热带；原产于南美洲。

短葶飞蓬（灯盏草，灯盏细辛）

●**Erigeron breviscapus** (Vaniot) Hand.-Mazz., Symb. Sin. 7 (4): 1093 (1936).

Aster breviscapus Vaniot, Bull. Acad. Int. Geogr. Bot. 12: 495 (1903); *Erigeron dielsii* H. Lév., Repert. Spec. Nov. Regni Veg.

11: 307 (1912); *Erigeron praecox* Vierh. et Hand.-Mazz., Anz. Akad. Wiss. Wien, Math.-Naturwiss. Kl. 68: 4 (1926); *Erigeron breviscapus* var. *tibeticus* Y. Ling et Y. L. Chen, Acta Phytotax. Sin. 11: 409 (1973); *Erigeron breviscapus* var. *leucanthus* X. D. Dong et Ji H. Li, Bull. Bot. Res., Harbin 23 (2): 133 (2003).
湖南、四川、贵州、云南、西藏、广西。

小蓬草（加拿大飞蓬，飞蓬，小飞蓬）

△**Erigeron canadensis** L., Sp. Pl. 2: 863 (1753).
Conyzella canadensis (L.) Rupr., Mém. Acad. Imp. Sci. Saint-Pétersbourg, Sér. 7 14 (4): 51 (1869); *Leptilon canadense* (L.) Britton, Ill. Fl. N. U. S. (Britton et Brown) 3: 391 (1898); *Conyza canadensis* (L.) Cronquist, Bull. Torrey Bot. Club 70: 632 (1943); *Marsea canadensis* (L.) V. M. Badillo, Bol. Soc. Venez. Ci. Nat. 10: 256 (1946).
中国各地归化；原产于北美洲。

棉苞飞蓬

Erigeron eriocalyx (Ledeb.) Vierh., Beih. Bot. Centralbl., Abt. 2 19: 521 (1906).
Erigeron alpinus var. *eriocalyx* Ledebour, Fl. Altaic. 4: 91 (1833).
内蒙古、新疆；蒙古国、哈萨克斯坦、俄罗斯；欧洲。

台湾飞蓬

●**Erigeron fukuyamae** Kitam., Acta Phytotax. Geobot. 2: 42 (1933).
Erigeron morrisonensis Hayata var. *fukuyamae* (Kitam.) Kitam., J. Coll. Sci. Imp. Univ. Tokyo 25 (19): 126 (1908).
台湾。

珠峰飞蓬

Erigeron himalajensis Vierh., Beih. Bot. Centralbl., Abt. 2 19: 491 (1906).
四川、云南、西藏；阿富汗。

加勒比飞蓬

△**Erigeron karvinskianus** DC., Prodr. (DC.) 5: 285 (1836).
香港归化；原产于北美洲、中美洲。

俅江飞蓬

●**Erigeron kiukiangensis** Y. Ling et Y. L. Chen, Acta Phytotax. Sin. 11: 412 (1973).
云南、西藏。

西疆飞蓬

Erigeron krylovii Serg., Sist. Zametki Mater. Gerb. Krylova Tomsk. Gosud. Univ. Kuybysheva 1945: 2 (1945).
新疆；哈萨克斯坦、俄罗斯。

贡山飞蓬

●**Erigeron kunshanensis** Y. Ling et Y. L. Chen, Acta Phytotax. Sin. 11: 417 (1973).
云南。

毛苞飞蓬

Erigeron lachnocephalus Botsch., Fl. U. R. S. S. 25: 230 (1959).
Erigeron turkestanicus Vierh., Beih. Bot. Centralbl., Abt. 2 19: 522 (1906), not O. Fedtsch. (1903).
新疆；哈萨克斯坦、乌兹别克斯坦。

棉毛飞蓬

●**Erigeron lanuginosus** Y. L. Chen, Acta Phytotax. Sin. 19: 89 (1981).
西藏。

宽叶飞蓬（新拟）

●**Erigeron latifolius** Hao Zhang et Zhi F. Zhang, Novon 20: 117 (2010).
四川。

光山飞蓬

Erigeron leioreades Popov, Bot. Mater. Gerb. Bot. Inst. Komarova Akad. Nauk S. S. S. R. 8: 52 (1940).
新疆；哈萨克斯坦、俄罗斯。

白舌飞蓬

●**Erigeron leucoglossus** Y. Ling et Y. L. Chen, Acta Phytotax. Sin. 11: 411 (1973).
西藏。

矛叶飞蓬

Erigeron lonchophyllus Hook., Fl. Bor.-Amer. (Michaux) 2: 18 (1834).
Trimorpha lonchophylla (Hook.) G. L. Nesom, Phytologia 67: 64 (1989).
新疆；蒙古国、哈萨克斯坦、俄罗斯；亚洲（西南部）、北美洲。

玉山飞蓬

●**Erigeron morrisonensis** Hayata, J. Coll. Sci. Imp. Univ. Tokyo 25 (19): 126 (1908).
台湾。

密叶飞蓬

●**Erigeron multifolius** Hand.-Mazz., Notizbl. Bot. Gart. Berlin-Dahlem 13: 627 (1937).
Erigeron multifolius var. *amplisquamus* Y. Ling et Y. L. Chen, Acta Phytotax. Sin. 11: 416 (1973); *Erigeron multifolius* var. *pilanthus* Y. Ling et Y. L. Chen, Acta Phytotax. Sin. 11: 415 (1973).
云南、西藏。

多舌飞蓬

Erigeron multiradiatus (Lindl. ex DC.) Benth. ex C. B. Clarke, Compos. Ind. 56 (1876).
Stenactis multiradiata Lindl. ex DC., Prodr. (DC.) 5: 299

(1836); *Aster inuloides* D. Don, Prodr. Fl. Nepal. 178 (1825), not *Erigeron inuloides* Poir. (1817); *Aster roylei* Onno, Biblioth. Bot. 26 (Heft 106): 67 (1932); *Erigeron multiradiatus* var. *glabrescens* Y. Ling et Y. L. Chen, Acta Phytotax. Sin. 11: 411 (1973); *Erigeron multiradiatus* var. *ovatifolius* Y. Ling et Y. L. Chen, Acta Phytotax. Sin. 11: 411 (1973).
四川、云南、西藏；不丹、尼泊尔、印度、阿富汗；亚洲（西南部）。

山地飞蓬

Erigeron oreades (Schrenk ex Fisch. et C. A. Meyer) Fisch. et C. A. Meyer, Index Sem. Hort. Petrop. 11 (Suppl.): 17 (1846).
Erigeron uniflorus L. var. *oreades* Schrenk ex Fisch. et C. A. Meyer, Enum. Pl. Nov. 2: 39 (1842).
新疆；蒙古国、哈萨克斯坦、俄罗斯。

展苞飞蓬

●**Erigeron patentisquama** Jeffrey ex Diels, Notes Roy. Bot. Gard. Edinburgh 5: 185 (1912).
四川、云南、西藏。

柄叶飞蓬

Erigeron petiolaris Vierh., Beih. Bot. Centralbl., Abt. 2 19: 522 (1906).
Erigeron pseudoneglectus Popov, Acta Inst. Bot. Acad. Sci. U. R. S. S., Ser. 1, Fasc. 7: 11 (1948).
新疆；哈萨克斯坦、乌兹别克斯坦、俄罗斯。

紫苞飞蓬

●**Erigeron porphyrolepis** Y. Ling et Y. L. Chen, Acta Phytotax. Sin. 11: 416 (1973).
四川、西藏。

假泽山飞蓬

Erigeron pseudoseravschanicus Botsch., Fl. U. R. S. S. 25: 585 (1959).
新疆；哈萨克斯坦、乌兹别克斯坦、俄罗斯。

细茎飞蓬

●**Erigeron pseudotenuicaulis** Brouillet et Y. L. Chen, Fl. China 20-21: 642 (2011).
Erigeron tenuicaulis Y. Ling et Y. L. Chen, Acta Phytotax. Sin. 11: 418 (1973), not M. E. Jones (1908).
四川。

紫茎飞蓬

●**Erigeron purpurascens** Y. Ling et Y. L. Chen, Acta Phytotax. Sin. 11: 419 (1973).
四川。

革叶飞蓬

Erigeron schmalhausenii Popov, Bot. Mater. Gerb. Bot. Inst. Komarova Akad. Nauk S. S. S. R. 8: 51 (1940).
Erigeron eriocephalus Regel et Schmalh., Trudy Imp. S.-Peterburgsk. Bot. Sada 5: 613 (1877), not J. Vahl (1840).
新疆；哈萨克斯坦、乌兹别克斯坦、俄罗斯。

泽山飞蓬

Erigeron seravschanicus Popov, Trudy Bot. Inst. Akad. Nauk S. S. S. R., Ser. 1, Fl. Sist. Vyssh. Rast. 7: 10 (1948).
新疆；哈萨克斯坦、乌兹别克斯坦。

糙伏毛飞蓬

△**Erigeron strigosus** Muhl. ex Willd., Sp. Pl. 3: 1956 (1803).
Erigeron annuus (L.) Pers. subsp. *strigosus* (Muhl. ex Willd.) Wagenitz, Ill. Fl. Mitt.-Eur., ed. 2 6/3 (2): 96 (1965).
吉林、河北、山东、河南、安徽、江苏、江西、湖南、湖北、四川、西藏、福建归化；原产于北美洲。

苏门白酒草

△**Erigeron sumatrensis** Retz., Observ. Bot. 5: 28 (1788).
Conyza sumatrensis (Retz.) E. Walker, J. Jap. Bot. 46: 72 (1971).
甘肃、安徽、江苏、浙江、江西、湖南、四川、贵州、云南、西藏、福建、台湾、广东、广西、海南等地归化；世界热带和亚热带；原产于南美洲。

太白飞蓬

●**Erigeron taipeiensis** Y. Ling et Y. L. Chen, Acta Phytotax. Sin. 11: 406 (1973).
陕西。

天山飞蓬

Erigeron tianschanicus Botsch., Fl. U. R. S. S. 25: 259 (1959).
Erigeron coeruleus Popov, Trudy Bot. Inst. Akad. Nauk S. S. S. R., Ser. 1, Fl. Sist. Vyssh. Rast. 7: 11 (1948), not *E. caeruleus* Urban (1912).
新疆；哈萨克斯坦。

蓝舌飞蓬

Erigeron vicarius Botsch., Bot. Mater. Gerb. Bot. Inst. Komarova Akad. Nauk S. S. S. R. 18: 260 (1957).
新疆；哈萨克斯坦、乌兹别克斯坦。

白酒草属 **Eschenbachia** Moench

埃及白酒草

Eschenbachia aegyptiaca (L.) Brouillet, Fl. China 20-21: 556 (2011).
Erigeron aegyptiacus L., Syst. Nat., ed. 12 2: 549; Mant. Pl. 1: 112 (1767) ["*aegyptiacum*"]; *Conyza aegyptiaca* (L.) Aiton, Hort. Kew. 3: 183 (1789).
福建、台湾、广东；日本、越南、缅甸、马来西亚、印度、孟加拉国、巴基斯坦、阿富汗、伊朗、澳大利亚；非洲。

熊胆草（黄龙胆，龙胆蒿，苦草）

●**Eschenbachia blinii** (H. Lév.) Brouillet, Fl. China 20-21: 556 (2011).

Conyza blinii H. Lév., Repert. Spec. Nov. Regni Veg. 8: 452 (1910); *Conyza pinnatifida* Franch., J. Bot. (Morot) 10: 381 (1896), not Less. (1832); *Conyza dunniana* H. Lév., Cat. Pl. Yun-Nan 43 (1916).
四川、贵州、云南。

白酒草（假蓬，山地菊）

Eschenbachia japonica (Thunb.) J. Koster, Blumea 7: 290 (1952).
Erigeron japonicus Thunb. in Murray, Syst. Veg., ed. 14: 754 (1784); *Conyza japonica* (Thunb.) Less., Syn. Comp. 204 (1832); *Blumea subcapitata* Matsum. et Hayata, Prodr. (DC.) 5: 439 (1836); *Conyza asteroides* Wall. ex DC., Prodr. (DC.) 5: 382 (1836); *Blumea globata* Vaniot, Bull. Acad. Int. Geogr. Bot. 24 (1903).
安徽、江苏、浙江、江西、湖南、四川、贵州、云南、西藏、福建、台湾、广东、广西；日本、越南、缅甸、泰国、马来西亚、不丹、尼泊尔、印度、巴基斯坦、阿富汗。

粘毛白酒草（粘毛假蓬，假蓬）

Eschenbachia leucantha (D. Don) Brouillet, Fl. China 20-21: 556 (2011).
Erigeron leucanthus D. Don, Prodr. Fl. Nepal. 171 (1825); *Conyza viscidula* Wall. ex DC., Wall. Cat. 3006 (1831), nom. invalid.; *Vernonia ampla* Vaniot, Bull. Acad. Int. Geogr. Bot. 12: 124 (1903); *Blumea conyzoides* H. Lév. et Vaniot, Repert. Spec. Nov. Regni Veg. Beih. 7: 22 (1909); *Conyza leucantha* (D. Don) Ludlow et P. H. Raven, Kew Bull. 1: 71 (1963).
贵州、云南、福建、台湾、广东、广西、海南；菲律宾、越南、老挝、缅甸、泰国、柬埔寨、马来西亚、印度尼西亚、不丹、尼泊尔、印度、孟加拉国、澳大利亚。

木里白酒草

●**Eschenbachia muliensis** (Y. L. Chen) Brouillet, Fl. China 20-21: 557 (2011).
Conyza muliensis Y. L. Chen, Fl. Reipubl. Popularis Sin. 74: 361 (1985).
四川。

宿根白酒草

●**Eschenbachia perennis** (Hand.-Mazz.) Brouillet, Fl. China 20-21: 557 (2011).
Conyza perennis Hand.-Mazz., Notizbl. Bot. Gart. Berlin-Dahlem 13: 630 (1937).
贵州、云南。

都丽菊属 Ethulia L.

都丽菊

Ethulia conyzoides L. f., Dec. Prima Pl. Horti Upsal. 1 (1762).
Ethulia ramosa Roxb., Hort. Bengal. 61 (1814).
云南、台湾；老挝、泰国、柬埔寨、印度；非洲、南美洲引种。

纤细都丽菊

Ethulia gracilis Delile in Cailliaud, Voy. Méroé 4: 334 (1827).
云南；泰国；非洲。

泽兰属 Eupatorium L.

多花泽兰

●**Eupatorium amabile** Kitam., Acta Phytotax. Geobot. 1: 283 (1932).
台湾。

大麻叶泽兰

△**Eupatorium cannabinum** L., Sp. Pl. 2: 838 (1753).
Eupatorium nodiflorum Wall. ex DC., Prodr. (DC.) 5: 179 (1836).
江苏、浙江、台湾归化；原产于欧洲。

多须公

Eupatorium chinense L., Sp. Pl. 2: 837 (1753).
Eupatorium crenatifolium Hand.-Mazz., Oesterr. Bot. Z. 88: 307 (1939); *Eupatorium chinense* var. *yuliense* C. H. Ou, Bull. Exp. Forest. Natl. Chung Hsing Univ. 18: 7 (1985).
河南、陕西、甘肃、安徽、江苏、浙江、江西、湖南、湖北、四川、贵州、云南、福建、台湾、广东、广西、海南；日本、朝鲜半岛、尼泊尔、印度。

台湾泽兰

Eupatorium formosanum Hayata, J. Coll. Sci. Imp. Univ. Tokyo 25 (19): 122 (1908).
台湾；日本。

佩兰（兰草）

Eupatorium fortunei Turcz., Bull. Soc. Imp. Naturalistes Moscou 24: 170 (1851).
Eupatorium chinense L. var. *tripartitum* Miq., Ann. Mus. Bot. Lugduno-Batavi 2: 167 (1866); *Eupatorium caespitosum* Migo, J. Shanghai Sci. Inst. Sect. 3 (3): 7 (1934).
山东、河南、陕西、安徽、江苏、浙江、江西、湖南、湖北、四川、贵州、云南、福建、广东、广西、海南；日本、朝鲜半岛、越南、泰国。

异叶泽兰（红梗草，红升麻）

Eupatorium heterophyllum DC., Prodr. (DC.) 5: 180 (1836).
Eupatorium wallichii DC. var. *heterophyllum* (DC.) Diels, Notes Roy. Bot. Gard. Edinburgh 7: 360 (1912); *Eupatorium mairei* H. Lév., Bull. Acad. Int. Geogr. Bot. 25: 14 (1915).
陕西、甘肃、安徽、湖北、四川、贵州、云南、西藏、台湾；尼泊尔。

花莲泽兰

●**Eupatorium hualienense** C. H. Ou, S. W. Chung et C. I Peng, Fl. Taiwan, ed. 2 4: 956 (1998).
台湾。

白头婆（泽兰）

Eupatorium japonicum Thunb. in Murray, Syst. Veg., ed. 14: 737 (1784).
Eupatorium japonicum var. *simplicifolium* Makino, Bot. Mag. (Tokyo) 23: 90 (1909); *Eupatorium tozanense* Hayata, Icon. Pl. Formosan. 8: 44 (1919); *Eupatorium chinense* L. var. *simplicifolium* (Makino) Kitam., J. Jap. Bot. 24: 79 (1949); *Eupatorium chinense* var. *tozanense* (Hayata) Kitam., Mem. Coll. Sci. Kyoto Imp. Univ., Ser. B Biology 24: 50 (1957).
黑龙江、吉林、辽宁、山西、山东、河南、陕西、安徽、江苏、浙江、江西、湖北、四川、贵州、云南、福建、广东、海南；日本、朝鲜半岛。

林泽兰（尖佩兰）

Eupatorium lindleyanum DC., Prodr. (DC.) 5: 180 (1836).
除新疆外，中国各地；日本、朝鲜半岛、菲律宾、缅甸、俄罗斯。

基隆泽兰

Eupatorium luchuense Nakai, Bot. Mag. (Tokyo) 30: 147 (1916).
Eupatorium luchuense var. *kiirunense* Kitam., Mem. Coll. Sci. Kyoto Imp. Univ., Ser. B, Biol. 13: 292 (1937); *Eupatorium kiirunense* (Kitam.) C. H. Ou et S. W. Chung, Fl. Taiwan, ed. 2 4: 960 (1998).
台湾；日本。

南川泽兰

●**Eupatorium nanchuanense** Y. Ling et C. Shih, Fl. Reipubl. Popularis Sin. 74: 354 (1985).
重庆、云南。

峨眉泽兰

●**Eupatorium omeiense** Y. Ling et C. Shih, Fl. Reipubl. Popularis Sin. 74: 354 (1985).
四川。

毛果泽兰

●**Eupatorium shimadae** Kitam., Acta Phytotax. Geobot. 1: 284 (1932).
福建、台湾。

木泽兰

●**Eupatorium tashiroi** Hayata, J. Coll. Sci. Imp. Univ. Tokyo 18 (8): 9 (1904).
Eupatorium gracillimum Hayata, Icon. Pl. Formosan. 3: 124 (1913).
台湾。

北美紫菀属 Eurybia (Cass.) Cass.

西伯利亚紫菀（鲜卑紫菀）

Eurybia sibirica (L.) G. L. Nesom, Phytologia 77: 261 (1995).
Aster sibiricus L., Sp. Pl. 2: 872 (1753); *Aster ircutianus* DC., Prodr. (DC.) 5: 229 (1836); *Aster sachalinensis* Kudô, Kitakarofuto-Shok.-Chosa 226 (1924).
黑龙江；蒙古国、日本、俄罗斯；欧洲、北美洲。

花佩菊属 Faberia Hemsl.

贵州花佩菊

●**Faberia cavaleriei** H. Lév., Bull. Geogr. Bot. 24: 252 (1914).
Hieracium tsiangii C. C. Chang, Sinensia 3: 207, 209, f. 4 (1933); *Prenanthes cavaleriei* (H. Lév.) Stebbins ex Lauener, Notes Roy. Bot. Gard. Edinburgh 34: 397 (1976); *Faberia tsiangii* (C. C. Chang) C. Shih, Fl. Reipubl. Popularis Sin. 80 (1): 166 (1997).
贵州、广西。

滇花佩菊

●**Faberia ceterach** Beauverd, Bull. Soc. Bot. Genève 2: 51 (1910).
云南。

狭锥花佩菊（狭锥福王草）

●**Faberia faberi** (Hemsl.) N. Kilian, Ze H. Wang et J. W. Zhang, Fl. China 20-21: 214 (2011).
Prenanthes faberi Hemsl., J. Linn. Soc., Bot. 23: 486 (1888).
四川、重庆、贵州、云南。

披针叶花佩菊

●**Faberia lancifolia** J. Anthony, Notes Roy. Bot. Gard. Edinburgh 18: 196 (1934).
Lactuca glabra C. C. Chang, Contr. Biol. Lab. Sci. Soc. China, Bot. Ser. 9: 128 (1934), not DC. (1834).
云南。

假花佩菊（狭叶花佩菊）

●**Faberia nanchuanensis** C. Shih, Acta Phytotax. Sin. 33: 195 (1995).
Faberiopsis nanchuanensis (C. Shih) C. Shih et Y. L. Chen, Acta Phytotax. Sin. 34: 439 (1996).
重庆。

花佩菊

●**Faberia sinensis** Hemsl., J. Linn. Soc., Bot. 23: 479 (1888).
Crepis hieracium H. Lév., Repert. Spec. Nov. Regni Veg. 13: 345 (1914); *Faberia hieracium* (H. Lév.) H. Lév., Bull. Acad. Int. Geogr. Bot. 24: 252 (1914); *Prenanthes sinensis* (Hemsl.) Stebbins ex Babc., Univ. Calif. Publ. Bot. 22: 631 (1947).
四川、云南。

光滑花佩菊

●**Faberia thibetica** (Franch.) Beauverd, Bull. Soc. Bot. Genève 2: 50 (1910).
Lactuca thibetica Franch., J. Bot. (Morot) 9: 293 (1895).
四川。

大吴风草属 Farfugium Lindl.

大吴风草（八角乌，活血莲，大马蹄香）

Farfugium japonicum (L.) Kitam., Acta Phytotax. Geobot. 8: 268 (1939).

Tussilago japonica L., Mant. Pl. 1: 113 (1767); *Arnica tussilaginea* N. L. Burman, Fl. Ind. 182 (1768); *Farfugium grande* Lindl., Gard. Chron., 1857: 4 (1857); *Farfugium kaempferi* Benth., Fl. Hongk. 191 (1861); *Farfugium tussilagineum* (N. L. Burman) Kitam., Acta Phytotax. Geobot. 8: 73 (1939).

安徽、浙江、湖南、湖北、福建、台湾、广东、广西；日本。

絮菊属 Filago L.

絮菊

Filago arvensis L., Sp. Pl. 2: 856 (1753).

Gnaphalium arvense (L.) Willd., Sp. Pl., ed. 3: 1897 (1800); *Logfia arvensis* (L.) Holub, Notes Roy. Bot. Gard. Edinburgh 33: 432 (1975).

新疆、西藏；蒙古国、哈萨克斯坦、俄罗斯；欧洲。

匙叶絮菊

Filago spathulata C. Presl, Delic. Prag. 99 (1822).

新疆、西藏；哈萨克斯坦、俄罗斯；亚洲（西南部）、欧洲。

线叶菊属 Filifolium Kitam.

线叶菊（兔毛蒿）

Filifolium sibiricum (L.) Kitam., Acta Phytotax. Geobot. 9: 157 (1940).

Tanacetum sibiricum L., Sp. Pl. 2: 1844 (1753); *Artemisia sibirica* (L.) Maxim., Mélanges Biol. Bull. Phys.-Math. Acad. Imp. Sci. Saint-Pétersbourg 8: 524 (1872); *Chrysanthemum trinioides* Hand.-Mazz., Acta Horti Gothob. 12: 273 (1938).

黑龙江、吉林、辽宁、内蒙古、河北、山西；蒙古国、日本、朝鲜半岛、俄罗斯。

黄顶菊属 Flaveria Juss.

黄顶菊

△**Flaveria bidentis** (L.) Kuntze, Revis. Gen. Pl. 3: 148 (1898).

Ethulia bidentis L., Syst. Nat., ed. 12 2: 536; Mant. Pl. 1: 110 (1767).

河北逸生；原产于南美洲。

复芒菊属 Formania W. W. Smith et J. Small

复芒菊

●**Formania mekongensis** W. W. Smith et J. Small, Trans. et Proc. Bot. Soc. Edinburgh 28: 92 (1922).

四川、云南。

齿冠属 Frolovia (DC.) Lipsch.

大序齿冠

Frolovia frolowii (Ledeb.) Raab-Straube, Willdenowia 33: 391 (2003).

Saussurea frolowii Ledeb., Icon. Pl. 4: 16 (1833).

新疆；哈萨克斯坦、俄罗斯。

天人菊属 Gaillardia Foug.

天人菊（虎皮菊，老虎皮菊）

△**Gaillardia pulchella** Foug., Hist. Acad. Roy. Sci. Mém. Math. Phys. (Paris, 4°) 1786: 5 (1788).

中国广泛栽培并归化；原产于北美洲。

乳菀属 Galatella Cass.

阿尔泰乳菀

Galatella altaica Tzvelev, Fl. U. R. S. S. 25: 582 (1959).

Galatella bipunctata Novopokr., p. p., Not. Syst. Herb. Inst. Bot. Acad. Sci. U. R. S. S. 11: 221 (1949).

新疆；蒙古国、俄罗斯；亚洲（中部）。

窄叶乳菀

Galatella angustissima (Tausch) Novopokr., Trudy Bot. Inst. Akad. Nauk S. S. S. R., Ser. 1, Fl. Sist. Vyssh. Rast. 7: 136 (1948).

Aster angustissimus Tausch, Flora 11: 487 (1828); *Galatella tenuifolia* Lindl. ex DC., Prodr. (DC.) 5: 257 (1836).

新疆；蒙古国、哈萨克斯坦、俄罗斯。

盘花乳菀

Galatella biflora (L.) Nees, Gen. Sp. Aster. 159 (1832).

Chrysocoma biflora L., Sp. Pl. 2: 841 (1753); *Crinitaria biflora* (L.) Cass., Dict. Sci. Nat. 37: 476 (1825).

新疆；哈萨克斯坦、俄罗斯。

紫缨乳菀

Galatella chromopappa Novopokr., Trudy Bot. Inst. Akad. Nauk S. S. S. R., Ser. 1, Fl. Sist. Vyssh. Rast. 7: 124 (1948).

新疆；哈萨克斯坦、乌兹别克斯坦、俄罗斯。

兴安乳菀（乳菀）

Galatella dahurica DC., Prodr. (DC.) 5: 256 (1836).

Aster dahuricus (DC.) Benth. ex Baker, Gard. Chron., 1: 208 (1885); *Aster yamatsutanus* Kitag., Bot. Mag. (Tokyo) 48: 110 (1934); *Galatella songorica* Novopokr., Acta Inst. Bot. Acad. Sci. U. R. S. S., Ser. 1 7: 116 (1948); *Galatella macrosciadia* Gand., Fl. U. R. S. S. 25: 145 (1959); *Galatella songorica* var. *discoidea* Y. Ling et Y. L. Chen, Fl. Reipubl. Popularis Sin. 74: 360 (1985).

黑龙江、吉林、辽宁、内蒙古、新疆；蒙古国、哈萨克斯坦、乌兹别克斯坦、俄罗斯。

帚枝乳菀

Galatella fastigiiformis Novopokr., Trudy Bot. Inst. Akad. Nauk S. S. S. R., Ser. 1, Fl. Sist. Vyssh. Rast. 7: 128 (1948).
新疆；哈萨克斯坦、乌兹别克斯坦、俄罗斯。

鳞苞乳菀

Galatella hauptii (Ledeb.) Lindl. ex DC., Prodr. (DC.) 5: 256 (1836).
Aster hauptii Ledeb., Fl. Altaic. 4: 100 (1833); *Galatella squamosa* DC., Prodr. (DC.) 5: 257 (1836).
新疆；蒙古国、哈萨克斯坦、俄罗斯。

乳菀

Galatella punctata (Waldst. et Kit.) Nees, Gen. Sp. Aster. 161 (1832).
Aster punctatus Waldst. et Kit., Descr. Icon. Pl. Hung. 2: t. 109 (1805); *Galatella acutisquama* Novopokr., Acta Inst. Bot. Acad. Sci. U. R. S. S., Ser. 1 7: 122 (1948); *Galatella acutisquamoides* Novopokr., Acta Inst. Bot. Acad. Sci. U. R. S. S., Ser. 1 7: 127 (1948); *Galatella densiflora* (Avé-Lall.) Novopokr., Acta Inst. Bot. Acad. Sci. U. R. S. S., Ser. 1 7: 121 (1948); *Galatella ledebouriana* Novopokr., Trudy Bot. Inst. Akad. Nauk S. S. S. R., Ser. 1, Fl. Sist. Vyssh. Rast. 7: 122 (1948).
新疆；哈萨克斯坦、俄罗斯；亚洲（西南部）、欧洲。

昭苏乳菀

Galatella regelii Tzvelev, Fl. U. R. S. S. 25: 153 (1959).
Linosyris punctata Regel et Schmalh., Trudy Imp. S.-Peterburgsk. Bot. Sada 5: 613 (1877), not Candolle (1836); *Galatella chromopappa* Novopokr. f. *discoidea* Novopokr., Trudy Bot. Inst. Akad. Nauk S. S. S. R., Ser. 1, Fl. Sist. Vyssh. Rast. 7: 124 (1948).
新疆；哈萨克斯坦、俄罗斯。

卷缘乳菀

Galatella scoparia (Kar. et Kir.) Novopokr., Izv. Rossiisk. Akad. Nauk 12: 2274, 2279, 2283 (1918).
Linosyris scoparia Kar. et Kir., Bull. Soc. Imp. Naturalistes Moscou 15: 378 (1842); *Aster scoparius* (Kar. et Kir.) Kuntze, Revis. Gen. Pl. 1: 318 (1891).
新疆；哈萨克斯坦、俄罗斯。

天山乳菀

Galatella tianschanica Novopokr., Trudy Bot. Inst. Akad. Nauk S. S. S. R., Ser. 1, Fl. Sist. Vyssh. Rast. 7: 130 (1948).
新疆；哈萨克斯坦。

牛膝菊属 **Galinsoga** Ruiz et Pavon

牛膝菊（小花辣子草，辣子草）

△**Galinsoga parviflora** Cav., Icon. 3: 41 (1795).
四川、贵州、云南、西藏、台湾等地归化；原产于南美洲。

粗毛牛膝菊（辣子草，粗毛辣子草）

△**Galinsoga quadriradiata** Ruiz et Pavon, Syst. Veg. Fl. Peruv. Chil. 1: 198 (1798).
Galinsoga ciliata (Raf.) S. F. Blake, Rhodora 24: 35 (1922).
中国各地归化；原产于南美洲。

合冠鼠麹草属 **Gamochaeta** Wedd.

直茎合冠鼠麹草

☆**Gamochaeta calviceps** (Fernald) Cabrera, Bol. Soc. Argent. Bot. 9: 368 (1961).
Gnaphalium calviceps Fernald, Rhodora 37: 449 (1935).
台湾引种；原产于南美洲。

里白合冠鼠麹草

△**Gamochaeta coarctata** (Willd.) Kerguélen, Lejeunia 120: 104 (1987).
Gnaphalium coarctatum Willd., Sp. Pl. 3: 1886 (1803), based on *G. spicatum* Lam., Encycl. 2: 757 (1788), not Mill. (1768); *Gamochaeta spicata* Cabrera, Bol. Soc. Argent. Bot. 9: 380 (1961); *Gnaphalium liui* S. S. Ying., Coloured Ill. Fl. Taiwan 6: 666 (1998).
贵州、台湾归化；原产于南美洲，引入太平洋岛屿、亚洲、欧洲、北美洲。

南川合冠鼠麹草

●**Gamochaeta nanchuanensis** (Y. Ling et Y. Q. Tseng) Y. S. Chen et R. J. Bayer, Fl. China 20-21: 778 (2011).
Gnaphalium nanchuanense Y. Ling et Y. Q. Tseng, Acta Phytotax. Sin. 16: 85 (1978); *Omalotheca nanchuanensis* (Y. Ling et Y. Q. Tseng) Holub, Preslia 70: 108 (1998).
湖北、重庆。

挪威合冠鼠麹草

Gamochaeta norvegica (Gunnerus) Y. S. Chen et R. J. Bayer, Fl. China 20-21: 778 (2011).
Gnaphalium norvegicum Gunnerus, Fl. Norveg. 2: 105 (1772); *Omalotheca norvegica* (Gunnerus) Sch.-Bip. et F. W. Schultz, Arch. Fl. J. Bot. 2: 311 (1861); *Synchaeta norvegica* (Gunnerus) Kirp., Bot. Mater. Gerb. Bot. Inst. Komarova Akad. Nauk S. S. S. R. 20: 312 (1960).
新疆；俄罗斯；欧洲、北美洲。

匙叶合冠鼠麹草

Gamochaeta pensylvanica (Willd.) Cabrera, Bol. Soc. Argent. Bot. 9: 375 (1961).
Gnaphalium pensylvanicum Willd., Enum. Pl. [Willd.] 2: 867 (1809); *Gnaphalium chinense* Gand., Bull. Soc. Bot. France 65: 43 (1918), not *G. sinense* (Hemsl.) Franch. (1892).
浙江、江西、湖南、四川、贵州、云南、西藏、福建、台湾、广东、广西、海南；澳大利亚；亚洲、欧洲、非洲、北美洲、中南美洲。

合冠鼠麹草

☆**Gamochaeta purpurea** (L.) Cabrera, Bol. Soc. Argent. Bot. 9: 377 (1961).

Gnaphalium purpureum L., Sp. Pl. 2: 854 (1753); *Gnaphalium rosaceum* I. M. Johnston, Contr. Gray Herb. 68: 99 (1923); *Gamochaeta rosacea* (I. M. Johnston) Anderb., Opera Bot. 104: 157 (1991).

台湾引种；原产于北美洲，引入亚洲、欧洲、南美洲。

林地合冠鼠麹草

Gamochaeta sylvatica (L.) Fourr., Ann. Soc. Linn. Lyon, sér. 2 17: 93 (1869).

Gnaphalium sylvaticum L., Sp. Pl. 2: 856 (1753); *Omalotheca sylvatica* (L.) Sch.-Bip. et F. W. Schultz, Arch. Fl. J. Bot. 2: 311 (1861); *Synchaeta sylvatica* (L.) Kirp., Trudy Bot. Inst. Akad. Nauk S. S. S. R., Ser. 1, Fl. Sist. Vyssh. Rast. 9: 33 (1950).

新疆；蒙古国、哈萨克斯坦、俄罗斯；亚洲（西南部）、欧洲。

小疮菊属 **Garhadiolus** Jaub. et Spach

小疮菊

Garhadiolus papposus Boiss. et Buhse, Nouv. Mém. Soc. Imp. Naturalistes Moscou 12: 135 (1860).

Rhagadiolus papposus (Boiss. et Buhse) Kuntze, Trudy Imp. S.-Peterburgsk. Bot. Sada 10: 205 (1887).

新疆；塔吉克斯坦、吉尔吉斯斯坦、哈萨克斯坦、乌兹别克斯坦、土库曼斯坦；亚洲（西南部）。

火石花属 **Gerbera** L.

火石花（一支箭，钩苞大丁草）

Gerbera delavayi Franch., J. Bot. (Morot) 2: 68 (1888).

四川、贵州、云南；越南。

火石花（原变种）

Gerbera delavayi var. **delavayi**

Gerbera uncinata Beauverd, Bull. Soc. Bot. Genève 2: 41 (1910).

四川、云南；越南。

蒙自火石花（蒙自大丁草）

●**Gerbera delavayi** var. **henryi** (Dunn) C. Y. Wu et H. Peng, Acta Bot. Yunnan. 24: 143 (2002).

Gerbera henryi Dunn, J. Linn. Soc., Bot. 35: 511 (1903).

贵州、云南。

阔舌火石花

●**Gerbera latiligulata** Y. C. Tseng, Acta Bot. Austro Sin. 3: 11 (1986).

云南。

箭叶火石花

Gerbera maxima (D. Don) Beauverd, Bull. Soc. Bot. Genève 2: 44 (1910).

Chaptalia maxima D. Don, Prodr. Fl. Nepal. 166 (1825).

西藏；泰国、不丹、尼泊尔、印度、巴基斯坦。

白背火石花

Gerbera nivea (DC.) Sch.-Bip., Flora 27: 780 (1844).

Oreoseris nivea DC., Prodr. (DC.) 7: 18 (1838).

四川、云南、西藏；不丹、尼泊尔、印度。

光叶火石花（莱菔大丁草，光叶大丁草）

●**Gerbera raphanifolia** Franch., J. Bot. (Morot) 2: 67 (1888).

云南。

巨头火石花

●**Gerbera rupicola** T. G. Gao et D. J. N. Hind, Fl. China 20-21: 14 (2011).

云南。

钝苞火石花（墨江一支箭，钝苞大丁草）

●**Gerbera tanantii** Franch., J. Bot. (Morot) 7: 155 (1893).

云南。

茼蒿属 **Glebionis** Cass.

蒿子杆

☆**Glebionis carinata** (Schousb.) Tzvelev, Bot. Zhurn. (Moscow et Leningrad) 84: 117 (1999).

Chrysanthemum carinatum Schousb., Iagttag. Vextrig. Marokko, 198 (1800); *Ismelia versicolor* Cass., Dict. Sci. Nat. 41: 41 (1826), nom. illeg. superfl.; *Ismelia carinata* (Schousb.) Sch.-Bip., Webb et Berth. Phyt. Canar. 2: 271 (1844).

中国各地广泛栽培；原产于非洲，引种至世界各地。

茼蒿（艾菜）

☆**Glebionis coronaria** (L.) Cass. ex Spach, Hist. Nat. Vég. 10: 181 (1841).

Chrysanthemum coronarium L., Sp. Pl. 2: 890 (1753); *Matricaria coronaria* (L.) Desr., Encycl. 3: 737 (1792); *Pyrethrum indicum* Sims, Bot. Mag. 37: t. 1521 (1813), not (L.) Cass. (1826); *Chrysanthemum roxburghii* Desf., Tabl. École Bot., ed. 3 (Cat. Pl. Horti Paris.): 170 (1829); *Pinardia coronaria* (L.) Less., Syn. Gen. Compos. 255 (1832); *Xantophtalmum coronarium* (L.) P. D. Sell, Tanaceteen 17 (1844); *Glebionis roxburghii* (Desf.) Tzvelev, Bot. Zhurn. (Moscow et Leningrad) 84: 117 (1999).

吉林、河北、山东、安徽、浙江、湖南、贵州、福建、广东、广西、海南等地栽培；原产于地中海地区。

南茼蒿

☆**Glebionis segetum** (L.) Fourr., Ann. Soc. Linn. Lyon, sér. 2 17: 90 (1869).

Chrysanthemum segetum L., Sp. Pl. 2: 889 (1753); *Matricaria segetum* (L.) Schrenk, Baier. Fl. 2: 406 (1789); *Pyrethrum segetum* (L.) Moench, Methodus (Moench) 597 (1794);

Chrysanthemum umbrosum Willd., Sp. Pl., ed. 4 3: 2149 (1803); *Pyrethrum umbrosum* (Willd.) Boiss., Fl. Orient. 3: 357 (1875).
北京、安徽、江苏、浙江、江西、湖南、湖北、贵州、云南、福建、广东、海南等地栽培；原产于地中海地区。

鹿角草属 Glossocardia Cass.

鹿角草（鹞鹰爪，香茹）

Glossocardia bidens (Retz.) Veldkamp, Blumea 35: 468 (1991).
Zinnia bidens Retz., Observ. Bot. 5: 28 (1788); *Bidens tenuifolia* Labill., Sert. Austro-Caledon. 44: t. 45 (1825); *Bidens meyeniana* Walp., Nov. Actorum Acad. Caes. Leop.-Carol. Nat. Cur. 19 (Suppl. 1): 271 (1843); *Glossogyne bidens* (Retz.) Alston, Handb. Fl. Ceylon 6. Suppl.: 168 (1931).
西藏、福建、台湾、广东、广西、海南；菲律宾、越南、泰国、马来西亚、印度尼西亚、印度、孟加拉国、巴布亚新几内亚、澳大利亚、太平洋岛屿。

鼠麹草属 Gnaphalium L.

星芒鼠麹草

Gnaphalium involucratum G. Forst., Fl. Ins. Austr. 55 (1786).
Gnaphalium sphaericum Willd., Enum. Pl. [Willd.] 2: 867 (1809); *Gnaphalium involucratum* var. *ramosum* DC., Prodr. (DC.) 6: 236 (1837); *Gnaphalium lineare* Hayata, J. Coll. Agric. Imp. Univ. Tokyo 25 (19): 131 (1908), not (DC.) Sch.-Bip. (1845); *Gnaphalium morii* Hayata, Icon. Pl. Formosan. 8: 58 (1919).
台湾；菲律宾、马来西亚、印度尼西亚、澳大利亚、太平洋岛屿。

细叶鼠麹草

Gnaphalium japonicum Thunb. in Murray, Syst. Veg., ed. 14: 749 (1784).
河南、陕西、安徽、江苏、浙江、江西、湖南、湖北、四川、贵州、云南、福建、台湾、广东、广西；日本、朝鲜半岛；大洋洲。

多茎鼠麹草

Gnaphalium polycaulon Pers., Syn. Pl. 2: 421 (1807).
Gnaphalium multicaule Willd., Sp. Pl. 3: 1888 (1803), not Lam. (1788); *Gnaphalium strictum* Roxb., Fl. Ind. 3: 424 (1832).
浙江、贵州、云南、福建、台湾、广东、海南；日本、泰国、印度、巴基斯坦。

矮鼠麹草

Gnaphalium stewartii C. B. Clarke ex Hook. f., Fl. Brit. Ind. 3: 289 (1881).
Omalotheca stewartii (C. B. Clarke ex Hook. f.) Holub, Folia Geobot. Phytotax. 12: 429 (1977).
新疆、西藏；印度、巴基斯坦、阿富汗；亚洲（西南部）。

平卧鼠麹草

Gnaphalium supinum L., Syst. Nat., ed. 12 3: 234 (1768).
Omalotheca supina (L.) DC., Prodr. (DC.) 6: 245 (1838); *Homalotheca supina* (L.) Fourr., Ann. Soc. Linn. Lyon, sér. 2 17: 93 (1869).
新疆；哈萨克斯坦、俄罗斯；亚洲（西南部）、欧洲、北美洲。

湿生鼠麹草

Gnaphalium uliginosum L., Sp. Pl. 2: 856 (1753).
Filaginella uliginosa (L.) Opiz, Abh. Königl. Böhm. Ges. Wiss. Folge 5 (8. b) Sitz. Sect. 57 (1854); *Gnaphalium thomsonii* Hook. f., Fl. Brit. Ind. 3: 290 (1881); *Gnaphalium tranzschelii* Kirp., Bot. Mater. Gerb. Bot. Inst. Komarova Akad. Nauk S. S. S. R. 19: 352 (1959); *Gnaphalium baicalense* Kirp. et Kuprian., Bot. Mater. Gerb. Bot. Inst. Komarova Akad. Nauk S. S. S. R. 20: 300 (1960); *Gnaphalium kasachstanicum* Kirp. et Kuprian., Bot. Mater. Gerb. Bot. Inst. Komarova Akad. Nauk S. S. S. R. 20: 305 (1960); *Gnaphalium mandshuricum* Kirp. et Kuprian., Bot. Mater. Gerb. Bot. Inst. Komarova Akad. Nauk S. S. S. R. 20: 298 (1960).
黑龙江、吉林、辽宁、内蒙古、河北、新疆、西藏；蒙古国、日本、朝鲜半岛、巴基斯坦、哈萨克斯坦、俄罗斯；欧洲、北美洲。

垫头鼠麹草属 Gnomophalium Greuter

垫头鼠麹草

Gnomophalium pulvinatum (Delile) Greuter, Willdenowia 33: 242 (2003).
Gnaphalium pulvinatum Delile, Descr. Égypte, Hist. Nat. 266 (1813-1814); *Homognaphalium pulvinatum* (Delile) Fayed et Zareh, Willdenowia 18 (2): 451 (1989).
西藏；尼泊尔、印度、巴基斯坦、阿富汗；亚洲（西南部）、非洲。

田基黄属 Grangea Adanson

田基黄

Grangea maderaspatana (L.) Poir., Encycl. Suppl. 2: 825 (1812).
Artemisia maderaspatana L., Sp. Pl. 2: 849 (1753); *Cotula sphaeranthus* Link, Enum. Hort. Berol. Alt. 2: 344 (1822); *Grangea sphaeranthus* (Link) K. Koch, Bot. Zeitung (Berlin) 1: 41 (1834); *Grangea procumbens* DC., Prodr. (DC.) 5: 373 (1836).
云南、台湾、广东、广西、海南；越南、老挝、缅甸、泰国、柬埔寨、马来西亚、印度尼西亚、尼泊尔、印度、巴基斯坦、斯里兰卡；热带非洲。

胶菀属 Grindelia Willd.

胶菀

△**Grindelia squarrosa** (Pursh) Dunal, Mém. Mus. Hist. Nat. 5:

50 (1819).
Donia squarrosa Pursh, Fl. Amer. Sept. (Pursh) 2: 559 (1813); *Grindelia nuda* Alph. Wood, Bot. Gaz. 3: 50 (1878); *Grindelia aphanactis* Rydb., Bull. Torrey Bot. Club 31: 647 (1904); *Grindelia serrulata* Rydb., Bull. Torrey Bot. Club 31: 646 (1904).
辽宁归化；原产于北美洲（西部）。

小葵子属 Guizotia Cass.

小葵子

☆**Guizotia abyssinica** (L. f.) Cass. in F. Cuvier, Dict. Sci. Nat. 59: 248 (1829).
Polymnia abyssinica L. f., Suppl. Pl. 383 (1782).
四川、云南、福建栽培；原产于非洲。

裸冠菊属 Gymnocoronis DC.

裸冠菊

△**Gymnocoronis spilanthoides** (D. Don ex Hook. et Arn.) DC., Prodr. (DC.) 7: 266 (1838).
Alomia spilanthoides D. Don ex Hook. et Arn., Companion Bot. Mag. 1: 238 (1836).
浙江、云南、台湾、广东、广西归化；原产于南美洲。

菊三七属 Gynura Cass.

山芥菊三七

Gynura barbareifolia Gagnep., Bull. Soc. Bot. France 68: 119 (1921).
Gynura maclurei Merr., Philipp. J. Sci. 21: 355 (1922); *Gynura divaricata* (L.) DC. subsp. *barbareifolia* (Gagnep.) F. G. Davies, Kew Bull. 33: 636 (1979).
云南、海南；越南。

红凤菜（两色三七草，红菜，白背三七）

Gynura bicolor (Roxb. ex Willd.) DC., Prodr. (DC.) 6: 299 (1838).
Cacalia bicolor Roxb. ex Willd., Sp. Pl. 3: 1731 (1803).
浙江、四川、贵州、云南、福建、台湾、广东、广西、海南；缅甸、泰国。

木耳菜（西藏三七草）

Gynura cusimbua (D. Don) S. Moore, J. Bot. 50: 212 (1912).
Cacalia cusimbua D. Don, Prodr. Fl. Nepal. 179 (1825); *Gynura angulosa* DC., J. Bot. 21: 322 (1883).
四川、云南、西藏；缅甸、泰国、不丹、尼泊尔、印度、孟加拉国。

白子菜（鸡草，大肥牛，叉花土三七）

Gynura divaricata (L.) DC., Prodr. (DC.) 6: 301 (1838).
Senecio divaricatus L., Sp. Pl. 2: 866 (1753); *Cacalia incana* L., Sp. Pl., 2: 1169 (1763); *Cacalia ovalis* Ker Gawl., Bot. Reg. 2: t. 101 (1816); *Gynura auriculata* Cass., Bot. Reg. 2: t. 101 (1816); *Gynura hemsleyana* H. Lév., Bull. Acad. Int. Geogr. Bot. 24: 284 (1914).
四川、云南、广东、海南；越南。

兰屿木耳菜（椭圆菊三七）

Gynura elliptica Y. Yabe et Hayata, J. Coll. Sci. Imp. Univ. Tokyo 18 (8): 25 (1904).
台湾；菲律宾。

白凤菜

●**Gynura formosana** Kitam., Acta Phytotax. Geobot. 2: 175 (1933).
Gynura divaricata (L.) DC. subsp. *formosana* (Kitam.) F. G. Davies, Kew Bull. 33: 637 (1979).
台湾。

菊三七（三七草）

Gynura japonica (Thunb.) Juel, Acta Horti Berg. 1 (3): 86 (1891).
Senecio japonicus Thunb. in Murray, Syst. Veg., ed. 14: 756 (1784); *Cacalia pinnatifida* Lour., Fl. Cochinch., ed. 2 2: 486 (1790); *Cacalia segetum* Lour., Fl. Cochinch., ed. 2 2: 486 (1790); *Gynura aurita* C. Winkl., Trudy Imp. S.-Peterburgsk. Bot. Sada 14: 151 (1895); *Gynura flava* Hayata, J. Coll. Agric. Imp. Univ. Tokyo 25 (19): 138 (1908).
河北、河南、陕西、安徽、江苏、浙江、江西、湖南、湖北、四川、贵州、云南、福建、台湾、广西；日本、泰国、尼泊尔。

尼泊尔菊三七（茎叶天葵）

Gynura nepalensis DC., Prodr. (DC.) 6: 300 (1838).
Senecio nudibasis H. Lév. et Vaniot, Repert. Spec. Nov. Regni Veg. 6: 331 (1909); *Gynura nudibasis* (H. Lév. et Vaniot) Lauener et D. K. Ferguson, Notes Roy. Bot. Gard. Edinburgh 34: 359 (1976).
贵州、云南；缅甸、泰国、不丹、尼泊尔、印度。

平卧菊三七（蔓三七草）

Gynura procumbens (Lour.) Merr., Enum. Philipp. Fl. Pl. 3: 618 (1923).
Cacalia procumbens Lour., Fl. Cochinch. 2: 485 (1790).
四川、贵州、云南、福建、广东、海南；越南、缅甸、泰国、马来西亚、印度尼西亚；非洲。

狗头七（紫背天葵，见肿消，萝卜母）

Gynura pseudochina (L.) DC., Prodr. (DC.) 6: 299 (1838).
Senecio pseudochina L., Sp. Pl. 2: 867 (1753); *Cacalia bulbosa* Lour., Fl. Cochinch., ed. 2 2: 485 (1790); *Gynura bulbosa* (Lour.) Hook. et Arn., Bot. Beechey Voy. 194 (1837); *Senecio crassipes* H. Lév. et Vaniot, Repert. Spec. Nov. Regni Veg. 3: 331 (1909); *Gynura bodinieri* H. Lév., Bull. Geogr. Bot., 24: 283 (1914).
贵州、云南、广东、广西、海南；缅甸、泰国、印度尼西亚、不丹、尼泊尔、印度、斯里兰卡；热带非洲。

海南菊属 Hainanecio Y. Liu et Q. E. Yang

海南菊（海南千里光，海南蒲儿根）

●**Hainanecio hainanensis** (C. C. Chang et Y. C. Tseng) Y. Liu et Q. E. Yang, Bot. Stud. 52: 118 (2011).
Senecio hainanensis C. C. Chang et Y. C. Tseng, Fl. Hainan. 3: 585 (1974); *Sinosenecio hainanensis* (C. C. Chang et Y. C. Tseng) C. Jeffrey et Y. L. Chen, Kew Bull. 39: 238 (1984).
海南。

天山蓍属 Handelia Heimerl

天山蓍

Handelia trichophylla (Schrenk ex Fisch. et C. A. Meyer) Heimerl, Oesterr. Bot. Z. 71: 215 (1922).
Achillea trichophylla Schrenk ex Fisch. et C. A. Meyer, Enum. Pl. Nov. 1: 48 (1841).
新疆；巴基斯坦、阿富汗、哈萨克斯坦、乌兹别克斯坦。

向日葵属 Helianthus L.

向日葵（丈菊）

☆**Helianthus annuus** L., Sp. Pl. 2: 904 (1753).
Helianthus lenticularis Douglas ex Lindl., Edwards's Bot. Reg. 15: t. 1265 (1829); *Helianthus macrocarpus* DC., Prodr. (DC.) 5: 585 (1836); *Helianthus aridus* Rydb., Bull. Torrey Bot. Club 32: 127 (1905); *Helianthus jaegeri* Heiser, Bull. Torrey Bot. Club 75: 513 (1948).
中国广泛栽培；原产于北美洲。

瓜叶葵

△**Helianthus debilis** subsp. **cucumerifolius** (Torrey et A. Gray) Heiser, Madroño 13: 160 (1956).
Helianthus cucumerifolius Torrey et A. Gray, Fl. N. Amer. 2: 319 (1842).
北京、上海、台湾栽培及归化；原产于北美洲。

菊芋（五星草，洋羌，番羌）

☆**Helianthus tuberosus** L., Sp. Pl. 2: 905 (1753).
Helianthus tomentosus Michx., Fl. Bor.-Amer. (Michaux) 2: 141 (1803); *Helianthus tuberosus* var. *subcanescens* A. Gray, Syn. Fl. N. Amer. 1: pt. 2, 280 (1884).
中国广泛栽培；原产于北美洲。

拟蜡菊属 Helichrysum Mill.

沙生蜡菊

Helichrysum arenarium (L.) Moench, Methodus (Moench) 575 (1794).
Gnaphalium arenarium L., Sp. Pl. 2: 854 (1753).
新疆；蒙古国、俄罗斯；欧洲。

喀什蜡菊

●**Helichrysum kashgaricum** C. H. An, Fl. Xinjiangensis 5: 476 (1999).
新疆。

天山蜡菊（天山麦秆菊）

Helichrysum thianschanicum Regel, Trudy Imp. S.-Peterburgsk. Bot. Sada 6: 307 (1879).
新疆；哈萨克斯坦。

泥胡菜属 Hemisteptia Bunge ex Fisch. et C. A. Meyer

泥胡菜（猪兜菜，艾草）

Hemisteptia lyrata (Bunge) Fisch. et C. A. Meyer, Index Sem. Hort. Petrop. 2: 38 (1836).
Cirsium lyratum Bunge, Enum. Pl. China Bor. 36 (1833); *Aplotaxis carthamoides* DC., Prodr. (DC.) 6: 540 (1837); *Hemisteptia carthamoides* (DC.) Kuntze, Rev. Gén. Bot. Pl. 1: 344 (1894).
中国大部分地区；日本、朝鲜半岛、越南、老挝、缅甸、泰国、不丹、尼泊尔、印度、孟加拉国、澳大利亚。

异喙菊属 Heteracia Fisch. et C. A. Meyer

异喙菊

Heteracia szovitsii Fisch. et C. A. Meyer, Index Sem. Hort. Petrop. 1: 30 (1835).
Heteracia szovitsii var. *epapposa* Regel et Schmalh., Trudy Imp. S.-Peterburgsk. Bot. Sada 6: 329 (1878); *Heteracia epapposa* (Regel et Schmalh.) Popov, Trudy Uzbeksk. Gosud. Univ. 14: 88 (1941).
新疆；塔吉克斯坦、吉尔吉斯斯坦、哈萨克斯坦、乌兹别克斯坦、土库曼斯坦、俄罗斯。

异裂菊属 Heteroplexis C. C. Chang

凹脉异裂菊

●**Heteroplexis impressinervia** J. Y. Liang, Guihaia 14: 126 (1994).
广西。

柳州异裂菊

●**Heteroplexis incana** J. Y. Liang, Guihaia 14: 126 (1994).
广西。

小花异裂菊

●**Heteroplexis microcephala** Y. L. Chen, Guihaia 5: 339 (1985).
广西。

绢叶异裂菊

●**Heteroplexis sericophylla** Y. L. Chen, Fl. Reipubl. Popularis Sin. 74: 361 (1985).
广西。

异裂菊

●**Heteroplexis vernonioides** C. C. Chang, Sunyatsenia 3: 267 (1937).
广西。

山柳菊属 Hieracium L.

高山柳菊

Hieracium korshinskyi Zahn in Engler, Pflanzenr. Heft 76: 528 (1921).
Crepis shawanensis C. Shih, Acta Phytotax. Sin. 33: 187 (1995).
新疆；蒙古国、哈萨克斯坦、俄罗斯。

腺毛山柳菊

●**Hieracium morii** Hayata, Icon. Pl. Formosan. 8: 80 (1919).
Hieracium morii var. *tsugitakaense* Mori, Icon. Pl. Formosan. 8: 80 (1919); *Hieracium pinanense* Kitam., Acta Phytotax. Geobot. 11: 124 (1942).
台湾。

卵叶山柳菊

Hieracium regelianum Zahn in Engler, Pflanzenr. Heft 79: 936 (1922).
新疆；哈萨克斯坦。

新疆山柳菊

Hieracium robustum Fr., Nova Acta Regiae Soc. Sci. Upsal. 14: 193 (1848).
新疆；印度、哈萨克斯坦、俄罗斯；亚洲（西南部）、欧洲。

山西山柳菊

●**Hieracium sinoaestivum** Sennikov, PhytoKeys 39: 21 (2014).
山西。

山柳菊（伞花山柳菊）

Hieracium umbellatum L., Sp. Pl. 2: 804 (1753).
Hieracium coronopifolium Bernh. ex Hornem., Hort. Bot. Hafn. 970 (1815); *Hieracium umbellatum* subsp. *coronopifolium* (Bernh. ex Hornem.) Fr., Uppsala Univ. Årsskr. 136 (1862); *Hieracium umbellatum* var. *mongolicum* Fr., Epicr. Gen. Hierac. 136 (1862); *Hieracium sinense* Vaniot, Bull. Acad. Int. Geogr. Bot. 12: 502 (1903); *Hieracium umbellatum* var. *coronopifolium* (Bernh. ex Hornem.) Kom., Trudy Imp. S.-Peterburgsk. Bot. Sada 25: 791 (1907).
黑龙江、辽宁、内蒙古、河北、山西、山东、河南、陕西、新疆、江西、湖南、湖北、四川、贵州、云南、西藏、广西；蒙古国、日本、印度、巴基斯坦、哈萨克斯坦、乌兹别克斯坦、俄罗斯；亚洲（西南部）、欧洲、北美洲。

粗毛山柳菊

Hieracium virosum Pall., Reise Russ. Reich. 1: 501 (1771).
Hieracium prostratum DC., Fl. Ross. (Ledeb.) 2: 856 (1845).
新疆；蒙古国、日本、印度、哈萨克斯坦、乌兹别克斯坦、俄罗斯；亚洲（西南部）、欧洲。

须弥菊属 Himalaiella Raab-Straube

普兰须弥菊

Himalaiella abnormis (Lipsch.) Raab-Straube, Willdenowia 33: 390 (2003).
Saussurea abnormis Lipsch., Bot. Zhurn. (Moscow et Leningrad) 56: 826 (1971); *Saussurea neglecta* Ludlow, Bull. Brit. Mus. (Nat. Hist.), Bot. 5: 279 (1976).
西藏；尼泊尔、印度。

白背须弥菊

Himalaiella auriculata (DC.) Raab-Straube, Willdenowia 33: 390 (2003).
Aplotaxis auriculata DC., Prodr. (DC.) 6: 541 (1838); *Saussurea auriculata* (DC.) Sch.-Bip., J. Linn. Soc., Bot. 29: 308 (1892).
西藏；不丹、尼泊尔、印度。

三角叶须弥菊（海肥干）

Himalaiella deltoidea (DC.) Raab-Straube, Willdenowia 33: 391 (2003).
Aplotaxis deltoidea DC., Prodr. (DC.) 6: 541 (1838); *Saussurea deltoidea* (DC.) Sch.-Bip., Linnaea 19: 331 (1846); *Frolovia formosana* (Hayata) Lipsch., Bot. Mater. Gerb. Bot. Inst. Komarova Akad. Nauk S. S. S. R. 21: 370, in obs (1961).
河南、陕西、安徽、浙江、江西、湖南、湖北、四川、贵州、云南、西藏、福建、台湾、广东、广西；越南、老挝、缅甸、泰国、不丹、尼泊尔、印度、巴基斯坦。

小头须弥菊

Himalaiella nivea (DC.) Raab-Straube, Willdenowia 33: 391 (2003).
Aplotaxis nivea DC., Prodr. (DC.) 6: 541 (1838); *Saussurea cirsium* H. Lév., Repert. Spec. Nov. Regni Veg. 12: 284 (1913).
四川、贵州、云南、西藏；越南、老挝、缅甸、泰国、尼泊尔、印度。

叶头须弥菊

Himalaiella peguensis (C. B. Clarke) Raab-Straube, Willdenowia 33: 391 (2003).
Saussurea peguensis C. B. Clarke, Compos. Ind.: 235 (1876); *Saussurea dealbata* Collett et Hemsl., J. Linn. Soc., Bot. 28: 76 (1890).
贵州、云南；缅甸、泰国。

青海须弥菊

●**Himalaiella qinghaiensis** (S. W. Liu et T. N. Ho) Raab-Straube, Fl. China 20-21: 48 (2011).
Saussurea qinghaiensis S. W. Liu et T. N. Ho, Fl. Qinghaiica 3: 511 (1996).
青海。

亚东须弥菊

Himalaiella yakla (C. B. Clarke) Fujikawa et H. Ohba, J. Jap. Bot. 82: 133 (2007).

Saussurea yakla C. B. Clarke, Compos. Ind. 227 (1876); *Jurinea cooperi* J. Anthony, Notes Roy. Bot. Gard. Edinburgh 18: 21 (1934); *Dolomiaea cooperi* (J. Anthony) Y. Ling, Acta Phytotax. Sin. 10: 87 (1965); *Diplazoptilon cooperi* (J. Anthony) C. Shih, Acta Phytotax. Sin. 21: 93 (1983).

西藏；不丹、尼泊尔、印度。

女蒿属 **Hippolytia** Poljakov

川滇女蒿（孩儿参，土参，菊花参）

●**Hippolytia delavayi** (Franch. ex W. W. Smith) C. Shih, Acta Phytotax. Sin. 17: 65 (1979).

Tanacetum delavayi Franch. ex W. W. Smith, Notes Roy. Bot. Gard. Edinburgh 8: 345 (1915); *Tanacetum bulbosum* Hand.-Mazz., Anz. Akad. Wiss. Wien, Math.-Naturwiss. Kl., 61: 202 (1925); *Chrysanthemum bulbosum* (Hand.-Mazz.) Hand.-Mazz., Symb. Sin. 7 (4): 1113 (1936); *Chrysanthemum delavayi* (Franch. ex W. W. Smith) Hand.-Mazz., Symb. Sin. 7 (4): 1113 (1936).

四川、云南。

束伞女蒿

●**Hippolytia desmantha** C. Shih, Acta Phytotax. Sin. 17: 63 (1979).

青海。

团伞女蒿

●**Hippolytia glomerata** C. Shih, Acta Phytotax. Sin. 17: 67 (1979).

西藏。

棉毛女蒿

Hippolytia gossypina (C. B. Clarke) C. Shih, Acta Phytotax. Sin. 17: 67 (1979).

Tanacetum gossypinum C. B. Clarke, Compos. Ind. 154 (1876).

西藏；不丹、尼泊尔、印度。

新疆女蒿

Hippolytia herderi (Regel et Schmalh.) Poljakov, Bot. Mater. Gerb. Bot. Inst. Komarova Akad. Nauk S. S. S. R. 18: 289 (1957).

Tanacetum herderi Regel et Schmalh., Trudy Imp. S.-Peterburgsk. Bot. Sada 5: 169 (1878); *Tanacetum leucophyllum* Regel, Trudy Imp. S.-Peterburgsk. Bot. Sada 7: 551 (1880); *Hippolytia leucophylla* (Regel) Poljakov, Bot. Mater. Gerb. Bot. Inst. Komarova Akad. Nauk S. S. S. R. 18: 289 (1957).

新疆；哈萨克斯坦。

贺兰山女蒿

●**Hippolytia kaschgarica** (Krasch.) Poljakov, Bot. Mater. Gerb. Bot. Inst. Komarova Akad. Nauk S. S. S. R. 18: 290 (1957).

Tanacetum kaschgaricum Krasch., Trudy Bot. Inst. Akad. Nauk S. S. S. R., Ser. 1, Fl. Sist. Vyssh. Rast. 1: 175 (1933); *Tanacetum alashanense* Y. Ling, Contr. Inst. Bot. Natl. Acad. Peiping 2: 502 (1934); *Chrysanthemum alashanense* (Y. Ling) Y. Ling, Contr. Inst. Bot. Natl. Acad. Peiping 3: 475 (1935); *Hippolytia alashanensis* (Y. Ling) C. Shih, Acta Phytotax. Sin. 17: 63 (1979); *Poljakovia alashanensis* (Y. Ling) Grubov et Filatova, Novosti Sist. Vyssh. Rast. 33: 227 (2001); *Poljakovia kaschgarica* (Krasch.) Grubov et Filatova, Novosti Sist. Vyssh. Rast. 33: 227 (2001).

内蒙古、宁夏、甘肃、新疆。

垫状女蒿（藏女蒿）

Hippolytia kennedyi (Dunn) Y. Ling, Acta Phytotax. Sin. 17: 67 (1979).

Tanacetum kennedyi Dunn, Bull. Misc. Inform. Kew 1922: 117 (1922); *Chrysanthemum kennedyi* (Dunn) Kitam., Acta Phytotax. Geobot. 15: 43 (1953).

西藏；印度。

普兰女蒿

Hippolytia senecionis (Jacquem. ex Besser) Poljakov ex Tzvelev in Schischk. et Bobrov, Fl. U. R. S. S. 26: 414 (1961).

Artemisia senecionis Jacquem. ex Besser, Bull. Soc. Imp. Naturalistes Moscou 9: 75 (1836); *Tanacetum senecionis* (Jacquem. ex Besser) J. Gay ex DC., Prodr. (DC.) 6: 129 (1838).

西藏；印度。

合头女蒿

●**Hippolytia syncalathiformis** C. Shih, Acta Phytotax. Sin. 17: 66 (1979).

西藏。

灰叶女蒿

Hippolytia tomentosa (DC.) Tzvelev in Schischk. et Bobrov, Fl. U. R. S. S. 26: 416 (1961).

Tanacetum tomentosum DC., Prodr. (DC.) 6: 130 (1838).

西藏；克什米尔地区。

云南女蒿

●**Hippolytia yunnanensis** (Jeffrey) C. Shih, Acta Phytotax. Sin. 17: 65 (1979).

Tanacetum yunnanense Jeffrey, Notes Roy. Bot. Gard. Edinburgh 5: 188 (1912); *Chrysanthemum yunnanense* (Jeffrey) Hand.-Mazz., Symb. Sin. 7 (4): 1113 (1936).

云南。

全光菊属 **Hololeion** Kitam.

全光菊（全缘山柳菊）

Hololeion maximowiczii Kitam., Acta Phytotax. Geobot. 10: 303 (1941).

Hieracium hololeion Maxim., Mém. Acad. Imp. Sci. St.-Pétersbourg Divers Savans 9: 182 (1859).
黑龙江、吉林、辽宁、内蒙古、山东、江苏、浙江；日本、朝鲜半岛、俄罗斯。

猫儿菊属 Hypochaeris L.

白花猫儿菊

△**Hypochaeris albiflora** (Kuntze) Azevêdo-Gonçalves et Matzenbacher, Compositae Newslett. 42: 3 (2005).
Hypochaeris brasiliensis (Less.) Benth. et Hook. f. ex Griseb. var. *albiflora* Kuntze, Revis. Gen. Pl. 3: 159 (1898); *Hypochaeris microcephala* (Sch.-Bip.) Cabrera var. *albiflora* (Kuntze) Cabrera, Notas Mus. La Plata, Bot. 2: 201 (1937).
台湾归化；原产于南美洲。

智利猫儿菊

△**Hypochaeris chillensis** (Kunth) Britton, Bull. Torrey Bot. Club 19: 371 (1892).
Apargia chillensis Kunth in Humb. et al., Nov. Gen. Sp. 4: 2 (1818); *Porcellites brasiliensis* Less., Linnaea 6: 103 (1831); *Achyrophorus brasiliensis* (Less.) Sch.-Bip., Nov. Actorum Acad. Caes. Leop.-Carol. Nat. Cur. 21 (1): 106 (1845); *Achyrophorus chillensis* (Kunth) Sch.-Bip., Nov. Actorum Acad. Caes. Leop.-Carol. Nat. Cur. 21 (1): 104 (1845); *Hypochaeris brasiliensis* (Less.) Benth. et Hook. f. ex Griseb., Abh. Königl. Ges. Wiss. Göttingen 24: 217 (1879).
台湾归化；原产于南美洲。

猫儿菊（大黄菊，小蒲公英，黄金菊）

Hypochaeris ciliata (Thunb.) Makino, Bot. Mag. (Tokyo) 22: 37 (1908).
Arnica ciliata Thunb. in Murray, Syst. Veg., ed. 14: 768 (1784); *Hypochaeris grandiflora* Ledeb., Fl. Altaic. 4: 164 (1833); *Achyrophorus aurantiacus* DC., Prodr. (DC.) 7: 93 (1838); *Achyrophorus ciliatus* (Thunb.) Sch.-Bip., Nov. Actorum Acad. Caes. Leop.-Carol. German. Nat. Cur. 21 (1): 128 (1845); *Achyrophorus grandiflorus* (Ledeb.) Ledeb., Fl. Ross. (Ledeb.) 2: 777 (1845).
黑龙江、吉林、辽宁、内蒙古、河北、山西、河南；蒙古国、朝鲜半岛、俄罗斯。

光猫儿菊

△**Hypochaeris glabra** L., Sp. Pl. 2: 811 (1753).
台湾归化；原产于欧洲、非洲。

新疆猫儿菊

Hypochaeris maculata L., Sp. Pl. 2: 810 (1753).
Trommsdorffia maculata (L.) Bernh., Syst. Verz. (Bernh.) 140 (1800); *Achyrophorus maculata* (L.) Scop., Flora 19: 436 (1836).
新疆；俄罗斯；欧洲。

假蒲公英猫儿菊

△**Hypochaeris radicata** L., Sp. Pl. 2: 811 (1753).
云南、台湾归化；原产于欧洲、非洲。

旋覆花属 Inula L.

欧亚旋覆花（旋覆花，大花旋覆花）

Inula britannica L., Sp. Pl. 2: 882 (1753).
黑龙江、内蒙古、河北、新疆；塔吉克斯坦、乌兹别克斯坦、土库曼斯坦、俄罗斯；欧洲。

欧亚旋覆花（原变种）

Inula britannica var. **britannica**
Conyza britannica (L.) Rupr., Fl. Ingr. 569 (1860).
内蒙古、河北、新疆；俄罗斯；欧洲。

狭叶欧亚旋覆花

Inula britannica var. **angustifolia** Beck, Denkschr. Kaiserl. Akad. Wiss., Wien. Math.-Naturwiss. Kl. 44: 318 (1882).
新疆；俄罗斯；欧洲。

多枝欧亚旋覆花

Inula britannica var. **ramosissima** Ledeb., Fl. Ross. (Ledeb.) 2: 506 (1845).
新疆；俄罗斯。

棉毛欧亚旋覆花

Inula britannica var. **sublanata** Kom., Trudy Imp. S.-Peterburgsk. Bot. Sada 25: 626 (1907).
Inula britannica f. *sublanata* (Kom.) Kitag., Neo-Lin. Fl. Manshur. 648 (1979).
黑龙江、内蒙古、新疆；俄罗斯。

里海旋覆花

Inula caspica Ledeb., Index Sem. Horti Dorpat. 1822: 10 (1822).
Inula falconeri Hook. f., Fl. Brit. Ind. 3: 294 (1881); *Inula caspica* var. *paniculata* C. H. An, Fl. Xinjiangensis 5: 476 (1999).
新疆、西藏；印度、巴基斯坦、哈萨克斯坦、乌兹别克斯坦、土库曼斯坦、俄罗斯；亚洲（西南部）。

土木香（青木香）

Inula helenium L., Sp. Pl. 2: 881 (1753).
Aster helenium (L.) Scop., Fl. Carniol., ed. 2 2: 171 (1772); *Corvisartia helenium* (L.) Mérat, Nouvelle Flore des Environs de Paris 2: 261 (1812).
新疆；塔吉克斯坦、乌兹别克斯坦、俄罗斯；亚洲（西南部）、欧洲、北美洲。

水朝阳旋覆花（水朝阳花，水朝阳草，水葵花）

●**Inula helianthus-aquatilis** C. Y. Wu ex Y. Ling, Acta Phytotax. Sin. 10: 178 (1965).
Inula serrata Bureau et Franch., J. Bot. (Morot) 5: 50 (1891), not Pers. (1807).
甘肃、四川、贵州、云南。

锈毛旋覆花

Inula hookeri C. B. Clarke, Compos. Ind. 122 (1876).
云南、西藏；缅甸、不丹、尼泊尔、印度。

湖北旋覆花

●**Inula hupehensis** (Y. Ling) Y. Ling, Acta Phytotax. Sin. 16: 82 (1978).
Inula helianthus-aquatilis C. Y. Wu subsp. *hupehensis* Y. Ling, Acta Phytotax. Sin. 10: 178 (1965).
湖北、四川。

旋覆花（金佛花，金佛草，六月菊）

Inula japonica Thunb., Nova Acta Regiae Soc. Sci. Upsal. 4: 39 (1783).
黑龙江、吉林、辽宁、内蒙古、河北、山西、山东、河南、陕西、甘肃、安徽、江苏、浙江、江西、湖北、四川、福建、广东、广西；蒙古国、日本、朝鲜半岛、俄罗斯。

旋覆花（原变种）

Inula japonica var. **japonica**
Inula chinensis Rupr. ex Maxim., Prim. Fl. Amur. 149 (1859); *Inula britannica* L. var. *chinensis* (Rupr. ex Maxim.) Regel, Tent. Fl. Ussur. 84 (1861); *Inula britannica* var. *japonica* (Thunb.) Franch. et Sav., Enum. Pl. Jap. 2: 401 (1878); *Inula giraldii* Diels, Bot. Jahrb. Syst. 29: 613 (1901); *Inula britannica* subsp. *japonica* (Thunb.) Kitam., Mem. Coll. Sci. Kyoto Imp. Univ., Ser. B, Biol. 13: 263 (1937).
黑龙江、吉林、辽宁、内蒙古、河北、山西、山东、河南、陕西、甘肃、安徽、江苏、浙江、江西、湖北、四川、福建、广东、广西；蒙古国、日本、朝鲜半岛、俄罗斯。

卵叶旋覆花

●**Inula japonica** var. **ovata** C. Y. Li, Fl. Liaoningica 2: 1158 (1992).
吉林、辽宁、内蒙古。

多枝旋覆花

Inula japonica var. **ramosa** (Kom.) C. Y. Li in C. Y. Li et W. Cao, Fl. Pl. Herb. Chin. Bor.-Or. 9: 83 (2004).
Inula britannica var. *ramosa* Kom., Trudy Imp. S.-Peterburgsk. Bot. Sada 25: 626 (1907).
黑龙江、吉林、辽宁、内蒙古、陕西、安徽；日本、朝鲜半岛。

线叶旋覆花（蚂蚱膀子，驴耳朵，窄叶旋覆花）

Inula linariifolia Turcz., Bull. Soc. Imp. Naturalistes Moscou 10: 154 (1837).
Inula britannica var. *linariifolia* (Turcz.) Regel, Mém. Acad. Imp. Sci. Saint-Pétersbourg, Sér. 7 4: 85 (1861); *Inula britannica* var. *maximowiczii* Regel, Mém. Acad. Imp. Sci. Saint-Pétersbourg, Sér. 7 4: 85 (1861); *Inula britannica* L. subsp. *linariifolia* (Turcz.) Kitam., Mem. Coll. Sci. Kyoto Imp. Univ., Ser. B, Biol. 13: 265 (1937).
黑龙江、吉林、辽宁、河北、山西、山东、河南、陕西、安徽、江苏、浙江、江西、湖北；蒙古国、日本、朝鲜半岛、俄罗斯。

钝叶旋覆花

Inula obtusifolia A. Kern., Ber. Naturwiss.-Med. Vereins Innsbruck 1: 111 (1870).
西藏；印度、巴基斯坦、阿富汗、克什米尔地区。

总状土木香（玛奴，以木香，木香）

Inula racemosa Hook. f., Fl. Brit. Ind. 3: 292 (1881).
Inula royleana C. B. Clarke, Compos. Ind. 118 (1876), not DC. (1836).
新疆；尼泊尔、巴基斯坦、阿富汗、克什米尔地区。

羊眼花

Inula rhizocephala Schrenk ex Fisch. et C. A. Meyer, Enum. Pl. Nov. 1: 51 (1841).
Conyza rhizocephala (Schrenk ex Fisch. et C. A. Meyer) Rupr., Sert. Tianschanicum. 51 (1869); *Inula rhizocephaloides* C. B. Clarke., Compos. Ind. 124 (1876); *Inula rhizocephala* var. *intermedia* Kitam., Fl. Pl. W. Pak. et Afgh. 150 (1964); *Inula rhizocephala* var. *rhizocephaloides* (C. B. Clarke) Kitam., Fl. Pl. W. Pak. et Afgh. 150 (1964).
新疆、西藏；印度、巴基斯坦、阿富汗、塔吉克斯坦、哈萨克斯坦、乌兹别克斯坦、土库曼斯坦；亚洲（西南部）。

柳叶旋覆花（歌仙草）

Inula salicina L., Sp. Pl. 2: 882 (1753).
Aster salicinus (L.) Scop., Fl. Carniol., ed. 2 2: 172 (1772); *Conyza salicina* (L.) Rupr., Fl. Ingr. 568 (1860); *Inula salicina* var. *asiatica* Kitam., Acta Phytotax. Geobot. 2: 44 (1933); *Inula salicina* subsp. *asiatica* (Kitam.) Kitag., Lin. Fl. Manshur. 453 (1939).
黑龙江、吉林、辽宁、内蒙古、河南；日本、朝鲜半岛、乌兹别克斯坦、俄罗斯；欧洲。

蓼子朴（黄喇嘛，秃女子草，山猫眼）

Inula salsoloides (Turcz.) Ostenf. in Hedin, S. Tibet 6 (3): 39 (1922).
Conyza salsoloides Turcz., Bull. Soc. Imp. Naturalistes Moscou 5: 197 (1832); *Inula ammophila* Bunge ex DC., Prodr. (DC.) 5: 470 (1836); *Inula schugnanica* C. Winkl., Acta Horti Petrop. 11: 276 (1890).
辽宁、内蒙古、河北、山西、陕西、甘肃、青海、新疆；蒙古国、阿富汗、俄罗斯。

绢叶旋覆花

Inula sericophylla Franch., J. Bot. (Morot) 10: 383 (1896).
云南；越南。

小苦荬属 Ixeridium (A. Gray) Tzvelev

刺株小苦荬

●**Ixeridium aculeolatum** C. Shih, Acta Phytotax. Sin. 31: 544

(1993).
西藏。

狭叶小苦荬

Ixeridium beauverdianum (H. Lév.) Springate, Edinburgh J. Bot. 57: 402 (2000).
Lactuca beauverdiana H. Lév., Repert. Spec. Nov. Regni Veg. 8: 450 (1910); *Lactuca makinoana* Kitam., Compos. Nov. Jap. 26 (1931); *Ixeris makinoana* (Kitam.) Kitam., Bot. Mag. (Tokyo) 49: 284 (1935); *Ixeridium makinoanum* (Kitam.) Pak et Kawano, Mem. Fac. Sci. Kyoto Univ., Biol. 15: 47 (1992).
甘肃、浙江、江西、湖南、湖北、四川、重庆、贵州、云南、西藏、福建、广西；日本、越南、泰国、不丹、尼泊尔。

喜钙小苦荬（新拟）

●**Ixeridium calcicola** C. I Peng, S. W. Chung et T. C. Hsu, PLoS ONE 9 (10): e109797 (6) (2014) (epublished).
台湾。

小苦荬

Ixeridium dentatum (Thunb.) Tzvelev, Fl. U. R. S. S. 29: 392 (1964).
Prenanthes dentata Thunb. in Murray, Syst. Veg., ed. 14: 715 (1784); *Youngia dentata* (Thunb.) DC., Prodr. (DC.) 7: 193 (1838); *Ixeris thunbergii* A. Gray, Mém. Amer. Acad. Arts n. s. 6: 398 (1858); *Lactuca thunbergii* (A. Gray) Maxim., Bull. Acad. Imp. Sci. Saint-Pétersbourg 19: 530 (1874); *Lactuca dentata* (Thunb.) C. B. Rob., Philipp. J. Sci., C 3: 218 (1908); *Ixeris dentata* (Thunb.) Nakai, Iconogr. Cormophyt. Sin. 4: 703 (1975).
山东、安徽、江苏、浙江、江西、湖北、福建；日本、朝鲜半岛、俄罗斯。

细叶小苦荬（纤细苦荬菜）

Ixeridium gracile (DC.) Pak et Kawano, Mem. Fac. Sci. Kyoto Univ., Ser. Biol. 15: 45 (1992).
Lactuca gracilis DC., Prodr. (DC.) 7: 140 (1838); *Ixeris gracilis* (DC.) Stebbins, J. Bot. 75: 50 (1937).
云南、西藏；不丹、尼泊尔、印度。

褐冠小苦荬（平滑苦荬菜）

Ixeridium laevigatum (Blume) Pak et Kawano, Mem. Fac. Sci. Kyoto Univ., Ser. Biol. 15: 45 (1992).
Prenanthes laevigata Blume, Bijdr. Fl. Ned. Ind. 14: 886 (1826); *Crepis laevigata* (Blume) Zoll., Syst. Verz. (Zollinger) 125 (1854); *Lactuca oldhamii* Maxim., Bull. Acad. Imp. Sci. Saint-Pétersbourg 19: 532 (1874); *Ixeris oldhamii* (Maxim.) Kitam., Acta Phytotax. Geobot. 3: 134 (1934); *Ixeridium oldhamii* (Maxim.) Sennikov, Bot. Zhurn. (Moscow et Leningrad) 82: 116 (1997).
浙江、福建、台湾、广东、海南；日本、菲律宾、越南、老挝、柬埔寨、印度尼西亚、巴布亚新几内亚。

戟叶小苦荬（慈姑叶苦菜）

Ixeridium sagittarioides (C. B. Clarke) Pak et Kawano, Mem. Fac. Sci. Kyoto Univ., Ser. Biol. 15: 48 (1992).
Lactuca sagittarioides C. B. Clarke, Compos. Ind. 265 (1876); *Ixeris sagittarioides* (C. B. Clarke) Stebbins, J. Bot. 75: 51 (1937); *Mycelis sagittarioides* (C. B. Clarke) Sennikov, Bot. Zhurn. (Moscow et Leningrad) 82: 112 (1997).
云南；缅甸、泰国、不丹、尼泊尔、印度。

能高小苦荬

●**Ixeridium transnokoense** (Sasaki) Pak et Kawano, Mem. Fac. Sci. Kyoto Univ., Ser. Biol. 15: 49 (1992).
Lactuca transnokoensis Sasaki, Trans. Nat. Hist. Soc. Formosa 21: 223 (1931); *Ixeris transnokoensis* (Sasaki) Kitam., Bot. Mag. (Tokyo) 49: 284 (1935).
台湾。

云南小苦荬

●**Ixeridium yunnanense** C. Shih, Acta Phytotax. Sin. 31: 539 (1993).
云南。

苦荬菜属 Ixeris (Cass.) Cass.

中华苦荬菜

Ixeris chinensis (Thunb.) Kitag., Bot. Mag. (Tokyo) 48: 113 (1934).
中国各地；蒙古国、日本、朝鲜半岛、越南、老挝、泰国、柬埔寨、俄罗斯。

中华苦荬菜（原亚种）（中华小苦荬，小苦苣，山苦荬）

Ixeris chinensis subsp. **chinensis**
Prenanthes chinensis Thunb. in Murray, Syst. Veg., ed. 14: 714 (1784); *Chondrilla chinensis* (Thunb.) Poir., Encycl. Suppl. 2: 331 (1811); *Barkhausia tenella* Benth., London J. Bot. 1: 488 (1842); *Lactuca chinensis* (Thunb.) Nakai, Contr. Biol. Lab. Sci. Soc. China, Bot., Ser. 4: 127 (1934); *Ixeridium chinense* (Thunb.) Tzvelev, Fl. U. R. S. S. 29: 390 (1964).
中国各地；蒙古国、日本、朝鲜半岛、越南、老挝、泰国、柬埔寨、俄罗斯。

光滑苦荬（光滑小苦荬）

Ixeris chinensis subsp. **strigosa** (H. Lév. et Vaniot) Kitam., Bot. Mag. (Tokyo) 49: 283 (1935).
Lactuca strigosa H. Lév. et Vaniot, Bull. Acad. Int. Geogr. Bot. 20: 144 (1909); *Ixeris chinensis* var. *strigosa* (H. Lév. et Vaniot) Ohwi, Fl. Japan 1246 (1953); *Ixeridium strigosum* (H. Lév. et Vaniot) Tzvelev, Fl. U. R. S. S. 29: 390 (1964); *Paraixeris strigosa* (H. Lév. et Vaniot) H. S. Pak, Fl. Coreana 7: 375 (1999).
黑龙江、吉林、辽宁、内蒙古、河北、山西、山东、安徽、江苏、湖北；蒙古国、日本、朝鲜半岛、俄罗斯。

多色苦荬（剪刀甲，飞天台，颠倒菜）

Ixeris chinensis subsp. **versicolor** (Fisch. ex Link) Kitam., Bot. Mag. (Tokyo) 49: 283 (1935).

Lagoseris versicolor Fisch. ex Link, Enum. Hort. Berol. Alt. 2: 289 (1822); *Crepis graminifolia* Ledeb., Mém. Acad. Imp. Sci. St.-Pétersbourg 5: 558 (1814); *Barkhausia versicolor* (Fisch. ex Link) Spreng., Syst. Veg., ed. 16 3: 651 (1832); *Chondrilla versicolor* (Fisch. ex Link) Sch.-Bip., Mus. Senckenberg. 3: 49. in obs. 2 (1845); *Crepis vaniotii* H. Lév., Bull. Acad. Geogr. Bot. 27: 73 (1917).

黑龙江、吉林、内蒙古、河北、山西、山东、河南、陕西、甘肃、青海、新疆、安徽、江苏、浙江、江西、湖南、湖北、四川、贵州、云南、西藏、福建；蒙古国、朝鲜半岛、俄罗斯。

剪刀股（沙滩苦荬菜）

Ixeris japonica (N. L. Burman) Nakai, Bot. Mag. (Tokyo) 40: 575 (1926).

Lapsana japonica N. L. Burman, Fl. Indica, 174 (1768); *Prenanthes debilis* Thunb., Syst. Veg., ed. 14: 714 (1784); *Picris repens* Lour., Fl. Cochinch. 2: 478 (1790); *Barkhausia repens* (Lour.) Spreng., Syst. Veg., ed. 16 3: 652 (1826); *Ixeris debilis* (Thunb.) A. Gray, Mém. Amer. Acad. Arts n. s. 6: 397 (1859); *Lactuca debilis* (Thunb.) Benth. ex Maxim., Bull. Acad. Imp. Sci. Saint-Pétersbourg 19: 533 (1874); *Chondrilla debilis* (Thunb.) Poir., Encycl. Suppl. 2: 332 (1881).

辽宁、河南、安徽、浙江、福建、台湾、广东、广西；日本、朝鲜半岛。

苦荬菜（多头莴苣，多头苦荬菜）

Ixeris polycephala Cass. ex DC., Prodr. (DC.) 7: 151 (1838).

Ixeris fontinalis DC., Prodr. (DC.) 7: 151 (1838); *Lactuca matsumurae* Makino., Bot. Mag. (Tokyo) 6: 56 (1892); *Lactuca biauriculata* Vaniot et H. Lév., Bull. Acad. Int. Geogr. Bot. 20: 143 (1909); *Lactuca matsumurae* var. *dissecta* Makino, Bot. Mag. (Tokyo) 24: 252 (1910); *Ixeris matsumurae* (Makino) Nakai, Bot. Mag. (Tokyo) 34: 153 (1920); *Crepis bonii* Gagnep., Bull. Soc. Bot. France 68: 47 (1921); *Ixeris dissecta* (Makino) C. Shih, Acta Phytotax. Sin. 31: 536 (1993).

山东、河南、陕西，中国南方；日本、越南、老挝、缅甸、柬埔寨、不丹、尼泊尔、印度、阿富汗、克什米尔地区。

沙苦荬菜（匍匐苦荬菜）

Ixeris repens (L.) A. Gray, Mém. Amer. Acad. Arts n. s. 6: 397 (1858).

Prenanthes repens L., Sp. Pl. 2: 798 (1753); *Chondrilla repens* (L.) Lam., Encycl. 2: 79 (1786); *Chorisis repens* (L.) DC., Prodr. (DC.) 7: 178 (1838); *Lactuca brachyrhyncha* Hayata, Icon. Pl. Formosan. 8: 74 (1919); *Ixeris brachyrhyncha* (Hayata) Nemoto, Fl. Jap. Suppl.: 782 (1936).

辽宁、河北、山东、江苏、浙江、福建、台湾、广东、海南；日本、朝鲜半岛、越南、俄罗斯。

圆叶苦荬菜

Ixeris stolonifera A. Gray, Mém. Amer. Acad. Arts n. s. 6: 396 (1858).

Lactuca stolonifera (A. Gray) Benth. ex Maxim., Gen. Pl. [Benth. et Hook. f.] 2: 526 (1873); *Lactuca nummulariifolia* H. Lév. et Vaniot, Repert. Spec. Nov. Regni Veg. 8: 421 (1910); *Lactuca stolonifera* var. *sinuata* Makino, J. Jap. Bot. 3 (11): 42 (1926); *Ixeris capillaris* Nakai, Kamikochi-Tennenkinenbutsu-Chosahokoku 41 (1928); *Ixeris stolonifera* subsp. *capillaris* (Nakai) Kitam., Bot. Mag. (Tokyo) 49: 287 (1935); *Ixeris stolonifera* var. *sinuata* (Makino) Takeda, Kozan-Shokubutsu-Dui, ed. 2: pl. 19 (1937).

安徽、江苏、浙江、江西、台湾；日本、朝鲜半岛；北美洲。

泽苦荬

Ixeris tamagawaensis (Makino) Kitam., Acta Phytotax. Geobot. 9: 115 (1940).

Lactuca tamagawaensis Makino, Bot. Mag. (Tokyo) 17: 90 (1903); *Lactuca versicolor* (Fisch. ex Link) Sch.-Bip. var. *arenicola* Makino, Bot. Mag. (Tokyo) 12: 44 (1898).

台湾；日本、朝鲜半岛。

苓菊属 Jurinea Cass.

腺果苓菊

Jurinea adenocarpa Schrenk ex Fisch. et C. A. Meyer, Enum. Pl. Nov. 1: 46 (1841).

新疆；哈萨克斯坦。

矮小苓菊

Jurinea algida Iljin, Bot. Mater. Gerb. Glavn. Bot. Sada R. S. F. S. R. 5: 170 (1924).

Jurinea pamirica C. Shih, Bull. Bot. Res., Harbin 4 (2): 63 (1984).

新疆；塔吉克斯坦、吉尔吉斯斯坦、哈萨克斯坦、乌兹别克斯坦。

刺果苓菊

Jurinea chaetocarpa (Ledeb.) Ledeb. in DC., Prodr. (DC.) 6: 676 (1838).

Serratula chaetocarpa Ledeb., Fl. Altaic. 4: 42 (1833); *Jurinea scapiformis* C. Shih, Bull. Bot. Res., Harbin 4 (2): 62 (1984).

新疆；蒙古国、哈萨克斯坦。

天山苓菊

Jurinea dshungarica (N. I. Rubtzov) Iljin in Schischk. et Bobrov, Fl. U. R. S. S. 27: 683 (1962).

Jurinea chaetocarpa (Ledeb.) Ledeb. subsp. *dshungarica* N. I. Rubtzov, Bot. Mater. Gerb. Bot. Inst. Komarova Akad. Nauk S. S. S. R. 8: 65 (1940).

新疆；哈萨克斯坦。

毛蕊苓菊

Jurinea filifolia (Regel et Schmalh.) C. Winkl., Trudy Imp. S.-Peterburgsk. Bot. Sada 11: 170 (1890).

Saussurea filifolia Regel et Schmalh., Trudy Imp. S.-Peterburgsk. Bot. Sada 6: 312 (1880); *Jurinea pilostemonoides* Iljin, Bot.

Mater. Gerb. Bot. Inst. Bot. Acad. Nauk Kazakhsk. S. S. R. 22: 277 (1963); *Jurinea argentata* C. Shih et S. Y. Jin, Acta Phytotax. Sin. 21: 89 (1983).
新疆；哈萨克斯坦。

南疆苓菊

●**Jurinea kaschgarica** Iljin, Izv. Glavn. Bot. Sada S. S. S. R. 27: 81 (1928).
新疆。

绒毛苓菊

Jurinea lanipes Rupr., Mém. Acad. Imp. Sci. Saint-Pétersbourg, Sér. 7 14: 58 (1869).
Jurinea flaccida C. Shih, Bull. Bot. Res., Harbin 4 (2): 61 (1984).
新疆；塔吉克斯坦、吉尔吉斯斯坦、哈萨克斯坦。

苓菊

Jurinea lipskyi Iljin, Trudy Turkestansk. Nauchn. Obshch. Sredne-Aziatsk. Gosud. Univ. 2: 23 (1925).
新疆；哈萨克斯坦。

蒙疆苓菊

Jurinea mongolica Maxim., Bull. Acad. Imp. Sci. Saint-Pétersbourg 19: 519 (1874).
内蒙古、陕西、宁夏、新疆；蒙古国。

多花苓菊

Jurinea multiflora (L.) B. Fedtsch., Consp. Fl. Turkestanicae [O. A. Fedchenko et B. A. Fedchenko] 4: 295 (1911).
Serratula multiflora L., Sp. Pl. 2: 817 (1753); *Saussurea multiflora* (L.) DC., Ann. Mus. Natl. Hist. Nat. 6: 199 (1810); *Jurinea linearifolia* DC., Prodr. (DC.) 6: 675 (1837).
新疆；蒙古国、哈萨克斯坦、俄罗斯；欧洲。

花花柴属 Karelinia Less.

花花柴（胖姑娘娘）

Karelinia caspia (Pall.) Less., Linnaea 9: 187 (1834).
Serratula caspia Pall., Reise Russ. Reich. 2: 743 (1773); *Pluchea caspia* (Pall.) O. Hoffm. ex Paulsen, Vidensk. Meddel. Dansk Naturhist. Foren. Kjøbenhavn 147 (1903).
内蒙古、甘肃、青海、新疆；蒙古国、哈萨克斯坦、土库曼斯坦、俄罗斯；亚洲（西南部）。

喀什菊属 Kaschgaria Poljakov

密枝喀什菊

Kaschgaria brachanthemoides (C. Winkl.) Poljakov, Bot. Mater. Gerb. Bot. Inst. Komarova Akad. Nauk S. S. S. R. 18: 283 (1957).
Artemisia brachanthemoides C. Winkl., Trudy Imp. S.-Peterburgsk. Bot. Sada 9: 422 (1886); *Tanacetum brachanthemoides* (C. Winkl.) Krasch., Trudy Bot. Inst. Akad. Nauk S. S. S. R., Ser. 1, Fl. Sist. Vyssh. Rast. 1: 175 (1933).
新疆；哈萨克斯坦。

喀什菊

Kaschgaria komarovii (Krasch. et N. I. Rubtzov) Poljakov, Bot. Mater. Gerb. Bot. Inst. Komarova Akad. Nauk S. S. S. R. 18: 284 (1957).
Tanacetum komarovii Krasch. et N. I. Rubtzov in Krasch., Bot. Mater. Gerb. Bot. Inst. Komarova Akad. Nauk S. S. S. R. 9: 168 (1946); *Chrysanthemum komarovii* (Krasch. et N. I. Rubtzov) S. Y. Hu, Quart. J. Taiwan Mus. 19: 30 (1966).
新疆；蒙古国、哈萨克斯坦。

麻花头属 Klasea Cass.

分枝麻花头

Klasea cardunculus (Pall.) Holub, Folia Geobot. Phytotax. 12: 305 (1977).
Centaurea cardunculus Pall., Reise Russ. Reich. 1: 500 (1771); *Serratula cardunculus* (Pall.) Schischk., Fl. Siles. 11: 2938 (1949).
内蒙古、新疆；蒙古国、哈萨克斯坦、俄罗斯；欧洲。

麻花头

Klasea centauroides (L.) Cass. ex Kitag., J. Jap. Bot. 21: 138 (1947).
黑龙江、吉林、辽宁、内蒙古、河北、山西、山东、河南、陕西、宁夏、甘肃、青海、安徽、四川；蒙古国、朝鲜半岛、俄罗斯。

麻花头（原亚种）

Klasea centauroides subsp. **centauroides**
Serratula centauroides L., Sp. Pl. 2: 820 (1753); *Klasea centauroides* var. *albiflora* Y. B. Chang, Bull. Bot. Res., Harbin 3 (2): 158 (1983).
黑龙江、辽宁、内蒙古、河北、山东；蒙古国、俄罗斯。

碗苞麻花头

●**Klasea centauroides** subsp. **chanetii** (H. Lév.) L. Martins, Bot. J. Linn. Soc. 152: 457 (2006).
Serratula chanetii H. Lév., Repert. Spec. Nov. Regni Veg. 10: 351 (1912).
河北、山西、山东、河南、安徽。

钟苞麻花头

●**Klasea centauroides** subsp. **cupuliformis** (Nakai et Kitag.) L. Martins, Bot. J. Linn. Soc. 152: 457 (2006).
Serratula cupuliformis Nakai et Kitag., Rep. Inst. Sci. Res. Manchoukuo 1: 66 (1934); *Klasea cupuliformis* (Nakai et Kitag.) Kitag., J. Jap. Bot. 21: 139 (1947).
辽宁、河北、山西、河南。

北麻花头

Klasea centauroides subsp. **komarovii** (Iljin) L. Martins, Bot. J. Linn. Soc. 152: 457 (2006).

Serratula komarovii Iljin, Izv. Glavn. Bot. Sada S. S. S. R. 27: 89 (1928).
黑龙江、吉林、辽宁、内蒙古、河北、山西、陕西；朝鲜半岛、俄罗斯。

多花麻花头（多头麻花头）

●**Klasea centauroides** subsp. **polycephala** (Iljin) L. Martins, Bot. J. Linn. Soc. 152: 457 (2006).
Serratula polycephala Iljin, Izv. Glavn. Bot. Sada S. S. S. R. 27: 90 (1928); *Klasea polycephala* (Iljin) Kitag., J. Jap. Bot. 21: 140 (1947).
辽宁、内蒙古、河北、山西。

缢苞麻花头（蕴苞麻花头）

●**Klasea centauroides** subsp. **strangulata** (Iljin) L. Martins, Bot. J. Linn. Soc. 152: 457 (2006).
Serratula strangulata Iljin, Izv. Glavn. Bot. Sada S. S. S. R. 27: 89 (1928).
内蒙古、山西、河南、陕西、宁夏、甘肃、青海、四川。

羽裂麻花头

Klasea dissecta (Ledeb.) L. Martins, Bot. J. Linn. Soc. 152: 455 (2006).
Serratula dissecta Ledeb., Fl. Altaic. 4: 40 (1833).
新疆；哈萨克斯坦。

无茎麻花头

Klasea lyratifolia (Schrenk ex Fisch. et C. A. Meyer) L. Martins, Taxon 54: 636 (2005).
Serratula lyratifolia Schrenk ex Fisch. et C. A. Meyer, Enum. Pl. Nov. 1: 45 (1841).
新疆；塔吉克斯坦、吉尔吉斯斯坦、哈萨克斯坦、乌兹别克斯坦。

薄叶麻花头

Klasea marginata (Tausch) Kitag., J. Jap. Bot. 40: 137 (1965).
Serratula marginata Tausch, Flora 11: 484 (1828).
黑龙江、内蒙古、甘肃、新疆；蒙古国、塔吉克斯坦、吉尔吉斯斯坦、哈萨克斯坦、乌兹别克斯坦、俄罗斯。

歪斜麻花头

Klasea procumbens (Regel) Holub, Folia Geobot. Phytotax. 12: 427 (1977).
Serratula procumbens Regel, Bull. Soc. Imp. Naturalistes Moscou 40: 165 (1867).
新疆；巴基斯坦、阿富汗、塔吉克斯坦、克什米尔地区。

阿拉套麻花头

Klasea sogdiana (Bunge) L. Martins, Bot. J. Linn. Soc. 152: 455 (2006).
Serratula sogdiana Bunge, Beitr. Fl. Russl. 191 (1852); *Serratula dissecta* Ledeb. var. *asperula* Regel et Herder, Bull. Soc. Imp. Naturalistes Moscou 40: 116 (1867); *Serratula alatavica* C. A. Meyer, Mém. Acad. Imp. Sci. Saint-Pétersbourg, Sér. 7 14: 56 (1869).
新疆；塔吉克斯坦、吉尔吉斯斯坦、哈萨克斯坦、乌兹别克斯坦。

木根麻花头

Klasea suffruticulosa (Schrenk) L. Martins, Taxon 54: 636 (2005).
Serratula suffruticulosa Schrenk, Bull. Cl. Phys.-Math. Acad. Imp. Sci. Saint-Pétersbourg 3: 110 (1845).
新疆；吉尔吉斯斯坦、哈萨克斯坦。

蝎尾菊属 Koelpinia Pall.

蝎尾菊

Koelpinia linearis Pall., Reise Russ. Reich. 3: 755 (1776).
Rhagadiolus koelpinia Willd., Sp. Pl., ed. 3: 1626 (1803).
新疆、西藏；印度、巴基斯坦、阿富汗、塔吉克斯坦、吉尔吉斯斯坦、哈萨克斯坦、乌兹别克斯坦、土库曼斯坦、克什米尔地区、俄罗斯；亚洲（西南部）、欧洲、非洲。

莴苣属 Lactuca L.

裂叶莴苣

Lactuca dissecta D. Don, Prodr. Fl. Nepal. 164 (1825).
Lactuca auriculata DC., Prodr. (DC.) 7: 140 (1838).
新疆、西藏；不丹、尼泊尔、印度、巴基斯坦、阿富汗、塔吉克斯坦、吉尔吉斯斯坦、哈萨克斯坦、克什米尔地区。

长叶莴苣

Lactuca dolichophylla Kitam. in H. Hara, Fl. E. Himalaya, 341 (1966).
Mulgedium sagittatum Royle, Ill. Bot. Himal. Mts. 1: 252 (1835), not *Lactuca sagittata* Waldst. et Kit. (1799); *Lactuca handeliana* S. Y. Hu, Quart. J. Taiwan Mus. 20: 21 (1967).
云南、西藏；缅甸、不丹、尼泊尔、印度、巴基斯坦、阿富汗。

台湾翅果菊（台湾山苦荬）

●**Lactuca formosana** Maxim., Bull. Acad. Imp. Sci. Saint-Pétersbourg 19: 525 (1874).
Lactuca sonchus H. Lév. et Vaniot, Repert. Spec. Nov. Regni Veg. 8: 449 (1910); *Lactuca morii* Hayata, Icon. Pl. Formosan. 8: 75 (1919); *Pterocypsela formosana* (Maxim.) C. Shih, Acta Phytotax. Sin. 26: 389 (1988); *Pterocypsela sonchus* (H. Lév. et Vaniot) C. Shih, Acta Phytotax. Sin. 26: 388 (1988).
河南、陕西、宁夏、安徽、江苏、浙江、江西、湖南、湖北、四川、贵州、云南、福建、台湾、广东、广西。

翅果菊（山莴苣，苦莴苣，野莴苣）

Lactuca indica L., Mant. Pl. 2: 278 (1771).
Prenanthes laciniata Houtt., Nat. Hist. 10: 381 (1779); *Lactuca brevirostris* Champ. ex Benth., Hooker's J. Bot. Kew

Gard. Misc. 4: 237 (1852); *Lactuca amurensis* Regel et Maxim. ex Regel, Index Sem. [St. Petersburg] 42 (1857); *Brachyramphus sinicus* Miq., J. Bot. Néerl. 1: 105 (1861); *Lactuca cavaleriei* H. Lév., Repert. Spec. Nov. Regni Veg. 8: 450 (1910); *Pterocypsela indica* (L.) C. Shih, Acta Phytotax. Sin. 26: 387 (1988).

黑龙江、吉林、辽宁、河北、山西、山东、河南、陕西、安徽、江苏、浙江、江西、湖南、四川、贵州、云南、西藏、福建、台湾、广东、广西、海南；日本、朝鲜半岛、菲律宾、越南、泰国、印度尼西亚、不丹、印度、俄罗斯。

雀苣

Lactuca orientalis (Boiss.) Boiss., Fl. Orient. 3: 819 (1875).

Phaenopus orientalis Boiss., Voy. Bot. Espagne 2: 390 (1841); *Scariola orientalis* (Boiss.) Sojak, Novit. Bot. et Del. Sem. Hort. Bot. Univ. Carol. Prag. 1962: 46 (1962).

新疆；巴基斯坦、塔吉克斯坦、吉尔吉斯斯坦、哈萨克斯坦。

毛脉翅果菊（剪刀草，高莴苣，高大翅果菊）

Lactuca raddeana Maxim., Bull. Acad. Imp. Sci. Saint-Pétersbourg 19: 526 (1874).

Lactuca elata Hemsl., J. Linn. Soc., Bot. 23: 481 (1888); *Lactuca alliariifolia* H. Lév. et Vaniot, Repert. Spec. Nov. Regni Veg. 8: 141 (1910); *Lactuca vaniotii* H. Lév., Repert. Spec. Nov. Regni Veg. 12: 100 (1913); *Pterocypsela elata* (Hemsl.) C. Shih, Acta Phytotax. Sin. 26: 385 (1988); *Pterocypsela raddeana* (Maxim.) C. Shih, Acta Phytotax. Sin. 26: 386 (1988).

吉林、辽宁、河北、山西、山东、河南、陕西、甘肃、安徽、江西、湖南、湖北、四川、贵州、云南、福建、广东、广西；日本、朝鲜半岛、越南、俄罗斯。

莴苣

☆**Lactuca sativa** L., Sp. Pl. 2: 795 (1753).

Lactuca scariola L. var. *sativa* (L.) Moris, Sp. Pl., ed. 2 2: 1119 (1840).

中国广泛栽培；原产于地中海地区或亚洲（西南部）。

野莴苣

Lactuca serriola L., Cent. Pl. II. 29 (1756).

Lactuca scariola L., Sp. Pl., ed. 2: 1119 (1763); *Lactuca altaica* Fisch. et C. A. Meyer, Index Sem. [St. Petersburg] 11: 73 (1846).

新疆、台湾；蒙古国、印度、阿富汗、塔吉克斯坦、吉尔吉斯斯坦、哈萨克斯坦、俄罗斯；亚洲（西南部）、欧洲、非洲。

山莴苣（北山莴苣，山苦菜）

Lactuca sibirica (L.) Benth. ex Maxim., Bull. Acad. Imp. Sci. Saint-Pétersbourg 19: 528 (1874).

Sonchus sibiricus L., Sp. Pl. 2: 795 (1753); *Mulgedium sibiricum* (L.) Less., Syn. Gen. Compos. 142 (1832); *Mulgedium kamtschaticum* Ledeb., Denkschr. Bot. Ges. Regensburg 3: 65 (1841); *Lagedium sibiricum* (L.) Soják, Novit. Bot. et Del. Sem. Hort. Bot. Univ. Carol. Prag. 1961: 34 (1961).

黑龙江、吉林、辽宁、内蒙古、河北、山西、陕西、甘肃、青海、新疆；蒙古国、日本、朝鲜半岛、哈萨克斯坦、俄罗斯。

乳苣（蒙山莴苣，紫花山莴苣，苦菜）

Lactuca tatarica (L.) C. A. Meyer, Verz. Pfl. Casp. Meer. 56 (1831).

Sonchus tataricus L., Mant. Pl. 2: 572 (1771); *Agathyrsus tataricus* (L.) D. Don, Edinburgh New Philos. J. 6: 310 (1829); *Mulgedium tataricum* (L.) DC., Prodr. (DC.) 7: 248 (1838); *Lactuca multipes* H. Lév. et Vaniot, Repert. Spec. Nov. Regni Veg. 6: 331 (1909); *Crepis charbonnelii* H. Lév., Repert. Spec. Nov. Regni Veg. 12: 100 (1913); *Mulgedium roborovskii* Tzvelev, Bot. Zhurn. (Moscow et Leningrad) 92 (11): 1753 (2007).

辽宁、内蒙古、河北、山西、河南、陕西、甘肃、青海、新疆、西藏；蒙古国、印度、巴基斯坦、阿富汗、塔吉克斯坦、吉尔吉斯斯坦、哈萨克斯坦、乌兹别克斯坦、克什米尔地区、俄罗斯。

翼柄翅果菊（翼柄山莴苣）

Lactuca triangulata Maxim., Mém. Acad. Imp. Sci. St.-Pétersbourg Divers Savans 9: 177 (1859).

Lactuca triangulata var. *sachalinensis* Kitam., Acta Phytotax. Geobot. 11: 126 (1942); *Pterocypsela triangulata* (Maxim.) C. Shih, Acta Phytotax. Sin. 26: 386 (1988).

黑龙江、吉林、辽宁、河北、山西；日本、朝鲜半岛、俄罗斯。

飘带果

Lactuca undulata Ledeb., Icon. Pl. 2: 12 (1830).

Lactuca undulata var. *pinnatipartita* Turcz., Trudy Imp. S.-Peterburgsk. Bot. Sada 1: 24 (1871); *Lactuca undulata* var. *albicaulis* C. H. An, Fl. Xinjiangensis 5: 480 (1999).

新疆；巴基斯坦、阿富汗、塔吉克斯坦、吉尔吉斯斯坦、哈萨克斯坦、乌兹别克斯坦、土库曼斯坦、俄罗斯。

单花葵属 Lagascea Cav.

单花葵

☆**Lagascea mollis** Cav., Anales Ci. Nat. 6: 332 (1803).

香港引种；原产于美洲。

瓶头草属 Lagenophora Cass.

瓶头草

Lagenophora stipitata (Labill.) Druce, Rep. Bot. Soc. Exch. Club Brit. Isles 4: 630 (1917).

Bellis stipitata Labill., Nov. Holl. Pl. 2: 55 (1806); *Lagenophora billardierei* Cass., Dict. Sci. Nat. 25: 111 (1822).

福建、台湾、广东、广西；越南、印度尼西亚、印度、澳大利亚。

六棱菊属 Laggera Sch.-Bip. ex Benth. et Hook. f.

六棱菊

Laggera alata (D. Don) Sch.-Bip. ex Oliv., Trans. Linn. Soc. London 29: 94 (1873).

Erigeron alatus D. Don, Prodr. Fl. Nepal. 171 (1825); *Conyza alata* (D. Don) Roxb., Fl. Ind. 3: 430 (1832); *Blumea alata* (D. Don) DC., Prodr. (DC.) 5: 448 (1836); *Inula exsiccata* H. Lév., Repert. Spec. Nov. Regni Veg. 11: 304 (1912); *Laggera angustifolia* Hayata, Icon. Pl. Formosan. 8: 54 (1919).

浙江、江西、湖南、湖北、贵州、云南、福建、台湾、广西、海南；菲律宾、越南、老挝、缅甸、泰国、印度尼西亚、不丹、尼泊尔、印度、巴基斯坦、斯里兰卡、马达加斯加；非洲。

翼齿六棱菊（臭灵丹）

Laggera crispata (Vahl) Hepper et J. R. I. Wood, Kew Bull. 38: 83 (1983).

Conyza crispata Vahl, Symb. Bot. 1: 71 (1790); *Blumea pterodonta* DC., Contr. Bot. India [Wight] 16 (1834); *Laggera purpurascens* Sch.-Bip. ex Hochst., Flora 24: 26 (1841); *Laggera intermedia* C. B. Clarke, Compos. Ind. 91 (1867); *Laggera pterodonta* (DC.) Sch.-Bip. ex Oliv., Trans. Linn. Soc. London 29: 94 (1873).

湖北、四川、贵州、云南、西藏、广西；越南、泰国、不丹、印度；热带非洲。

稻槎菜属 Lapsanastrum Pak et K. Bremer

稻槎菜

Lapsanastrum apogonoides (Maxim.) Pak et K. Bremer, Taxon 44: 19 (1995).

Lapsana apogonoides Maxim., Bull. Acad. Imp. Sci. Saint-Pétersbourg 18: 288 (1873).

陕西、安徽、江苏、浙江、江西、湖南、云南、福建、台湾、广东、广西；日本、朝鲜半岛。

矮小稻槎菜

Lapsanastrum humile (Thunb.) Pak et K. Bremer, Taxon 44: 19 (1995).

Prenanthes humilis Thunb. in Murray, Syst. Veg., ed. 14: 715 (1784); *Youngia humilis* (Thunb.) DC., Prodr. (DC.) 7: 194 (1838); *Lapsana parviflora* A. Gray, Mém. Amer. Acad. Arts n. s. 6: 396 (1858); *Lapsana humilis* (Thunb.) Makino, Bot. Mag. (Tokyo) 17: 87 (1903); *Lapsana musashiensis* Hayata, J. Jap. Bot. 26: 224 (1951).

安徽、江苏、浙江、福建；日本、朝鲜半岛。

台湾稻槎菜

●**Lapsanastrum takasei** (Sasaki) Pak et K. Bremer, Taxon 44: 20 (1995).

Lactuca takasei Sasaki, Trans. Nat. Hist. Soc. Formosa 21: 224 (1931); *Lapsana takasei* (Sasaki) Kitam., Acta Phytotax. Geobot. 3: 100 (1934).

台湾。

具钩稻槎菜

●**Lapsanastrum uncinatum** (Stebbins) Pak et K. Bremer, Taxon 44: 20 (1995).

Lapsana uncinata Stebbins, Madroño 4: 154 (1938).

安徽。

栓果菊属 Launaea Cass.

光茎栓果菊

Launaea acaulis (Roxb.) Babc. ex Kerr in Craib, Fl. Siam. 2: 299 (1936).

Prenanthes acaulis Roxb., Fl. Ind. 3: 403 (1832); *Lactuca glabra* DC., Contrib. 26 (1834); *Youngia acaulis* (Roxb.) DC., Prodr. (DC.) 7: 193 (1838); *Microrhynchus glaber* Wight, Icon. Pl. Ind. Orient. (Wight) 3: 13 (1846); *Crepis acaulis* (Roxb.) Hook. f., Fl. Brit. Ind. 3: 396 (1882); *Launaea glabra* (DC.) Franch., Nouv. Arch. Mus. Hist. Nat., sér. 2 10: 42 (1887).

四川、贵州、云南、广西、海南；越南、老挝、缅甸、泰国、不丹、尼泊尔、印度、孟加拉国。

河西菊

●**Launaea polydichotoma** (Ostenf.) Amin ex N. Kilian, Englera 17: 166 (1997).

Chondrilla polydichotoma Ostenf. in Hedin, S. Tibet 6 (3): 29 (1922); *Zollikoferia polydichotoma* (Ostenf.) Iljin, Crit. Obs. Chondr. 61 (1930); *Hexinia polydichotoma* (Ostenf.) H. L. Yang, Fl. Desert. Reipubl. Popul. Sin. 3: 459 (1992).

甘肃、新疆。

假小喙菊（栓果菊）

Launaea procumbens (Roxb.) Ramayya et Rajagopal, Kew Bull. 23: 465 (1969).

Prenanthes procumbens Roxb., Fl. Ind. 3: 404 (1832); *Microrhynchus fallax* Jaub. et Spach, Ill. Pl. Orient. 3: 106 (1848); *Launaea fallax* (Jaub. et Spach) Kuntze, Revis. Gen. Pl. 1: 350 (1891); *Paramicrorhynchus procumbens* (Roxb.) Kirp., Fl. U. R. S. S. 29: 236 (1964); *Sonchus lakouensis* S. Y. Hu, Quart. J. Taiwan Mus. 21: 164 (1968).

内蒙古、甘肃、新疆、四川、云南；缅甸、尼泊尔、印度、巴基斯坦、阿富汗、塔吉克斯坦、哈萨克斯坦、乌兹别克斯坦、土库曼斯坦；亚洲（西南部）。

匐枝栓果菊（蔓茎栓果菊）

Launaea sarmentosa (Willd.) Kuntze, Revis. Gen. Pl. 1: 350 (1891).

Prenanthes sarmentosa Willd., Phytographia, 10 (1794); *Launaea pinnatifida* Cass., Ann. Sci. Nat. 23: 85 (1831); *Microrhynchus sarmentosus* (Willd.) DC., Prodr. (DC.) 7: 181

(1838).
广东、海南；越南、缅甸、泰国、印度尼西亚、印度、斯里兰卡、澳大利亚；非洲。

大丁草属 **Leibnitzia** Cass.

大丁草

Leibnitzia anandria (L.) Turcz., Schtscheglow, Ukaz. Otkryt. 8 (1): 404 (1831).
Tussilago anandria L., Sp. Pl. 2: 865 (1753); *Gerbera anandria* (L.) Sch.-Bip., Notes Roy. Bot. Gard. Edinburgh 7: 105 (1912).
除新疆、西藏外遍布中国；日本、朝鲜半岛、俄罗斯。

尼泊尔大丁草

Leibnitzia nepalensis (Kunze) Kitam., J. Jap. Bot. 14: 297 (1938).
Cleistanthium nepalense Kunze, Bot. Zeitung (Berlin) 9: 350 (1851); *Gerbera connata* Y. C. Tseng, Acta Bot. Austro Sin. 3: 7 (1986).
四川、云南、西藏；不丹、尼泊尔、印度、巴基斯坦。

灰岩大丁草

Leibnitzia pusilla (DC.) S. Gould in H. Hara et al., Enum. Fl. Pl. Nepal 3: 33 (1982).
Oreoseris pusilla DC., Prodr. (DC.) 7: 17 (1838); *Gerbera anandria* (L.) Sch.-Bip. var. *bonatiana* Beauverd, Bull. Soc. Bot. Genève 2: 45 (1910).
青海、四川、贵州、云南、西藏；不丹、尼泊尔。

红缨大丁草

Leibnitzia ruficoma (Franch.) Kitam., J. Jap. Bot. 14: 297 (1938).
Gerbera ruficoma Franch., J. Bot. (Morot) 2: 68 (1888).
四川、云南、西藏；不丹、尼泊尔。

火绒草属 **Leontopodium** R. Br. ex Cass.

松毛火绒草（火草，小地松，羊毛火绒草）

Leontopodium andersonii C. B. Clarke, Compos. Ind. 100 (1876).
Gnaphalium andersonii (C. B. Clarke) Franch., Bull. Soc. Bot. France 39: 132 (1892); *Gnaphalium subulatum* Franch., Bull. Soc. Bot. France 39: 130 (1892); *Leontopodium subulatum* (Franch.) Beauverd, Bull. Soc. Bot. Genève 1: 193 (1909); *Leontopodium bonatii* Beauverd, Bull. Soc. Bot. Genève 4: 30 (1912); *Leontopodium subulatum* var. *bonatii* (Beauverd) Hand.-Mazz., Beih. Bot. Centralbl., Abt. 2 44: 46 (1927).
四川、贵州、云南；老挝、缅甸。

艾叶火绒草

●**Leontopodium artemisiifolium** (H. Lév.) Beauverd, Bull. Soc. Bot. Genève 5: 142 (1913).
Gnaphalium artemisiifolium H. Lév., Repert. Spec. Nov. Regni Veg. 11: 492 (1913).
四川、云南。

黄毛火绒草

Leontopodium aurantiacum Hand.-Mazz., Beih. Bot. Centralbl., Abt. 2 44: 83 (1927).
云南；缅甸。

短星火绒草

Leontopodium brachyactis Gand., Bull. Soc. Bot. France 46: 420 (1900).
西藏；尼泊尔、印度、巴基斯坦。

丛生火绒草

Leontopodium caespitosum Diels, Notes Roy. Bot. Gard. Edinburgh 5: 189 (1912).
Leontopodium wilsonii Beauverd var. *minus* Beauverd, Bull. Soc. Bot. Genève 4: 28 (1912); *Leontopodium jacotianum* var. *minus* (Beauverd) Hand.-Mazz., Anz. Akad. Wiss. Wien, Math.-Naturwiss. Kl. 61: 113 (1924); *Leontopodium jacotianum* Beauverd var. *caespitosum* (Diels) Hand.-Mazz., Beih. Bot. Centralbl., Abt. 2 44: 77 (1927).
四川、云南；缅甸。

美头火绒草

●**Leontopodium calocephalum** (Franch.) Beauverd, Bull. Soc. Bot. Genève 1: 189 (1909).
Gnaphalium leontopodium L. var. *calocephalum* Franch., Bull. Soc. Bot. France 39: 131 (1892); *Leontopodium calocephalum* var. *uliginosum* Beauverd., Bull. Soc. Bot. Genève 5: 144 (1913); *Leontopodium calocephalum* var. *depauperatum* Y. Ling, Acta Phytotax. Sin. 10: 177 (1965).
甘肃、青海、四川、云南。

团球火绒草（剪花火绒草）

Leontopodium conglobatum (Turcz.) Hand.-Mazz., Acta Horti Gothob. 1: 114 (1924).
Leontopodium sibiricum Cass. var. *conglobatum* Turcz., Bull. Soc. Imp. Naturalistes Moscou 20: 9 (1847); *Leontopodium ochroleucum* var. *conglobatum* (Turcz.) Grubov., Fl. U. R. S. S. 25: 355 (1959); *Leontopodium ochroleucum* Beauverd subsp. *conglobatum* (Turcz.) Khanminchun, Fl. Sibiriae 13: 48 (1998).
黑龙江、内蒙古；蒙古国、俄罗斯。

戟叶火绒草（火艾，火草，白蒿）

Leontopodium dedekensii (Bureau et Franch.) Beauverd, Bull. Soc. Bot. Genève 1: 193 (1909).
Gnaphalium dedekensii Bureau et Franch., J. Bot. (Morot) 5: 70 (1891); *Gnaphalium leontopodium* L. var. *foliosa* Franch., Bull. Soc. Bot. France 39: 132 (1892); *Leontopodium foliosum* Beauverd, Bull. Soc. Bot. Genève 1: 193 (1909); *Leontopodium dedekensii* var. *microcalathinum* Y. Ling, Acta Phytotax. Sin. 10: 174 (1965).

甘肃、青海、四川、云南、西藏；缅甸。

云岭火绒草

Leontopodium delavayanum Hand.-Mazz., Beih. Bot. Centralbl., Abt. 2 44: 85 (1927).
云南；缅甸。

梵净火绒草

●**Leontopodium fangingense** Y. Ling, Acta Phytotax. Sin. 10: 175 (1965).
贵州。

山野火绒草

Leontopodium fedtschenkoanum Beauverd, Bull. Soc. Bot. Genève 6: 144 (1914).
Leontopodium alpinum Cass. var. *campestre* Ledeb., Fl. Ross. (Ledeb.) 2: 614 (1845); *Leontopodium campestre* (Ledeb.) Hand.-Mazz. in Schröter, Pfl.-Leb. Alpen, ed. 2 2: 505 (1924); *Leontopodium ochroleucum* var. *campestre* (Ledeb.) Grubov., Fl. U. R. S. S. 25: 354 (1959); *Leontopodium ochroleucum* Beauverd subsp. *campestre* (Ledeb.) Khanminchun, Fl. Sibiriae 13: 48 (1998).
青海、新疆；蒙古国、哈萨克斯坦、俄罗斯。

鼠麴火绒草

Leontopodium forrestianum Hand.-Mazz., Anz. Akad. Wiss. Wien, Math.-Naturwiss. Kl. 61: 112 (1924).
云南；缅甸。

坚杆火绒草

●**Leontopodium franchetii** Beauverd, Bull. Soc. Bot. Genève 3: 258 (1911).
四川、云南。

秦岭火绒草

●**Leontopodium giraldii** Diels, Bot. Jahrb. Syst. 36: 103 (1905).
陕西。

密垫火绒草

Leontopodium haastioides Hand.-Mazz., Beih. Bot. Centralbl., Abt. 2 44: 84 (1927).
Leontopodium jacotianum Beauverd var. *haastioides* (Hand.-Mazz.) R. C. Srivast., Novon 8: 203 (1998).
四川、西藏；不丹、尼泊尔、印度。

香芸火绒草

●**Leontopodium haplophylloides** Hand.-Mazz., Acta Horti Gothob. 1: 120 (1924).
四川。

珠峰火绒草（白特）

Leontopodium himalayanum DC., Prodr. (DC.) 6: 276 (1838).
Leontopodium himalayanum var. *pumilum* Y. Ling., Acta Phytotax. Sin. 10: 176 (1965).
云南、西藏；缅甸、不丹、尼泊尔、印度、巴基斯坦。

雅谷火绒草

Leontopodium jacotianum Beauverd, Bull. Soc. Bot. Genève 1: 190 (1909).
Leontopodium paradoxum J. R. Drumm., Bull. Misc. Inform. Kew 1910: 77 (1910); *Leontopodium jacotianum* var. *paradoxum* (J. R. Drumm.) Beauverd, Bull. Soc. Bot. Genève 4: 27 (1912).
西藏；缅甸、不丹、尼泊尔、印度、巴基斯坦。

薄雪火绒草（薄雪草，火艾，小毛香）

Leontopodium japonicum Miq., Ann. Mus. Bot. Lugduno-Batavi 2: 178 (1866).
山西、河南、陕西、甘肃、安徽、江苏、浙江、湖北、四川；日本。

薄雪火绒草（原变种）

Leontopodium japonicum var. **japonicum**
Leontopodium japonicum var. *xerogenes* Hand.-Mazz., Beih. Bot. Centralbl., Abt. 2 44: 67 (1927).
山西、河南、陕西、甘肃、安徽、江苏、浙江、湖北、四川；日本。

小头薄雪火绒草

●**Leontopodium japonicum** var. **microcephalum** Hand.-Mazz., Beih. Bot. Centralbl., Abt. 2 44: 67 (1927).
Leontopodium microcephalum (Hand.-Mazz.) Y. Ling, Acta Phytotax. Sin. 10: 173 (1965).
山西、河南、陕西。

岩生薄雪火绒草

●**Leontopodium japonicum** var. **saxatile** Y. S. Chen., Fl. China 20-21: 783 (2011).
安徽、浙江。

长叶火绒草（兔耳子草）

Leontopodium junpeianum Kitam., Acta Phytotax. Geobot. 4: 102 (1935).
Leontopodium linearifolium Hand.-Mazz., Acta Horti Gothob. 1: 115 (1924), not (Wedd.) Benth. et Hook. f. (1873); *Leontopodium longifolium* Y. Ling, Acta Phytotax. Sin. 10: 177 (1965); *Leontopodium longifolium* f. *angustifolium* Y. Ling., Acta Phytotax. Sin. 10: 177 (1965).
内蒙古、河北、山西、陕西、甘肃、青海、四川、西藏；克什米尔地区。

火绒草（火绒蒿，大头毛香，老头艾）

Leontopodium leontopodioides (Willd.) Beauverd, Bull. Soc. Bot. Genève 1: 371 (1909).
Filago leontopodioides Willd., Phytographia, 12 (1794); *Gnaphalium leontopodioides* (Willd.) Willd., Sp. Pl., ed. 4 3: 1893 (1803); *Leontopodium sibiricum* Cass., Dict. Sci. Nat. 25: 475 (1822).

内蒙古、河北、山西、山东、陕西、甘肃、青海、新疆；蒙古国、日本、朝鲜半岛、俄罗斯。

小叶火绒草

●**Leontopodium microphyllum** Hayata, J. Coll. Sci. Imp. Univ. Tokyo 25 (19): 127 (1908).
台湾。

单头火绒草

Leontopodium monocephalum Edgew., Trans. Linn. Soc. London 20: 73 (1846).
Leontopodium fimbrilligerum J. R. Drumm., Bull. Misc. Inform. Kew 1910: 76 (1910); *Leontopodium evax* var. *fimbrilligerum* (J. R. Drumm.) Beauverd, Bull. Soc. Bot. Genève 2: 216 (1910).
西藏；不丹、尼泊尔、印度、巴基斯坦。

藓状火绒草

●**Leontopodium muscoides** Hand.-Mazz., Anz. Akad. Wiss. Wien, Math.-Naturwiss. Kl. 59: 252 (1922).
云南、西藏。

矮火绒草

Leontopodium nanum (Hook. f. et Thomson ex C. B. Clarke) Hand.-Mazz., Beih. Bot. Centralbl., Abt. 2 44: 111 (1927).
Antennaria nana Hook. f. et Thomson ex C. B. Clarke, Compos. Ind. 100 (1876).
陕西、甘肃、新疆、四川、西藏；尼泊尔、印度、巴基斯坦、阿富汗、哈萨克斯坦。

黄白火绒草

Leontopodium ochroleucum Beauverd, Bull. Soc. Bot. Genève 6: 146 (1914).
Antennaria leontopodina DC., Prodr. (DC.) 6: 269 (1838); *Leontopodium alpinum* var. *debile* Beauverd, Bull. Soc. Bot. Genève 2: 240 (1910); *Leontopodium alpinum* var. *hedinianum* Beauverd, Bull. Soc. Bot. Genève 2: 246 (1910); *Leontopodium fischerianum* Beauverd, Bull. Soc. Bot. Genève 6: 143 (1914); *Leontopodium leontopodinum* (DC.) Hand.-Mazz., Beih. Bot. Centralbl., Abt. 2 44: 118 (1927); *Leontopodium melanolepis* Y. Ling, Acta Phytotax. Sin. 10: 176 (1965).
青海、新疆、西藏；蒙古国、印度、哈萨克斯坦、俄罗斯。

峨眉火绒草

●**Leontopodium omeiense** Y. Ling, Acta Phytotax. Sin. 10: 172 (1965).
甘肃、四川。

弱小火绒草

Leontopodium pusillum (Beauverd) Hand.-Mazz., Beih. Bot. Centralbl., Abt. 2 44: 97 (1927).
Leontopodium alpinum Cass. var. *pusillum* Beauverd, Bull. Soc. Bot. Genève 2: 251 (1910); *Leontopodium alpinum* var. *figidum* Beauverd, Bull. Soc. Bot. Genève 2: 246 (1910).
青海、新疆、四川、西藏；印度。

红花火绒草

●**Leontopodium roseum** Hand.-Mazz., Acta Horti Gothob. 1: 112 (1924).
四川。

华火绒草

●**Leontopodium sinense** Hemsl., J. Linn. Soc., Bot. 23: 424 (1888).
Gnaphalium nobile Bureau et Franch., J. Bot. (Morot) 5: 70 (1891); *Leontopodium nobile* (Bureau et Franch.) Beauverd, Bull. Soc. Bot. Genève 1: 193 (1909); *Leontopodium arbusculum* Beauverd, Bull. Soc. Bot. Genève 4: 33 (1912); *Gnaphalium sinense* (Hemsl.) Franch., Bull. Soc. Bot. France 39: 133 (1892), not *Gnaphalium chinense* Gand. (1918); *Leontopodium niveum* Hand.-Mazz., Acta Horti Gothob., 12: 234 (1938); *Leontopodium rosmarinoides* Hand.-Mazz., Acta Horti Gothob., 12: 231 (1938).
湖北、四川、贵州、云南、西藏。

绢茸火绒草

●**Leontopodium smithianum** Hand.-Mazz., Acta Horti Gothob. 1: 115 (1924).
内蒙古、河北、山西、陕西、甘肃、青海。

银叶火绒草

●**Leontopodium souliei** Beauverd, Bull. Soc. Bot. Genève 1: 191 (1909).
四川、云南、西藏。

匍枝火绒草

●**Leontopodium stoloniferum** Hand.-Mazz., Acta Horti Gothob. 12: 235 (1938).
四川。

毛香火绒草（毛香）

Leontopodium stracheyi (Hook. f.) C. B. Clarke ex Hemsl., J. Linn. Soc., Bot. 30: 136 (1894).
Leontopodium alpinum Cass. var. *stracheyi* Hook. f., Fl. Brit. Ind. 3: 279 (1881); *Leontopodium stracheyi* var. *tenuicaule* Beauverd, Bull. Soc. Bot. Genève 3: 260 (1911).
青海、四川、云南、西藏；不丹、尼泊尔、印度。

亚灌木火绒草

●**Leontopodium suffruticosum** Y. L. Chen, Acta Phytotax. Sin. 19: 90 (1981).
西藏。

柔毛火绒草

●**Leontopodium villosum** Hand.-Mazz., Oesterr. Bot. Z. 89: 58 (1940).
四川。

川西火绒草

●**Leontopodium wilsonii** Beauverd, Bull. Soc. Bot. Genève 4: 28 (1912).

Leontopodium wilsonii var. *maius* Beauverd., Bull. Soc. Bot. Genève 4: 28 (1912); *Leontopodium chui* Hand.-Mazz., Oesterr. Bot. Z. 89: 59 (1940).

甘肃、四川。

小滨菊属 **Leucanthemella** Tzvelev

小滨菊

Leucanthemella linearis (Matsum.) Tzvelev in Schischk. et Bobrov, Fl. U. R. S. S. 26: 139 (1961).

Chrysanthemum lineare Matsum., Bot. Mag. (Tokyo) 13: 83 (1899); *Chrysanthemum lineare* var. *manshuricum* Kom., Acta Horti Gothob. 25: 822 (1907); *Tanacetum lineare* (Matsum.) Kitam., Mem. Coll. Sci. Kyoto Imp. Univ., Ser. B, Biol. 15: (Compos. Jap. 2.) 350 (1940).

黑龙江、吉林、内蒙古；日本、朝鲜半岛、俄罗斯。

滨菊属 **Leucanthemum** Mill.

滨菊

☆**Leucanthemum vulgare** Lam., Fl. Franç. (Lam.) 2: 137 (1779).

Chrysanthemum leucanthemum L., Sp. Pl. 2: 888 (1753); *Matricaria leucanthemum* (L.) Desr., Encycl. 3: 731 (1792); *Chrysanthemum vulgare* (Lam.) Gaterau, Descr. Pl. Montauban 149 (1789), not (L.) Bernh. (1800); *Leucanthemum ircutianum* DC., Prodr. (DC.) 6: 47 (1838); *Pyrethrum leucanthemum* (L.) Franch., Fl. Loire-et-Cher 307 (1885), not Wenderoth (1831); *Tanacetum leucanthemum* (L.) Sch.-Bip., Tanaceteen 35 (1844); *Chamaemelum leucanthemum* (L.) E. H. L. Krause, Deutschl. Fl. (Sturm), ed. 2 13: 210 (1905).

河北、河南、甘肃、江苏、江西、福建等地栽培；原产于欧洲。

白菊木属 **Leucomeris** D. Don

白菊木

Leucomeris decora Kurz, J. Asiat. Soc. Bengal, Pt. 2, Nat. Hist. 41: 317 (1872).

Gochnatia decora (Kurz) Cabrera., Rev. Mus. La Plata, Bot. 12 (66): 131 (1971).

云南；越南、缅甸、泰国。

橐吾属 **Ligularia** Cass.

刚毛橐吾（一碗水）

●**Ligularia achyrotricha** (Diels) Y. Ling, Contr. Inst. Bot. Natl. Acad. Peiping 5: 4 (1937).

Senecio achyrotrichus Diels, Bot. Jahrb. Syst. 36: 105 (1905); *Cacalia achyrotricha* (Diels) Y. Ling, Contr. Inst. Bot. Natl. Acad. Peiping 2: 531 (1934); *Senecillis achyrotricha* (Diels) Kitam., Acta Phytotax. Geobot. 8: 88 (1939).

陕西。

翅柄橐吾

●**Ligularia alatipes** Hand.-Mazz., Bot. Jahrb. Syst. 69: 132 (1938).

四川、云南。

帕米尔橐吾

Ligularia alpigena Pojark., Bot. Mater. Gerb. Bot. Inst. Komarova Akad. Nauk S. S. S. R. 12: 313 (1950).

新疆；巴基斯坦、阿富汗、塔吉克斯坦、吉尔吉斯斯坦、乌兹别克斯坦。

阿勒泰橐吾

Ligularia altaica DC., Prodr. (DC.) 6: 315 (1838).

Senecio altaicus (DC.) Sch.-Bip., Flora 28: 50 (1845); *Senecillis altaica* (DC.) Kitam., Acta Phytotax. Geobot. 8: 85 (1939).

新疆；蒙古国、哈萨克斯坦、俄罗斯。

白序橐吾

●**Ligularia anoleuca** Hand.-Mazz., Bot. Jahrb. Syst. 69: 136 (1938).

云南。

亚东橐吾

Ligularia atkinsonii (C. B. Clarke) S. W. Liu, Acta Biol. Plateau Sin. 7: 31 (1988).

Senecio atkinsonii C. B. Clarke, Compos. Ind. 207 (1876); *Senecio ligularia* Hook. f. var. *atkinsonii* (C. B. Clarke) Hook. f., Fl. Brit. Ind. 3: 350 (1881); *Senecio cacaliifolius* Sch.-Bip. var. *atkinsonii* (C. B. Clarke) Franch., Notes Roy. Bot. Gard. Edinburgh 7: 175, 204 (1912).

西藏；不丹、印度。

黑紫橐吾

●**Ligularia atroviolacea** (Franch.) Hand.-Mazz., Bot. Jahrb. Syst. 69: 109 (1938).

Senecio atroviolaceus Franch., Bull. Soc. Bot. France 39: 303 (1893); *Senecio oreotrephes* W. W. Smith, Notes Roy. Bot. Gard. Edinburgh 8: 116 (1913); *Cremanthodium atroviolaceum* (Franch.) R. D. Good, J. Linn. Soc., Bot. 48: 286 (1929); *Senecillis atroviolacea* (Franch.) Kitam., Acta Phytotax. Geobot. 8: 87 (1939).

四川、云南。

无缨橐吾

●**Ligularia biceps** Kitag., J. Jap. Bot. 17: 239 (1941).

辽宁。

总状橐吾

Ligularia botryodes (C. Winkl.) Hand.-Mazz., Bot. Jahrb.

Syst. 69: 126 (1938).
Senecio botryodes C. Winkl., Trudy Imp. S.-Peterburgsk. Bot. Sada 14: 154 (1895); *Senecillis botryodes* (C. Winkl.) Kitam., Acta Phytotax. Geobot. 8: 87 (1939).
陕西、甘肃、四川；尼泊尔。

黄亮橐吾

●**Ligularia caloxantha** (Diels) Hand.-Mazz., Anz. Akad. Wiss. Wien, Math.-Naturwiss. Kl. 60: 101 (1923).
Senecio caloxanthus Diels, Notes Roy. Bot. Gard. Edinburgh 5: 194 (1912); *Senecillis caloxantha* (Diels) Kitam., Acta Phytotax. Geobot. 8: 88 (1939).
四川、云南。

乌苏里橐吾

Ligularia calthifolia Maxim., Bull. Acad. Imp. Sci. Saint-Pétersbourg 15: 374 (1871).
Senecio calthifolius (Maxim.) Maxim., Bull. Acad. Imp. Sci. Saint-Pétersbourg 16: 220 (1871); *Senecillis calthifolia* (Maxim.) Kitam., Acta Phytotax. Geobot. 8: 86 (1939).
黑龙江；俄罗斯。

灰苞橐吾

●**Ligularia chalybea** S. W. Liu, Bull. Bot. Res., Harbin 5 (4): 73 (1985).
四川。

长毛橐吾

●**Ligularia changiana** S. W. Liu ex Y. L. Chen et Z. Yu Li in W. T. Wang et al., Vasc. Pl. Hengduan Mount. 2: 2071 (1994).
Ligularia phyllocolea Hand.-Mazz. var. *villosa* Hand.-Mazz., Bot. Jahrb. Syst. 69: 139 (1938); *Ligularia heterophylla* C. C. Chang, Acta Phytotax. Sin. 1: 314 (1951), not Rupr. (1869); *Ligularia villosa* (Hand.-Mazz.) S. W. Liu, Acta Biol. Plateau Sin. 7: 32 (1988), not Eckl. et Zeyh. (1835).
云南。

浙江橐吾

●**Ligularia chekiangensis** Kitam., J. Jap. Bot. 21: 53 (1947).
安徽、浙江。

缅甸橐吾

Ligularia chimiliensis C. C. Chang, Bull. Fan Mem. Inst. Biol. Bot. 6: 61 (1935).
Ligularia pianmaensis Y. L. Chen ex T. L. Ming, Fl. Yunnan. 13: 833 (2004).
云南、西藏；缅甸。

密花橐吾

●**Ligularia confertiflora** C. C. Chang, Bull. Fan Mem. Inst. Biol. Bot. 6: 63 (1935).
云南。

垂头橐吾

Ligularia cremanthodioides Hand.-Mazz., Anz. Akad. Wiss. Wien, Math.-Naturwiss. Kl. 62: 13 (1925).
Cremanthodium cremanthodioides (Hand.-Mazz.) R. D. Good, J. Linn. Soc., Bot. 48: 279 (1929).
云南、西藏；尼泊尔。

楔舌橐吾

●**Ligularia cuneata** S. W. Liu et T. N. Ho, Acta Phytotax. Sin. 38: 286 (2000).
西藏。

弯苞橐吾

●**Ligularia curvisquama** Hand.-Mazz., Symb. Sin. 7 (4): 1134 (1936).
Senecio curvisquamus (Hand.-Mazz.) C. C. Chang, Bull. Fan Mem. Inst. Biol. Bot. 7: 155 (1936); *Senecio curvisquamus* var. *robustus* C. C. Chang, Bull. Fan Mem. Inst. Biol. Bot. 7: 155 (1936).
云南。

浅苞橐吾

●**Ligularia cyathiceps** Hand.-Mazz., Bot. Jahrb. Syst. 69: 135 (1938).
云南。

舟叶橐吾（舦叶橐吾）

●**Ligularia cymbulifera** (W. W. Smith) Hand.-Mazz., Symb. Sin. 7 (4): 1133 (1936).
Senecio cymbulifer W. W. Smith, Notes Roy. Bot. Gard. Edinburgh 8: 115 (1913); *Ligularia crassa* Hand.-Mazz., Bot. Jahrb. Syst. 69: 108 (1938); *Senecillis cymbulifera* (W. W. Smith) Kitam., Acta Phytotax. Geobot. 8: 88 (1939).
四川、云南、西藏。

聚伞橐吾

●**Ligularia cymosa** (Hand.-Mazz.) S. W. Liu, Acta Biol. Plateau Sin. 7: 31 (1988).
Cremanthodium cymosum Hand.-Mazz., Acta Horti Gothob. 12: 305 (1938).
四川、西藏。

齿叶橐吾

Ligularia dentata (A. Gray) H. Hara, J. Jap. Bot. 15: 318 (1939).
Erythrochaete dentata A. Gray, Mém. Amer. Acad. Arts n. s. 6: 395 (1858); *Ligularia clivorum* Maxim., Bull. Acad. Imp. Sci. Saint-Pétersbourg 15: 374 (1871); *Senecio clivorum* (Maxim.) Maxim., Bull. Acad. Imp. Sci. Saint-Pétersbourg 16: 220 (1871); *Senecio labordei* Vaniot, Bull. Acad. Geogr. Bot. 11: 345 (1902); *Ligularia clivorum* (Maxim.) Hand.-Mazz., Symb. Sin. 7 (4): 1132 (1936); *Senecillis dentata* (A. Gray) Kitam., Acta Phytotax. Geobot. 8: 83 (1939).
山西、河南、陕西、甘肃、安徽、浙江、江西、湖南、湖北、四川、贵州、云南、广西；日本、越南、缅甸。

网脉橐吾

●**Ligularia dictyoneura** (Franch.) Hand.-Mazz., Vegetationsbilder 22 (8): 6 (1932).

Senecio dictyoneurus Franch., Bull. Soc. Bot. France 39: 294 (1893); *Ligularia platyphylla* Hand.-Mazz., Bot. Jahrb. Syst. 69: 119 (1938); *Senecillis dictyoneura* (Franch.) Kitam., Acta Phytotax. Geobot. 8: 86 (1939).

四川、云南、西藏。

盘状橐吾

●**Ligularia discoidea** S. W. Liu, Acta Biol. Plateau Sin. 3: 66 (1984).

西藏。

太白山橐吾

●**Ligularia dolichobotrys** Diels, Bot. Jahrb. Syst. 36: 107 (1905).

Senecillis dolichobotrys (Diels) Kitam., Acta Phytotax. Geobot. 8: 88 (1939).

河南、陕西。

大黄橐吾（大黄）

●**Ligularia duciformis** (C. Winkl.) Hand.-Mazz., Symb. Sin. 7 (4): 1135 (1936).

Senecio duciformis C. Winkl., Trudy Imp. S.-Peterburgsk. Bot. Sada 14: 155 (1895); *Senecillis duciformis* (C. Winkl.) Kitam., Acta Phytotax. Geobot. 8: 87 (1939).

宁夏、甘肃、四川、云南。

紫花橐吾

Ligularia dux (C. B. Clarke) Y. Ling, Contr. Inst. Bot. Natl. Acad. Peiping 5: 3 (1937).

西藏；缅甸、印度。

紫花橐吾（原亚种）

Ligularia dux var. **dux**

Senecio dux C. B. Clarke, J. Linn. Soc., Bot. 25: 40 (1889); *Senecillis dux* (C. B. Clarke) Kitam., Acta Phytotax. Geobot. 8: 87 (1939).

西藏；缅甸、印度。

小紫花橐吾

●**Ligularia dux** var. **minima** S. W. Liu, Acta Biol. Plateau Sin. 3: 69 (1984).

西藏。

毛茎橐吾

●**Ligularia eriocaulis** M. Zhang et L. S. Xu, Acta Bot. Yunnan. 19: 241 (1997).

甘肃、青海、四川、云南。

广叶橐吾

●**Ligularia euryphylla** (C. Winkl.) Hand.-Mazz., Bot. Jahrb. Syst. 69: 108 (1938).

Senecio euryphyllus C. Winkl., Trudy Imp. S.-Peterburgsk. Bot. Sada 14: 156 (1895); *Senecillis euryphylla* (C. Winkl.) Kitam., Acta Phytotax. Geobot. 8: 87 (1939).

四川。

矢叶橐吾

●**Ligularia fargesii** (Franch.) Diels, Bot. Jahrb. Syst. 29: 621 (1901).

Senecio fargesii Franch., Bull. Soc. Bot. France 39: 300 (1893); *Senecillis fargesii* (Franch.) Kitam., Acta Phytotax. Geobot. 8: 86 (1939).

陕西、湖北、四川、重庆。

蹄叶橐吾

Ligularia fischeri (Ledeb.) Turcz., Bull. Soc. Imp. Naturalistes Moscou 11: 95 (1838).

Cineraria fischeri Ledeb., Index Sem. Horti Dorpat. 1820: 17 (1820); *Cineraria speciosa* Schrader ex Link, Enum. Hort. Berol. Alt. 2: 334 (1822); *Hoppea speciosa* (Schrader ex Link) Rchb., Flora 7: 245 (1824); *Ligularia speciosa* (Schrader ex Link) Fisch. et C. A. Meyer, Fl. Manshur. 3: 694 (1907); *Senecillis fischeri* (Ledeb.) Kitam., Acta Phytotax. Geobot. 8: 82 (1939).

黑龙江、吉林、辽宁、内蒙古、河南、陕西、安徽、浙江、湖北、四川；蒙古国、日本、朝鲜半岛、缅甸、不丹、尼泊尔、印度、俄罗斯。

隐舌橐吾

●**Ligularia franchetiana** (H. Lév.) Hand.-Mazz., Symb. Sin. 7 (4): 1134 (1936).

Senecio franchetianus H. Lév., Bull. Geogr. Bot. 25: 16 (1915); *Ligularia aphanoglossa* Hand.-Mazz., Anz. Akad. Wiss. Wien, Math.-Naturwiss. Kl. 62: 13 (1925); *Senecillis franchetiana* (H. Lév.) Kitam., Acta Phytotax. Geobot. 8: 88 (1939).

四川、云南。

粗茎橐吾

●**Ligularia ghatsukupa** Kitam., Acta Phytotax. Geobot. 15: 73 (1953).

西藏。

哈密橐吾

●**Ligularia hamiica** C. H. An, Fl. Xinjiangensis 5: 478 (1999).

新疆。

异叶橐吾

Ligularia heterophylla Rupr., Mém. Acad. Imp. Sci. Saint-Pétersbourg, Sér. 7 14: 53 (1869).

新疆；塔吉克斯坦、吉尔吉斯斯坦、哈萨克斯坦、乌兹别克斯坦。

鹿蹄橐吾

Ligularia hodgsonii Hook. f., Bot. Mag. 89: t. 5417 (1863).

Senecio yesoensis Franch., Bull. Soc. Bot. France 39: 306

(1893); *Senecio hodgsonii* var. *sutchuenensis* (Franch.) A. Henry, Gard. Chron., ser. 3 32: 218 (1902); *Senecio yesoensis* var. *pulchella* Pamp., Nuov. Giorn. Bot. Ital. n. s. 18 (1): 142 (1911); *Ligularia hodgsonii* var. *crenifera* (Franch.) Hand.-Mazz., Bot. Jahrb. Syst. 69: 115 (1938); *Ligularia hodgsonii* var. *pulchella* (Pamp.) Hand.-Mazz., Bot. Jahrb. Syst. 69: 115 (1938).
陕西、甘肃、湖北、四川、贵州、云南、广西；日本、俄罗斯。

细茎橐吾（太白紫菀）

Ligularia hookeri (C. B. Clarke) Hand.-Mazz., Bot. Jahrb. Syst. 69: 127 (1938).
Cremanthodium hookeri C. B. Clarke, Compos. Ind. 169 (1876); *Senecio calthifolius* Hook. f., Fl. Brit. Ind. 3: 350 (1881); *Senecio nimborum* Franch., Nouv. Arch. Mus. Hist. Nat., sér. 2 10: 39 (1888); *Senecio feddei* H. Lév., Repert. Spec. Nov. Regni Veg. 13: 344 (1914); *Ligularia evaginata* C. C. Chang, Acta Phytotax. Sin. 1: 320 (1950); *Ligularia kangtingensis* S. W. Liu, Bull. Bot. Res., Harbin 5 (4): 68 (1985).
陕西、四川、云南、西藏；不丹、尼泊尔、印度。

河北橐吾

●**Ligularia hopeiensis** Nakai, J. Jap. Bot. 16: 76 (1940).
河北。

狭苞橐吾

Ligularia intermedia Nakai, Bot. Mag. (Tokyo) 31: 125 (1917).
Ligularia intermedia var. *oligantha* Nakai, Bot. Mag. (Tokyo) 40: 579 (1926); *Ligularia sinica* Kitag., Rep. Inst. Sci. Res. Manchoukuo Sect. 4 4: 9 (1936); *Senecillis intermedia* (Nakai) Kitam., Acta Phytotax. Geobot. 8: 82 (1939).
黑龙江、吉林、辽宁、内蒙古、河北、山西、河南、陕西、甘肃、湖南、湖北、四川、贵州、云南、广西；朝鲜半岛。

复序橐吾（东北熊疏）

Ligularia jaluensis Kom., Trudy Imp. S.-Peterburgsk. Bot. Sada 18: 420 (1901).
Ligularia jaluensis var. *rumicifolia* Kom., Trudy Imp. S.-Peterburgsk. Bot. Sada 25: 696 (1907); *Ligularia deltoidea* Nakai, Bot. Mag. (Tokyo) 31: 126 (1917); *Ligularia pulchra* Nakai, Bot. Mag. (Tokyo) 31: 126 (1917); *Senecillis jaluensis* (Kom.) Kitam., Acta Phytotax. Geobot. 8: 82 (1939); *Ligularia leucocoma* Nakai, J. Jap. Bot. 20: 139 (1944).
黑龙江、吉林、辽宁；朝鲜半岛、俄罗斯。

长白山橐吾（单头橐吾，单花橐吾）

Ligularia jamesii (Hemsl.) Kom., Trudy Imp. S.-Peterburgsk. Bot. Sada 25: 697 (1907).
Senecio jamesii Hemsl., J. Linn. Soc., Bot. 23: 453 (1888); *Senecillis jamesii* (Hemsl.) Kitam., Acta Phytotax. Geobot. 8: 82 (1939).
吉林、辽宁、内蒙古；朝鲜半岛。

大头橐吾（猴巴掌，老鸦甲，望江南）

Ligularia japonica (Thunb.) Less., Syn. Gen. Compos. 390 (1832).
安徽、浙江、江西、湖南、湖北、福建、台湾、广东、广西；日本、朝鲜半岛、印度。

大头橐吾（原亚种）

Ligularia japonica var. **japonica**
Arnica japonica Thunb. in Murray, Syst. Veg., ed. 14: 768 (1784); *Senecio japonicus* (Thunb.) Sch.-Bip., Flora 28: 50 (1845); *Erythrochaete palmatifida* Siebold et Zucc., Abh. Math.-Phys. Cl. Königl. Bayer. Akad. Wiss. 4: 188 (1846); *Senecillis japonica* (Thunb.) Kitam., Acta Phytotax. Geobot. 8: 83 (1939); *Ligularia macrantha* H. Koyama, Mem. Fac. Sci. Kyoto Univ., Ser. Biol. 2: 44 (1968).
安徽、浙江、江西、湖南、湖北、福建、台湾、广东、广西；日本、朝鲜半岛。

糙叶大头橐吾

Ligularia japonica var. **scaberrima** Hayata ex Y. Ling, Contr. Inst. Bot. Natl. Acad. Peiping 2: 532 (1934).
浙江、江西、福建、台湾、广东；日本。

干崖子橐吾

●**Ligularia kanaitzensis** (Franch.) Hand.-Mazz., Vegetationsbilder 22 (8): 13 (1932).
四川、云南。

干崖子橐吾（原亚种）

●**Ligularia kanaitzensis** var. **kanaitzensis**
Senecio kanaitzensis Franch., Bull. Soc. Bot. France 39: 298 (1893); *Senecio mosoynensis* Franch., Bull. Soc. Bot. France 39: 298 (1893); *Senecio jeffreyanus* Diels, Notes Roy. Bot. Gard. Edinburgh 5: 192 (1912); *Senecillis kanaitzensis* (Franch.) Kitam., Acta Phytotax. Geobot. 8: 86 (1939); *Senecillis mosoynensis* (Franch.) Kitam., Acta Phytotax. Geobot. 8: 86 (1939).
四川、云南。

菱苞橐吾

●**Ligularia kanaitzensis** var. **subnudicaulis** (Hand.-Mazz.) S. W. Liu, Fl. Reipubl. Popularis Sin. 77 (2): 92 (1989).
Ligularia subnudicaulis Hand.-Mazz., Bot. Jahrb. Syst. 69: 131 (1938).
云南。

台湾橐吾（高山橐吾）

●**Ligularia kojimae** Kitam., Acta Phytotax. Geobot. 3: 135 (1934).
Senecillis kojimae (Kitam.) Kitam., Acta Phytotax. Geobot. 8: 82 (1939).
台湾。

贡嘎岭橐吾

●**Ligularia konkalingensis** Hand.-Mazz., Bot. Jahrb. Syst. 69: 112 (1938).
四川。

昆仑山橐吾

●**Ligularia kunlunshanica** C. H. An, Fl. Xinjiangensis 5: 477 (1999).
新疆。

沼生橐吾（日伙）

Ligularia lamarum (Diels) C. C. Chang, Bull. Fan Mem. Inst. Biol. Bot. 6: 65 (1935).
Senecio lamarum Diels, Repert. Spec. Nov. Regni Veg. Beih. 12: 508 (1922).
甘肃、四川、云南、西藏；缅甸。

洱源橐吾

●**Ligularia lankongensis** (Franch.) Hand.-Mazz., Symb. Sin. 7 (4): 1139 (1936).
Senecio lankongensis Franch., Bull. Soc. Bot. France 39: 301 (1893); *Senecio iochanensis* H. Lév., Bull. Geogr. Bot. 25: 17 (1915).
四川、云南。

牛蒡叶橐吾（大马蹄香，大独叶草）

●**Ligularia lapathifolia** (Franch.) Hand.-Mazz., Vegetationsbilder 22 (8): t. 45 a (1932).
Senecio lapathifolius Franch., Bull. Soc. Bot. France 39: 306 (1893); *Senecio tongtchouanensis* H. Lév., Bull. Geogr. Bot. 25: 17 (1915); *Senecillis lapathifolia* (Franch.) Kitam., Acta Phytotax. Geobot. 8: 86 (1939).
四川、云南。

宽戟橐吾

●**Ligularia latihastata** (W. W. Smith) Hand.-Mazz., Anz. Akad. Wiss. Wien, Math.-Naturwiss. Kl. 60: 101 (1923).
Senecio latihastatus W. W. Smith, Notes Roy. Bot. Gard. Edinburgh 8: 116 (1913); *Ligularia brachyphylla* Hand.-Mazz., Bot. Jahrb. Syst. 69: 129 (1938); *Senecillis latihastata* (W. W. Smith) Kitam., Acta Phytotax. Geobot. 8: 88 (1939).
四川、云南。

阔柄橐吾

●**Ligularia latipes** S. W. Liu, Bull. Bot. Res., Harbin 5 (4): 71 (1985).
四川。

贵州橐吾

●**Ligularia leveillei** (Vaniot) Hand.-Mazz., Symb. Sin. 7 (4): 1136 (1936).
Senecio leveillei Vaniot, Bull. Acad. Int. Geogr. Bot. 11: 346 (1902); *Senecio ficariifolius* H. Lév. et Vaniot, Repert. Spec. Nov. Regni Veg. 8: 359 (1910); *Senecillis leveillei* (Vaniot) Kitam., Acta Phytotax. Geobot. 8: 88 (1939).
贵州。

缘毛橐吾（当布打下）

●**Ligularia liatroides** (C. Winkl.) Hand.-Mazz., Bot. Jahrb. Syst. 69: 121 (1938).
青海、四川、西藏。

缘毛橐吾（原亚种）

●**Ligularia liatroides** var. **liatroides**
Senecio liatroides C. Winkl., Trudy Imp. S.-Peterburgsk. Bot. Sada 13: 8 (1893); *Senecillis liatroides* (C. Winkl.) Kitam., Acta Phytotax. Geobot. 8: 86 (1939).
青海、四川、西藏。

什邡缘毛橐吾

●**Ligularia liatroides** var. **shifangensis** (G. H. Chen et W. J. Zhang) S. W. Liu et T. N. Ho, Acta Phytotax. Sin. 39: 560 (2001).
Ligularia shifangensis G. H. Chen et W. J. Zhang, Acta Phytotax. Sin. 35: 181 (1997).
四川。

丽江橐吾

●**Ligularia lidjiangensis** Hand.-Mazz., Bot. Jahrb. Syst. 69: 134 (1938).
云南。

君范橐吾

●**Ligularia lingiana** S. W. Liu, Bull. Bot. Res., Harbin 5 (4): 72 (1985).
四川。

长叶橐吾

●**Ligularia longifolia** Hand.-Mazz., Bot. Jahrb. Syst. 69: 122 (1938).
Ligularia ebracteata Hand.-Mazz., Bot. Jahrb. Syst. 69: 123 (1938); *Ligularia semavensis* Hand.-Mazz., Bot. Jahrb. Syst. 69: 124 (1938).
四川、云南。

长戟橐吾

●**Ligularia longihastata** Hand.-Mazz., Anz. Akad. Wiss. Wien, Math.-Naturwiss Kl. 62: 11 (1925).
云南。

大齿橐吾

●**Ligularia macrodonta** Y. Ling, Contr. Inst. Bot. Natl. Acad. Peiping 5: 2 (1937).
Ligularia ianthochaeta C. C. Chang, Acta Phytotax. Sin. 1: 321 (1950).
甘肃、青海。

大叶橐吾

Ligularia macrophylla (Ledeb.) DC., Prodr. (DC.) 6: 316

(1838).
Cineraria macrophylla Ledeb., Fl. Altaic. 4: 108 (1833); *Senecio ledebourii* Sch.-Bip., Flora 28: 50 (1845); *Ligularia ledebourii* (Sch.-Bip.) Bergman, Vaste Pl. Rotsheesters, 316 (1924); *Senecillis macrophylla* (Ledeb.) Kitam., Acta Phytotax. Geobot. 8: 86 (1939).
新疆；巴基斯坦、塔吉克斯坦、吉尔吉斯斯坦、哈萨克斯坦。

牦牛山橐吾

●**Ligularia × maoniushanensis** X. Gong et Y. Z. Pan in Ann. Missouri Bot. Gard. 95: 493 (2008).
Ligularia paradoxa var. *palmatifida* S. W. Liu et T. N. Ho, Acta Phytotax. Sin. 39: 559 (2001).
云南。

黑苞橐吾

●**Ligularia melanocephala** (Franch.) Hand.-Mazz., Bot. Jahrb. Syst. 69: 119 (1938).
Senecio melanocephalus Franch., Bull. Soc. Bot. France 39: 294 (1893); *Ligularia brassicoides* Hand.-Mazz., Bot. Jahrb. Syst. 69: 118 (1938); *Senecillis melanocephala* (Franch.) Kitam., Acta Phytotax. Geobot. 8: 86 (1939).
四川、云南。

黑穗橐吾

●**Ligularia melanothyrsa** Hand.-Mazz., Bot. Jahrb. Syst. 69: 119 (1938).
四川。

心叶橐吾

●**Ligularia microcardia** Hand.-Mazz., Bot. Jahrb. Syst. 69: 109 (1938).
四川。

小头橐吾

●**Ligularia microcephala** (Hand.-Mazz.) Hand.-Mazz., Anz. Akad. Wiss. Wien, Math.-Naturwiss. Kl. 62: 13 (1925).
Cremanthodium microcephalum Hand.-Mazz., Anz. Akad. Wiss. Wien, Math.-Naturwiss. Kl. 57: 174 (1920).
云南。

全缘橐吾（大舌花）

Ligularia mongolica (Turcz.) DC., Prodr. (DC.) 6: 315 (1838).
Cineraria mongolica Turcz., Bull. Soc. Imp. Naturalistes Moscou 5: 199 (1832); *Senecio putjatae* C. Winkl., Trudy Imp. S.-Peterburgsk. Bot. Sada 14: 125 (1895); *Senecio taquetii* H. Lév. et Vaniot, Repert. Spec. Nov. Regni Veg. 8: 139 (1910); *Ligularia taquetii* (H. Lév. et Vaniot) Nakai, Rep. Veg. Quelp. 99 (1914); *Ligularia putjatae* (C. Winkler) Hand.-Mazz., Bot. Jahrb. Syst. 69: 120 (1938); *Senecillis mongolica* (Turcz.) Kitam., Acta Phytotax. Geobot. 8: 85 (1939); *Senecio mongolicus* (Turcz.) Sch.-Bip., Flora 28: 50 (1945); *Ligularia mongolica* var. *taquetii* (H. Lév. et Vaniot) H. Koyama, Mem. Fac. Sci. Kyoto Univ., Ser. Biol. 2: 50 (1968).
黑龙江、内蒙古、河北；蒙古国、朝鲜半岛、俄罗斯。

千花橐吾

●**Ligularia myriocephala** Y. Ling ex S. W. Liu, Acta Biol. Plateau Sin. 3: 67 (1984).
西藏。

木里橐吾

●**Ligularia muliensis** Hand.-Mazz., Bot. Jahrb. Syst. 69: 117 (1938).
四川、云南。

南川橐吾

●**Ligularia nanchuanica** S. W. Liu, Bull. Bot. Res., Harbin 5 (4): 70 (1985).
重庆。

山地橐吾

Ligularia narynensis (C. Winkl.) O. Fedtsch. et B. Fedtsch., Consp. Fl. Turkestanicae [O. A. Fedchenko et B. A. Fedchenko] 4: 212 (1911).
Senecio narynensis C. Winkl., Trudy Imp. S.-Peterburgsk. Bot. Sada 11: 319 (1890); *Senecio robustus* (DC.) Sch.-Bip. var. *karelinianus* Trautv., Bull. Soc. Imp. Naturalistes Moscou 39: 362 (1866); *Senecillis narynensis* (C. Winkl.) Kitam., Acta Phytotax. Geobot. 8: 87 (1939).
新疆；吉尔吉斯斯坦、哈萨克斯坦。

莲叶橐吾

●**Ligularia nelumbifolia** (Bureau et Franch.) Hand.-Mazz., Anz. Akad. Wiss. Wien, Math.-Naturwiss. Kl. 62: 27 (1925).
Senecio nelumbifolius Bureau et Franch., J. Bot. (Morot) 5: 74 (1891); *Senecio moisonii* H. Lév., Bull. Geogr. Bot. 25: 16 (1915); *Senecillis nelumbifolia* (Bureau et Franch.) Kitam., Acta Phytotax. Geobot. 8: 87 (1939).
甘肃、湖北、四川、云南。

林芝橐吾

●**Ligularia nyingchiensis** S. W. Liu, Acta Biol. Plateau Sin. 3: 68 (1984).
云南、西藏。

马蹄叶橐吾

●**Ligularia odontomanes** Hand.-Mazz., Anz. Akad. Wiss. Wien, Math.-Naturwiss. Kl. 62: 12 (1925).
四川。

疏舌橐吾

●**Ligularia oligonema** Hand.-Mazz., Bot. Jahrb. Syst. 69: 111 (1938).
四川、云南。

奇异橐吾

●**Ligularia paradoxa** Hand.-Mazz., Anz. Akad. Wiss. Wien, Math.-Naturwiss. Kl. 59: 140 (1922).
云南。

奇异橐吾（原亚种）

●**Ligularia paradoxa** var. **paradoxa**
Cremanthodium pteridophyllum Y. L. Chen, Kew Bull. 39: 157 (1984).
云南。

小叶橐吾

●**Ligularia parvifolia** C. C. Chang, Bull. Fan Mem. Inst. Biol. Bot. 6: 64 (1935).
云南。

裸柱橐吾

●**Ligularia petiolaris** Hand.-Mazz., J. Bot. 76: 288 (1938).
西藏。

紫缨橐吾

●**Ligularia phaenicochaeta** (Franch.) S. W. Liu, Acta Biol. Plateau Sin. 7: 32 (1988).
Senecio phaenicochaetus Franch., Bull. Soc. Bot. France 39: 295 (1893); *Cremanthodium phaenicochaetum* (Franch.) R. D. Good, J. Linn. Soc., Bot. 48: 279 (1929); *Senecillis phaenicochaeta* (Franch.) Kitam., Acta Phytotax. Geobot. 8: 87 (1939).
云南、西藏。

叶状鞘橐吾

Ligularia phyllocolea Hand.-Mazz., Bot. Jahrb. Syst. 69: 138 (1938).
Ligularia longipes C. C. Chang, Acta Phytotax. Sin. 1: 319 (1951); *Ligularia angustiligulata* C. C. Chang, Acta Phytotax. Sin. 1: 316 (1951).
云南；缅甸。

宽舌橐吾

●**Ligularia platyglossa** (Franch.) Hand.-Mazz., Symb. Sin. 7 (4): 1137 (1936).
Senecio platyglossus Franch., Bull. Soc. Bot. France 39: 293 (1893); *Senecillis platyglossa* (Franch.) Kitam., Acta Phytotax. Geobot. 8: 85 (1939).
云南。

侧茎橐吾（侧茎垂头菊）

●**Ligularia pleurocaulis** (Franch.) Hand.-Mazz., Anz. Akad. Wiss. Wien, Math.-Naturwiss. Kl. 62: 149 (1925).
Senecio pleurocaulis Franch., J. Bot. (Morot) 8: 365 (1894); *Senecio tatsienensis* Franch., Bull. Soc. Bot. France 39: 293 (1893); *Cremanthodium pleurocaule* (Franch.) R. D. Good, J. Linn. Soc., Bot. 48: 290 (1929).
四川、云南、西藏。

浅齿橐吾

●**Ligularia potaninii** (C. Winkl.) Y. Ling, Contr. Inst. Bot. Natl. Acad. Peiping 5: 4 (1937).
Senecio potaninii C. Winkl., Trudy Imp. S.-Peterburgsk. Bot. Sada 13: 5 (1893); *Cacalia potaninii* (C. Winkl.) Mattf., J. Arnold Arbor. 14: 39 (1933); *Senecillis potaninii* (C. Winkl.) Kitam., Acta Phytotax. Geobot. 8: 87 (1939).
甘肃、四川。

掌叶橐吾

●**Ligularia przewalskii** (Maxim.) Diels, Bot. Jahrb. Syst. 29: 621 (1901).
Senecio przewalskii Maxim., Bull. Acad. Imp. Sci. Saint-Pétersbourg 26: 493 (1880); *Senecillis przewalskii* (Maxim.) Kitam., Acta Phytotax. Geobot. 8: 86 (1939).
内蒙古、山西、河南、陕西、宁夏、甘肃、青海、四川。

宽翅橐吾

●**Ligularia pterodonta** C. C. Chang, Bull. Fan Mem. Inst. Biol. Bot. 6: 65 (1935).
西藏。

毛叶橐吾

●**Ligularia pubifolia** S. W. Liu, Acta Biol. Plateau Sin. 7: 32 (1988).
西藏。

褐毛橐吾

●**Ligularia purdomii** (Turrill) Chitt., Roy. Hort. Soc. Dict. Gard. 3: 1165 (1951).
Senecio purdomii Turrill, Bull. Misc. Inform. Kew 1914: 327 (1914).
甘肃、青海、四川。

梨叶橐吾

●**Ligularia pyrifolia** S. W. Liu, Bull. Bot. Res., Harbin 5 (4): 68 (1985).
云南。

巧家橐吾

●**Ligularia qiaojiaensis** Y. S. Chen et H. J. Dong, Nord. J. Bot. 28: 683 (2010).
云南。

黑毛橐吾

Ligularia retusa DC., Prodr. (DC.) 6: 314 (1838).
Senecio retusus (DC.) Wall. ex Hook. f., Fl. Brit. Ind. 3: 350 (1881); *Cremanthodium retusum* (DC.) R. D. Good, J. Linn. Soc., Bot. 48: 278 (1929); *Ligularia nigropilosa* Kitam., Acta Phytotax. Geobot. 15: 107 (1954).
云南、西藏；不丹、尼泊尔、印度。

独舌橐吾

●**Ligularia rockiana** Hand.-Mazz., Bot. Jahrb. Syst. 69: 110

(1938).
云南。

节毛橐吾

•**Ligularia ruficoma** (Franch.) Hand.-Mazz., Bot. Jahrb. Syst. 69: 134 (1938).
Senecio ruficomus Franch., Bull. Soc. Bot. France 39: 298 (1893); *Senecillis ruficoma* (Franch.) Kitam., Acta Phytotax. Geobot. 8: 86 (1939).
云南。

藏橐吾

Ligularia rumicifolia (J. R. Drumm.) S. W. Liu in C. Y. Wu, Fl. Xizang. 4: 832 (1985).
Senecio rumicifolius J. R. Drumm., Bull. Misc. Inform. Kew 1911: 271 (1911); *Cremanthodium rumicifolium* (J. R. Drumm.) R. D. Good, J. Linn. Soc., Bot. 48: 289 (1929); *Ligularia leesicotal* Kitam., Acta Phytotax. Geobot. 15: 74 (1953).
四川、西藏；尼泊尔。

黑龙江橐吾

Ligularia sachalinensis Nakai, J. Jap. Bot. 20: 140 (1944).
黑龙江；俄罗斯。

箭叶橐吾

Ligularia sagitta (Maxim.) Mattf. ex Rehder et Kobuski, J. Arnold Arbor. 14: 40 (1933).
Senecio sagitta Maxim., Bull. Acad. Imp. Sci. Saint-Pétersbourg 27: 483 (1882); *Senecio microdontus* Bureau et Franch., J. Bot. (Morot) 5: 76 (1891), not Baker (1881); *Ligularia kansuensis* Hand.-Mazz., Bot. Jahrb. Syst. 69: 125 (1938); *Senecillis sagitta* (Maxim.) Kitam., Acta Phytotax. Geobot. 8: 86 (1939); *Senecillis ovato-oblonga* Kitam., Acta Phytotax. Geobot. 8: 88 (1939); *Ligularia ovato-oblonga* (Kitam.) Kitam., Acta Phytotax. Geobot. 10: 174 (1941).
黑龙江、内蒙古、河北、山西、陕西、宁夏、甘肃、青海、四川、云南、西藏；蒙古国。

高山橐吾

Ligularia schischkinii N. I. Rubtzov, Bot. Mater. Gerb. Bot. Inst. Komarova Akad. Nauk S. S. S. R. 7: 138 (1938).
新疆；哈萨克斯坦。

合苞橐吾

Ligularia schmidtii (Maxim.) Makino, Bot. Mag. (Tokyo) 17: 191 (1903).
Senecillis schmidtii Maxim., Bull. Acad. Imp. Sci. Saint-Pétersbourg 16: 222 (1871); *Senecio schmidtii* (Maxim.) Franch. et Sav., Enum. Pl. Jap. 1: 246 (1875); *Cyathocephalum schmidtii* (Maxim.) Nakai, Bot. Mag. (Tokyo) 29: 11 (1905).
黑龙江；朝鲜半岛、俄罗斯。

橐吾（西伯利亚橐吾，北橐吾）

Ligularia sibirica (L.) Cass. in F. Cuvier, Dict. Sci. Nat. 26: 402 (1823).
Othonna sibirica L., Sp. Pl. 2: 924 (1753); *Cineraria sibirica* (L.) L., Sp. Pl., ed. 2: 1242 (1763); *Hoppea sibirica* (L.) Rchb., Flora 7: 245 (1824); *Ligularia bucovinensis* Nakai, J. Jap. Bot. 20 135 (1944); *Ligularia arctica* Pojark., Fl. U. R. S. S. 26: 817 (1961).
黑龙江、吉林、内蒙古；蒙古国、俄罗斯；欧洲。

准噶尔橐吾

Ligularia songarica (Fisch.) Y. Ling, Contr. Inst. Bot. Natl. Acad. Peiping 2: 532 (1934).
Senecio songaricus Fisch. in Fisch. et C. A. Meyer, Enum. Pl. Nov. 1: 52 (1841); *Senecio turkestanicus* C. Winkl., Acta Horti Petrop. 11: 279 (1890); *Senecillis songarica* (Fisch.) Kitam., Acta Phytotax. Geobot. 8: 87 (1939).
新疆；吉尔吉斯斯坦、哈萨克斯坦。

窄头橐吾（戟叶橐吾）

Ligularia stenocephala (Maxim.) Matsum. et Koidz., Bot. Mag. (Tokyo) 24: 149 (1910).
河北、山西、山东、河南、安徽、江苏、浙江、江西、湖北、四川、云南、西藏、福建、台湾、广东、广西；日本。

窄头橐吾（原变种）

Ligularia stenocephala var. stenocephala
Ligularia sibirica var. *oligantha* Miq., Ann. Mus. Bot. Lugduno-Batavi 2: 180 (1866); *Senecio stenocephalus* Maxim., Bull. Acad. Imp. Sci. Saint-Pétersbourg 16: 218 (1871); *Ligularia oligantha* (Miq.) Hand.-Mazz., Vegetationsbilder 22: 8 (1932); *Senecillis stenocephala* (Maxim.) Kitam., Acta Phytotax. Geobot. 8: 82 (1939); *Cacalia subglabra* C. C. Chang, Sunyatsenia 6: 19 (1941); *Parasenecio subglaber* (C. C. Chang) Y. L. Chen, Fl. Reipubl. Popularis Sin. 77 (1): 43 (1999).
河北、山西、山东、河南、安徽、江苏、浙江、江西、湖北、四川、云南、西藏、福建、台湾、广东、广西；日本。

糙叶窄头橐吾

Ligularia stenocephala var. **scabrida** Koidz., Bot. Mag. (Tokyo) 24: 264 (1910).
四川、云南、广西；日本。

裂舌橐吾

•**Ligularia stenoglossa** (Franch.) Hand.-Mazz., Bot. Jahrb. Syst. 69: 111 (1938).
Senecio stenoglossus Franch., Bull. Soc. Bot. France 39: 304 (1893); *Senecio schizopetalus* W. W. Smith, Notes Roy. Bot. Gard. Edinburgh 13: 182 (1921); *Ligularia trinema* Hand.-Mazz., Anz. Akad. Wiss. Wien, Math.-Naturwiss. Kl. 61: 22 (1924); *Ligularia schizopetala* (W. W. Smith) Hand.-Mazz., Symb. Sin. 7 (4): 1132 (1936); *Senecillis schizopetala* (W. W. Smith) Kitam., Acta Phytotax. Geobot. 8: 88 (1939); *Senecillis stenoglossa* (Franch.) Kitam., Acta Phytotax. Geobot. 8: 87 (1939).

云南。

穗序橐吾

●**Ligularia subspicata** (Bureau et Franch.) Hand.-Mazz., Bot. Jahrb. Syst. 69: 127 (1938).

Senecio subspicatus Bureau et Franch., J. Bot. (Morot) 5: 75 (1891); *Senecio fibrillosus* Dunn, J. Linn. Soc., Bot. 35: 505 (1903); *Senecillis subspicata* (Bureau et Franch.) Kitam., Acta Phytotax. Geobot. 8: 86 (1939); *Ligularia nudicaulis* C. C. Chang, Acta Phytotax. Sin. 1: 317 (1951).

四川、云南。

唐古特橐吾

●**Ligularia tangutorum** Pojark., Bot. Mater. Gerb. Bot. Inst. Komarova Akad. Nauk S. S. S. R. 21: 362 (1961).

Ligularia potaninii Pojark., Bot. Mater. Gerb. Bot. Inst. Komarova Akad. Nauk S. S. S. R. 12: 314 (1950).

甘肃、青海、四川。

纤细橐吾

●**Ligularia tenuicaulis** C. C. Chang, Bull. Fan Mem. Inst. Biol. Bot. 6: 66 (1935).

云南。

簇梗橐吾

●**Ligularia tenuipes** (Franch.) Diels, Bot. Jahrb. Syst. 29: 621 (1901).

Senecio tenuipes Franch., Bull. Soc. Bot. France 39: 297 (1893); *Senecillis tenuipes* (Franch.) Kitam., Acta Phytotax. Geobot. 8: 86 (1939).

陕西、湖北、四川、贵州。

西域橐吾

Ligularia thomsonii (C. B. Clarke) Pojark., Spisok Rast. Gerb. Fl. S. S. S. R. Bot. Inst. Vsesojuzn. Akad. Nauk 11: 165 (1949).

Senecio thomsonii C. B. Clarke, Compos. Ind. 205 (1876); *Senecio bungei* Franch., Ann. Sci. Nat., Bot., sér. 6 16: 313 (1883).

新疆；尼泊尔、巴基斯坦、阿富汗、塔吉克斯坦、吉尔吉斯斯坦、哈萨克斯坦、乌兹别克斯坦。

塔序橐吾

Ligularia thyrsoidea (Ledeb.) DC., Prodr. (DC.) 6: 315 (1838).

Cineraria thyrsoidea Ledeb., Icon. Pl. 2: 18 (1830); *Senecio sibiricus* L. f., Suppl. Pl. 370 (1782), not *Ligularia sibirica* (L.) Cass. (1823); *Senecillis thyrsoidea* (Ledeb.) Kitam., Acta Phytotax. Geobot. 8: 86 (1939); *Ligularia knorringiana* Pojark., Not. Syst. Herb. Inst. Bot. Acad. Sci. U. R. S. S. 21: 359 (1961).

新疆；蒙古国、吉尔吉斯斯坦、哈萨克斯坦、俄罗斯。

天山橐吾

●**Ligularia tianschanica** Chang Y. Yang et S. L. Keng, J. Aug. 1st Agric. Coll. 18 (2): 1 (1995).

新疆。

东久橐吾

●**Ligularia tongkyukensis** Hand.-Mazz., J. Bot. 76: 288 (1938).

西藏。

东俄洛橐吾

●**Ligularia tongolensis** (Franch.) Hand.-Mazz., Symb. Sin. 7 (4): 1136 (1936).

Senecio tongolensis Franch., Bull. Soc. Bot. France 39: 305 (1893); *Senecio monbeigii* H. Lév., Bull. Acad. Int. Geogr. Bot. 25: 17 (1915); *Senecillis tongolensis* (Franch.) Kitam., Acta Phytotax. Geobot. 8: 87 (1939).

四川、云南、西藏。

横叶橐吾

●**Ligularia transversifolia** Hand.-Mazz., Anz. Akad. Wiss. Wien, Math.-Naturwiss. Kl. 62: 26 (1925).

云南。

苍山橐吾

●**Ligularia tsangchanensis** (Franch.) Hand.-Mazz., Symb. Sin. 7 (4): 1140 (1936).

Senecio tsangchanensis Franch., Bull. Soc. Bot. France 39: 299 (1893); *Senecio remipes* W. W. Smith, Notes Roy. Bot. Gard. Edinburgh 8: 117 (1913); *Senecillis tsangchanensis* (Franch.) Kitam., Acta Phytotax. Geobot. 8: 87 (1939).

四川、云南、西藏。

土鲁番橐吾

●**Ligularia tulupanica** C. H. An, Fl. Xinjiangensis 5: 478 (1999).

新疆。

离舌橐吾（棕色锌头草）

●**Ligularia veitchiana** (Hemsl.) Greenm. in L. H. Bailey, Stand. Cycl. Hort. 6: 3153 (1917).

Senecio veitchianus Hemsl., Gard. Chron., ser. 3 38: 212 (1905); *Senecillis veitchiana* (Hemsl.) Kitam., Acta Phytotax. Geobot. 8: 87 (1939).

河南、陕西、甘肃、湖北、四川、贵州、云南。

棉毛橐吾

●**Ligularia vellerea** (Franch.) Hand.-Mazz., Anz. Akad. Wiss. Wien, Math.-Naturwiss. Kl. 62: 12 (1925).

Senecio vellereus Franch., Bull. Soc. Bot. France 39: 299 (1893); *Senecio primulifolius* H. Lév., Bull. Acad. Int. Geogr. Bot. 24: 290 (1914); *Ligularia vellerea* var. *gracilior* Hand.-Mazz., Akad. Wiss. Wien, Math.-Naturwiss. Kl., Anz. 62: 12 (1925); *Senecillis vellerea* (Franch.) Kitam., Acta Phytotax. Geobot. 8: 87 (1939).

云南。

黄帚橐吾（日候，嘎和）

Ligularia virgaurea (Maxim.) Mattf. ex Rehder et Kobuski, J. Arnold Arbor. 14: 40 (1933).

甘肃、青海、四川、云南、西藏；不丹、尼泊尔、印度。

黄帚橐吾（原变种）

Ligularia virgaurea var. **virgaurea**

Senecio virgaurea Maxim., Bull. Acad. Imp. Sci. Saint-Pétersbourg 27: 484 (1882); *Senecio plantaginifolius* Franch., Bull. Soc. Philom. Paris, sér. 8 3: 145 (1891); *Senecio lagotis* W. W. Smith, J. Asiat. Soc. Bengal 7: 70 (1911); *Cremanthodium plantaginifolium* (Franch.) R. D. Good, J. Linn. Soc., Bot. 48: 291 (1929); *Cremanthodium plantaginifolium* subsp. *franchetii* R. D. Good, J. Linn. Soc., Bot. 48: 291 (1929); *Ligularia plantaginifolia* (Franch.) Mattf., J. Arnold Arbor. 14: 40 (1933); *Cremanthodium virgaurea* (Maxim.) Hand.-Mazz., Symb. Sin. 7 (4): 1144 (1936); *Senecillis virgaurea* (Maxim.) Kitam., Acta Phytotax. Geobot. 8: 85 (1939).

甘肃、青海、四川、云南、西藏；不丹、尼泊尔、印度。

疏序黄帚橐吾

●**Ligularia virgaurea** var. **oligocephala** (R. D. Good) S. W. Liu, Fl. Qinghaiica 3: 427 (1996).

Cremanthodium plantaginifolium subsp. *oligocephalum* R. D. Good, J. Linn. Soc., Bot. 48: 292 (1929).

甘肃、青海。

毛黄帚橐吾

●**Ligularia virgaurea** var. **pilosa** S. W. Liu et T. N. Ho, Acta Phytotax. Sin. 38: 288 (2000).

四川、西藏。

川鄂橐吾

●**Ligularia wilsoniana** (Hemsl.) Greenm. in L. H. Bailey, Stand. Cycl. Hort. 6: 3153 (1917).

Senecio ligularia var. *polycephalus* Hemsl., J. Linn. Soc., Bot. 23: 455 (1888); *Senecio wilsonianus* Hemsl., Gard. Chron., ser. 3 38: 212 (1905); *Senecio cacaliifolius* Sch.-Bip. var. *polycephalus* (Hemsl.) Franch., Bull. Soc. Bot. France 39: 297 (1892); *Ligularia sibirica* (L.) Cass. var. *polycephala* (Hemsl.) Diels, Bot. Jahrb. Syst. 29: 621 (1901); *Ligularia polycephala* (Hemsl.) Nakai, Bot. Mag. (Tokyo) 40: 578 (1926); *Ligularia fangiana* Hand.-Mazz., Bot. Jahrb. Syst. 69: 124 (1938); *Senecillis wilsoniana* (Hemsl.) Kitam., Acta Phytotax. Geobot. 8: 88 (1939).

湖北、四川。

黄毛橐吾

●**Ligularia xanthotricha** (Grüning) Y. Ling, Contr. Inst. Bot. Natl. Acad. Peiping 5: 4 (1937).

Cacalia xanthotricha Grüning, Repert. Spec. Nov. Regni Veg. 12: 312 (1913); *Senecillis xanthotricha* (Grüning) Kitam., Acta Phytotax. Geobot. 8: 88 (1939).

河北、山西、甘肃。

新疆橐吾

●**Ligularia xinjiangensis** Chang Y. Yang et S. L. Keng, J. Aug. 1st Agric. Coll. 18 (2): 1 (1995).

新疆。

云南橐吾

●**Ligularia yunnanensis** (Franch.) C. C. Chang, Bull. Fan Mem. Inst. Biol. Bot. 6: 67 (1935).

Senecio yunnanensis Franch., Bull. Soc. Bot. France 39: 303 (1893); *Senecillis yunnanensis* (Franch.) Kitam., Acta Phytotax. Geobot. 8: 87 (1939).

云南。

征镒橐吾（新拟）

●**Ligularia zhengyiana** Xin W. Li, Q. Luo et Q. L. Gan, Nord. J. Bot. 32 (6): 836 (2014).

湖北。

舟曲橐吾

●**Ligularia zhouquensis** W. D. Peng et Z. X. Peng, Acta Phytotax. Sin. 33: 612 (1995).

甘肃。

假橐吾属 **Ligulariopsis** Y. L. Chen

假橐吾

●**Ligulariopsis shichuana** Y. L. Chen, Acta Phytotax. Sin. 34: 632 (1996).

Cacalia longispica Z. Ying Zhang et Y. H. Guo, Fl. Tsinling. 1 (5): 422 (1985), not Hand.-Mazz. (1938).

陕西、甘肃。

母菊属 **Matricaria** L.

同花母菊

Matricaria matricarioides (Less.) Porter ex Britton, Mem. Torrey Bot. Club 5 (20): 341 (1894).

Artemisia matricarioides Less., Linnaea 6: 210 (1831); *Matricaria discoidea* DC., Prodr. (DC.) 6: 50 (1838).

吉林、辽宁、内蒙古；日本、朝鲜半岛、不丹、哈萨克斯坦、俄罗斯；亚洲（北部）、欧洲、北美洲。

母菊

Matricaria recutita L., Sp. Pl. 2: 891 (1753).

Matricaria chamomilla L., Sp. Pl. 2: 891 (1753); *Chrysanthemum chamomilla* (L.) Bernh., Syst. Verz. (Bernh.) 145 (1800); *Chrysanthemum suaveolens* (L.) Cav., Elench. Pl. Horti Matr. 10 (1803); *Chamomilla vulgaris* Gray, Nat. Arr. Brit. Pl. 2: 454 (1821); *Chamaemelum chamomilla* (L.) E. H. L. Krause, Deutschl. Fl. (Sturm), ed. 2 13: 200 (1905); *Chamomilla recutita* (L.) Rauschert, Folia Geobot. Phytotax. 9: 254 (1974).

辽宁、河北、山东、陕西、新疆、安徽、江苏、四川；蒙古、哈萨克斯坦、乌兹别克斯坦、俄罗斯；欧洲、北美洲。

毛鳞菊属 Melanoseris Decne.

大花毛鳞菊

Melanoseris atropurpurea (Franch.) N. Kilian et Ze H. Wang, Fl. China 20-21: 221 (2011).

Lactuca atropurpurea Franch., J. Bot. (Morot) 9: 260 (Jul 1895); *Lactuca pseudosonchus* H. Lév., Repert. Spec. Nov. Regni Veg. 13: 345 (1914); *Chaetoseris taliensis* C. Shih, Acta Phytotax. Sin. 29: 402 (1991); *Melanoseris taliensis* (C. Shih) N. Kilian et Ze H. Wang, Fl. China 20-21: 221 (2011).

四川、云南、西藏；缅甸。

东川毛鳞菊

●**Melanoseris bonatii** (Beauverd) Ze H. Wang, PLoS ONE 8, e82692: 18 (2013) (epublished).

Cicerbita bonatii Beauverd, Bull. Soc. Bot. Genève 2: 126 (1910); *Lactuca bonatii* (Beauverd) H. Lév., Cat. Pl. Yun-Nan 46 (1915); *Chaetoseris bonatii* (Beauverd) C. Shih, Acta Phytotax. Sin. 29: 411 (1991).

云南。

苞叶毛鳞菊（苞叶乳苣）

Melanoseris bracteata (Hook. f. et Thomson ex C. B. Clarke) N. Kilian, Fl. China 20-21: 225 (2011).

Lactuca bracteata Hook. f. et Thomson ex C. B. Clarke, Compos. Ind. 270 (1876); *Mulgedium bracteatum* (Hook. f. et Thomson ex C. B. Clarke) C. Shih, Acta Phytotax. Sin. 26: 390 (1988).

西藏；不丹、尼泊尔、印度。

景东毛鳞菊

●**Melanoseris ciliata** (C. Shih) N. Kilian, Fl. China 20-21: 219 (2011).

Chaetoseris ciliata C. Shih, Acta Phytotax. Sin. 29: 403 (1991).

云南。

蓝花毛鳞菊

Melanoseris cyanea (D. Don) Edgew., Trans. Linn. Soc. London 20: 81 (1846).

Sonchus cyaneus D. Don, Prodr. Fl. Nepal. 164 (1825); *Lactuca hastata* DC., Prodr. (DC.) 7: 139 (1838); *Cicerbita cyanea* (D. Don) Beauverd, Bull. Soc. Bot. Genève 2: 132 (1910); *Lactuca beesiana* Diels, Notes Roy. Bot. Gard. Edinburgh 5: 201 (1912); *Chaetoseris cyanea* (D. Don) C. Shih, Acta Phytotax. Sin. 29: 404 (1991); *Chaetoseris hastata* (DC.) C. Shih, Acta Phytotax. Sin. 29: 404 (1991); *Chaetoseris lyriformis* C. Shih, Acta Phytotax. Sin. 29: 405 (1991); *Chaetoseris hispida* C. Shih, Acta Phytotax. Sin. 29: 406 (1991); *Chaetoseris sichuanensis* C. Shih, Acta Phytotax. Sin. 29: 408 (1991); *Chaetoseris beesiana* (Diels) C. Shih, Acta Phytotax. Sin. 29: 411 (1991); *Melanoseris beesiana* (Diels) N. Kilian, Fl. China 20-21: 220 (2011); *Melanoseris sichuanensis* (C. Shih) N. Kilian, Fl. China 20-21: 221 (2011).

四川、重庆、贵州、云南、西藏；缅甸、不丹、尼泊尔、印度。

长叶毛鳞菊

●**Melanoseris dolichophylla** (C. Shih), Ze H. Wang, PLoS ONE 8, e82692: 18 (2013) (epublished).

Chaetoseris dolichophylla C. Shih, Acta Phytotax. Sin. 29: 401 (1991).

云南。

细莴苣

Melanoseris graciliflora (DC.) N. Kilian, Fl. China 20-21: 223 (2011).

Lactuca graciliflora DC., Prodr. (DC.) 7: 139 (1838); *Lactuca taliensis* Franch., J. Bot. (Morot) 9: 263 (1895); *Cicerbita taliensis* (Franch.) Beauverd, Bull. Soc. Bot. Genève 2: 139 (1910); *Stenoseris graciliflora* (DC.) C. Shih, Acta Phytotax. Sin. 29: 413 (1991); *Stenoseris taliensis* (Franch.) C. Shih, Acta Phytotax. Sin. 29: 415 (1991).

四川、贵州、云南、西藏；缅甸、不丹、尼泊尔、印度。

普洱毛鳞菊

●**Melanoseris henryi** (Dunn) N. Kilian, Fl. China 20-21: 221 (2011).

Lactuca henryi Dunn, J. Linn. Soc., Bot. 35: 512 (1903).

云南。

鹤庆毛鳞菊

●**Melanoseris hirsuta** (C. Shih) N. Kilian, Fl. China 20-21: 220 (2011).

Chaetoseris hirsuta C. Shih, Fl. Reipubl. Popularis Sin. 80 (1): 282 (1997); *Lactuca hirsuta* Franch., J. Bot. (Morot) 9: 258 (1895), not Nutt. (1818).

四川、云南。

光苞毛鳞菊

●**Melanoseris leiolepis** (C. Shih) N. Kilian et J. W. Zhang, Fl. China 20-21: 222 (2011).

Chaetoseris leiolepis C. Shih, Acta Phytotax. Sin. 29: 402 (1991).

云南。

景东细莴苣

●**Melanoseris leptantha** (C. Shih) N. Kilian, Fl. China 20-21: 223 (2011).

Stenoseris leptantha C. Shih, Acta Phytotax. Sin. 29: 414 (1991).

四川、云南。

丽江毛鳞菊（丽江蓝岩参菊）

●**Melanoseris likiangensis** (Franch.) N. Kilian et Ze H. Wang, Fl. China 20-21: 222 (2011).

Lactuca likiangensis Franch., J. Bot. (Morot) 9: 259 (1895); *Cicerbita likiangensis* (Franch.) Beauverd, Bull. Soc. Bot. Genève 2: 134 (1910); *Lactuca forrestii* W. W. Smith, Notes Roy. Bot. Gard. Edinburgh 8: 112 (1913); *Chaetoseris likiangensis* (Franch.) C. Shih, Acta Phytotax. Sin. 29: 407 (1991).
云南。

缘毛毛鳞菊（大花岩参）

Melanoseris macrantha (C. B. Clarke) N. Kilian et J. W. Zhang, Fl. China 20-21: 219 (2011).
Lactuca macrantha C. B. Clarke, Compos. Ind. 267 (1876); *Cicerbita macrantha* (C. B. Clarke) Beauverd, Bull. Soc. Bot. Genève 2: 130 (1910); *Chaetoseris macrantha* (C. B. Clarke) C. Shih, Acta Phytotax. Sin. 29: 403 (1991).
西藏；不丹、尼泊尔、印度。

大头毛鳞菊

●**Melanoseris macrocephala** (C. Shih) N. Kilian et J. W. Zhang, Fl. China 20-21: 221 (2011).
Chaetoseris macrocephala C. Shih, Acta Phytotax. Sin. 29: 404 (1991).
西藏。

头嘴菊

Melanoseris macrorhiza (Royle) N. Kilian, Fl. China 20-21: 224 (2011).
Mulgedium macrorhizum Royle, Ill. Bot. Himal. Mts. 1: 251 (1835); *Mulgedium laevigatum* DC., Prodr. (DC.) 7: 249 (1838); *Melanoseris saxatilis* Edgew., Trans. Linn. Soc. London 20: 79 (1846); *Cicerbita duthieana* Beauverd, Bull. Soc. Bot. Genève 2: 119 (1910); *Cicerbita laevigata* (DC.) Beauverd, Bull. Soc. Bot. Genève 2: 120 (1910); *Cicerbita macrorhiza* (Royle) Beauverd, Bull. Soc. Bot. Genève 2: 134 (1910); *Cephalorrhynchus macrorhizus* (Royle) Tuisl, Ann. Naturhist. Mus. Wien 72: 618 (1968); *Cephalorrhynchus albiflorus* C. Shih, Acta Phytotax. Sin. 29: 415 (1991); *Cephalorrhynchus saxatilis* (Edgew.) C. Shih, Acta Phytotax. Sin. 29: 416 (1991).
云南、西藏；缅甸、不丹、尼泊尔、印度、巴基斯坦、阿富汗。

单头毛鳞菊（单头莴苣，单头乳苣）

●**Melanoseris monocephala** (C. C. Chang) Ze H. Wang, PLoS ONE 8, e82692: 18 (2013) (epublished).
Lactuca monocephala C. C. Chang, Contr. Biol. Lab. Sci. Soc. China, Bot., Ser. 9: 132 (1934); *Mulgedium monocephalum* (C. C. Chang) C. Shih, Acta Phytotax. Sin. 26: 391 (1988).
云南。

栉齿毛鳞菊

●**Melanoseris pectiniformis** (C. Shih) N. Kilian et J. W. Zhang, Fl. China 20-21: 222 (2011).
Chaetoseris pectiniformis C. Shih, Acta Phytotax. Sin. 29: 408 (1991).
西藏。

青海毛鳞菊

Melanoseris qinghaica (S. W. Liu et T. N. Ho) N. Kilian et Ze H. Wang, PLoS ONE 8, e82692: 18 (2013) (epublished).
Mulgedium qinghaicum S. W. Liu et T. N. Ho, Acta Phytotax. Sin. 39: 556 (2001).
青海、云南、西藏；不丹、尼泊尔、印度、巴基斯坦。

菱裂毛鳞菊

●**Melanoseris rhombiformis** (C. Shih) N. Kilian et Ze H. Wang, Fl. China 20-21: 219 (2011).
Chaetoseris rhombiformis C. Shih, Acta Phytotax. Sin. 29: 409 (1991).
云南。

全叶细莴苣（三花盘果菊）

●**Melanoseris tenuis** (C. Shih) N. Kilian, Fl. China 20-21: 223 (2011).
Stenoseris tenuis C. Shih, Acta Phytotax. Sin. 29: 412 (1991).
云南、西藏。

西藏毛鳞菊

Melanoseris violifolia (Decne.) N. Kilian, Fl. China 20-21: 225 (2011).
Prenanthes violifolia Decne. in Jacquem., Voy. Inde 4 (Bot.): 100 (1843); *Prenanthes hookeri* C. B. Clarke ex Hook. f., Fl. Brit. Ind. 3: 412 (1881); *Prenanthes sikkimensis* Hook. f., Fl. Brit. Ind. 3: 412 (1881); *Cicerbita violifolia* (Decne.) Beauverd, Bull. Soc. Bot. Genève 2: 122 (1910); *Lactuca hookeri* (C. B. Clarke ex Hook. f.) Stebbins, J. Bot. 75: 15 (1937); *Lactuca sikkimensis* (Hook. f.) Stebbins, Indian Forest Rec. n. s., 1. Bot., 239 (1939); *Cicerbita sikkimensis* (Hook. f.) C. Shih, Acta Phytotax. Sin. 29: 398 (1991).
西藏；不丹、尼泊尔、印度。

云南毛鳞菊

●**Melanoseris yunnanensis** (C. Shih) N. Kilian et Ze H. Wang, Fl. China 20-21: 219 (2011).
Chaetoseris yunnanensis C. Shih, Acta Phytotax. Sin. 29: 410 (1991); *Cicerbita cyanea* (D. Don) Beauverd var. *lutea* Hand.-Mazz., Bull. Soc. Bot. Genève 2: 132 (1910); *Cicerbita cyanea* var. *teniana* Beauver, Bull. Soc. Bot. Genève 2: 134 (1910); *Chaetoseris lutea* (Hand.-Mazz.) C. Shih, Acta Phytotax. Sin. 29: 409 (1991); *Chaetoseris teniana* (Beauverd) C. Shih, Acta Phytotax. Sin. 29: 411 (1991).
四川、云南。

卤地菊属 Melanthera Rohr

卤地菊

Melanthera prostrata (Hemsl.) W. L. Wagner et H. Rob., Brittonia 53: 557 (2002).
Wedelia prostrata Hemsl., J. Linn. Soc., Bot. 23: 434 (1888);

Verbesina prostrata Hook. et Arn., Bot. Beechey Voy. 195 (1837), not L. (1753); *Wedelia prostrata* Hemsl. var. *robusta* Makino, J. Jap. Bot. 1: 23 (1917); *Melanthera robusta* (Makino) K. Ohashi et H. Ohashi, J. Jap. Bot. 85: 59 (2010).
台湾、广东；日本、朝鲜半岛、越南、泰国。

小花菊属 **Microcephala** Pobed.

近球状小花菊

Microcephala subglobosa (Krasch.) Pobed., Bot. Mater. Gerb. Bot. Inst. Komarova Akad. Nauk S. S. S. R. 21: 358 (1961).
Matricaria subglobosa Krasch., Trudy Bot. Inst. Akad. Nauk S. S. S. R., Ser. 1, Fl. Sist. Vyssh. Rast. 3: 345 (1937).
新疆；吉尔吉斯斯坦、哈萨克斯坦、土库曼斯坦。

小舌菊属 **Microglossa** DC.

小舌菊（九里明，过山龙，梨叶小舌菊）

Microglossa pyrifolia (Lam.) Kuntze, Revis. Gen. Pl. 1: 353 (1891).
Conyza pyrifolia Lam., Encycl. 2: 89 (1786); *Microglossa volubilis* DC., Prodr. (DC.) 5: 320 (1836); *Conyza syringifolia* Meyen et Walp., Nov. Actorum Acad. Caes. Leop.-Carol. Nat. Cur. 19 (Suppl. 1): 263 (1843); *Erigeron pyrifolius* (Lam.) Benth., Fl. Hongk. 176 (1861).
贵州、云南、台湾、广东、广西、海南；菲律宾、越南、老挝、缅甸、泰国、柬埔寨、马来西亚、印度尼西亚、不丹、印度、孟加拉国；非洲。

假泽兰属 **Mikania** Willd.

假泽兰（米甘草）

Mikania cordata (N. L. Burman) B. L. Rob., Contr. Gray Herb. 104: 65 (1934).
Eupatorium cordatum N. L. Burman, Fl. Indica, 176 (1768); *Mikania volubilis* Willd., Sp. Pl., ed. 4 3: 1743 (1803).
云南、台湾、海南；菲律宾、越南、老挝、泰国、柬埔寨、印度尼西亚、新几内亚岛、加里曼丹岛。

微甘菊

△**Mikania micrantha** Kunth in Humb. et al., Nov. Gen. Sp. 4: 105 (1818).
中国南部归化；原产于墨西哥和中南美洲。

粘冠草属 **Myriactis** Less.

羽裂粘冠草

Myriactis delavayi Gagnep., Bull. Soc. Bot. France 68: 122 (1921).
四川、云南；越南。

台湾粘冠草

●**Myriactis humilis** Merr., Philipp. J. Sci. 1 (Suppl. 3): 244 (1906).
Myriactis longipedunculata Hayata, J. Coll. Sci. Imp. Univ. Tokyo 30 (1): 150 (1911); *Myriactis bipinnatisecta* Kitam., Acta Phytotax. Geobot. 3: 136 (1934); *Myriactis formosana* Kitam., Acta Phytotax. Geobot. 3: 135 (1934); *Myriactis longipedunculata* var. *bipinnatisecta* (Kitam.) Kitam., Mem. Coll. Sci. Kyoto Imp. Univ., Ser. B, Biol. 13: 38 7 (1937); *Myriactis humilis* var. *bipinnatisecta* (Kitam.) S. S. Ying, Alp. Pl. Taiwan in Color 2: 276 (1978).
台湾。

圆舌粘冠草

Myriactis nepalensis Less., Linnaea 6: 128 (1831).
Dichrocephala leveillei Vaniot, Bull. Acad. Int. Geogr. Bot. 12: 241 (1903).
江西、湖南、湖北、四川、贵州、云南、西藏、广东、广西；越南、缅甸、不丹、尼泊尔、印度、巴基斯坦。

狐狸草

Myriactis wallichii Less., Linnaea 6: 129 (1831).
湖南、四川、贵州、云南、西藏；越南、缅甸、泰国、印度尼西亚、不丹、尼泊尔、印度、巴基斯坦、阿富汗；亚洲（西南部）。

粘冠草

Myriactis wightii DC. in Wight, Contr. Bot. India [Wight] 10 (1834).
Myriactis javanica DC., Prodr. (DC.) 5: 308 (1836); *Myriactis wightii* var. *cordata* Y. Ling et C. Shih, Fl. Reipubl. Popularis Sin. 74: 355 (1985).
四川、贵州、云南、西藏；越南、印度尼西亚、尼泊尔、印度、斯里兰卡。

蚂蚱腿子属 **Myripnois** Bunge

蚂蚱腿子

●**Myripnois dioica** Bunge, Enum. Pl. China Bor. 38 (1833).
辽宁、内蒙古、河北、山西、河南、陕西、湖北。

耳菊属 **Nabalus** Cass.

耳菊

Nabalus ochroleucus Maxim., Bull. Acad. Imp. Sci. Saint-Pétersbourg 15: 376 (1871).
Prenanthes ochroleuca (Maxim.) Hemsl., J. Linn. Soc., Bot. 23: 486 (1888); *Lactuca ochroleuca* (Maxim.) Franch., J. Bot. (Morot) 9: 293 (1895); *Lactuca blinii* H. Lév., Repert. Spec. Nov. Regni Veg. 12: 100 (1913); *Prenanthes blinii* (H. Lév.) Kitag., J. Jap. Bot. 45: 125 (1970).
吉林；朝鲜半岛、俄罗斯。

盘果菊

Nabalus tatarinowii (Maxim.) Nakai, Fl. Sylv. Kor. 14: 116 (1923).
黑龙江、吉林、辽宁、内蒙古、河北、山西、山东、河南、陕西、宁夏、甘肃、湖北、四川、云南；朝鲜半岛、俄罗斯。

盘果菊（原亚种）（福王草）

Nabalus tatarinowii subsp. **tatarinowii**

Prenanthes tatarinowii Maxim., Mém. Acad. Imp. Sci. St.-Pétersbourg Divers Savans 9: 474 (1859); *Lactuca tatarinowii* (Maxim.) Franch., J. Bot. (Morot) 9: 293 (1895); *Prenanthes pyramidalis* C. Shih, Acta Phytotax. Sin. 25: 191 (1987); *Nabalus pyramidalis* (C. Shih) Sennikov, Novosti Sist. Vyssh. Rast. 32: 180 (2000); *Nabalus racemiformis* (C. Shih) Sennikov, Novosti Sist. Vyssh. Rast. 32: 180 (2000).

黑龙江、吉林、辽宁、内蒙古、河北、山西、山东、河南、陕西、宁夏、甘肃、湖北、四川、云南；朝鲜半岛、俄罗斯。

多裂耳菊

•**Nabalus tatarinowii** subsp. **macrantha** (Stebbins) N. Kilian, Fl. China 20-21: 342 (2011).

Prenanthes tatarinowii subsp. *macrantha* Stebbins, Contr. U. S. Natl. Herb. 28: 672 (1941); *Prenanthes angustiloba* C. Shih, Acta Phytotax. Sin. 25: 193 (1987); *Prenanthes leptantha* C. Shih, Acta Phytotax. Sin. 25: 193 (1987); *Nabalus angustilobus* (C. Shih) Sennikov, Novosti Sist. Vyssh. Rast. 32: 180 (2000); *Nabalus leptanthus* (C. Shih) Sennikov, Novosti Sist. Vyssh. Rast. 32: 180 (2000).

河北、山西、河南、陕西、甘肃、四川。

毛冠菊属 Nannoglottis Maxim.

毛冠菊

•**Nannoglottis carpesioides** Maxim., Bull. Acad. Imp. Sci. Saint-Pétersbourg 27: 481 (1882).

陕西、甘肃、青海、云南。

厚毛毛冠菊

•**Nannoglottis delavayi** (Franch.) Y. Ling et Y. L. Chen, Acta Phytotax. Sin. 10: 98 (1965).

Stereosanthus delavayi Franch., J. Bot. (Morot) 10: 385 (1896).

四川、云南。

狭舌毛冠菊

Nannoglottis gynura (C. Winkl.) Y. Ling et Y. L. Chen, Acta Phytotax. Sin. 10: 97 (1965).

Senecio gynura C. Winkl., Trudy Imp. S.-Peterburgsk. Bot. Sada 14: 157 (1895); *Stereosanthus souliei* Franch., Morot. J. Bot. 10: 385 (1896); *Stereosanthus hieraciifolius* Diels, Repert. Spec. Nov. Regni Veg. Beih. 12: 507 (1922); *Stereosanthus gynura* (C. Winkl.) Hand.-Mazz., Acta Horti Gothob. 12: 284 (1938); *Nannoglottis souliei* (Franch.) Y. Ling et Y. L. Chen, Acta Phytotax. Sin. 10: 98 (1965).

青海、四川、云南、西藏；尼泊尔。

玉龙毛冠菊

•**Nannoglottis hieraciophylla** (Hand.-Mazz.) Y. Ling et Y. L. Chen, Acta Phytotax. Sin. 10: 101 (1965).

Vierhapperia hieraciophylla Hand.-Mazz., Notizbl. Bot. Gart. Berlin-Dahlem 13: 629 (1937).

云南。

虎克毛冠菊

Nannoglottis hookeri (C. B. Clarke ex Hook. f.) Kitam., Acta Phytotax. Geobot. 31: 50 (1980).

Doronicum hookeri C. B. Clarke ex Hook. f., Fl. Brit. Ind. 3: 332 (1881).

西藏；不丹、尼泊尔、印度。

宽苞毛冠菊

•**Nannoglottis latisquama** Y. Ling et Y. L. Chen, Acta Phytotax. Sin. 10: 98 (1965).

Stereosanthus yunnanensis Franch., J. Bot. (Morot) 10: 385 (1896), not *Nannoglottis yunnanensis* Hand.-Mazz. (1936).

四川、云南。

大果毛冠菊

Nannoglottis macrocarpa Y. Ling et Y. L. Chen, Acta Phytotax. Sin. 10: 99 (1965).

西藏；尼泊尔。

青海毛冠菊

•**Nannoglottis ravida** (C. Winkl.) Y. L. Chen, Kew Bull. 39: 432 (1984).

Senecio ravidus C. Winkl., Trudy Imp. S.-Peterburgsk. Bot. Sada 13: 4 (1893); *Nannoglottis qinghaiensis* Y. Ling et Y. L. Chen, Acta Phytotax. Sin. 19: 114 (1981).

青海、西藏。

云南毛冠菊

•**Nannoglottis yunnanensis** (Hand.-Mazz.) Hand.-Mazz., Symb. Sin. 7 (4): 1116 (1936).

Nannoglottis carpesioides Maxim. var. *yunnanensis* Hand.-Mazz., Anz. Akad. Wiss. Wien, Math.-Naturwiss. Kl. 57: 175 (1920).

四川、云南。

羽叶菊属 Nemosenecio (Kitam.) B. Nord.

裸果羽叶菊

•**Nemosenecio concinnus** (Franch.) C. Jeffrey et Y. L. Chen, Kew Bull. 39: 266 (1984).

Senecio concinnus Franch., J. Bot. (Morot) 10: 418 (1896).

重庆。

台湾刘寄奴

•**Nemosenecio formosanus** (Kitam.) B. Nord., Opera Bot. 44: 46 (1978).

Senecio formosanus Kitam., Acta Phytotax. Geobot. 3: 140 (1934) ["*formosnus*"]; *Senecio nikoensis* Miq. var. *formosanus* Sasaki, Trans. Taiwan Nat. Hist. Soc. 19: 221 (1929).

台湾。

刻裂羽叶菊（刻叶千里光）

●**Nemosenecio incisifolius** (Jeffrey) B. Nord., Opera Bot. 44: 46 (1978).
Senecio incisifolius Jeffrey, Notes Roy. Bot. Gard. Edinburgh 9: 127 (1916); *Senecio incisifolius* var. *gracilior* Y. Ling, Contr. Inst. Bot. Natl. Acad. Peiping 5: 21 (1937).
云南。

茄状羽叶菊（茄叶千里光）

●**Nemosenecio solenoides** (Dunn) B. Nord., Opera Bot. 44: 46 (1978).
Senecio solenoides Dunn, J. Linn. Soc., Bot. 35: 508 (1903).
云南。

滇羽叶菊

●**Nemosenecio yunnanensis** B. Nord., Opera Bot. 44: 46 (1978).
贵州、云南。

短星菊属 Neobrachyactis Brouillet

香短星菊

Neobrachyactis anomala (DC.) Brouillet, Fl. China 20-21: 572 (2011).
Erigeron anomalus DC., Prodr. (DC.) 5: 293 (1836); *Brachyactis indica* C. B. Clarke, Compos. Ind. 49 (1876); *Brachyactis menthodora* Benth., Hooker's Icon. Pl. 12: t. 1106 (1876); *Aster menthodorus* (Benth.) Govaerts, World Checkl. Seed Pl. 2 (1-2): 9 (1996).
西藏；不丹、尼泊尔、印度。

腺毛短星菊

Neobrachyactis pubescens (DC.) Brouillet, Fl. China 20-21: 573 (2011).
Conyza pubescens DC., Prodr. (DC.) 5: 381 (1836); *Brachyactis robusta* Benth., Hooker's Icon. Pl. 12: 6 (1876); *Brachyactis pubescens* (DC.) Aitch. et C. B. Clarke, J. Linn. Soc., Bot. 18: 68 (1880).
西藏；尼泊尔、印度、巴基斯坦、阿富汗。

西疆短星菊

Neobrachyactis roylei (DC.) Brouille, Fl. China 20-21: 572 (2011).
Conyza roylei DC., Prodr. (DC.) 5: 381 (1836); *Conyza umbrosa* Kar. et Kir., Bull. Soc. Imp. Naturalistes Moscou 15: 379 (1842); *Brachyactis umbrosa* (Kar. et Kir.) Benth., Hooker's Icon. Pl. 12: 6, t. 1106 (1876); *Erigeron umbrosus* (Kar. et Kir.) Boiss., Boiss. Fl. Or. Suppl.: 290 (1880); *Brachyactis roylei* (DC.) Wendelbo, Nytt Mag. Bot. 1: 62 (1952).
新疆、西藏；尼泊尔、印度、巴基斯坦、阿富汗、哈萨克斯坦、乌兹别克斯坦、俄罗斯；亚洲（西南部）。

栉叶蒿属 Neopallasia Poljakov

栉叶蒿

Neopallasia pectinata (Pall.) Poljakov, Bot. Mater. Gerb. Bot. Inst. Komarova Akad. Nauk S. S. S. R. 17: 430 (1955).
Artemisia pectinata Pall., Reise Russ. Reich. 3: 755 (1776); *Artemisia pectinata* var. *yunnanensis* Pamp., Nuov. Giorn. Bot. Ital. n. s. 34 (3): 684 (1927); *Artemisia yunnanensis* (Pamp.) Krasch., Mat. Hist. Fl. et Veg. U. S. S. R. Fasc. 3: 126 (1958); *Neopallasia tibetica* Y. R. Ling, Acta Phytotax. Sin. 18 (1): 87 (1980); *Neopallasia yunnanensis* (Pamp.) Y. R. Ling, Acta Phytotax. Sin. 18 (1): 88 (1980).
黑龙江、吉林、辽宁、内蒙古、河北、山西、宁夏、甘肃、青海、新疆、四川、西藏；蒙古国、哈萨克斯坦、俄罗斯。

紫菊属 Notoseris C. Shih

多裂紫菊

●**Notoseris henryi** (Dunn) C. Shih, Acta Phytotax. Sin. 25: 202 (1987).
Prenanthes henryi Dunn, Iconogr. Cormophyt. Sin. 4: 695 (1975); *Notoseris porphyrolepis* C. Shih, Acta Phytotax. Sin. 25: 201 (1987).
湖南、湖北、四川、重庆、贵州、云南。

光苞紫菊

●**Notoseris macilenta** (Vaniot et H. Lév.) N. Kilian, Fl. China 20-21: 231 (2011).
Prenanthes macilenta Vaniot et H. Lév., Bull. Soc. Bot. France 53: 550 (1906); *Notoseris guizhouensis* C. Shih, Acta Phytotax. Sin. 25: 196 (1987); *Notoseris psilolepis* C. Shih, Acta Phytotax. Sin. 25: 197 (1987); *Notoseris yunnanensis* C. Shih, Acta Phytotax. Sin. 25: 200 (1987); *Notoseris nanchuanensis* C. Shih, Acta Phytotax. Sin. 27: 457 (1989).
江西、湖南、湖北、重庆、贵州、云南、广西。

藤本紫菊（藤本福王草）

Notoseris scandens (Hook. f.) N. Kilian, Fl. China 20-21: 231 (2011).
Prenanthes scandens Hook. f. in Benth. et Hook. f., Gen. Pl. [Benth. et Hook. f.] 2: 527 (1873).
云南、西藏；印度。

三花紫菊

●**Notoseris triflora** (Hemsl.) C. Shih, Acta Phytotax. Sin. 25: 202 (1987).
Lactuca triflora Hemsl., J. Linn. Soc., Bot. 23: 485 (1888); *Prenanthes triflora* (Hemsl.) C. C. Chang, Bull. Fan Mem. Inst. Biol. Bot. 5: 321 (1934).
四川、重庆、云南。

垭口紫菊（垭口盘果菊）

Notoseris yakoensis (Jeffrey) N. Kilian, Fl. China 20-21: 231 (2011).

Prenanthes yakoensis Jeffrey, Notes Roy. Bot. Gard. Edinburgh 5: 203 (1912); *Prenanthes volubilis* Merr., Brittonia 4: 184 (1941).
云南；缅甸。

栌菊木属 Nouelia Franch.

栌菊木

●**Nouelia insignis** Franch., J. Bot. (Morot) 2: 67 (1888).
四川、云南。

蝟菊属 Olgaea Iljin

九眼菊

Olgaea laniceps (C. Winkl.) Iljin, Bot. Mater. Gerb. Glavn. Bot. Sada R. S. F. S. R. 3: 143 (1922).
Carduus laniceps C. Winkl., Trudy Imp. S.-Peterburgsk. Bot. Sada 9: 519 (1886).
新疆；哈萨克斯坦。

火媒草（鳍蓟）

Olgaea leucophylla (Turcz.) Iljin, Bot. Mater. Gerb. Glavn. Bot. Sada R. S. F. S. R. 3: 145 (1922).
Carduus leucophyllus Turcz., Bull. Soc. Imp. Naturalistes Moscou 5: 194 (1832); *Olgaea leucophylla* var. *aggregata* Y. Ling, Contr. Inst. Bot. Natl. Acad. Peiping 3: 139 (1935).
黑龙江、吉林、内蒙古、河北、山西、河南、陕西、宁夏、甘肃；蒙古国。

蝟菊

Olgaea lomonossowii (Trautv.) Iljin, Bot. Mater. Gerb. Glavn. Bot. Sada R. S. F. S. R. 3: 144 (1922).
Carduus lomonossowii Trautv., Trudy Imp. S.-Peterburgsk. Bot. Sada 1: 183 (1872); *Carduus hsiaowutaishanensis* F. H. Chen, Bull. Fan Mem. Inst. Biol. Bot. 5: 91 (1934); *Olgaea hsiaowutaishanensis* (F. H. Chen) Y. Ling, Contr. Inst. Bot. Natl. Acad. Peiping 3: 136 (1935).
吉林、内蒙古、河北、山西、陕西、宁夏、甘肃；蒙古国。

新疆蝟菊

Olgaea pectinata Iljin, Izv. Glavn. Bot. Sada R. S. F. S. R. 23: 146 (1924).
新疆；哈萨克斯坦。

假九眼菊

●**Olgaea roborowskyi** Iljin, Bot. Mater. Gerb. Glavn. Bot. Sada R. S. F. S. R. 3: 142 (1922).
新疆。

刺疙瘩（青海鳍蓟）

●**Olgaea tangutica** Iljin, Bot. Mater. Gerb. Glavn. Bot. Sada R. S. F. S. R. 3: 144 (1922).
Olgaea echinantha Y. Ling, Contr. Inst. Bot. Natl. Acad. Peiping 3: 137 (1935).
内蒙古、河北、山西、陕西、宁夏、甘肃、青海。

寡毛菊属 Oligochaeta (DC.) K. Koch

寡毛菊

Oligochaeta minima (Boiss.) Briq., Archiv. Sc. Phys. et Nat., Genève 5 12: 113 (1930).
Microlonchus minimus Boiss., Fl. Orient. 3: 701 (1875); *Centaurea minima* (Boiss.) B. Fedtsch., Rastitel'n. Turkestana 757 (1915).
新疆；巴基斯坦、阿富汗、乌兹别克斯坦、土库曼斯坦；亚洲（西南部）。

大翅蓟属 Onopordum L.

大翅蓟

Onopordum acanthium L., Sp. Pl. 2: 827 (1753).
新疆；巴基斯坦、阿富汗、塔吉克斯坦、吉尔吉斯斯坦、哈萨克斯坦、乌兹别克斯坦、土库曼斯坦、俄罗斯；亚洲（西南部）、欧洲。

羽冠大翅蓟

Onopordum leptolepis DC., Prodr. (DC.) 6: 619 (1838).
新疆；哈萨克斯坦。

太行菊属 Opisthopappus C. Shih

太行菊

●**Opisthopappus taihangensis** (Y. Ling) C. Shih, Acta Phytotax. Sin. 17: 112 (1979).
Chrysanthemum taihangense Y. Ling, Contr. Bot. Surv. N. W. China 1: 22 (1939); *Opisthopappus longilobus* C. Shih, Acta Phytotax. Sin. 17: 111 (1979).
河北、山西、河南。

假福王草属 Paraprenanthes C. C. Chang ex C. Shih

林生假福王草

●**Paraprenanthes diversifolia** (Vaniot) N. Kilian, Fl. China 20-21: 229 (2011).
Lactuca diversifolia Vaniot, Bull. Acad. Int. Geogr. Bot. 12: 245 (1903); *Prenanthes diversifolia* (Vaniot) C. C. Chang, Bull. Fan Mem. Inst. Biol. Bot. 5: 321 (1934); *Paraprenanthes sylvicola* C. Shih, Acta Phytotax. Sin. 26: 419 (1988); *Paraprenanthes heptantha* C. Shih et D. J. Liu, Acta Phytotax. Sin. 26: 423 (1988); *Paraprenanthes gracilipes* C. Shih, Acta Phytotax. Sin. 33: 194 (1995).
陕西、江苏、浙江、江西、湖南、湖北、四川、重庆、贵州、云南、福建、广东、广西。

黑花假福王草

●**Paraprenanthes melanantha** (Franch.) Ze H. Wang, PLoS

ONE 8 e82692: 17 (2013) (epublished).
Lactuca melanantha Franch., J. Bot. (Morot) 9: 291 (1895); *Prenanthes formosana* Kitam., Acta Phytotax. Geobot. 3: 100 (1934); *Notoseris melanantha* (Franch.) C. Shih, Acta Phytotax. Sin. 25: 198 (1987); *Notoseris formosana* (Kitam.) C. Shih, Acta Phytotax. Sin. 25: 201 (1987); *Notoseris gracilipes* C. Shih, Acta Phytotax. Sin. 25: 198 (1987).
湖南、湖北、四川、重庆、贵州、云南、台湾、广东、广西。

蕨叶假福王草

●**Paraprenanthes meridionalis** (C. Shih) Sennikov, Bot. Zhurn. (Moscow et Leningrad) 82: 111 (1997).
Mulgedium meridionale C. Shih, Acta Phytotax. Sin. 26: 392 (1988); *Paraprenanthes hastata* C. Shih, Acta Phytotax. Sin. 33: 192 (1995).
四川、云南、广西。

大理假福王草（大理岩参）

●**Paraprenanthes oligolepis** (C. C. Chang ex C. Shih) Ze H. Wang, PLoS ONE 8, e82692: 17 (2013) (epublished).
Cicerbita oligolepis C. C. Chang ex C. Shih, Acta Phytotax. Sin. 29: 398 (1991); *Melanoseris oligolepis* (C. C. Chang ex C. Shih) N. Kilian, Fl. China 20-21: 224 (2011).
云南。

异叶假福王草（重庆苣）

●**Paraprenanthes prenanthoides** (Hemsl.) C. Shih, Acta Phytotax. Sin. 26: 423 (1988).
Crepis prenanthoides Hemsl., J. Linn. Soc., Bot. 23: 477 (1888); *Lactuca polypodiifolia* Franch., J. Bot. (Morot) 9: 265 (1895); *Lactuca glandulosissima* C. C. Chang, Contr. Biol. Lab. Sci. Soc. China, Bot., Ser. 9: 130 (1934); *Lactuca chungkingensis* Stebbins, J. Bot. 75: 15 (1937); *Mulgedium polypodiifolium* (Franch.) C. Shih, Acta Phytotax. Sin. 26: 392 (1988); *Paraprenanthes luchunensis* C. Shih, Acta Phytotax. Sin. 33: 194 (1995); *Paraprenanthes polypodiifolia* (Franch.) C. C. Chang ex C. Shih, Fl. Reipubl. Popularis Sin. 80 (1): 181 (1997); *Paraprenanthes glandulosissima* (C. C. Chang) C. Shih, Fl. Reipubl. Popularis Sin. 80 (1): 182 (1997).
四川、贵州、云南、广西。

假福王草（堆莴苣）

Paraprenanthes sororia (Miq.) C. Shih, Acta Phytotax. Sin. 26: 422 (1988).
Lactuca sororia Miq., Ann. Mus. Bot. Lugduno-Batavi 2: 189 (1866); *Mycelis sororia* (Miq.) Nakai, Bot. Mag. (Tokyo) 36: 24 (1922); *Lactuca sororia* f. *glabra* Y. Ling, Contr. Inst. Bot. Natl. Acad. Peiping 3: 191 (1935); *Lactuca sororia* var. *glabra* (Y. Ling) Kitam., Acta Phytotax. Geobot. 6: 237 (1937); *Mycelis sororia* var. *nudipes* Migo, J. Shanghai Sci. Inst. 3 (4): 173 (1939); *Mycelis sororia* var. *pilipes* Migo, J. Shanghai Sci. Inst. 3 (4): 173 (1939); *Lactuca sororia* var. *glandulosa* Kitam., Acta Phytotax. Geobot. 10: 25 (1941); *Lactuca sororia* var. *nudipes* (Migo) Kitam., Acta Phytotax. Geobot. 11: 270 (1942); *Lactuca sororia* var. *pilipes* (Migo) Kitam., Acta Phytotax. Geobot. 11: 270 (1942); *Paraprenanthes multiformis* C. Shih, Acta Phytotax. Sin. 26: 420 (1988).
安徽、浙江、江西、湖南、湖北、四川、重庆、云南、福建、台湾、广东、广西；日本、越南。

栉齿假福王草（栉齿细莴苣）

●**Paraprenanthes triflora** (C. C. Chang ex C. Shih) Ze H. Wang, PLoS ONE 8, e82692: 17 (2013) (epublished).
Stenoseris triflora C. C. Chang et C. Shih, Acta Phytotax. Sin. 29: 413 (1991); *Melanoseris triflora* (C. C. Chang et C. Shih) N. Kilian, Fl. China 20-21: 223 (2011).
云南。

伞房假福王草

●**Paraprenanthes umbrosa** (Dunn) Sennikov, Bot. Zhurn. (Moscow et Leningrad) 82: 111 (1997).
Lactuca umbrosa Dunn, J. Linn. Soc., Bot. 35: 513 (1903); *Lactuca parishii* Craib ex Hosseus, Beih. Bot. Centralbl., Abt. 2 28: 453 (1911); *Mulgedium umbrosum* (Dunn) C. Shih, Acta Phytotax. Sin. 26: 391 (1988).
云南。

长叶假福王草

●**Paraprenanthes wilsonii** Ze H. Wang, PLoS ONE 8, e82692: 17 (2013) (epublished).
Prenanthes wilsonii C. C. Chang, Bull. Fan Mem. Inst. Biol. Bot. 5: 322 (1934); *Notoseris wilsonii* (C. C. Chang) C. Shih, Acta Phytotax. Sin. 25: 202 (1987); *Notoseris dolichophylla* C. Shih, Acta Phytotax. Sin. 27: 459 (1989); *Paraprenanthes dolichophylla* (C. Shih) N. Kilian et Ze H. Wang, Fl. China 20-21: 229 (2011).
四川。

云南假福王草

●**Paraprenanthes yunnanensis** (Franch.) C. Shih, Acta Phytotax. Sin. 26: 421 (1988).
Lactuca yunnanensis Franch., J. Bot. (Morot) 9: 264 (1895); *Paraprenanthes sagittiformis* C. Shih, Acta Phytotax. Sin. 26: 420 (1988); *Paraprenanthes longiloba* Y. Ling et C. Shih, Acta Phytotax. Sin. 26: 421 (1988); *Paraprenanthes auriculiformis* C. Shih, Acta Phytotax. Sin. 26: 421 (1988).
云南。

蟹甲草属 **Parasenecio** W. W. Smith et J. Small

兔儿风蟹甲草（白花蟹甲草）

●**Parasenecio ainsliaeiflorus** (Franch.) Y. L. Chen, Fl. Reipubl. Popularis Sin. 77 (1): 47 (1999).
Senecio ainsliaeiflorus Franch., J. Bot. (Morot) 8: 361 (1894); *Senecio leucanthemus* Dunn, J. Linn. Soc., Bot. 35: 506 (1903); *Cacalia leucanthema* (Dunn) Y. Ling, Contr. Inst. Bot. Natl.

Acad. Peiping 2: 528 (1934); *Cacalia ainsliaeiflora* (Franch.) Hand.-Mazz., Symb. Sin. Pt. 7: 1132 (1936); *Koyamacalia leucanthema* (Dunn) H. Rob. et Brettell, Phytologia 27: 272 (1973).
湖南、湖北、四川、贵州。

无毛蟹甲草

●**Parasenecio albus** Y. S. Chen, Ann. Bot. Fenn. 48: 34 (2011).
江西、湖南、湖北、重庆、贵州、福建、广西。

两似蟹甲草（登云鞋）

●**Parasenecio ambiguus** (Y. Ling) Y. L. Chen, Fl. Reipubl. Popularis Sin. 77 (1): 45 (1999).
河北、山西、河南、陕西。

两似蟹甲草（原变种）

●**Parasenecio ambiguus** var. **ambiguus**
Cacalia ambigua Y. Ling, Contr. Inst. Bot. Natl. Acad. Peiping 2: 528 (1934); *Koyamacalia ambigua* (Y. Ling) H. Rob. et Brettell, Phytologia 27: 271 (1973).
河北、山西、河南、陕西。

王氏两似蟹甲草

●**Parasenecio ambiguus** var. **wangianus** (Y. Ling) Y. L. Chen, Fl. Reipubl. Popularis Sin. 77 (1): 47 (1999).
Cacalia ambigua var. *wangiana* Y. Ling, Contr. Inst. Bot. Natl. Acad. Peiping 5: 14 (1937).
山西。

耳叶蟹甲草（耳叶兔儿伞）

Parasenecio auriculatus (DC.) J. R. Grant, Novon 3: 154 (1993).
Cacalia auriculata DC., Prodr. (DC.) 6: 329 (1838); *Senecio dahuricus* Sch.-Bip., Flora 28: 499 (1845); *Senecio dahuricus* var. *ochotensis* Maxim., Bull. Acad. Imp. Sci. Saint-Pétersbourg 19: 485 (1874); *Cacalia auriculata* var. *ochotensis* (Maxim.) Komarov, Trudy Imp. S.-Peterburgsk. Bot. Sada 25: 688 (1907); *Hasteola auriculata* (DC.) Pojark., Bot. Mater. Gerb. Bot. Inst. Bot. Acad. Nauk Kazakhsk. S. S. R. 20: 391 (1960); *Koyamacalia auriculata* (DC.) H. Rob. et Brettell, Phytologia 27: 271 (1973).
黑龙江、吉林、内蒙古；日本、朝鲜半岛、俄罗斯。

秋海棠叶蟹甲草

●**Parasenecio begoniifolius** (Franch.) Y. L. Chen, Fl. Reipubl. Popularis Sin. 77 (1): 28 (1999).
Senecio begoniifolius Franch., J. Bot. (Morot) 8: 358 (1894); *Cacalia begoniifolia* (Franch.) Hand.-Mazz., Notizbl. Bot. Gart. Berlin-Dahlem 13: 635 (1937).
湖北、四川、重庆。

珠芽蟹甲草

●**Parasenecio bulbiferoides** (Hand.-Mazz.) Y. L. Chen, Fl. Reipubl. Popularis Sin. 77 (1): 73 (1999).
Cacalia bulbiferoides Hand.-Mazz., Symb. Sin. 7 (4): 1131 (1936); *Koyamacalia bulbiferoides* (Hand.-Mazz.) H. Rob. et Brettel, Phytologia 27: 271 (1973).
陕西、湖南、湖北。

藏南蟹甲草（藜叶千里光）

Parasenecio chola (W. W. Smith) R. C. Srivast. et C. Jeffrey, J. Bombay Nat. Hist. Soc. 93: 318 (1996).
Senecio chola W. W. Smith, J. Proc. Asiat. Soc. Bengal 7: 72 (1911).
西藏；尼泊尔、印度、克什米尔地区。

轮叶蟹甲草

●**Parasenecio cyclotus** (Bureau et Franch.) Y. L. Chen, Fl. Reipubl. Popularis Sin. 77 (1): 64 (1999).
Senecio cyclotus Bureau et Franch., J. Bot. (Morot) 5: 74 (1891); *Cacalia cyclota* (Bureau et Franch.) Hand.-Mazz., Symb. Sin. 7 (4): 1129 (1936); *Koyamacalia cyclota* (Bureau et Franch.) H. Rob. et Brettell, Phytologia 27: 271 (1973).
四川。

山西蟹甲草

●**Parasenecio dasythyrsus** (Hand.-Mazz.) Y. L. Chen, Fl. Reipubl. Popularis Sin. 77 (1): 78 (1999).
Cacalia dasythyrsa Hand.-Mazz., Acta Horti Gothob. 12: 296 (1938); *Koyamacalia dasythyrsa* (Hand.-Mazz.) H. Rob. et Brettell, Phytologia 27: 272 (1973).
山西、陕西、甘肃。

翠雀蟹甲草（燕草叶蟹甲草）

Parasenecio delphiniifolius (Sieb. et Zucc.) H. Koyama in Iwatsuki et al., Fl. Japan 3 b: 49 (1995).
Cacalia delphiniifolia Sieb. et Zucc., Abh. Math.-Phys. Cl. Königl. Bayer. Akad. Wiss. 4: 190 (1846); *Cacalia delphiniphylla* (H. Lév.) Hand.-Mazz., Notizbl. Bot. Gart. Berlin-Dahlem 13: 635 (1937); *Cacalia pilgeriana* (Diels) Y. Ling subsp. *delphiniphylla* (H. Lév.) H. Koyama, Acta Phytotax. Geobot. 30: 68 (1979); *Parasenecio tongchuanensis* Y. L. Chen, Acta Phytotax. Sin. 33: 83 (1995); *Parasenecio delphiniphyllus* (H. Lév.) Y. L. Chen, Fl. Reipubl. Popularis Sin. 77 (1): 79 (1999).
贵州、云南；日本。

三角叶蟹甲草

●**Parasenecio deltophyllus** (Maxim.) Y. L. Chen, Fl. Reipubl. Popularis Sin. 77 (1): 30 (1999).
Senecio deltophyllus Maxim., Bull. Acad. Imp. Sci. Saint-Pétersbourg 27: 487 (1882); *Cacalia deltophylla* (Maxim.) Mattf. ex Rehder et Kobuski, J. Arnold Arbor. 14: 39 (1933); *Koyamacalia deltophylla* (Maxim.) H. Rob. et Brettell, Phytologia 27: 272 (1973).
甘肃、青海、四川。

湖北蟹甲草

●**Parasenecio dissectus** Y. S. Chen, Ann. Bot. Fenn. 48: 166 (2011).

湖北。

大叶蟹甲草（大叶兔儿伞）

Parasenecio firmus (Kom.) Y. L. Chen, Fl. Reipubl. Popularis Sin. 77 (1): 26 (1999).

Cacalia firma Kom., Trudy Imp. S.-Peterburgsk. Bot. Sada 18: 420 (1901); *Miricacalia firma* (Kom.) Nakai, J. Jap. Bot. 14: 642 (1938); *Koyamacalia firma* (Kom.) H. Rob. et Brettell, Phytologia 27: 272 (1973).

吉林；朝鲜半岛。

蟹甲草

●**Parasenecio forrestii** W. W. Smith et J. Small, Trans. et Proc. Bot. Soc. Edinburgh 28: 93 (1922).

Cacalia forrestii (W. W. Smith et J. Small) Hand.-Mazz., Oesterr. Bot. Z. 87: 128 (1938).

四川、云南。

甘肃蟹甲草

●**Parasenecio gansuensis** Y. L. Chen, Acta Phytotax. Sin. 34: 643 (1996).

陕西、甘肃。

山尖子（山尖菜，戟叶兔儿伞）

Parasenecio hastatus (L.) H. Koyama in Iwatsuki et al., Fl. Japan 3 b: 52 (1995).

黑龙江、吉林、辽宁、内蒙古、河北、山西、陕西、宁夏、甘肃；蒙古国、日本、朝鲜半岛、俄罗斯。

山尖子（原变种）

Parasenecio hastatus var. **hastatus**

Cacalia hastata L., Sp. Pl. 2: 835 (1753); *Cacalia hastata* var. *pubescens* Ledeb., Fl. Altaic. 4: 52 (1833); *Senecio sagittatus* var. *pubescens* (Ledeb.) Maxim., Bull. Acad. Imp. Sci. Saint-Pétersbourg 19: 483 (1874); *Senecio sagittatus* Sch.-Bip., Bot. Jahrb. Syst. 29: 619 (1901); *Hasteola hastata* (L.) Pojark., Not. Syst. Herb. Inst. Bot. Acad. Sci. U. R. S. S. 20: 381 (1960); *Koyamacalia hastata* (L.) H. Rob. et Brettell, Phytologia 27: 272 (1973).

黑龙江、吉林、辽宁、内蒙古、河北、山西、陕西、宁夏、甘肃；蒙古国、日本、朝鲜半岛、俄罗斯。

无毛山尖子

●**Parasenecio hastatus** var. **glaber** (Ledeb.) Y. L. Chen, Fl. Reipubl. Popularis Sin. 77 (1): 33 (1999).

Cacalia hastata var. *glabra* Ledeb., Fl. Altaic. 4: 52 (1833).

黑龙江、吉林、辽宁、内蒙古、河北、山西、陕西、宁夏。

戟状蟹甲草

●**Parasenecio hastiformis** Y. L. Chen, Acta Phytotax. Sin. 34: 641 (1996).

云南。

黄山蟹甲草

●**Parasenecio hwangshanicus** (Y. Ling) C. I. Peng et S. W. Chung, Fl. Taiwan, ed. 2 4: 1024 (1998).

Cacalia hwangshanica Y. Ling, Contr. Inst. Bot. Natl. Acad. Peiping 5: 11 (1937); *Cacalia bulbifera* (Maxim.) Matsum. var. *piligera* Y. Ling, Contr. Inst. Bot. Natl. Acad. Peiping 5: 11 (1937); *Koyamacalia hwangshanica* (Y. Ling) H. Rob. et Brettell, Phytologia 27: 272 (1973).

安徽、浙江、江西、台湾。

紫背蟹甲草

●**Parasenecio ianthophyllus** (Franch.) Y. L. Chen, Fl. Reipubl. Popularis Sin. 77 (1): 71 (1999).

Senecio ianthophyllus Franch., J. Bot. (Morot) 8: 361 (1894); *Cacalia ianthophylla* (Franch.) Hand.-Mazz., Notizbl. Bot. Gart. Berlin-Dahlem 13: 636 (1937).

湖北、重庆。

九龙蟹甲草

●**Parasenecio jiulongensis** Y. L. Chen, Acta Phytotax. Sin. 34: 645 (1996).

四川。

康县蟹甲草

●**Parasenecio kangxianensis** (Z. Ying Zhang et Y. H. Gou) Y. L. Chen, Fl. Reipubl. Popularis Sin. 77 (1): 49 (1999).

Cacalia kangxianensis Z. Ying Zhang et Y. H. Gou, Bull. Bot. Res., Harbin 3 (1): 130 (1983).

甘肃。

星叶蟹甲草（星叶兔儿伞）

Parasenecio komarovianus (Pojark.) Y. L. Chen, Fl. Reipubl. Popularis Sin. 77 (1): 34 (1999).

Hasteola komaroviana Pojark., Bot. Mater. Gerb. Bot. Inst. Komarova Akad. Nauk S. S. S. R. 20: 381 (1960); *Cacalia komaroviana* (Pojark.) Pojark., Fl. U. R. S. S. 26: 691 (1961); *Cacalia hastata* L. subsp. *komaroviana* (Pojark.) Kitag., Neo-Lin. Fl. Manshur. 631 (1979).

吉林、辽宁；朝鲜半岛、俄罗斯。

瓜拉坡蟹甲草

●**Parasenecio koualapensis** (Franch.) Y. L. Chen, Fl. Reipubl. Popularis Sin. 77 (1): 59 (1999).

Senecio koualapensis Franch., J. Bot. (Morot) 8: 356 (1894); *Senecio leclerei* H. Lév., Bull. Acad. Int. Geogr. Bot. 25: 18 (1915); *Cacalia koualapensis* (Franch.) Hand.-Mazz., Vegetationsbilder 22 (8): 9 (1932).

云南。

披针叶蟹甲草（披针叶山尖子）

●**Parasenecio lancifolius** (Franch.) Y. L. Chen, Fl. Reipubl. Popularis Sin. 77 (1): 33 (1999).

Senecio sagittatus Sch.-Bip. var. *lancifolius* Franch., J. Bot. (Morot) 10: 421 (1896); *Cacalia hastata* var. *lancifolia* (Franch.) H. Koyama., Mem. Fac. Sci. Kyoto Univ., Ser. Biol. 2: 179 (1960); *Cacalia hastata* L. subsp. *lancifolia* (Franch.) H. Koyama, Acta Phytotax. Geobot. 29: 77 (1978).

湖北、四川、重庆。

阔柄蟹甲草

●**Parasenecio latipes** (Franch.) Y. L. Chen, Fl. Reipubl. Popularis Sin. 77 (1): 52 (1999).

Senecio latipes Franch., J. Bot. (Morot) 8: 356 (1894); *Cacalia latipes* (Franch.) Hand.-Mazz., Symb. Sin. 7 (4): 1129 (1936); *Koyamacalia latipes* (Franch.) H. Rob. et Brettell, Phytologia 27: 272 (1973).

四川、云南。

白头蟹甲草

●**Parasenecio leucocephalus** (Franch.) Y. L. Chen, Fl. Reipubl. Popularis Sin. 77 (1): 71 (1999).

Senecio leucocephalus Franch., J. Bot. (Morot) 8: 360 (1894); *Cacalia leucocephala* (Franch.) Hand.-Mazz., Notizbl. Bot. Gart. Berlin-Dahlem 13: 636 (1937).

湖北、重庆。

丽江蟹甲草

●**Parasenecio lidjiangensis** (Hand.-Mazz.) Y. L. Chen, Fl. Reipubl. Popularis Sin. 77 (1): 53 (1999).

Cacalia lidjiangensis Hand.-Mazz., Symb. Sin. 7 (4): 1130 (1936).

云南。

长穗蟹甲草

●**Parasenecio longispicus** (Hand.-Mazz.) Y. L. Chen, Fl. Reipubl. Popularis Sin. 77 (1): 72 (1999).

Cacalia longispica Hand.-Mazz., Acta Horti Gothob. 12: 301 (1938).

四川。

茂汶蟹甲草

●**Parasenecio maowenensis** Y. L. Chen, Acta Phytotax. Sin. 34: 645 (1996).

四川。

天目山蟹甲草

●**Parasenecio matsudae** (Kitam.) Y. L. Chen, Fl. Reipubl. Popularis Sin. 77 (1): 50 (1999).

Cacalia matsudae Kitam., J. Jap. Bot. 20: 196 (1944); *Koyamacalia matsudae* (Kitam.) H. Rob. et Brettell, Phytologia 27: 272 (1973).

安徽、浙江。

玉山蟹甲草

●**Parasenecio morrisonensis** Ying Liu, C. I Peng et Q. E. Yang, Taxon 56: 583 (2007).

台湾。

能高蟹甲草

●**Parasenecio nokoensis** (Masam. et Suzuki) C. I Peng et S. W. Chung, Fl. Taiwan, ed. 2 4: 1026 (1998).

Cacalia nokoensis Masam. et Suzuki, J. Soc. Trop. Agric. 2: 51 (1930); *Koyamacalia nokoensis* (Masam. et Suzuki) H. Rob. et Brettell, Phytologia 27: 273 (1973).

台湾。

耳翼蟹甲草

●**Parasenecio otopteryx** (Hand.-Mazz.) Y. L. Chen, Fl. Reipubl. Popularis Sin. 77 (1): 40 (1999).

Cacalia otopteryx Hand.-Mazz., Symb. Sin. 7 (4): 1132 (1936); *Koyamacalia otopteryx* (Hand.-Mazz.) H. Rob. et Brettell, Phytologia 27: 273 (1973).

河南、陕西、湖北、四川。

掌裂蟹甲草

Parasenecio palmatisectus (Jeffrey) Y. L. Chen, Fl. Reipubl. Popularis Sin. 77 (1): 82 (1999).

四川、云南、西藏；不丹。

掌裂蟹甲草（原变种）

●**Parasenecio palmatisectus** var. **palmatisectus**

Senecio palmatisectus Jeffrey, Notes Roy. Bot. Gard. Edinburgh 9: 128 (1916); *Cacalia palmatisecta* (Jeffrey) Hand.-Mazz., Vegetationsbilder 22 (8): 9 (1932); *Koyamacalia palmatisecta* (Jeffrey) H. Rob. et Brettel, Phytologia 27: 273 (1973).

四川、云南、西藏。

腺毛掌裂蟹甲草

Parasenecio palmatisectus var. **moupinensis** (Franch.) Y. L. Chen, Fl. Reipubl. Popularis Sin. 77 (1): 82 (1999).

Senecio quinquelobus (Thunb.) DC. var. *moupinensis* Franch., Nouv. Arch. Mus. Hist. Nat., sér. 2 10: 40 (1887); *Senecio palmatisectus* var. *pubescens* Jeffrey, Notes Roy. Bot. Gard. Edinburgh 9 (42): 129 (1916); *Cacalia pentaloba* Hand.-Mazz. var. *moupinensis* (Franch.) Hand.-Mazz., Acta Horti Gothob. 12: 298 (1938); *Cacalia palmatisecta* var. *moupinensis* (Franch.) H. Koyama, Acta Phytotax. Geobot. 29: 176 (1978); *Cacalia palmatisectus* f. *pilipes* H. Koyama, Acta Phytotax. Geobot. 29: 176 (1978); *Cacalia palmatisecta* var. *pubescens* (Jeffrey) C. Y. Wu, Index Fl. Yunnan. 1347 (1984).

四川、西藏；不丹。

蜂斗菜状蟹甲草

●**Parasenecio petasitoides** (H. Lév.) Y. L. Chen, Fl. Reipubl. Popularis Sin. 77 (1): 75 (1999).

Senecio petasitoides H. Lév., Repert. Spec. Nov. Regni Veg. 8: 360 (1910); *Cacalia farfarifolia* Sieb. et Zucc. subsp. *petasitoides* (H. Lév.) H. Koyama, Bull. Natl. Sci. Mus., Tokyo, B. 2: 4 (1976).

四川、贵州。

苞鳞蟹甲草

●**Parasenecio phyllolepis** (Franch.) Y. L. Chen, Fl. Reipubl. Popularis Sin. 77 (1): 69 (1999).

Senecio phyllolepis Franch., J. Bot. (Morot) 8: 360 (1894);

Cacalia hupehensis Hand.-Mazz., Symb. Sin. 7 (4): 1131 (1936); *Cacalia phyllolepis* (Franch.) Hand.-Mazz., Notizbl. Bot. Gart. Berlin-Dahlem 13: 636 (1937); *Koyamacalia hupehensis* (Hand.-Mazz.) H. Rob. et Brettell, Phytologia 27: 272 (1973); *Koyamacalia phyllolepis* (Franch.) H. Rob. et Brettell, Phytologia 27: 273 (1973).

湖北、四川、重庆。

太白蟹甲草

●**Parasenecio pilgerianus** (Diels) Y. L. Chen, Acta Phytotax. Sin. 33: 83 (1995).

Senecio pilgerianus Diels, Bot. Jahrb. Syst. 36: 106 (1905); *Cacalia pilgeriana* (Diels) Y. Ling, Contr. Inst. Bot. Natl. Acad. Peiping 5: 8 (1937); *Koyamacalia pilgeriana* (Diels) H. Rob. et Brettell, Phytologia 27: 273 (1973).

陕西、甘肃、青海。

长白蟹甲草（大叶兔儿伞）

Parasenecio praetermissus (Pojark.) Y. L. Chen, Fl. Reipubl. Popularis Sin. 77 (1): 38 (1999).

Hasteola praetermissa Pojark., Bot. Mater. Gerb. Bot. Inst. Komarova Akad. Nauk S. S. S. R. 20: 386 (1960); *Cacalia praetermissa* (Pojark.) Pojark., Fl. U. R. S. S. 26: 692 (1961).

黑龙江、吉林；朝鲜半岛、俄罗斯。

深山蟹甲草

●**Parasenecio profundorum** (Dunn) Y. L. Chen, Fl. Reipubl. Popularis Sin. 77 (1): 68 (1999).

Senecio profundorum Dunn, J. Linn. Soc., Bot. 35: 507 (1903); *Cacalia profundorum* (Dunn) Hand.-Mazz., Symb. Sin. 7 (4): 1132 (1936); *Koyamacalia profundorum* (Dunn) H. Rob. et Brettell, Phytologia 27: 273 (1973).

湖北、四川、重庆。

五裂蟹甲草

Parasenecio quinquelobus (Wall. ex DC.) Y. L. Chen, Fl. Reipubl. Popularis Sin. 77 (1): 59 (1999).

四川、云南、西藏；缅甸、不丹、尼泊尔、印度。

五裂蟹甲草（原变种）

Parasenecio quinquelobus var. **quinquelobus**

Prenanthes quinqueloba Wall. ex DC., Prodr. (DC.) 7: 195 (1838); *Senecio quinquelobus* (Wall. ex DC.) Hook. f. et Thomson ex C. B. Clarke, Compos. Ind. 209 (1876), not (Thunb.) DC. (1838); *Cacalia pentaloba* Hand.-Mazz., Acta Horti Gothob. 12: 298 (1938); *Cacalia quinqueloba* (Wall. ex DC.) Kitam., Faun. et Fl. Nepal Himal. 1: 249 (1955); *Koyamacalia quinqueloba* (Wall. ex DC.) H. Rob. et Brettell, Phytologia 27: 273 (1973).

四川、云南、西藏；缅甸、不丹、尼泊尔、印度。

深裂五裂蟹甲草

Parasenecio quinquelobus var. **sinuatus** (H. Koyama) Y. L. Chen, Fl. Reipubl. Popularis Sin. 77 (1): 62 (1999).

Cacalia pentaloba var. *sinuata* H. Koyama, Acta Phytotax. Geobot. 30: 65 (1979).

西藏；不丹。

蛛毛蟹甲草（康定蟹甲草）

●**Parasenecio roborowskii** (Maxim.) Y. L. Chen, Fl. Reipubl. Popularis Sin. 77 (1): 65 (1999).

Senecio roborowskii Maxim., Bull. Acad. Imp. Sci. Saint-Pétersbourg 27: 487 (1882); *Senecio tatsienensis* Bureau et Franch., J. Bot. (Morot) 5 (5): 75 (1891); *Senecio monanthus* Diels, Bot. Jahrb. Syst. 29 (5): 621 (1901); *Cacalia monantha* (Diels) Hayata, Icon. Pl. Formosan. 8: 66 (1919); *Cacalia roborowskii* (Maxim.) Y. Ling, Contr. Inst. Bot. Natl. Acad. Peiping 2: 529 (1934); *Cacalia adenocauloides* Hand.- Mazz., Oesterr. Bot. Z. 85: 220 (1936); *Cacalia tatsienensis* (Bureau et Franch.) Hand.-Mazz., Symb. Sin. 7 (4): 1130 (1936).

陕西、甘肃、青海、四川、云南。

玉龙蟹甲草

●**Parasenecio rockianus** (Hand.-Mazz.) Y. L. Chen, Fl. Reipubl. Popularis Sin. 77 (1): 63 (1999).

Cacalia rockiana Hand.-Mazz., Notizbl. Bot. Gart. Berlin-Dahlem 13: 634 (1937); *Koyamacalia rockiana* (Hand.-Mazz.) H. Rob. et Brettell, Phytologia 27: 274 (1973); *Cacalia lidjiangensis* Hand.-Mazz. var. *acerina* H. Koyama, Acta Phytotax. Geobot. 29: 172 (1978).

云南。

矢镞叶蟹甲草（蝙蝠草，牛芳草）

●**Parasenecio rubescens** (S. Moore) Y. L. Chen, Fl. Reipubl. Popularis Sin. 77 (1): 49 (1999).

Senecio rubescens S. Moore, J. Bot. 13: 228 (1875); *Cacalia rubescens* (S. Moore) Matsuda, Bot. Mag. (Tokyo) 32: 28 (1918).

安徽、江西、湖南、福建。

红毛蟹甲草

●**Parasenecio rufipilis** (Franch.) Y. L. Chen, Fl. Reipubl. Popularis Sin. 77 (1): 76 (1999).

Senecio rufipilis Franch., J. Bot. (Morot) 8: 359 (1894); *Cacalia rufipilis* (Franch.) Y. Ling, Contr. Inst. Bot. Natl. Acad. Peiping 5: 10 (1937); *Koyamacalia rufipilis* (Franch.) H. Rob. et Brettell, Phytologia 27: 274 (1973).

河南、陕西、甘肃、四川。

中华蟹甲草

●**Parasenecio sinicus** (Y. Ling) Y. L. Chen, Fl. Reipubl. Popularis Sin. 77 (1): 81 (1999).

Cacalia sinica Y. Ling, Contr. Inst. Bot. Natl. Acad. Peiping 5: 7 (1937); *Koyamacalia sinica* (Y. Ling) H. Rob. et Brettell, Phytologia 27: 274 (1973).

河南、陕西。

川西蟹甲草

●**Parasenecio souliei** (Franch.) Y. L. Chen, Fl. Reipubl. Popularis Sin. 77 (1): 63 (1999).

Senecio souliei Franch., Bull. Annuel Soc. Philom. Paris, sér. 8 3: 165 (1891); *Cacalia souliei* (Franch.) Hand.-Mazz., Notizbl. Bot. Gart. Berlin-Dahlem 13: 635 (1937); *Koyamacalia souliei* (Franch.) H. Rob. et Brettell, Phytologia 27: 274 (1973).
四川。

大理蟹甲草

●**Parasenecio taliensis** (Franch.) Y. L. Chen, Fl. Reipubl. Popularis Sin. 77 (1): 55 (1999).
Senecio taliensis Franch., J. Bot. (Morot) 8: 357 (1894); *Cacalia taliensis* (Franch.) Hand.-Mazz., Symb. Sin. 7 (4): 1130 (1936).
云南。

盐丰蟹甲草

●**Parasenecio tenianus** (Hand.-Mazz.) Y. L. Chen, Fl. Reipubl. Popularis Sin. 77 (1): 57 (1999).
Cacalia teniana Hand.-Mazz., Symb. Sin. 7 (4): 1129 (1936).
云南。

昆明蟹甲草

●**Parasenecio tripteris** (Hand.-Mazz.) Y. L. Chen, Fl. Reipubl. Popularis Sin. 77 (1): 85 (1999).
Cacalia tripteris Hand.-Mazz., Acta Horti Gothob. 12: 300 (1938).
云南。

秦岭蟹甲草

●**Parasenecio tsinlingensis** (Hand.-Mazz.) Y. L. Chen, Fl. Reipubl. Popularis Sin. 77 (1): 77 (1999).
Cacalia tsinlingensis Hand.-Mazz., Oesterr. Bot. Z. 85: 221 (1936).
陕西、甘肃。

川鄂蟹甲草（蝙蝠蟹甲草）

●**Parasenecio vespertilio** (Franch.) Y. L. Chen, Fl. Reipubl. Popularis Sin. 77 (1): 44 (1999).
Senecio vespertilio Franch., J. Bot. (Morot) 8: 359 (1894); *Cacalia vespertilio* (Franch.) Hand.-Mazz., Notizbl. Bot. Gart. Berlin-Dahlem 13: 636 (1937).
湖北、重庆。

威宁蟹甲草

●**Parasenecio weiningensis** S. Z. He et H. Peng, Ann. Bot. Fenn. 43 (3): 220 (2006).
贵州。

辛家山蟹甲草

●**Parasenecio xinjiashanensis** (Z. Ying Zhang et Y. H. Gou) Y. L. Chen, Fl. Reipubl. Popularis Sin. 77 (1): 66 (1999).
Cacalia xinjiashanensis Z. Ying Zhang et Y. H. Gou, Bull. Bot. Res., Harbin 3 (1): 132 (1983).
陕西。

假合头菊属 **Parasyncalathium** J. W. Zhang, Boufford et H. Sun

假合头菊（康滇毛鳞菊，康滇合头菊）

Parasyncalathium souliei (Franch.) J. W. Zhang, Boufford et H. Sun, Taxon 60: 1680 (2011).
Lactuca souliei Franch., J. Bot. (Morot) 9: 257 (1895); *Syncalathium souliei* (Franch.) Y. Ling, Acta Phytotax. Sin. 10: 286 (1965); *Syncalathium orbiculariforme* C. Shih, Acta Phytotax. Sin. 31: 442 (1993).
四川、云南、西藏；不丹、缅甸。

银胶菊属 **Parthenium** L.

银胶菊

△**Parthenium hysterophorus** L., Sp. Pl. 2: 988 (1753).
贵州、云南、广东、广西等地归化；原产于热带美洲。

香檬菊属 **Pectis** L.

伏生香檬菊

△**Pectis prostrata** Cav., Icon. 4: 12 (1797).
Lorentea prostrata (Cav.) Lagasca, Gen. Sp. Pl. 28 (1816); *Pectis costata* Ser. et P. Mercier ex DC., Prodr. (DC.) 5: 100 (1836); *Pectis multisetosa* Rydb., N. Amer. Fl. 34 (3): 198 (1916).
台湾归化；原产于美国（南部）、墨西哥、加勒比海地区；中美洲。

苇谷草属 **Pentaema** Cass.

垂头苇谷草

Pentanema cernuum (Dalzell) Y. Ling, Acta Phytotax. Sin. 10: 180 (1965).
Vicoa cernua Dalzell in Dalzell et A. Gibson, Bombay Fl.: 126, 314 (1861); *Inula dalzellii* Hand.-Mazz., Notizbl. Bot. Gart. Berlin-Dahlem 13: 632 (1937).
云南；不丹、尼泊尔、印度。

苇谷草（草金沙，止血草）

Pentanema indicum (L.) Y. Ling, Acta Phytotax. Sin. 10: 179 (1965).
四川、贵州、云南、广西；越南、缅甸、泰国、尼泊尔、印度、巴基斯坦、斯里兰卡；热带非洲。

苇谷草（原变种）

Pentanema indicum var. **indicum**
Inula indica L., Sp. Pl., ed. 2: 1236 (1763); *Vicoa auriculata* Cass., Ann. Sci. Nat. (Paris) 17: 418 (1829); *Vicoa indica* (L.) DC., Contr. Bot. India [Wight] 10 (1834); *Vicoa appendiculata* DC., Prodr. (DC.) 5: 474 (1836).
贵州、云南、广西；越南、缅甸、泰国、印度、巴基斯坦、斯里兰卡；热带非洲。

白背苇谷草

Pentanema indicum var. **hypoleucum** (Hand.-Mazz.) Y. Ling, Acta Phytotax. Sin. 10: 179 (1965).

Inula indica var. *hypoleuca* Hand.-Mazz., Symb. Sin. 7 (4): 1107 (1936); *Aster lofouensis* H. Lév. et Vaniot, Repert. Spec. Nov. Regni Veg. 18: 187 (1910).

四川、贵州、云南、广西；越南、缅甸、印度、斯里兰卡。

毛苇谷草

Pentanema vestitum (Wall. ex DC.) Y. Ling, Acta Phytotax. Sin. 10: 180 (1965).

Inula vestita Wall. ex DC., Prodr. (DC.) 5: 470 (1836); *Pentanema radiatum* Boiss., Diagn. Pl. Orient. ser. 2 3: 15 (1856); *Vicoa vestita* (Wall. ex DC.) Benth., Gen. Pl. [Benth. et Hook. f.] 2: 335 (1873).

西藏；尼泊尔、印度、巴基斯坦、阿富汗。

瓜叶菊属 **Pericallis** D. Don

瓜叶菊

☆**Pericallis hybrida** B. Nord., Opera Bot. 44: 21 (1978).

Cineraria hybrida Willd., Enum. Pl. [Willd.] 2: 893 (1809), not (L.) Bernh. (1800).

中国广泛栽培；原产于地中海地区。

帚菊属 **Pertya** Sch.-Bip.

狭叶帚菊

●**Pertya angustifolia** Y. C. Tseng, Guihaia 5: 328 (1985).

四川。

异叶帚菊（小檗状帚菊）

●**Pertya berberidoides** (Hand.-Mazz.) Y. C. Tseng, Guihaia 5: 328 (1985).

Pertya bodinieri Vaniot var. *berberidoides* Hand.-Mazz., Symb. Sin. 7 (4): 1174 (1936).

四川、云南、西藏。

昆明帚菊

●**Pertya bodinieri** Vaniot, Bull. Acad. Int. Geogr. Bot. 12: 116 (1903).

云南。

心叶帚菊

●**Pertya cordifolia** Mattf., Notizbl. Bot. Gart. Berlin-Dahlem 11: 103 (1931).

安徽、江西、湖南。

疏花帚菊

●**Pertya corymbosa** Y. C. Tseng, Guihaia 5: 332 (1985).

湖南、广西。

聚头帚菊

●**Pertya desmocephala** Diels, Notizbl. Bot. Gart. Berlin-Dahlem 9: 1032 (1926).

浙江、江西、福建、广东。

两色帚菊

●**Pertya discolor** Rehder, J. Arnold Arbor. 10: 135 (1929).

山西、宁夏、甘肃、青海、四川。

瓜叶帚菊

●**Pertya henanensis** Y. C. Tseng, Guihaia 5: 330 (1985).

河南、四川。

单头帚菊

●**Pertya monocephala** W. W. Smith, Notes Roy. Bot. Gard. Edinburgh 8: 212 (1914).

云南、西藏。

多花帚菊

●**Pertya multiflora** Cai F. Zhang et T. G. Gao, Nord. J. Bot. 31 (5): 626 (2013).

浙江。

针叶帚菊（小叶帚菊）

●**Pertya phylicoides** Jeffrey, Notes Roy. Bot. Gard. Edinburgh 5: 200 (1912).

四川、云南、西藏。

腺叶帚菊（慧香）

●**Pertya pubescens** Y. Ling, Contr. Inst. Bot. Natl. Acad. Peiping 6: 32 (1949).

Pertya cordifolia Mattf. var. *pubescens* Y. Ling, Contr. Bot. Surv. N. W. China 1: 41 (1939).

浙江、江西、福建、广东。

尖苞帚菊

●**Pertya pungens** Y. C. Tseng, Guihaia 5: 334 (1985).

广东、广西。

长花帚菊

Pertya scandens (Thunb.) Sch.-Bip., Bonplandia 10: 109 (1862).

Erigeron scandens Thunb. in Murray, Syst. Veg., ed. 14 754 (1784); *Leucomeris scandens* (Thunb.) Sch.-Bip., Flora 37: 275 (1854); *Pertya scandens* f. *schultziana* Franch., Mem. Herb. Boiss. 14: 1 (1900).

江西、福建；日本。

台湾帚菊

●**Pertya simozawae** Masam., Trans. Nat. Hist. Soc. Formosa 30: 37 (1940).

Pertya scandens (Thunb.) Sch.-Bip. var. *simozawae* (Masam.) Kitam., Acta Phytotax. Geobot. 12: 104 (1943).

台湾。

华帚菊

●**Pertya sinensis** Oliv., Hooker's Icon. Pl. 23: t. 2214 (1892).

Myripnois maximowiczii C. Winkl., Trudy Imp. S.-Peterburgsk. Bot. Sada 13: 12 (1893).
山西、河南、陕西、宁夏、甘肃、青海、湖北、四川。

巫山帚菊

●**Pertya tsoongiana** Y. Ling, Contr. Bot. Surv. N. W. China 1: 40 (1939).
重庆。

单花帚菊

●**Pertya uniflora** (Maxim.) Mattf., Notizbl. Bot. Gart. Berlin-Dahlem 11: 105 (1931).
Myripnois uniflora Maxim., Bull. Acad. Imp. Sci. Saint-Pétersbourg 27: 495 (1882).
甘肃。

蜂斗菜属 Petasites Mill.

台湾蜂斗菜（山菊，台湾款冬）

●**Petasites formosanus** Kitam., Acta Phytotax. Geobot. 2: 177 (1933).
台湾。

蜂斗菜（蜂斗叶，蛇头草，八角亭）

Petasites japonicus (Sieb. et Zucc.) Maxim., Award 34th Demidovian Prize 212 (1866).
Nardosmia japonica Sieb. et Zucc., Fl. Jap. 181 (1843); *Tussilago petasites* Thunb., Fl. Jap. 314 (1784), non L.; *Petasites albus* A. Gray, Perry Exped. 2: 314 (1857), not L. (1753); *Petasites spurius* Miq., Ann. Mus. Bot. Lugduno-Batavi 2: 168 (1866); *Petasites liukiuensis* Kitam., Acta Phytotax. Geobot. 2: 178 (1930).
山东、河南、陕西、安徽、江苏、浙江、江西、湖北、四川、福建；日本、朝鲜半岛、俄罗斯。

长白蜂斗菜（长白蜂斗叶）

Petasites rubellus (J. F. Gmelin) Toman, Folia Geobot. Phytotax. 7: 391 (1972).
Tussilago rubella J. F. Gmelin, Syst. Nat., ed. 13 2: 1225 (1792); *Nardosmia saxatilis* Turcz., Byull. Moskovsk. Obshch. Isp. Prir., Otd. Biol. 19: 138 (1846); *Petasites saxatilis* (Turcz.) Kom., Trudy Imp. S.-Peterburgsk. Bot. Sada 25: 684 (1907).
吉林、辽宁；蒙古国、朝鲜半岛、俄罗斯。

掌叶蜂斗菜

Petasites tatewakianus Kitam., Acta Phytotax. Geobot. 9: 64 (1940).
黑龙江；俄罗斯。

毛裂蜂斗菜（冬花，蜂斗菜）

Petasites tricholobus Franch., Nouv. Arch. Mus. Hist. Nat., sér. 2 6: 52 (1883).
Petasites mairei H. Lév., Bull. Acad. Int. Geogr. Bot. 25: 15 (1915); *Petasites vaniotii* H. Lév., Bull. Acad. Int. Geogr. Bot. 25: 15 (1915); *Ligularia petelotii* Merr., J. Arnold Arbor. 21: 389 (1940); *Petasites himalaicus* Kitam., Acta Phytotax. Geobot. 15: 108 (1954); *Petasites petelotii* (Merr.) Kitam., Acta Phytotax. Geobot. 22: 20 (1966).
山西、河南、陕西、甘肃、青海、四川、贵州、云南、西藏；越南、不丹、尼泊尔、印度。

盐源蜂斗菜

●**Petasites versipilus** Hand.-Mazz., Anz. Akad. Wiss. Wien, Math.-Naturwiss. Kl. 57: 289 (1920).
四川、云南。

棉毛菊属 Phagnalon Cass.

棉毛菊（棉毛草）

Phagnalon niveum Edgew., Trans. Linn. Soc. London 20: 68 (1846).
西藏；尼泊尔、印度、巴基斯坦、阿富汗、克什米尔地区。

毛连菜属 Picris L.

滇苦菜

●**Picris divaricata** Vaniot, Bull. Acad. Int. Geogr. Bot. 12: 28 (1903).
Hypochaeris mairei H. Lév., Bull. Acad. Int. Geogr. Bot. 24: 290 (1914).
云南、西藏。

毛连菜

Picris hieracioides L., Sp. Pl. 2: 792 (1753).
Hedypnois hieracioides (L.) Hudson, Fl. Angl. 342 (1762); *Picris hieracioides* subsp. *tsekouensis* Kitam., Acta Phytotax. Geobot. 33: 196 (1982).
黑龙江、吉林、河北、山西、山东、河南、陕西、甘肃、湖北、四川、贵州、云南、西藏；越南、不丹、印度、哈萨克斯坦、克什米尔地区、地中海地区、俄罗斯；亚洲（西南部）、欧洲。

日本毛连菜（枪刀菜）

Picris japonica Thunb. in Murray, Syst. Veg., ed. 14 711 (1784).
Picris davurica Fisch. ex Hornem., Hort. Hafn. Suppl. 155 (1819); *Aster esquirolii* H. Lév., Fl. Kouy-Tchéou 86 (1914); *Picris mairei* H. Lév., Bull. Acad. Int. Geogr. Bot. 25: 14 (1915); *Picris japonica* var. *koreana* Kitam., Acta Phytotax. Geobot. 2: 46 (1933); *Picris koreana* (Kitam.) Vorosch., Bull. Princ. Bot. Gard. Acad. Sci. U. R. S. S. No. 49: 58 (1963); *Picris hieracioides* subsp. *koreana* (Kitam.) Vorosch., A. K. Skvortsov (ed.), Florist. Issl. V Razn. Raĭonakh S. S. S. R. 198 (1985).
黑龙江、吉林、辽宁、内蒙古、河北、山西、山东、河南、陕西、青海、新疆、安徽、四川、贵州、西藏、广西；蒙古国、日本、哈萨克斯坦、俄罗斯。

云南毛连菜（褐毛毛连菜）

●**Picris junnanensis** V. N. Vassiljev, Bot. Mater. Gerb. Bot. Inst. Komarova Akad. Nauk S. S. S. R. 17: 457 (1955).
Picris hieracioides L. subsp. *fuscipilosa* Hand.-Mazz., Symb. Sin. 7 (4): 1177 (1936).
云南、西藏。

台湾毛连菜

●**Picris morrisonensis** Hayata, Icon. Pl. Formosan. 8: 72 (1919).
Picris hieracioides L. subsp. *morrisonensis* (Hayata) Kitam., Acta Phytotax. Geobot. 8: 126 (1939).
台湾。

新疆毛连菜

Picris nuristanica Bornm., Repert. Spec. Nov. Regni Veg. Beih. 108: 68 (1938).
Picris hieracioides L. var. *indica* DC., Prodr. (DC.) 7: 128 (1838); *Picris afghanica* Rech. f. et Köie, Biol. Skr. 8 (2): 186 (1955); *Picris similis* V. N. Vassiljev, Bot. Mater. Gerb. Bot. Inst. Bot. Acad. Nauk Kazakhsk. S. S. R. 17: 455 (1955); *Picris hieracioides* subsp. *nuristanica* (Bornm.) Kitam., Acta Phytotax. Geobot. 27: 37 (1957); *Picris nuristanica* var. *indica* (DC.) Tzvelev, Rast. Tsentral. Azii 14 b: 19 (2009).
新疆；巴基斯坦、阿富汗、塔吉克斯坦、吉尔吉斯斯坦、哈萨克斯坦、克什米尔地区。

黄毛毛连菜

●**Picris ohwiana** Kitam., Acta Phytotax. Geobot. 3: 136 (1934).
Picris hieracioides L. subsp. *ohwiana* (Kitam.) Kitam., Acta Phytotax. Geobot. 8: 126 (1936).
台湾。

注：*Picris nuristanica* Bornm. var. *chinensis* Tzvelev, Rast. Tsentral. Azii 14 b: 19 (2009)。据记载产于中国，但作者未见到原始资料，故附记在此，不作处理。

细毛菊属 **Pilosella** Hill

刚毛细毛菊（刚毛山柳菊）

Pilosella echioides (Lumn.) F. W. Schultz et Sch.-Bip., Flora 45: 431 (1862).
Hieracium echioides Lumn., Fl. Poson. 348 (1791); *Hieracium echioides* subsp. *asiaticum* Nägeli et Peter, Hierac. Mitt.-Eur. 1: 486 (1885); *Pilosella asiatica* (Nägeli et Peter) Schljakov, Fl. Evropeiskoi Chasti S. S. S. R. 8: 329 (1989).
新疆；哈萨克斯坦；欧洲。

棕毛细毛菊

Pilosella procera (Fr.) F. W. Schultz et Sch.-Bip., Flora 45: 431 (1862).
Hieracium procerum Fr., Symb. Hieracium, 43 (1848); *Hieracium persicum* Boiss., Diagn. Pl. Orient., ser. 1 11: 60 (1849).
新疆；哈萨克斯坦、乌兹别克斯坦；亚洲（西南部）。

兔耳一枝箭属 **Piloselloides** (Less.) C. Jeffrey ex Cufod.

兔耳一枝箭（白薇，白头翁，毛大丁草）

Piloselloides hirsuta (Forssk.) C. Jeffrey ex Cufod., Bull. Jard. Bot. Natl. Belg. 37 (3, Suppl.): 1180 (1967).
Arnica hirsuta Forssk., Fl. Aegypt.-Arab. 151 (1775); *Arnica piloselloides* L., Pl. Rar. Afr. 22 (1760); *Gerbera piloselloides* (L.) Cass., Dict. Sci. Nat., ed. 2 [F. Cuvier] 18: 461 (1820); *Gerbera amabilis* Hance, Ann. Bot. Syst. 2: 947 (1852).
江苏、浙江、江西、湖南、湖北、四川、重庆、贵州、云南、西藏、福建、广东、广西、海南；日本、越南、老挝、缅甸、泰国、印度尼西亚、尼泊尔、印度、澳大利亚；非洲。

斜果菊属 **Plagiobasis** Schrenk

斜果菊

Plagiobasis centauroides Schrenk, Bull. Cl. Phys.-Math. Acad. Imp. Sci. Saint-Pétersbourg 3: 109 (1845).
新疆；吉尔吉斯斯坦、哈萨克斯坦。

阔苞菊属 **Pluchea** Cass.

美洲阔苞菊

△**Pluchea carolinensis** (Jacquin) G. Don in Sweet, Hort. Brit., ed. 3: 350 (1839).
Conyza carolinensis Jacquin, Collectanea 2: 271 (1789).
台湾归化；原产于非洲和美洲。

长叶阔苞菊

Pluchea eupatorioides Kurz, Forest Fl. Burma 2: 575 (1877).
云南、广西；越南、老挝、缅甸、泰国、柬埔寨。

阔苞菊（格杂树，栾樨）

Pluchea indica (L.) Less., Linnaea 6: 150 (1831).
Baccharis indica L., Sp. Pl. 2: 861 (1753).
台湾、广东、海南；日本、菲律宾、越南、老挝、泰国、柬埔寨、马来西亚、新加坡、印度、澳大利亚、太平洋岛屿。

光梗阔苞菊

Pluchea pteropoda Hemsl. ex Forbes et Hemsl., J. Linn. Soc., Bot. 23: 422 (1888).
台湾、广东、广西、海南；越南。

翼茎阔苞菊

△**Pluchea sagittalis** (Lam.) Cabrera, Bol. Soc. Argent. Bot. 3: 36 (1949).
Conyza sagittalis Lam., Encycl. 2: 94 (1786); *Gnaphalium suaveolens* Vell., Fl. Flumin. Icon. 8: t. 100 (1831); *Pluchea*

suaveolens (Vell.) Kuntze, Revis. Gen. Pl. 3: 168 (1898).
台湾归化；原产于美洲。

柄果菊属 Podospermum DC.

准噶柄果菊

Podospermum songoricum (Kar. et Kir.) Tzvelev, Rast. Tsentral. Azii 14 b: 104 (2008).
Podospermum laciniatum (L.) DC. var. *songoricum* Kar. et Kir., Bull. Soc. Imp. Naturalistes Moscou 15: 396 (1842).
新疆；阿富汗、塔吉克斯坦、吉尔吉斯斯坦、哈萨克斯坦、乌兹别克斯坦、土库曼斯坦；亚洲（西南部）。

假臭草属 Praxelis Cass.

假臭草

△**Praxelis clematidea** (Hieronymus ex Kuntze) R. M. King et H. Rob., Phytologia 20: 194 (1970).
Eupatorium urticifolium L. f. var. *clematideum* Hieronymus ex Kuntze, Bull. Herb. Boissier, ser. 2 3: 711 (1903); *Eupatorium clematideum* Griseb., Abh. Königl. Ges. Wiss. Göttingen 24: 172 (1879), not (Wall ex DC.) Sch.-Bip. (1866); *Eupatorium catarium* Veldkamp, Gard. Bull. Singapore 51 (1): 121 (1999).
台湾、广东归化；亚洲（东部）和澳大利亚归化，原产于南美洲。

矮小矢车菊属 Psephellus Cass.

矮小矢车菊

Psephellus sibiricus (L.) Wagenitz, Willdenowia 30: 38 (2000).
Centaurea sibirica L., Sp. Pl. 2: 913 (1753); *Heterolophus sibiricus* (L.) Cass., Dict. Sci. Nat. 50: 250 (1827).
新疆；哈萨克斯坦、俄罗斯。

假地胆草属 Pseudelephantopus Rohr

假地胆草

△**Pseudelephantopus spicatus** (Juss. ex Aublet) C. F. Baker, Trans. Acad. Sci. St. Louis 12: 45, 55, 56 (1902).
Elephantopus spicatus Juss. ex Aublet, Hist. Pl. Guiane 2: 808 (1775); *Distreptus spicatus* (Juss. ex Aublet) Cass., Dict. Sci. Nat. 13: 367 (1819).
台湾、广东归化；菲律宾、泰国、马来西亚、印度尼西亚归化，原产于非洲、美洲。

假飞蓬属 Pseudoconyza Cuatrec.

假飞蓬（毛假蓬舅）

△**Pseudoconyza viscosa** (Mill.) D'Arcy, Phytologia 25: 281 (1973).
Conyza viscosa Mill., Gard. Dict., ed. 8. *Conyza* no. 8 (1768).
台湾归化；印度、巴基斯坦；亚洲（西南部）、非洲、中美洲。

拟鼠麹草属 Pseudognaphalium Kirp.

宽叶拟鼠麹草（地膏药，宽叶鼠麹草）

Pseudognaphalium adnatum (DC.) Y. S. Chen., Fl. China 20-21: 816 (2011).
Anaphalis adnata DC., Prodr. (DC.) 6: 274 (1838); *Gnaphalium sericeoalbidum* Vaniot, Bull. Acad. Int. Géogr. Bot. 12: 501 (1903); *Gnaphalium esquirolii* H. Lév., Repert. Spec. Nov. Regni Veg. 11: 307 (1912); *Anaphalis esquirolii* (H. Lév.) H. Lév., Repert. Spec. Nov. Regni Veg. 12: 189 (1913); *Anaphalis sericeoalbida* (Vaniot) H. Lév., Fl. Kouy-Tchéou 85 (1914); *Gnaphalium formosanum* Hayata, Icon. Pl. Formosan. 8: 58 (1919); *Gnaphalium adnatum* (DC.) Wall. ex Thwaites, J. Jap. Bot. 21: 51 (1947).
河南、甘肃、江苏、浙江、江西、湖南、四川、贵州、云南、西藏、福建、台湾、广东、广西；菲律宾、越南、缅甸、泰国、不丹、尼泊尔、印度。

拟鼠麹草（鼠麹草）

Pseudognaphalium affine (D. Don) Anderb., Opera Bot. 104: 146 (1991).
Gnaphalium affine D. Don, Prodr. Fl. Nepal. 173 (1825); *Gnaphalium confusum* DC., Prodr. (DC.) 6: 222 (1837); *Gnaphalium javanum* DC., Prodr. (DC.) 6: 222 (1838); *Gnaphalium multiceps* Wall. ex DC., Prodr. 6: 222 (1838); *Gnaphalium luteoalbum* var. *multiceps* (Wall. ex DC.) Hook. f., Fl. Brit. Ind. 3: 288 (1881); *Gnaphalium luteoalbum* L. subsp. *affine* (D. Don) J. Koster, Blumea 4: 484 (1941).
山东、河南、陕西、安徽、江苏、浙江、江西、湖南、湖北、四川、贵州、云南、西藏、福建、台湾、广东、广西、海南；日本、朝鲜半岛、菲律宾、越南、缅甸、印度尼西亚、不丹、尼泊尔、印度、巴基斯坦、阿富汗、澳大利亚；亚洲（西南部）。

金头拟鼠麹草

●**Pseudognaphalium chrysocephalum** Hilliard et B. L. Burtt, Bot. J. Linn. Soc. 82: 205 (1981).
Gnaphalium chrysocephalum Franch., J. Bot. (Morot) 10: 412 (1896), not Sch.-Bip. (1845).
四川、云南。

拉萨拟鼠麹草

●**Pseudognaphalium flavescens** (Kitam.) Anderb., Opera Bot. 104: 147 (1991).
Gnaphalium flavescens Kitam., Acta Phytotax. Geobot. 15: 71 (1953).
西藏。

秋拟鼠麹草

Pseudognaphalium hypoleucum (DC.) Hilliard et B. L. Burtt, Bot. J. Linn. Soc. 82: 205 (1981).
Gnaphalium hypoleucum DC. in Wight, Contr. Bot. India [Wight] 21 (1834); *Gnaphalium confertum* Benth., London J.

Bot. 1: 488 (1842); *Gnaphalium amoyense* Hance, J. Bot. 6: 174 (1868); *Gnaphalium hololeucum* Hayata, Icon. Pl. Formosan. 8: 59 (1919); *Gnaphalium hypoleucum* var. *amoyense* (Hance) Hand.-Mazz., Symb. Sin. 7 (4): 1105 (1936).
安徽、浙江、江西、湖南、四川、云南、福建、台湾、广东；日本、朝鲜半岛、菲律宾、越南、缅甸、泰国、印度尼西亚、不丹、尼泊尔、印度、巴基斯坦；亚洲（西南部）。

丝棉草

Pseudognaphalium luteoalbum (L.) Hilliard et B. L. Burtt, Bot. J. Linn. Soc. 82: 206 (1981).
Gnaphalium luteoalbum L., Sp. Pl. 2: 851 (1753); *Laphangium luteoalbum* (L.) Tzvelev, Byull. Moskovsk. Obshch. Isp. Prir., Otd. Biol. 98: 105 (1994).
山东、河南、陕西、甘肃、江苏、湖北、四川、台湾、海南；越南、老挝、泰国、印度、巴基斯坦、阿富汗、澳大利亚；亚洲（西南部）、欧洲、非洲、北美洲。

拟天山蓍属 **Pseudohandelia** Tzvelev

拟天山蓍

Pseudohandelia umbellifera (Boiss.) Tzvelev in Schischk. et Bobrov, Fl. U. R. S. S. 26: 363 (1961).
Tanacetum umbelliferum Boiss., Diagn. Pl. Orient., ser. 2 3: 30 (1856); *Chrysanthemum trichophyllum* Regel et Schmalh., Trudy Imp. S.-Peterburgsk. Bot. Sada 5: 255 (1877); *Chrysanthemum trichophyllum* (Regel et Schmalh.) Kuntze, Trudy Imp. S.-Peterburgsk. Bot. Sada 10: 202 (1887); *Chrysanthemum umbelliferum* (Boiss.) Hoffm., Vierteljahrsschr. Naturf. Ges. Zürich 53: 149 (1909); *Chrysanthemum floccosum* Kitam., Acta Phytotax. Geobot. 17: 34 (1957).
新疆；阿富汗、塔吉克斯坦、哈萨克斯坦、土库曼斯坦；亚洲（西南部）。

寒蓬属 **Psychrogeton** Boiss.

黑山寒蓬

Psychrogeton nigromontanus (Boiss. et Buhse) Grierson, Notes Roy. Bot. Gard. Edinburgh 27: 144 (1967).
Erigeron nigromontanus Boiss. et Buhse, Nouv. Mém. Soc. Imp. Naturalistes Moscou 12: 114 (1860); *Conyza iliensis* Trautv., Bull. Soc. Imp. Naturalistes Moscou 39 2: 342 (1866); *Brachyactis iliensis* Rupr., Mém. Acad. Imp. Sci. Saint-Pétersbourg, Sér. 7 14: 51 (1869); *Erigeron kazachstanicus* Serg., Animadvers. Syst. Herb. Univ. Tomsk. No. 1-2: 16 (1949).
新疆；阿富汗、吉尔吉斯斯坦、哈萨克斯坦；亚洲（西南部）。

藏寒蓬

Psychrogeton poncinsii (Franch.) Y. Ling et Y. L. Chen, Acta Phytotax. Sin. 11: 427 (1973).
Aster poncinsii Franch., Bull. Mus. Hist. Nat. (Paris) 2: 345 (1896); *Erigeron poncinsii* (Franch.) Botsch., Bot. Zhurn. U. R. S. S. 52: 776 (1957); *Psychrogeton andryaloides* (DC.) Novopokr. ex Krasch. var. *poncinsii* (Franch.) Grierson, Notes Roy. Bot. Gard. Edinburgh 27: 115 (1967).
新疆、西藏；印度、巴基斯坦、阿富汗、塔吉克斯坦、俄罗斯；亚洲（西南部）。

翼茎草属 **Pterocaulon** Elliott

翼茎草

Pterocaulon redolens (Willd.) Fernández-Villar in Blanco, Fl. Filip., ed. 3 4 (13 A-21 A): 116 (1880).
Conyza redolens Willd., Sp. Pl. 3: 1915 (1803); *Tessaria redolens* (Willd.) Less., Linnaea 6: 151 (1831).
海南；菲律宾、越南、老挝、印度尼西亚、印度、澳大利亚。

蚤草属 **Pulicaria** Gaertn.

金仙草（金花蚤草）

●**Pulicaria chrysantha** (Diels) Y. Ling, Acta Phytotax. Sin. 10: 180 (1965).
Inula chrysantha Diels, Bot. Jahrb. Syst. 29: 614 (1901); *Inula wardii* J. Anthony, Notes Roy. Bot. Gard. Edinburgh 18: 197 (1934).
四川。

止痢蚤草

☆**Pulicaria dysenterica** (L.) Bernh., Syst. Verz. (Bernh.) 153 (1800).
Inula dysenterica L., Sp. Pl. 2: 882 (1753); *Aster dysentericus* Scop., Fl. Carniol., ed. 2 2: 172 (1772); *Diplopappus dysentericus* Bluff et Fingerh., Comp. Fl. German. 2: 369 (1825).
中国引种；原产于尼泊尔、印度、巴基斯坦；亚洲（西南部）、欧洲、非洲。

鼠麴蚤草

Pulicaria gnaphalodes (Vent.) Boiss., Diagn. Pl. Orient., ser. 1 6: 76 (1846).
Inula gnaphalodes Vent., Descr. Pl. Nouv.: t. 75 (1802); *Strabonia gnaphalodes* (Vent.) DC., Prodr. (DC.) 5: 481 (1836).
西藏；巴基斯坦、阿富汗、伊朗、伊拉克、塔吉克斯坦、吉尔吉斯斯坦、土库曼斯坦。

臭蚤草

Pulicaria insignis J. R. Drumm. ex Dunn, Bull. Misc. Inform. Kew 1922: 118 (1922).
青海、西藏；印度。

鼠尾蚤草

Pulicaria salviifolia Bunge, Beitr. Fl. Russl. 155 (1852).
新疆；巴基斯坦、阿富汗、塔吉克斯坦、吉尔吉斯斯坦、乌兹别克斯坦、克什米尔地区；亚洲（西南部）。

蚤草

Pulicaria vulgaris Gaertn., Fruct. Sem. Pl. 2: 461 (1791).

Inula pulicaria L., Sp. Pl. 2: 882 (1753); *Aster pulicaria* (L.) Scop., Fl. Carniol., ed. 2 2: 172 (1772); *Pulicaria inuloides* Vahl ex Hornem., Hort. Bot. Hafn. 823 (1815); *Diplopappus vulgaris* (Gaertn.) Bluff et Fingerh., Comp. Fl. German. 2: 369 (1825); *Pulicaria prostrata* Asch., Fl. Brandenburg 304 (1864).

新疆；蒙古国、巴基斯坦、哈萨克斯坦、乌兹别克斯坦、土库曼斯坦、俄罗斯；亚洲（西南部）、欧洲、非洲。

欧亚矢车菊属 Rhaponticoides Vaill.

准噶尔矢车菊

Rhaponticoides dschungarica (C. Shih) L. Martins, Fl. China 20-21: 189 (2011).

Centaurea dschungarica C. Shih, Bull. Bot. Res., Harbin 4 (2): 65 (1984).

新疆；吉尔吉斯斯坦。

天山矢车菊

Rhaponticoides kasakorum (Iljin) M. V. Agababjan et Greuter, Willdenowia 33: 60 (2003).

Centaurea kasakorum Iljin, Bot. Mater. Gerb. Bot. Inst. Komarova Akad. Nauk S. S. S. R. 7: 66 (1937).

新疆；哈萨克斯坦、俄罗斯。

欧亚矢车菊

Rhaponticoides ruthenica (Lam.) M. V. Agababjan et Greuter, Willdenowia 33: 61 (2003).

Centaurea ruthenica Lam., Encycl. 1: 663 (1785).

新疆；巴基斯坦、阿富汗、塔吉克斯坦、吉尔吉斯斯坦、哈萨克斯坦、乌兹别克斯坦、俄罗斯；亚洲（西南部）、欧洲。

漏芦属 Rhaponticum Vaill.

漏草

Rhaponticum carthamoides (Willd.) Iljin, Trudy Bot. Inst. Akad. Nauk S. S. S. R., Ser. 1, Fl. Sist. Vyssh. Rast. 1: 204 (1933).

Cnicus carthamoides Willd., Sp. Pl. 3: 1686 (1803); *Leuzea carthamoides* (Willd.) DC., Ann. Mus. Natl. Hist. Nat. 16: 205 (1810); *Serratula carthamoides* (Willd.) Poir., Hort. Bengal. 60 (1814); *Stemmacantha carthamoides* (Willd.) Dittrich, Candollea 39: 46 (1984).

新疆；蒙古国、哈萨克斯坦、俄罗斯。

华漏芦（鸭麻菜，升麻，华麻花头）

●**Rhaponticum chinense** (S. Moore) L. Martins et Hidalgo, Bot. J. Linn. Soc. 152: 461 (2006).

河南、陕西、甘肃、安徽、江苏、浙江、江西、湖南、湖北、四川、贵州、云南、福建、广东。

华漏芦（原变种）

●**Rhaponticum chinense** var. **chinense**

Serratula chinensis S. Moore, J. Bot. 13: 228 (1875); *Klasea chinensis* (S. Moore) Kitag., Neo-lin. Fl. Manshur. 654 (1979).

河南、陕西、甘肃、安徽、江苏、浙江、江西、湖南、湖北、四川、福建、广东。

滇黔漏芦

●**Rhaponticum chinense** var. **missionis** (H. Lév.) L. Martins, Fl. China 20-21: 179 (2011).

Centaurea missionis H. Lév., Repert. Spec. Nov. Regni Veg. 8: 451 (1910).

贵州、云南。

顶羽菊

Rhaponticum repens (L.) Hidalgo, Ann. Bot. (Oxford) 97: 714 (2006).

Centaurea repens L., Sp. Pl., ed. 2: 1293 (1763); *Centaurea picris* Pall. ex Willd., Sp. Pl., ed. 4 3 (3): 2302 (1803); *Serratula picris* (Pall. ex Willd.) M. Bieb., Fl. Taur.-Caucas. 3: 546 (1819); *Acroptilon australe* Iljin, Bot. Mater. Gerb. Bot. Inst. Bot. Acad. Nauk Kazakhsk. S. S. R. 7: 59 (1937).

内蒙古、河北、山西、陕西、宁夏、甘肃、青海、新疆；蒙古国、巴基斯坦、阿富汗、塔吉克斯坦、吉尔吉斯斯坦、哈萨克斯坦、乌兹别克斯坦、土库曼斯坦、克什米尔地区、俄罗斯；亚洲（西南部）、欧洲。

漏芦（祁州漏芦，大脑袋花，郎头花）

Rhaponticum uniflorum (L.) DC., Ann. Mus. Natl. Hist. Nat. 16: 189 (1810).

Cnicus uniflorus L., Mant. Pl. 2: 572 (1771); *Rhaponticum satzyperovii* Soskov, Bot. Mater. Gerb. Glavn. Bot. Sada S. S. S. R. 19: 400 (1959); *Stemmacantha uniflora* (L.) Dittrich, Candollea 39 (1): 49 (1984).

黑龙江、吉林、辽宁、内蒙古、河北、山西、山东、河南、陕西、宁夏、甘肃、青海、湖北、四川；蒙古国、朝鲜半岛、俄罗斯。

岩菀属 Rhinactinidia Novopokr.

沙生岩菀

Rhinactinidia eremophila (Bunge) Novopokr. ex Botsch., Novosti Sist. Vyssh. Rast. 23: 180 (1986).

Aster eremophilus Bunge, Mém. Acad. Imp. Sci. St.-Pétersbourg Divers Savans 2: 599 (1835); *Rhinactina uniflora* Bunge ex DC., Prodr. (DC.) 5: 279 (1836); *Aster uniflorus* (Bunge ex DC.) B. Fedtsch., Rastit. Turkest. 731 (1915); *Krylovia eremophila* (Bunge) Schischk., Fl. Occid. Sibir., ed. 2 11: 2671 (1949); *Borkonstia eremophila* (Bunge) Ignatov, Byull. Moskovsk. Obshch. Isp. Prir., Otd. Biol. 88: 105 (1983).

新疆；蒙古国、哈萨克斯坦、俄罗斯。

岩菀

Rhinactinidia limoniifolia (Less.) Novopokr. ex Botsch., Novosti Sist. Vyssh. Rast. 23: 179 (1986).

Rhinactina limoniifolia Less., Linnaea 6: 119 (1831); *Aster obovatus* C. A. Meyer, Fl. Altaic. 4: 95 (1833); *Krylovia limoniifolia* (Less.) Schischk., Fl. Sibir. Occid. ed. 2 11: 2670 (1949); *Aster limoniifolius* (Less.) B. Fedtsch., Pittonia 4: 222 (1951); *Borkonstia limoniifolia* (Less.) Ignatov, Byull. Moskovsk. Obshch. Isp. Prir., Otd. Biol. 88: 105 (1983).

新疆；蒙古国、哈萨克斯坦、乌兹别克斯坦、俄罗斯。

灰叶匹菊属 Richteria Kar. et Kir.

灰叶匹菊

Richteria pyrethroides Kar. et Kir., Bull. Soc. Imp. Naturalistes Moscou 15: 127 (1842).

Chrysanthemum artemisiifolium Klatt, Sitzungsber. Math.-Phys. Cl. Königl. Bayer. Akad. Wiss. München 88 (1878); *Chrysanthemum richteria* Benth., Fl. Brit. Ind. 3: 315 (1881); *Chrysanthemum arassanicum* C. Winkl., Trudy Imp. S.-Peterburgsk. Bot. Sada 9: 372 (1890); *Chrysanthemum pyrethroides* (Kar. et Kir.) B. Fedtsch., Rast. Tsentr. Azii 737 (1915).

新疆；印度、哈萨克斯坦、乌兹别克斯坦、俄罗斯。

金光菊属 Rudbeckia L.

黑心菊（黑心金光菊，黑眼菊）

☆**Rudbeckia hirta** L., Sp. Pl. 2: 907 (1753).

中国广泛栽培；原产于北美洲。

金光菊（黑眼菊）

☆**Rudbeckia laciniata** L., Sp. Pl. 2: 906 (1753).

中国广泛栽培；原产于北美洲。

纹苞菊属 Russowia C. Winkl.

纹苞菊

Russowia sogdiana (Bunge) B. Fedtsch., Consp. Fl. Turkestanicae [O. A. Fedchenko et B. A. Fedchenko] 4: 267 (1911).

Plagiobasis sogdiana Bunge, Beitr. Fl. Russl. 361 (1852); *Russowia crupinoides* C. Winkl., Trudy Imp. S.-Peterburgsk. Bot. Sada 11: 282 (1892).

新疆；阿富汗、塔吉克斯坦、哈萨克斯坦、乌兹别克斯坦、土库曼斯坦。

风毛菊属 Saussurea DC.

肾叶风毛菊

●**Saussurea acromelaena** Hand.-Mazz., Symb. Sin. 7 (4): 1151 (1936).

Saussurea discolor var. *nana* F. H. Chen, Bull. Fan Men. Inst. Biol. 5 (2): 86 (1934); *Saussurea nivea* Turcz. var. *nana* (F. H. Chen) Hand.-Mazz., Acta Horti Gothob. 12: 312 (1938).

河北、河南、陕西、湖北。

破血丹

●**Saussurea acrophila** Diels, Bot. Jahrb. Syst. 36: 108 (1905).

陕西。

川甘风毛菊

●**Saussurea acroura** Cummins, Bull. Misc. Inform. Kew 1908: 19 (1908).

甘肃、四川。

渐尖风毛菊

Saussurea acuminata Turcz. ex Fisch. et C. A. Meyer, Index Sem. Hort. Petrop. 1: 37 (1835).

黑龙江、内蒙古；蒙古国、俄罗斯。

尖苞风毛菊

●**Saussurea acutisquama** Raab-Straube, Willdenowia 41: 83 (2011).

甘肃、青海、四川、云南、西藏。

阿尔金风毛菊

●**Saussurea aerjingensis** K. M. Shen, Acta Phytotax. Sin. 36: 275 (1998).

新疆。

阿拉善风毛菊

Saussurea alaschanica Maxim., Bull. Acad. Imp. Sci. Saint-Pétersbourg 27: 492 (1882).

内蒙古、宁夏；蒙古国。

具翅风毛菊

Saussurea alata DC., Ann. Mus. Natl. Hist. Nat. 16: 202 (1810).

内蒙古、新疆；蒙古国、俄罗斯。

翼柄风毛菊

●**Saussurea alatipes** Hemsl., J. Linn. Soc., Bot. 29: 308 (1892).

湖北、重庆。

新疆风毛菊

Saussurea alberti Regel et C. Winkl., Trudy Imp. S.-Peterburgsk. Bot. Sada 6: 298 (1880).

新疆；吉尔吉斯斯坦。

高山风毛菊

Saussurea alpina (L.) DC., Ann. Mus. Natl. Hist. Nat. 16: 198 (1810).

Serratula alpina L., Sp. Pl. 2: 816 (1753).

新疆；蒙古国、塔吉克斯坦、吉尔吉斯斯坦、哈萨克斯坦、俄罗斯；欧洲。

草地风毛菊（驴耳风毛菊，羊耳朵）

Saussurea amara (L.) DC., Ann. Mus. Natl. Hist. Nat. 16:

200 (1810).
黑龙江、吉林、辽宁、内蒙古、河北、山西、河南、陕西、宁夏、甘肃、青海、新疆；蒙古国、塔吉克斯坦、吉尔吉斯斯坦、哈萨克斯坦、乌兹别克斯坦、俄罗斯；欧洲。

草地风毛菊（原变种）

Saussurea amara var. **amara**
Serratula amara L., Sp. Pl. 2: 819 (1753); *Serratula amara* f. *microcephala* Franch., Nouv. Arch. Mus. Hist. Nat., sér. 2 6: 61 (1883).
黑龙江、吉林、辽宁、内蒙古、河北、山西、河南、陕西、宁夏、甘肃、青海、新疆；蒙古国、塔吉克斯坦、吉尔吉斯斯坦、哈萨克斯坦、乌兹别克斯坦、俄罗斯；欧洲。

尖苞草地风毛菊

●**Saussurea amara** var. **exappendiculata** H. C. Fu in Ma, Fl. Intramongolica ed. 2 4: 848 (1993).
内蒙古。

龙江风毛菊

Saussurea amurensis Turcz. ex DC., Prodr. (DC.) 6: 534 (1838).
Saussurea stenophylla Freyn, Oesterr. Bot. Z. 52: 313 (1902); *Saussurea amurensis* subsp. *stenophylla* (Freyn) Kitam., Acta Phytotax. Geobot. 4: 6 (1935).
黑龙江、吉林、辽宁、内蒙古；朝鲜半岛、俄罗斯。

卵苞风毛菊

Saussurea andersonii C. B. Clarke, Compos. Ind. 226 (1876).
云南、西藏；印度。

吉隆风毛菊

Saussurea andryaloides (DC.) Sch.-Bip., Linnaea 19: 331 (1846).
Aplotaxis andryaloides DC., Prodr. (DC.) 6: 542 (1838); *Saussurea stoliczkae* C. B. Clarke, Compos. Ind. 225 (1876).
青海、新疆、西藏；印度、克什米尔地区。

无梗风毛菊

●**Saussurea apus** Maxim., Bull. Acad. Imp. Sci. Saint-Pétersbourg 27: 490 (1882).
Saussurea koslowii C. Winkl., Trudy Imp. S.-Peterburgsk. Bot. Sada 13: 241 (1894); *Saussurea humilis* Ostenf., S. Tibet 6 (3): 32 (1920).
甘肃、青海、西藏。

沙生风毛菊

●**Saussurea arenaria** Maxim., Bull. Acad. Imp. Sci. Saint-Pétersbourg 27: 490 (1882).
甘肃、青海、西藏。

云状雪兔子

Saussurea aster Hemsl., J. Linn. Soc., Bot. 30: 115 (1894).
青海、四川、西藏；印度、克什米尔地区。

藏南风毛菊（新拟）

●**Saussurea austrotibetica** Y. S. Chen, Phytotaxa 177 (4): 191 (2014).
西藏。

大头风毛菊

Saussurea baicalensis (Adams) B. L. Robinson, Proc. Amer. Acad. Arts 47: 216 (1911).
Liatris baicalensis Adams, Mém. Soc. Imp. Naturalistes Moscou 5: 115 (1817); *Saussurea pycnocephala* Ledeb., Fl. Altaic. 4: 14 (1833); *Saussurea calobotrys* Diels, Repert. Spec. Nov. Regni Veg. Beih. 12: 511 (1922).
河北；蒙古国、俄罗斯。

宝兴雪莲

●**Saussurea baoxingensis** Y. S. Chen, Nord. J. Bot. 28: 761 (2010).
四川。

棕脉风毛菊

●**Saussurea baroniana** Diels, Bot. Jahrb. Syst. 29: 625 (1901).
Saussurea rufotricha Y. Ling, Contr. Inst. Bot. Natl. Acad. Peiping 3: 164 (1935).
陕西。

玉树风毛菊

●**Saussurea bartholomewii** S. W. Liu et T. N. Ho, Novon 20: 172 (2010).
青海。

漂亮风毛菊

●**Saussurea bella** Y. Ling, Contr. Inst. Bot. Natl. Acad. Peiping 6: 87 (1949).
Saussurea haoi Y. Ling ex Y. L. Chen, S. Yun Liang et K. Y. Pan, Acta Phytotax. Sin. 19: 103 (1981).
青海、西藏。

不丹风毛菊（新拟）

Saussurea bhutanensis Y. S. Chen, Phytotaxa 177 (4): 199 (2014).
西藏；不丹。

定日雪兔子

Saussurea bhutkesh Fujikawa et H. Ohba, Edinburgh J. Bot. 59: 283 (2002).
西藏；尼泊尔。

碧罗雪山风毛菊（新拟）

●**Saussurea bijiangensis** Y. L. Chen ex B. Q. Xu, N. H. Xia et G. Hao, Ann. Bot. Fenn. 50: 103 (2013).
四川、云南。

绿风毛菊

Saussurea blanda Schrenk, Bull. Sci. Acad. Imp. Sci. Saint-

Pétersbourg 10: 354 (1842).
Saussurea konuroba Saposhn., Not. Syst. Herb. Hort. Bot. Acad. Sci. U. R. S. S. 6: 32 (1926).
新疆；哈萨克斯坦。

短苞风毛菊

•**Saussurea brachylepis** Hand.-Mazz., Acta Horti Gothob. 12: 326 (1938).
四川。

膜苞雪莲

Saussurea bracteata Decne. in Jacquemont, Voy. Inde 4 (Bot.): 94 (1843).
新疆、西藏；巴基斯坦、印度、克什米尔地区。

异色风毛菊

•**Saussurea brunneopilosa** Hand.-Mazz., Notizbl. Bot. Gart. Berlin-Dahlem 13: 651 (1937).
Saussurea eopygmaea Hand.-Mazz., Notizbl. Bot. Gart. Berlin-Dahlem 13: 650 (1937); *Saussurea brunneopilosa* var. *eopygmaea* (Hand.-Mazz.) Lipsch., Byull. Moskovsk. Obshch. Isp. Prir., Otd. Biol. 76: 79 (1971).
甘肃、青海。

泡叶风毛菊

•**Saussurea bullata** W. W. Smith, Notes Roy. Bot. Gard. Edinburgh 8: 206 (1914).
云南。

庐山风毛菊

•**Saussurea bullockii** Dunn, J. Linn. Soc., Bot. 35: 509 (1903).
Saussurea tienmoshanensis F. H. Chen, Bull. Fan Mem. Inst. Biol. Bot. 6: 100 (1935); *Saussurea kwangtungensis* F. H. Chen, Bull. Fan Mem. Inst. Biol. Bot. 8: 121 (1938).
陕西、安徽、浙江、江西、湖南、湖北、福建、广东。

灰白风毛菊

Saussurea cana Ledeb., Icon. Pl. 1: 18 (1829).
Saussurea fruticulosa Kar. et Kir., Bull. Soc. Imp. Naturalistes Moscou 14: 448 (1841); *Saussurea cana* var. *angustifolia* Ledeb., Fl. Ross. (Ledeb.) 2: 670 (1845).
内蒙古、山西、宁夏、甘肃、青海、新疆、四川；哈萨克斯坦、俄罗斯。

宽翅风毛菊

Saussurea candolleana (DC.) Wall. ex Sch.-Bip., Linnaea 19: 331 (1846).
Aplotaxis candolleana DC., Prodr. (DC.) 6: 541 (1838).
西藏；不丹、尼泊尔、印度、克什米尔地区。

伊宁风毛菊

Saussurea canescens C. Winkl., Trudy Imp. S.-Peterburgsk. Bot. Sada 11: 168 (1889).
新疆；哈萨克斯坦。

蓟状风毛菊

•**Saussurea carduiformis** Franch., J. Bot. (Morot) 8: 343 (1894).
陕西、甘肃、四川、重庆。

尾叶风毛菊

•**Saussurea caudata** Franch., Bull. Annuel Soc. Philom. Paris, sér. 8 3: 147 (1891).
四川、云南。

翅茎风毛菊

•**Saussurea cauloptera** Hand.-Mazz., Notizbl. Bot. Gart. Berlin-Dahlem 13: 645 (1937).
Saussurea rosthornii Diels var. *sessilifolia* Diels, Bot. Jahrb. Syst. 29: 625 (1901).
河南、陕西、重庆。

百裂风毛菊

•**Saussurea centiloba** Hand.-Mazz., Anz. Akad. Wiss. Wien, Math.-Naturwiss. Kl. 57: 144 (1920).
Saussurea vaniotii H. Lév., Bull. Acad. Int. Geogr. Bot. 25: 19 (1915), not H. Lév. (1910); *Saussurea leveillei* F. H. Chen, Bull. Fan Mem. Inst. Biol. Bot. 6: 93 (1935).
四川、云南。

康定风毛菊

•**Saussurea ceterach** Hand.-Mazz., Acta Horti Gothob. 12: 323 (1938).
青海、四川、西藏。

大坪风毛菊

•**Saussurea chetchozensis** Franch., J. Bot. (Morot) 2: 359 (1888).
四川、贵州、云南。

大坪风毛菊（原变种）

•**Saussurea chetchozensis** var. **chetchozensis**
Saussurea lanuginosa Vaniot, Bull. Acad. Int. Geogr. Bot. 12: 20 (1903).
四川、贵州、云南。

光叶风毛菊

•**Saussurea chetchozensis** var. **glabrescens** (Hand.-Mazz.) Lipsch., Novosti Sist. Vyssh. Rast. 8: 248 (1971).
Saussurea lanuginosa var. *glabrescens* Hand.-Mazz., Notizbl. Bot. Gart. Berlin-Dahlem 13: 643 (1937).
四川、云南。

称多风毛菊

•**Saussurea chinduensis** Y. S. Chen, Phytotaxa 213 (3): 192 (2015).
青海。

中华风毛菊

•**Saussurea chinensis** (Maxim.) Lipsch., Bot. Zhurn. (Moscow

et Leningrad) 51: 1496 (1966).
Saussurea salicifolia (L.) DC. var. *chinensis* Maxim., Bull. Soc. Imp. Naturalistes Moscou 54: 28 (1879); *Saussurea denticulata* Ledeb. var. *chinensis* (Maxim.) Y. Ling, Contr. Inst. Bot. Natl. Acad. Peiping 6: 68 (1949).
河北。

抱茎风毛菊（冷风菊）

●**Saussurea chingiana** Hand.-Mazz., Notizbl. Bot. Gart. Berlin-Dahlem 13: 647 (1937).
甘肃。

京风毛菊

Saussurea chinnampoensis H. Lév. et Vaniot, Bull. Acad. Int. Geogr. Bot. 20: 145 (1909).
辽宁、内蒙古、河北、陕西；朝鲜半岛。

木质风毛菊

Saussurea chondrilloides C. Winkl., Trudy Imp. S.- Peterburgsk. Bot. Sada 11: 169 (1889).
Saussurea rupestris Hemsl. et Lace, J. Linn. Soc., Bot. 28: 325 (1891); *Jurinea chondrilloides* (C. Winkl.) O. Fedtsch., Consp. Fl. Turkestanicae [O. A. Fedchenko et B. A. Fedchenko] 4: 296 (1912); *Saussurea aphylla* Rech. f., Biol. Skr. 8 (2): 167 (1955).
新疆；巴基斯坦、阿富汗、塔吉克斯坦、乌兹别克斯坦。

菊状风毛菊

●**Saussurea chrysanthemoides** F. H. Chen, Bull. Fan Mem. Inst. Biol. Bot. 6: 97 (1935).
云南。

尖叶风毛菊

●**Saussurea ciliaris** Franch., J. Bot. (Morot) 2: 337 (1888).
Saussurea ciliaris var. *major* Y. Ling, Contr. Inst. Bot. Natl. Acad. Peiping 6: 92 (1949).
四川、云南。

昆仑风毛菊

●**Saussurea cinerea** Franch., Bull. Mus. Hist. Nat. (Paris) 3: 324 (1897).
新疆。

匙叶风毛菊

Saussurea cochleariifolia Y. L. Chen et S. Yun Liang, Acta Phytotax. Sin. 19: 104 (1981).
西藏；印度。

鞘基风毛菊

●**Saussurea colpodes** Y. L. Chen et S. Yun Liang, Acta Phytotax. Sin. 19: 104 (1981).
西藏。

柱茎风毛菊

Saussurea columnaris Hand.-Mazz., Notizbl. Bot. Gart. Berlin-Dahlem 13: 652 (1937).
四川、云南、西藏；不丹。

华美风毛菊

●**Saussurea compta** Franch., J. Bot. (Morot) 10: 422 (1896).
四川。

错那雪兔子

Saussurea conaensis (S. W. Liu) Fujikawa et H. Ohba, Makinoa n. s., 8: 73 (2010).
Saussurea gossipiphora D. Don var. *conaensis* S. W. Liu, Acta Biol. Plateau Sin. 3: 71 (1984).
西藏；不丹。

假蓬风毛菊

●**Saussurea conyzoides** Hemsl., J. Linn. Soc., Bot. 29: 309 (1892).
Saussurea oppositicolor H. Lév. et Vaniot, Repert. Spec. Nov. Regni Veg. 8: 359 (1910); *Saussurea rosthornii* Diels var. *oppositicolor* (H. Lév. et Vaniot) F. H. Chen ex Hand.-Mazz., Notizbl. Bot. Gart. Berlin-Dahlem 13: 645 (1937).
河南、陕西、湖北、四川、贵州。

心叶风毛菊

●**Saussurea cordifolia** Hemsl., J. Linn. Soc., Bot. 29: 310 (1892).
Saussurea dutaillyana Franch., J. Bot. (Morot) 10: 421 (1896); *Saussurea cavaleriei* H. Lév. et Vaniot, Repert. Spec. Nov. Regni Veg. 8: 401 (1910); *Saussurea aegirophylla* Diels, Repert. Spec. Nov. Regni Veg. Beih. 12: 511 (1922).
河南、陕西、安徽、浙江、湖南、湖北、四川、重庆、贵州。

黄苞风毛菊

●**Saussurea coriacea** Y. L. Chen et S. Yun Liang, Acta Phytotax. Sin. 19: 101 (1981).
四川、西藏。

硬苞风毛菊

●**Saussurea coriolepis** Hand.-Mazz., Oesterr. Bot. Z. 89: 60 (1940).
四川。

副冠风毛菊

Saussurea coronata Schrenk, Bull. Cl. Phys.-Math. Acad. Imp. Sci. Saint-Pétersbourg 3: 107 (1845).
Saussurea dshungarica Iljin, Bot. Zhurn. S. S. S. R. 27: 145 (1942).
新疆；蒙古国、哈萨克斯坦。

达乌里风毛菊

Saussurea daurica Adams, Nouv. Mém. Soc. Imp. Naturalistes Moscou 3: 251 (1834).
Saussurea papposa Turcz. ex DC., Prodr. (DC.) 6: 534 (1838);

Saussurea salsa (Pall.) Spreng. var. *papposa* (Turcz. ex DC.) Ledeb., Fl. Ross. (Ledeb.) 2: 666 (1845).
黑龙江、内蒙古、宁夏、甘肃、青海、新疆；蒙古国、俄罗斯。

大理雪兔子

●**Saussurea delavayi** Franch., J. Bot. (Morot) 2: 355 (1888).
云南。

大理雪兔子（原变种）

●**Saussurea delavayi** var. **delavayi**
云南。

硬毛大理雪兔子

●**Saussurea delavayi** var. **hirsuta** (J. Anthony) Raab-Straube, Fl. China 20-21: 59 (2011).
Saussurea delavayi f. *hirsuta* J. Anthony, Notes Roy. Bot. Gard. Edinburgh 18: 205 (1934); *Saussurea hirsuta* (J. Anthony) Hand.-Mazz., Notizbl. Bot. Gart. Berlin-Dahlem 13: 649 (1937).
云南。

昆仑雪兔子

Saussurea depsangensis Pamp., Lav. Ist. Bot. Reale Univ. Cagliari. 22: 176 (1934).
青海、新疆、西藏；克什米尔地区。

荒漠风毛菊

●**Saussurea deserticola** H. C. Fu, J. Inner Mongolia Inst. Agric. Anim. Husb. 1: 50 (1981).
内蒙古。

狭头风毛菊

●**Saussurea dielsiana** Koidz., Fl. Symb. Orient.-Asiat. 50 (1930).
内蒙古、山西、陕西、四川。

东川风毛菊

●**Saussurea dimorphaea** Franch., J. Bot. (Morot) 8: 340 (1894).
重庆。

长梗风毛菊

●**Saussurea dolichopoda** Diels, Bot. Jahrb. Syst. 29: 623 (1901).
Saussurea saligniformis Hand.-Mazz., Symb. Sin. 7 (4): 1147, pl. 16, f. 15 (1936); *Saussurea wilsoniana* Hand.-Mazz., Symb. Sin. 7 (4): 1148 (1936).
河南、陕西、甘肃、湖北、四川、贵州、云南。

亚东风毛菊

Saussurea donkiah C. B. Clarke ex Spring., Edinburgh J. Bot. 57: 405 (2000).
西藏；不丹、尼泊尔、印度。

中甸风毛菊

●**Saussurea dschungdienensis** Hand.-Mazz., Anz. Akad. Wiss. Wien, Math.-Naturwiss. Kl. 61: 205 (1924).
四川、云南。

独龙江风毛菊

●**Saussurea dulongjiangensis** Y. S. Chen, Phytotaxa 213 (3): 194 (2015).
云南。

川西风毛菊

●**Saussurea dzeurensis** Franch., J. Bot. (Morot) 8: 339 (1894).
甘肃、青海、四川。

高风毛菊

Saussurea elata Ledeb., Icon. Pl. 1: 20 (1829).
新疆；哈萨克斯坦。

优雅风毛菊

Saussurea elegans Ledeb., Icon. Pl. 1: 19 (1829).
Saussurea tenuis Ledeb., Icon. Pl. 1: 19 (1829); *Saussurea amoena* Kar. et Kir., Bull. Soc. Imp. Naturalistes Moscou 14: 447 (1841); *Saussurea elegans* var. *latifolia* Kar. et Kir., Bjull. Moskovsk. Obač. Isp. Prir., Otd. Biol. 15: 388 (1842); *Saussurea elegans* var. *nivea* Lipsch., Bot. Mater. Gerb. Bot. Inst. Komarova Akad. Nauk S. S. S. R. 21: 371 (1961).
新疆；蒙古国、塔吉克斯坦、吉尔吉斯斯坦、哈萨克斯坦、乌兹别克斯坦、俄罗斯。

藏新风毛菊

Saussurea elliptica C. B. Clarke ex Hook. f., Fl. Brit. Ind. 3: 372 (1881).
新疆；巴基斯坦、塔吉克斯坦、吉尔吉斯斯坦、哈萨克斯坦、克什米尔地区。

柳叶菜风毛菊

●**Saussurea epilobioides** Maxim., Bull. Acad. Imp. Sci. Saint-Pétersbourg 27: 495 (1882).
Saussurea epilobioides var. *cana* Hand.-Mazz., Acta Horti Gothob. 12: 318 (1938); *Saussurea karlongensis* Hand.-Mazz., Acta Horti Gothob. 12: 317 (1938).
宁夏、甘肃、青海、四川。

棉头风毛菊

●**Saussurea eriocephala** Franch., J. Bot. (Morot) 8: 339 (1894).
Saussurea pallidiceps Hand.-Mazz., Symb. Sin. 7 (4): 1146, pl. 19, f. 4 (1936).
四川、云南。

尼泊尔风毛菊

Saussurea eriostemon Wall. ex C. B. Clarke, Compos. Ind. 229 (1876).
Saussurea chapmannii C. E. C. Fisch., Bull. Misc. Inform. Kew 1938: 287 (1938).

西藏；不丹、尼泊尔、印度。

红柄雪莲

•**Saussurea erubescens** Lipsch., Bot. Mater. Gerb. Bot. Inst. Komarova Akad. Nauk S. S. S. R. 20: 342 (1960).

Saussurea nigrescens Maxim. var. *acutisquama* Y. Ling, Contr. Inst. Bot. Natl. Acad. Peiping 6: 95 (1949); *Saussurea polycolea* Hand.-Mazz. var. *acutisquama* (Y. Ling) Lipsch., Bot. Zhurn. S. S. S. R. 52: 664 (1967).

甘肃、青海、四川、西藏。

锐齿风毛菊

•**Saussurea euodonta** Diels, Notes Roy. Bot. Gard. Edinburgh 5: 198 (1912).

四川、云南。

中新风毛菊

Saussurea famintziniana Krasn., Bot. Zap. 2 (1): 71 (1887).

Saussurea colorata C. Winkl., Trudy Imp. S.-Peterburgsk. Bot. Sada 11: 167 (1889).

新疆；塔吉克斯坦、吉尔吉斯斯坦、哈萨克斯坦。

川东风毛菊

•**Saussurea fargesii** Franch., J. Bot. (Morot) 8: 344 (1894).

重庆。

硬叶风毛菊

Saussurea firma (Kitag.) Kitam., Acta Phytotax. Geobot. 9: 112 (1940).

Saussurea ussuriensis var. *firma* Kitag., Rep. Inst. Sci. Res. Manchoukuo 4: 97 (1936).

黑龙江、吉林、辽宁、内蒙古、河北；俄罗斯。

管茎雪兔子

•**Saussurea fistulosa** J. Anthony, Notes Roy. Bot. Gard. Edinburgh 18: 206 (1934).

云南。

萎软风毛菊（纤细风毛菊）

•**Saussurea flaccida** Y. Ling, Contr. Inst. Bot. Natl. Acad. Peiping 3: 165 (1935).

河北、河南、陕西、湖北。

城口风毛菊

•**Saussurea flexuosa** Franch., J. Bot. (Morot) 8: 341 (1894).

Saussurea flexuosa var. *penicillata* Franch., J. Bot. (Morot) 8: 341 (1894); *Saussurea tsinlingensis* Hand.-Mazz., Oesterr. Bot. Z. 85: 223 (1936).

河南、陕西、甘肃、湖北、四川、重庆。

狭翼风毛菊

•**Saussurea frondosa** Hand.-Mazz., Acta Horti Gothob. 12: 312 (1938).

山西、河南、陕西、四川、云南、福建。

褐冠风毛菊（新拟）

•**Saussurea fuscipappa** Y. S. Chen, Phytotaxa 170 (3): 141 (2014).

四川、云南、西藏。

川滇雪兔子

•**Saussurea georgei** J. Anthony, Notes Roy. Bot. Gard. Edinburgh 18: 207 (1934).

青海、四川、云南、西藏。

冰川雪兔子

Saussurea glacialis Herder, Bull. Soc. Imp. Naturalistes Moscou 40: 144 (1867).

Saussurea pamirica C. Winkl., Trudy Imp. S.-Peterburgsk. Bot. Sada 11: 171 (1889); *Saussurea violacea* Pamp., Fl. Carac. 177 (1934).

青海、新疆、西藏；蒙古国、印度、巴基斯坦、阿富汗、塔吉克斯坦、吉尔吉斯斯坦、哈萨克斯坦、克什米尔地区、俄罗斯。

腺点风毛菊

•**Saussurea glandulosa** Kitam., Acta Phytotax. Geobot. 3: 137 (1934).

Saussurea yatagaiana Mori, Trans. Nat. Hist. Soc. Formosa 27: 25 (1937).

台湾。

球花雪莲（球花风毛菊）

•**Saussurea globosa** F. H. Chen, Bull. Fan Mem. Inst. Biol. Bot. 6: 96 (1935).

四川、云南。

鼠曲雪兔子

Saussurea gnaphalodes (Royle ex DC.) Sch.-Bip., Linnaea 19: 331 (1846).

Aplotaxis gnaphalodes Royle ex DC., Prodr. (DC.) 6: 542 (1838); *Aplotaxis sorocephala* Schrenk ex Fisch. et C. A. Meyer, Enum. Pl. Nov. 2: 38 (1842).

甘肃、青海、新疆、四川、西藏；尼泊尔、印度、巴基斯坦、阿富汗、塔吉克斯坦、吉尔吉斯斯坦、哈萨克斯坦、克什米尔地区。

贡日风毛菊

•**Saussurea gongriensis** Y. S. Chen, Phytotaxa 213 (3): 177 (2015).

西藏。

雪兔子（麦朵刚拉）

Saussurea gossipiphora D. Don, Mem. Wern. Nat. Hist. Soc. 3: 414 (1821).

Aplotaxis gossypina (Wall.) DC., Prodr. (DC.) 6: 541 (1838).

云南、西藏；不丹、尼泊尔、印度、克什米尔地区。

纤细风毛菊

●**Saussurea graciliformis** Lipsch., Bot. Zhurn. (Moscow et Leningrad) 57: 532 (1972).

甘肃、青海。

禾叶风毛菊

●**Saussurea graminea** Dunn, J. Linn. Soc., Bot. 35: 509 (1903).

内蒙古、宁夏、甘肃、青海、四川、云南、西藏。

禾叶风毛菊（原变种）

●**Saussurea graminea** var. **graminea**

Saussurea poophylla Diels, Repert. Spec. Nov. Regni Veg. Beih. 12: 513 (1922); *Saussurea lanicaulis* Hand.-Mazz., Notizbl. Bot. Gart. Berlin-Dahlem 13: 651 (1937).

内蒙古、宁夏、甘肃、四川、云南。

直鳞禾叶风毛菊

●**Saussurea graminea** var. **ortholepis** Hand.-Mazz., Acta Horti Gothob. 12: 339 (1938).

Saussurea romuleifolia Franch. var. *ortholepis* (Hand.-Mazz.) Hand.-Mazz. ex S. Y. Hu, Quart. J. Taiwan Mus. 21: 11 (1968).

甘肃、青海、四川、西藏。

密毛风毛菊

Saussurea graminifolia Wall. ex DC., Prodr. (DC.) 6: 536 (1838).

西藏；不丹、尼泊尔、印度、克什米尔地区。

硕首雪兔子

●**Saussurea grandiceps** S. W. Liu, Acta Biol. Plateau Sin. 3: 69 (1984).

西藏。

大叶风毛菊

Saussurea grandifolia Maxim., Mém. Acad. Imp. Sci. St.-Pétersbourg Divers Savans 9: 169 (1859).

Saussurea grandifolia var. *asperifolia* Herder, Bull. Soc. Imp. Naturalistes Moscou 41: 16 (1868); *Saussurea grandifolia* var. *coarctata* Herder, Bull. Soc. Imp. Naturalistes Moscou 41: 16 (1868).

黑龙江、吉林、辽宁；朝鲜半岛、俄罗斯。

粗裂风毛菊

●**Saussurea grosseserrata** Franch., J. Bot. (Morot) 2: 354 (1888).

云南。

蒙新风毛菊

Saussurea grubovii Lipsch., Bot. Mater. Gerb. Bot. Inst. Komarova Akad. Nauk S. S. S. R. 21: 366 (1961).

新疆；蒙古国、哈萨克斯坦。

加查雪兔子

●**Saussurea gyacaensis** S. W. Liu, Acta Biol. Plateau Sin. 3: 69 (1984).

西藏。

裸头雪莲

●**Saussurea gymnocephala** (Y. Ling) Raab-Straube, Willdenowia 41: 89 (2011).

Saussurea obvallata (DC.) Sch.-Bip. var. *gymnocephala* Y. Ling, Contr. Inst. Bot. Natl. Acad. Peiping 6: 92 (1949).

青海、四川、西藏。

哈巴山雪莲

●**Saussurea habashanensis** Y. S. Chen, Phytotaxa 213 (3): 171 (2015).

云南。

湖北风毛菊

●**Saussurea hemsleyi** Lipsch., Bot. Zhurn. (Moscow et Leningrad) 51: 1947 (1966).

Saussurea decurrens Hemsl., J. Linn. Soc., Bot. 29: 310 (1892), not Hemsl. (1888).

湖北、四川、贵州、云南。

巴东风毛菊

●**Saussurea henryi** Hemsl., J. Linn. Soc., Bot. 29: 311 (1892).

陕西、湖北、四川、重庆。

长毛风毛菊

Saussurea hieracioides Hook. f., Fl. Brit. Ind. 3: 371 (1881).

Saussurea villosa Franch., J. Bot. (Morot) 2: 353 (1888).

四川、云南、西藏；不丹、尼泊尔、印度。

椭圆风毛菊

Saussurea hookeri C. B. Clarke, Compos. Ind. 230 (1876).

青海、四川、西藏；不丹、尼泊尔、印度、克什米尔地区。

华山风毛菊

●**Saussurea huashanensis** (Y. Ling) X. Y. Wu, Fl. Tsinling. 1 (5): 365 (1985).

Saussurea eriolepis Bunge ex DC. var. *huashanensis* Y. Ling, Contr. Inst. Bot. Natl. Acad. Peiping 3: 163 (1935); *Saussurea alatipes* Hemsl. var. *huashanensis* (Y. Ling) Y. Ling, Contr. Inst. Bot. Natl. Acad. Peiping 6: 74 (1949).

河南、陕西。

雅龙风毛菊

●**Saussurea hultenii** Lipsch., Bot. Zhurn. (Moscow et

Leningrad) 57: 528 (1972).
云南。

黄山风毛菊

●**Saussurea hwangshanensis** Y. Ling, Contr. Inst. Bot. Natl. Acad. Peiping 6: 79 (1949).
Saussurea sinuata Kom. var. *cordata* F. H. Chen, Bull. Fan Mem. Inst. Biol. Bot. 6: 100 (1935).
安徽、浙江。

林地风毛菊

●**Saussurea hylophila** Hand.-Mazz., Symb. Sin. 7 (4): 1148 (1936).
云南、西藏。

锐裂风毛菊

●**Saussurea incisa** F. H. Chen, Bull. Fan Mem. Inst. Biol. Bot. 6: 96 (1935).
河北。

全缘叶风毛菊

●**Saussurea integrifolia** Hand.-Mazz., Acta Horti Gothob. 12: 313 (1938).
四川、云南。

黑毛雪兔子

Saussurea inversa Raab-Straube, Willdenowia 41: 92 (2011).
Saussurea sorocephala (Schrenk ex Fisch. et C. A. Meyer) Schrenk var. *glabrata* Hook. f., Fl. Brit. Ind. 3: 377 (1881), not *Saussurea glabrata* (DC.) C. Shih (1999).
青海、新疆、西藏；克什米尔地区。

雪莲花（雪莲，荷莲）

Saussurea involucrata (Kar. et Kir.) Sch.-Bip., Linnaea 19: 331 (1846).
Aplotaxis involucrata Kar. et Kir., Bull. Soc. Imp. Naturalistes Moscou 15: 389 (1842); *Saussurea karelinii* Stschegl., Bull. Soc. Imp. Naturalistes Moscou 21 2: 244 (1848); *Saussurea ischnoides* J. S. Li, Bull. Bot. Res. North-East. Forest. Univ. 17 (1): 40 (1997).
新疆；蒙古国、吉尔吉斯斯坦、哈萨克斯坦。

浅堇色风毛菊

●**Saussurea iodoleuca** Hand.-Mazz., Symb. Sin. 7 (4): 1151 (1936).
云南。

紫苞雪莲（紫苞风毛菊）

●**Saussurea iodostegia** Hance, J. Bot. 16: 109 (1878).
Saussurea iodostegia var. *ferruginipes* J. R. Drumm ex Hand.-Mazz., Notizbl. Bot. Gart. Berlin-Dahlem 13: 657 (1937).
内蒙古、河北、山西、河南、陕西、宁夏、甘肃。

风毛菊

Saussurea japonica (Thunb.) DC., Ann. Mus. Natl. Hist. Nat. 16: 203 (1810).
中国大部分地区；蒙古国、日本、朝鲜半岛。

风毛菊（原变种）

Saussurea japonica var. **japonica**
Serratula japonica Thunb., Syst. Veg., ed. 14: 723 (1784).
中国大部分地区；蒙古国、日本、朝鲜半岛。

翼茎风毛菊

●**Saussurea japonica** var. **pteroclada** (Nakai et Kitag.) Raab-Straube, Fl. China 20-21: 78 (2011).
Saussurea microcephala var. *pteroclada* Nakai et Kitag., Rep. Inst. Sci. Res. Manchoukuo 1: 63 (1934); *Saussurea glomerata* f. *alata* F. H. Chen, Bull. Fan Mem. Inst. Biol. Bot. 5: 83 (1934).
黑龙江、内蒙古、河北、山东、宁夏、甘肃、青海、四川。

金东雪莲

●**Saussurea jindongensis** Y. S. Chen, Phytotaxa 213 (3): 171 (2015).
西藏。

九龙风毛菊

●**Saussurea jiulongensis** Y. S. Chen, Phytotaxa 213 (3): 204 (2015).
四川。

阿右风毛菊

●**Saussurea jurineoides** H. C. Fu in Ma, Fl. Intramongolica, ed. 2 4: 847 (1993).
内蒙古。

甘肃风毛菊

●**Saussurea kansuensis** Hand.-Mazz., Notizbl. Bot. Gart. Berlin-Dahlem 13: 648 (1937).
甘肃、青海、四川。

台湾风毛菊

●**Saussurea kanzanensis** Kitam., Acta Phytotax. Geobot. 8: 75 (1939).
台湾。

喀什风毛菊

Saussurea kaschgarica Rupr., Mém. Acad. Imp. Sci. Saint-Pétersbourg, Sér. 7 14: 54 (1869).
新疆；吉尔吉斯斯坦。

重齿风毛菊

Saussurea katochaete Maxim., Bull. Acad. Imp. Sci. Saint-Pétersbourg 27: 491 (1882).
Saussurea rohmooana C. Marquand et Airy Shaw, J. Linn. Soc., Bot. 48: 192 (1929); *Saussurea anochaete* Hand.-Mazz.,

Acta Horti Gothob. 12: 322 (1938).
甘肃、青海、四川、云南、西藏；不丹、印度。

拉萨雪兔子

●**Saussurea kingii** C. E. C. Fisch., Bull. Misc. Inform. Kew 1937: 98 (1937).
Saussurea erecta S. W. Liu, J. T. Pan et J. Quan Liu, Bot. J. Linn. Soc. 147 (3): 355 (2005).
西藏。

台岛风毛菊

●**Saussurea kiraisiensis** Masam., J. Soc. Trop. Agric. 2: 241 (1930).
台湾。

腋头风毛菊

●**Saussurea komarnitzkii** Lipsch., Byull. Moskovsk. Obshch. Isp. Prir., Otd. Biol. 59: 81 (1954).
贵州。

阿尔泰风毛菊

Saussurea krylovii Schischk. et Serg., Sist. Zametki Mater. Gerb. Krylova Tomsk. Gosud. Univ. Kuybysheva 1944: 1 (1944).
新疆；蒙古国、哈萨克斯坦、俄罗斯。

洋县风毛菊

●**Saussurea kungii** Y. Ling, Contr. Inst. Bot. Natl. Acad. Peiping 3: 158 (1935).
陕西。

裂叶风毛菊

Saussurea laciniata Ledeb., Icon. Pl. 1: 16 (1829).
内蒙古、陕西、宁夏、甘肃、新疆；蒙古国、哈萨克斯坦、俄罗斯。

高盐地风毛菊

●**Saussurea lacostei** Danguy, J. Bot. (Morot) 21: 52 (1908).
新疆。

拉氏风毛菊

●**Saussurea ladyginii** Lipsch., Byull. Moskovsk. Obshch. Isp. Prir., Otd. Biol. 59: 77 (1954).
青海。

鹤庆风毛菊

●**Saussurea lampsanifolia** Franch., J. Bot. (Morot) 2: 357 (1888).
云南。

浪坡风毛菊（新拟）

●**Saussurea langpoensis** Y. S. Chen, Phytotaxa 177 (4): 193 (2014).
西藏。

绵头雪兔子（绵头雪莲花，麦朵刚拉）

Saussurea laniceps Hand.-Mazz., Notizbl. Bot. Gart. Berlin-Dahlem 13: 657 (1937).
四川、云南、西藏；缅甸、印度。

天山风毛菊

Saussurea larionowii C. Winkl., Trudy Imp. S.-Peterburgsk. Bot. Sada 11: 376 (1891).
Saussurea takhtadganii Lipsch., Bull. Soc. Imp. Naturalistes Moscou Biol. n. s. 59. Livr. 6: 83 (1954).
新疆；吉尔吉斯斯坦、哈萨克斯坦。

宽叶风毛菊

Saussurea latifolia Ledeb., Icon. Pl. 1: 17 (1829).
新疆；蒙古国、哈萨克斯坦、俄罗斯。

双齿风毛菊

●**Saussurea lavrenkoana** Lipsch., Bot. Zhurn. (Moscow et Leningrad) 57: 532 (1972).
四川。

利马川风毛菊

●**Saussurea leclerei** H. Lév., Bull. Geogr. Bot. 25: 18 (1915).
湖北、四川、重庆、云南。

光果风毛菊

●**Saussurea leiocarpa** Hand.-Mazz., Acta Horti Gothob. 12: 330 (1938).
四川、云南、西藏。

狮牙草状风毛菊

Saussurea leontodontoides (DC.) Sch.-Bip., Linnaea 19: 330 (1846).
Aplotaxis leontodontoides DC., Prodr. (DC.) 6: 539 (1838); *Saussurea kunthiana* C. B. Clarke, Compos. Ind. 225 (1876); *Saussurea rhytidocarpa* Hand.-Mazz., Acta Horti Gothob. 12: 331 (1938); *Saussurea irregularis* Y. L. Chen et S. Yun Liang, Acta Phytotax. Sin. 19: 106 (1981).
青海、四川、云南、西藏；尼泊尔、印度、克什米尔地区。

薄苞风毛菊

●**Saussurea leptolepis** Hand.-Mazz., Acta Horti Gothob. 12: 337 (1938).
Saussurea modesta Hand.-Mazz., Acta Horti Gothob. 12: 336 (1938); *Saussurea handeliana* Y. Ling, Contr. Inst. Bot. Natl. Acad. Peiping 6: 88 (1949).
四川。

羽裂雪兔子

●**Saussurea leucoma** Diels, Notes Roy. Bot. Gard. Edinburgh 5: 197 (1912).
Saussurea franchetiana H. Lév., Cat. Pl. Yun-Nan 49 (1916).
四川、云南、西藏。

白叶风毛菊

Saussurea leucophylla Schrenk, Bull. Sci. Acad. Imp. Sci. Saint-Pétersbourg 10: 354 (1842).
新疆；蒙古国、塔吉克斯坦、吉尔吉斯斯坦、哈萨克斯坦、俄罗斯。

洛扎雪兔子（新拟）

●**Saussurea lhozhagensis** Y. S. Chen, Phytotaxa 177 (4): 200 (2014).
西藏。

隆子风毛菊（新拟）

●**Saussurea lhunzensis** Y. S. Chen, Phytotaxa 177 (4): 195 (2014).
西藏。

林周风毛菊

●**Saussurea lhunzhubensis** Y. L. Chen et S. Yun Liang, Acta Phytotax. Sin. 19: 100 (1981).
西藏。

凉山风毛菊（新拟）

●**Saussurea liangshanensis** Y. S. Chen, Phytotaxa 170 (3): 143 (2014).
四川。

川陕风毛菊

●**Saussurea licentiana** Hand.-Mazz., Oesterr. Bot. Z. 85: 222 (1936).
陕西、甘肃、湖北、四川。

巴塘风毛菊

●**Saussurea limprichtii** Diels, Repert. Spec. Nov. Regni Veg. Beih. 12: 512 (1922).
四川。

小舌风毛菊

●**Saussurea lingulata** Franch., J. Bot. (Morot) 10: 423 (1896).
四川、云南。

纹苞风毛菊

●**Saussurea lomatolepis** Lipsch., Byull. Moskovsk. Obshch. Isp. Prir., Otd. Biol. 59: 80 (1954).
新疆。

长叶雪莲

●**Saussurea longifolia** Franch., J. Bot. (Morot) 2: 354 (1888).
青海、四川、云南、西藏。

带叶风毛菊

●**Saussurea loriformis** W. W. Smith, Notes Roy. Bot. Gard. Edinburgh 8: 114 (1913).
四川、云南、西藏。

宝璐雪莲

●**Saussurea luae** Raab-Straube, Willdenowia 39: 103 (2009).
四川、西藏。

大头羽裂风毛菊

●**Saussurea lyratifolia** Y. L. Chen et S. Yun Liang, Acta Phytotax. Sin. 19: 95 (1981).
西藏。

大耳叶风毛菊

●**Saussurea macrota** Franch., J. Bot. (Morot) 8: 343 (1894).
Saussurea otophylla Diels, Bot. Jahrb. Syst. 36: 109 (1905); *Saussurea hemsleyana* Hand.-Mazz., Notizbl. Bot. Gart. Berlin-Dahlem 13: 647 (1937); *Saussurea otophylla* var. *cinerea* Y. Ling, Contr. Inst. Bot. Natl. Acad. Peiping 6: 70 (1949).
陕西、宁夏、甘肃、湖北、四川、重庆。

毓泉风毛菊

●**Saussurea mae** H. C. Fu in Ma, Fl. Intramongolica, ed. 2 4: 848 (1993).
内蒙古。

尖头风毛菊

●**Saussurea malitiosa** Maxim., Bull. Acad. Imp. Sci. Saint-Pétersbourg 27: 493 (1882).
甘肃、青海。

东北风毛菊

Saussurea manshurica Kom., Trudy Imp. S.-Peterburgsk. Bot. Sada 18: 424 (1901).
Saussurea manshurica var. *pinnatifida* Nakai, Bot. Mag. (Tokyo) 29: 205 (1915).
黑龙江、吉林、辽宁；朝鲜半岛、俄罗斯。

羽叶风毛菊

Saussurea maximowiczii Herder, Bull. Soc. Imp. Naturalistes Moscou 41: 14 (1868).
黑龙江、吉林、辽宁、内蒙古；日本、朝鲜半岛、俄罗斯。

水母雪兔子（水母雪莲花，夏古贝，杂各尔手把）

Saussurea medusa Maxim., Bull. Acad. Imp. Sci. Saint-Pétersbourg 27: 488 (1882).
Saussurea dainellii Pamp., Bull. Soc. Bot. Ital. 32 (1915); *Saussurea trullifolia* W. W. Smith, Notes Roy. Bot. Gard. Edinburgh 12: 220 (1920).
甘肃、青海、新疆、四川、云南、西藏；克什米尔地区。

大花风毛菊（新拟）

●**Saussurea megacephala** C. C. Chang ex Y. S. Chen, Ann. Bot. Fenn. 48: 142 (2011).
西藏。

秦岭风毛菊

●**Saussurea megaphylla** (X. Y. Wu) Y. S. Chen, J. Syst. Evol.

49: 160 (2011).
Saussurea carduiformis Franch. var. *megaphylla* X. Y. Wu, Fl. Tsinling. 1 (5): 423 (1985).
陕西。

黑苞风毛菊

●**Saussurea melanotricha** Hand.-Mazz., Anz. Akad. Wiss. Wien, Math.-Naturwiss. Kl. 61: 204 (1924).
Saussurea xanthotricha Hand.-Mazz., Anz. Akad. Wiss. Wien, Math.-Naturwiss. Kl. 61: 204 (1924).
四川、云南。

截叶风毛菊

●**Saussurea merinoi** H. Lév., Bull. Geogr. Bot. 25: 19 (1915).
云南。

滇风毛菊

●**Saussurea micradenia** Hand.-Mazz., Anz. Akad. Wiss. Wien, Math.-Naturwiss. Kl. 62: 16 (1925).
云南。

小风毛菊

●**Saussurea minuta** C. Winkl., Trudy Imp. S.-Peterburgsk. Bot. Sada 13: 243 (1894).
甘肃、青海、四川。

小裂风毛菊

●**Saussurea minutiloba** Y. S. Chen, Phytotaxa 213 (3): 179 (2015).
四川。

蒙古风毛菊

Saussurea mongolica (Franch.) Franch., Bull. Herb. Boissier 5: 539 (1897).
Saussurea ussuriensis Maxim. var. *mongolica* Franch., Nouv. Arch. Mus. Hist. Nat., sér. 2 6: 61 (1883); *Saussurea matsumurae* Nakai, Bot. Mag. (Tokyo) 29: 206 (1915).
黑龙江、吉林、辽宁、内蒙古、河北、山西、山东、陕西、宁夏、甘肃、青海；蒙古国、朝鲜半岛。

山地风毛菊

●**Saussurea montana** J. Anthony, Notes Roy. Bot. Gard. Edinburgh 18: 208 (1934).
四川、云南。

桑叶风毛菊

●**Saussurea morifolia** F. H. Chen, Bull. Fan Mem. Inst. Biol. Bot. 8: 123 (1938).
陕西、甘肃。

小尖风毛菊

●**Saussurea mucronulata** Lipsch., Byull. Moskovsk. Obshch. Isp. Prir., Otd. Biol. 59: 80 (1954).
新疆。

木里雪莲

●**Saussurea muliensis** Hand.-Mazz., Notizbl. Bot. Gart. Berlin-Dahlem 13: 656 (1937).
四川。

多裂风毛菊

●**Saussurea multiloba** Y. S. Chen, Phytotaxa 213 (3): 182 (2015).
四川。

变叶风毛菊

●**Saussurea mutabilis** Diels, Bot. Jahrb. Syst. 36: 109 (1905).
Saussurea mutabilis var. *diplochaeta* Y. Ling, Contr. Inst. Bot. Natl. Acad. Peiping 3: 166 (1935).
陕西、甘肃。

尼泊尔雪兔子

Saussurea namikawae Kitam., Acta Phytotax. Geobot. 24: 5 (1969).
西藏；尼泊尔。

矮小雪莲（新拟）

Saussurea nana (Pamp.) Pamp., Sped. Ital. De Filippi Himal. 1913-14, Ser. 2 11 (Agg. Fl. Carac.): 176 (1934).
Saussurea schultzii Hook. f. var. *nana* Pamp., Bull. Soc. Bot. Ital. 4-6: 33 (1915).
西藏；印度、克什米尔地区。

钻状风毛菊

●**Saussurea nematolepis** Y. Ling, Contr. Inst. Bot. Natl. Acad. Peiping 6: 67 (1949).
甘肃、青海、四川。

耳叶风毛菊

●**Saussurea neofranchetii** Lipsch., Bot. Zhurn. (Moscow et Leningrad) 57: 676 (1972).
四川、云南。

齿叶风毛菊

Saussurea neoserrata Nakai, Bot. Mag. (Tokyo) 45: 519 (1931).
Saussurea serrata DC. var. *amurensis* Herder, Bull. Soc. Imp. Naturalistes Moscou 41: 19 (1868); *Saussurea parviflora* (Poir.) DC. var. *amurensis* (Herder) S. Y. Hu, Quart. J. Taiwan Mus. 21: 5 (1968).
黑龙江、吉林、内蒙古；蒙古国、朝鲜半岛、俄罗斯。

钝苞雪莲（瑞苓草）

●**Saussurea nigrescens** Maxim., Bull. Acad. Imp. Sci. Saint-Pétersbourg 27: 491 (1882).
河南、陕西、甘肃、青海。

倒披针叶风毛菊

Saussurea nimborum W. W. Smith, J. Proc. Asiat. Soc.

Bengal 7: 73 (1911).
西藏；不丹、印度。

须弥雪兔子

Saussurea nishiokae Kitam., Acta Phytotax. Geobot. 24: 6 (1969).
西藏；不丹、尼泊尔、印度。

银背风毛菊

Saussurea nivea Turcz., Bull. Soc. Imp. Naturalistes Moscou 10: 153 (1837).
Saussurea eriolepis Bunge ex DC., Prodr. (DC.) 6: 535 (1838).
辽宁、内蒙古、河北、山西、陕西、宁夏、甘肃；朝鲜半岛。

聂拉木风毛菊

●**Saussurea nyalamensis** Y. L. Chen et S. Yun Liang, Acta Phytotax. Sin. 19: 103 (1981).
西藏。

林芝风毛菊

●**Saussurea nyingchiensis** Y. S. Chen, Phytotaxa 213 (3): 188 (2015).
西藏。

长圆叶风毛菊

●**Saussurea oblongifolia** F. H. Chen, Bull. Fan Mem. Inst. Biol. Bot. 6: 99 (1935).
云南。

苞叶雪莲（苞叶风毛菊）

Saussurea obvallata (DC.) Sch.-Bip., Linnaea 19: 331 (1846).
Aplotaxis obvallata DC., Prodr. (DC.) 6: 541 (1838); *Saussurea obvallata* var. *orientalis* Diels, Bot. Jahrb. Syst. 29: 623 (1901).
青海、四川、云南、西藏；缅甸、不丹、尼泊尔、印度、克什米尔地区。

怒江风毛菊

●**Saussurea ochrochlaena** Hand.-Mazz., Anz. Akad. Wiss. Wien, Math.-Naturwiss. Kl. 62: 27 (1925).
Saussurea salwinensis J. Anthony, Notes Roy. Bot. Gard. Edinburgh 18: 211 (1934).
云南、西藏。

齿苞风毛菊

Saussurea odontolepis Sch.-Bip. ex Maxim., Bull. Acad. Imp. Sci. Saint-Pétersbourg. 29: 176 (1883).
Saussurea pectinata Bunge ex DC. var. *amurensis* Maxim., Mém. Acad. Imp. Sci. St.-Pétersbourg Divers Savans 9: 171 (1859); *Saussurea aspera* Hand.-Mazz., Acta Horti Gothob. 12: 319 (1938).
黑龙江、吉林、辽宁、内蒙古、山西；蒙古国、朝鲜半岛、俄罗斯。

少花风毛菊

●**Saussurea oligantha** Franch., J. Bot. (Morot) 10: 421 (1896).
Saussurea oligantha var. *parvifolia* Y. Ling, Contr. Inst. Bot. Natl. Acad. Peiping 6: 81 (1949); *Saussurea oligolepis* Y. Ling, Contr. Inst. Bot. Natl. Acad. Peiping 6: 81 (1949); *Saussurea oligantha* var. *oligolepis* (Y. Ling) X. Y. Wu, Fl. Tsinling. 1 (5): 361 (1985).
河南、陕西、甘肃、湖北、四川、重庆、云南、西藏。

少头风毛菊

●**Saussurea oligocephala** (Y. Ling) Y. Ling, Contr. Inst. Bot. Natl. Acad. Peiping 6: 83 (1949).
Saussurea acrophila Diels var. *oligocephala* Y. Ling, Contr. Inst. Bot. Natl. Acad. Peiping 3: 155 (1935).
陕西。

阿尔泰雪莲

Saussurea orgaadayi Khanm. et Krasnob., Izv. Sibirsk. Otd. Akad. Nauk S. S. S. R. 13 (2): 15 (1984).
新疆；蒙古国、俄罗斯。

卵叶风毛菊

Saussurea ovata Benth. in G. Henderson et Hume, Lahore to Yarkand. 325 (1873).
Saussurea pseudocolorata Danguy, J. Bot. (Morot) 21: 52 (1907).
新疆；塔吉克斯坦。

青藏风毛菊

●**Saussurea ovatifolia** Y. L. Chen et S. Yun Liang, Acta Phytotax. Sin. 19: 102 (1981).
青海、西藏。

东俄洛风毛菊

Saussurea pachyneura Franch., J. Bot. (Morot) 8: 354 (1894).
Saussurea kunthiana var. *major* Hook. f., Fl. Brit. Ind. 3: 369 (1881); *Saussurea bodinieri* H. Lév., Bull. Acad. Int. Geogr. Bot. 25: 19 (1915); *Saussurea sikangensis* F. H. Chen, Bull. Fan Mem. Inst. Biol. Bot. 8: 122 (1938); *Saussurea kunthiana* C. B. Clarke var. *caulescens* Kitam., Acta Phytotax. Geobot. 15: 75 (1953).
四川、贵州、云南、西藏；缅甸、不丹、尼泊尔、印度。

帕里风毛菊（新拟）

Saussurea pagriensis Y. S. Chen, Phytotaxa 177 (4): 197 (2014).
西藏；不丹。

糠秕风毛菊

●**Saussurea paleacea** Y. L. Chen et S. Yun Liang, Acta Phytotax. Sin. 19: 99 (1981).
西藏。

膜片风毛菊

•**Saussurea paleata** Maxim., Mém. Acad. Imp. Sci. St.-Pétersbourg Divers Savans 9: 168 (1859).

Saussurea eriolepis Bunge ex DC. var. *paleata* (Maxim.) Herder, Bull. Soc. Imp. Naturalistes Moscou 41: 32 (1868); *Saussurea corymbosa* F. H. Chen, Bull. Fan Mem. Inst. Biol. Bot. 8: 119 (1938).

辽宁、河北。

小花风毛菊

Saussurea parviflora (Poir.) DC., Ann. Mus. Natl. Hist. Nat. 16: 200 (1810).

Serratula parviflora Poir. in Lam., Encycl. 6: 554 (1805); *Saussurea atriplicifolia* Fisch. ex Herder, Bull. Soc. Imp. Naturalistes Moscou 41: 19 (1868); *Saussurea chowana* F. H. Chen, Bull. Fan Mem. Inst. Biol. Bot. 8: 119 (1938).

内蒙古、河北、山西、宁夏、甘肃、青海、新疆、四川、云南；蒙古国、哈萨克斯坦、俄罗斯。

深裂风毛菊

•**Saussurea paucijuga** Y. Ling, Contr. Inst. Bot. Natl. Acad. Peiping 6: 88 (1949).

陕西。

红叶雪兔子

•**Saussurea paxiana** Diels, Repert. Spec. Nov. Regni Veg. Beih. 12: 512 (1922).

甘肃、青海、四川、云南、西藏。

篦苞风毛菊

•**Saussurea pectinata** Bunge ex DC., Prodr. (DC.) 6: 538 (1838).

Saussurea davidii Franch., Nouv. Arch. Mus. Hist. Nat., sér. 2 6: 60 (1883); *Saussurea davidii* var. *macrocephala* Franch., Nouv. Arch. Mus. Hist. Nat., sér. 2 6: 60 (1883); *Saussurea pectinata* var. *macrocephala* (Franch.) Hand.-Mazz., Acta Horti Gothob. 12: 321 (1938).

黑龙江、吉林、辽宁、内蒙古、河北、山西、山东、河南、陕西、甘肃。

显梗风毛菊

•**Saussurea peduncularis** Franch., J. Bot. (Morot) 2: 357 (1888).

Saussurea peduncularis var. *diversifolia* Franch., J. Bot. (Morot) 2: 358 (1888); *Saussurea peduncularis* var. *lobata* Franch., J. Bot. (Morot) 2: 358 (1888).

云南。

西北风毛菊

•**Saussurea petrovii** Lipsch., Bot. Zhurn. (Moscow et Leningrad) 57: 524 (1972).

内蒙古、宁夏、甘肃。

褐花雪莲（褐花风毛菊）

•**Saussurea phaeantha** Maxim., Bull. Acad. Imp. Sci. Saint-Pétersbourg 27: 489 (1882).

Saussurea tsarongensis J. Anthony, Notes Roy. Bot. Gard. Edinburgh 18: 214 (1934); *Saussurea haizishanensis* B. Q. Xu, G. Hao et N. H. Xia, Nord. J. Bot. 20: 1 (2013).

甘肃、青海、四川、云南、西藏。

重羽菊

•**Saussurea picridifolia** (Hand.-Mazz) Y. S. Chen et Qian Yuan, Phytotaxa 236 (1): 59 (2015).

Jurinea picridifolia Hand.-Mazz., Anz. Akad. Wiss. Wien, Math.-Naturwiss. Kl. 62: 69 (1925); *Diplazoptilon picridifolium* (Hand.-Mazz.) Y. Ling, Acta Phytotax. Sin. 10: 85 (1965).

云南、西藏。

膜鞘风毛菊

•**Saussurea pilinophylla** Diels, Repert. Spec. Nov. Regni Veg. Beih. 12: 513 (1922).

Saussurea tunicata Hand.-Mazz., J. Bot. 76: 290 (1938).

青海、四川、西藏。

松林风毛菊

•**Saussurea pinetorum** Hand.-Mazz., Symb. Sin. 7 (4): 1150 (1936).

四川、重庆、云南。

羽裂风毛菊

•**Saussurea pinnatidentata** Lipsch., Bot. Zhurn. (Moscow et Leningrad) 57: 524 (1972).

Saussurea runcinata DC. var. *pinnatidentata* (Lipsch.) A. C. Fu et D. C. Wen, Fl. Intramongolica 6: 231 (1982).

内蒙古、甘肃、青海。

川南风毛菊

•**Saussurea platypoda** Hand.-Mazz., Symb. Sin. 7 (4): 1152 (1936).

四川。

多头风毛菊

•**Saussurea polycephala** Hand.-Mazz., Acta Horti Gothob. 12: 313 (1938).

湖北、四川。

多鞘雪莲

•**Saussurea polycolea** Hand.-Mazz., Notizbl. Bot. Gart. Berlin-Dahlem 13: 654 (1937).

Saussurea nidularis Hand.-Mazz., Notizbl. Bot. Gart. Berlin-Dahlem 13: 655 (1937).

四川、云南、西藏。

蓼叶风毛菊

•**Saussurea polygonifolia** F. H. Chen, Bull. Fan Mem. Inst. Biol. Bot. 8: 125 (1938).

云南。

水龙骨风毛菊

•**Saussurea polypodioides** J. Anthony, Notes Roy. Bot. Gard. Edinburgh 18: 209 (1934).

云南、西藏。

革叶风毛菊

•**Saussurea poochlamys** Hand.-Mazz., Anz. Akad. Wiss. Wien,

Math.-Naturwiss. Kl. 62: 15 (1925).
四川、云南。

寡头风毛菊

Saussurea popovii Lipsch., Byull. Moskovsk. Obshch. Isp. Prir., Otd. Biol. 59: 82 (1954).
新疆；蒙古国。

杨叶风毛菊

●**Saussurea populifolia** Hemsl., J. Linn. Soc., Bot. 29: 311 (1892).
Saussurea acropilina Diels, Repert. Spec. Nov. Regni Veg. Beih. 12: 511 (1922).
河南、陕西、甘肃、湖北、四川、重庆、云南、西藏。

紫白风毛菊

●**Saussurea porphyroleuca** Hand.-Mazz., Anz. Akad. Wiss. Wien, Math.-Naturwiss. Kl. 62: 15 (1925).
云南。

草原雪莲

●**Saussurea pratensis** J. Anthony, Notes Roy. Bot. Gard. Edinburgh 18: 210 (1934).
云南。

展序风毛菊

Saussurea prostrata C. Winkl., Trudy Imp. S.-Peterburgsk. Bot. Sada 9: 518 (1886).
新疆；吉尔吉斯斯坦、哈萨克斯坦。

弯齿风毛菊

Saussurea przewalskii Maxim., Bull. Acad. Imp. Sci. Saint-Pétersbourg 27: 494 (1882).
Saussurea likiangensis Franch., J. Bot. (Morot) 2: 356 (1888); *Saussurea cirsioides* Hemsl., J. Linn. Soc., Bot. 29: 309 (1892); *Saussurea giraldii* Diels, Bot. Jahrb. Syst. 36: 108 (1905).
陕西、甘肃、青海、四川、云南、西藏；不丹。

假高山风毛菊

Saussurea pseudoalpina N. D. Simpson, J. Linn. Soc., Bot. 41: 427 (1913).
新疆；蒙古国、哈萨克斯坦、俄罗斯。

洮河风毛菊

●**Saussurea pseudobullockii** Lipsch., Novosti Sist. Vyssh. Rast. 1964: 321 (1964).
甘肃。

拟尼泊尔风毛菊

Saussurea pseudoeriostemon Y. S. Chen, Phytotaxa 213 (3): 183 (2015).
西藏；尼泊尔。

拟禾叶风毛菊

●**Saussurea pseudograminea** Y. F. Wang, G. Z. Du et Y. S. Lian, Nord. J. Bot. 32 (2): 188 (2014).
甘肃。

拟九龙风毛菊

●**Saussurea pseudojiulongensis** Y. S. Chen, Phytotaxa 213 (3): 206 (2015).
四川。

拟羽裂雪兔子

●**Saussurea pseudoleucoma** Y. S. Chen, Phytotaxa 213 (3): 164 (2015).
西藏。

拟小舌风毛菊

●**Saussurea pseudolingulata** Y. S. Chen, Phytotaxa 213 (3): 185 (2015).
四川、云南、西藏。

类尖头风毛菊

●**Saussurea pseudomalitiosa** Lipsch., Byull. Moskovsk. Obshch. Isp. Prir., Otd. Biol. 59: 76 (1954).
青海。

拟宽苞风毛菊

●**Saussurea pseudoplatyphyllaria** Y. S. Chen, Phytotaxa 213 (3): 173 (2015).
四川。

拟显鞘风毛菊（新拟）

●**Saussurea pseudorockii** Y. S. Chen, Phytotaxa 170 (3): 145 (2014).
云南。

假盐地风毛菊

Saussurea pseudosalsa Lipsch., Byull. Moskovsk. Obshch. Isp. Prir., Otd. Biol. 59: 79 (1954).
内蒙古、甘肃、青海、新疆；蒙古国。

朗县雪兔子

●**Saussurea pseudosimpsoniana** Y. S. Chen, Phytotaxa 213 (3): 166 (2015).
西藏。

拟三指雪兔子

●**Saussurea pseudotridactyla** Y. S. Chen, Phytotaxa 213 (3): 162 (2015).
西藏。

拟云南风毛菊

●**Saussurea pseudoyunnanensis** Y. S. Chen, Phytotaxa 213 (3): 196 (2015).
云南、西藏。

延翅风毛菊

●**Saussurea pteridophylla** Hand.-Mazz., Symb. Sin. 7 (4): 1149 (1936).
四川。

毛果风毛菊

●**Saussurea pubescens** Y. L. Chen et S. Yun Liang, Acta Phytotax. Sin. 19: 95 (1981).
西藏。

毛背雪莲

●**Saussurea pubifolia** S. W. Liu, Acta Biol. Plateau Sin. 3: 70 (1984).
西藏。

毛背雪莲（原变种）

●**Saussurea pubifolia** var. **pubifolia**
西藏。

小苞雪莲

●**Saussurea pubifolia** var. **lhasaensis** S. W. Liu, Acta Biol. Plateau Sin. 3: 71 (1984).
西藏。

美花风毛菊（球花风毛菊）

Saussurea pulchella (Fisch.) Fisch. in Colla, Herb. Pedem. 3: 234 (1834).
Heterotrichum pulchellum Fisch., Mem. Soc. Nat. Mosc. 3: 71 (1812).
黑龙江、吉林、辽宁、内蒙古、河北、山西；蒙古国、日本、朝鲜半岛、俄罗斯。

美丽风毛菊（球花风毛菊）

●**Saussurea pulchra** Lipsch., Bot. Mater. Gerb. Bot. Inst. Komarova Akad. Nauk S. S. S. R. 19: 389 (1959).
Hemisteptia pulchra (Lipsch.) Soják, Novit. Bot. et Del. Sem. Hort. Bot. Univ. Carol. Prag. 1962: 49 (1962).
甘肃、青海。

甘青风毛菊

●**Saussurea pulvinata** Maxim., Bull. Acad. Imp. Sci. Saint-Pétersbourg 27: 493 (1882).
Saussurea ruoqiangensis K. M. Shen, Acta Phytotax. Sin. 36: 273 (1998).
甘肃、青海、新疆。

垫状风毛菊

●**Saussurea pulviniformis** C. Winkl., Trudy Imp. S.-Peterburgsk. Bot. Sada 11: 377 (1891).
新疆。

矮小风毛菊

●**Saussurea pumila** C. Winkl., Trudy Imp. S.-Peterburgsk. Bot. Sada 13: 244 (1894).
青海、四川、西藏。

紫苞风毛菊

Saussurea purpurascens Y. L. Chen et S. Yun Liang, Acta Phytotax. Sin. 19: 105 (1981).
西藏；不丹。

昌都风毛菊（新拟）

●**Saussurea qamdoensis** Y. S. Chen, Phytotaxa 170 (3): 146 (2014).
西藏。

槲叶雪兔子

●**Saussurea quercifolia** W. W. Smith, Notes Roy. Bot. Gard. Edinburgh 8: 115 (1913).
Saussurea hypsipeta Diels, Repert. Spec. Nov. Regni Veg. Beih. 12: 512 (1922); *Saussurea chionophora* Hand.-Mazz., Contr. Inst. Bot. Natl. Acad. Peiping 3 (4): 153 (1935).
青海、四川、云南、西藏。

折苞风毛菊（弯苞风毛菊）

Saussurea recurvata (Maxim.) Lipsch., Bot. Mater. Gerb. Bot. Inst. Komarova Akad. Nauk S. S. S. R. 21: 374 (1961).
Saussurea elongata DC. var. *recurvata* Maxim., Mém. Acad. Imp. Sci. St.-Pétersbourg Divers Savans 9: 167 (1859); *Saussurea parasclerolepis* A. I. Baranov et Skvortsov, Quart. J. Taiwan Mus. 19: 163 (1966); *Saussurea recurvata* var. *angustata* H. C. Fu, Fl. Intramongolica 1: 50 (1981).
黑龙江、吉林、辽宁、内蒙古、陕西、宁夏、甘肃、青海；蒙古国、朝鲜半岛、俄罗斯。

倒齿风毛菊

●**Saussurea retroserrata** Y. L. Chen et S. Yun Liang, Acta Phytotax. Sin. 19: 97 (1981).
西藏。

强壮风毛菊

Saussurea robusta Ledeb., Icon. Pl. 1: 16 (1829).
新疆；蒙古国、哈萨克斯坦、俄罗斯。

显鞘风毛菊

●**Saussurea rockii** J. Anthony, Notes Roy. Bot. Gard. Edinburgh 18: 211 (1934).
云南。

鸢尾叶风毛菊（蛇眼草，雨过天晴）

●**Saussurea romuleifolia** Franch., J. Bot. (Morot) 2: 339 (1888).
四川、云南、西藏。

圆叶风毛菊

●**Saussurea rotundifolia** F. H. Chen, Bull. Fan Mem. Inst. Biol. Bot. 6: 98 (1935).
Saussurea tenella Y. Ling, Contr. Inst. Bot. Natl. Acad. Peiping 6: 85 (1949).
陕西、四川。

倒羽叶风毛菊（碱地风毛菊）

Saussurea runcinata DC., Ann. Mus. Natl. Hist. Nat. 16: 202 (1810).

黑龙江、吉林、内蒙古、河北、山西、陕西、宁夏；蒙古国、俄罗斯。

倒羽叶风毛菊（原变种）

Saussurea runcinata var. **runcinata**

Saussurea crepidifolia Turcz., Otdel Biologičeskij 20 (2): 47 (1847); *Saussurea alata* var. *runcinata* (DC.) Herder, Bjull. Moskovsk. Obač. Isp. Prir., Otd. Biol. 41: 46 (1868).

黑龙江、吉林、内蒙古、河北、山西、陕西、宁夏；蒙古国、俄罗斯。

全叶石咸地风毛菊

●**Saussurea runcinata** var. **integrifolia** H. C. Fu et D. S. Wen in Ma, Fl. Intramongolica 6: 329 (1982).

内蒙古。

倒卵叶风毛菊

Saussurea salemannii C. Winkl., Trudy Imp. S.-Peterburgsk. Bot. Sada 11: 166 (1889).

新疆；哈萨克斯坦。

柳叶风毛菊

Saussurea salicifolia (L.) DC., Ann. Mus. Natl. Hist. Nat. 16: 200 (1810).

Serratula salicifolia L., Sp. Pl. 2: 817 (1753).

黑龙江、内蒙古、甘肃；蒙古国、俄罗斯。

尾尖风毛菊

●**Saussurea saligna** Franch., J. Bot. (Morot) 8: 345 (1894).

陕西、重庆。

盐地风毛菊

Saussurea salsa (Pall.) Spreng., Syst. Veg., ed. 16 3: 381 (1826).

Serratula salsa Pall., Reise Russ. Reich. 3: 607 (1776); *Heterotrichum salsum* (Pall.) M. Bieb, Fl. Taur.-Caucas. 3: 551 (1819).

内蒙古、宁夏、甘肃、青海、新疆；蒙古国、阿富汗、塔吉克斯坦、吉尔吉斯斯坦、哈萨克斯坦、乌兹别克斯坦、俄罗斯；亚洲（西南部）、欧洲。

糙毛风毛菊

●**Saussurea scabrida** Franch., Bull. Annuel Soc. Philom. Paris, sér. 8 3: 146 (1891).

Saussurea leontodon Dunn, J. Linn. Soc., Bot. 35: 509 (1903); *Saussurea pseudoleontodon* F. H. Chen, Bull. Fan Mem. Inst. Biol. Bot. 6: 99 (1935).

四川、云南、西藏。

暗苞风毛菊

Saussurea schanginiana (Wydler) Fisch. ex Serg. in Krylov, Fl. Zapadnoi Sibiri 11: 2906 (1949).

Lagurostemon pygmaeus (Jacq.) Cass. var. *schanginianus* Wydler, Linnaea 5: 427 (1830).

新疆；蒙古国、吉尔吉斯斯坦、哈萨克斯坦、俄罗斯。

腺毛风毛菊

Saussurea schlagintweitii Klatt, Sitzungsber. Math.-Phys. Cl. Königl. Akad. Wiss. München. 8: 94 (1878).

Saussurea glanduligera Sch.-Bip. ex Hook. f., Fl. Brit. Ind. 3: 371 (1881).

新疆、西藏；印度、克什米尔地区。

克什米尔雪莲

Saussurea schultzii Hook. f., Fl. Brit. Ind. 3: 366 (1881).

新疆；印度、巴基斯坦、克什米尔地区。

半抱茎风毛菊

●**Saussurea semiamplexicaulis** Lipsch., Bot. Zhurn. (Moscow et Leningrad) 57: 528 (1972).

云南。

锯叶风毛菊

●**Saussurea semifasciata** Hand.-Mazz., Anz. Akad. Wiss. Wien, Math.-Naturwiss. Kl. 60: 100 (1923).

甘肃、青海、四川、云南。

半琴叶风毛菊

●**Saussurea semilyrata** Bureau et Franch., J. Bot. (Morot) 5: 76 (1891).

Saussurea stoetzneriana Diels, Repert. Spec. Nov. Regni Veg. Beih. 12: 513 (1922); *Saussurea viridibracteata* F. H. Chen, Bull. Fan Mem. Inst. Biol. Bot. 8: 125 (1938); *Saussurea lanata* Y. L. Chen et S. Yun Liang, Acta Phytotax. Sin. 19: 96 (1981).

四川、云南、西藏。

绢毛风毛菊

●**Saussurea sericea** Y. L. Chen et S. Yun Liang, Acta Phytotax. Sin. 19: 96 (1981).

西藏。

香格里拉风毛菊（新拟）

●**Saussurea shangrilaensis** Y. S. Chen, Phytotaxa 172 (2): 123 (2014).

四川、云南。

水洛风毛菊

●**Saussurea shuiluoensis** Y. S. Chen, Phytotaxa 213 (3): 202 (2015).

四川。

小果雪兔子

Saussurea simpsoniana (Fielding et Gardner) Lipsch., Novosti Sist. Vyssh. Rast. 1964: 319 (1964).

Aplotaxis simpsoniana Fielding et Gardner, Sert. Pl.: t. 26 (1844); *Saussurea sacra* Edgew., Trans. Linn. Soc. London 20: 76 (1846).

青海、新疆、西藏；不丹、尼泊尔、印度、克什米尔地区。

林风毛菊

Saussurea sinuata Kom., Trudy Imp. S.-Peterburgsk. Bot. Sada 25: 735 (1907).

Saussurea stenolepis Nakai, Bot. Mag. (Tokyo) 29: 207 (1915); *Saussurea aristata* Lipsch., Not. Syst. Herb. Inst. Bot. Acad. Sci. U. R. S. S. 21: 363 (1961).

黑龙江、吉林、内蒙古；朝鲜半岛、俄罗斯。

西康风毛菊

●**Saussurea smithiana** Hand.-Mazz., Acta Horti Gothob. 12: 310 (1938).

四川。

昂头风毛菊

●**Saussurea sobarocephala** Diels, Bot. Jahrb. Syst. 36: 108 (1905).

河北、山西、河南、陕西、四川。

拟昂头风毛菊

●**Saussurea sobarocephaloides** Y. S. Chen, Phytotaxa 213 (3): 200 (2015).

四川、云南。

污花风毛菊

Saussurea sordida Kar. et Kir., Bull. Soc. Imp. Naturalistes Moscou 15: 389 (1842).

Saussurea pycnocephala Ledeb. var. *sordida* (Kar. et Kir.) Herder, Bjull. Moskovsk. Obač. Isp. Prir., Otd. Biol. 41: 7 (1868); *Saussurea russowii* C. Winkl., Catal. Sem. Hort. Bot. Petrop. 41 (1883); *Saussurea sordida* var. *oligocephala* C. Winkl. ex Lipsch., Bot. Mater. Gerb. Bot. Inst. Komarova Akad. Nauk S. S. S. R. 21: 371 (1961).

新疆；塔吉克斯坦、吉尔吉斯斯坦、哈萨克斯坦、乌兹别克斯坦。

披针叶风毛菊

●**Saussurea souliei** Franch., Bull. Annuel Soc. Philom. Paris, sér. 8 3: 147 (1891).

四川。

维西风毛菊

●**Saussurea spatulifolia** Franch., J. Bot. (Morot) 2: 338 (1888).

四川、云南。

星状雪兔子

Saussurea stella Maxim., Bull. Acad. Imp. Sci. Saint-Pétersbourg 27: 490 (1882).

甘肃、青海、四川、云南、西藏；不丹、印度。

喜林风毛菊

●**Saussurea stricta** Franch., J. Bot. (Morot) 8: 342 (1894).

Saussurea subcordata F. H. Chen, Bull. Fan Mem. Inst. Biol. Bot. 6: 92 (1935).

甘肃、四川、重庆。

吉林风毛菊

Saussurea subtriangulata Kom., Bot. Mater. Gerb. Glavn. Bot. Sada S. S. S. R. 6: 18 (1926).

Saussurea eriolepis Bunge ex DC. var. *caudata* Herder, Bull. Soc. Imp. Naturalistes Moscou 41: 32 (1868); *Saussurea grandifolia* Maxim. var. *caudata* (Herder) Kom., Trudy Imp. S.-Peterburgsk. Bot. Sada 25: 727 (1907).

黑龙江、吉林；朝鲜半岛、俄罗斯。

钻叶风毛菊

Saussurea subulata C. B. Clarke, Compos. Ind. 226 (1876).

Saussurea setifolia Klatt, Situngsb. Akad. Wiss. Munchen. 8: 95 (1878).

甘肃、青海、新疆、西藏；印度、克什米尔地区。

钻苞风毛菊

●**Saussurea subulisquama** Hand.-Mazz., Acta Horti Gothob. 12: 326 (1938).

Saussurea kokonorensis Y. Ling, Contr. Inst. Bot. Natl. Acad. Peiping 6: 90 (1949).

甘肃、青海、四川。

武素功雪兔子

●**Saussurea sugongii** S. W. Liu et T. N. Ho, Novon 20: 174 (2010).

新疆。

横断山风毛菊

●**Saussurea superba** J. Anthony, Notes Roy. Bot. Gard. Edinburgh 18: 212 (1934).

Saussurea tatsienensis Franch. var. *monocephala* Diels, Repert. Spec. Nov. Regni Veg. Beih. 12: 513 (1938).

甘肃、青海、四川、云南、西藏。

四川风毛菊

●**Saussurea sutchuenensis** Franch., J. Bot. (Morot) 8: 353 (1894).

Saussurea dutaillyana var. *shensiensis* Y. Y. Pai, Contr. Inst. Bot. Natl. Acad. Peiping 3: 296 (1935); *Saussurea rufostrigillosa* Y. Ling, Contr. Inst. Bot. Natl. Acad. Peiping 3: 168 (1935); *Saussurea rufostrigillosa* var. *macrocephala* Y. Ling, Contr. Inst. Bot. Natl. Acad. Peiping 6 (2): 75 (1949); *Saussurea dutaillyana* Franch. var. *macrocephala* (Y. Ling) X. Y. Wu, Fl. Tsinling. 1 (5): 360 (1985).

河南、陕西、湖北、重庆。

林生风毛菊

●**Saussurea sylvatica** Maxim., Bull. Acad. Imp. Sci. Saint-Pétersbourg 27: 495 (1882).

Saussurea hsiaowutaishanensis F. H. Chen, Bull. Fan Mem. Inst. Biol. Bot. 5: 85 (1934); *Saussurea sylvatica* var. *hsiaowutaishanensis* (F. H. Chen) Lipsch., Bull. Soc. Imp. Naturalistes Moscou 76: 87 (1971).

河北、山西、陕西、甘肃、青海、四川。

太白山雪莲

●**Saussurea taipaiensis** Y. Ling, Contr. Inst. Bot. Natl. Acad. Peiping 3: 151 (1935).
陕西。

唐古特雪莲（漏紫多保）

●**Saussurea tangutica** Maxim., Bull. Acad. Imp. Sci. Saint-Pétersbourg 27: 489 (1882).
甘肃、青海、四川、西藏。

蒲公英风毛菊

Saussurea taraxacifolia (Lindl. ex Royle) Wall. ex DC., Prodr. (DC.) 6: 532 (1838).
Cyathidium taraxacifolium Lindl. ex Royle, Ill. Bot. Himal. Mts. 1: 251 (1835).
云南、西藏；不丹、尼泊尔、印度、克什米尔地区。

打箭风毛菊

●**Saussurea tatsienensis** Franch., Bull. Annuel Soc. Philom. Paris, sér 8 3: 146 (1891).
青海、四川、云南。

长白山风毛菊

●**Saussurea tenerifolia** Kitag., Rep. Inst. Sci. Res. Manchoukuo 5: 159 (1941).
吉林。

肉叶雪兔子

Saussurea thomsonii C. B. Clarke, Compos. Ind. 227 (1876).
青海、新疆、西藏；印度、巴基斯坦、克什米尔地区。

草甸雪兔子

●**Saussurea thoroldii** Hemsl., J. Linn. Soc., Bot. 30: 115 (1894).
甘肃、青海、新疆、西藏。

天水风毛菊

●**Saussurea tianshuiensis** X. Y. Wu, Fl. Loess-Plateaus Sin. 5: 520 (1989).
陕西、宁夏、甘肃。

天水风毛菊（原变种）

●**Saussurea tianshuiensis** var. **tianshuiensis**
陕西、宁夏、甘肃。

户县风毛菊

●**Saussurea tianshuiensis** var. **huxianensis** X. Y. Wu, Fl. Loess-Plateaus Sin. 5: 521 (1989).
陕西。

西藏风毛菊

●**Saussurea tibetica** C. Winkl., Trudy Imp. S.-Peterburgsk. Bot. Sada 13: 242 (1894).
青海、四川、西藏。

高岭风毛菊

Saussurea tomentosa Kom., Bot. Mater. Gerb. Glavn. Bot. Sada R. S. F. S. R. 2: 135 (1921).
Saussurea alpicola Kitam., Acta Phytotax. Geobot. 2: 46 (1933).
吉林；朝鲜半岛、俄罗斯。

藏南雪兔子

Saussurea topkegolensis H. Ohba et S. Akiyama, Univ. Mus. Univ. Tokyo. Nat. Cult. 4: 68 (1992).
西藏；不丹、尼泊尔、印度。

毛苞风毛菊

Saussurea triangulata Trautv. et C. A. Meyer in Middendorff, Reise Sibir. 1 (2): 58 (1856).
Saussurea lanatocephala F. H. Chen, Bull. Fan Mem. Inst. Biol. Bot. 8: 121 (1938).
吉林；朝鲜半岛、俄罗斯。

三指雪兔子

Saussurea tridactyla Sch.-Bip. ex Hook. f., Fl. Brit. Ind. 3: 377 (1881).
西藏；不丹、尼泊尔、印度。

三指雪兔子（原变种）

Saussurea tridactyla var. **tridactyla**
西藏；不丹、尼泊尔、印度。

丛株雪兔子

●**Saussurea tridactyla** var. **maiduoganla** S. W. Liu, Acta Biol. Plateau Sin. 3: 71 (1984).
西藏。

钟氏风毛菊

●**Saussurea tsoongii** Y. S. Chen, Phytotaxa 213 (3): 160 (2015).
青海、四川、西藏。

卷苞风毛菊

●**Saussurea tunglingensis** F. H. Chen, Bull. Fan Mem. Inst. Biol. Bot. 5: 85 (1934).
Saussurea sclerolepis Nakai et Kitag., Rep. Inst. Sci. Res. Manchoukuo 4: 64 (1934).
辽宁、内蒙古、河北。

太加风毛菊

Saussurea turgaiensis B. Fedtsch., Repert. Spec. Nov. Regni Veg. 8: 497 (1910).
新疆；塔吉克斯坦、吉尔吉斯斯坦、哈萨克斯坦、俄罗斯。

湿地雪兔子

●**Saussurea uliginosa** Hand.-Mazz., Anz. Akad. Wiss. Wien, Math.-Naturwiss. Kl. 62: 16 (1925).
四川、云南。

湿地雪兔子（原变种）

●**Saussurea uliginosa** var. **uliginosa**

Saussurea dumetorum J. Anthony, Notes Roy. Bot. Gard. Edinburgh 18: 206 (1934).

四川、云南。

线叶湿地雪兔子

●**Saussurea uliginosa** var. **vittifolia** (J. Anthony) Hand.-Mazz., Notizbl. Bot. Gart. Berlin-Dahlem 13: 649 (1937).

Saussurea vittifolia J. Anthony, Notes Roy. Bot. Gard. Edinburgh 18: 215 (1934).

云南。

湿地风毛菊

Saussurea umbrosa Kom., Trudy Imp. S.-Peterburgsk. Bot. Sada 18: 423 (1901).

黑龙江、吉林、内蒙古；朝鲜半岛、俄罗斯。

波缘风毛菊

●**Saussurea undulata** Hand.-Mazz., Symb. Sin. 7 (4): 1147 (1936).

四川、云南。

单花雪莲

Saussurea uniflora (DC.) Wall. ex Sch.-Bip., Linnaea 19: 330 (1846).

Aplotaxia uniflora DC., Prodr. (DC.) 6: 539 (1837).

云南、西藏；不丹、尼泊尔、印度。

乌苏里风毛菊

Saussurea ussuriensis Maxim., Mém. Acad. Imp. Sci. St.-Pétersbourg Divers Savans 9: 167 (1859).

Saussurea ussuriensis var. *incisa* Maxim., Mém. Acad. Imp. Sci. St.-Pétersbourg Divers Savans 9: 167 (1859); *Saussurea ussuriensis* var. *laxiodontolepis* Q. Z. Han et Shu Y. Wang, Bull. Bot. Res., Harbin 15 (2): 187, pl. 1 (1995).

黑龙江、吉林、辽宁、内蒙古、河北、山西、山东、河南、陕西、宁夏、甘肃、青海、江苏；蒙古国、日本、朝鲜半岛、俄罗斯。

变裂风毛菊

●**Saussurea variiloba** Y. Ling, Contr. Inst. Bot. Natl. Acad. Peiping 6: 71 (1949).

甘肃、青海、四川。

华中雪莲

●**Saussurea veitchiana** J. R. Drumm et Hutch., Bull. Misc. Inform. Kew 1911: 190 (1911).

陕西、湖北、重庆。

毡毛雪莲（毡毛风毛菊）

●**Saussurea velutina** W. W. Smith, Notes Roy. Bot. Gard. Edinburgh 12: 221 (1920).

四川、云南、西藏。

绒背风毛菊

●**Saussurea vestita** Franch., J. Bot. (Morot) 2: 358 (1888).

云南。

河谷风毛菊

●**Saussurea vestitiformis** Hand.-Mazz., Notizbl. Bot. Gart. Berlin-Dahlem 13: 643 (1937).

云南。

帚状风毛菊

●**Saussurea virgata** Franch., J. Bot. (Morot) 8: 340 (1894).

云南。

川滇风毛菊

●**Saussurea wardii** J. Anthony, Notes Roy. Bot. Gard. Edinburgh 18: 216 (1934).

Saussurea graminicola F. H. Chen, Bull. Fan Mem. Inst. Biol. Bot. 8: 124 (1938); *Saussurea bomiensis* Y. L. Chen et S. Yun Liang, Acta Phytotax. Sin. 19: 101 (1981).

青海、四川、云南、西藏。

羌塘雪兔子

●**Saussurea wellbyi** Hemsl., Hooker's Icon. Pl. 26: t. 2588 (1899).

Saussurea hyperiophora Hand.-Mazz., Acta Horti Gothob. 12: 343 (1938).

青海、新疆、四川、西藏。

文成风毛菊

●**Saussurea wenchengiae** B. Q. Xu, G. Hao et N. H. Xia, Ann. Bot. Fenn. 50: 83 (2013).

青海。

锥叶风毛菊

Saussurea wernerioides Sch.-Bip. ex Hook. f., Fl. Brit. Ind. 3: 367 (1881).

四川、云南、西藏；不丹、尼泊尔、印度。

垂头雪莲

●**Saussurea wettsteiniana** Hand.-Mazz., Anz. Akad. Wiss. Wien, Math.-Naturwiss. Kl. 57: 144 (1920).

四川、云南。

牛耳风毛菊

●**Saussurea woodiana** Hemsl., J. Linn. Soc., Bot. 29: 312 (1892).

Saussurea nobilis Franch., J. Bot. (Morot) 8: 354 (1894); *Saussurea woodiana* f. *caulescens* Lipsch., Bot. Zhurn. S. S. S. R. 51: 1499 (1966).

青海、四川。

仙人洞风毛菊

●**Saussurea xianrendongensis** Y. S. Chen, Phytotaxa 213 (3): 188 (2015).

云南。

小金风毛菊（新拟）

●**Saussurea xiaojinensis** Y. S. Chen, Phytotaxa 170 (3): 149 (2014).
四川。

雅布赖风毛菊

●**Saussurea yabulaiensis** Y. Y. Yao, Fl. Desert. Reipubl. Popul. Sin. 3: 472 (1992).
内蒙古。

亲二风毛菊

●**Saussurea yangii** Y. S. Chen, Phytotaxa 213 (3): 207 (2015).
云南。

盐源风毛菊

●**Saussurea yanyuanensis** Y. S. Chen, Phytotaxa 213 (3): 198 (2015).
四川。

德浚风毛菊

●**Saussurea yui** Y. S. Chen, Phytotaxa 213 (3): 176 (2015).
四川。

云南风毛菊

●**Saussurea yunnanensis** Franch., J. Bot. (Morot) 2: 340 (1888).
Saussurea yunnanensis var. *integrifolia* Franch., J. Bot. (Morot) 2: 340 (1888); *Saussurea vaginata* Dunn, J. Linn. Soc., Bot. 35: 510 (1903); *Saussurea mairei* H. Lév., Repert. Spec. Nov. Regni Veg. 11: 493 (1913).
四川、云南。

察隅风毛菊

●**Saussurea zayuensis** Y. S. Chen, Phytotaxa 213 (3): 190 (2015).
西藏。

竹溪风毛菊

●**Saussurea zhuxiensis** Y. S. Chen et Q. L. Gan, J. Syst. Evol. 49: 160 (2011).
湖北。

左贡雪兔子

●**Saussurea zogangensis** Y. S. Chen, Phytotaxa 213 (3): 168 (2015).
西藏。

白刺菊属 Schischkinia Iljin

白刺菊

Schischkinia albispina (Bunge) Iljin, Repert. Spec. Nov. Regni Veg. 38: 7 3 (1935).
Microlonchus albispinus Bunge, Delect. Sem. Hort. Dorpat. 8 (1843).
新疆；巴基斯坦、阿富汗、塔吉克斯坦、哈萨克斯坦、乌兹别克斯坦；亚洲（西南部）。

虎头蓟属 Schmalhausenia C. Winkl.

虎头蓟

Schmalhausenia nidulans (Regel) Petrak, Allg. Bot. Z. Syst. 20: 117 (1914).
Cirsium nidulans Regel, Bull. Soc. Imp. Naturalistes Moscou 40: 160 (1867); *Cousinia eriophora* Regel et Schmalh., Trudy Imp. S.-Peterburgsk. Bot. Sada 6: 313 (1879); *Arctium eriophorum* (Regel et Schmalh.) Kuntze, Revis. Gen. Pl. 1: 307 (1891); *Schmalhausenia eriophora* (Regel et Schmalh.) C. Winkl., Trudy Imp. S.-Peterburgsk. Bot. Sada 12: 281 (1892).
新疆；哈萨克斯坦。

硬果菊属 Sclerocarpus Jacquin

硬果菊

△**Sclerocarpus africanus** Jacquin, Icon. Pl. Rar. 1: 17 (1781).
西藏归化；原产于亚洲、热带非洲。

鸦葱属 Scorzonera L.

华北鸦葱（笔管草，白茎雅葱）

Scorzonera albicaulis Bunge, Enum. Pl. China Bor. 40 (1833).
Scorzonera albicaulis f. *flavescens* Nakai, Rep. Inst. Sci. Res. Manchoukuo 1: 169 (1937).
黑龙江、内蒙古、河北、山西、山东、河南、陕西、安徽、江苏、湖北、四川、贵州；蒙古国、朝鲜半岛、俄罗斯。

长茎鸦葱

●**Scorzonera aniana** N. Kilian, Fl. China 20-21: 204 (2011).
新疆。

鸦葱

Scorzonera austriaca Willd., Sp. Pl. 3: 1498 (1803).
Scorzonera austriaca var. *plantaginifolia* Kitag., Rep. Inst. Sci. Res. Manchoukuo 4: 39 (1935).
吉林、辽宁、内蒙古、河北、山西、山东、河南、陕西、宁夏、甘肃、新疆；蒙古国、哈萨克斯坦、俄罗斯；欧洲。

棉毛鸦葱

Scorzonera capito Maxim., Bull. Acad. Imp. Sci. Saint-Pétersbourg 32: 491 (1888).
内蒙古、宁夏；蒙古国。

皱波球根鸦葱

Scorzonera circumflexa Krasch. et Lipsch., Byull. Moskovsk. Obshch. Isp. Prir., Otd. Biol. 43: 148 (1934).
新疆；阿富汗、塔吉克斯坦、吉尔吉斯斯坦、哈萨克斯坦、乌兹别克斯坦。

丝叶鸦葱

Scorzonera curvata (Poplavskaja) Lipsch., Fl. U. R. S. S. 29: 72 (1964).

Scorzonera austriaca Willd. var. *curvata* Poplavskaja, Trudy Bot. Muz. Imp. Akad. Nauk 15: 38 (1916).

黑龙江、内蒙古、青海；蒙古国、俄罗斯。

拐轴鸦葱

Scorzonera divaricata Turcz., Bull. Soc. Imp. Naturalistes Moscou 5: 200 (1832).

内蒙古、河北、山西、陕西、宁夏、甘肃；蒙古国。

拐轴鸦葱（原变种）

Scorzonera divaricata var. **divaricata**

Scorzonera divaricata var. *intricatissima* Maxim., Bull. Acad. Imp. Sci. Saint-Pétersbourg 32: 494 (1888).

内蒙古、河北、山西、陕西、宁夏、甘肃；蒙古国。

紫花拐轴鸦葱

●**Scorzonera divaricata** var. **sublilacina** Maxim., Bull. Acad. Imp. Sci. Saint-Pétersbourg 32: 494 (1888).

内蒙古、甘肃。

剑叶鸦葱

Scorzonera ensifolia M. Bieb., Fl. Taur.-Caucas. 2: 235 (1808).

新疆；哈萨克斯坦、俄罗斯；欧洲。

毛果鸦葱

Scorzonera ikonnikovii Lipsch. et Krasch. in Lipsch., Fragm. Monogr. Gen. Scorzon. 1: 109 (1935).

辽宁、内蒙古、新疆；蒙古国。

北疆鸦葱

Scorzonera iliensis Krasch., Trudy Bot. Inst. Akad. Nauk S. S. S. R., Ser. 1, Fl. Sist. Vyssh. Rast. 1: 178 (1933).

新疆；吉尔吉斯斯坦、哈萨克斯坦、乌兹别克斯坦。

皱叶鸦葱

Scorzonera inconspicua Lipsch. ex Pavlov, Byull. Moskovsk. Obshch. Isp. Prir., Otd. Biol. 42: 139 (1933).

Scorzonera marschalliana C. A. Meyer var. *latifolia* Rupr., Mém. Acad. Imp. Sci. Saint-Pétersbourg, Sér. 7 14: 58 (1869).

新疆；塔吉克斯坦、吉尔吉斯斯坦、哈萨克斯坦、乌兹别克斯坦。

轮台鸦葱

●**Scorzonera luntaiensis** C. Shih, Acta Phytotax. Sin. 33: 197 (1995).

新疆。

东北鸦葱

●**Scorzonera manshurica** Nakai, Rep. Inst. Sci. Res. Manchoukuo 1: 173 (1937).

Scorzonera glabra Rupr. var. *manshurica* (Nakai) Kitag., Lin. Fl. Manshur. 467 (1939).

黑龙江、吉林、辽宁、内蒙古。

蒙古鸦葱

Scorzonera mongolica Maxim., Bull. Acad. Imp. Sci. Saint-Pétersbourg 32: 492 (1888).

Scorzonera mongolica var. *putjatae* C. Winkl., Trudy Imp. S.-Peterburgsk. Bot. Sada 14: 128 (1898); *Scorzonera fengtienensis* Nakai, Rep. Inst. Sci. Res. Manchoukuo 1: 167 (1937).

辽宁、内蒙古、河北、山西、山东、河南、陕西、宁夏、甘肃、青海、新疆；蒙古国、哈萨克斯坦。

帕米尔鸦葱

●**Scorzonera pamirica** C. Shih, Acta Phytotax. Sin. 25: 48 (1987).

新疆。

光鸦葱

Scorzonera parviflora Jacquin, Fl. Austriac. 4: 3 (1776).

Scorzonera caricifolia Pall., Reise Russ. Reich. 3: 539 (1776); *Scorzonera halophila* Fisch. et C. A. Meyer ex DC., Prodr. (DC.) 7: 122 (1838).

新疆；蒙古国、阿富汗、吉尔吉斯斯坦、哈萨克斯坦、乌兹别克斯坦、土库曼斯坦、俄罗斯；亚洲（西南部）、欧洲。

帚状鸦葱（假叉枝鸦葱）

Scorzonera pseudodivaricata Lipsch., Byull. Moskovsk. Obshch. Isp. Prir., Otd. Biol. 42: 158 (1933).

Scorzonera divaricata Turcz. var. *foliata* Maxim., Bull. Acad. Imp. Sci. Saint-Pétersbourg 32: 494 (1888); *Scorzonera muriculata* C. C. Chang, Acta Phytotax. Sin. 25: 40 (1987).

内蒙古、陕西、宁夏、甘肃、青海、新疆、四川；蒙古国。

基枝鸦葱

Scorzonera pubescens DC., Prodr. (DC.) 7: 122 (1838).

新疆；塔吉克斯坦、吉尔吉斯斯坦、哈萨克斯坦、俄罗斯。

细叶鸦葱

Scorzonera pusilla Pall., Reise Russ. Reich. 2: 744 (1773).

Scorzonera popovii Lipsch., Fragm. Monogr. Gen. Scorzon. 23 (1935).

新疆；蒙古国、巴基斯坦、阿富汗、塔吉克斯坦、吉尔吉斯斯坦、哈萨克斯坦、乌兹别克斯坦、土库曼斯坦、俄罗斯；亚洲（西南部）。

毛梗鸦葱（狭叶鸦葱）

Scorzonera radiata Fisch. ex Ledeb., Fl. Altaic. 4: 160 (1833).

Scorzonera rebunensis Tatew. et Kitam., Acta Phytotax. Geobot. 3: 139 (1934); *Scorzonera radiata* var. *rebunensis* (Tatewaki et Kitam.) Nakai, Rep. Inst. Sci. Res. Manchoukuo 1: 179 (1937).

黑龙江、吉林、辽宁、内蒙古、新疆；哈萨克斯坦、乌兹别克斯坦、俄罗斯。

灰枝鸦葱

Scorzonera sericeolanata (Bunge) Krasch. et Lipsch., Byull. Moskovsk. Obshch. Isp. Prir., Otd. Biol. 43: 141 (1934).
Scorzonera tuberosa Pall. var. *sericeolanata* Bunge, Beitr. Fl. Russl. 200 (1852).
新疆；哈萨克斯坦、乌兹别克斯坦、俄罗斯。

桃叶鸦葱

Scorzonera sinensis (Lipsch. et Krasch.) Nakai, Rep. Inst. Sci. Res. Manchoukuo 1: 171 (1937).
Scorzonera austriaca Willd. subsp. *sinensis* Lipsch. et Krasch., Fragm. Monogr. Scorzonera 1: 120 (1935).
辽宁、内蒙古、河北、山西、山东、河南、陕西、宁夏、甘肃、安徽、江苏；蒙古国。

小鸦葱（矮鸦葱）

Scorzonera subacaulis (Regel) Lipsch., Byull. Moskovsk. Obshch. Isp. Prir., Otd. Biol. 42: 160 (1933).
Scorzonera austriaca Willd. var. *subacaulis* Regel, Trudy Imp. S.-Peterburgsk. Bot. Sada 6: 323 (1880).
新疆；吉尔吉斯斯坦、哈萨克斯坦。

橙黄鸦葱

Scorzonera transiliensis Popov in Lipsch., Fragm. Monogr. Gen. Scorzon. 2: 148 (1939).
新疆；吉尔吉斯斯坦、哈萨克斯坦。

千里光属 Senecio L.

湖南千里光

●**Senecio actinotus** Hand.-Mazz., Symb. Sin. 7 (4): 1121 (1936).
Senecio actinotus f. *simplicifolius* Y. Ling, Symb. Sin. 7 (4): 1121, pl. 31, f. 3 (1936).
湖南、广西。

尖羽千里光

●**Senecio acutipinnus** Hand.-Mazz., Symb. Sin. 7 (4): 1127 (1936).
云南。

白紫千里光

Senecio albopurpureus Kitam., Faun. et Fl. Nepal Himal. 1: 271 (1955).
Senecio bracteolatus Hook. f., Fl. Brit. Ind. 3: 339 (1881), not Hook. et Arn. (1841).
西藏；不丹、尼泊尔、印度。

琥珀千里光（大花千里光，东北千里光）

Senecio ambraceus Turcz. ex DC., Prodr. (DC.) 6: 348 (1838).
Senecio ambraceus var. *glaber* Kitam., Acta Phytotax. Geobot. 6: 275 (1937); *Senecio manshuricus* Kitam., J. Jap. Bot. 21: 55 (1947); *Jacobaea ambracea* (Turcz. ex DC.) B. Nord., Compositae Newslett. 44: 13 (2006).
黑龙江、吉林、辽宁、内蒙古、河北、山东、河南、陕西、甘肃；蒙古国、朝鲜半岛、俄罗斯。

菊状千里光

Senecio analogus DC., Prodr. (DC.) 6: 366 (1838).
Senecio spectabilis Wall. ex DC., Prodr. (DC.) 6: 366 (1838); *Senecio chrysanthemoides* DC., Prodr. (DC.) 6: 365 (1838), not Schrank (1789); *Senecio pallens* var. *khasianus* C. B. Clarke, Compos. Ind. 192 (1876); *Senecio chrysanthemoides* var. *khasianus* (C. B. Clarke) Hook. f., Fl. Brit. Ind. 3: 339 (1881); *Senecio chrysanthemoides* var. *eustegius* Hand.-Mazz., Notizbl. Bot. Gart. Berlin-Dahlem 13: 639 (1937); *Jacobaea analoga* (DC.) Veldkamp, Compositae Newslett. 44: 3 (2006).
湖北、四川、贵州、云南、西藏；不丹、尼泊尔、印度、巴基斯坦。

长舌千里光

●**Senecio arachnanthus** Franch., J. Bot. (Morot) 8: 355 (1894).
Cacalia arachnantha (Franch.) Hand.-Mazz., Notizbl. Bot. Gart. Berlin-Dahlem 13: 635 (1937).
云南。

额河千里光（羽叶千里光，大蓬蒿）

Senecio argunensis Turcz., Bull. Soc. Imp. Naturalistes Moscou 20: 18 (1847).
Senecio jacobaea L. var. *grandiflorus* Korsh., Acta Hort. Petrop. 12: 358 (1892), not Turcz. ex DC. (1837); *Senecio argunensis* f. *angustifolius* Komarov, Trudy Imp. S.-Peterburgsk. Bot. Sada 25: 706 (1907); *Senecio blinii* H. Lév., Repert. Sp. Nov. 8: 138 (1910); *Senecio erucifolius* L. subsp. *argunensis* (Turcz.) E. Wiebe, Fl. Sibiriae 13: 166 (1998); *Jacobaea argunensis* (Turcz.) B. Nord., Compositae Newslett. 44: 13 (2006).
黑龙江、吉林、辽宁、内蒙古、河北、山西、河南、陕西、宁夏、甘肃、青海、安徽、江苏、湖北、四川；蒙古国、日本、朝鲜半岛、俄罗斯。

糙叶千里光

●**Senecio asperifolius** Franch., J. Bot. (Morot) 10: 414 (1896).
Senecio henrici Vaniot, Bull. Acad. Int. Geogr. Bot. 11: 351 (1902); *Senecio luticola* Dunn, J. Linn. Soc., Bot. 35: 507 (1903); *Senecio lebrunei* H. Lév., Bull. Acad. Int. Geogr. Bot. 25: 18 (1915).
四川、贵州、云南。

黑褐千里光

●**Senecio atrofuscus** Grierson, Notes Roy. Bot. Gard. Edinburgh 22: 433 (1958).
Senecio daochengensis Y. L. Chen, Acta Phytotax. Sin. 26: 56 (1988).

四川、云南、西藏。

双舌千里光

Senecio biligulatus W. W. Smith, J. Proc. Asiat. Soc. Bengal 7: 69 (1911).
Senecio ramsbottomii Hand.-Mazz., J. Bot. 76: 287 (1938); *Senecio gyirongensis* Y. L. Chen et K. Y. Pan, Acta Phytotax. Sin. 19: 94 (1981).
西藏；缅甸、不丹、尼泊尔、印度。

麻叶千里光（宽叶还魂草）

Senecio cannabifolius Less., Linnaea 6: 242 (1831).
黑龙江、吉林、内蒙古、河北；蒙古国、日本、朝鲜半岛、俄罗斯、阿留申群岛。

麻叶千里光（原变种）

Senecio cannabifolius var. **cannabifolius**
Solidago palmata Pall., Reise Russ. Reich. 3: 439 (1776); *Senecio palmatus* (Pall.) Ledeb., Fl. Ross. (Ledeb.) 2: 656 (1845), not Lapeyrouse (1818); *Senecio cannabifolius* f. *pubinervis* Kitag., Rep. Inst. Sci. Res. Manchoukuo 5: 150 (1941); *Jacobaea cannabifolia* (Less.) E. Wiebe, Turczaninowia 3 (4): 62 (2000); *Jacobaea palmata* (Pall.) Sennikov, Komarovia 6: 89 (2010).
黑龙江、吉林、内蒙古、河北；日本、朝鲜半岛、俄罗斯、阿留申群岛。

全叶千里光（单叶还魂草）

Senecio cannabifolius var. **integrifolius** (Koidz.) Kitam., Acta Phytotax. Geobot. 6: 275 (1937).
Senecio palmatus var. *integrifolius* Koidz., Bot. Mag. (Tokyo) 30: 77 (1916); *Senecio otophorus* Maxim., Bull. Acad. Imp. Sci. Saint-Pétersbourg 16: 219 (1871), not Wedd. (1856); *Senecio litvinovii* Schischk., Fl. U. R. S. S. 26: 747 (1961).
吉林；日本、俄罗斯。

肇骞千里光（新拟）

●**Senecio changii** C. Ren et Q. E. Yang, PLoS ONE 11 (4): e0151423 (7) (2016) (epublished).
四川。

中甸千里光

●**Senecio chungtienensis** C. Jeffrey et Y. L. Chen, Kew Bull. 39: 397 (1984).
云南。

瓜叶千里光

●**Senecio cinarifolius** H. Lév., Repert. Spec. Nov. Regni Veg. 12: 283 (1913).
云南。

革苞千里光

●**Senecio coriaceisquamus** C. C. Chang, Bull. Fan Mem. Inst. Biol. Bot. 6: 50 (1935).
云南。

密齿千里光

●**Senecio densiserratus** C. C. Chang, Bull. Fan Mem. Inst. Biol. Bot. 6: 56 (1935).
？陕西、甘肃、四川。

苞叶千里光

Senecio desfontainei Druce, List Brit. Pl. 2: 61 (1928).
Senecio coronopifolius Desf., Fl. Atlant. 2: 273 (1799), not N. L. Burman (1768); *Senecio glaucus* L. subsp. *coronopifolius* Alexander, Notes Roy. Bot. Gard. Edinburgh 37: 412 (1979).
西藏；印度、克什米尔地区、马卡罗尼西亚；亚洲（西南部）、非洲。

异羽千里光

●**Senecio diversipinnus** Y. Ling, Contr. Inst. Bot. Natl. Acad. Peiping 5: 21 (1937).
甘肃、青海、四川。

异羽千里光（原变种）

●**Senecio diversipinnus** var. **diversipinnus**
甘肃、青海、四川。

无舌异羽千里光

●**Senecio diversipinnus** var. **discoideus** C. Jeffrey et Y. L. Chen, Kew Bull. 39: 400 (1984).
四川。

黑缘千里光

●**Senecio dodrans** C. Winkl., Trudy Imp. S.-Peterburgsk. Bot. Sada 14: 152 (1895).
四川。

垂头千里光

●**Senecio drukensis** C. Marquand et Airy Shaw, J. Linn. Soc., Bot. 48: 191 (1929).
西藏。

北千里光

Senecio dubitabilis C. Jeffrey et Y. L. Chen, Kew Bull. 39: 427 (1984).
Senecio dubius Ledeb., Fl. Altaic. 4: 112 (Jul.-Dec. 1833), not Beck (May-June 1833); *Senecio vulgaris* L. var. *dubius* Trautv., Bjull. Moskovsk. Obač. Isp. Prir., Otd. Biol. 40: 56 (1866); *Senecio coronopifolius* N. L. Burman var. *discoideus* C. Winkl. ex Danguy, Bull. Mus. Natl. Hist. Nat. 20: 34 (1914).
内蒙古、河北、陕西、甘肃、青海、新疆、西藏；蒙古国、印度、巴基斯坦、塔吉克斯坦、吉尔吉斯斯坦、乌兹别克斯坦、克什米尔地区、俄罗斯。

裸缨千里光

Senecio echaetus Y. L. Chen et K. Y. Pan, Acta Phytotax. Sin. 19: 94 (1981).

Jacobaea echaeta (Y. L. Chen et K. Y. Pan) B. Nord., Compositae Newslett. 44: 13 (2006).
西藏；尼泊尔。

散生千里光

Senecio exul Hance, J. Bot. 6: 174 (1868).
浙江、湖北、四川、重庆、广东；泰国。

峨眉千里光（密伞千里光）

●**Senecio faberi** Hemsl., J. Linn. Soc., Bot. 23: 452 (1888).
Senecio kaschkarowii C. Winkl., Trudy Imp. S.-Peterburgsk. Bot. Sada 14: 152 (1895).
陕西、四川、贵州。

匐枝千里光

●**Senecio filifer** Franch., J. Bot. (Morot) 10: 416 (1896).
Senecio filifer var. *dilatatus* Hand.-Mazz., Anz. Akad. Wiss. Wien, Math.-Naturwiss. Kl. 57: 242 (1920).
四川、贵州、云南。

闽千里光

●**Senecio fukienensis** Y. Ling ex C. Jeffrey et Y. L. Chen, Kew Bull. 39: 419 (1984).
福建。

纤花千里光

Senecio graciliflorus DC., Prodr. (DC.) 6: 365 (1838).
Senecio pleopterus Diels, Notes Roy. Bot. Gard. Edinburgh 5: 191 (1912); *Senecio mairei* H. Lév., Repert. Spec. Nov. Regni Veg. 12: 283 (1913); *Senecio graciliflorus* var. *pleopterus* (Diels) Hand.-Mazz., Notizbl. Bot. Gart. Berlin-Dahlem 13: 637 (1937).
四川、贵州、云南、西藏；马来西亚、印度、克什米尔地区。

弥勒千里光

●**Senecio humbertii** C. C. Chang, Bull. Fan Mem. Inst. Biol. Bot. 7: 153 (1936).
云南。

窄叶黄菀

Senecio inaequidens DC., Prodr. (DC.) 6: 401 (1837).
台湾；南非；欧洲、南美洲。

新疆千里光

Senecio jacobaea L., Sp. Pl. 2: 870 (1753).
Senecio jacobaea var. *nudus* Weston, Bot. Univ., ed. 2 3: 641 (1777); *Jacobaea vulgaris* Gaertn., Fruct. Sem. Pl. 2: 445 (1791); *Senecio foliosus* DC., Fruct. Sem. Pl. 2: 445 (1791); *Senecio jacobaeoides* Willkomm in Willk. et Lange, Prod. Fl. Hisp. 2: 119 (1865); *Senecio jacobaea* subsp. *nudus* (Weston) Soják, Čas. Nár. Muz. Praze, Rada Přír. 148 (2): 77 (1980).
新疆、江苏；蒙古国、塔吉克斯坦、吉尔吉斯斯坦、哈萨克斯坦、乌兹别克斯坦、俄罗斯；欧洲。

工布千里光

●**Senecio kongboensis** Ludlow, Bull. Brit. Mus. (Nat. Hist.), Bot. 5: 281 (1976).
西藏。

细梗千里光

Senecio krascheninnikovii Schischk., Bot. Mater. Gerb. Bot. Inst. Komarova Akad. Nauk S. S. S. R. 15: 410 (1953).
Senecio pedunculatus Edgew., Trans. Linn. Soc. London 20: 74 (1846), not Sch.-Bip. (1844).
青海、新疆、西藏；印度、巴基斯坦、阿富汗、塔吉克斯坦、吉尔吉斯斯坦、哈萨克斯坦、俄罗斯；亚洲（西南部）。

关山千里光

●**Senecio kuanshanensis** C. I Peng et S. W. Chung, Bot. Bull. Acad. Sin. 43: 155 (2002).
台湾。

须弥千里光

Senecio kumaonensis Duthie ex C. Jeffrey et Y. L. Chen, Kew Bull. 39: 357 (1984).
Cacalia penninervis H. Koyama, Mem. Fac. Sci. Kyoto Univ., Ser. Biol. 2: 180 (1969); *Koyamacalia penninervis* (H. Koyama) H. Rob. et Brettell, Phytologia 27: 273 (1973).
西藏；不丹、尼泊尔、印度。

拉萨千里光

●**Senecio lhasaensis** Y. Ling ex Y. L. Chen, S. Yun Liang et K. Y. Pan, Acta Phytotax. Sin. 19: 90 (1981).
西藏。

凉山千里光

●**Senecio liangshanensis** C. Jeffrey et Y. L. Chen, Kew Bull. 39: 374 (1984).
Senecio milleflorus H. Lév., Bull. Acad. Int. Geogr. Bot. 25: 16 (1914), not Greene (1900); *Senecio faberi* Hemsl. var. *discoideus* Lauener et D. K. Ferguson, Notes Roy. Bot. Gard. Edinburgh 34: 362 (1976).
四川、云南。

丽江千里光

●**Senecio lijiangensis** C. Jeffrey et Y. L. Chen, Kew Bull. 39: 371 (1984).
四川、云南。

君范千里光

●**Senecio lingianus** C. Jeffrey et Y. L. Chen, Kew Bull. 39: 379 (1984).
Senecio myriocephalus Y. Ling ex Y. L. Chen, S. Yun Liang et K. Y. Pan, Acta Phytotax. Sin. 19: 93 (1981), not Sch.-Bip. ex A. Richard (1848), nor Baker (1884).
西藏。

大花千里光

●**Senecio megalanthus** Y. L. Chen, Acta Phytotax. Sin. 26: 57 (1988).
四川。

玉山千里光（玉山黄菀）

●**Senecio morrisonensis** Hayata, J. Coll. Sci. Imp. Univ. Tokyo 30 (1): 155 (1911).
台湾。

玉山千里光（原变种）

●**Senecio morrisonensis** var. **morrisonensis**
Senecio taitungensis S. S. Ying, Mem. Coll. Agric. Natl. Taiwan Univ. 30 (2): 62 (1990).
台湾。

齿叶玉山千里光

●**Senecio morrisonensis** var. **dentatus** Kitam., Acta Phytotax. Geobot. 6: 274 (1937).
Senecio angustifolius Hayata, J. Coll. Sci. Imp. Univ. Tokyo 30 (1): 154 (1911), not (Thunb.) Willd. (1803), nor DC. (1838); *Senecio nemorensis* L. var. *dentatus* (Kitam.) H. Koyama, Mem. Fac. Sci. Kyoto Univ., Ser. Biol. 2: 152 (1969).
台湾。

木里千里光

●**Senecio muliensis** C. Jeffrey et Y. L. Chen, Kew Bull. 39: 389 (1984).
四川。

多苞千里光

●**Senecio multibracteolatus** C. Jeffrey et Y. L. Chen, Kew Bull. 39: 402 (1984).
Jacobaea multibracteolata (C. Jeffrey et Y. L. Chen) B. Nord., Compositae Newslett. 44: 13 (2006).
四川、云南。

多裂千里光

●**Senecio multilobus** C. C. Chang, Bull. Fan Mem. Inst. Biol. Bot. 6: 53 (1935).
云南。

林荫千里光（黄菀）

Senecio nemorensis L., Sp. Pl. 2: 870 (1753).
Senecio octoglossus DC., Prodr. (DC.) 6: 356 (1838); *Senecio kematogensis* Vaniot, Bull. Acad. Geogr. Bot. 11: 874 (1902); *Senecio ganpinensis* Vaniot, Bull. Acad. Int. Geogr. Bot. 12: 19 (1903); *Senecio taiwanensis* Hayata, J. Coll. Sci. Imp. Univ. Tokyo 30 (1): 157 (1911); *Senecio tozanensis* Hayata, J. Coll. Sci. Imp. Univ. Tokyo 30 (1): 158 (1911).
吉林、内蒙古、河北、山西、山东、河南、陕西、甘肃、新疆、安徽、浙江、湖北、四川、贵州、云南、福建、台湾；蒙古国、日本、朝鲜半岛、吉尔吉斯斯坦、哈萨克斯坦、俄罗斯；欧洲。

黑苞千里光

●**Senecio nigrocinctus** Franch., J. Bot. (Morot) 10: 417 (1896).
Senecio delavayi Franch., J. Bot. (Morot) 8: 364 (1894), not Franch. (1892); *Senecio pteropodus* W. W. Smith, Notes Roy. Bot. Gard. Edinburgh 8: 117 (1913).
云南、西藏。

节花千里光

●**Senecio nodiflorus** C. C. Chang, Bull. Fan Mem. Inst. Biol. Bot. 6: 54 (1935).
Senecio drukensis C. Marquand et Airy Shaw var. *nodiflorus* (C. C. Chang) Hand.-Mazz., J. Bot. 76: 287 (1936).
云南、西藏。

裸茎千里光

Senecio nudicaulis Buch.-Ham. ex D. Don, Prodr. Fl. Nepal. 178 (1825).
Senecio pallens Wall. ex DC., Prodr. (DC.) 6: 367 (1838); *Senecio blattariifolius* Franch., J. Bot. 415 (1896); *Senecio rosulifer* H. Lév. et Vaniot, Repert. Spec. Nov. Regni Veg. 8: 359 (1910); *Senecio esquirolii* H. Lév., Repert. Spec. Nov. Regni Veg. 10: 352 (1912); *Jacobaea nudicaulis* (Buch.-Ham. ex D. Don) B. Nord., Compositae Newslett. 44: 12 (2006).
四川、贵州、云南；缅甸、不丹、尼泊尔、印度、巴基斯坦、克什米尔地区。

钝叶千里光

Senecio obtusatus Wall. ex DC., Prodr. (DC.) 6: 367 (1838).
Senecio khasianus N. P. Balakrishnan, J. Bombay Nat. Hist. Soc. 67: 62 (1970).
四川、贵州、云南；缅甸、泰国、印度、孟加拉国。

田野千里光

●**Senecio oryzetorum** Diels, Notes Roy. Bot. Gard. Edinburgh 5: 194 (1912).
云南。

多肉千里光

Senecio pseudoarnica Less., Linnaea 6: 240 (1831).
Arnica maritima L., Sp. Pl. 2: 884 (1753); *Senecio maritimus* (L.) Koidz., Pl. Sachal. 112 (1910), not L. f. (1782).
黑龙江；日本、俄罗斯、阿留申群岛；北美洲。

西南千里光

●**Senecio pseudomairei** H. Lév., Repert. Spec. Nov. Regni Veg. 13: 345 (1914).
Senecio beauverdianus H. Lév., Bull. Acad. Int. Geogr. Bot. 24: 289 (1914).
四川、贵州、云南。

蕨叶千里光

●**Senecio pteridophyllus** Franch., J. Bot. (Morot) 8: 364 (1894).
云南。

莱菔千里光

Senecio raphanifolius Wall. ex DC., Prodr. (DC.) 6: 366 (1838).

Senecio diversifolius Wall. ex DC., Prodr. (DC.) 6: 366 (1838), not Dumortier (1827); *Jacobaea raphanifolia* (Wall. ex DC.) B. Nord., Compositae Newslett. 44: 13 (2006).

西藏；缅甸、不丹、尼泊尔、印度。

珠峰千里光

Senecio royleanus DC., Prodr. (DC.) 6: 366 (1838).

Senecio tanacetoides Kunth et C. D. BouchéInd., Sem. Hort. Berol. 12 (1845); *Senecio graciliflorus* DC. var. *hookeri* C. B. Clarke, Compend. Indian Med. Pl. 189 (1876).

西藏；缅甸、不丹、克什米尔地区。

风毛菊状千里光

●**Senecio saussureoides** Hand.-Mazz., Acta Horti Gothob. 12: 294 (1938).

四川、西藏。

千里光（九里明，蔓黄菀）

Senecio scandens Buch.-Ham. ex D. Don, Prodr. Fl. Nepal. 178 (1825).

河南、陕西、甘肃、青海、安徽、江苏、浙江、江西、湖南、湖北、四川、贵州、云南、西藏、福建、台湾、广东、广西、海南；日本、菲律宾、越南、老挝、缅甸、泰国、柬埔寨、不丹、尼泊尔、印度、斯里兰卡。

千里光（原变种）

Senecio scandens var. **scandens**

Cineraria chinensis Spreng., Sys. Veg. 3: 549 (1826); *Senecio campylodes* DC., Prodr. (DC.) 6: 370 (1838); *Senecio chinensis* (Spreng.) DC., Prodr. (DC.) 6: 363 (1838); *Senecio hindsii* Benth., London J. Bot. 1: 488 (1842); *Senecio intermedius* Wight, Icon. Pl. Ind. Orient. (Wight) Or. 3: 12 (1846).

河南、陕西、安徽、江苏、浙江、江西、湖南、湖北、四川、贵州、云南、西藏、福建、台湾、广东、广西、海南；日本、菲律宾、越南、老挝、缅甸、泰国、柬埔寨、不丹、尼泊尔、印度。

山楂叶千里光（小蔓黄菀）

●**Senecio scandens** var. **crataegifolius** (Hayata) Kitam., Acta Phytotax. Geobot. 9: 37 (1940).

Senecio crataegifolius Hayata, Icon. Pl. Formosan. 8: 67 (1919).

台湾。

缺裂千里光

Senecio scandens var. **incisus** Franch., J. Bot. (Morot) 10: 418 (1896).

Senecio flexicaulis Edgew., Trans. Linn. Soc. London 20: 74 (1846).

陕西、甘肃、青海、浙江、江西、四川、贵州、云南、西藏、台湾、广东；不丹、尼泊尔、印度、斯里兰卡。

匙叶千里光

●**Senecio spathiphyllus** Franch., J. Bot. (Morot) 10: 416 (1896).

Ligularia yui S. W. Liu, Acta Biol. Plateau Sin. 7: 34 (1988) [“*yuii*”].

四川、云南。

闽粤千里光

●**Senecio stauntonii** DC., Prodr. (DC.) 6: 363 (1838).

湖南、广东、广西。

近全缘千里光

Senecio subdentatus Ledeb., Fl. Altaic. 4: 110 (1833).

Senecio coronopifolius N. L. Burman var. *subdentatus* (Ledeb.) Boiss., Fl. Orient. 3: 890 (1875).

新疆；蒙古国、塔吉克斯坦、吉尔吉斯斯坦、哈萨克斯坦、乌兹别克斯坦、土库曼斯坦、俄罗斯；亚洲（西南部）。

太鲁阁千里光

●**Senecio tarokoensis** C. I Peng, Bot. Bull. Acad. Sin. 40: 57 (1999).

台湾。

天山千里光

Senecio thianschanicus Regel et Schmalh., Trudy Imp. S.-Peterburgsk. Bot. Sada 6: 311 (1880).

Senecio acromaculus Y. Ling, Contr. Inst. Bot. Natl. Acad. Peiping 5: 18 (1937); *Senecio acromaculus* f. *elatus* Y. Ling, Contr. Inst. Bot. Natl. Acad. Peiping 5: 19 (1937); *Senecio kawaguchii* Kitam., Acta Phytotax. Geobot. 15: 75 (1953); *Senecio drummondii* Babu et S. N. Biswas, J. Jap. Bot. 46: 13 (1971).

内蒙古、甘肃、青海、新疆、四川、西藏；缅甸、吉尔吉斯斯坦、哈萨克斯坦、俄罗斯。

西藏千里光

Senecio tibeticus Hook. f., Fl. Brit. Ind. 3: 340 (1881).

Jacobaea tibetica (Hook. f.) B. Nord., Compositae Newslett. 44: 13 (2006).

？新疆；巴基斯坦。

三尖千里光

●**Senecio tricuspis** Franch., J. Bot. (Morot) 8: 357 (1894).

Cacalia tricuspis (Franch.) Hand.-Mazz., Notizbl. Bot. Gart. Berlin-Dahlem 13: 636 (1937).

四川、云南。

欧洲千里光

Senecio vulgaris L., Sp. Pl. 2: 867 (1753).

吉林、辽宁、内蒙古、四川、贵州、云南、西藏、台湾；蒙古国；广布南非、亚洲、欧洲。

岩生千里光（弯齿千里光）

Senecio wightii (DC.) Benth. ex C. B. Clarke, Compos. Ind. 197 (1876).

Doronicum wightii DC. in Wight, Contr. Bot. India [Wight] 23 (1834); *Madaractis glabra* DC., Prodr. (DC.) 6: 440 (1838); *Senecio saxatilis* Wall. ex DC., Prodr. (DC.) 6: 367 (1838); *Senecio camptodontus* Franch., J. Bot. (Morot) 10: 413 (1896); *Senecio gentilianus* Vaniot, Bull. Acad. Int. Geogr. Bot. 11: 350 (1902).

四川、贵州、云南；缅甸、泰国、不丹、印度。

永宁千里光

●**Senecio yungningensis** Hand.-Mazz., Notizbl. Bot. Gart. Berlin-Dahlem 13: 639 (1937).

四川。

绢蒿属 Seriphidium (Besser ex Less.) Fourr.

小针裂叶绢蒿

●**Seriphidium amoenum** (Poljakov) Poljakov, Trudy Bot. Inst. Akad. Nauk Kazakhsk. S. S. R. 11: 174 (1961).

Artemisia amoena Poljakov, Bot. Mater. Gerb. Bot. Inst. Komarova Akad. Nauk S. S. S. R. 16: 421 (1954).

新疆。

光叶绢蒿

Seriphidium aucheri (Boiss.) Y. Ling et Y. R. Ling, Acta Phytotax. Sin. 18: 513 (1980).

Artemisia aucheri Boiss., Fl. Orient. 3: 367 (1875); *Artemisia maritima* L. var. *aucheri* (Boiss.) Pamp., Nuov. Giorn. Bot. Ital. n. s. 34 (3): 680 (1927).

西藏；巴基斯坦、阿富汗；亚洲（西南部）。

博洛塔绢蒿

●**Seriphidium borotalense** (Poljakov) Y. Ling et Y. R. Ling, Bull. Bot. Res., Harbin 8 (3): 120 (1988).

Artemisia borotalensis Poljakov, Bot. Mater. Gerb. Bot. Inst. Komarova Akad. Nauk S. S. S. R. 16: 425 (1954).

新疆。

短叶绢蒿

Seriphidium brevifolium (Wall. ex DC.) Y. Ling et Y. R. Ling, Acta Phytotax. Sin. 18: 513 (1980).

Artemisia brevifolia Wall. ex DC., Prodr. (DC.) 6: 103 (1838).

西藏；印度、巴基斯坦、阿富汗。

蛔蒿（山道年蒿，山道尼格，希那）

Seriphidium cinum (O. Berg et C. F. Schmidt) Poljakov, Trudy Bot. Inst. Akad. Nauk Kazakhsk. S. S. R. 11: 176 (1961).

Artemisia cina O. Berg et C. F. Schmidt, Darstell. Beschr. Off. Gew. 4: t. 29 c (1863).

陕西、甘肃、新疆；哈萨克斯坦。

聚头绢蒿

Seriphidium compactum (Fisch. ex DC.) Poljakov, Trudy Bot. Inst. Akad. Nauk Kazakhsk. S. S. R. 11: 175 (1961).

Artemisia compacta Fisch. ex DC., Prodr. (DC.) 6: 102 (1838); *Artemisia maritima* var. *fischeriana* Besser, Bull. Soc. Imp. Naturalistes Moscou 7: 34 (1834); *Artemisia lercheana* Weber ex Stechm. var. *gmeliniana* (Besser) DC., Prodr. (DC.) 6: 104 (1838); *Artemisia maritima* f. *gmeliniana* (Besser) Ledeb., p. p., Fl. Ross. (Ledeb.) 2: 573 (1844); *Artemisia maritima* L. var. *compacta* (Fisch. ex DC.) Ledeb., Pamp in Nuov. Giorn. Bot. Ital. n. s. 34 (3): 679 (1927).

内蒙古、宁夏、甘肃、青海、新疆；蒙古国、哈萨克斯坦、俄罗斯。

苍绿绢蒿

Seriphidium fedtschenkoanum (Krasch.) Poljakov, Trudy Bot. Inst. Akad. Nauk Kazakhsk. S. S. R. 11: 176 (1961).

Artemisia fedtschenkoana Krasch., Trudy Bot. Inst. Akad. Nauk S. S. S. R., Ser. 1, Fl. Sist. Vyssh. Rast. 3: 351 (1937).

甘肃、新疆；塔吉克斯坦、吉尔吉斯斯坦、哈萨克斯坦。

费尔干绢蒿

Seriphidium ferganense (Krasch. ex Poljakov) Poljakov, Trudy Bot. Inst. Akad. Nauk Kazakhsk. S. S. R. 11: 173 (1961).

Artemisia ferganensis Krasch. ex Poljakov, Bot. Mater. Gerb. Glavn. Bot. Sada R. S. F. S. R. 16: 409 (1954).

新疆；吉尔吉斯斯坦、哈萨克斯坦。

东北蛔蒿（塔乐斯图-哈木巴-沙里尔日）

●**Seriphidium finitum** (Kitag.) Y. Ling et Y. R. Ling, Acta Phytotax. Sin. 18: 513 (1980).

Artemisia finita Kitag., Rep. Inst. Sci. Res. Manchoukuo 6: 124 (1942).

内蒙古。

纤细绢蒿（纤蒿，戈壁蒿）

Seriphidium gracilescens (Krasch. et Iljin) Poljakov, Trudy Bot. Inst. Akad. Nauk Kazakhsk. S. S. R. 11: 175 (1961).

Artemisia gracilescens Krasch. et Iljin, Sist. Zametki Mater. Gerb. Krylova Tomsk. Gosud. Univ. Kuybysheva 1949: 2 (1949).

新疆；蒙古国、哈萨克斯坦、俄罗斯。

高原绢蒿

●**Seriphidium grenardii** (Franch.) Y. R. Ling et Humphries, Bull. Bot. Res., Harbin 8 (3): 121 (1988).

Artemisia grenardii Franch., Bull. Mus. Hist. Nat. (Paris) 3: 323 (1897); *Artemisia stracheyi* Hook. f. et Thomson ex C. B. Clarke var. *grenardii* (Franch.) Y. R. Ling, Fl. Xizang. 4: 759 (1985).

新疆。

半荒漠绢蒿

Seriphidium heptapotamicum (Poljakov) Y. Ling et Y. R. Ling, Bull. Bot. Res., Harbin 8 (3): 119 (1988).

Artemisia heptapotamica Poljakov, Bot. Mater. Gerb. Glavn. Bot. Sada R. S. F. S. R. 18: 278 (1957); *Artemisia terrae-albae* Krasch. var. *heptapotamica* (Poljakov) Poljakov, Fl. U. R. S. S. 26: 593 (1961).

新疆；哈萨克斯坦。

伊塞克绢蒿

Seriphidium issykkulense (Poljakov) Poljakov, Trudy Bot. Inst. Akad. Nauk Kazakhsk. S. S. R. 11: 173 (1961).

Artemisia issykkulensis Poljakov, Bot. Mater. Gerb. Glavn. Bot. Sada R. S. F. S. R. 17: 415 (1955); *Artemisia fedtschenkoana* Krasch. var. *issykkulensis* (Poljakov) Poljakov., Fl. U. R. S. S. 26: 601 (1961).

新疆；哈萨克斯坦。

三裂叶绢蒿

Seriphidium junceum (Kar. et Kir.) Poljakov, Trudy Bot. Inst. Akad. Nauk Kazakhsk. S. S. R. 11: 175 (1961).

新疆；哈萨克斯坦。

三裂叶绢蒿（原变种）

Seriphidium junceum var. **junceum**

Artemisia juncea Kar. et Kir., Bull. Soc. Imp. Naturalistes Moscou 15: 383 (1842).

新疆；哈萨克斯坦。

大头三裂叶绢蒿

Seriphidium junceum var. **macrosciadium** (Poljakov) Y. Ling et Y. R. Ling, Bull. Bot. Res., Harbin 8 (3): 123 (1988).

Artemisia macrosciadia Poljakov, Bot. Mater. Gerb. Bot. Inst. Komarova Akad. Nauk S. S. S. R. 16: 423 (1954); *Artemisia juncea* var. *macrosciadia* (Poljakov) Poljakov, Fl. U. R. S. S. 26: 629 (1961).

新疆；哈萨克斯坦。

卡拉套绢蒿

Seriphidium karatavicum (Krasch. et Abolin ex Poljakov) Y. Ling et Y. R. Ling, Bull. Bot. Res., Harbin 8 (3): 115 (1988).

Artemisia karatavica Krasch. et Abolin ex Poljakov, Bot. Mater. Gerb. Glavn. Bot. Sada R. S. F. S. R. 16: 396 (1954).

新疆；哈萨克斯坦。

新疆绢蒿

Seriphidium kaschgaricum (Krasch.) Poljakov, Trudy Bot. Inst. Akad. Nauk Kazakhsk. S. S. R. 11: 175 (1961).

新疆；哈萨克斯坦。

新疆绢蒿（原变种）

Seriphidium kaschgaricum var. **kaschgaricum**

Artemisia kaschgarica Krasch., Trudy Bot. Inst. Akad. Nauk S. S. S. R., Ser. 1, Fl. Sist. Vyssh. Rast. 3: 350 (1937).

新疆；哈萨克斯坦。

准噶尔绢蒿

●**Seriphidium kaschgaricum** var. **dshungaricum** (Filatova) Y. R. Ling, Bull. Bot. Res., Harbin 8 (3): 116 (1988).

Artemisia kaschgarica var. *dschungarica* Filatova, Fl. Kazakhst. 9: 128 (1966).

新疆。

昆仑绢蒿

Seriphidium korovinii (Poljakov) Poljakov, Trudy Bot. Inst. Akad. Nauk Kazakhsk. S. S. R. 11: 175 (1961).

Artemisia korovinii Poljakov, Bot. Mater. Gerb. Bot. Inst. Komarova Akad. Nauk S. S. S. R. 18: 279 (1957).

新疆；阿富汗、塔吉克斯坦、吉尔吉斯斯坦、哈萨克斯坦。

球序绢蒿

Seriphidium lehmannianum (Bunge) Poljakov, Trudy Bot. Inst. Akad. Nauk Kazakhsk. S. S. R. 11: 175 (1961).

Artemisia lehmanniana Bunge, Beitr. Fl. Russl. 164 (1852).

新疆；印度、阿富汗、哈萨克斯坦；亚洲（西南部）。

民勤绢蒿（香蒿）

●**Seriphidium minchunense** Y. R. Ling, Bull. Bot. Res., Harbin 5 (3): 159 (1985).

甘肃、新疆。

蒙青绢蒿

Seriphidium mongolorum (Krasch.) Y. Ling et Y. R. Ling, Bull. Bot. Res., Harbin 8 (3): 115 (1988).

Artemisia mongolorum Krasch., Trudy Bot. Inst. Akad. Nauk S. S. S. R., Ser. 1, Fl. Sist. Vyssh. Rast. 3: 350 (1937).

内蒙古、青海；蒙古国。

西北绢蒿（新疆绢蒿，察干-沙瓦格，察干-沙里尔日）

Seriphidium nitrosum (Weber ex Stechm.) Poljakov, Trudy Bot. Inst. Akad. Nauk Kazakhsk. S. S. R. 11: 172 (1961).

内蒙古、甘肃、新疆；蒙古国、哈萨克斯坦、俄罗斯。

西北绢蒿（原变种）

Seriphidium nitrosum var. **nitrosum**

Artemisia nitrosa Weber ex Stechm., Artemis. 24 (1775); *Artemisia humilis* M. Bieb., Casp. App. 83 (1798); *Artemisia maritima* var. *gmeliniana* Besser, Bull. Soc. Imp. Naturalistes Moscou 7: 38 (1834); *Artemisia lercheana* Weber ex Stechm. var. *gmeliniana* (Besser) DC., p. p., Prodr. (DC.) 6: 104 (1838); *Artemisia maritima* f. *gmeliniana* (Besser) Ledeb., p. p., Fl. Ross. (Ledeb.) 2: 573 (1844); *Artemisia maritima* subsp. *gmeliniana* (Besser) Krasch., p. p., Bot. Mater. Gerb. Bot. Inst. Bot. Acad. Nauk Kazakhsk. S. S. R. 10: 99 (1936).

内蒙古、甘肃、新疆；蒙古国、哈萨克斯坦、俄罗斯。

戈壁绢蒿

Seriphidium nitrosum var. **gobicum** (Krasch.) Y. R. Ling, Bull. Bot. Res., Harbin 8 (3): 114 (1988).

Artemisia mongolorum Krasch. subsp. *gobica* Krasch., Trudy Bot. Inst. Akad. Nauk S. S. S. R., Ser. 1, Fl. Sist. Vyssh. Rast. 3: 350 (1937); *Artemisia mongolorum* var. *salsuginosa* Krasch., Trudy Bot. Inst. Akad. Nauk S. S. S. R., Ser. 1, Fl. Sist. Vyssh. Rast. 3: 350 (1937); *Artemisia schischkinii* Krasch., Sist. Zametki Mater. Gerb. Krylova Tomsk. Gosud. Univ. Kuybysheva 1949: 2 (1949); *Artemisia gobica* (Krasch.) Grubov, Consp. Fl. Mongor. 265 (1955); *Artemisia nitrosa* var. *gobica* (Krasch.) Poljakov, Fl. U. R. S. S. 26: 581 (1961).
新疆；蒙古国、哈萨克斯坦、俄罗斯。

高山绢蒿

Seriphidium rhodanthum (Rupr.) Poljakov, Trudy Bot. Inst. Akad. Nauk Kazakhsk. S. S. R. 11: 175 (1961).
Artemisia rhodantha Rupr., Mém. Acad. Imp. Sci. Saint-Pétersbourg, Sér. 7 14: 52 (1869).
新疆；塔吉克斯坦、吉尔吉斯斯坦、哈萨克斯坦。

沙漠绢蒿

Seriphidium santolinum (Schrenk) Poljakov, Trudy Bot. Inst. Akad. Nauk Kazakhsk. S. S. R. 11: 173 (1961).
Artemisia santolina Schrenk, Bull. Cl. Phys.-Math. Acad. Imp. Sci. Saint-Pétersbourg 3: 106 (1845).
新疆；哈萨克斯坦；亚洲（西南部）。

沙湾绢蒿

●**Seriphidium sawanense** Y. R. Ling et Humphries, Bull. Bot. Res., Harbin 10 (1): 49 (1990).
新疆。

草原绢蒿

Seriphidium schrenkianum (Ledeb.) Poljakov, Trudy Bot. Inst. Akad. Nauk Kazakhsk. S. S. R. 11: 172 (1961).
Artemisia schrenkiana Ledeb., Fl. Ross. (Ledeb.) 2: 575 (1845).
新疆；蒙古国、哈萨克斯坦、俄罗斯。

半凋萎绢蒿

Seriphidium semiaridum (Krasch. et Lavrova) Y. Ling et Y. R. Ling, Bull. Bot. Res., Harbin 8 (3): 118 (1988).
Artemisia terrae-albae Krasch. subsp. *semiarida* Krasch. et Lavrova in Krylov, Fl. Zapadnoi Sibiri 11: 2787 (1949); *Artemisia terrae-albae* var. *semiarida* (Krasch. et Lavrova) Poljakov, Fl. U. R. S. S. 26: 592 (1961); *Artemisia semiarida* (Krasch. et Lavrova) Filatova, Fl. Kazakhst. 9: 121 (1966).
新疆；哈萨克斯坦。

针裂叶绢蒿

Seriphidium sublessingianum (Krasch. ex Poljakov) Poljakov, Trudy Bot. Inst. Akad. Nauk Kazakhsk. S. S. R. 11: 174 (1961).
Artemisia sublessingiana Krasch. ex Poljakov, Bot. Mater. Gerb. Bot. Inst. Komarova Akad. Nauk S. S. S. R. 16: 395 (1954); *Artemisia gorjaevii* Poljakov, Bot. Mater. Gerb. Bot. Inst. Komarova Akad. Nauk S. S. S. R. 16: 419 (1954); *Artemisia polysthicha* Poljakov, Bot. Mater. Gerb. Bot. Inst. Komarova Akad. Nauk S. S. S. R. 16: 420 (1954).
新疆；蒙古国、哈萨克斯坦、俄罗斯。

白茎绢蒿（白蒿）

Seriphidium terrae-albae (Krasch.) Poljakov, Trudy Bot. Inst. Akad. Nauk Kazakhsk. S. S. R. 11: 175 (1961).
Artemisia terrae-albae Krasch., Otchet Rabotakh Pochv.-Bot. Otryada Kazakhstan sk. Eksped. Akad. Nauk S. S. S. R. 4 (2): 269 (1930).
新疆；蒙古国、哈萨克斯坦。

西藏绢蒿

Seriphidium thomsonianum (C. B. Clarke) Y. Ling et Y. R. Ling, Acta Phytotax. Sin. 18: 513 (1980).
Artemisia maritima L. var. *thomsoniana* C. B. Clarke, Compos. Ind. 160 (1876); *Artemisia thomsoniana* (C. B. Clarke) Filatova, Novosti Sist. Vyssh. Rast. 23: 239 (1986).
西藏；印度、巴基斯坦、阿富汗。

伊犁绢蒿

Seriphidium transiliense (Poljakov) Poljakov, Trudy Bot. Inst. Akad. Nauk Kazakhsk. S. S. R. 11: 174 (1961).
Artemisia transiliensis Poljakov, Bot. Mater. Gerb. Bot. Inst. Komarova Akad. Nauk S. S. S. R. 16: 417 (1954).
新疆；哈萨克斯坦。

伪泥胡菜属 Serratula L.

伪泥胡菜（假升麻）

Serratula coronata L., Sp. Pl., ed. 2: 1144 (1763).
Mastrucium pinnatifidum Cass. ex DC., Dict. Sci. Nat. 35: 173 (1825).
黑龙江、吉林、辽宁、内蒙古、河北、山西、山东、河南、陕西、甘肃、新疆、安徽、江苏、江西、湖北、贵州；蒙古国、日本、朝鲜半岛、吉尔吉斯斯坦、哈萨克斯坦、俄罗斯；欧洲。

尚武菊属 Shangwua Yu J. Wang, Raab-Straube, Susanna et J. Quan Liu

奇形尚武菊（奇形风毛菊，细齿风毛菊）

Shangwua denticulata (DC.) Raab-Straube et Yu J. Wang, Taxon 62 (5): 993 (2013).
Aplotaxis denticulata DC., Prodr. (DC.) 6: 539 (1838); *Aplotaxis denticulata* var. *glabrata* DC., Prodr. (DC.) 6: 540 (1838); *Aplotaxis denticulata* var. *hypoleuca* DC., Prodr. (DC.) 6: 540 (1838); *Aplotaxis fastuosa* Decne. in Jacquemont, Voy. Inde 4 (Bot.): 97 (1843); *Saussurea fastuosa* (Decne.) Sch.-Bip., Linnaea 19: 331 (1846); *Saussurea wallichii* Sch.-Bip., Linnaea 19: 330 (1846); *Saussurea forrestii* Diels, Notes Roy. Bot. Gard. Edinburgh 5: 198 (1912); *Saussurea glabrata* (DC.) C. Shih, Fl. Reipubl. Popularis Sin. 78 (2): 84 (1999).
四川、云南、西藏；缅甸、不丹、尼泊尔、印度。

虾须草属 Sheareria S. Moore

虾须草（沙小菊）

●**Sheareria nana** S. Moore, J. Bot. 13: 227 (1875).
Sheareria polii Franch., J. Bot. 16: 257 (1878); *Sheareria leshanensis* Z. Y. Zhu, J. Sichuan School Materia Medica. 21: 71 (2004).
陕西、安徽、江苏、浙江、江西、湖南、湖北、四川、贵州、云南、广东。

豨莶属 Sigesbeckia L.

毛梗豨莶（光豨莶）

Sigesbeckia glabrescens (Makino) Makino, J. Jap. Bot. 1: 25 (1917).
Sigesbeckia orientalis L. f. *glabrescens* Makino, Bot. Mag. (Tokyo) 18: 100 (1904); *Sigesbeckia formosana* Kitam., Acta Phytotax. Geobot. 6: 87 (1937).
辽宁、河南、安徽、江苏、浙江、江西、湖南、湖北、四川、贵州、云南、福建、台湾、广东、广西、海南；日本、朝鲜半岛。

豨莶（虾柑草，粘糊菜）

Sigesbeckia orientalis L., Sp. Pl. 2: 900 (1753).
Sigesbeckia gracilis DC., Prodr. (DC.) 5: 496 (1836); *Sigesbeckia caspia* Fisch. et C. A. Meyer, Bull. Soc. Imp. Naturalistes Moscou 11: 284 (1838); *Sigesbeckia esquirolii* H. Lév. et Vaniot, Repert. Spec. Nov. Regni Veg. 8: 59 (1910); *Sigesbeckia humilis* Koidz., Bot. Mag. (Tokyo) 34: 24 (1925).
河南、陕西、甘肃、安徽、江苏、浙江、江西、湖南、湖北、四川、贵州、云南、西藏、福建、台湾、广东、广西、海南；日本、越南、老挝、泰国、马来西亚、不丹、尼泊尔、印度、俄罗斯、澳大利亚；非洲、大洋洲、美洲。

腺梗豨莶（毛豨莶，棉苍狼，珠草）

Sigesbeckia pubescens (Makino) Makino, J. Jap. Bot. 1: 24 (1917).
Sigesbeckia orientalis L. f. *pubescens* Makino, Bot. Mag. (Tokyo) 18: 100 (1904).
吉林、辽宁、内蒙古、河北、河南、陕西、甘肃、安徽、江苏、浙江、江西、湖南、湖北、四川、贵州、云南、西藏、福建、台湾、广东、广西、海南；日本、朝鲜半岛、印度。

华蟹甲属 Sinacalia H. Rob. et Brettell

革叶华蟹甲

●**Sinacalia caroli** (C. Winkl.) C. Jeffrey et Y. L. Chen, Kew Bull. **39**: 218 (1984).
Senecio caroli C. Winkl., Trudy Imp. S.-Peterburgsk. Bot. Sada 13: 7 (1893); *Cacalia caroli* (C. Winkl.) C. C. Chang, Sunyatsenia 6: 22 (1941).
甘肃、四川。

双花华蟹甲（双舌蟹甲草）

●**Sinacalia davidii** (Franch.) H. Koyama, Acta Phytotax. Geobot. 30: 82 (1979).
Senecio davidii Franch., Nouv. Arch. Mus. Hist. Nat., sér. 2 10: 40 (1887); *Senecio didymanthus* Dunn, J. Linn. Soc., Bot. 35: 305 (1903); *Senecio tuberivagus* W. W. Smith, Trans. et Proc. Bot. Soc. Edinburgh 26: 279 (1914); *Cacalia didymantha* (Dunn) Hand.-Mazz., Symb. Sin. 7 (4): 1129 (1936); *Cacalia davidii* (Franch.) Hand.-Mazz., Acta Horti Gothob. 12: 301 (1938).
陕西、四川、云南、西藏。

大头华蟹甲

●**Sinacalia macrocephala** (H. Rob. et Brettell) C. Jeffrey et Y. L. Chen, Kew Bull. 39: 217 (1984).
Koyamacalia macrocephala H. Rob. et Brettell, Phytologia 27: 272 (1973), based on *Cacalia macrocephala* Hand.-Mazz., Notizbl. Bot. Gart. Berlin-Dahlem 13: 633 (1937), not (Less.) Kuntze (1891).
湖北。

华蟹甲（羽裂蟹甲草，猪肚子，水萝卜）

●**Sinacalia tangutica** (Maxim.) B. Nord., Opera Bot. 44: 15 (1978).
Senecio tanguticus Maxim., Bull. Acad. Imp. Sci. Saint-Pétersbourg 27: 486 (1882); *Ligularia tangutica* (Maxim.) Mattf., J. Arnold Arbor. 14: 40 (1933); *Senecillis tangutica* (Maxim.) Kitam., Acta Phytotax. Geobot. 8: 87 (1939); *Senecio henryi* Hemsl., J. Linn. Soc., Bot. 23: 452 (1988).
河北、山西、河南、陕西、宁夏、甘肃、青海、湖南、湖北、四川。

君范菊属 Sinoleontopodium Y. L. Chen

君范菊

●**Sinoleontopodium lingianum** Y. L. Chen, Novon 19: 24 (2009).
西藏。

蒲儿根属 Sinosenecio B. Nord.

白脉蒲儿根

●**Sinosenecio albonervius** Y. Liu et Q. E. Yang, Bot. Stud. 52: 359 (2011).
湖南、湖北。

保靖蒲儿根

●**Sinosenecio baojingensis** Y. Liu et Q. E. Yang, Bot. Stud. 50: 107 (2009).
湖南。

黔西蒲儿根（丝带千里光，滇黔蒲儿根，掌裂蒲儿根）

●**Sinosenecio bodinieri** (Vaniot) B. Nord., Opera Bot. 44: 49 (1978).
Senecio bodinieri Vaniot, Bull. Acad. Int. Geogr. Bot. 11: 348 (1902); *Senecio bodinieri* var. *brevior* Vaniot, Bull. Acad. Int. Geogr. Bot. 11: 348 (1902); *Senecio bodinieri* var. *parcepilosus* Vaniot, Bull. Acad. Int. Geogr. Bot. 11: 349 (1902); *Sinosenecio brevior* B. Nord., Opera Bot. 44: 49 (1978); *Senecio palmatilobus* Kitam., Acta Phytotax. Geobot.

33: 197 (1982).
贵州。

莲座狗舌草

●**Sinosenecio changii** (B. Nord.) B. Nord., Compositae Newslett. 49: 4 (2011).
Tephroseris changii B. Nord., Opera Bot. 44: 44 (1978); *Senecio rosulifer* C. C. Chang, Bull. Fan Mem. Inst. Biol. Bot. 6: 58 (1935), not H. Lév. et Vaniot (1910).
重庆。

雨农蒲儿根

●**Sinosenecio chienii** (Hand.-Mazz.) B. Nord., Opera Bot. 44: 49 (1978).
Senecio chienii Hand.-Mazz., Oesterr. Bot. Z. 88: 311 (1939); *Senecio homogyniphyllus* Cummins var. *subumbellatus* C. C. Chang, Bull. Fan Mem. Inst. Biol. Bot., 6: 52 (1935).
四川。

西南蒲儿根

●**Sinosenecio confervifer** (H. Lév.) Y. Liu et Q. E. Yang, Fl. China 20-21: 479 (2011).
Senecio confervifer H. Lév., Fl. Kouy-Tchéou 105 (1914-1915); *Senecio bodinieri* Vaniot var. *elatior* Vaniot, Bull. Acad. Int. Geogr. Bot. 11: 349 (1902); *Senecio bodinieri* var. *elatissimus* Hand.-Mazz., Notizbl. Bot. Gart. Berlin-Dahlem 13: 640 (1937); *Sinosenecio elatior* (Vaniot) B. Nord., Opera Bot. 44: 50 (1978); *Senecio elatissimus* (Hand.-Mazz.) B. Nord., Opera Bot. 44: 50 (1978).
湖南、四川、重庆、贵州、云南。

仙客来蒲儿根

●**Sinosenecio cyclaminifolius** (Franch.) B. Nord., Opera Bot. 44: 50 (1978).
Senecio cyclaminifolius Franch., J. Bot. (Morot) 8: 362 (1894).
四川、重庆。

齿裂蒲儿根

●**Sinosenecio denticulatus** J. Q. Liu, Acta Phytotax. Sin. 38: 192 (2000).
四川。

川鄂蒲儿根

●**Sinosenecio dryas** (Dunn) C. Jeffrey et Y. L. Chen, Kew Bull. 39: 231 (1984).
Senecio dryas Dunn, J. Linn. Soc., Bot. 35: 504 (1903).
湖北、重庆。

毛柄蒲儿根

●**Sinosenecio eriopodus** C. Jeffrey et Y. L. Chen, Kew Bull. 39: 226 (1984).
Senecio eriopodus Cummins, Bull. Misc. Inform. Kew 1908: 18 (1908), not Klatt (1888).
湖南、湖北、四川、重庆。

耳柄蒲儿根（齿裂千里光，械叶千里光）

Sinosenecio euosmus (Hand.-Mazz.) B. Nord., Opera Bot. 44: 50 (1978).
Senecio euosmus Hand.-Mazz., Anz. Akad. Wiss. Wien, Math.-Naturwiss. Kl. 62: 148 (1925); *Senecio acerifolius* C. Winkl., Trudy Imp. S.-Peterburgsk. Bot. Sada 13: 9 (1893), not K. Koch (1861), nor Hemsl. (1881); *Senecio winklerianus* Hand.-Mazz., Symb. Sin. Pt. vII. 1123 (1936); *Senecio cortusifolius* Hand.-Mazz., Acta Horti Gothob., 12: 289 (1938); *Senecio doryotus* Hand.-Mazz., Acta Horti Gothob. 12: 290 (1938).
陕西、甘肃、湖北、四川、云南；缅甸。

植夫蒲儿根

●**Sinosenecio fangianus** Y. L. Chen, Acta Phytotax. Sin. 26: 52 (1988).
四川。

梵净蒲儿根

●**Sinosenecio fanjingshanicus** C. Jeffrey et Y. L. Chen, Kew Bull. 39: 248 (1984).
重庆、贵州。

匍枝蒲儿根

●**Sinosenecio globiger** (C. C. Chang) B. Nord., Opera Bot. 44: 50 (1978).
江西、湖南、湖北、四川、重庆、贵州、云南。

匍枝蒲儿根（原变种）

●**Sinosenecio globiger** var. **globiger**
Senecio globiger C. C. Chang, Sunyatsenia 6: 21 (1941); *Sinosenecio guizhouensis* C. Jeffrey et Y. L. Chen, Kew Bull. 39: 240 (1984).
江西、湖南、湖北、四川、重庆、贵州、云南。

腺苞蒲儿根

●**Sinosenecio globiger** var. **adenophyllus** C. Jeffrey et Y. L. Chen, Kew Bull. 39: 240 (1984).
重庆、贵州。

广西蒲儿根

●**Sinosenecio guangxiensis** C. Jeffrey et Y. L. Chen, Kew Bull. 39: 254 (1984).
湖南、广西。

单头蒲儿根（单头千里光）

●**Sinosenecio hederifolius** (Dümmer) B. Nord., Opera Bot. 44: 50 (1978).
Gerbera hederifolia Dümmer, Gard. Chron., ser. 3 52: 482 (1912); *Cremanthodium hederifolium* (Dümmer) C. C. Chang, Sinensia 4: 228 (1934); *Senecio goodianus* Hand.-Mazz., Symb. Sin. 7 (4): 1120 (1936).
陕西、甘肃、湖北、四川、重庆。

肾叶蒲儿根

●**Sinosenecio homogyniphyllus** (Cummins) B. Nord., Opera Bot. 44: 50 (1978).
Senecio homogyniphyllus Cummins, Bull. Misc. Inform. Kew 1908: 17 (1908); *Sinosenecio lobatus* S. W. Liu et T. N. Ho, Int.

Symp. Artemisia Allies 185 (2005).
四川。

湖南蒲儿根

•**Sinosenecio hunanensis** (Y. Ling) B. Nord., Opera Bot. 44: 50 (1978).
Senecio hunanensis Y. Ling, Contr. Inst. Bot. Natl. Acad. Peiping 5: 15 (1937), not Hand.-Mazz. (1937).
湖南。

壶瓶山蒲儿根

•**Sinosenecio hupingshanensis** Y. Liu et Q. E. Yang, Bot. Stud. 51: 387 (2010).
湖南、湖北。

江西蒲儿根

•**Sinosenecio jiangxiensis** Ying Liu et Q. E. Yang, Bot. Stud. (Taipei) 53: 401 (2012).
江西。

吉首蒲儿根

•**Sinosenecio jishouensis** D. G. Zhang, Y. Liu et Q. E. Yang, Bot. Stud. 49: 287 (2008).
湖南。

九华蒲儿根

•**Sinosenecio jiuhuashanicus** C. Jeffrey et Y. L. Chen, Kew Bull. 39: 257 (1984).
安徽、江西、湖南。

白背蒲儿根

•**Sinosenecio latouchei** (Jeffrey) B. Nord., Opera Bot. 44: 50 (1978).
Senecio latouchei Jeffrey, Notes Roy. Bot. Gard. Edinburgh 9: 128 (1916).
江西、福建。

雷波蒲儿根

•**Sinosenecio leiboensis** C. Jeffrey et Y. L. Chen, Kew Bull. 39: 242 (1984).
四川。

橐吾状蒲儿根

•**Sinosenecio ligularioides** (Hand.-Mazz.) B. Nord., Opera Bot. 44: 50 (1978).
Senecio ligularioides Hand.-Mazz., Notizbl. Bot. Gart. Berlin-Dahlem 13: 640 (1937).
四川。

南川蒲儿根

•**Sinosenecio nanchuanicus** Z. Y. Liu, Y. Liu et Q. E. Yang, Bot. Stud. 52: 105 (2011).
重庆。

蒲儿根

Sinosenecio oldhamianus (Maxim.) B. Nord., Opera Bot. 44: 50 (1978).
Senecio oldhamianus Maxim., Bull. Acad. Imp. Sci. Saint-Pétersbourg 16: 219 (1871); *Senecio savatieri* Franch., Pl. David. 1: 175 (1884); *Senecio martini* Vaniot, Bull. Acad. Int. Geogr. Bot. 11: 346 (1902); *Sinosenecio savatieri* (Franch.) B. Nord., Opera Bot. 44: 51 (1978).
山西、河南、陕西、甘肃、安徽、江苏、浙江、江西、湖南、湖北、四川、重庆、贵州、云南、福建、广东、广西；越南、缅甸、泰国。

鄂西蒲儿根

•**Sinosenecio palmatisectus** C. Jeffrey et Y. L. Chen, Kew Bull. 39: 242 (1984).
湖北。

假光果蒲儿根（假光果千里光）

•**Sinosenecio phalacrocarpoides** (C. C. Chang) B. Nord., Opera Bot. 44: 50 (1978).
Senecio phalacrocarpoides C. C. Chang, Acta Phytotax. Sin. 1: 313 (1951).
云南。

秃果蒲儿根

•**Sinosenecio phalacrocarpus** (Hance) B. Nord., Opera Bot. 44: 50 (1978).
Senecio phalacrocarpus Hance, J. Bot. 19: 151 (1881).
广东。

承经蒲儿根

•**Sinosenecio qii** S. W. Liu et T. N. Ho in Y. R. Lin et al., Int. Symp. Artemisia Allies 185 (2005).
湖南。

圆叶蒲儿根

•**Sinosenecio rotundifolius** Y. L. Chen, Acta Phytotax. Sin. 26: 53 (1988).
甘肃、四川。

岩生蒲儿根

•**Sinosenecio saxatilis** Y. L. Chen, Acta Phytotax. Sin. 33: 76 (1995).
湖南、广东。

七裂蒲儿根

•**Sinosenecio septilobus** (C. C. Chang) B. Nord., Opera Bot. 44: 51 (1978).
Senecio septilobus C. C. Chang, Bull. Fan Mem. Inst. Biol. Bot. 6: 59 (1935).
重庆、贵州。

四川蒲儿根

•**Sinosenecio sichuanicus** Y. Liu et Q. E. Yang, Bot. Stud. 52: 219 (2011).
四川。

革叶蒲儿根

●**Sinosenecio subcoriaceus** C. Jeffrey et Y. L. Chen, Kew Bull. 39: 232 (1984).
重庆。

莲座蒲儿根

●**Sinosenecio subrosulatus** (Hand.-Mazz.) B. Nord., Opera Bot. 44: 51 (1978).
Senecio subrosulatus Hand.-Mazz., Acta Horti Gothob. 12: 293 (1938).
甘肃、四川。

松潘蒲儿根

●**Sinosenecio sungpanensis** (Hand.-Mazz.) B. Nord., Opera Bot. 44: 51 (1978).
Senecio sungpanensis Hand.-Mazz., Anz. Akad. Wiss. Wien, Math.-Naturwiss. Kl. 62: 149 (1925).
四川。

三脉蒲儿根

●**Sinosenecio trinervius** (C. C. Chang) B. Nord., Opera Bot. 44: 51 (1978).
Senecio trinervius C. C. Chang, Bull. Fan Mem. Inst. Biol. Bot. 6: 60 (1935).
贵州。

紫毛蒲儿根（紫毛千里光）

●**Sinosenecio villifer** (Franch.) B. Nord., Opera Bot. 44: 51 (1978).
Senecio villifer Franch., J. Bot. (Morot) 8: 362 (1894); *Ligularia villifera* (Franch.) Diels, Bot. Jahrb. Syst. 29: 622 (1901).
四川、重庆。

武夷蒲儿根

●**Sinosenecio wuyiensis** Y. L. Chen, Acta Phytotax. Sin. 26: 51 (1988).
江西、福建。

艺林蒲儿根

●**Sinosenecio yilingii** Y. Liu et Q. E. Yang, Bot. Stud. 51: 270 (2010).
四川。

包果菊属 Smallanthus Mack.

菊薯

☆**Smallanthus sonchifolius** (Poeppig) H. Rob., Phytologia 39: 51 (1978).
Polymnia sonchifolia Poeppig, Nov. Gen. Sp. Pl. 3: 47 (1843).
河北、山东、浙江、湖南、湖北、贵州、云南、福建、台湾、海南等地栽培；原产于南美洲。

包果菊

△**Smallanthus uvedalia** (L.) Mack. in Small, Man. S. E. Fl. 1509 (1933).
Osteospermum uvedalia L., Sp. Pl. 2: 923 (1753); *Polymnia uvedalia* (L.) L., Sp. Pl., ed. 2: 1303 (1763).
安徽、江苏归化；北美洲。

一枝黄花属 Solidago L.

高大一枝黄花

△**Solidago altissima** L., Sp. Pl. 2: 878 (1753).
辽宁、河北、山东、河南、安徽、江苏、浙江、江西、湖北、四川、云南、福建、台湾等地区广泛归化；原产于北美洲。
注：根据最新的分类学研究，在中国广泛入侵的物种的正确名称是 *Solidago altissima* L.（高大一枝黄花），而非 *Solidago canadensis* L.（加拿大一枝黄花），后者仅作为园艺花卉栽培，没有入侵的报道。

加拿大一枝黄花（金棒草）

☆**Solidago canadensis** L., Sp. Pl. 2: 878 (1753).
中国栽培；原产于北美洲。

兴安一枝黄花

Solidago dahurica (Kitag.) Kitag. ex Juz., Fl. U. R. S. S. 25: 42 (1959).
Solidago virgaurea L. var. *dahurica* Kitag., Rep. Inst. Sci. Res. Manchoukuo 1: 297 (1937); *Solidago virgaurea* subsp. *dahurica* (Kitag.) Kitag., Rep. Inst. Sci. Res. Manchoukuo 3: 472 (1939).
黑龙江、吉林、辽宁、河北、山西、新疆；蒙古国、尼泊尔、吉尔吉斯斯坦、哈萨克斯坦、乌兹别克斯坦、俄罗斯。

一枝黄花

Solidago decurrens Lour., Fl. Cochinch. 2: 501 (1790).
Solidago cantoniensis Lour., Fl. Cochinch. 2: 501 (1790); *Amphirhapis leiocarpa* Benth., London J. Bot. 1: 488 (1842); *Amphirhapis chinensis* Sch.-Bip., Flora 35: 58 (1852); *Solidago virgaurea* var. *leiocarpa* (Benth.) A. Gray, Mém. Amer. Acad. Arts n. s. 6: 395 (1859); *Solidago virgaurea* L. subsp. *leiocarpa* (Benth.) Hultén, Fl. Aleutian Isl. 315 (1937).
山东、陕西、安徽、江苏、浙江、江西、湖南、湖北、四川、贵州、云南、福建、台湾、广东、广西；日本、朝鲜半岛、菲律宾、越南、老挝、尼泊尔、印度。

钝苞一枝黄花

Solidago pacifica Juz., Fl. U. R. S. S. 25: 576 (1959).
Solidago virgaurea L. var. *coreana* Nakai, Bot. Mag. (Tokyo) 31: 110 (1917).
黑龙江、吉林、辽宁、河北；俄罗斯。

多皱一枝黄花

☆**Solidago rugosa** Mill., Gard. Dict., ed. 8. *Solidago* no. 25

(1768).
江西引种；原产于北美洲。

裸柱菊属 Soliva Ruiz et Pavon

裸柱菊（座地菊）

△**Soliva anthemifolia** (Juss.) R. Br., Trans. Linn. Soc. London 12: 102 (1818).
Gymnostyles anthemifolia Juss., Ann. Mus. Natl. Hist. Nat. 4: 262 (1804).
浙江、江西、福建、台湾、广东、海南归化；南美洲。

翼子裸柱菊

△**Soliva pterosperma** (Juss.) Less., Syn. Gen. Compos. 268 (1832).
Gymnostyles pterosperma Juss., Ann. Mus. Natl. Hist. Nat. 4: 262 (1804).
台湾归化；南美洲。

小苦苣菜属 Sonchella Sennikov

草甸小苦苣菜

Sonchella dentata (Ledeb.) Sennikov, Komarovia 5: 10 6 (2008).
Sonchus dentatus Ledeb., Icon. Pl. 1: 21 (1829); *Prenanthes angustifolia* Boulos, Bot. Not. 115: 59 (1962); *Crepis pratensis* C. Shih, Acta Phytotax. Sin. 33: 187 (1995); *Sonchella pratensis* (C. Shih) Tzvelev, Bot. Zhurn. (Moscow et Leningrad) 92: 1753 (2007).
青海；蒙古国、俄罗斯。

碱小苦苣菜（碱黄鹌菜）

Sonchella stenoma (Turcz. ex DC.) Sennikov, Bot. Zhurn. (Moscow et Leningrad) 92: 1753 (2007).
Crepis stenoma Turcz. ex DC., Prodr. (DC.) 7: 164 (1838); *Youngia stenoma* (Turcz. ex DC.) Ledeb., Fl. Ross. (Ledeb.) 2: 837 (1845); *Hieracioides stenoma* (Turcz. ex DC.) Kuntze, Revis. Gen. Pl. 1: 346 (1891); *Ixeris stenoma* (Turcz. ex DC.) Kitag., Rep. Inst. Sci. Res. Manchoukuo 3: 455 (1939).
内蒙古、甘肃；蒙古国、俄罗斯。

苦苣菜属 Sonchus L.

花叶滇苦菜（续断菊）

△**Sonchus asper** (L.) Hill, Herb. Brit. 1: 47 (1769).
Sonchus oleraceus L. var. *asper* L., Sp. Pl. 2: 794 (1753); *Sonchus spinosus* Lam., Fl. Franç. (Lam.) 2: 86 (1778).
山东、新疆、江苏、浙江、湖北、四川、西藏、台湾、广西等地归化；原产于欧洲，世界各地归化。

长裂苦苣菜

Sonchus brachyotus DC., Prodr. (DC.) 7: 186 (1838).
Sonchus chinensis Fisch., Hort. Gorenk. 33 (1812), nom. nud.; *Sonchus fauriei* H. Lév. et Vaniot, Repert. Spec. Nov. Regni Veg. 7: 102 (1909); *Sonchus cavaleriei* H. Lév., Repert. Spec. Nov. Regni Veg. 8: 451 (1910); *Sonchus taquetii* H. Lév., Repert. Spec. Nov. Regni Veg. 8: 141 (1910); *Sonchus arenicola* Vorosch., Bull. Princ. Bot. Gard. Acad. Sci. U. R. S. S. No. 60: 43 (1965).
黑龙江、吉林、辽宁、内蒙古、河北、山西、山东、河南、陕西、宁夏、甘肃、青海、新疆、江苏、江西、四川、云南、西藏、广东、广西；蒙古国、日本、泰国、吉尔吉斯斯坦、哈萨克斯坦、俄罗斯。

苦苣菜（滇苦荬菜）

△**Sonchus oleraceus** L., Sp. Pl. 2: 794 (1753).
Sonchus ciliatus Lam., Fl. Franç. (Lam.) 2: 87 (1778); *Sonchus mairei* H. Lév., Repert. Spec. Nov. Regni Veg. 12: 284 (1913).
中国各地归化；原产于欧洲，世界归化。

沼生苦苣菜

Sonchus palustris L., Sp. Pl. 2: 793 (1753).
新疆；塔吉克斯坦、吉尔吉斯斯坦、哈萨克斯坦、乌兹别克斯坦、土库曼斯坦、俄罗斯；欧洲。

苣荬菜

Sonchus wightianus DC., Prodr. (DC.) 7: 187 (1838).
Sonchus wallichianus DC., Prodr. (DC.) 7: 185 (1838); *Sonchus picris* H. Lév. et Vaniot, Repert. Spec. Nov. Regni Veg. 8: 451 (1910); *Sonchus lingianus* C. Shih, Acta Phytotax. Sin. 29: 553 (1991).
陕西、宁夏、新疆、江苏、浙江、湖南、湖北、四川、贵州、云南、西藏、福建、台湾、广东、广西、海南；菲律宾、越南、老挝、缅甸、泰国、马来西亚、印度尼西亚、不丹、尼泊尔、印度、巴基斯坦、斯里兰卡、阿富汗、克什米尔地区。

绢毛菊属 Soroseris Stebbins

矮生绢毛菊

Soroseris depressa (Hook. f. et Thomson) J. W. Zhang, N. Kilian et H. Sun, Fl. China 20-21: 343 (2011).
Crepis depressa Hook. f. et Thomson, Fl. Brit. Ind. 3: 397 (1881); *Lactuca cooperi* J. Anthony, Notes Roy. Bot. Gard. Edinburgh 18: 198 (1934); *Youngia depressa* (Hook. f. et Thomson) Babc. et Stebbins, Publ. Carnegie Inst. Wash. 484: 33 (1937); *Lactuca pseudoumbrella* D. Maity et Maiti, J. Econ. Taxon. Bot. 25 (3): 748 (2002); *Tibetoseris depressa* (Hook. f. et Thomson) Sennikov, Bot. Zhurn. (Moscow et Leningrad) 92: 1750 (2007).
西藏；不丹、尼泊尔、印度。

空桶参

Soroseris erysimoides (Hand.-Mazz.) C. Shih, Acta Phytotax. Sin. 31: 444 (1993).
Crepis gillii S. Moore var. *erysimoides* Hand.-Mazz., Acta Horti Gothob. 12: 355 (1938); *Soroseris hookeriana* Stebbins

subsp. *erysimoides* (Hand.-Mazz.) Stebbins, Mem. Torrey Bot. Club 19 (3): 46 (1940).
陕西、甘肃、青海、四川、云南、西藏；不丹、尼泊尔、印度。

绢毛菊

Soroseris glomerata (Decne.) Stebbins, Mem. Torrey Bot. Club 19 (3): 33 (1940).
Prenanthes glomerata Decne. in Jacquem., Voy. Inde 4 (Bot.): 99 (1843); *Crepis glomerata* (Decne.) Benth. et Hook. f., Compos. Ind. 255 (1876); *Crepis sorocephala* Hemsl., J. Linn. Soc., Bot., Bot. 30: 116 (1894); *Lactuca deasyi* S. Moore, J. Bot. 38: 428 (1900); *Crepis rosularis* Diels, Notes Roy. Bot. Gard. Edinburgh 5: 201 (1912).
甘肃、青海、新疆、四川、云南、西藏；尼泊尔、印度、巴基斯坦、克什米尔地区。

皱叶绢毛菊

Soroseris hookeriana (C. B. Clarke) Stebbins, Mem. Torrey Bot. Club 19 (3): 45 (1940).
Crepis hookeriana C. B. Clarke, Compos. Ind. 255 (1876); *Crepis trichocarpa* Franch., J. Bot. (Morot) 9: 257 (1895); *Crepis gillii* S. Moore, J. Bot. 37: 170 (1899); *Crepis gillii* var. *hirsuta* J. Anthony, Notes Roy. Bot. Gard. Edinburgh 18: 193 (1934); *Soroseris gillii* (S. Moore) Stebbins, Fl. Xizang. 4: 943 (1985); *Soroseris hirsuta* (J. Anthony) C. Shih, Acta Phytotax. Sin. 31: 446 (1993).
甘肃、青海、四川、云南、西藏；不丹、尼泊尔、印度。

矮小绢毛菊

Soroseris pumila Stebbins, Mem. Torrey Bot. Club 19 (3): 38 (1940).
西藏；不丹、印度。

柱序绢毛菊

Soroseris teres C. Shih, Acta Phytotax. Sin. 31: 447 (1993).
西藏；不丹。

肉菊（伞花绢毛菊，条参）

Soroseris umbrella (Franch.) Stebbins, Mem. Torrey Bot. Club 19 (3): 33 (1940).
Crepis umbrella Franch., J. Bot. (Morot) 9: 255 (1895); *Stebbinsia umbrella* (Franch.) Lipsch., Anniv. Vol. Sukatsch. 362 (1956).
四川、云南、西藏；不丹、印度。

戴星草属 Sphaeranthus L.

戴星草

Sphaeranthus africanus L., Sp. Pl., ed. 2: 1314 (1763).
Sphaeranthus cochinchinensis Lour., Fl. Cochinch., ed. 2 2: 510 (1790); *Sphaeranthus microcephalus* Willd., Sp. Pl., ed. 3: 2395 (1803); *Sphaeranthus suberiflorus* Hayata, Icon. Pl. Formosan. 8: 55 (1919).
云南、台湾、广东、广西、海南；越南、缅甸、泰国、柬埔寨、马来西亚、澳大利亚；热带非洲。

绒毛戴星草

Sphaeranthus indicusL., Sp. Pl. 2: 927 (1753).
Sphaeranthus hirtus Willd., Sp. Pl., ed. 4 3: 2395 (1803); *Sphaeranthus mollis* Roxb., Hort. Bengal. 62 (1814).
云南；越南、老挝、泰国、柬埔寨、马来西亚、不丹、尼泊尔、印度、澳大利亚；非洲。

非洲戴星草

Sphaeranthus senegalensis DC., Prodr. (DC.) 5: 370 (1836).
Sphaeranthus lecomteanus O. Hoffm. et Muschl., Bull. Soc. Bot. France 57: 114 (1910).
云南；亚洲、热带非洲。

蟛蜞菊属 Sphagneticola O. Hoffm.

蟛蜞菊

Sphagneticola calendulacea (L.) Pruski, Novon 6: 411 (1996).
Verbesina calendulacea L., Sp. Pl. 2: 902 (1753); *Solidago chinensis* Osbeck, Dagb. Ostind. Resa 241 (1757); *Jaegeria calendulacea* (L.) Spreng., Syst. Veg., ed. 16 3: 500 (1826); *Seruneum calendulaceum* (L.) Kuntze, Revis. Gen. Pl. 1: 365 (1891); *Wedelia chinensis* (Osbeck) Merr., Philipp. J. Sci., C 12: 111 (1917); *Complaya chinensis* (Osbeck) Strother, Syst. Bot. Monogr. 33: 14 (1991).
辽宁、福建、台湾、广东；日本、菲律宾、越南、缅甸、泰国、印度尼西亚、印度、斯里兰卡。

广东蟛蜞菊（新拟）

●**Sphagneticola × guangdongensis** Q. Yuan, Phytotaxa 221 (1): 71 (2015).
广东。

南美蟛蜞菊

△**Sphagneticola trilobata** (L.) Pruski, Mem. New York Bot. Gard. 78: 114 (1996).
Silphium trilobatum L., Syst. Nat., ed. 10 2: 1233 (1759); *Wedelia trilobata* (L.) Hitchc., Rep. (Annual) Missouri Bot. Gard. 4: 99 (1893); *Thelechitonia trilobata* (L.) H. Rob. et Cuatrec., Phytologia 72: 142 (1992).
台湾、广东归化；原产于新世界热带地区。

百花蒿属 Stilpnolepis Krasch.

百花蒿

Stilpnolepis centiflora (Maxim.) Krasch., Bot. Mater. Gerb. Bot. Inst. Komarova Akad. Nauk S. S. S. R. 9: 209 (1946).
Artemisia centiflora Maxim., Bull. Acad. Imp. Sci. Saint-Pétersbourg 26: 493 (1880); *Artemisia centiflora* var. *pilifera* Y. Ling, Contr. Inst. Bot. Natl. Acad. Peiping 2: 507 (1934);

Stilpnolepis centiflora var. *pilifera* (Y. Ling) H. C. Fu, Fl. Intramongolica 6: 103 (1982).
内蒙古、陕西、宁夏、甘肃；蒙古国。

紊蒿（博尔-图柳格）

Stilpnolepis intricata (Franch.) C. Shih, Acta Phytotax. Sin. 23: 471 (1985).
Artemisia intricata Franch., Nouv. Arch. Mus. Hist. Nat., sér. 2 6: 50 (1883); *Elachanthemum intricatum* (Franch.) Y. Ling et Y. R. Ling, Acta Phytotax. Sin. 16: 63 (1978); *Elachanthemum intricatum* (Franch.) Y. Ling et Y. R. Ling var. *macrocephalum* H. C. Fu., Bull. Bot. Res., Harbin 23 (2): 149 (2003).
内蒙古、宁夏、甘肃、青海、新疆；蒙古国。

含苞草属 **Symphyllocarpus** Maxim.

含苞草（合苞菊）

Symphyllocarpus exilis Maxim., Mém. Acad. Imp. Sci. St.-Pétersbourg Divers Savans 9: 151 (1859).
黑龙江、吉林；俄罗斯。

联毛紫菀属 **Symphyotrichum** Nees

短星菊

Symphyotrichum ciliatum (Ledeb.) G. L. Nesom, Phytologia 77: 277 (1995).
Erigeron ciliatus Ledeb., Icon. Pl. 1: 24 (1829); *Aster angustus* Torrey et A. Gray, Fl. N. Amer. 2: 162 (1841); *Erigeron latisquamatus* Maxim., Prim. Fl. Amur. 473 (1859); *Aster ciliatus* (Ledeb.) B. Fedtsch., Rastit. Turkest. 731 (1915); *Aster brachyactis* S. F. Blake, Contr. U. S. Natl. Herb. 25: 564 (1925); *Aster latisquamatus* (Maxim.) Hand.-Mazz., Acta Horti Gothob., 12: 204 (1938).
黑龙江、吉林、辽宁、内蒙古、河北、山西、山东、河南、陕西、宁夏、甘肃、新疆；蒙古国、日本、朝鲜半岛、哈萨克斯坦、乌兹别克斯坦、俄罗斯；欧洲、北美洲。

倒折联毛紫菀

△**Symphyotrichum retroflexum** (Lindl. ex DC.) G. L. Nesom, Phytologia 77: 291 (1995).
Aster retroflexus Lindl. ex DC., Prodr. (DC.) 5: 244 (1836); *Aster curtisii* Torrey et A. Gray, Fl. N. Amer. 2: 110 (1841).
江西归化；原产于北美洲。

钻叶紫菀

△**Symphyotrichum subulatum** (Michx.) G. L. Nesom, Phytologia 77: 293 (1995).
Aster subulatus Michx., Fl. Bor.-Amer. (Michaux) 2: 111 (1803).
河北、山东、河南、陕西、安徽、江苏、浙江、江西、湖南、湖北、四川、贵州、云南、福建、台湾、广西、香港等地归化；原产于非洲、美洲。

合头菊属 **Syncalathium** Lipsch.

黄花合头菊

●**Syncalathium chrysocephalum** (C. Shih) S. W. Liu, Fl. Qinghaiica 3: 498 (1996).
Soroseris chrysocephala C. Shih, Acta Phytotax. Sin. 31: 449 (1993).
青海、西藏。

盘状合头菊

●**Syncalathium disciforme** (Mattf.) Y. Ling, Acta Phytotax. Sin. 10: 286 (1965).
Crepis disciformis Mattf., Notizbl. Bot. Gart. Berlin-Dahlem 12: 685 (1935); *Lactuca disciformis* (Mattf.) Stebbins, Mem. Torrey Bot. Club 19 (3): 50 (1940); *Soroseris qinghaiensis* C. Shih, Acta Phytotax. Sin. 31: 450 (1993); *Syncalathium qinghaiense* (C. Shih) C. Shih, Fl. Reipubl. Popularis Sin. 80 (1): 204 (1997).
甘肃、青海、四川。

合头菊

●**Syncalathium kawaguchii** (Kitam.) Y. Ling, Acta Phytotax. Sin. 10: 287 (1965).
Lactuca kawaguchii Kitam., Acta Phytotax. Geobot. 15: 72 (1953); *Syncalathium sukaczevii* Lipsch., 75th Anniv. Vol. Sukatsch. (New Subtr., Gen. et Sp. Fam. Centr. As.) 360 (1956); *Syncalathium sukaczevii* var. *pilosum* Y. Ling, Acta Phytotax. Sin. 10: 287 (1965); *Syncalathium pilosum* (Y. Ling) C. Shih, Acta Phytotax. Sin. 31: 444 (1993).
青海、西藏。

紫花合头菊

●**Syncalathium porphyreum** (C. Marquand et Airy Shaw) Y. Ling, Acta Phytotax. Sin. 10: 287 (1965).
Crepis glomerata Decne. var. *porphyrea* C. Marquand et Airy Shaw, J. Linn. Soc., Bot. 48: 194 (1929).
青海、西藏。

红花合头菊

●**Syncalathium roseum** Y. Ling, Acta Phytotax. Sin. 10: 287 (1965).
西藏。

金腰箭属 **Synedrella** Gaertn.

金腰箭

△**Synedrella nodiflora** (L.) Gaertn., Fruct. Sem. Pl. 2: 456 (1791).
Verbesina nodiflora L., Cent. Pl. I. 28 (1755).
云南、台湾、广东、海南归化；南美洲。

兔儿伞属 **Syneilesis** Maxim.

兔儿伞

Syneilesis aconitifolia (Bunge) Maxim., Mém. Acad. Imp. Sci.

St.-Pétersbourg Divers Savans 9: 165 (1859).
Cacalia aconitifolia Bunge, Enum. Pl. China Bor. 37 (1833); *Senecio aconitifolius* (Bunge) Turcz., Contr. Inst. Bot. Natl. Acad. Peiping 4: 40 (1936).
黑龙江、辽宁、河北、山西、河南、陕西、甘肃、安徽、江苏、浙江、贵州、福建；日本、朝鲜半岛、俄罗斯。

南方兔儿伞

•**Syneilesis australis** Y. Ling, Contr. Inst. Bot. Natl. Acad. Peiping 5: 5 (1937).
安徽、浙江。

台湾兔儿伞（台湾破伞菊）

•**Syneilesis hayatae** Kitam., J. Jap. Bot. 10: 702 (1934).
Senecio intermedius Hayata, J. Coll. Sci. Imp. Univ. Tokyo 22: 208 (1906), not Wight (1846); *Cacalia intermedia* Hayata, Icon. Pl. Formosan. 8: 66 (1919), not (DC.) Kuntze (1891); *Syneilesis intermedia* Kitam., Acta Phytotax. Geobot. 6: 244 (1937).
台湾。

高山兔儿伞（高山破伞菊）

•**Syneilesis subglabrata** (Yamam. et Sasaki) Kitam., J. Jap. Bot. 10: 702 (1934).
Cacalia intermedia Hayata var. *subglabrata* Yamam. et Sasaki, J. Soc. Trop. Agric. 3: 242 (1931); *Cacalia subglabrata* (Yamam. et Sasaki) Kitam., Acta Phytotax. Geobot. 1: 148 (1932).
台湾。

合耳菊属 Synotis (C. B. Clarke) C. Jeffrey et Y. L. Chen

尾尖合耳菊

Synotis acuminata (Wall. ex DC.) C. Jeffrey et Y. L. Chen, Kew Bull. 39: 332 (1984).
Senecio acuminatus Wall. ex DC., Prodr. (DC.) 6: 368 (1838).
西藏；不丹、尼泊尔、印度。

宽翅合耳菊

•**Synotis ainsliaeifolia** C. Jeffrey et Y. L. Chen, Kew Bull. 39: 307 (1984).
西藏。

翅柄合耳菊（翅柄千里光）

Synotis alata (Wall. ex DC.) C. Jeffrey et Y. L. Chen, Kew Bull. 39: 306 (1984).
Senecio alatus Wall. ex DC., Prodr. (DC.) 6: 368 (1838); *Senecio cymatocrepis* Diels, Notes Roy. Bot. Gard. Edinburgh 5: 192 (1912); *Senecio alatus* var. *oligocephalus* Y. L. Chen et K. Y. Pan, Acta Phytotax. Sin. 19: 94 (1981).
贵州、云南、西藏；缅甸、不丹、尼泊尔、印度。

术叶合耳菊（术叶千里光）

•**Synotis atractylidifolia** (Y. Ling) C. Jeffrey et Y. L. Chen, Kew Bull. 39: 338 (1984).
Senecio atractylidifolius Y. Ling, Contr. Inst. Bot. Natl. Acad. Peiping 5: 24 (1937).
内蒙古、宁夏。

耳叶合耳菊

•**Synotis auriculata** C. Jeffrey et Y. L. Chen, Kew Bull. 39: 330 (1984).
西藏。

滇南合耳菊

•**Synotis austroyunnanensis** C. Jeffrey et Y. L. Chen, Kew Bull. 39: 296 (1984).
贵州、云南。

缅甸合耳菊

Synotis birmanica C. Jeffrey et Y. L. Chen, Kew Bull. 39: 335 (1984).
云南；缅甸。

短缨合耳菊

•**Synotis brevipappa** C. Jeffrey et Y. L. Chen, Kew Bull. 39: 300 (1984).
西藏。

美头合耳菊（鞋头千里光）

Synotis calocephala C. Jeffrey et Y. L. Chen, Kew Bull. 39: 334 (1984).
Senecio calocephalus C. C. Chang, Bull. Fan Mem. Inst. Biol. Bot. 6: 48 (1935), not Poeppig (1845), nor Hemsl. (1881).
云南；缅甸。

密花合耳菊（密花千里光，白叶火草）

Synotis cappa (Buch.-Ham. ex D. Don) C. Jeffrey et Y. L. Chen, Kew Bull. 39: 319 (1984).
Senecio cappa Buch.-Ham. ex D. Don, Prodr. Fl. Nepal. 179 (1825); *Senecio densiflorus* Wall. ex DC., Prodr. (DC.) 6: 369 (1838); *Senecio densiflorus* var. *lobbii* Hook. f., Fl. Brit. Ind. 3: 355 (1881); *Senecio nagensium* C. B. Clarke var. *lobbii* (Hook. f.) Craib, Bull. Misc. Inform. Kew 1911: 402 (1911); *Senecio tsoongianus* Y. Ling, Contr. Inst. Bot. Natl. Acad. Peiping 5: 26 (1937).
四川、云南、西藏、广西；缅甸、泰国、不丹、尼泊尔、印度。

昆明合耳菊（昆明千里光）

•**Synotis cavaleriei** (H. Lév.) C. Jeffrey et Y. L. Chen, Kew Bull. 39: 291 (1984).
Senecio cavaleriei H. Lév., Repert. Spec. Nov. Regni Veg. 12: 537 (1913).
四川、贵州、云南。

肇骞合耳菊

●**Synotis changiana** Y. L. Chen, Acta Phytotax. Sin. 33: 78 (1995).
广西。

子农合耳菊（子农尾药菊）

●**Synotis chingiana** C. Jeffrey et Y. L. Chen, Kew Bull. 39: 315 (1984).
云南。

大苗山合耳菊

●**Synotis damiaoshanica** C. Jeffrey et Y. L. Chen, Kew Bull. 39: 298 (1984).
广西。

滇东合耳菊（滇东千里光）

●**Synotis duclouxii** (Dunn) C. Jeffrey et Y. L. Chen, Kew Bull. 39: 293 (1984).
Senecio duclouxii Dunn, J. Linn. Soc., Bot. 35: 504 (1903); *Senecio cichoriifolius* H. Lév., Repert. Spec. Nov. Regni Veg. 13: 344 (1914).
云南。

红缨合耳菊（红毛千里光，红缨尾药菊）

●**Synotis erythropappa** (Bureau et Franch.) C. Jeffrey et Y. L. Chen, Kew Bull. 39: 324 (1984).
Senecio erythropappus Bureau et Franch., J. Bot. (Morot) 5: 73 (1891); *Senecio dianthus* Franch., J. Bot. 419 (1896); *Senecio talongensis* Franch., J. Bot. (Morot) 10: 419 (1896); *Senecio glumaceus* Dunn, J. Linn. Soc., Bot. 35: 505 (1903); *Cacalia diantha* (Franch.) Hand.-Mazz., Vegetationsbilder 22 (8): 9 (1932); *Synotis cordifolia* Y. L. Chen, Acta Phytotax. Sin. 33: 79 (1995).
湖北、四川、云南、西藏。

褐柄合耳菊

●**Synotis fulvipes** (Y. Ling) C. Jeffrey et Y. L. Chen, Kew Bull. 39: 294 (1984).
Senecio fulvipes Y. Ling, Contr. Inst. Bot. Natl. Acad. Peiping 5: 27 (1937); *Senecio hunanensis* Hand.-Mazz., Notizbl. Bot. Gart. Berlin-Dahlem 13: 638 (Nov. 1937), not Y. Ling (Jan 1937); *Senecio handelianus* B. Nord., Opera Bot. 44: 51 (1978).
江西、湖南。

聚花合耳菊（团聚尾药菊）

Synotis glomerata C. Jeffrey et Y. L. Chen, Kew Bull. 39: 327 (1984).
Senecio glomeratus Jeffrey, Notes Roy. Bot. Gard. Edinburgh 9: 126 (1916), not Desf. ex Poir. (1817).
云南；缅甸。

黔合耳菊

●**Synotis guizhouensis** C. Jeffrey et Y. L. Chen, Kew Bull. 39: 313 (1984).
贵州、云南。

毛叶合耳菊

●**Synotis hieraciifolia** (H. Lév.) C. Jeffrey et Y. L. Chen, Kew Bull. 39: 310 (1984).
Gynura hieraciifolia H. Lév., Bull. Geogr. Bot. 24: 284 (1914); *Gynura esquirolii* H. Lév., Bull. Acad. Int. Geogr. Bot. 24: 284 (1912); ?*Senecio hui* C. C. Chang, Bull. Fan Mem. Inst. Biol. Bot. 7: 156 (1936); *Senecio lonchophyllus* Hand.-Mazz., Notizbl. Bot. Gart. Berlin-Dahlem 13: 640 (1937).
贵州、云南。

紫毛合耳菊（紫毛千里光）

●**Synotis ionodasys** (Hand.-Mazz.) C. Jeffrey et Y. L. Chen, Kew Bull. 39: 320 (1984).
Senecio ionodasys Hand.-Mazz., Notizbl. Bot. Gart. Berlin-Dahlem 13: 637 (1937).
云南。

须弥合耳菊

Synotis kunthiana (Wall. ex DC.) C. Jeffrey et Y. L. Chen, Kew Bull. 39: 288 (1984).
Senecio kunthianus Wall. ex DC., Prodr. (DC.) 6: 369 (1838).
西藏；尼泊尔、巴基斯坦。

长柄合耳菊

●**Synotis longipes** C. Jeffrey et Y. L. Chen, Kew Bull. 39: 294 (1984).
云南。

丽江合耳菊（丽江尾药菊）

●**Synotis lucorum** (Franch.) C. Jeffrey et Y. L. Chen, Kew Bull. 39: 334 (1984).
Senecio lucorum Franch., J. Bot. (Morot) 10: 415 (1896); *Senecio bulleyanus* Diels, Notes Roy. Bot. Gard. Edinburgh 5: 195 (1912).
云南。

木里合耳菊（木里尾药菊）

●**Synotis muliensis** Y. L. Chen, Acta Phytotax. Sin. 26: 54 (1988).
四川。

锯叶合耳菊（锯叶千里光）

Synotis nagensium (C. B. Clarke) C. Jeffrey et Y. L. Chen, Kew Bull. 39: 321 (1984).
Senecio nagensium C. B. Clarke, J. Linn. Soc., Bot. 25: 39 (1889); *Senecio densiflorus* var. *mishmiensis* Hook. f., Fl. Brit. Ind. 3: 355 (1881); *Vernonia fargesii* Franch., J. Bot. (Morot) 10: 369 (1896); *Pulicaria kouyangensis* Vaniot, Bull. Acad. Int. Geogr. Bot. 12: 490 (1903); *Inula vernoniiformis* H. Lév., Repert. Spec. Nov. Regni Veg. 12: 535 (1913); *Senecio densiflorus* Wall. ex DC. var. *fargesii* (Franch.) Hand.-Mazz., Symb. Sin. 7 (5): 1379 (1936).

甘肃、湖南、湖北、四川、贵州、云南、西藏、广东、广西；缅甸、泰国、印度。

纳雍合耳菊

●**Synotis nayongensis** C. Jeffrey et Y. L. Chen, Kew Bull. 39: 302 (1984).

贵州。

耳柄合耳菊

●**Synotis otophylla** Y. L. Chen, Acta Phytotax. Sin. 33: 81 (1995).

西藏。

掌裂合耳菊

●**Synotis palmatisecta** Y. L. Chen et J. D. Liu, Acta Phytotax. Sin. 26: 55 (1988).

贵州。

紫背合耳菊（假翅柄千里光）

Synotis pseudoalata (C. C. Chang) C. Jeffrey et Y. L. Chen, Kew Bull. 39: 303 (1984).

Senecio pseudoalatus C. C. Chang, Bull. Fan Mem. Inst. Biol. Bot. 6: 57 (1935).

云南；缅甸。

肾叶合耳菊

●**Synotis reniformis** Y. L. Chen, Acta Phytotax. Sin. 34: 648 (1996).

云南。

红脉合耳菊

Synotis rufinervis (DC.) C. Jeffrey et Y. L. Chen, Kew Bull. 39: 288 (1984).

Senecio rufinervis DC., Prodr. (DC.) 6: 369 (1838).

西藏；尼泊尔。

腺毛合耳菊（怒江千里光，腺毛尾药菊）

Synotis saluenensis (Diels) C. Jeffrey et Y. L. Chen, Kew Bull. 39: 330 (1984).

Senecio saluenensis Diels, Notes Roy. Bot. Gard. Edinburgh 5: 193 (1912).

云南、西藏；越南、缅甸。

林荫合耳菊（林荫千里光）

●**Synotis sciatrephes** (W. W. Smith) C. Jeffrey et Y. L. Chen, Kew Bull. 39: 300 (1984).

Senecio sciatrephes W. W. Smith, Notes Roy. Bot. Gard. Edinburgh 8: 118 (1913).

云南。

四川合耳菊（四川尾药菊）

●**Synotis setchuenensis** (Franch.) C. Jeffrey et Y. L. Chen, Kew Bull. 39: 336 (1984).

Senecio setchuenensis Franch., Bull. Annuel Soc. Philom. Paris, sér. 8 3: 145 (1891).

四川。

华合耳菊

●**Synotis sinica** (Diels) C. Jeffrey et Y. L. Chen, Kew Bull. 39: 313 (1984).

Gynura sinica Diels, Bot. Jahrb. Syst. 29: 618 (1901); *Senecio sinicus* (Diels) C. C. Chang, Bull. Fan Mem. Inst. Biol. Bot. 7: 155 (1936).

重庆、贵州。

川西合耳菊（川西尾药菊）

●**Synotis solidaginea** (Hand.-Mazz.) C. Jeffrey et Y. L. Chen, Kew Bull. 39: 323 (1984).

Senecio solidagineus Hand.-Mazz., Acta Horti Gothob. 12: 285 (1938); *Senecio paucinervis* Dunn var. *brachylepis* C. Marquand et Airy Shaw, J. Linn. Soc., Bot. 48: 192 (1929).

四川、云南、西藏。

四花合耳菊

Synotis tetrantha (DC.) C. Jeffrey et Y. L. Chen, Kew Bull. 39: 308 (1984).

Senecio tetranthus DC., Prodr. (DC.) 6: 370 (1838).

西藏；不丹、尼泊尔、印度。

三舌合耳菊（三舌千里光，三舌尾药菊）

Synotis triligulata (Buch.-Ham. ex D. Don) C. Jeffrey et Y. L. Chen, Kew Bull. 39: 329 (1984).

Senecio triligulatus Buch.-Ham. ex D. Don, Prodr. Fl. Nepal. 178 (1825); *Senecio acuminatus* Wall. ex DC. f. *breviligulatus* Hand.-Mazz., Notizbl. Bot. Gart. Berlin-Dahlem 13: 637 (1937); *Senecio pentanthus* Merr., Brittonia. 4: 188 (1941).

云南、西藏；缅甸、泰国、不丹、尼泊尔、印度。

羽裂合耳菊（药山千里光）

●**Synotis vaniotii** (H. Lév.) C. Jeffrey et Y. L. Chen, Kew Bull. 39: 326 (1984).

Senecio vaniotii H. Lév., Repert. Spec. Nov. Regni Veg. 13: 345 (1914).

云南。

合耳菊

Synotis wallichii (DC.) C. Jeffrey et Y. L. Chen, Kew Bull. 39: 305 (1984).

Senecio wallichii DC., Prodr. (DC.) 6: 364 (1838).

西藏；不丹、尼泊尔、印度。

黄白合耳菊（黄百千里光）

●**Synotis xantholeuca** (Hand.-Mazz.) C. Jeffrey et Y. L. Chen, Kew Bull. 39: 316 (1984).

Senecio xantholeucus Hand.-Mazz., Symb. Sin. 7 (4): 1127 (1936).

云南。

新宁合耳菊

●**Synotis xinningensis** M. Tang et Q. E. Yang, Bot. Stud.

(Taipei) 54: 14 (2013).
湖南。

丫口合耳菊（丫口千里光，丫口尾药菊）

●**Synotis yakoensis** (Jeffrey) C. Jeffrey et Y. L. Chen, Kew Bull. 39: 318 (1984).
Senecio yakoensis Jeffrey, Notes Roy. Bot. Gard. Edinburgh 5: 195 (1912).
云南。

蔓生合耳菊（蔓生尾药菊）

Synotis yui C. Jeffrey et Y. L. Chen, Kew Bull. 39: 308 (1984).
云南、西藏；缅甸。

山牛蒡属 Synurus Iljin

山牛蒡

Synurus deltoides (Aiton) Nakai in Tozawa et Nakai, Kôryô Sikenrin Ippan. 64 (1932).
Onopordum deltoides Aiton, Hort. Kew. 3: 146 (1789); *Carduus atriplicifolius* Fisch. ex Hornem., Suppl. Hort. Bot. Hafn. 92 (1819); *Centaurea atriplicifolia* (Fisch. ex Hornem.) Matsum., Index Pl. Jap. 2: 667 (1912).
黑龙江、吉林、辽宁、内蒙古、河北、山西、山东、河南、陕西、甘肃、安徽、浙江、江西、湖南、湖北、重庆、云南；蒙古国、日本、朝鲜半岛、俄罗斯。

疆菊属 Syreitschikovia Pavlov

疆菊

Syreitschikovia tenuifolia (Bong.) Pavlov, Repert. Spec. Nov. Regni Veg. 31: 192 (1933).
Serratula tenuifolia Bong., Bull. Sci. Acad. Imp. Sci. Saint-Pétersbourg 8: 340 (1841); *Jurinea tenuis* Bunge, Flora 24: 158 (1841).
新疆；哈萨克斯坦。

万寿菊属 Tagetes L.

万寿菊（臭芙蓉，孔雀草，红黄草）

☆**Tagetes erecta** L., Sp. Pl. 2: 887 (1753).
Tagetes patula L., Sp. Pl., 2: 887 (1753); *Tagetes tenuifolia* Cav., Icon. 2: 54 (1793).
中国各地栽培；原产于北美洲。

印加孔雀草

△**Tagetes minuta** L., Sp. Pl. 2: 887 (1753).
Tagetes bonariensis Pers., Syn. Pl. 2: 459 (1807); *Tagetes glandulifera* Schran, Pl. Rar. Hort. Monac. 2: t. 54 (1820); *Tagetes porophyllum* Vell., Fl. Flumin. Icon. 8: t. 116 (1831); *Tagetes riojana* M. Ferraro, Bol. Soc. Argent. Bot. 6: 34 (1955).
台湾归化；原产于中南美洲。

菊蒿属 Tanacetum L.

丝叶匹菊

Tanacetum abrotanoides K. Bremer et Humphries, Bull. Nat. Hist. Mus. London, Bot. 23: 101 (1993).
Pyrethrum abrotanifolium Bunge ex Ledeb., Fl. Ross. (Ledeb.) 2: 549 (1845), not *Tanacetum abrotanifolium* (L.) Druce (1914); *Chrysanthemum abrotanifolium* (Bunge ex Ledeb.) Krylov in Bull. Soc. Imp. Naturalistes Moscou, Sect. Biol., n. s. 38: 138 (1929).
新疆；蒙古国、哈萨克斯坦、俄罗斯。

新疆匹菊

Tanacetum alatavicum Herder, Bull. Soc. Imp. Naturalistes Moscou 40: 129 (1867).
Pyrethrum alatavicum (Herder) O. Fedtsch. et B. Fedtsch., Consp. Fl. Turkestanicae [O. A. Fedchenko et B. A. Fedchenko] 4: 186 (1912).
新疆；蒙古国、哈萨克斯坦、俄罗斯。

艾状菊蒿

Tanacetum artemisioides Sch.-Bip. ex Hook. f., Fl. Brit. Ind. 3: 318 (1881).
西藏；巴基斯坦。

藏匹菊

Tanacetum atkinsonii (C. B. Clarke) Kitam. in H. Hara et al., Enum. Fl. Pl. Nepal 3: 45 (1982).
Chrysanthemum atkinsonii C. B. Clarke, Compos. Ind. 147 (1876); *Pyrethrum atkinsonii* (C. B. Clarke) Y. Ling et C. Shih, Acta Phytotax. Sin. 17: 113 (1979).
西藏；不丹、尼泊尔、印度。

阿尔泰菊蒿

Tanacetum barclayanum DC., Prodr. (DC.) 6: 128 (1838).
Pyrethrum achilleifolium M. Bieb. var. *discoideum* Kar. et Kir., Bull. Soc. Imp. Naturalistes Moscou 15: 382 (1842); *Pyrethrum turlanicum* Pavlov, Vestnik Akad. Nauk Kazak. S. S. R. No. 3: 39 (1950); *Tanacetum turlanicum* (Pavlov) Tzvelev, Fl. U. R. S. S. 26: 341 (1961).
新疆；哈萨克斯坦、俄罗斯。

除虫菊（白花除虫菊）

☆**Tanacetum cinerariifolium** (Trevir.) Sch.-Bip., Tanaceteen 58 (1844).
Pyrethrum cinerariifolium Trevir., Index Sem. Hort. Bot. Wratislav. App. 2: 2 (1820); *Chrysanthemum cinerariifolium* (Trevir.) Vis., Fl. Dalmat. 2: 88, t. 8 (1847).
辽宁、河北、安徽、浙江、贵州等地栽培；原产于欧洲，现世界广泛栽培。

红花除虫菊

☆**Tanacetum coccineum** (Willd.) Grierson, Notes Roy. Bot. Gard. Edinburgh 33: 262 (1974).

Chrysanthemum coccineum Willd., Sp. Pl. 3: 2144 (1803); *Chrysanthemum marschallii* Asch., Nat. Pflanzenfam. 4 (5): 373 (1893); *Pyrethrum coccineum* (Willd.) Vorosch., Seed List State Bot. Gard. Acad. Sci. U. R. S. S. 9: 21 (1954).
河北、安徽等地栽培；原产于亚洲（西南部）。

密头菊蒿

Tanacetum crassipes (Stschegl.) Tzvelev in Schischk. et Bobrov, Fl. U. R. S. S. 26: 338 (1961).
Pyrethrum crassipes Stschegl., Bull. Soc. Imp. Naturalistes Moscou 27: 172 (1854); *Chrysanthemum crassipes* (Stschegl.) B. Fedtsch., Rastit. Turkest. 737 (1915).
新疆；哈萨克斯坦、俄罗斯。

西藏菊蒿

Tanacetum falconeri Hook. f., Fl. Brit. Ind. 3: 320 (1881).
西藏；印度、巴基斯坦。

托毛匹菊

•**Tanacetum kaschgarianum** K. Bremer et Humphries, Bull. Nat. Hist. Mus. London, Bot. 23: 102 (1993).
Pyrethrum kaschgharicum Krasch., Bot. Mater. Gerb. Bot. Inst. Komarova Akad. Nauk S. S. S. R. 9: 158 (1946), not *Tanacetum kaschgaricum* Krasch. (1933).
新疆。

黑苞匹菊

Tanacetum krylovianum (Krasch.) K. Bremer et Humphries, Bull. Nat. Hist. Mus. London, Bot. 23: 102 (1993).
Pyrethrum krylovianum Krasch., Bot. Mater. Gerb. Bot. Inst. Komarova Akad. Nauk S. S. S. R. 9: 155 (1946); *Pyrethrum alatavicum* (Herder) O. Fedtsch. et B. Fedtsch. subsp. *krylovianum* (Krasch.) Boldyreva, Fl. Sibiriae 13: 74 (1998).
新疆；蒙古国、哈萨克斯坦、俄罗斯。

岩匹菊

•**Tanacetum petraeum** (C. Shih) K. Bremer et Humphries, Bull. Nat. Hist. Mus. London, Bot. 23: 103 (1993).
Pyrethrum petraeum C. Shih, Bull. Bot. Lab. N. E. Forest. Inst., Harbin 6: 10 (1980).
新疆。

美丽匹菊（小黄菊）

Tanacetum pulchrum (Ledeb.) Sch.-Bip., Tanaceteen 49 (1844).
Pyrethrum pulchrum Ledeb., Icon. Pl. 1: 20 (1829); *Tripleurospermum pulchrum* (Ledeb.) Rupr., Sert. Tainsch. 52 (1869); *Chrysanthemum pulchrum* (Ledeb.) C. Winkl., Acta Horti Gothob. 10: 87 (1884).
新疆；蒙古国、哈萨克斯坦、俄罗斯。

单头匹菊

Tanacetum richterioides (C. Winkl.) K. Bremer et Humphries, Bull. Nat. Hist. Mus. London, Bot. 23: 103 (1993).
Chrysanthemum richterioides C. Winkl., Trudy Imp. S.-Peterburgsk. Bot. Sada 10: 86 (1887); *Pyrethrum richterioides* (C. Winkl.) Krasnov, Onbit East. Elaborate. Fl. Eastern Tienshan. 346 (1888); *Chrysanthemum merzbacheri* B. Fedtsch. ex Merzbacher, Gebirgspruppe Bogdsola Munchen 316 (1912); *Pyrethrum karelinii* Krasch., Bot. Mater. Gerb. Bot. Inst. Komarova Akad. Nauk S. S. S. R. 9: 157 (1946).
新疆；哈萨克斯坦。

散头菊蒿

Tanacetum santolina C. Winkl., Trudy Imp. S.-Peterburgsk. Bot. Sada 11: 375 (1891).
Chrysanthemum santolina (C. Winkl.) B. Fedtsch., Rastit. Turkest. 738 (1915); *Pyrethrum kasakhstanicum* Krasch., Bot. Mater. Gerb. Bot. Inst. Komarova Akad. Nauk S. S. S. R. 9: 160 (1946).
新疆；哈萨克斯坦、俄罗斯。

岩菊蒿

Tanacetum scopulorum (Krasch.) Tzvelev in Schischk. et Bobrov, Fl. U. R. S. S. 26: 342 (1961).
Pyrethrum scopulorum Krasch., Bot. Mater. Gerb. Bot. Inst. Komarova Akad. Nauk S. S. S. R. 9: 164 (1946); *Lepidolopsis scopulorum* (Krasch.) Poljakov, Bot. Mater. Gerb. Bot. Inst. Bot. Acad. Nauk Kazakhsk. S. S. R. 19: 376 (1959).
新疆；哈萨克斯坦。

伞房菊蒿

Tanacetum tanacetoides (DC.) Tzvelev in Schischk. et Bobrov, Fl. U. R. S. S. 26: 337 (1961).
Pyrethrum tanacetoides DC., Prodr. (DC.) 6: 59 (1838); *Chrysanthemum tanacetoides* (DC.) B. Fedtsch., Rastit. Turkest. 737 (1915).
新疆；哈萨克斯坦、俄罗斯。

川西小黄菊（鞑新菊）

Tanacetum tatsienense (Bureau et Franch.) K. Bremer et Humphries, Bull. Nat. Hist. Mus. London, Bot. 23: 103 (1993).
青海、四川、云南、西藏；不丹。

川西小黄菊（原变种）

Tanacetum tatsienense var. **tatsienense**
Chrysanthemum tatsienense Bureau et Franch., J. Bot. (Morot) 5: 72 (1891); *Chrysanthemum jugorum* W. W. Smith, Notes Roy. Bot. Gard. Edinburgh 10: 173 (1918); *Pyrethrum tatsienense* (Bureau et Franch.) Y. Ling ex C. Shih, Acta Phytotax. Sin. 17: 113 (1979).
青海、四川、云南、西藏；不丹。

无舌小黄菊

•**Tanacetum tatsienense** var. **tanacetopsis** (W. W. Smith) Grierson, Edinburgh J. Bot. 57: 410 (2000).
Chrysanthemum jugorum var. *tanacetopsis* W. W. Smith,

Notes Roy. Bot. Gard. Edinburgh 10: 173 (1918); *Chrysanthemum pullum* Hand.-Mazz., Anz. Akad. Wiss. Wien, Math.-Naturwiss. Kl. 61: 202 (1924); *Chrysanthemum tatsienense* var. *tanacetopsis* (W. W. Smith) C. Marquand, J. Linn. Soc., Bot. 48: 190 (1929); *Pyrethrum tatsienense* var. *tanacetopsis* (W. W. Smith) Y. Ling et C. Shih, Acta Phytotax. Sin. 17: 113 (1979).
云南、西藏。

菊蒿（艾菊）

Tanacetum vulgare L., Sp. Pl. 2: 844 (1753).
Chrysanthemum vulgare (L.) Bernh., Syst. Verz. 144 (1800), not (Lam.) Gaterau (1789); *Tanacetum boreale* Fisch. ex DC., Prodr. (DC.) 6: 128 (1838); *Chrysanthemum tanacetum* Vis., Fl. Dalmat. 2: 84 (1847); *Pyrethrum vulgare* (L.) Boiss., Fl. Orient. 3: 352 (1875); *Chrysanthemum boreale* (Fisch. ex DC.) B. Fedtsch., Rastit. Turkest. 738 (1915), not Makino (1909); *Chrysanthemum vulgare* var. *boreale* (Fisch. ex DC.) Makino, Fl. Jap. 43 (1925); *Chrysanthemum vulgare* subsp. *boreale* (Fisch. ex DC.) Vorosch. in A. K. Skvortsov (ed.), Florist. Issl. V Razn. Raĭonakh S. S. S. R. 195 (1985).
黑龙江、内蒙古、新疆；蒙古国、日本、朝鲜半岛、哈萨克斯坦、土库曼斯坦、俄罗斯；欧洲、北美洲。

蒲公英属 Taraxacum F. H. Wigg.

平板蒲公英

Taraxacum abax Kirschner et Štěpanek, Preslia 83: 504 (2011).
河北、新疆；俄罗斯。

短茎蒲公英

•**Taraxacum abbreviatulum** Kirschner et Štěpanek, Fl. China 20-21: 306 (2011).
湖北。

无毛蒲公英

•**Taraxacum adglabrum** Kirschner et Štěpanek, Fl. China 20-21: 308 (2011).
新疆。

谦虚蒲公英

•**Taraxacum aeneum** Kirschner et Štěpanek, Fl. China 20-21: 309 (2011).
新疆。

翼柄蒲公英

•**Taraxacum alatopetiolum** D. T. Zhai et C. H. An, J. Aug. 1st Agric. Coll. 18 (3): 2 (1995).
新疆。

白花蒲公英

•**Taraxacum albiflos** Kirschner et Štěpanek, Fl. China 20-21: 274 (2011).
新疆。

白边蒲公英

Taraxacum albomarginatum Kitam., Acta Phytotax. Geobot. 4: 103 (1935).
Taraxacum mandshuricum Nakai ex Koidz., Bot. Mag. (Tokyo) 50: 89 (1936).
辽宁；朝鲜半岛。

白蒲公英

Taraxacum album Kirschner et Štěpanek, Preslia 78: 54 (2006).
新疆；吉尔吉斯斯坦。

四川蒲公英

•**Taraxacum apargia** Kirschner et Štěpanek, Fl. China 20-21: 289 (2011).
四川。

天全蒲公英

•**Taraxacum apargiiforme** Dahlst., Acta Horti Gothob. 2: 178 (1926).
四川。

全叶蒲公英

Taraxacum armeriifolium Soest, Repert. Spec. Nov. Regni Veg. Beih. 70: 61 (1965).
Taraxacum oblanceifolium D. Z. Ma, Acta Bot. Boreal.-Occid. Sin. 11 (4): 347 (1991).
河北、宁夏、新疆、西藏；蒙古国、印度、阿富汗、塔吉克斯坦。

黑果蒲公英

•**Taraxacum atrocarpum** Kirschner et Štěpanek, Fl. China 20-21: 286 (2011).
云南。

橘黄蒲公英

•**Taraxacum aurantiacum** Dahlst., Acta Horti Berg. 4 (2): 9 (1907).
甘肃、四川。

藏南蒲公英

•**Taraxacum austrotibetanum** Kirschner et Štěpanek, Fl. China 20-21: 290 (2011).
西藏。

棕色蒲公英

•**Taraxacum badiocinnamomeum** Kirschner et Štěpanek, Fl. China 20-21: 294 (2011).
西藏。

窄苞蒲公英（厚叶蒲公英）

Taraxacum bessarabicum (Hornem.) Hand.-Mazz., Monogr. Taraxacum, 26 (1907).

Leontodon bessarabicus Hornem., Suppl. Hort. Bot. Hafn. 88 (1819).
宁夏、新疆；蒙古国、哈萨克斯坦、俄罗斯。

双角蒲公英

Taraxacum bicorne Dahlst., Ark. Bot. 5 (9): 29 (1906).
甘肃、青海、新疆；吉尔吉斯斯坦、哈萨克斯坦。

短角蒲公英

Taraxacum brevicorniculatum Korol., Bot. Mater. Gerb. Bot. Inst. Komarova Akad. Nauk S. S. S. R. 8: 93 (1940).
新疆；哈萨克斯坦。

丽花蒲公英（大头蒲公英）

•**Taraxacum calanthodium** Dahlst., Acta Horti Gothob. 2: 150 (1926).
Taraxacum canitiosum Dahlst., Acta Horti Gothob. 2: 154 (1926); *Taraxacum connectens* Dahlst., Acta Horti Gothob. 2: 153 (1926).
甘肃、青海、四川、西藏。

纯白蒲公英

Taraxacum candidatum Kirschner et Štěpanek, Preslia 78: 36 (2006).
新疆、西藏；印度、阿富汗、塔吉克斯坦。

高茎蒲公英

•**Taraxacum celsum** Kirschner et Štěpanek, Fl. China 20-21: 302 (2011).
四川。

中亚蒲公英

•**Taraxacum centrasiaticum** D. T. Zhai et C. H. An, J. Aug. 1st Agric. Coll. 18 (3): 4 (1995).
新疆。

蜡黄蒲公英

•**Taraxacum cereum** Kirschner et Štěpanek, Fl. China 20-21: 278 (2011).
新疆。

川西蒲公英

•**Taraxacum chionophilum** Dahlst., Acta Horti Gothob. 2: 177 (1926).
四川。

近亲蒲公英

•**Taraxacum consanguineum** Kirschner et Štěpanek, Fl. China 20-21: 320 (2011).
西藏。

朝鲜蒲公英（白花蒲公英）

Taraxacum coreanum Nakai, Bot. Mag. (Tokyo) 46: 62 (1932).
Taraxacum pseudoalbidum Kitag., Bot. Mag. (Tokyo) 47: 831 (1933).
辽宁；朝鲜半岛。

杯形蒲公英

•**Taraxacum cyathiforme** Kirschner et Štěpanek, Fl. China 20-21: 307 (2011).
新疆。

丑蒲公英

•**Taraxacum damnabile** Kirschner et Štěpanek, Fl. China 20-21: 308 (2011).
河南、陕西、湖北。

丽江蒲公英

•**Taraxacum dasypodum** Soest, Bull. Brit. Mus. (Nat. Hist.), Bot. 2: 265 (1961).
云南。

粉绿蒲公英

Taraxacum dealbatum Hand.-Mazz., Monogr. Taraxacum, 30 (1907).
内蒙古；俄罗斯。

柔弱蒲公英

•**Taraxacum delicatum** Kirschner et Štěpanek, Fl. China 20-21: 290 (2011).
甘肃、青海。

假蒲公英

•**Taraxacum deludens** Kirschner et Štěpanek, Fl. China 20-21: 295 (2011).
四川。

毛柄蒲公英（毛葶蒲公英）

Taraxacum eriopodum (D. Don) DC., Prodr. (DC.) 7: 147 (1838).
Leontodon eriopodus D. Don, Mem. Wern. Nat. Hist. Soc. 3: 413 (1821).
云南、西藏；不丹、尼泊尔、印度。

淡红座蒲公英

•**Taraxacum erythropodium** Kitag., Rep. Inst. Sci. Res. Manchoukuo 2: 304 (1938).
吉林、辽宁。

金发蒲公英

•**Taraxacum florum** Kirschner et Štěpanek, Fl. China 20-21: 306 (2011).
新疆。

台湾蒲公英

•**Taraxacum formosanum** Kitam., Acta Phytotax. Geobot. 2: 48 (1933).
台湾。

网苞蒲公英

●**Taraxacum forrestii** Soest, Bull. Brit. Mus. (Nat. Hist.), Bot. 2: 265 (1961).
云南、西藏。

光果蒲公英

Taraxacum glabrum DC., Prodr. (DC.) 7: 147 (1838).
新疆；蒙古国、哈萨克斯坦、俄罗斯。

灰叶蒲公英

●**Taraxacum glaucophylloides** Kirschner et Štěpanek, Fl. China 20-21: 293 (2011).
四川。

苍叶蒲公英

●**Taraxacum glaucophyllum** Soest, Bull. Brit. Mus. (Nat. Hist.), Bot. 2: 266 (1961).
西藏。

小叶蒲公英（高氏蒲公英）

Taraxacum goloskokovii Schischk., Fl. U. R. S. S. 29: 748 (1964).
新疆；哈萨克斯坦。

反苞蒲公英

●**Taraxacum grypodon** Dahlst., Acta Horti Gothob. 2: 157 (1926).
青海、四川。

平枝蒲公英

●**Taraxacum horizontale** Kirschner et Štěpanek, Fl. China 20-21: 304 (2011).
新疆。

黄疸蒲公英

●**Taraxacum icterinum** Kirschner et Štěpanek, Fl. China 20-21: 306 (2011).
四川。

大头蒲公英

Taraxacum ikonnikovii Schischk., Fl. U. R. S. S. 29: 736 (1964).
新疆；塔吉克斯坦。

伊犁蒲公英

●**Taraxacum iliense** Kirschner et Štěpanek, Fl. China 20-21: 277 (2011).
新疆。

叠鳞蒲公英

●**Taraxacum imbricatius** Kirschner et Štěpanek, Fl. China 20-21: 305 (2011).
新疆。

长春蒲公英

●**Taraxacum junpeianum** Kitam., Acta Phytotax. Geobot. 4: 103 (1935).
吉林。

橡胶草

Taraxacum koksaghyz Rodin, Trudy Bot. Inst. Akad. Nauk S. S. S. R., Ser. 1, Fl. Sist. Vyssh. Rast. 1: 187 (1933).
新疆；哈萨克斯坦。

大刺蒲公英

●**Taraxacum kozlovii** Tzvelev, Novosti Sist. Vyssh. Rast. 24: 216 (1987).
甘肃。

光苞蒲公英

●**Taraxacum lamprolepis** Kitag., Rep. Inst. Sci. Res. Manchoukuo 2: 306 (1938).
吉林。

多毛蒲公英

●**Taraxacum lanigerum** Soest, Bull. Brit. Mus. (Nat. Hist.), Bot. 2: 269 (1961).
四川。

辽东蒲公英

●**Taraxacum liaotungense** Kitag., Bot. Mag. (Tokyo) 47: 825 (1933).
Taraxacum liaotungense f. *lobulatum* Kitag., Bot. Mag. (Tokyo) 47: 826, f. 3 (1933).
辽宁。

紫花蒲公英

Taraxacum lilacinum Schischk., Bot. Mater. Gerb. Bot. Inst. Komarova Akad. Nauk S. S. S. R. 7: 4 (1937).
新疆；吉尔吉斯斯坦、哈萨克斯坦。

林周蒲公英

●**Taraxacum ludlowii** Soest, Bull. Brit. Mus. (Nat. Hist.), Bot. 2: 269 (1961).
西藏。

川甘蒲公英

●**Taraxacum lugubre** Dahlst., Acta Horti Gothob. 2: 148 (1926).
四川。

红角蒲公英

Taraxacum luridum G. E. Haglund, Bot. Not. 1938: 307 (1938).
新疆、西藏；印度、塔吉克斯坦、吉尔吉斯斯坦。

斑点蒲公英

●**Taraxacum macula** Kirschner et Štěpanek, Fl. China 20-21: 295 (2011).
四川。

剑叶蒲公英

●**Taraxacum mastigophyllum** Kirschner et Štěpanek, Fl. China 20-21: 288 (2011).
四川。

灰果蒲公英（川藏蒲公英）

●**Taraxacum maurocarpum** Dahlst., Acta Horti Gothob. 2: 176 (1926).
四川。

毛叶蒲公英

Taraxacum minutilobum Popov ex Kovalevsk., Bot. Mater. Gerb. Inst. Bot. Akad. Nauk Uzbeksk. S. S. R. 17: 6 (1962).
西藏；印度、巴基斯坦、阿富汗、塔吉克斯坦、乌兹别克斯坦。

亚东蒲公英

Taraxacum mitalii Soest, Wentia 10: 46 (1963).
西藏；缅甸、尼泊尔、印度。

蒙古蒲公英（黄花地丁，婆婆丁，蒲公英）

●**Taraxacum mongolicum** Hand.-Mazz., Monogr. Taraxacum, 67 (1907).
黑龙江、吉林、辽宁、内蒙古、河北、山西、山东、河南、陕西、安徽、江苏、浙江、湖南、湖北、四川、贵州、西藏、福建、广东。

多莛蒲公英（多葶蒲公英）

Taraxacum multiscaposum Schischk., Bot. Mater. Gerb. Bot. Inst. Komarova Akad. Nauk S. S. S. R. 7: 8 (1937).
新疆；哈萨克斯坦。

异苞蒲公英

●**Taraxacum multisectum** Kitag., Rep. Inst. Sci. Res. Manchoukuo 2: 310 (1938).
吉林、辽宁。

变化蒲公英

●**Taraxacum mutatum** Kirschner et Štěpanek, Fl. China 20-21: 287 (2011).
云南。

雪白蒲公英

Taraxacum niveum Kirschner et Štěpanek, Preslia 78: 35 (2006).
新疆；俄罗斯。

垂头蒲公英

●**Taraxacum nutans** Dahlst., Svensk Bot. Tidskr. 26: 264 (1932).
河北、山西、陕西、宁夏。

椭圆蒲公英

△**Taraxacum oblongatum** Dahlst. in Druce, Rep. Bot. Soc. Exch. Club Brit. Isles 9: 27 (1930).
云南归化；原产于欧洲。

东方蒲公英

●**Taraxacum orientale** Kirschner et Štěpanek, Fl. China 20-21: 302 (2011).
四川。

小花蒲公英

Taraxacum parvulum DC., Prodr. (DC.) 7: 149 (1838).
Taraxacum himalaicum Soest, Bull. Brit. Mus. (Nat. Hist.), Bot. 2: 267 (1961).
新疆、四川、云南、西藏；缅甸、不丹、尼泊尔、印度。

冷静蒲公英

●**Taraxacum patiens** Kirschner et Štěpanek, Fl. China 20-21: 277 (2011).
四川、西藏。

五台山蒲公英

●**Taraxacum peccator** Kirschner et Štěpanek, Fl. China 20-21: 282 (2011).
Taraxacum platypecidum Diels var. *angustibracteatum* Y. Ling, Contr. Inst. Bot. Natl. Acad. Peiping 3: 302 (1935).
河北。

惊喜蒲公英

●**Taraxacum perplexans** Kirschner et Štěpanek, Fl. China 20-21: 304 (2011).
新疆。

尖角蒲公英

Taraxacum pingue Schischk., Bot. Mater. Gerb. Bot. Inst. Komarova Akad. Nauk S. S. S. R. 7: 3 (1937).
新疆；哈萨克斯坦。

白缘蒲公英（热河蒲公英，山蒲公英，河北蒲公英）

●**Taraxacum platypecidum** Diels, Repert. Spec. Nov. Regni Veg. Beih. 12: 515 (1922).
Taraxacum licentii Soest, Acta Bot. Neerl. 19: 28 (1970).
河北、山西、甘肃。

新疆蒲公英

●**Taraxacum potaninii** Tzvelev, Novosti Sist. Vyssh. Rast. 24: 220 (1987).
新疆。

长叶蒲公英

●**Taraxacum protractifolium** G. E. Haglund, Bot. Not. 1938: 311 (1938).
新疆。

藏北蒲公英

●**Taraxacum przevalskii** Tzvelev, Novosti Sist. Vyssh. Rast. 24: 218 (1987).

西藏。

窄边蒲公英

Taraxacum pseudoatratum Orazova, Fl. Kazakhst. 9: 491 (1966).
Taraxacum atratum Schischk., Fl. U. R. S. S. 29: 743 (1964), not G. E. Haglund (1948).
新疆；哈萨克斯坦。

假大斗蒲公英

●**Taraxacum pseudocalanthodium** Kirschner et Štěpanek, Fl. China 20-21: 305 (2011).
新疆。

假白花蒲公英

Taraxacum pseudoleucanthum Soest, Proc. Kon. Ned. Akad. Wetensch., C, 69: 365 (1966).
新疆；印度、塔吉克斯坦、吉尔吉斯斯坦。

假垂穗蒲公英

●**Taraxacum pseudonutans** Kirschner et Štěpanek, Fl. China 20-21: 284 (2011).
宁夏、甘肃。

假紫果蒲公英

●**Taraxacum pseudosumneviczii** Kirschner et Štěpanek, Fl. China 20-21: 322 (2011).
新疆。

疏毛蒲公英

●**Taraxacum puberulum** G. E. Haglund, Bot. Not. 1938: 313 (1938).
新疆。

策勒蒲公英

●**Taraxacum qirae** D. T. Zhai et C. H. An, J. Aug. 1st Agric. Coll. 18 (3): 3 (1995).
新疆。

红座蒲公英

△**Taraxacum rhodopodum** Dahlst. ex M. P. Christiansen et Wiinstedt in Raunkiaer, Dansk Exkurs.-Fl., ed. 5: 310 (1934).
云南归化；原产于欧洲。

高山蒲公英

●**Taraxacum roborovskyi** Tzvelev, Novosti Sist. Vyssh. Rast. 24: 215 (1987).
新疆。

二色蒲公英

●**Taraxacum roseoflavescens** Tzvelev, Novosti Sist. Vyssh. Rast. 24: 217 (1987).
青海。

红蒲公英

●**Taraxacum russum** Kirschner et Štěpanek, Fl. China 20-21: 321 (2011).
贵州、云南。

瑞典蒲公英

△**Taraxacum scanicum** Dahlst., Ark. Bot. 10 (11): 21 (1911).
辽宁归化；欧洲。

深裂蒲公英

Taraxacum scariosum (Tausch) Kirschner et Štěpanek, Preslia 83: 498 (2011).
Leontodon scariosus Tausch, Flora 12: 34 (1829); *Taraxacum stenolobum* Stschegl., Bull. Soc. Imp. Naturalistes Moscou 27: 180 (1854); *Taraxacum asiaticum* Dahlst., Acta Horti Gothob. 2: 173 (1926); *Taraxacum asiaticum* var. *lonchophyllum* Kitag., Bot. Mag. (Tokyo) 47: 827 (1933); *Taraxacum commixtiforme* Soest, Repert. Spec. Nov. Regni Veg. Beih. 70: 61 (1965).
黑龙江、内蒙古、河北、山西、西藏；蒙古国、哈萨克斯坦、俄罗斯。

拉萨蒲公英

●**Taraxacum sherriffii** Soest, Bull. Brit. Mus. (Nat. Hist.), Bot. 2: 272 (1961).
西藏。

锡金蒲公英

Taraxacum sikkimense Hand.-Mazz., Monogr. Taraxacum, 103 (1907).
西藏；尼泊尔、印度。

拟蒲公英

●**Taraxacum simulans** Kirschner et Štěpanek, Fl. China 20-21: 310 (2011).
四川。

华蒲公英（碱地蒲公英）

Taraxacum sinicum Kitag., Bot. Mag. (Tokyo) 47: 826 (1933).
Taraxacum sinense Dahlst., Acta Horti Gothob. 2: 168 (1926), not Poiret (1816); *Taraxacum borealisinense* Kitam., Acta Phytotax. Geobot. 31: 45 (1980), nom. illeg. superfl.
黑龙江、吉林、辽宁、内蒙古、河北、山西、陕西、甘肃、青海；蒙古国、吉尔吉斯斯坦、俄罗斯。

凸尖蒲公英

●**Taraxacum sinomongolicum** Kitag., Neo-Lin. Fl. Manshur. 687 (1979).
Taraxacum cuspidatum Dahlst., Acta Horti Gothob. 2: 171 (1926), not Marklund (1911).
内蒙古、河北。

东天山蒲公英

●**Taraxacum sinotianschanicum** Tzvelev, Novosti Sist. Vyssh. Rast. 24: 220 (1987).
新疆。

管花蒲公英

●**Taraxacum siphonanthum** X. D. Sun, X. J. Ge, Kirschner et Štěpanek, Folia Geobot. 36: 210 (2001).
内蒙古。

阿尔泰蒲公英

●**Taraxacum smirnovii** M. S. Ivanova, Turczaninowia 14 (1): 8 (2011).
新疆。

枣红蒲公英

●**Taraxacum spadiceum** Kirschner et Štěpanek, Fl. China 20-21: 323 (2011).
新疆。

柳叶蒲公英

●**Taraxacum staticifolium** Soest, Bull. Brit. Mus. (Nat. Hist.), Bot. 2: 272 (1961).
西藏。

角苞蒲公英

●**Taraxacum stenoceras** Dahlst., Acta Horti Gothob. 2: 166 (1926).
四川。

甜蒲公英

●**Taraxacum suavissimum** Kirschner et Štěpanek, Fl. China 20-21: 291 (2011).
云南。

亚大斗蒲公英

●**Taraxacum subcalanthodium** Kirschner et Štěpanek, Fl. China 20-21: 310 (2011).
新疆。

圆叶蒲公英

●**Taraxacum subcontristans** Kirschner et Štěpanek, Fl. China 20-21: 309 (2011).
新疆、西藏。

亚冠蒲公英

●**Taraxacum subcoronatum** Tzvelev, Novosti Sist. Vyssh. Rast. 24: 218 (1987).
青海、西藏。

滇北蒲公英

●**Taraxacum suberiopodum** Soest, Acta Bot. Neerl. 19: 28 (1970).
云南。

寒生蒲公英

Taraxacum subglaciale Schischk., Fl. U. R. S. S. 29: 743 (1964).
新疆；哈萨克斯坦。

高山耐旱蒲公英

Taraxacum syrtorum Dshanaeva, Fl. Kirgizii, Dopoln. 1: 115 (1967).
新疆；吉尔吉斯斯坦。

塔什蒲公英

●**Taraxacum taxkorganicum** Z. X. An ex D. T. Zhai, Fl. Kunlunica 3: 906 (2012).
新疆。

藏蒲公英（西藏蒲公英）

Taraxacum tibetanum Hand.-Mazz., Monogr. Taraxacum, 67 (1907).
四川、西藏；印度。

短毛蒲公英

●**Taraxacum tonsum** Kirschner et Štěpanek, Fl. China 20-21: 307 (2011).
新疆。

塔状蒲公英

●**Taraxacum turritum** Kirschner et Štěpanek, Fl. China 20-21: 301 (2011).
云南。

斑叶蒲公英

●**Taraxacum variegatum** Kitag., Rep. Inst. Sci. Res. Manchoukuo 2: 302 (1938).
吉林、辽宁。

普通蒲公英

Taraxacum vendibile Kirschner et Štěpanek, Fl. China 20-21: 319 (2011).
四川、云南、西藏；俄罗斯。

新源蒲公英

●**Taraxacum xinyuanicum** D. T. Zhai et C. H. An, Acta Phytotax. Sin. 34: 318 (1996).
新疆。

阴山蒲公英

●**Taraxacum yinshanicum** Z. Xu et H. C. Fu in Ma, Fl. Intramongolica 6: 330 (1982).
内蒙古。

狗舌草属 **Tephroseris** C. Jeffrey et Y. L. Chen

腺苞狗舌草

Tephroseris adenolepis C. Jeffrey et Y. L. Chen, Kew Bull. 39: 275 (1984).
黑龙江、吉林；俄罗斯。

红轮狗舌草（红轮千里光）

Tephroseris flammea (Turcz. ex DC.) Holub, Folia Geobot. Phytotax. 8: 173 (1973).

Senecio flammeus Turcz. ex DC., Prodr. (DC.) 6: 362 (1838); *Senecio flammeus* f. *limprichtii* Cufod., Repert. Spec. Nov. Regni Veg. 8: 139 (1910); *Senecio flammeus* var. *glabrifolius* Cufod., Repert. Spec. Nov. Regni Veg. Beih. 70: 90 (1933); *Senecio longeligulatus* H. Lév. et Vaniot, Repert. Spec. Nov. Regni Veg. Beih. 70: 89 (1933); *Senecio flammeus* f. *simplex* Y. Ling, Contr. Inst. Bot. Natl. Acad. Peiping 3: 125 (1935).

黑龙江、吉林、内蒙古、河北、山西、陕西；俄罗斯。

狗舌草

Tephroseris kirilowii (Turcz. ex DC.) Holub, Folia Geobot. Phytotax. 12: 429 (1977).

Senecio kirilowii Turcz. ex DC., Prodr. (DC.) 6: 361 (1838); *Senecio aurantiacus* (Hoppe ex Willd.) Less. var. *spathulatus* Miq., Ann. Mus. Bot. Lugduno-Batavi 2: 181 (1866); *Senecio campestris* (Ret-zius) DC. var. *tomentosus* Franch., Nouv. Arch. Mus. Hist. Nat., sér. 2 6: 54 (1883); *Senecio integrifolius* (L.) Clairv. subsp. *kirilowii* (Turcz. ex DC.) Kitag, Rep. Inst. Sci. Res. Manchoukuo 3: 469 (1939); *Senecio amurensis* Schischk., Fl. U. R. S. S. 26: 883 (1961).

黑龙江、吉林、辽宁、内蒙古、河北、山西、山东、河南、陕西、甘肃、安徽、江苏、浙江、江西、湖南、湖北、四川、贵州、福建、台湾、广东；蒙古国、日本、朝鲜半岛、俄罗斯。

朝鲜蒲儿根

Tephroseris koreana (Kom.) B. Nord. et Pelser, Compositae Newslett. 49: 5 (2011).

Senecio koreanus Kom., Trudy Imp. S.-Peterburgsk. Bot. Sada 18: 421 (1901); *Sinosenecio koreanus* (Kom.) B. Nord., Opera Bot. 44: 50 (1978).

吉林、辽宁；朝鲜半岛。

湿生狗舌草

Tephroseris palustris (L.) Rchb., Fl. Saxon. 146 (1842).

Othonna palustris L., Sp. Pl. 2: 924 (1753); *Cineraria palustris* (L.) L., Sp. Pl., ed. 2: 1243 (1763); *Cineraria congesta* R. Br., Parry. 1st Voy. App. 270 (1824); *Senecio arcticus* Rupr., Beitr. Pflanzenk. Russ. Reiches 2: 44 (1845); *Senecio gracillimus* C. Winkl., Trudy Imp. S.-Peterburgsk. Bot. Sada 13: 5 (1893).

黑龙江、内蒙古、河北；环北极地区（除格陵兰岛和欧洲最西北）。

长白狗舌草

Tephroseris phaeantha (Nakai) C. Jeffrey et Y. L. Chen, Kew Bull. 39: 279 (1984).

Senecio phaeanthus Nakai, Bot. Mag. (Tokyo) 31: 110 (1917); *Senecio fauriei* H. Lév., Repert. Spec. Nov. Regni Veg. 8: 139 (1910), not *Senecio fauriae* Franch. (1888); *Senecio birubonensis* Kitam., Acta Phytotax. Geobot. 6: 270 (1937); *Senecio integrifolius* (L.) Clairv. subsp. *fauriei* Kitam., Acta Phytotax. Geobot. 9: 37 (1940); *Tephroseris birubonensis* (Kitam.) B. Nord., Opera Bot. 44: 44 (1978).

吉林；朝鲜半岛。

浙江狗舌草

Tephroseris pierotii (Miq.) Holub, Folia Geobot. Phytotax. 8: 174 (1973).

Senecio pierotii Miq., Ann. Mus. Bot. Lugduno-Batavi 2: 182 (1866); *Senecio subdentatus* Ledeb. var. *pierotii* (Miq.) Cufod., Repert. Spec. Nov. Regni Veg. Beih. 70: 82 (1933).

黑龙江、辽宁、江苏、浙江、福建；日本、朝鲜半岛。

草原狗舌草

Tephroseris praticola (Schischk. et Serg.) Holub, Folia Geobot. Phytotax. 8: 174 (1973).

Senecio praticola Schischk. et Serg., Sist. Zametki Mater. Gerb. Krylova Tomsk. Gosud. Univ. Kuybysheva 1949: 28 (1949); *Senecio glabellus* DC., Prodr. (DC.) 6: 360 (1838), not Poir. (1806); *Senecio campestris* (Retz.) DC. var. *glabratus* DC., Prodr. (DC.) 6: 361 (1837); *Senecio integrifolius* (L.) Clairv. var. *glabratus* (DC.) Cufod., Repert. Spec. Nov. Regni Veg. Beih. 70: 61 (1933); *Senecio asiaticus* Schischk. et Serg., Fl. U. R. S. S. 26: 762 (1961).

新疆；俄罗斯。

黔狗舌草（朝阳花，抱茎狗舌草）

●**Tephroseris pseudosonchus** (Vaniot) C. Jeffrey et Y. L. Chen, Kew Bull. 39: 272 (1984).

Senecio pseudosonchus Vaniot, Bull. Acad. Int. Geogr. Bot. 11: 349 (1902).

山西、陕西、湖南、湖北、贵州。

橙舌狗舌草

●**Tephroseris rufa** (Hand.-Mazz.) B. Nord., Opera Bot. 44: 45 (1978).

河北、山西、陕西、甘肃、青海、四川、西藏。

橙舌狗舌草（原变种）

●**Tephroseris rufa** var. **rufa**

Senecio rufus Hand.-Mazz., Acta Horti Gothob. 12: 291 (1938); *Senecio flammeus* Turcz. ex DC. var. *rufus* (Hand.-Mazz.) Z. Ying Zhang et Y. H. Guo, Bull. Bot. Res., Harbin 3: 136 (1983).

河北、陕西、甘肃、青海、四川、西藏。

毛果橙舌狗舌草

●**Tephroseris rufa** var. **chaetocarpa** C. Jeffrey et Y. L. Chen, Kew Bull. 39: 279 (1984).

Tephroseris flammea (Turcz. ex DC.) Holub var. *chaetocarpa* (C. Jeffrey et Y. L. Chen) Y. M. Yuan, Fl. Loess-Plateaus Sin. 5: 354 (1989).

河北、山西、甘肃、青海。

蒲枝狗舌草

●**Tephroseris stolonifera** (Cufod.) Holub, Folia Geobot. Phytotax. 8: 174 (1973).

Senecio stolonifer Cufod., Repert. Spec. Nov. Regni Veg. Beih. 70: 100 (1933).

云南。

尖齿狗舌草

Tephroseris subdentata (Bunge) Holub, Folia Geobot. Phytotax. 8: 174 (1973).

Cineraria subdentata Bunge, Enum. Pl. China Bor. 39 (1833); *Cineraria pratensis* Hoppe ex Rchb. var. *borealis* Herder, Bull. Soc. Imp. Naturalistes Moscou 40: 441 (1867); *Senecio campestris* (Retz.) DC. var. *subdentatus* (Bunge) Maxim., Bull. Acad. Imp. Sci. Saint-Pétersbourg 16 (3): 222 (1871); *Crepis chanetii* H. Lév., Repert. Spec. Nov. Regni Veg. 11: 306 (1912); *Senecio imaii* Nakai, Bot. Mag. (Tokyo) 24: 10 (1915).

黑龙江、吉林、辽宁、内蒙古、河北、青海；朝鲜半岛、俄罗斯。

台东狗舌草

●**Tephroseris taitoensis** (Hayata) Holub, Folia Geobot. Phytotax. 8: 174 (1973).

Senecio taitoensis Hayata, J. Coll. Sci. Imp. Univ. Tokyo 30 (1): 156 (1911); *Senecio subdentatus* Ledeb. var. *taitoensis* (Hayata) Cufod., Repert. Spec. Nov. Regni Veg. Beih. 70: 83 (1933); *Senecio pierotii* Miq. subsp. *taitoensis* (Hayata) Kitam., Mem. Coll. Sci. Kyoto Imp. Univ., Ser. B, Biol. 16: 243 (1941).

台湾。

天山狗舌草

Tephroseris turczaninovii (DC.) Holub, Folia Geobot. Phytotax. 8: 174 (1973).

Senecio turczaninovii DC., Prodr. (DC.) 6: 360 (1838); *Senecio nemorensis* L. var. *turczaninovii* (DC.) Komarov, Trudy Imp. S.-Peterburgsk. Bot. Sada 25: 708 (1907); *Senecio integrifolius* (L.) Clairv. var. *robustus* (Herder) Cufod., Repert. Spec. Nov. Regni Veg. Beih. 70: 44 (1933); *Senecio sarracenicus* L. var. *turczaninovii* (DC.) Nakai, J. Jap. Bot. 22: 152 (1948).

新疆；蒙古国、俄罗斯。

歧伞菊属 Thespis DC.

歧伞菊

Thespis divaricata DC., Arch. Bot. (Paris) 2: 517 (1833).

云南、广东；越南、老挝、缅甸、泰国、柬埔寨、尼泊尔、印度、孟加拉国。

肿柄菊属 Tithonia Desf. ex Juss.

肿柄菊

△**Tithonia diversifolia** (Hemsl.) A. Gray, Proc. Amer. Acad. Arts 19: 5 (1883).

Mirasolia diversifolia Hemsl., Biol. Cent.-Amer., Bot. 2: 168 (1881).

云南、台湾、广东归化；原产于墨西哥。

婆罗门参属 Tragopogon L.

阿勒泰婆罗门参

Tragopogon altaicus S. A. Nikitin et Schischk., Bot. Mater. Gerb. Bot. Inst. Komarova Akad. Nauk S. S. S. R. 7: 260 (1938).

新疆；蒙古国、哈萨克斯坦、俄罗斯。

头状婆罗门参

Tragopogon capitatus S. A. Nikitin, Bot. Mater. Gerb. Bot. Inst. Komarova Akad. Nauk S. S. S. R. 7: 257 (1938).

新疆；塔吉克斯坦、吉尔吉斯斯坦、哈萨克斯坦、乌兹别克斯坦、土库曼斯坦。

霜毛婆罗门参

Tragopogon dubius Scop., Fl. Carniol., ed. 2 2: 95 (1772).

新疆；哈萨克斯坦、俄罗斯；欧洲。

长茎婆罗门参

Tragopogon elongatus S. A. Nikitin, Bot. Mater. Gerb. Bot. Inst. Komarova Akad. Nauk S. S. S. R. 7: 269 (1938).

青海、新疆；吉尔吉斯斯坦、哈萨克斯坦。

纤细婆罗门参

Tragopogon gracilis D. Don, Mem. Wern. Nat. Hist. Soc. 3: 414 (1821).

新疆、西藏；尼泊尔、印度、阿富汗、塔吉克斯坦、吉尔吉斯斯坦、哈萨克斯坦、乌兹别克斯坦。

长苞婆罗门参

●**Tragopogon heteropappus** C. H. An, Fl. Xinjiangensis 5: 479 (1999).

新疆。

中亚婆罗门参

Tragopogon kasachstanicus S. A. Nikitin, Bot. Mater. Gerb. Bot. Inst. Komarova Akad. Nauk S. S. S. R. 7: 268 (1938).

新疆；吉尔吉斯斯坦、哈萨克斯坦。

膜缘婆罗门参

Tragopogon marginifolius N. Pavlov, Byull. Moskovsk. Obshch. Isp. Prir., Otd. Biol. 47: 83 (1938).

Tragopogon gonocarpus S. A. Nikitin, Not. Syst. Herb. Inst. Bot. Acad. Sci. U. R. S. S. 7: 266 (1938).

新疆；吉尔吉斯斯坦、哈萨克斯坦、乌兹别克斯坦、俄罗斯；欧洲。

山地婆罗门参

Tragopogon montanus S. A. Nikitin, Bot. Mater. Gerb. Bot.

Inst. Komarova Akad. Nauk S. S. S. R. 7: 270 (1938).
新疆；塔吉克斯坦、吉尔吉斯斯坦、哈萨克斯坦、乌兹别克斯坦、俄罗斯；亚洲（西南部）。

东方婆罗门参

●**Tragopogon orientalis** var. **latifolius** C. H. An, Fl. Xinjiangensis 5: 479 (1999).
新疆。

蒜叶婆罗门参

△**Tragopogon porrifolius** L., Sp. Pl. 2: 789 (1753).
北京、陕西、新疆、四川、贵州、云南等地归化；原产于欧洲。

北疆婆罗门参

Tragopogon pseudomajor S. A. Nikitin, Bot. Mater. Gerb. Bot. Inst. Komarova Akad. Nauk S. S. S. R. 7: 258 (1938).
新疆；塔吉克斯坦、吉尔吉斯斯坦、哈萨克斯坦、乌兹别克斯坦。

红花婆罗门参

Tragopogon ruber S. G. Gmelin, Reise Russland 2: 198 (1774).
新疆；哈萨克斯坦、俄罗斯；欧洲。

沙婆罗门参

Tragopogon sabulosus Krasch. et S. A. Nikitin, Otchet Rabotakh Pochv.-Bot. Otryada Kazakhstan sk. Eksped. Akad. Nauk S. S. S. R. 4 (2): 294 (1930).
新疆；哈萨克斯坦、俄罗斯。

西伯利亚婆罗门参

Tragopogon sibiricus Ganeschin, Trudy Bot. Muz. Imp. Akad. Nauk 13: 225 (1915).
新疆；俄罗斯；亚洲（西部）、欧洲。

准噶尔婆罗门参

Tragopogon songoricus S. A. Nikitin, Trudy Bot. Inst. Akad. Nauk S. S. S. R., Ser. 1, Fl. Sist. Vyssh. Rast. 1: 198 (1933).
新疆；蒙古国、哈萨克斯坦、俄罗斯。

草原婆罗门参

Tragopogon stepposus (S. A. Nikitin) Stankov in Stankov et Taliev, Opred. Vyssh. Rast. Evrop. Chasti S. S. S. R. 691 (1949).
Tragopogon podolicus subsp. *stepposus* S. A. Nikitin, Bot. Mater. Gerb. Bot. Inst. Komarova Akad. Nauk S. S. S. R. 7: 261 (1938).
新疆；哈萨克斯坦、俄罗斯；亚洲（西部）、欧洲。

高山婆罗门参

Tragopogon subalpinus S. A. Nikitin, Bot. Mater. Gerb. Bot. Inst. Komarova Akad. Nauk S. S. S. R. 7: 271 (1938).
新疆；吉尔吉斯斯坦、哈萨克斯坦。

瘤苞婆罗门参

●**Tragopogon verrucosobracteatus** C. H. An, Fl. Xinjiangensis 5: 479 (1999).
新疆。

镇苞菊属 **Tricholepis** DC.

镇苞菊

Tricholepis furcata DC., Prodr. (DC.) 6: 563 (1838).
西藏；不丹、尼泊尔、印度。

云南镇苞菊

Tricholepis karensium Kurz, J. Asiat. Soc. Bengal, Pt. 2, Nat. Hist. 41: 318 (1872).
云南；缅甸、泰国、印度、克什米尔地区。

红花镇苞菊

Tricholepis tibetica Hook. f. et Thomson ex C. B. Clarke, Compos. Ind. 241 (1876).
西藏；巴基斯坦、阿富汗、克什米尔地区。

羽芒菊属 **Tridax** L.

羽芒菊

△**Tridax procumbens** L., Sp. Pl. 2: 900 (1753).
福建、台湾、海南归化；原产于热带美洲。

三肋果属 **Tripleurospermum** Sch.-Bip.

褐苞三肋果

Tripleurospermum ambiguum (Ledeb.) Franch. et Sav., Enum. Pl. Jap. 1: 236 (1875).
Pyrethrum ambiguum Ledeb., Fl. Altaic. 4: 118 (1833); *Chamaemelum ambiguum* (Ledeb.) Boiss., Diagn. Pl. Orient. ser. 1 11: 20 (1849); *Matricaria ambigua* (Ledeb.) Krylov, Mém. Boston Soc. Nat. Hist. 4: 242 (1890).
黑龙江、新疆；蒙古国、哈萨克斯坦、俄罗斯；亚洲（西南部）。

无舌三肋果

●**Tripleurospermum homogamum** G. X. Fu ex Y. Ling et C. Shih, Bull. Bot. Lab. N. E. Forest. Inst., Harbin 6: 9 (1980).
新疆。

新疆三肋果

Tripleurospermum inodorum (L.) Sch.-Bip., Tanaceteen 32 (1844).
Matricaria inodora L., Fl. Suec., ed. 2: 297 (1755); *Chrysanthemum inodorum* (L.) L., Sp. Pl., ed. 2: 1253 (1763); *Chamomilla inodora* (L.) K. Koch, Linnaea 17: 45 (1843); *Chamaemelum inodorum* (L.) Vis., Fl. Dalmat. 2: 85 (1847); *Chrysanthemum maritimum* (L.) Cav. var. *inodorum* (L.) Bech., Repert. Spec. Nov. Regni Veg. 25: 15 (1928).
吉林、辽宁、新疆、江苏；哈萨克斯坦、乌兹别克斯坦、俄罗斯；欧洲。

三肋果（幼母菊）

Tripleurospermum limosum (Maxim.) Pobed., Bot. Mater. Gerb. Bot. Inst. Komarova Akad. Nauk S. S. S. R. 21: 352 (1961).

Chamaemelum limosum Maxim., Mém. Acad. Imp. Sci. St.-Pétersbourg Divers Savans 9: 156 (1859); *Matricaria limosa* (Maxim.) Kudô, Contr. Knowl. Fl. North. Saghal. 58 (1923); *Matricaria maritima* L. subsp. *limosa* (Maxim.) Kitam., Mem. Coll. Sci. Kyoto Imp. Univ., Ser. B, Biol. 15: 335 (1940).

黑龙江、吉林、辽宁、内蒙古、河北；蒙古国、日本、朝鲜半岛、哈萨克斯坦、乌兹别克斯坦、俄罗斯。

东北三肋果（褐苞三肋果）

Tripleurospermum tetragonospermum (F. Schmidt) Pobed., Bot. Mater. Gerb. Bot. Inst. Komarova Akad. Nauk S. S. S. R. 21: 346 (1961).

Chamaemelum tetragonospermum F. Schmidt, Reis. Amur-Land., Bot. 148 (1868); *Matricaria tetragonosperma* (F. Schmidt) H. Hara et Kitam., Mem. Coll. Sci. Kyoto Imp. Univ., Ser. B, Biol. 15: (Compos. Jap. 2.) 336 (1940).

黑龙江、辽宁；日本、俄罗斯。

碱菀属 Tripolium Nees

碱菀（竹叶菊，金盏菜）

Tripolium pannonicum (Jacquin) Dobroczajeva in Visjulina, Fl. URSR 11: 63 (1962).

Aster pannonicus Jacquin, Hort. Bot. Vindob. 1: 3 (1770); *Aster tripolium* L., Sp. Pl. 2: 872 (1753); *Aster palustris* Lam., Fl. Franç. (Lam.) 2: 143 (1778); *Aster maritimus* Lam., Encycl. 303 (1789); *Tripolium vulgare* Nees, Gen. Sp. Aster. 153 (1832); *Aster macrolophus* H. Lév. et Vaniot, Bull. Acad. Geogr. Bot. 20: 141 (1909); *Aster papposissimus* H. Lév., Repert. Spec. Nov. Regni Veg. 8: 282 (1910).

黑龙江、吉林、辽宁、内蒙古、河北、山西、山东、陕西、宁夏、甘肃、青海、新疆、江苏、浙江、湖南、四川；蒙古国、日本、朝鲜半岛、塔吉克斯坦、吉尔吉斯斯坦、哈萨克斯坦、乌兹别克斯坦、土库曼斯坦、俄罗斯；亚洲（西南部）、欧洲、非洲。

革苞菊属 Tugarinovia Iljin

革苞菊

Tugarinovia mongolica Iljin, Izv. Glavn. Bot. Sada S. S. S. R. 27: 357 (1928).

内蒙古；蒙古国。

革苞菊（原变种）

Tugarinovia mongolica var. **mongolica**

内蒙古；蒙古国。

卵叶革苞菊

●**Tugarinovia mongolica** var. **ovatifolia** Y. Ling et Ma, Fl. Reipubl. Popularis Sin. 75: 248 (1979).

内蒙古。

女菀属 Turczaninovia DC.

女菀

Turczaninovia fastigiata (Fisch.) DC., Prodr. (DC.) 5: 258 (1836).

Aster fastigiatus Fisch., Mém. Soc. Imp. Naturalistes Moscou 3: 74 (1812); *Kalimeris japonica* Sch.-Bip., Syst. Verz. (Zollinger) 126 (1854); *Aster flabellum* Vaniot, Bull. Acad. Geogr. Bot. 12: 492 (1903); *Aster micranthus* Vaniot et H. Lév., Bull. Acad. Int. Geogr. Bot. 20: 140 (1909); *Aster micranthus* var. *achilleiformis* H. Lév, Repert. Spec. Nov. Regni Veg. 8 (185-187): 449 (1910).

黑龙江、吉林、辽宁、内蒙古、河北、山西、山东、河南、陕西、甘肃、安徽、江苏、浙江、江西、湖南、湖北、四川；蒙古国、日本、朝鲜半岛、俄罗斯。

款冬属 Tussilago L.

款冬（款冬花，冬花，九尽草）

Tussilago farfara L., Sp. Pl. 2: 865 (1753).

吉林、内蒙古、河北、山西、河南、陕西、宁夏、甘肃、新疆、安徽、江苏、浙江、江西、湖南、湖北、四川、贵州、云南、西藏；尼泊尔、印度、巴基斯坦、俄罗斯；亚洲（西南部）、欧洲、非洲。

斑鸠菊属 Vernonia Schreb.

白苞斑鸠菊

●**Vernonia albosquama** Y. L. Chen, Kew Bull. 39: 157 (1984).

广西。

驱虫斑鸠菊（印度山茴香）

Vernonia anthelmintica (L.) Willd., Sp. Pl. 3: 1634 (1803).

Conyza anthelmintica L., Sp. Pl., ed. 2: 1207 (1763); *Baccharoides anthelmintica* (L.) Moench, Methodus (Moench) 578 (1794); *Serratula anthelmintica* (L.) Roxb., Hort. Bengal. 60 (1814); *Centratherum anthelminticum* (L.) Gamble, Fl. Madras 2: 667 (1921); *Phyllocephalum anthelminticum* (L.) S. R. Paul et S. L. Kapoor, J. Econ. Taxon. Bot. 6 (3): 728 (1985).

云南；老挝、缅甸、马来西亚、尼泊尔、印度、巴基斯坦、斯里兰卡、阿富汗；非洲。

树斑鸠菊

Vernonia arborea Buch.-Ham., Trans. Linn. Soc. London 14: 218 (1824).

Eupatorium celebicum Blume, Bijdr. Fl. Ned. Ind. 15: 903 (1826); *Eupatorium javanicum* Blume, Bijdr. Fl. Ned. Ind. 15: 903 (1826); *Vernonia blumeana* DC., Prodr. (DC.) 5: 22 (1836); *Strobocalyx arborea* (Buch.-Ham.) Sch.-Bip., Jahresber. Pollichia 18-19: 171 (1861); *Strobocalyx blumeana* (DC.) Sch.-Bip.,

Jahresber. Pollichia 18-19: 171 (1861); *Gymnanthemum arboreum* (Buch.-Ham.) H. Rob., Proc. Biol. Soc. Washington 112 (1): 240 (1999).
云南、广西；越南、老挝、泰国、马来西亚、印度尼西亚、尼泊尔、印度、斯里兰卡。

糙叶斑鸠菊（糙叶咸虾花，六月雪）

Vernonia aspera Buch.-Ham., Trans. Linn. Soc. London 14: 219 (1824).
Eupatorium pyramidale D. Don, Prodr. Fl. Nepal. 170 (1825); *Vernonia roxburghii* Less., Linnaea 6: 674 (1831); *Xipholepis aspera* (Buch.-Ham.) Steetz, Naturw. Reise Mossambique [Peters] 6 (Bot., 2): 344 (1864); *Vernonia thorelii* Gagnep., Bull. Mus. Natl. Hist. Nat. 25: 492 (1919); *Acilepis aspera* (Buch.-Ham.) H. Rob., Proc. Biol. Soc. Washington 112 (1): 226 (1999).
贵州、云南、海南；越南、老挝、缅甸、泰国、尼泊尔、印度。

狭长斑鸠菊

Vernonia attenuata DC., Prodr. (DC.) 5: 33 (1836).
Acilepis attenuata (DC.) H. Rob. et Skvarla, Proc. Biol. Soc. Washington 122 (2): 137 (2009).
云南；缅甸、印度。

本格特斑鸠菊

Vernonia benguetensis Elmer, Leafl. Philipp. Bot. 1: 361 (1908).
云南；菲律宾、泰国。

喜斑鸠菊

Vernonia blanda DC., Prodr. (DC.) 5: 32 (1836).
Vernonia tavoyana C. E. C. Fischer, Bull. Misc. Inform. Kew 1927: 92 (1927); *Decaneuropsis blanda* (DC.) H. Rob. et Skvarla, Proc. Biol. Soc. Washington 120 (3): 364 (2007).
云南、西藏、广西；越南、老挝、缅甸、马来西亚、印度。

南川斑鸠菊

●**Vernonia bockiana** Diels, Bot. Jahrb. Syst. 29: 608 (1901).
Pluchea rubicunda C. K. Schneider, Pl. Wilson. 3 (2): 418 (1916); *Gymnanthemum bockianum* (Diels) H. Rob., Proc. Biol. Soc. Washington 112 (1): 240 (1999); *Strobocalyx bockiana* (Diels) H. Rob. et al., Proc. Biol. Soc. Washington 121 (1): 31 (2008).
四川、重庆、贵州、云南。

广西斑鸠菊（棠菊）

●**Vernonia chingiana** Hand.-Mazz., Sinensia 7: 622 (1936).
Decaneuropsis chingiana (Hand.-Mazz.) H. Rob. et Skvarla, Proc. Biol. Soc. Washington 120 (3): 364 (2007).
广西。

少花斑鸠菊

●**Vernonia chunii** C. C. Chang, Sunyatsenia 3: 272 (1937).
Strobocalyx chunii (C. C. Chang) H. Rob. et al., Proc. Biol. Soc. Washington 121 (1): 31 (2008).
海南。

夜香牛（寄色草，假咸虾花，消山虎）

Vernonia cinerea (L.) Less., Linnaea 4: 291 (1829).
Conyza cinerea L., Sp. Pl. 2: 862 (1753); *Conyza chinensis* L., Sp. Pl. 2: 862 (1753); *Blumea chinensis* (L.) DC., Prodr. (DC.) 5: 444 (1836); *Cacalia cinerea* (L.) Kuntze, Revis. Gen. Pl. 1: 323 (1891); *Blumea esquirolii* H. Lév. et Vaniot, Repert. Spec. Nov. Regni Veg. 7: 22 (1909).
浙江、江西、湖南、湖北、四川、云南、福建、台湾、广东、广西；日本、菲律宾、越南、缅甸、泰国、马来西亚、印度尼西亚、印度、斯里兰卡、阿拉伯、巴布亚新几内亚、澳大利亚、太平洋岛屿；非洲。

岗斑鸠菊

Vernonia clivorum Hance, J. Bot. 7: 164 (1869).
Vernonia kingie C. B. Clarke, Compos. Ind. 12 (1876); *Acilepis clivorum* (Hance) H. Rob., Proc. Biol. Soc. Washington 112 (1): 226 (1999).
云南、广东；缅甸。

毒根斑鸠菊（过山龙，惊风红，虎三头）

Vernonia cumingiana Benth., Hooker's J. Bot. Kew Gard. Misc. 4: 232 (1852).
Gymnanthemum cumingianum (Benth.) H. Rob., Proc. Biol. Soc. Washington 112 (1): 241 (1999); *Decaneuropsis cumingiana* (Benth.) H. Rob. et Skvarla, Proc. Biol. Soc. Washington 120 (3): 364 (2007).
四川、贵州、云南、福建、台湾、广东、广西；越南、老挝、泰国、柬埔寨。

叉枝斑鸠菊

Vernonia divergens (DC.) Edgew., J. Asiat. Soc. Bengal 21: 172 (1853).
Decaneurum divergens DC. in Wight, Contr. Bot. India [Wight] 8 (1834); *Vernonia nilgherryensis* DC., Prodr. (DC.) 5: 32 (1836); *Lysistemma divergens* (DC.) Steetz, Naturw. Reise Mossambique [Peters] 6 (Bot., 2): 341 (1864); *Lysistemma multiflorum* Steetz, Naturw. Reise Mossambique [Peters] 6 (Bot., 2): 342 (1864); *Acilepis divergens* (DC.) H. Rob. et Skvarla, Proc. Biol. Soc. Washington 122 (2): 140 (2009).
贵州、云南、广西；老挝、缅甸、泰国。

泰国斑鸠菊

Vernonia doichangensis H. Koyama, Bull. Natl. Sci. Mus., Tokyo, B. 30: 22 (2004).
Acilepis doichangensis (H. Koyama) H. Rob. et Skvarla, Proc. Biol. Soc. Washington 122 (2): 140 (2009).
云南；泰国。

光耀藤

☆**Vernonia elliptica** DC. in Wight, Contr. Bot. India [Wight] 5

(1834).

Strobocalyx elliptica (DC.) Sch.-Bip., Jahresber. Pollichia 18-19: 171 (1861); *Tarlmounia elliptica* (DC.) H. Rob. et al., Proc. Biol. Soc. Washington 121 (1): 32 (2008).

台湾、香港栽培和逸生；原产于缅甸、泰国、印度。

斑鸠菊（鸡菊花，大藤菊，火炭叶）

●**Vernonia esculenta** Hemsl., J. Linn. Soc., Bot. 23: 401 (1888).

Vernonia papillosa Franch., J. Bot. (Morot) 10: 368 (1896); *Vernonia arbor* H. Lév., Repert. Spec. Nov. Regni Veg. 11: 304 (1912); *Gymnanthemum esculentum* (Hemsl.) H. Rob., Proc. Biol. Soc. Washington 112 (1): 241 (1999); *Strobocalyx esculenta* (Hemsl.) H. Rob. et al., Proc. Biol. Soc. Washington 121 (1): 31 (2008).

四川、贵州、云南、广西。

展枝斑鸠菊（棒头斑鸠菊，茄叶一枝蒿，小黑升麻）

Vernonia extensa DC., Prodr. (DC.) 5: 33 (1836).

Gymnanthemum extensum (DC.) Steetz, Naturw. Reise Mossambique [Peters] 6 (Bot., 2): 337 (1864); *Vernonia subarborea* Vaniot, Bull. Acad. Int. Geogr. Bot. 12: 126 (1903).

贵州、云南；缅甸、不丹、尼泊尔、印度。

台湾斑鸠菊

●**Vernonia gratiosa** Hance, J. Bot. 20: 290 (1882).

Vernonia andersonii C. B. Clarke var. *albipappa* Hayata, Icon. Pl. Formosan. 8: 42 (1919); *Decaneuropsis gratiosa* (Hance) H. Rob. et Skvarla, Proc. Biol. Soc. Washington 120 (3): 365 (2007).

台湾。

滨海斑鸠菊

Vernonia maritima Merr., Philipp. J. Sci., C 3: 440 (1909).

Cyanthillium maritimum (Merr.) H. Rob. et Skvarla, Taiwania 55: 261 (2010).

台湾；菲律宾。

南漳斑鸠菊

●**Vernonia nantcianensis** (Pamp.) Hand.-Mazz., Notizbl. Bot. Gart. Berlin-Dahlem 13: 608 (1937).

Vernonia bracteata Wall. ex C. B. Clarke var. *nantcianensis* Pamp., Nuov. Giorn. Bot. Ital. n. s. 18 (1): 98 (1911); *Vernonia silhetensis* (DC.) Hand.-Mazz. var. *nantcianensis* (Pamp.) Hand.-Mazz., Symb. Sin. 7 (4): 1084 (1936); *Acilepis nantcianensis* (Pamp.) H. Rob., Proc. Biol. Soc. Washington 112 (1): 226 (1999).

湖北、四川。

滇缅斑鸠菊（大发散，镇心丸，野辣烟）

Vernonia parishii Hook. f., Fl. Brit. Ind. 3: 240 (1881).

Vernonia laosensis Gand., Bull. Soc. Bot. France 54: 194 (1907); *Vernonia volkameriifolia* DC. var. *lanata* S. Y. Hu., Quart. J. Taiwan Mus. 22: 24 (1969); *Monosis parishii* (Hook. f.) H. Rob. et Skvarla, Proc. Biol. Soc. Washington 19 (4): 605 (2006).

云南；老挝、缅甸、泰国。

咸虾花（大叶咸虾花，狗仔菜，展叶斑鸠菊）

Vernonia patula (Aiton) Merr., Philipp. J. Sci., C 3: 439 (1909).

Conyza patula Aiton, Hort. Kew. 3: 184 (1789); *Vernonia chinensis* Less., Linnaea 6: 320 (1831); *Cyanopis madagascariensis* DC., Prodr. (DC.) 5: 69 (1836); *Cacalia patula* (Aiton) Kuntze, Revis. Gen. Pl. 1: 324 (1891); *Cyanthillium patulum* (Aiton) H. Rob., Proc. Biol. Soc. Washington 103 (1): 252 (1990).

贵州、云南、福建、台湾、广东、广西；菲律宾、越南、老挝、缅甸、泰国、马来西亚、印度尼西亚、印度、马达加斯加、巴布亚新几内亚。

柳叶斑鸠菊（白头升麻，白龙须）

Vernonia saligna DC., Prodr. (DC.) 5: 33 (1836).

Vernonia longicaulis DC., Prodr. (DC.) 5: 33 (1836); *Vernonia martini* Vaniot, Bull. Acad. Int. Geogr. Bot. 12: 124 (1903); *Vernonia seguinii* Vaniot, Bull. Acad. Int. Geogr. Bot. 12: 214 (1903); *Aster coriaceifolius* H. Lév. et Vaniot, Repert. Spec. Nov. Regni Veg. 8: 358 (1910); *Acilepis saligna* (DC.) H. Rob., Proc. Biol. Soc. Washington 112 (1): 226 (1999).

云南、广东、广西；越南、缅甸、泰国、尼泊尔、印度、孟加拉国。

反苞斑鸠菊

Vernonia silhetensis (DC.) Hand.-Mazz., Symb. Sin. 7 (4): 1084 (1936).

Decaneurum silhetense DC., Prodr. (DC.) 5: 67 (1836); *Gymnanthemum silhetense* (DC.) Sch.-Bip., Repert. Bot. Syst. (Walpers) 2: 948 (1843); *Xipholepis silhetensis* (DC.) Steetz, Naturw. Reise Mossambique [Peters] 6 (Bot., 2): 345 (1864); *Vernonia bracteata* Wall. ex C. B. Clarke, J. Linn. Soc., Bot. 23: 400 (1888); *Acilepis silhetensis* (DC.) H. Rob., Proc. Biol. Soc. Washington 112 (1): 227 (1999).

云南；缅甸、泰国、柬埔寨、不丹、印度。

茄叶斑鸠菊（斑鸠菊，大过山龙，茄叶咸虾花）

Vernonia solanifolia Benth., London J. Bot. 1: 486 (1842).

Vernonia fortunei Sch.-Bip., Flora 35: 48 (1852); *Strobocalyx solanifolia* (Benth.) Sch.-Bip., Jahresber. Pollichia 18-19: 171 (1861); *Gymnanthemum solanifolium* (Benth.) H. Rob., Proc. Biol. Soc. Washington 112 (1): 243 (1999).

云南、福建、广东、广西；越南、老挝、缅甸、泰国、柬埔寨、印度。

折苞斑鸠菊（金沙斑鸠菊）

Vernonia spirei Gand., Bull. Soc. Bot. France 54: 194 (1907).

Serratula darrisii H. Lév., Repert. Spec. Nov. Regni Veg. 11: 305 (1912); *Vernonia stibaliae* Hand.-Mazz., Symb. Sin. 7 (4):

1084 (1936); *Acilepis spirei* (Gand.) H. Rob., Proc. Biol. Soc. Washington 112 (1): 227 (1999).
贵州、云南、广西；老挝。

刺苞斑鸠菊（圆柱斑鸠菊，白脚威灵仙，黑继参）

Vernonia squarrosa (D. Don) Less., Linnaea 6: 627 (1831).
Acilepis squarrosa D. Don, Prodr. Fl. Nepal. 169 (1825); *Vernonia rigiophylla* DC., Prodr. (DC.) 5: 15 (1836); *Vernonia teres* Wall. ex DC., Lingnan Sci. J. 5: 182 (1927); *Vernonia squarrosa* var. *orientalis* Kitam., Acta Phytotax. Geobot. 24: 16 (1969).
云南；越南、缅甸、泰国、柬埔寨、不丹、尼泊尔、印度。

腾冲斑鸠菊

Vernonia subsessilis var. **macrophylla** Hook. f., Fl. Brit. Ind. 3: 230 (1881).
Khasianthus subsessilis H. Rob. et Skvarla var. *macrophyllus* (Hook. f.) H. Rob. et Skvarla, Proc. Biol. Soc. Washington 122 (2): 149 (2009).
云南；缅甸、尼泊尔、印度。

林生斑鸠菊（藤菊）

●**Vernonia sylvatica** Dunn, J. Linn. Soc., Bot. 35: 501 (1903).
Strobocalyx sylvatica (Dunn) H. Rob. et al., Proc. Biol. Soc. Washington 121 (1): 31 (2008).
云南、广西。

大叶斑鸠菊（大叶鸡菊花）

Vernonia volkameriifolia DC., Prodr. (DC.) 5: 32 (1836).
Vernonia acuminata DC., Prodr. (DC.) 5: 32 (1836); *Vernonia esquirolii* H. Lév., Repert. Spec. Nov. Regni Veg. 11: 301 (1912); *Vernonia leveillei* Fedde ex H. Lév., Fl. Kouy-Tchéou 109 (1914); *Gymnanthemum volkameriifolium* (DC.) H. Rob., Proc. Biol. Soc. Washington 112 (1): 243 (1999); *Monosis volkameriifolia* (DC.) H. Rob. et Skvarla, Proc. Biol. Soc. Washington 19 (4): 606 (2006).
贵州、云南、西藏、广西；越南、老挝、缅甸、泰国、不丹、尼泊尔、印度。

李花菊属 **Wollastonia** DC. ex Decne.

李花菊

Wollastonia biflora (L.) DC., Prodr. (DC.) 5: 546 (1836).
Verbesina biflora L., Sp. Pl., ed. 2: 1272 (1763); *Acmella biflora* (L.) Spreng., Syst. Veg., ed. 16 3: 591 (1826); *Wedelia biflora* (L.) DC., Contr. Bot. India [Wight] 18 (1834); *Stemmodontia biflora* (L.) W. Wight, Contr. U. S. Natl. Herb. 9: 377 (1905); *Melanthera biflora* (L.) Wild, Kirkia 5: 4 (1965); *Wedelia wallichii* Less. var. *megalantha* H. Chuang, Fl. Yunnan. 13: 833 (2004).
江西、湖南、湖北、四川、贵州、云南、西藏、台湾、广东、广西、海南；日本、菲律宾、越南、马来西亚、印度尼西亚、印度、太平洋岛屿。

山蟛蜞菊

Wollastonia montana (Blume) DC., Prodr. (DC.) 5: 547 (1836).
Verbesina montana Blume, Bijdr. Fl. Ned. Ind. 15: 911 (1826); *Wedelia wallichii* Less., Linnaea 6: 162 (1831); *Wedelia montana* (Blume) Boerlage, Handl. Fl. Ned. Ind. (Boerlage) 2: 242 (1891).
四川、贵州、云南、广东、广西、海南；缅甸、泰国、不丹、尼泊尔、印度。

苍耳属 **Xanthium** L.

刺苍耳

△**Xanthium spinosum** L., Sp. Pl. 2: 987 (1753).
Acanthoxanthium spinosum (L.) Fourr., Ann. Soc. Linn. Lyon, sér. 2 17: 110 (1869); *Xanthium spinosum* var. *inerme* Bel, Rev. Bot. Bull. Mens. 11: 481 (1893); *Xanthium cloessplateaum* D. Z. Ma, Acta Bot. Boreal.-Occid. Sin. 11 (4): 346 (1991).
北京、河南归化；原产于美洲。

苍耳（粘头婆，虱马头，苍耳子）

Xanthium strumarium L., Sp. Pl. 2: 987 (1753).
Xanthium americanum Walter, Fl. Carol. 231 (1788); *Xanthium italicum* Moretti, Giorn. Fis., ser. 2 5: 326 (1822); *Xanthium orientale* L., Bijdr. Fl. Ned. Ind. 15: 915 (1826); *Xanthium sibiricum* Patrin ex Widder, Repert. Spec. Nov. Regni Veg. Beih. 20: 32 (1923); *Xanthium mongolicum* Kitag., Rep. Inst. Sci. Res. Manchoukuo 4: 97 (1936).
中国各地；新旧大陆。
注：对于苍耳属（*Xanthium*）的处理，分类学家之间的观点差异很大，此处采用的是比较宽泛的概念，但实际应用时也面临一些问题。其他的分类观点可以参考 Millspaugh 与 Sherff 1919 年发表的论文（Revision of the North American species of *Xanthium*, Field Mus. Nat. Hist. Publ. Bot. ser. IV (2): 9-49）。

黄缨菊属 **Xanthopappus** C. Winkl.

黄缨菊（黄冠菊，九头妖）

●**Xanthopappus subacaulis** C. Winkl., Trudy Imp. S.-Peterburgsk. Bot. Sada 13: 11 (1893).
Xanthopappus multicephalus Y. Ling, Contr. Inst. Bot. Natl. Acad. Peiping 3: 140 (1935).
内蒙古、宁夏、甘肃、青海、四川、云南。

蜡菊属 **Xerochrysum** Tzvelev

蜡菊（麦秆菊，麦藁菊，脆菊）

☆**Xerochrysum bracteatum** (Vent.) Tzvelev, Novosti Sist. Vyssh. Rast. 27: 151 (1990).
Xeranthemum bracteatum Vent., Jard. Malmaison: t. 2 (1803); *Helichrysum bracteatum* (Vent.) Haworth, Bot. Repos. 6: suppl. 428 (1805); *Bracteantha bracteata* (Vent.) Anderb. et

Haegi, Opera Bot. 104: 105 (1991).
中国栽培；原产于澳大利亚。

黄鹌菜属 Youngia Cass.

纤细黄鹌菜（细黄鹌菜）

Youngia atripappa (Babc.) N. Kilian, Fl. China 20-21: 254 (2011).

Crepis atripappa Babc., Univ. Calif. Publ. Bot. 14: 324 (1928); *Crepis gracilis* Hook. f. et Thomson ex C. B. Clarke, Compos. Ind. 254 (1876); *Youngia gracilis* (Hook. f. et Thomson ex C. B. Clarke) Babc. et Stebbins, Publ. Carnegie Inst. Wash. 484: 65 (1937), not Miq. (1861); *Youngia stebbinsiana* S. Y. Hu, Quart. J. Taiwan Mus. 22: 37 (1969).

西藏；不丹、印度。

顶凹黄鹌菜

•**Youngia bifurcata** Babc. et Stebbins, Publ. Carnegie Inst. Wash. 484: 89 (1937).

云南。

鼠冠黄鹌菜（灰毛黄鹌菜）

Youngia cineripappa (Babc.) Babc. et Stebbins, Publ. Carnegie Inst. Wash. 484: 60 (1937).

Crepis cineripappa Babc., Univ. Calif. Publ. Bot. 14: 325 (1928).

四川、贵州、云南、广西；越南、印度。

甘肃黄鹌菜

•**Youngia conjunctiva** Babc. et Stebbins, Publ. Carnegie Inst. Wash. 484: 37 (1937).

Youngia parva Babc. et Stebbins, Publ. Carnegie Inst. Wash. 484: 35 (1937); *Crepis parva* (Babc. et Stebbins) Hand.-Mazz., Acta Horti Gothob. 12: 357, in obs. 358 (1938); *Tibetoseris conjunctiva* (Babc. et Stebbins) Sennikov, Komarovia 5: 91 (2008); *Tibetoseris parva* (Babc. et Stebbins) Sennikov, Komarovia 5: 91 (2008); *Pseudoyoungia conjunctiva* (Babc. et Stebbins) D. Maity et Maiti, Compositae Newslett. 48: 30 (2010); *Pseudoyoungia parva* (Babc. et Stebbins) D. Maity et Maiti, Compositae Newslett. 48: 30 (2010).

甘肃、四川。

角冠黄鹌菜

•**Youngia cristata** C. Shih et C. Q. Cai, Acta Phytotax. Sin. 33: 186 (1995).

Tibetoseris cristata (C. Shih et C. Q. Cai) Sennikov, Komarovia 5: 92 (2008); *Pseudoyoungia cristata* (C. Shih et C. Q. Cai) D. Maity et Maiti, Compositae Newslett. 48: 32 (2010).

西藏。

红果黄鹌菜

•**Youngia erythrocarpa** (Vaniot) Babc. et Stebbins, Publ. Carnegie Inst. Wash. 484: 102 (1937).

Lactuca erythrocarpa Vaniot, Bull. Acad. Int. Geogr. Bot. 12: 319 (1903).

陕西、甘肃、安徽、江苏、浙江、湖北、四川、重庆、贵州、福建。

厚绒黄鹌菜（褐黄鹌菜）

•**Youngia fusca** (Babc.) Babc. et Stebbins, Publ. Carnegie Inst. Wash. 484: 76 (1937).

Crepis fusca Babc., Univ. Calif. Publ. Bot. 14: 327 (1928); *Crepis blinii* H. Lév., Bull. Acad. Int. Geogr. Bot. 25: 15 (1915), not H. Lév. (1914).

贵州、云南。

细梗黄鹌菜

Youngia gracilipes (Hook. f.) Babc. et Stebbins, Publ. Carnegie Inst. Wash. 484: 40 (1937).

Crepis gracilipes Hook. f., Fl. Brit. Ind. 3: 396 (1881); *Tibetoseris angustifolia* Tzvelev, Bot. Zhurn. (Moscow et Leningrad) 92: 1750 (2007); *Tibetoseris gracilipes* (Hook. f.) Sennikov, Komarovia 5: 92 (2008); *Tibetoseris gracilipes* (Hook. f.) Sennikov subsp. *duthiei* D. Maity, Manasi Mandal et Maiti, J. Bot. Soc. Bengal 63 (1): 62 (2009); *Pseudoyoungia angustifolia* (Tzvelev) D. Maity et Maiti, Compositae Newslett. 48: 32 (2010); *Pseudoyoungia gracilipes* (Hook. f.) D. Maity et Maiti, Compositae Newslett. 48: 31 (2010).

四川、西藏；不丹、尼泊尔、印度。

顶戟黄鹌菜

•**Youngia hastiformis** C. Shih, Acta Phytotax. Sin. 33: 185 (1995).

四川。

长裂黄鹌菜（巴东黄鹌菜）

•**Youngia henryi** (Diels) Babc. et Stebbins, Publ. Carnegie Inst. Wash. 484: 83 (1937).

Crepis henryi Diels, Bot. Jahrb. Syst. 29: 633 (1901).

陕西、湖北、四川。

异叶黄鹌菜（黄狗头）

•**Youngia heterophylla** (Hemsl.) Babc. et Stebbins, Publ. Carnegie Inst. Wash. 484: 87 (1937).

Crepis heterophylla Hemsl., J. Linn. Soc., Bot. 23: 475 (1888); *Crepis bockiana* Diels, Symb. Sin. 7 (4): 1184 (1936).

陕西、甘肃、江西、湖南、湖北、四川、重庆、贵州、云南、广东、广西。

黄鹌菜

Youngia japonica (L.) DC., Prodr. (DC.) 7: 194 (1838).

河北、山东、河南、陕西、甘肃、安徽、江苏、浙江、江西、湖南、湖北、四川、重庆、贵州、云南、西藏、福建、台湾、广东、广西、海南；中国所有东部和南部邻国。

黄鹌菜（原亚种）

Youngia japonica subsp. **japonica**

Prenanthes japonica L., Mant. Pl. 1: 107 (1767); *Chondrilla japonica* (L.) Lam., Encycl. 2: 79 (1790); *Prenanthes multiflora* Thunb., Syst. Veg., ed. 14: 715 (1784); *Chondrilla multiflora* (Thunb.) Poir., Encycl. Suppl. 2: 332 (1811); *Crepis formosana* Hayata, J. Coll. Sci. Imp. Univ. Tokyo 30 (1): 163 (1911).
河北、山东、河南、陕西、甘肃、安徽、江苏、浙江、江西、湖南、湖北、四川、重庆、贵州、云南、西藏、福建、台湾、广东、广西、海南；中国所有东部和南部邻国。

卵裂黄鹌菜

●**Youngia japonica** subsp. **elstonii** (Hochr.) Babc. et Stebbins, Publ. Carnegie Inst. Wash. 484: 98 (1937).
Crepis japonica var. *elstonii* Hochr., Candollea 5: 340 (1934); *Chondrilla lyrata* (Thunb.) Poir., Encycl. Suppl. 2: 332 (1811); *Ixeris lyrata* (Thunb.) Miq., Ann. Mus. Bot. Lugduno-Batavi 2: 190 (1866); *Lactuca pseudosenecio* Vaniot, Bull. Acad. Int. Geogr. Bot. 12: 320 (1903); *Youngia pseudosenecio* (Vaniot) C. Shih, Fl. Reipubl. Popularis Sin. 80 (1): 157 (1997).
陕西、甘肃、安徽、江苏、江西、湖南、湖北、四川、贵州、云南、福建、广东、广西、海南。

长花黄鹌菜

●**Youngia japonica** subsp. **longiflora** Babc. et Stebbins, Publ. Carnegie Inst. Wash. 484: 97 (1937).
Crepis japonica subsp. *longiflora* (Babc. et Stebbins) Hand.-Mazz., Acta Horti Gothob. 12: 359 (1938); *Youngia taiwaniana* S. S. Ying, Coloured Ill. Fl. Taiwan, 1: 186 (1980); *Youngia longiflora* (Babc. et Stebbins) C. Shih, Fl. Reipubl. Popularis Sin. 80 (1): 150 (1997).
安徽、江苏、浙江、江西、湖南、湖北、四川、重庆、贵州、福建、台湾、广东、广西。

山间黄鹌菜

●**Youngia japonica** subsp. **monticola** Koh Nakam. et C. I Peng, Syst. Bot. 38 (2): 515 (2013).
台湾。

康定黄鹌菜

●**Youngia kangdingensis** C. Shih, Acta Phytotax. Sin. 33: 186 (1995).
四川。

绒毛黄鹌菜

●**Youngia lanata** Babc. et Stebbins, Publ. Carnegie Inst. Wash. 484: 76 (1937).
Youngia nujiangensis C. Shih, Acta Phytotax. Sin. 33: 183 (1995).
云南。

戟叶黄鹌菜

●**Youngia longipes** (Hemsl.) Babc. et Stebbins, Publ. Carnegie Inst. Wash. 484: 92 (1937).
Crepis longipes Hemsl., J. Linn. Soc., Bot. 23: 476 (1888).
浙江、湖北。

东川黄鹌菜

●**Youngia mairei** (H. Lév.) Babc. et Stebbins, Publ. Carnegie Inst. Wash. 484: 77 (1937).
Crepis mairei H. Lév., Repert. Spec. Nov. Regni Veg. 12: 531 (1913).
云南。

羽裂黄鹌菜（稃苞黄鹌菜，具苞黄鹌菜）

●**Youngia paleacea** (Diels) Babc. et Stebbins, Publ. Carnegie Inst. Wash. 484: 67 (1937).
Crepis paleacea Diels, Notes Roy. Bot. Gard. Edinburgh 5: 202 (1912); *Crepis yunnanensis* Babc., Univ. Calif. Publ. Bot. 14: 332 (1928); *Youngia paleacea* subsp. *smithii* Babc. et Stebbins, Publ. Carnegie Inst. Wash. 484: 71 (1937); *Youngia paleacea* subsp. *yunnanensis* (Babc.) Babc. et Stebbins, Publ. Carnegie Inst. Wash. 484: 70 (1937).
甘肃、四川、云南、西藏。

糙毛黄鹌菜

●**Youngia pilifera** C. Shih, Acta Phytotax. Sin. 33: 183 (1995).
四川。

川西黄鹌菜

●**Youngia prattii** (Babc.) Babc. et Stebbins, Publ. Carnegie Inst. Wash. 484: 81 (1937).
Crepis prattii Babc., Univ. Calif. Publ. Bot. 14: 331 (1928).
河南、湖北、四川。

紫背黄鹌菜（新拟）

●**Youngia purpimea** Y. L. Peng et al., Phytotaxa 236 (2): 191 (2015).
四川。

总序黄鹌菜（旌节黄鹌菜，高山黄鹌菜）

Youngia racemifera (Hook. f.) Babc. et Stebbins, Univ. Calif. Publ. Bot. 18: 229 (1943).
Crepis racemifera Hook. f., Fl. Brit. Ind. 3: 397 (1881); *Hieracioides racemifera* (Hook. f.) Kuntze, Revis. Gen. Pl. 1: 346 (1891); *Crepis rapunculoides* Dunn, J. Linn. Soc., Bot. 35: 512 (1903); *Faberia racemifera* (Hook. f.) Sennikov, Komarovia 5: 109 (2008).
四川、云南、西藏；不丹、尼泊尔、印度。

多裂黄鹌菜

●**Youngia rosthornii** (Diels) Babc. et Stebbins, Publ. Carnegie Inst. Wash. 484: 92 (1937).
Crepis rosthornii Diels, Bot. Jahrb. Syst. 29: 632 (1901); *Crepis japonica* (L.) Benth. f. *foliosa* Matsuda, Bot. Mag. (Tokyo) 26: 313 (1912).
浙江、湖北、四川、重庆、广东。

川黔黄鹌菜

●**Youngia rubida** Babc. et Stebbins, Publ. Carnegie Inst. Wash. 484: 100 (1937).
湖南、四川、贵州。

绢毛黄鹌菜

●**Youngia sericea** C. Shih, Cat. Type Spec. China Suppl.: 60 (1999).

Tibetoseris sericea (C. Shih) Sennikov, Komarovia 5: 92 (2008); *Pseudoyoungia sericea* (C. Shih) D. Maity et Maiti, Compositae Newslett. 48: 32 (2010).

西藏。

注：*Flora of China* 20-21: 255 对该名称的处理有误，感谢朱相云博士指正。

无茎黄鹌菜

Youngia simulatrix (Babc.) Babc. et Stebbins, Publ. Carnegie Inst. Wash. 484: 39 (1937).

Crepis simulatrix Babc., Univ. Calif. Publ. Bot. 14: 329 (1928); *Crepis smithiana* Hand.-Mazz., Acta Horti Gothob. 12: 357 (1938); *Taraxacum altune* D. T. Zhai et C. H. An, J. Aug. 1st Agric. Coll. 18 (3): 1 (1995); *Tibetoseris ladyginii* Tzvelev, Bot. Zhurn. (Moscow et Leningrad) 92: 1750 (2007); *Tibetoseris simulatrix* (Babc.) Sennikov, Komarovia 5: 91 (2008); *Pseudoyoungia ladyginii* (Tzvelev) D. Maity et Maiti, Compositae Newslett. 48: 32 (2010); *Pseudoyoungia simulatrix* (Babc.) D. Maity et Maiti, Compositae Newslett. 48: 31 (2010).

甘肃、青海、四川、西藏；尼泊尔、印度。

少花黄鹌菜

●**Youngia szechuanica** (E. S. Soderberg) S. Y. Hu, Quart. J. Taiwan Mus. 22: 37 (1969).

Crepis szechuanica E. S. Soderberg, Svensk Bot. Tidskr. 28: 362 (1934); *Crepis scaposa* C. C. Chang, Sinensia 3: 201 (1933), not R. E. Fr. (1928).

四川。

大头黄鹌菜

●**Youngia terminalis** Babc. et Stebbins, Publ. Carnegie Inst. Wash. 484: 85 (1937).

四川。

栉齿黄鹌菜

●**Youngia wilsonii** (Babc.) Babc. et Stebbins, Publ. Carnegie Inst. Wash. 484: 79 (1937).

Crepis wilsonii Babc., Univ. Calif. Publ. Bot. 14: 331 (1928).

河南、湖北、重庆。

艺林黄鹌菜

●**Youngia yilingii** C. Shih, Acta Phytotax. Sin. 33: 186 (1995).

云南。

征镒黄鹌菜

●**Youngia zhengyiana** T. Deng et al., Phytotaxa 170 (4): 265 (2014).

贵州。

百日菊属 **Zinnia** L.

多花百日菊（五色梅，山菊花）

△**Zinnia peruviana** L., Syst. Nat., ed. 10 2: 1221 (1759).

Zinnia multiflora L., Sp. Pl., ed. 2: 1269 (1763); *Zinnia pauciflora* L., Sp. Pl., ed. 2: 1269 (1763).

河北、河南、甘肃、四川、云南等地归化；原产于墨西哥和南美洲。

257. 南鼠刺科 ESCALLONIACEAE [1 属：1 种]

多香木属 **Polyosma** Blume

多香木

Polyosma cambodiana Gagnep., Notul. Syst. (Paris) 3: 223 (1916).

云南、广东、广西、海南；越南、泰国、柬埔寨。

258. 五福花科 ADOXACEAE [4 属：81 种]

五福花属 **Adoxa** L.

五福花

Adoxa moschatellina Linnaeus, Sp. Pl. 1: 367 (1753).

Adoxa moschatellina var. *inodora* Falc. ex C. B. Clarke, Fl. Brit. Ind. 3: 2 (1880); *Adoxa inodora* (Falc. ex C. B. Clarke) Nepomn., Bot. Zhurn. (Moscow et Leningrad) 72: 89 (1987).

黑龙江、辽宁、内蒙古、河北、山西、青海、新疆、四川、云南、西藏；日本、朝鲜半岛、尼泊尔、印度、巴基斯坦、俄罗斯；欧洲、非洲、北美洲。

四福花

●**Adoxa omeiensis** H. Hara, J. Jap. Bot. 56: 271 (1981).

Tetradoxa omeiensis (H. Hara) C. Y. Wu, Acta Bot. Yunnan. 3: 385 (1981).

四川。

西藏五福花

●**Adoxa xizangensis** G. Yao, Acta Phytotax. Sin. 30: 179 (1992).

四川、云南、西藏。

接骨木属 **Sambucus** L.

血满草

Sambucus adnata Wall. ex DC., Prodr. (DC.) 4: 322 (1830).

Sambucus schweriniana Rehder, Pl. Wilson. 1 (2): 306 (1912).

陕西、宁夏、甘肃、青海、湖北、四川、贵州、云南、西藏；不丹、印度。

接骨草

Sambucus javanica Blume, Bijdr. Fl. Ned. Ind. 13: 657 (1825).

Sambucus chinensis Lindl., Trans. Hort. Soc. London 6: 297 (1826); *Sambucus hookeri* Rehder, Pl. Wilson. 1 (2): 308 (1912); *Sambucus argyi* H. Lév., Bull. Geogr. Bot. 24: 292 (1914); *Sambucus formosana* Nakai, Bot. Mag. (Tokyo) 31: 211 (1917); *Ebulus chinensis* (Lindl.) Nakai, Tent. Capr. Japan 13 (1921); *Sambucus chinensis* var. *formosana* (Nakai) H. Hara, Ginkgoana 5: 295 (1983); *Sambucus henriana* Samutina, Bot. Zhurn. (Moscow et Leningrad) 71: 1121 (1986); *Sambucus javanica* subsp. *chinensis* (Lindl.) Fukuoka, Acta Phytotax. Geobot. 62: 308 (1987); *Sambucus chinensis* var. *pinnatilobata* G. W. Hu, Novon 18: 63 (2008).
河南、陕西、甘肃、安徽、江苏、浙江、江西、湖南、湖北、四川、贵州、云南、西藏、福建、台湾、广东、广西、海南；日本、菲律宾、越南、老挝、缅甸、泰国、马来西亚、印度尼西亚、印度。

西伯利亚接骨木

Sambucus sibirica Nakai, Bot. Mag. (Tokyo) 40: 478 (1926).
Sambucus buergeriana (Nakai) Blume ex Nakai var. *miquelii* Nakai, Bot. Mag. (Tokyo) 40: 474 (1926); *Sambucus williamsii* Hance var. *miquelii* (Nakai) Y. C. Tang ex J. Q. Hu, Fl. Reipubl. Popularis Sin. 72: 11 (1988).
黑龙江、吉林、辽宁、新疆；蒙古国、俄罗斯。

接骨木

●**Sambucus williamsii** Hance, Ann. Sci. Nat., Bot., sér. 5 5: 217 (1866).
Sambucus sieboldiana (Miquel) Blume ex Schwer. var. *buergeriana* Nakai, J. Coll. Sci. Imp. Univ. Tokyo 42 (2): 9 (1921); *Sambucus barbinervis* Nakai, Bot. Mag. (Tokyo) 40: 477 (1926); *Sambucus buergeriana* (Nakai) Blume ex Nakai, Bot. Mag. (Tokyo) 40: 474 (1926); *Sambucus foetidissima* Nakai, Rep. Inst. Sci. Res. Manchoukuo 4: 12 (1934); *Sambucus peninsularis* Kitag., Rep. Inst. Sci. Res. Manchoukuo 3: 409 (1939); *Sambucus junnanica* J. J. Vassiljev, Bot. Mater. Gerb. Bot. Inst. Komarova Akad. Nauk S. S. S. R. 8: 200 (1940); *Sambucus manshurica* Kitag., Rep. Inst. Sci. Res. Manchoukuo 4: 177 (1940); *Sambucus potaninii* J. J. Vassiljev, Bot. Mater. Gerb. Bot. Inst. Komarova Akad. Nauk S. S. S. R. 8: 199 (1940); *Sambucus buergeriana* f. *cordifoliata* Skvortsov et W. Wang, Ill. Fl. Ligneous Pl. N. E. China 567 (1955); *Sambucus latipinna* Nakai var. *pendula* Skvortsov, Ill. Man. Woody Pl. N. E. China 497 (1955); *Sambucus racemosa* subsp. *manshurica* (Kitag.) Vorosch. in A. K. Skvortsov (ed.), Florist. Issl. V Razn. Raĭonakh S. S. S. R. 192 (1985).
黑龙江、吉林、辽宁、河北、山西、山东、河南、陕西、甘肃、安徽、江苏、浙江、湖南、湖北、四川、贵州、云南、福建、广东、广西。

华福花属 Sinadoxa C. Y. Wu, Z. L. Wu et R. F. Huang

华福花

●**Sinadoxa corydalifolia** C. Y. Wu, Z. L. Wu et R. F. Huang, Acta Phytotax. Sin. 19: 208 (1981).
青海。

荚蒾属 Viburnum L.

广叶荚蒾

●**Viburnum amplifolium** Rehder in Sarg., Trees et Shrubs 2: 112 (1908).
云南。

蓝黑果荚蒾

Viburnum atrocyaneum C. B. Clarke in Hook. f., Fl. Brit. Ind. 3: 7 (1880).
Viburnum calvum Rehder, Pl. Wilson. 1 (2): 310 (1912); *Viburnum schneiderianum* Hand.-Mazz., Anz. Akad. Wiss. Wien, Math.-Naturwiss. Kl. 62: 67 (1925).
四川、贵州、云南、西藏、广西；缅甸、泰国、不丹、印度。

桦叶荚蒾

●**Viburnum betulifolium** Batalin, Trudy Imp. S.-Peterburgsk. Bot. Sada 13: 371 (1894).
Viburnum willeanum Graebn., Bot. Jahrb. Syst. 29: 589 (1901); *Viburnum lobophyllum* Graebn., Bot. Jahrb. Syst. 29: 589 (1901); *Viburnum wilsonii* Rehder, Trees et Shrubs 2: 115 (1908); *Viburnum dasyanthum* Rehder, Trees et Shrubs 2: 103 (1908); *Viburnum hupehense* Rehder, Trees et Shrubs 2: 116 (1908); *Viburnum ovatifolium* Rehder, Trees et Shrubs 2: 115 (1908); *Viburnum morrisonense* Hayata, J. Coll. Sci. Imp. Univ. Tokyo 30 (1): 133 (1911); *Viburnum flavescens* W. W. Smith, Notes Roy. Bot. Gard. Edinburgh 9: 139 (1916); *Viburnum adenophorum* W. W. Smith, Notes Roy. Bot. Gard. Edinburgh 9: 136 (1916); *Viburnum taihasense* Hayata, Icon. Pl. Formosan. 9: 45 (1920); *Viburnum wilsonii* var. *adenophorum* (W. W. Smith) Hand.-Mazz., Symb. Sin. 7 (4): 1039 (1929); *Viburnum hupehense* subsp. *septentrionale* P. S. Hsu, Acta Phytotax. Sin. 11: 77 (1966).
河南、陕西、宁夏、甘肃、安徽、浙江、湖北、四川、贵州、云南、西藏、台湾、广西。

短序荚蒾

●**Viburnum brachybotryum** Hemsl., J. Linn. Soc., Bot. 23: 349 (1888).
江西、湖南、湖北、四川、贵州、云南、广西。

短筒荚蒾

●**Viburnum brevitubum** (P. S. Hsu) P. S. Hsu, Acta Phytotax. Sin. 17: 80 (1979).
Viburnum erubescens Wall. var. *brevitubum* P. S. Hsu, Acta Phytotax. Sin. 11: 67 (1966); *Viburnum carnosulum* (W. W. Smith) P. S. Hsu var. *impressinervium* P. S. Hsu, Ann. Bot. Fenn. 44: 153 (2007); *Viburnum chingii* P. S. Hsu var. *impressinervium* (P. S. Hsu) P. S. Hsu, Ann. Bot. Fenn. 44: 153 (2007).

江西、湖北、四川、贵州。

醉鱼草状荚蒾

•**Viburnum buddleifolium** C. H. Wright, Gard. Chron., ser. 3 33: 257 (1903).
湖北。

修枝荚蒾

Viburnum burejaeticum Regel et Herder, Gartenflora 11: 407 (1862).
Viburnum davuricum Maxim., Mém. Acad. Imp. Sci. St.-Pétersbourg Divers Savans 9: 135 (1859), not Pall. (1788); *Viburnum burejanum* Herder, Bull. Soc. Imp. Naturalistes Moscou 53: 11 (1878); *Viburnum arcuatum* Kom., Trudy Imp. S.-Peterburgsk. Bot. Sada 18: 427 (1901).
黑龙江、吉林、辽宁；蒙古国、朝鲜半岛、俄罗斯。

备中荚蒾

Viburnum carlesii var. **bitchiuense** (Makino) Nakai, Bot. Mag. (Tokyo) 28: 295 (1914).
Viburnum bitchiuense Makino, Bot. Mag. (Tokyo) 16: 156 (1902).
安徽；日本、朝鲜半岛。

漾濞荚蒾

Viburnum chingii P. S. Hsu, Acta Phytotax. Sin. 11: 68 (1966).
四川、云南；缅甸。

漾濞荚蒾（原变种）

•**Viburnum chingii** var. **chingii**
Viburnum erubescens Wall. var. *carnosulum* W. W. Smith, Notes Roy. Bot. Gard. Edinburgh 9: 138 (1916); *Viburnum erubescens* var. *neurophyllum* Hand.-Mazz., Symb. Sin. 7 (4): 1033 (1936); *Viburnum carnosulum* (W. W. Smith) P. S. Hsu, Acta Phytotax. Sin. 11: 70 (1966); *Viburnum chingii* var. *patentiserratum* P. S. Hsu, Acta Phytotax. Sin. 11: 69 (1966); *Viburnum chingii* var. *tenuipes* P. S. Hsu, Acta Phytotax. Sin. 13: 112 (1975); *Viburnum chingii* var. *carnosulum* (W. W. Smith) P. S. Hsu, Fl. Reipubl. Popularis Sin. 72: 46 (1988).
云南。

多毛漾濞荚蒾

Viburnum chingii var. **limitaneum** (W. W. Smith) Q. E. Yang, Fl. China 19: 586 (2011).
Viburnum erubescens var. *limitaneum* W. W. Smith, Notes Roy. Bot. Gard. Edinburgh 9: 138 (1916); *Viburnum subalpinum* Hand.-Mazz. var. *limitaneum* (W. W. Smith) P. S. Hsu, Fl. Reipubl. Popularis Sin. 72: 50 (1988).
云南；缅甸。

金佛山荚蒾

•**Viburnum chinshanense** Graebn., Bot. Jahrb. Syst. 29: 585 (1901).
Viburnum rosthornii Graebn., Bot. Jahrb. Syst. 29: 586 (1901); *Viburnum hypoleucum* Rehder, Trees et Shrubs 2: 111 (1908); *Viburnum utile* Hemsl. var. *elaeagnifolium* Rehder, Trees et Shrubs 2: 89 (1908); *Viburnum cavaleriei* H. Lév., Repert. Spec. Nov. Regni Veg. 9: 442 (1911).
陕西、甘肃、四川、重庆、贵州、云南。

金腺荚蒾

•**Viburnum chunii** P. S. Hsu, Acta Phytotax. Sin. 11: 82 (1966).
Viburnum chunii subsp. *chengii* P. S. Hsu, Acta Phytotax. Sin. 11: 82 (1966); *Viburnum chunii* var. *piliferum* P. S. Hsu, Acta Phytotax. Sin. 11: 83 (1966).
安徽、浙江、江西、湖南、四川、贵州、福建、广东、广西。

樟叶荚蒾

•**Viburnum cinnamomifolium** Rehder in Sarg., Trees et Shrubs 2: 31 (1907).
四川、云南。

密花荚蒾

•**Viburnum congestum** Rehder in Sarg., Trees et Shrubs 2: 111 (1908).
Hedyotis mairei H. Lév., Repert. Spec. Nov. Regni Veg. 13: 176 (1914); *Premna esquirolii* H. Lév., Cat. Pl. Yun-Nan 3 (1916); *Viburnum mairei* H. Lév., Cat. Pl. Yun-Nan 28 (1916); *Oldenlandia mairei* (H. Lév.) Chun, Sunyatsenia 1: 312 (1934).
甘肃、四川、贵州、云南。

榛叶荚蒾

Viburnum corylifolium Hook. f. et Thomson, J. Proc. Linn. Soc., Bot. 2: 174 (1858).
Viburnum dunnianum H. Lév., Repert. Spec. Nov. Regni Veg. 9: 442 (1911); *Viburnum barbigerum* H. Lév., Fl. Kouy-Tchéou 65 (1914).
陕西、湖北、四川、贵州、云南、西藏、广西；印度。

伞房荚蒾

•**Viburnum corymbiflorum** P. S. Hsu et S. C. Hsu, Acta Phytotax. Sin. 11: 73 (1966).
浙江、江西、湖南、湖北、四川、贵州、云南、福建、广东、广西。

伞房荚蒾（原亚种）

•**Viburnum corymbiflorum** subsp. **corymbiflorum**
浙江、江西、湖南、湖北、四川、贵州、云南、福建、广东、广西。

苹果叶荚蒾

•**Viburnum corymbiflorum** subsp. **malifolium** P. S. Hsu, Acta Phytotax. Sin. 11: 74 (1966).
云南。

黄栌叶荚蒾

Viburnum cotinifolium D. Don, Prodr. Fl. Nepal. 141 (1825).

Viburnum polycarpum Wall. ex DC., Prodr. (DC.) 4: 328 (1830); *Viburnum multratum* K. Koch, Dendrologie 2: 54 (1872).

西藏；不丹、尼泊尔、印度、阿富汗、克什米尔地区。

水红木

Viburnum cylindricum Buch.-Ham. ex D. Don, Prodr. Fl. Nepal. 142 (1825).

Viburnum coriaceum Blume, Bijdr. Fl. Ned. Ind. 13: 656 (1826); *Viburnum crassifolium* Rehder, Trees et Shrubs 2: 112 (1908); *Viburnum cylindricum* Buch.-Ham. ex D. Don var. *crassifolium* (Rehder) C. K. Schneider, Bot. Gaz. 64: 77 (1917).

甘肃、湖南、湖北、四川、贵州、云南、西藏、广东、广西；越南、缅甸、泰国、印度尼西亚、不丹、尼泊尔、印度、巴基斯坦。

粤赣荚蒾

●**Viburnum dalzielii** W. W. Smith, Notes Roy. Bot. Gard. Edinburgh 9: 137 (1916).

江西、广东。

川西荚蒾

●**Viburnum davidii** Franch., Nouv. Arch. Mus. Hist. Nat., sér. 2 8: 251 (1885).

四川。

荚蒾

Viburnum dilatatum Thunb. in Murray, Syst. Veg., ed. 14: 295 (1784).

Viburnum brevipes Rehder, Pl. Wilson. 1 (1): 113 (1911); *Viburnum dilatatum* var. *macrophyllum* P. S. Hsu, Acta Phytotax. Sin. 11: 78 (1966); *Viburnum fulvotomentosum* P. S. Hsu, Acta Phytotax. Sin. 11: 78 (1966); *Viburnum dilatatum* var. *fulvotomentosum* (P. S. Hsu) P. S. Hsu, Fl. Reipubl. Popularis Sin. 72: 89 (1988).

河北、河南、陕西、安徽、江苏、浙江、江西、湖南、湖北、四川、贵州、云南、福建、台湾、广东、广西；日本、朝鲜半岛。

宜昌荚蒾

Viburnum erosum Thunb. in Murray, Syst. Veg., ed. 14: 295 (1784).

山东、河南、陕西、安徽、江苏、浙江、江西、湖南、湖北、四川、贵州、云南、福建、台湾、广东、广西；日本、朝鲜半岛。

宜昌荚蒾（原变种）

Viburnum erosum var. **erosum**

Viburnum erosum var. *ichangense* Hemsl., J. Linn. Soc., Bot. 23: 352 (1888); *Viburnum erosum* var. *setchuenense* Graebn., Bot. Jahrb. Syst. 29: 589 (1901); *Viburnum ichangense* (Hemsl.) Rehder, Trees et Shrubs 2: 105 (1908); *Viburnum erosum* var. *hirsutum* Pamp., Nuov. Giorn. Bot. Ital. n. s. 17 (4): 726 (1910); *Viburnum matsudae* Hayata, Icon. Pl. Formosan. 9: 41 (1920); *Viburnum villosifolium* Hayata, Icon. Pl. Formosan. 9: 45 (1920); *Viburnum erosum* var. *atratocarpum* P. S. Hsu, Acta Phytotax. Sin. 13: 127 (1975); *Viburnum erosum* subsp. *ichangense* (Hemsl.) P. S. Hsu, Acta Phytotax. Sin. 13: 126 (1975); *Viburnum ichangense* var. *atratocarpum* (P. S. Hsu) T. R. Dudley et S. C. Sun, J. Arnold Arbor. 64: 88 (1983).

山东、河南、陕西、安徽、江苏、浙江、江西、湖南、湖北、四川、贵州、云南、福建、台湾、广东、广西；日本、朝鲜半岛。

裂叶宜昌荚蒾

Viburnum erosum var. **taquetii** (H. Lév.) Rehder in Sarg., Pl. Wilson. 1 (1): 311 (1912).

Viburnum taquetii H. Lév., Repert. Spec. Nov. Regni Veg. 9: 443 (1911); *Viburnum meyer-waldeckii* Loes., Beih. Bot. Centralbl., Abt. 2 37: 184 (1919); *Viburnum erosum* f. *taquetii* (H. Lév.) Sugim., New Key Jap. Trees 478 (1961); *Viburnum erosum* var. *taquetii* (H. Lév.) P. S. Hsu, Acta Phytotax. Sin. 13: 126 (1975).

山东；日本、朝鲜半岛。

红荚蒾

Viburnum erubescens Wall., Pl. Asiat. Rar. 2: 29 (1831).

Viburnum wightianum Wall., Pl. Asiat. Rar. 2: 29 (1831); *Viburnum pubigerum* Wight et Arnott, Prodr. Fl. Ind. Orient. 1: 389 (1834); *Solenotinus erubescens* (Wall.) Oerst., Vidensk. Meddel. Dansk Naturhist. Foren. Kjøbenhavn 12: 295 (1860); *Viburnum prattii* Graebn., Bot. Jahrb. Syst. 29: 584 (1901); *Viburnum erubescens* var. *prattii* (Graebn.) Rehder, Pl. Wilson. 1 (1): 107 (1911); *Viburnum erubescens* var. *burmanicum* Rehder, Pl. Wilson. 1 (1): 108 (1911); *Viburnum erubescens* var. *gracilipes* Rehder, Pl. Wilson. 1 (1): 107 (1911); *Viburnum botryoideum* H. Lév., Cat. Pl. Yun-Nan 28 (1916); *Viburnum erubescens* var. *parvum* P. S. Hsu et S. C. Hsu, Acta Phytotax. Sin. 13: 111 (1975); *Viburnum burmanicum* (Rehder) C. Y. Wu ex P. S. Hsu, Acta Phytotax. Sin. 17: 79 (1979); *Viburnum burmanicum* var. *motoense* P. S. Hsu, Acta Phytotax. Sin. 17: 79 (1979); *Viburnum thibeticum* C. Y. Wu et Y. F. Huang, Fl. Xizang. 4: 480 (1985).

陕西、甘肃、湖北、四川、贵州、云南、西藏；缅甸、不丹、尼泊尔、印度。

香荚蒾

●**Viburnum farreri** Stearn, Taxon 15: 22 (1966).

Viburnum fragrans Bunge, Enum. Pl. China Bor. 33 (1833), not Loisel. (1824); *Viburnum farreri* var. *stellipilum* D. Z. Ma et H. L. Liu, Fl. Ningxianensis 2: 521 (1988).

甘肃、青海、新疆，河北、山东、河南、甘肃、青海广泛栽培，原产于中国西北地区。

臭荚蒾

Viburnum foetidum Wall., Pl. Asiat. Rar. 1: 49 (1830).
？河南、陕西、江西、湖南、湖北、四川、贵州、云南、西藏、台湾、广东、广西；老挝、缅甸、泰国、不丹、印度、孟加拉国。

臭荚蒾（原变种）

Viburnum foetidum var. **foetidum**
西藏；老挝、缅甸、泰国、不丹、印度、孟加拉国。

珍珠荚蒾

●**Viburnum foetidum** var. **ceanothoides** (C. H. Wright) Hand.-Mazz., Symb. Sin. 7 (4): 1038 (1936).
Viburnum ceanothoides C. H. Wright, Bull. Misc. Inform. Kew 1896: 23 (1896); *Viburnum ajugifolium* H. Lév., Repert. Spec. Nov. Regni Veg. 9: 441 (1911); *Premna valbrayi* H. Lév., Sert. Yunnan. 1916: 4 (1916).
四川、贵州、云南。

直角荚蒾

●**Viburnum foetidum** var. **rectangulatum** (Graebn.) Rehder in Sarg., Trees et Shrubs 2: 114 (1908).
Viburnum rectangulatum Graebn., Bot. Jahrb. Syst. 29: 588 (1901); *Viburnum pallidum* Franch., J. Bot. (Morot) 10: 308 (1896); *Viburnum touchanense* H. Lév., Repert. Spec. Nov. Regni Veg. 9: 442 (1911); *Hedyotis yunnanensis* H. Lév., Repert. Spec. Nov. Regni Veg. 13: 176 (1914); *Viburnum parvilimbum* Merr., Lingnan Sci. J. 13: 51 (1934); *Oldenlandia yunnanensis* (H. Lév.) Chun, Sunyatsenia 1: 314 (1934); *Viburnum foetidum* var. *malacotrichum* Hand.-Mazz., Symb. Sin. 7 (4): 1038 (1936); *Viburnum foetidum* var. *penninervium* Hand.-Mazz., Symb. Sin. 7 (4): 1038 (1936).
？河南、陕西、江西、湖南、湖北、四川、贵州、云南、西藏、台湾、广东、广西。

南方荚蒾

●**Viburnum fordiae** Hance, J. Bot. 21: 321 (1883).
Viburnum hirtulum Rehder, Trees et Shrubs 2: 115 (1908).
安徽、浙江、江西、湖南、贵州、云南、福建、广东、广西。

台中荚蒾

●**Viburnum formosanum** (Hance) Hayata, J. Coll. Sci. Imp. Univ. Tokyo 30 (1): 132 (1911).
浙江、江西、湖南、四川、福建、台湾、广东、广西。

台中荚蒾（原亚种）

●**Viburnum formosanum** subsp. **formosanum**
Viburnum erosum Thunb. var. *formosanum* Hance, Ann. Sci. Nat., Bot., sér. 5 5: 216 (1866); *Viburnum luzonicum* Rolfe var. *formosanum* (Hance) Rehder, Trees et Shrubs 2: 97 (1908); *Viburnum subglabrum* Hayata, Icon. Pl. Formosan. 8: 35 (1919); *Viburnum formosanum* f. *subglabrum* (Hayata) Nakai, J. Coll. Sci. Imp. Univ. Tokyo 42 (2): 49 (1921).
台湾。

光萼荚蒾

●**Viburnum formosanum** subsp. **leiogynum** P. S. Hsu, Acta Phytotax. Sin. 11: 81 (1966).
浙江、四川、福建、广西。

毛枝台中荚蒾

●**Viburnum formosanum** var. **pubigerum** P. S. Hsu, Ann. Bot. Fenn. 44: 154 (2007).
江西、湖南、广东。

聚花荚蒾

Viburnum glomeratum Maxim., Bull. Acad. Imp. Sci. Saint-Pétersbourg 26: 483 (1880).
河南、陕西、宁夏、甘肃、安徽、浙江、江西、湖北、四川、云南、西藏；缅甸。

聚花荚蒾（原亚种）

Viburnum glomeratum subsp. **glomeratum**
Viburnum veitchii C. H. Wright, Gard. Chron., ser. 3 33: 257 (1903).
河南、陕西、宁夏、甘肃、安徽、浙江、江西、湖北、四川、云南、西藏；缅甸。

壮大荚蒾

●**Viburnum glomeratum** subsp. **magnificum** (P. S. Hsu) P. S. Hsu, Fl. Reipubl. Popularis Sin. 72: 21 (1988).
Viburnum veitchii subsp. *magnificum* P. S. Hsu, Acta Phytotax. Sin. 11: 75 (1966).
安徽、浙江。

圆叶荚蒾

Viburnum glomeratum subsp. **rotundifolium** (P. S. Hsu) P. S. Hsu, Fl. Reipubl. Popularis Sin. 72: 21 (1988).
Viburnum veitchii subsp. *rotundifolium* P. S. Hsu, Acta Phytotax. Sin. 11: 75 (1966); *Viburnum glomeratum* var. *rockii* Rehder, J. Arnold Arbor. 9: 115 (1928).
甘肃、四川、云南；缅甸。

大花荚蒾

Viburnum grandiflorum Wall. ex DC., Prodr. (DC.) 4: 329 (1830).
西藏；不丹、尼泊尔、印度、巴基斯坦、克什米尔地区。

海南荚蒾

Viburnum hainanense Merr. et Chun, Sunyatsenia 5: 193 (1940).
Viburnum tsangii Rehder, J. Arnold Arbor. 23: 378 (1942); *Viburnum tsangii* f. *xanthocarpum* Rehder, J. Arnold Arbor. 23: 380 (1942).
广东、广西、海南；越南。

蝶花荚蒾

●**Viburnum hanceanum** Maxim., Bull. Acad. Imp. Sci. Saint-Pétersbourg 26: 487 (1880).
江西、湖南、贵州、福建、广东、广西。

衡山荚蒾

●**Viburnum hengshanicum** Tsiang ex P. S. Hsu in Chen et al., Observ. Fl. Hwangshan. 178 (1965).
安徽、浙江、江西、湖南、贵州、广西。

巴东荚蒾

●**Viburnum henryi** Hemsl., J. Linn. Soc., Bot. 23: 353 (1888).
Viburnum rosthornii Graebn. var. *xerocarpum* Graebn., Bot. Jahrb. Syst. 29: 586 (1901).
陕西、浙江、江西、湖北、四川、贵州、福建、广西。

厚绒荚蒾

Viburnum inopinatum Craib, Bull. Misc. Inform. Kew 1911: 385 (1911).
云南、广西；越南、老挝、缅甸、泰国。

全叶荚蒾

●**Viburnum integrifolium** Hayata, J. Coll. Sci. Imp. Univ. Tokyo 30 (1): 132 (1911).
Viburnum foetidum Wall. f. *integrifolium* (Hayata) Nakai, J. Coll. Sci. Imp. Univ. Tokyo 42 (2): 48 (1921); *Viburnum foetidum* var. *integrifolium* (Hayata) Kaneh. et Hatus., Formos. Trees Rev. ed. 697 (1936).
台湾。

甘肃荚蒾

●**Viburnum kansuense** Batalin, Trudy Imp. S.-Peterburgsk. Bot. Sada 13: 372 (1894).
陕西、甘肃、四川、云南、西藏。

朝鲜荚蒾

Viburnum koreanum Nakai, J. Coll. Sci. Imp. Univ. Tokyo 42 (2): 42 (1921).
吉林；日本、朝鲜半岛。

披针形荚蒾

●**Viburnum lancifolium** P. S. Hsu, Acta Phytotax. Sin. 11: 81 (1966).
浙江、江西、福建、？广东。

侧花荚蒾

●**Viburnum laterale** Rehder in Sarg., Pl. Wilson. 1 (1): 311 (1912).
福建。

光果荚蒾

●**Viburnum leiocarpum** P. S. Hsu, Acta Phytotax. Sin. 11: 76 (1966).
云南、海南。

光果荚蒾（原变种）

●**Viburnum leiocarpum** var. **leiocarpum**
云南、海南。

斑点光果荚蒾

●**Viburnum leiocarpum** var. **punctatum** P. S. Hsu, Acta Phytotax. Sin. 11: 77 (1966).
云南。

长梗荚蒾

●**Viburnum longipedunculatum** (P. S. Hsu) P. S. Hsu, Acta Phytotax. Sin. 17: 78 (1979).
Viburnum corymbiflorum P. S. Hsu et S. C. Hsu var. *longipedunculatum* P. S. Hsu, Acta Phytotax. Sin. 13: 115 (1975).
云南、广西。

长伞梗荚蒾

●**Viburnum longiradiatum** P. S. Hsu et S. W. Fan, Acta Phytotax. Sin. 11: 78 (1966).
四川、云南。

淡黄荚蒾

Viburnum lutescens Blume, Bijdr. Fl. Ned. Ind. 13: 655 (1826).
Viburnum monogynum Blume, Bijdr. Fl. Ned. Ind. 13: 655 (1826); *Viburnum sundaicum* Miq., Fl. Ned. Ind. 2: 121 (1856).
？福建、广东、广西、？海南；越南、缅甸、马来西亚、印度尼西亚、印度。

吕宋荚蒾

Viburnum luzonicum Rolfe, J. Linn. Soc., Bot. 21: 310 (1884).
Viburnum parvifolium W. W. Smith, Notes Roy. Bot. Gard. Edinburgh 10: 76 (1917), not Hayata (1911); *Viburnum mushanense* Hayata, Icon. Pl. Formosan. 8: 35 (1919); *Viburnum formosanum* (Hance) Hayata f. *mushanense* (Hayata) Nakai, J. Coll. Sci. Imp. Univ. Tokyo 42 (2): 49 (1921); *Viburnum smithii* F. P. Metcalf, J. Arnold Arbor. 13: 298 (1932); *Viburnum smithianum* H. L. Li, Woody Fl. Taiwan 893 (1963).
浙江、江西、云南、福建、台湾、广东、广西；菲律宾、马来西亚、？印度尼西亚。

绣球荚蒾

●**Viburnum macrocephalum** Fortune, J. Hort. Soc. London 2: 244 (1847).
Viburnum macrocephalum var. *sterile* Dippel, Ill. Handb. Laubholzk. 1: 178 (1904).
山东、河南、安徽、江苏、浙江、江西、湖南、湖北，中国广泛栽培。

黑果荚蒾

●**Viburnum melanocarpum** P. S. Hsu in Chen et al., Observ. Fl. Hwangshan. 181 (1965).

河南、安徽、江苏、浙江、江西。

蒙古荚蒾

Viburnum mongolicum (Pall.) Rehder in Sarg., Trees et Shrubs 2: 111 (1908).

Lonicera mongolica Pall., Reise Russ. Reich. 3: 721 (1771); *Viburnum davuricum* Pall., Fl. Ross. (Ledeb.) 2: 30 (1788).

内蒙古、河北、山西、河南、陕西、宁夏、甘肃、青海；蒙古国、俄罗斯。

西域荚蒾

Viburnum mullaha Buch.-Ham. ex D. Don, Prodr. Fl. Nepal. 141 (1825).

云南、西藏；不丹、尼泊尔、印度、克什米尔地区。

西域荚蒾（原变种）

Viburnum mullaha var. **mullaha**

Viburnum involucratum Wall. ex DC., Prodr. (DC.) 4: 327 (1830); *Viburnum stellulatum* var. *involucratum* (Wall. ex DC.) C. B. Clarke, Fl. Brit. Ind. 3: 4 (1830); *Viburnum stellulatum* Wall. ex DC., Pl. Asiat. Rar. 2: 54 (1831); *Viburnum thaiyongense* W. W. Smith, Notes Roy. Bot. Gard. Edinburgh 9: 140 (1916).

西藏；不丹、尼泊尔、印度、克什米尔地区。

显脉荚蒾

Viburnum nervosum D. Don, Prodr. Fl. Nepal. 141 (1825).

Viburnum cordifolium Wall. ex DC., Prodr. (DC.) 4: 327 (1830); *Solenotinus nervosus* (D. Don) Oerst., Vidensk. Meddel. Dansk Naturhist. Foren. Kjøbenhavn 12: 295 (1860); *Viburnum cordifolium* var. *hypsophilum* Hand.-Mazz., Akad. Wiss. Wien, Math.-Naturwiss. Kl., Anz. 61: 201 (1924); *Viburnum nervosum* var. *hypsophilum* (Hand.-Mazz.) H. W. Li, Fl. Yunnan. 5: 361 (1991).

四川、云南、西藏；越南、缅甸、不丹、尼泊尔、印度。

珊瑚树

Viburnum odoratissimum Ker Gawl., Bot. Reg. 6: t. 456 (1820).

河北、河南、浙江、湖南、贵州、云南、福建、台湾、广东、广西、海南；日本、朝鲜半岛、菲律宾、越南、缅甸、泰国、印度。

珊瑚树（原变种）

Viburnum odoratissimum var. **odoratissimum**

Thyrsosma chinensis Raf., Sylva Tellur. 130 (1838), nom. illeg. superfl.; *Microtinus odoratissimus* (Ker Gawl.) Oerst., Vidensk. Meddel. Dansk Naturhist. Foren. Kjøbenhavn 12: 294 (1860); *Viburnum kerrii* Geddes, Bull. Misc. Inform. Kew 1931: 207 (1931).

河北、河南、湖南、贵州、云南、福建、台湾、广东、广西、海南；日本、朝鲜半岛、越南、缅甸、泰国、印度。

台湾珊瑚树

●**Viburnum odoratissimum** var. **arboricola** (Hayata) Yamam., J. Soc. Trop. Agric. 8: 69 (1936).

Viburnum arboricola Hayata, Icon. Pl. Formosan. 4: 12 (1914); *Viburnum sphaerocarpum* Y. C. Liu et C. H. Ou., Quart. J. Chin. Forest. 12: 138 (1979).

台湾。

日本珊瑚树

Viburnum odoratissimum var. **awabuki** (K. Koch) Zabel ex Rümpler, Ill. Gartenbau-Lex., ed. 3: 877 (1902).

Viburnum awabuki K. Koch, Wochenschr. Vereines Beförd. Gartenbaues Königl. Preuss. Staaten 10: 109 (1867); *Viburnum simonsii* Hook. f. et Thomson, J. Proc. Linn. Soc., Bot. 2: 177 (1858); *Viburnum odoratissimum* var. *conspersum* W. W. Smith, Notes Roy. Bot. Gard. Edinburgh 9: 140 (1916); *Viburnum sessiliflorum* Geddes, Bull. Misc. Inform. Kew 1931: 207 (1931).

台湾；日本、菲律宾。

少花荚蒾

●**Viburnum oliganthum** Batalin, Trudy Imp. S.-Peterburgsk. Bot. Sada 13: 372 (1894).

Viburnum stapfianum H. Lév., Repert. Spec. Nov. Regni Veg. 9: 443 (1911).

湖北、四川、贵州、云南、西藏。

峨眉荚蒾

●**Viburnum omeiense** P. S. Hsu, Acta Phytotax. Sin. 11: 67 (1966).

四川。

欧洲荚蒾

Viburnum opulus L., Sp. Pl. 1: 268 (1753).

黑龙江、吉林、辽宁、河北、山西、山东、河南、陕西、甘肃、新疆、安徽、江苏、浙江、江西、湖北、四川；蒙古国、日本、朝鲜半岛、俄罗斯；欧洲。

欧洲荚蒾（原亚种）

Viburnum opulus subsp. **opulus**

浙江；俄罗斯；欧洲。

鸡树条

Viburnum opulus subsp. **calvescens** (Rehder) Sugim., New Key Jap. Tr. 478 (1961).

Viburnum sargentii Koehne var. *calvescens* Rehder, Mitt. Deutsch. Dendrol. Ges. 12: 125 (1903); *Viburnum pubinerve* Blume ex Nakai, Ann. Mus. Bot. Lugduno-Batavi 2: 265 (1866); *Viburnum sargentii* Koehne, Gartenflora 48: 341 (1899); *Viburnum sargentii* f. *glabra* Kom., Trudy Imp. S.-Peterburgsk. Bot. Sada 25: 511 (1907); *Viburnum sargentii* f. *puberulum* Kom., Trudy Imp. S.-Peterburgsk. Bot. Sada 25:

511 (1907); *Viburnum opulus* var. *sargentii* (Koehne) Takeda, Bot. Mag. (Tokyo) 25: 25 (1911); *Viburnum pubinerve* f. *calvescens* (Rehder) Nakai, Bot. Mag. (Tokyo) 33: 213 (1919); *Viburnum pubinerve* f. *intermedium* Nakai, Bot. Mag. (Tokyo) 33: 213 (1919); *Viburnum pubinerve* f. *puberulum* (Kom.) Nakai, Bot. Mag. (Tokyo) 33: 212 (1919); *Viburnum sargentii* var. *puberulum* (Kom.) Kitagawa, Lin. Fl. Manshur. 410 (1939); *Viburnum sargentii* f. *calvescens* (Rehder) Rehder, Bibl. Cult. Trees and Shrubs 608 (1949); *Viburnum opulus* var. *calvescens* (Rehder) H. Hara, J. Coll. Sci. Imp. Univ. Tokyo 6: 385 (1956); *Viburnum opulus* f. *puberulum* (Kom.) Sugim., New Key Jap. Tr. 478 (1961).
黑龙江、吉林、辽宁、河北、山西、山东、河南、陕西、甘肃、安徽、江苏、浙江、江西、湖北、四川；蒙古国、日本、朝鲜半岛、俄罗斯。

小叶荚蒾

●**Viburnum parvifolium** Hayata, J. Coll. Sci. Imp. Univ. Tokyo 30 (1): 134 (1911).
Viburnum yamadae Bartlett et Yamam., Trans. Nat. Hist. Soc. Formosa 19: 105 (1929).
台湾。

粉团

Viburnum plicatum Thunb., Trans. Linn. Soc. London 2: 332 (1794).
河南、陕西、安徽、江苏、浙江、江西、湖南、湖北、四川、贵州、云南、福建、台湾、广东、广西；日本。

粉团（原变种）

Viburnum plicatum var. **plicatum**
Viburnum tomentosum f. *sterile* (K. Koch) Zabel, Hort. Dendrol. 301 (1853); *Viburnum plicatum* var. *plenum* Miq., Ann. Mus. Bot. Lugduno-Batavi 2: 266 (1866); *Viburnum tomentosum* var. *plicatum* (Thunb.) Maxim., Bull. Acad. Imp. Sci. Saint-Pétersbourg 26: 486 (1880).
河南、陕西、安徽、江苏、浙江、江西、湖南、湖北、四川、贵州、云南、福建、台湾、广东、广西；日本。

台湾蝴蝶戏珠花

●**Viburnum plicatum** var. **formosanum** Y. C. Liu et C. H. Ou, Quart. J. Chin. Forest. 12: 136 (1979).
台湾。

球核荚蒾

●**Viburnum propinquum** Hemsl., J. Linn. Soc., Bot. 23: 355 (1888).
陕西、甘肃、浙江、江西、湖南、湖北、四川、重庆、贵州、云南、福建、台湾、广东、广西。

球核荚蒾（原变种）

●**Viburnum propinquum** var. **propinquum**
Viburnum propinquum var. *parvifolium* Graebn., Bot. Jahrb. Syst. 29: 587 (1901).
陕西、甘肃、浙江、江西、湖南、湖北、四川、重庆、贵州、云南、福建、台湾、广东、广西。

狭叶球核荚蒾

●**Viburnum propinquum** var. **mairei** W. W. Smith, Notes Roy. Bot. Gard. Edinburgh 9: 140 (1916).
湖北、四川、贵州、云南。

鳞斑荚蒾

Viburnum punctatum Buch.-Ham. ex D. Don, Prodr. Fl. Nepal. 142 (1825).
四川、贵州、云南、广东、广西、海南；越南、缅甸、泰国、柬埔寨、印度尼西亚、？不丹、尼泊尔、印度。

鳞斑荚蒾（原变种）

Viburnum punctatum var. **punctatum**
四川、贵州、云南；越南、缅甸、泰国、柬埔寨、印度尼西亚、？不丹、尼泊尔、印度。

大果鳞斑荚蒾

●**Viburnum punctatum** var. **lepidotulum** (Merr. et Chun) P. S. Hsu, Acta Phytotax. Sin. 13: 121 (1975).
Viburnum lepidotulum Merr. et Chun, Sunyatsenia 2: 22 (1934).
广东、广西、海南。

锥序荚蒾

Viburnum pyramidatum Rehder in Sarg., Trees et Shrubs 2: 93 (1908).
云南、广西；越南。

皱叶荚蒾

●**Viburnum rhytidophyllum** Hemsl., J. Linn. Soc., Bot. 23: 355 (1888).
Callicarpa vastifolia Diels, Bot. Jahrb. Syst. 29: 547 (1900).
陕西、湖北、四川、贵州。

陕西荚蒾

●**Viburnum schensianum** Maxim., Bull. Acad. Imp. Sci. Saint-Pétersbourg 26: 480 (1880).
Viburnum dielsii Graebn., Bot. Jahrb. Syst. 29: 588 (1901); *Viburnum giraldii* Graebn., Bot. Jahrb. Syst. 36: 99 (1905); *Viburnum schensianum* subsp. *chekiangense* P. S. Hsu et P. L. Chiu, Acta Phytotax. Sin. 17: 78 (1979); *Viburnum schensianum* var. *chekiangense* (P. S. Hsu et P. L. Chiu) Y. Ren et W. Z. Di, Acta Bot. Boreal.-Occid. Sin. 12 (7): 102 (1992).
河北、山西、山东、河南、陕西、甘肃、安徽、江苏、浙江、湖北、四川。

常绿荚蒾

●**Viburnum sempervirens** K. Koch, Hort. Dendrol. 300 (1853).
安徽、浙江、江西、湖南、四川、贵州、云南、福建、广东、广西、？海南。

常绿荚蒾（原变种）

•**Viburnum sempervirens** var. **sempervirens**

Viburnum nervosum Hook. et Arn., Bot. Beechey Voy. 190 (1833), not D. Don (1825); *Viburnum venulosum* Bentham, Fl. Hongk. 142 (1861).

江西、广东、广西。

具毛常绿荚蒾

•**Viburnum sempervirens** var. **trichophorum** Hand.-Mazz., Beih. Bot. Centralbl., Abt. B, 56: 465 (1937).

Viburnum pinfaense H. Lév., Repert. Spec. Nov. Regni Veg. 9: 442 (1911).

安徽、浙江、江西、湖南、四川、贵州、云南、福建、广东、广西。

茶荚蒾

•**Viburnum setigerum** Hance, J. Bot. 20: 261 (1882).

Viburnum theiferum Rehder, Trees et Shrubs 2: 45 (1907); *Viburnum bodinieri* H. Lév., Repert. Spec. Nov. Regni Veg. 9: 442 (1911); *Viburnum setigerum* var. *sulcatum* P. S. Hsu, Observ. Fl. Hwangshan. 185 (1965).

河南、陕西、安徽、江苏、浙江、江西、湖南、湖北、四川、贵州、云南、福建、台湾、广东、广西。

瑞丽荚蒾

•**Viburnum shweliense** W. W. Smith, Notes Roy. Bot. Gard. Edinburgh 12: 227 (1920).

云南；？缅甸。

瑶山荚蒾

•**Viburnum squamulosum** P. S. Hsu, Acta Phytotax. Sin. 13: 127 (1975).

广西。

亚高山荚蒾

Viburnum subalpinum Hand.-Mazz., Symb. Sin. 7 (4): 1034 (1936).

云南；缅甸。

合轴荚蒾

•**Viburnum sympodiale** Graebn., Bot. Jahrb. Syst. 29: 587 (1901).

Viburnum martini H. Lév., Repert. Spec. Nov. Regni Veg. 9: 443 (1911); *Viburnum melanophyllum* Hayata, Icon. Pl. Formosan. 4: 13 (1914); *Viburnum furcatum* Blume ex Hook. f. et Thomson var. *melanophyllum* (Hayata) H. Hara, Ginkgoana 5: 219 (1983).

河南、陕西、甘肃、安徽、浙江、江西、湖南、湖北、四川、贵州、云南、福建、台湾、广东、广西。

台东荚蒾

•**Viburnum taitoense** Hayata, J. Coll. Sci. Imp. Univ. Tokyo 30 (1): 136 (1911).

Viburnum tubulosum P. S. Hsu, Acta Phytotax. Sin. 11: 70 (1966).

湖南、台湾、广西。

腾越荚蒾

•**Viburnum tengyuehense** (W. W. Smith) P. S. Hsu, Acta Phytotax. Sin. 11: 72 (1966).

贵州、云南；？缅甸。

腾越荚蒾（原变种）

•**Viburnum tengyuehense** var. **tengyuehense**

Viburnum brachybotryum Hemsl. var. *tengyuehense* W. W. Smith, Notes Roy. Bot. Gard. Edinburgh 9: 137 (1916); *Viburnum oblongum* P. S. Hsu, Acta Phytotax. Sin. 11: 71 (1966); *Viburnum oblongum* var. *tengyuehense* (W. W. Smith) P. S. Hsu, Acta Phytotax. Sin. 13: 114 (1975).

贵州、云南。

多脉腾越荚蒾

•**Viburnum tengyuehense** var. **polyneurum** (P. S. Hsu) P. S. Hsu, Fl. Reipubl. Popularis Sin. 72: 60 (1988).

Viburnum oblongum var. *polyneurum* P. S. Hsu, Acta Phytotax. Sin. 13: 114 (1975).

贵州、云南。

三叶荚蒾

•**Viburnum ternatum** Rehder in Sarg., Trees et Shrubs 2: 37 (1907).

Viburnum chaffanjonii H. Lév., Repert. Spec. Nov. Regni Veg. 9: 443 (1911).

湖南、湖北、四川、贵州、云南。

横脉荚蒾

•**Viburnum trabeculosum** C. Y. Wu ex P. S. Hsu, Acta Phytotax. Sin. 17: 79 (1979).

云南。

三脉叶荚蒾

•**Viburnum triplinerve** Hand.-Mazz., Sinensia 5: 15 (1934).

广西。

壶花荚蒾

Viburnum urceolatum Siebold et Zucc., Abh. Math.-Phys. Cl. Königl. Bayer. Akad. Wiss. 4: 172 (1846).

Viburnum taiwanianum Hayata, J. Coll. Sci. Imp. Univ. Tokyo 30 (1): 137 (1911); *Viburnum urceolatum* var. *procumbens* Nakai, Trees Shrubs Japan, ed. 2: 582 (1927); *Viburnum urceolatum* f. *procumbens* (Nakai) H. Hara, Ginkgoana 5: 213 (1983).

浙江、江西、湖南、贵州、云南、福建、台湾、广东、广西；日本。

烟管荚蒾

•**Viburnum utile** Hemsl., J. Linn. Soc., Bot. 23: 356 (1888).

Viburnum bockii Graebn., Bot. Jahrb. Syst. 29: 585 (1901); *Viburnum fallax* Graebn., Bot. Jahrb. Syst. 29: 586 (1901); *Viburnum utile* var. *minus* Pamp., Nuov. Giorn. Bot. Ital. n. s. 17 (4): 728 (1910); *Viburnum utile* var. *ningqiangense* Y. Ren et W. Z. Di., Acta Bot. Boreal.-Occid. Sin. 12 (7): 102 (1992).
河南、陕西、湖南、湖北、四川、贵州。

云南荚蒾

●**Viburnum yunnanense** Rehder in Sarg., Trees et Shrubs 2: 106 (1908).
云南。

259. 忍冬科 CAPRIFOLIACEAE [20 属：141 种]

糯米条属 Abelia R. Br.

糯米条

Abelia chinensis R. Br. in Abel, Narr. J. China, App. B, 376 (1818).
Abelia rupestris Lindl., J. Hort. Soc. London 1: 63 (1846); *Abelia hanceana* M. Martens ex Hance, Ann. Sci. Nat., Bot., sér. 5 5: 216 (1866); *Linnaea chinensis* (R. Br.) A. Braun et Vatke, Oesterr. Bot. Z. 22 (9): 291 (1872); *Linnaea rupestris* (Lindl.) A. Braun et Vatke, Oesterr. Bot. Z. 22 (9): 291 (1872); *Linnaea aschersoniana* Graebn., Bot. Jahrb. Syst. 29 (1): 139 (1900); *Abelia aschersoniana* (Graebn.) Rehder, Pl. Wilson. 1 (1): 127 (1911); *Abelia cavaleriei* H. Lév., Fl. Kouy-Tchéou 60 (1914); *Abelia ionandra* Hayata, Icon. Pl. Formosan. 7: 31 (1918); *Abelia chinensis* var. *ionandra* (Hayata) Masam., Trans. Nat. Hist. Soc. Formosa 28: 436 (1938); *Abelia lipoensis* M. T. An et G. Q. Gou, Bull. Bot. Lab. N. E. Forest. Inst., Harbin, 29 (2): 129 (2009).
浙江、江西、湖南、湖北、四川、贵州、云南、福建、台湾、广东、广西；日本。

细瘦糯米条（细瘦六道木）

●**Abelia forrestii** (Diels) W. W. Smith, Notes Roy. Bot. Gard. Edinburgh 9: 76 (1916).
Linnaea forrestii Diels, Notes Roy. Bot. Gard. Edinburgh 5: 178 (1912); *Abelia gracilenta* W. W. Smith, Notes Roy. Bot. Gard. Edinburgh 9 (42): 76 (1916); *Abelia gracilenta* var. *microphylla* W. W. Smith, Notes Roy. Bot. Gard. Edinburgh 9 (42): 77 (1916); *Abelia microphylla* (W. W. Smith) Golubk., Novosti Sist. Vyssh. Rast. 10: 241 (1973).
四川、云南。

大花糯米条

☆**Abelia × grandiflora** (Rovelli ex André) Rehder, Cycl. Amer. Hort. 1: 1 (1900).
Abelia rupestris Lindl. f. *grandiflora* Rovelli ex André, Rev. Hort. 58: 488 (1886).
中国栽培；非洲、美洲、欧洲有栽培。

二翅糯米条（二翅六道木）

●**Abelia macrotera** (Graebn. et Buchw.) Rehder in Sargent, Pl. Wilson. 1: 126 (1911).
Linnaea macrotera Graebn. et Buchwald, Bot. Jahrb. Syst. 29: 131 (1900); *Abelia graebneriana* Rehder, Pl. Wilson. 1 (1): 118 (1911); *Strobilanthes deutziifolia* H. Lév., Repert. Spec. Nov. Regni Veg. 12: 21 (1913); *Abelia deutziifolia* (H. Lév.) H. Lév., Fl. Kouy-Tchéou, 60 (1914); *Abelia graebneriana* var. *deutziifolia* (H. Lév.) Lauener, Notes Roy. Bot. Gard. Edinburgh 32: 98 (1972).
河南、陕西、湖南、湖北、四川、贵州、云南、广西。

蓪梗花（短枝六道木）

●**Abelia uniflora** R. Br. in Wall., Pl. Asiat. Rar. 1: 15 (1830).
Abelia parvifolia Hemsl., J. Linn. Soc., Bot. 23: 358 (1888); *Linnaea parvifolia* (Hemsl.) Graebn., Bot. Jahrb. Syst. 29 (1): 129 (1900); *Linnaea schumannii* Graebn., Bot. Jahrb. Syst. 29 (1): 130 (1900); *Linnaea tereticalyx* Graebn. et Buchw., Bot. Jahrb. Syst. 29 (1): 130 (1900); *Linnaea engleriana* Graebn., Bot. Jahrb. Syst. 29 (1): 132 (1900); *Linnaea koehneana* Graebn., Bot. Jahrb. Syst. 29 (1): 132 (1900); *Abelia engleriana* (Graebn.) Rehder, Pl. Wilson. 1 (1): 120 (1911); *Abelia myrtilloides* Rehder, Pl. Wilson. 1 (1): 120 (1911); *Abelia schumannii* (Graebn.) Rehder, Pl. Wilson. 1 (1): 121 (1911); *Abelia longituba* Rehder, Pl. Wilson. 1 (1): 126 (1911); *Abelia tereticalyx* (Graebn. et Buchw.) Rehder, Pl. Wilson. 1 (1): 127 (1911); *Abelia verticillata* H. Lév., Fl. Kouy-Tchéou 61 (1914); *Strobilanthes hypericifolia* H. Lév., Fl. Kouy-Tchéou, 61 (1914); *Abelia mairei* H. Lév., Cat. Pl. Yun-Nan 26 (1915); *Abelia schischkinii* Golubk., Bot. Mater. Gerb. Bot. Inst. Komarova Akad. Nauk S. S. S. R. 17: 394 (1955).
河南、陕西、甘肃、湖南、湖北、四川、贵州、云南、福建、广西。

刺续断属 Acanthocalyx (DC.) Tiegh.

白花刺续断（白花刺参）

Acanthocalyx alba (Hand.-Mazz.) M. J. Cannon, Bull. Brit. Mus. (Nat. Hist.), Bot. 12 (1): 14 (1984).
Morina alba Hand.-Mazz., Anz. Akad. Wiss. Wien, Math.-Naturwiss. Kl. 62: 68 (1925); *Morina leucoblephara* Hand.-Mazz., Akad. Wiss. Wien, Math.-Naturwiss. Kl., Anz. 62: 69 (1925); *Morina nepalensis* D. Don var. *alba* (Hand.-Mazz.) Y. C. Tang ex C. H. Hsing, Fl. Reipubl. Popularis Sin. 73 (1): 51 (1986).
甘肃、青海、四川、云南、西藏；印度。

刺续断（细叶刺参，刺参）

Acanthocalyx nepalensis (D. Don) M. J. Cannon, Bull. Brit. Mus. (Nat. Hist.), Bot. 12 (1): 12 (1984).
四川、云南、西藏；不丹、尼泊尔、印度。

刺续断（原亚种）

Acanthocalyx nepalensis subsp. **nepalensis**

Morina nepalensis D. Don, Prodr. Fl. Nepal. 161 (1825); *Morina nana* Wall. ex DC., Mém. Soc. Linn. Paris 4: 645 (1830); *Morina betonicoides* Benth., Hooker's Icon. Pl. 12: 63 (1873).

西藏；不丹、尼泊尔、印度。

大花刺参

Acanthocalyx nepalensis subsp. **delavayi** (Franch.) D. Y. Hong, Novon 20: 418 (2010).

Morina delavayi Franch., Bull. Soc. Bot. France 32: 8 (1885); *Morina bulleyana* G. Forrest et Diels, Notes Roy. Bot. Gard. Edinburgh 5 (25): 208 (1912); *Barleria crotalaria* H. Lév., Repert. Spec. Nov. Regni Veg. 12 (325-330): 285 (1913); *Acanthocalyx delavayi* (Franch.) M. J. Cannon, Bull. Brit. Mus. (Nat. Hist.), Bot. 12 (1): 12 (1984); *Morina nepalensis* var. *delavayi* (Franch.) C. H. Hsing, Fl. Reipubl. Popularis Sin. 73 (1): 51 (1986); *Morina nepalensis* subsp. *delavayi* (Franch.) D. Y. Hong et L. M. Ma, Vasc. Pl. Hengduan Mount. 2: 1931 (1994).

四川、云南、西藏；印度。

双六道木属 **Diabelia** Landrein

黄花双六道木

Diabelia serrata (Siebold et Zucc.) Landrein, Phytotaxa 3: 37 (2010).

Abelia serrata Siebold et Zucc., Fl. Jap. 1: 76 (1835).

浙江；日本。

温州双六道木

Diabelia spathulata (Siebold et Zucc.) Landrein, Phytotaxa 3: 37 (2010).

Abelia spathulata Siebold et Zucc., Fl. Jap. 1: 77 (1835).

浙江；日本。

双盾木属 **Dipelta** Maxim.

优美双盾木

●**Dipelta elegans** Batalin, Trudy Imp. S.-Peterburgsk. Bot. Sada 14: 174 (1895).

？陕西、甘肃、四川。

双盾木（双楯）

●**Dipelta floribunda** Maxim., Bull. Acad. Imp. Sci. Saint-Pétersbourg 24: 51 (1877).

Dipelta floribunda var. *parviflora* Rehder, J. Arnold Arbor. 5 (4): 241 (1924).

陕西、甘肃、湖南、湖北、四川、广西。

云南双盾木（云南双楯）

●**Dipelta yunnanensis** Franch., Rev. Hort. 63: 246 (1891).

Dipelta ventricosa Hemsl., Gard. Chron. 44: 101 (1908); *Dipelta yunnanensis* var. *brachycalyx* Hand.-Mazz., Akad. Wiss. Wien, Math.-Naturwiss. Kl., Anz. 61: 201 (1924).

陕西、甘肃、湖北、四川、贵州、云南。

川续断属 **Dipsacus** L.

川续断

Dipsacus asper Wall. ex C. B. Clarke, Fl. Brit. Ind. 3: 218 (1881).

Dipsacus asperoides C. Y. Cheng et Ai, Acta Phytotax. Sin. 23 (4): 304 (1985); *Dipsacus asperoides* var. *emeiensis* Z. T. Yin, Acta Phytotax. Sin. 23 (4): 306 (1985); *Dipsacus enshiensis* C. Y. Cheng et Ai, Bull. Bot. Res., Harbin 8 (4): 85 (1988); *Dipsacus daliensis* Ai, Bull. Bot. Res., Harbin 10 (3): 6 (1990); *Dipsacus daliensis* var. *multifidus* H. B. Chen, Bull. Bot. Res., Harbin 10 (3): 8 (1990); *Dipsacus cyanocapitatus* C. Y. Cheng et Ai, Bull. Bot. Res., Harbin 10 (3): 10 (1990); *Dipsacus simaoensis* Y. Y. Qian, Acta Bot. Austro Sin. 7: 17 (1991); *Dipsacus yulongensis* Ai et L. J. Yang, Bull. Bot. Res., Harbin 15 (1): 38 (1995); *Dipsacus kangdingensis* Ai et F. X. Feng, Bull. Bot. Res., Harbin 15 (1): 40 (1995).

湖北、四川、重庆、贵州、云南、西藏、广东、广西；缅甸、印度。

紫花续断

Dipsacus atratus Hook. f. et Thomson ex C. B. Clarke, Fl. Brit. Ind. 3: 218 (1881).

Virga atrata (Hook. f. et Thomson ex C. B. Clarke) Holub, Folia Geobot. Phytotax. 8: 175 (1973).

西藏；不丹、尼泊尔、印度。

深紫续断（卢汉，陆汗）

●**Dipsacus atropurpureus** C. Y. Cheng et Z. T. Yin, Acta Phytotax. Sin. 23 (4): 302 (1985).

Dipsacus fulingensis C. Y. Cheng et Ai, Acta Phytotax. Sin. 23 (4): 304 (1985).

重庆。

天蓝续断

Dipsacus azureus Schrenk in Fisch. et C. A. Mey., Enum. Pl. Nov. 1: 53 (July 1841).

Cephalaria dipsacoides Kar. et Kir., Bull. Soc. Imp. Naturalistes Moscou 14: 434 (1841); *Dipsacus dipsacoides* (Kar. et Kir.) V. I. Botsch., Novosti Sist. Vyssh. Rast. 13: 250 (1976); *Cephalaria beijiangensis* Y. K. Yang, J. K. Wu et A. Sayit, Acta Bot. Boreal.-Occid. Sin. 11 (1): 95 (1991); *Dipsacus xinjiangensis* Y. K. Yang, J. K. Wu et T. Abdulla, Acta Bot. Boreal.-Occid. Sin. 11 (1): 96 (1991).

新疆；吉尔吉斯斯坦、哈萨克斯坦。

大头续断

●**Dipsacus chinensis** Batalin, Trudy Imp. S.-Peterburgsk. Bot. Sada 13: 377 (1894).

Dipsacus lijiangensis Ai et H. B. Chen, Bull. Bot. Res., Harbin 10 (3): 9 (1990) ["*lijigensis*"].
四川、云南、西藏。

藏续断（劲直续断）

Dipsacus inermis Wall., Fl. Ind. 1: 367 (1820).
Dipsacus strictus D. Don, Prodr. Fl. Nepal. 160 (1825); *Dipsacus mitis* D. Don, Prodr. Fl. Nepal. 161 (1825); *Cephalaria cachemirica* Decne., Voy. Inde 4 (Bot.): 86 (1835); *Virga inermis* (Wall.) Holub, Folia Geobot. Phytotax. 8: 175 (1973); *Dipsacus inermis* var. *mitis* (D. Don) Y. Nasir, Fl. W. Pakistan 94: 10 (1975).
云南、西藏；缅甸、不丹、尼泊尔、印度、阿富汗、巴基斯坦。

日本续断

Dipsacus japonicus Miq., Verslagen Meded. Afd. Natuurk. Kon. Akad. Wetensch., ser. 2 2: 83 (1868).
Dipsacus tianmuensis C. Y. Cheng et Z. T. Yin, Acta Phytotax. Sin. 23 (4): 306 (1985); *Dipsacus lushanensis* C. Y. Cheng et Ai, J. Wuhan Bot. Res. 7 (1): 27 (1989).
辽宁、河北、山西、山东、河南、陕西、甘肃、安徽、江苏、浙江、江西、湖南、湖北、四川、重庆；日本、朝鲜半岛。

七子花属 Heptacodium Rehder

七子花

●**Heptacodium miconioides** Rehder in Sargent, Pl. Wilson. 2 (3): 618 (1916).
Heptacodium jasminoides Airy Shaw., Kew Bull. 7: 245 (1952).
安徽、浙江、湖北。

蝟实属 Kolkwitzia Graebn.

蝟实

●**Kolkwitzia amabilis** Graebn., Bot. Jahrb. Syst. 29: 593 (1901).
Kolkwitzia amabilis var. *calicina* Pamp., Nuovo Giorn. Bot. Ital., n. s. 17 (4): 721 (1910); *Kolkwitzia amabilis* var. *tomentosa* Pamp., Nuovo Giorn. Bot. Ital., n. s. 17 (4): 721 (1910).
？河北、山西、河南、陕西、甘肃、安徽、湖北。

鬼吹箫属 Leycesteria Wall.

鬼吹箫

Leycesteria formosa Wall. in Roxb., Fl. Ind. 2: 182 (1824).
Leycesteria sinensis Hemsl., Icon. Pl. 27: t. 2633 (1900); *Leycesteria formosa* var. *stenosepala* Rehder, Pl. Wilson. 1 (2): 312 (1912); *Leycesteria limprichtii* H. Winkl., Repert. Spec. Nov. Regni Veg. Beih. 12: 493 (1922); *Leycesteria formosa* var. *brachysepala* Airy Shaw, Bull. Misc. Inform. Kew 1932: 169 (1932); *Leycesteria formosa* var. *glandulosissima* Airy Shaw, Bull. Misc. Inform. Kew 1932: 169 (1932).
四川、贵州、云南、西藏；缅甸、不丹、尼泊尔、印度、巴基斯坦、克什米尔地区；澳大利亚、新西兰、欧洲、北美洲广泛栽培和归化。

西域鬼吹箫

Leycesteria glaucophylla (Hook. f. et Thomson) C. B. Clarke in Hook. f., Fl. Brit. Ind. 3: 16 (1880).
Lonicera glaucophylla Hook. f. et Thomson, J. Proc. Linn. Soc., Bot. 2: 165 (1858); *Leycesteria thibetica* H. J. Wang, Acta Phytotax. Sin. 16: 125 (1978); *Leycesteria glaucophylla* var. *thibetica* (H. J. Wang) J. F. Huang, Fl. Xizang. 4: 509 (1985).
西藏；缅甸、不丹、尼泊尔、印度。

纤细鬼吹箫

Leycesteria gracilis (Kurz) Airy Shaw, Hooker's Icon. Pl. 32: t. 3166 (1932).
Lonicera gracilis Kurz, J. Asiat. Soc. Bengal, Pt. 2, Nat. Hist. 39: 77 (1870).
云南、西藏；缅甸、不丹、尼泊尔、印度。

绵毛鬼吹箫

Leycesteria stipulata (Hook. f. et Thomson) Fritsch in Engler et Prantl, Nat. Pflanzenfam. 4 (4): 169 (1891).
Lonicera stipulata Hook. f. et Thomson, J. Proc. Linn. Soc., Bot. 2: 165 (1858); *Pentapyxis stipulata* (Hook. f. et Thomson) Hook. f. ex C. B. Clarke, Fl. Brit. Ind. 3: 17 (1880).
云南；缅甸、不丹、印度。

北极花属 Linnaea L.

北极花（林奈花，林奈木，北极林奈草）

Linnaea borealis L., Sp. Pl. 2: 631 (1753).
Linnaea borealis f. *arctica* Witr., Acta Horti Berg. 4 (7): 159 (1907).
黑龙江、吉林、？辽宁、内蒙古、河北、新疆；广布于北温带地区。

忍冬属 Lonicera L.

淡红忍冬

Lonicera acuminata Wall. in Roxb., Fl. Ind. 2: 176 (1824).
Lonicera fuchsioides Hemsl., J. Linn. Soc., Bot. 23: 362 (1888); *Lonicera henryi* Hemsl., J. Linn. Soc., Bot. 23: 363 (1888); *Caprifolium fuchsioides* (Hemsl.) Kuntze, Revis. Gen. Pl. 1: 274 (1891); *Caprifolium henryi* (Hemsl.) Kuntze, Revis. Gen. Pl. 1: 274 (1891); *Lonicera alseuosmoides* Graebn., Bot. Jahrb. Syst. 29: 594 (1901); *Lonicera giraldii* Rehder, Rep. (Annual) Missouri Bot. Gard. 14: 150 (1903); *Lonicera henryi* var. *subcoriacea* Rehder, Pl. Wilson. 1 (1): 142 (1911); *Lonicera pampaninii* H. Lév., Repert. Spec. Nov. Regni Veg. 10: 145 (1911); *Lonicera transarisanensis* Hayata, Icon. Pl.

Formosan. 6: 25 (1916); *Lonicera henryi* var. *setuligera* W. W. Smith, Notes Roy. Bot. Gard. Edinburgh 10: 47 (1917); *Lonicera henryi* var. *trichosepala* Rehder, J. Arnold Arbor. 8: 199 (1927); *Lonicera apodantha* Ohwi, Acta Phytotax. Geobot. 3: 84 (1934); *Lonicera henryi* var. *fulvovillosa* Ohwi, Acta Phytotax. Geobot. 3: 85 (1934); *Lonicera henryi* var. *transarisanensis* (Hayata) Yamam., J. Soc. Trop. Agric. 8: 68 (1936); *Lonicera trichosepala* (Rehder) P. S. Hsu, Acta Phytotax. Sin. 11: 202 (1966); *Lonicera buddleioides* P. S. Hsu et S. C. Cheng, Acta Phytotax. Sin. 17: 80 (1979); *Lonicera acuminata* var. *depilata* P. S. Hsu et H. J. Wang, Acta Phytotax. Sin. 17: 80 (1979).

？河南、陕西、甘肃、安徽、浙江、江西、湖南、湖北、四川、贵州、云南、西藏、福建、台湾、广东、广西；菲律宾、缅甸、不丹、尼泊尔、印度。

狭叶忍冬

Lonicera angustifolia Wall. ex DC., Prodr. (DC.) 4: 337 (1830).

四川、云南、西藏；缅甸、不丹、尼泊尔、印度、巴基斯坦、阿富汗、克什米尔地区。

狭叶忍冬（原变种）

Lonicera angustifolia var. **angustifolia**

Caprifolium angustifolium (Wall. ex DC.) Kuntze, Revis. Gen. Pl. 1: 274 (1891); *Devendraea angustifolia* (Wall. ex DC.) Pusalkar, Taiwania 56 (3): 214 (2011).

云南、西藏；不丹、尼泊尔、印度、克什米尔地区。

越桔叶忍冬

Lonicera angustifolia var. **myrtillus** (Hook. f. et Thomson) Q. E. Yang, Landrein, Borosova et J. Osborne, Fl. China 19: 623 (2012).

Lonicera myrtillus Hook. f. et Thomson, J. Proc. Linn. Soc., Bot. 2: 168 (1858); *Caprifolium parvifolium* Kuntze, Revis. Gen. Pl. 1: 274 (1891); *Lonicera myrtillus* Hook. f. et Thomson var. *depressa* Rehder, Trees et Shrubs 1: 87 (1903); *Lonicera angustifolia* var. *rhododactyla* W. W. Smith, Notes Roy. Bot. Gard. Edinburgh 10: 45 (1917); *Lonicera myrtillus* Hook. f. et Thomson var. *cyclophylla* Rehder, J. Arnold Arbor. 22: 579 (1941); *Lonicera minutifolia* Kitam., Acta Phytotax. Geobot. 15: 133 (1954); *Devendraea myrtillus* (Hook. f. et Thomson) Pusalkar, Taiwania 56 (3): 213 (2011); *Devendraea myrtillus* var. *cyclophylla* (Rehder) Pusalkar, Taiwania 56 (3): 213 (2011); *Devendraea myrtillus* var. *depressa* (Rehder) Pusalkar, Taiwania 56 (3): 213 (2011); *Devendraea myrtillus* var. *minutifolia* (Rehder) Pusalkar, Taiwania 56 (3): 213 (2011).

四川、云南、西藏；缅甸、不丹、印度、巴基斯坦、阿富汗、克什米尔地区。

西南忍冬

Lonicera bournei Hemsl., J. Linn. Soc., Bot. 23: 360 (1888).

Lonicera obscura Collett et Hemsl., J. Linn. Soc., Bot. 28: 63 (1890); *Caprifolium bournei* (Hemsl.) Kuntze, Revis. Gen. Pl. 1: 274 (1891).

云南、广西；缅甸。

蓝果忍冬

Lonicera caerulea L., Sp. Pl. 1: 174 (1753).

Lonicera caerulea var. *altaica* Pall., Fl. Ross. (Ledeb.) 1: 58 (1789); *Xylosteon caeruleum* (L.) Dum. Cours., Bot. Cult., ed. 2 4: 336 (1811); *Lonicera caerulea* var. *edulis* Turcz. ex Herder, Bull. Soc. Imp. Naturalistes Moscou 37: 205 (1864).

黑龙江、吉林、辽宁、内蒙古、河北、山西、？河南、宁夏、甘肃、青海、新疆、四川、云南；蒙古国、日本、朝鲜半岛、俄罗斯；欧洲、北美洲。

长距忍冬

●**Lonicera calcarata** Hemsl., Hooker's Icon. Pl. 27: t. 2632 (1900).

四川、贵州、云南、西藏、广西。

金花忍冬

Lonicera chrysantha Turcz. ex Ledeb., Fl. Ross. (Ledeb.) 2: 388 (1844).

黑龙江、吉林、辽宁、内蒙古、河北、山西、山东、河南、陕西、宁夏、甘肃、青海、安徽、江苏、浙江、江西、湖北、四川、贵州、云南、西藏；蒙古国、日本、朝鲜半岛、俄罗斯；欧洲。

金花忍冬（原变种）

Lonicera chrysantha var. **chrysantha**

Xylosteon chrysanthum (Turcz. ex Ledeb.) Rupr., Bull. Cl. Phys.-Math. Acad. Imp. Sci. Saint-Pétersbourg 15: 369 (1857); *Lonicera chrysantha* var. *longipes* Maxim., Bull. Acad. Imp. Sci. Saint-Pétersbourg 24: 44 (1878); *Caprifolium chrysanthum* (Turcz. ex Ledeb.) Kuntze, Revis. Gen. Pl. 1: 274 (1891); *Lonicera chrysantha* var. *crassipes* Nakai, Trees Shrubs Japan ed. 642 (1927); *Lonicera chrysantha* var. *linearifolia* S. W. Liu et T. N. Ho, Fl. Qinghaiica 3: 511 (1996).

黑龙江、吉林、辽宁、内蒙古、河北、山西、山东、河南、陕西、宁夏、甘肃、青海、江苏、江西、湖北、四川；日本、朝鲜半岛、俄罗斯。

须蕊忍冬

●**Lonicera chrysantha** var. **koehneana** (Rehder) Q. E. Yang, Landrein, Borosova et J. Osborne, Fl. China 19: 635 (2012).

Lonicera koehneana Rehder in Sargent, Trees et Shrubs 1: 41 (1902); *Lonicera koehneana* var. *chrysanthoides* Rehder, Repert. Spec. Nov. Regni Veg. 6: 275 (1909); *Lonicera koehneana* var. *intecta* Rehder, Repert. Spec. Nov. Regni Veg. 6: 275 (1909); *Lonicera koehneana* var. *pallescens* Rehder, Repert. Spec. Nov. Regni Veg. 6: 274 (1909); *Lonicera gynopogon* H. Lév., Bull. Acad. Int. Geogr. Bot. 24: 289 (1914); *Lonicera vestita* W. W. Smith, Notes Roy. Bot. Gard. Edinburgh 10: 49 (1917); *Lonicera koehneana* var.

pogonanthera Hand.-Mazz., Symb. Sin. 7 (4): 1047 (1936); *Lonicera chrysantha* subsp. *koehneana* (Rehder) P. S. Hsu et H. J. Wang, Acta Phytotax. Sin. 17: 79 (1979).
山西、山东、河南、陕西、甘肃、安徽、江苏、浙江、湖北、四川、贵州、云南、西藏。

水忍冬

Lonicera confusa DC., Prodr. (DC.) 4: 333 (1830).
Lonicera telfairii Hook. et Arn., Bot. Beechey Voy. 190 (1841); *Lonicera multiflora* Champ. ex Benth., Hooker's J. Bot. Kew Gard. Misc. 4: 167 (1852); *Lonicera dasystyla* Rehder, Rep. (Annual) Missouri Bot. Gard. 14: 158 (1903).
云南、广东、广西、海南；越南、尼泊尔。

匍匐忍冬

●**Lonicera crassifolia** Batalin, Trudy Imp. S.-Peterburgsk. Bot. Sada 12: 172 (1892).
Lonicera rhododendroides Graebn., Bot. Jahrb. Syst. 29: 595 (1901).
湖南、湖北、四川、贵州、云南。

微毛忍冬

Lonicera cyanocarpa Franch., J. Bot. (Morot) 10: 314 (1896).
Lonicera mitis Rehder, Trees et Shrubs 2: 50 (1907); *Lonicera mitis* var. *hobsonii* Rehder, Trees et Shrubs 2: 50 (1907); *Lonicera nubigena* Rehder, Repert. Spec. Nov. Regni Veg. 6: 270 (1909); *Lonicera viridiflava* Hand.-Mazz. Akad. Wiss. Wien, Math.-Naturwiss. Kl., Anz. 61: 210 (1924); *Lonicera cyanocarpa* var. *porphyrantha* C. Marquand et Airy Shaw, J. Linn. Soc., Bot. 48: 187 (1929).
四川、云南、西藏；尼泊尔、印度。

北京忍冬

●**Lonicera elisae** Franch., Nouv. Arch. Mus. Hist. Nat., sér. 2 6: 32 (1883).
Caprifolium elisae (Franch.) Kuntze, Revis. Gen. Pl. 1: 274 (1891); *Caprifolium praecox* Kuntze, Revis. Gen. Pl. 1: 274 (1891); *Lonicera praecox* (Kuntze) Rehder, Pl. Wilson. 1 (1): 138 (1911), not K. Koch (1872); *Lonicera infundibulum* Franch., J. Bot. (Morot) 10: 315 (1896); *Lonicera pekinensis* Rehder, Rep. (Annual) Missouri Bot. Gard. 14: 95 (1903).
河北、山西、河南、陕西、甘肃、安徽、浙江、湖北、四川。

粘毛忍冬

●**Lonicera fargesii** Franch., J. Bot. (Morot) 10: 312 (1896).
山西、河南、陕西、甘肃、四川、重庆。

粘毛忍冬（原变种）

●**Lonicera fargesii** var. **fargesii**
Lonicera vegeta Rehder, Rep. (Annual) Missouri Bot. Gard. 14: 111 (1903).
山西、河南、陕西、甘肃、四川。

四川粘毛忍冬

●**Lonicera fargesii** var. **setchuenensis** (Franch.) Q. E. Yang, Landrein, Borosova et J. Osborne, Fl. China 19: 631 (2012).
Lonicera orientalis Lam. var. *setchuenensis* Franch., J. Bot. (Morot) 10: 311 (1896).
重庆。

葱皮忍冬

Lonicera ferdinandi Franch., Nouv. Arch. Mus. Hist. Nat., sér. 2 6: 31 (1883).
Caprifolium ferdinandi (Franch.) Kuntze, Revis. Gen. Pl. 1: 274 (1891); *Lonicera vesicaria* Kom., Trudy Imp. S.-Peterburgsk. Bot. Sada 18: 427 (1901); *Lonicera leycesterioides* Graebn., Bot. Jahrb. Syst. 36: 100 (1905); *Lonicera ferdinandi* var. *leycesterioides* (Graebn.) Rehder, Pl. Wilson. 1 (1): 135 (1911); *Lonicera ferdinandi* var. *induta* Rehder, J. Arnold Arbor. 7: 35 (1926).
黑龙江、辽宁、内蒙古、河北、山西、河南、陕西、宁夏、甘肃、青海、四川、云南；朝鲜半岛。

锈毛忍冬

Lonicera ferruginea Rehder in Sargent, Trees et Shrubs 1: 43 (1902).
Lonicera giraldii Rehder f. *nubium* Hand.-Mazz., Akad. Wiss. Wien, Math.-Naturwiss. Kl., Anz. 61: 201 (1924); *Lonicera fulva* Merr., Lingnan Sci. J. 13: 51 (1934); *Lonicera nubium* (Hand.-Mazz.) Hand.-Mazz., Symb. Sin. 7 (4): 1048 (1936).
江西、湖南、四川、贵州、云南、福建、广东、广西；泰国、印度。

郁香忍冬

●**Lonicera fragrantissima** Lindl. et Paxton, in Paxton's Fl. Gard. 3: 75 (1852).
河北、山西、山东、河南、陕西、甘肃、安徽、江苏、浙江、江西、湖南、湖北、四川、贵州。

郁香忍冬（原变种）

●**Lonicera fragrantissima** var. **fragrantissima**
Lonicera standishii Carrière, J. Gén. Hort. 13: 63 (1858); *Lonicera phyllocarpa* Maxim., Prim. Fl. Amur. 138 (1859); *Caprifolium fragrantissimum* (Lindl. et Paxton) Kuntze, Revis. Gen. Pl. 1: 274 (1891); *Lonicera proterantha* Rehder, Repert. Spec. Nov. Regni Veg. 2: 66 (1906); *Lonicera mamillaris* Rehder, Repert. Spec. Nov. Regni Veg. 6: 269 (1909); *Lonicera pseudoproterantha* Pamp., Nuov. Giorn. Bot. Ital. n. s. 17 (4): 723 (1910); *Lonicera standishii* var. *monbeigii* W. W. Smith, Notes Roy. Bot. Gard. Edinburgh 10: 48 (1917); *Lonicera fragrantissima* subsp. *standishii* (Carrière) P. S. Hsu et H. J. Wang, Acta Phytotax. Sin. 22: 27 (1984).
河北、山西、山东、河南、陕西、甘肃、安徽、江苏、浙江、江西、湖南、湖北、四川、贵州。

苦糖果

●**Lonicera fragrantissima** var. **lancifolia** (Rehder) Q. E. Yang, Landrein, Borosova et J. Osborne, Fl. China 19: 628 (2012).
Lonicera standishii f. *lancifolia* Rehder, Rep. (Annual) Missouri Bot. Gard. 14: 82 (1903).
安徽、湖南、湖北、四川。

蕊被忍冬

●**Lonicera gynochlamydea** Hemsl., J. Linn. Soc., Bot. 23: 362 (1888).
Caprifolium gynochlamydeum (Hemsl.) Kuntze, Revis. Gen. Pl. 1: 274 (1891).
陕西、甘肃、安徽、湖南、湖北、四川、重庆、贵州、云南。

大果忍冬

Lonicera hildebrandiana Collett et Hemsl., J. Linn. Soc., Bot. 28: 64 (1890).
Lonicera braceana Hemsl., J. Linn. Soc., Bot. 28: 64 (1890).
云南、广西；缅甸、泰国。

刚毛忍冬

Lonicera hispida Pall. ex Schult., Syst. Veg., ed. 15 5: 258 (1819).
Lonicera hispida var. *setosa* Hook. f. et Thomson, J. Linn. Soc., Bot. 2: 166 (1858); *Caprifolium hispidum* (Pall. ex Roem. et Schult.) Kuntze, Revis. Gen. Pl. 1: 274 (1891); *Lonicera hispida* var. *chaetocarpa* Batalin ex Rehder, Rep. (Annual) Missouri Bot. Gard. 14: 94 (1903); *Lonicera anisocalyx* Rehder, Repert. Spec. Nov. Regni Veg. 6: 271 (1909); *Lonicera chaetocarpa* (Batalin ex Rehder) Rehder, Pl. Wilson. 1 (1): 137 (1911); *Lonicera montigena* Rehder, Pl. Wilson. 1 (1): 143 (1911); *Lonicera finitima* W. W. Smith, Notes Roy. Bot. Gard. Edinburgh 10: 46 (1917).
河北、山西、陕西、宁夏、甘肃、青海、新疆、四川、云南、西藏；蒙古国、尼泊尔、印度、阿富汗、吉尔吉斯斯坦、哈萨克斯坦、克什米尔地区；亚洲（西南部）。

矮小忍冬

Lonicera humilis Kar. et Kir., Bull. Soc. Imp. Naturalistes Moscou 15: 370 (1842).
Lonicera altmannii Regel et Schmalh., Trudy Imp. S.-Peterburgsk. Bot. Sada 5: 610 (1878); *Caprifolium altmannii* (Regel et Schmalh.) Kuntze, Revis. Gen. Pl. 1: 274 (1891); *Caprifolium humile* (Kar. et Kir.) Kuntze, Revis. Gen. Pl. 1: 274 (1891); *Lonicera cinerea* Pojark., Fl. U. R. S. S. 23: 736 (1958).
新疆；阿富汗、塔吉克斯坦、吉尔吉斯斯坦、哈萨克斯坦。

菰腺忍冬

Lonicera hypoglauca Miq., Ann. Mus. Bot. Lugduno-Batavi 2: 270 (1866).
Lonicera affinis var. *mollissima* Blume ex Maxim., Bull. Acad. Imp. Sci. Saint-Pétersbourg 24: 37 (1878); *Lonicera affinis* var. *pubescens* Maxim., Bull. Acad. Imp. Sci. Saint-Pétersbourg 24: 37 (1878); *Caprifolium hypoglaucum* (Miq.) Kuntze, Revis. Gen. Pl. 1: 274 (1891); *Caprifolium mollissimum* (Blume ex Maxim.) Kuntze, Revis. Gen. Pl. 1: 274 (1891); *Lonicera affinis* Hook. et Arn. var. *hypoglauca* (Miq.) Rehder, Rep. (Annual) Missouri Bot. Gard. 14: 158 (1903); *Lonicera rubropunctata* Hayata, Icon. Pl. Formosan. 9: 48 (1920); *Lonicera hypoglauca* subsp. *nudiflora* P. S. Hsu et H. J. Wang, Acta Phytotax. Sin. 17: 81 (1979).
安徽、浙江、江西、湖南、湖北、四川、贵州、云南、福建、台湾、广东、广西；日本、尼泊尔、克什米尔地区。

白背忍冬

Lonicera hypoleuca Decne. in Jacquem., Voy. Inde 4 (Bot.): 81 (1841).
西藏；尼泊尔、印度、巴基斯坦、克什米尔地区。

忍冬

Lonicera japonica Thunb. in Murray, Syst. Veg., ed. 14: 216 (1784).
吉林、辽宁、河北、山西、山东、河南、陕西、甘肃、安徽、江苏、浙江、江西、湖南、湖北、四川、贵州、云南、福建、台湾、广东、广西；日本、朝鲜半岛；亚洲广泛栽培，北美洲引种并入侵。

忍冬（原变种）

Lonicera japonica var. **japonica**
Caprifolium japonicum (Thunb.) Dumort., Bot. Cult., ed. 2 7: 209 (1814); *Lonicera brachypoda* DC. var. *repens* Siebold, Jaarb. Kon. Ned. Maatsch. Aanm. Tuinb. 1845: 73 (1845); *Lonicera fauriei* H. Lév. et Vaniot, Repert. Spec. Nov. Regni Veg. 5: 100 (1908); *Lonicera japonica* f. *macrantha* Matsuda, Bot. Mag. (Tokyo) 26: 307 (1912); *Lonicera japonica* var. *sempervillosa* Hayata, Icon. Pl. Formosan. 9: 47 (1920); *Lonicera shintenensis* Hayata, Icon. Pl. Formosan. 9: 48 (1920); *Lonicera japonica* var. *repens* (Siebold) Rehder, J. Arnold Arbor. 7: 36 (1926).
吉林、辽宁、河北、山西、山东、河南、陕西、甘肃、安徽、江苏、浙江、江西、湖南、湖北、四川、贵州、云南、福建、台湾、广东、广西；日本、朝鲜半岛。

红白忍冬

●**Lonicera japonica** var. **chinensis** (Watson) Baker in Saunders, Refug. Bot. 4: t. 224 (1871).
Lonicera chinensis Watson, Dendrol. Brit. 2: t. 117 (1825); *Lonicera japonica* f. *chinensis* (Watson) H. Hara, Enum. Sperm. Jap. 2: 44 (1952).
安徽、浙江、贵州。

甘肃忍冬

●**Lonicera kansuensis** (Batalin ex Rehder) Pojark. in Schischk., Fl. U. R. S. S. 23: 540 (1958).
Lonicera orientalis Lam. var. *kansuensis* Batalin ex Rehder, Rep. (Annual) Missouri Bot. Gard. 14: 119 (1903).

陕西、宁夏、甘肃、四川。

玉山忍冬

●**Lonicera kawakamii** (Hayata) Masam., J. Soc. Trop. Agric. 3: 246 (1931).

Coprosma kawakamii Hayata, J. Coll. Sci. Imp. Univ. Tokyo 30 (1): 145 (1911).

台湾。

女贞叶忍冬

Lonicera ligustrina Wall. in Roxb., Fl. Ind. 2: 179 (1824).

陕西、甘肃、湖南、湖北、四川、贵州、云南、广东、广西；不丹、尼泊尔、印度。

女贞叶忍冬（原变种）

Lonicera ligustrina var. **ligustrina**

Xylosteon ligustrinum (Wall.) D. Don, Prodr. Fl. Nepal. 140 (1825); *Caprifolium ligustrinum* (Wall.) Kuntze, Revis. Gen. Pl. 1: 274 (1891); *Lonicera buxifolia* H. Lév., Fl. Kouy-Tchéou 63 (1914); *Lonicera missionis* H. Lév., Fl. Kouy-Tchéou 63 (1914); *Lonicera virgultorum* W. W. Smith, Notes Roy. Bot. Gard. Edinburgh 10: 49 (1917).

湖南、湖北、四川、贵州、云南、广西；不丹、尼泊尔、印度。

蕊帽忍冬

●**Lonicera ligustrina** var. **pileata** (Oliv.) Franch., J. Bot. (Morot) 10: 317 (1896).

Lonicera pileata Oliv., Hooker's Icon. Pl. 16: t. 1585 (1887); *Caprifolium pileatum* (Oliv.) Kuntze, Revis. Gen. Pl. 1: 274 (1891); *Lonicera pileata* var. *linearis* Rehder, Pl. Wilson. 1 (1): 143 (1911); *Lonicera tricalysioides* C. Y. Wu ex P. S. Hsu et H. J. Wang, Acta Phytotax. Sin. 17: 77 (1979).

陕西、湖南、湖北、四川、贵州、云南、广东、广西。

亮叶忍冬

●**Lonicera ligustrina** var. **yunnanensis** Franch., J. Bot. (Morot) 10: 317 (1896).

Lonicera pileata Oliv. f. *yunnanensis* (Franch.) Rehder, Rep. (Annual) Missouri Bot. Gard. 14: 76 (1903); *Lonicera nitida* E. H. Wilson, Gard. Chron., ser. 3 50: 102 (1911); *Lonicera ligustrina* subsp. *yunnanensis* (Franch.) P. S. Hsu et H. J. Wang, Acta Phytotax. Sin. 17: 77 (1979).

陕西、甘肃、四川、云南。

理塘忍冬

Lonicera litangensis Batalin, Trudy Imp. S.-Peterburgsk. Bot. Sada 14: 173 (1895).

Lonicera farreri W. W. Smith, Notes Roy. Bot. Gard. Edinburgh 9: 110 (1916); *Lonicera oresbia* W. W. Smith, Notes Roy. Bot. Gard. Edinburgh 10: 48 (1917); *Lonicera rockii* Rehder, J. Arnold Arbor. 23: 380 (1942).

四川、云南、西藏；不丹、尼泊尔、印度。

长花忍冬

●**Lonicera longiflora** (Lindl.) DC., Prodr. (DC.) 4: 331 (1830).

Caprifolium longiflorum Lindl., Edwards's Bot. Reg. 15: t. 1232 (1829); *Lonicera longituba* H. T. Chang ex P. S. Hsu et H. J. Wang, Acta Phytotax. Sin. 17: 82 (1979).

云南、广东、广西、海南。

金银忍冬

Lonicera maackii (Rupr.) Maxim., Mém. Acad. Imp. Sci. St.-Pétersbourg Divers Savans 9: 136 (1859).

黑龙江、吉林、辽宁、内蒙古、河北、山西、山东、河南、陕西、甘肃、安徽、江苏、浙江、湖南、湖北、四川、贵州、云南、西藏；日本、朝鲜半岛、俄罗斯；北美洲引种并入侵。

金银忍冬（原变种）

Lonicera maackii var. **maackii**

Xylosteon maackii Rupr., Bull. Cl. Phys.-Math. Acad. Imp. Sci. Saint-Pétersbourg 15: 369 (1857); *Caprifolium maackii* (Rupr.) Kuntze, Revis. Gen. Pl. 1: 274 (1891); *Lonicera maackii* f. *podocarpa* Franch. ex Rehder, Rep. (Annual) Missouri Bot. Gard. 14: 141 (1903).

黑龙江、吉林、辽宁、河北、山西、山东、河南、陕西、甘肃、安徽、江苏、浙江、湖南、湖北、四川、贵州、云南、西藏；日本、朝鲜半岛、俄罗斯。

红花金银忍冬

●**Lonicera maackii** var. **erubescens** (Rehder) Q. E. Yang, Landrein, Borosova et J. Osborne, Fl. China 19: 635 (2012).

Lonicera maackii f. *erubescens* Rehder, Mitt. Deutsch. Dendrol. Ges. 22: 263 (1913).

？辽宁、河南、甘肃、安徽、江苏。

大花忍冬

Lonicera macrantha (D. Don) Spreng., Syst. Veg., ed. 16 4: 82 (1827).

Caprifolium macranthum D. Don, Prodr. Fl. Nepal. 140 (1825); *Lonicera hirtiflora* Champ. ex Benth., Hooker's J. Bot. Kew Gard. Misc. 4: 166 (1852); *Lonicera guillonii* H. Lév. et Vaniot, Bull. Soc. Bot. France 51: 144 (1904); *Lonicera esquirolii* H. Lév., Fl. Kouy-Tchéou 63 (1914); *Lonicera inodora* W. W. Smith, Notes Roy. Bot. Gard. Edinburgh 10: 47 (1917); *Lonicera macranthoides* Hand.-Mazz., Symb. Sin. 7 (4): 1050 (1936); *Lonicera macrantha* var. *calvescens* Chun et F. C. How, Acta Phytotax. Sin. 7: 74 (1958); *Lonicera fulvotomentosa* P. S. Hsu et S. C. Cheng, Acta Phytotax. Sin. 17: 80 (1979); *Lonicera strigosiflora* C. Y. Wu ex X. W. Li, Fl. Yunnan. 5: 434 (1991).

安徽、浙江、江西、湖南、湖北、四川、贵州、云南、西藏、福建、台湾、广东、广西、？海南；不丹、尼泊尔、印度。

紫花忍冬

Lonicera maximowiczii (Rupr.) Regel, Gartenflora 6: 107 (1857).

Xylosteon maximowiczii Rupr., Bull. Cl. Phys.-Math. Acad. Imp. Sci. Saint-Pétersbourg 15: 136 (1857); *Lonicera maximowiczii* var. *sachalinensis* F. Schmidt., Mém. Acad. Imp. Sci. Saint-Pétersbourg, Sér. 7 12: 142 (1868); *Caprifolium maximowiczii* (Rupr.) Kuntze, Revis. Gen. Pl. 1: 274 (1891).

黑龙江、吉林、辽宁、内蒙古、河北、山东；日本、朝鲜半岛、俄罗斯。

小叶忍冬

Lonicera microphylla Willd. ex Schult., Syst. Veg., ed. 15 5: 258 (1819).

Xylosteon sieversianum Rupr., Mém. Acad. Imp. Sci. Saint-Pétersbourg, Sér. 7 14: 50 (1869); *Caprifolium microphyllum* (Willd. ex Roem. et Schult.) Kuntze, Revis. Gen. Pl. 1: 274 (1891); ? *Lonicera oiwakensis* Hayata, Icon. Pl. Formosan. 6: 24 (1916).

内蒙古、山西、河南、宁夏、青海、新疆、西藏、？台湾；蒙古国、印度、巴基斯坦、阿富汗、吉尔吉斯斯坦、哈萨克斯坦、俄罗斯。

下江忍冬

●**Lonicera modesta** Rehder in Sargent, Trees et Shrubs 2: 49 (1907).

Lonicera graebneri Rehder, Repert. Spec. Nov. Regni Veg. 6: 273 (1909); *Lonicera modesta* var. *lushanensis* Rehder, Pl. Wilson. 1 (1): 139 (1911).

河南、陕西、甘肃、安徽、浙江、江西、湖南、湖北、？福建。

短尖忍冬

●**Lonicera mucronata** Rehder, Rep. (Annual) Missouri Bot. Gard. 14: 83 (1903).

湖北、四川。

红脉忍冬

●**Lonicera nervosa** Maxim., Bull. Acad. Imp. Sci. Saint-Pétersbourg 24: 38 (1877).

Caprifolium nervosum (Maxim.) Kuntze, Revis. Gen. Pl. 1: 274 (1891); *Lonicera lanceolata* Wall. subsp. *nervosa* (Maxim.) Y. C. Tang, Acta Bot. Yunnan. 10: 352 (1988).

山西、河南、陕西、宁夏、甘肃、青海、四川。

黑果忍冬

Lonicera nigra L., Sp. Pl. 1: 173 (1753).

Lonicera lanceolata Wall. in Roxb., Fl. Ind. 2: 177 (1824); *Lonicera decipiens* Hook. f. et Thomson, J. Proc. Linn. Soc., Bot. 2: 170 (1858); *Caprifolium decipiens* (Hook. f. et Thomson) Kuntze, Revis. Gen. Pl. 1: 274 (1891); *Caprifolium nigrum* (L.) Kuntze, Revis. Gen. Pl. 1: 274 (1891); *Lonicera barbinervis* Kom., Trudy Imp. S.-Peterburgsk. Bot. Sada 18: 426 (1901); *Lonicera acrophila* H. Lév., Bull. Geogr. Bot. 24: 289 (1914); *Lonicera wardii* W. W. Smith, Notes Roy. Bot. Gard. Edinburgh 10: 50 (1917); *Lonicera nigra* var. *barbinervis* (Kom.) Nakai, Fl. Sylv. Kor. 11: 82 (1921).

吉林、安徽、湖北、四川、贵州、云南、西藏；朝鲜半岛、不丹、尼泊尔、印度；欧洲。

丁香叶忍冬

●**Lonicera oblata** K. S. Hao ex P. S. Hsu et H. J. Wang, Acta Phytotax. Sin. 17: 77 (1979).

河北。

垫状忍冬

●**Lonicera oreodoxa** Harry Smith ex Rehder, J. Arnold Arbor. 23: 381 (1942).

四川。

早花忍冬

Lonicera praeflorens Batalin, Trudy Imp. S.-Peterburgsk. Bot. Sada 12: 169 (1892).

黑龙江、吉林、辽宁；日本、朝鲜半岛、俄罗斯。

皱叶忍冬

●**Lonicera reticulata** Champ., Hooker's J. Bot. Kew Gard. Misc. 4: 167 (1852).

Caprifolium reticulatum (Champ.) Kuntze, Revis. Gen. Pl. 1: 274 (1891); *Lonicera rhytidophylla* Hand.-Mazz., Symb. Sin. 7 (4): 1049 (1936).

江西、湖南、贵州、福建、广东、广西。

凹叶忍冬

●**Lonicera retusa** Franch., J. Bot. (Morot) 10: 313 (1896).

Lonicera orientalis Lam. var. *kachkarovii* Batalin, Trudy Imp. S.-Peterburgsk. Bot. Sada 14: 171 (1895); *Lonicera kachkarovii* (Batalin) Rehder, Rep. (Annual) Missouri Bot. Gard. 14: 119 (1903); *Lonicera limprichtii* Pax et K. Hoffm., Repert. Spec. Nov. Regni Veg. Beih. 12: 494 (1922).

山西、陕西、甘肃、四川。

岩生忍冬

Lonicera rupicola Hook. f. et Thomson, J. Proc. Linn. Soc., Bot. 2: 168 (1858).

宁夏、甘肃、青海、四川、云南、西藏；不丹、尼泊尔、印度。

岩生忍冬（原变种）

Lonicera rupicola var. **rupicola**

Caprifolium rupicolum (Hook. f. et Thomson) Kuntze, Revis. Gen. Pl. 1: 274 (1891); *Lonicera thibetica* Bureau et Franch., J. Bot. (Morot) 5: 48 (1891); *Lonicera rupicola* var. *thibetica* (Bureau et Franch.) Zabel, Handb. Laubh.-Ben. 462 (1903); *Lonicera rupicola* subsp. *thibetica* (Bureau et Franch.) Y. C. Tang, Acta Bot. Yunnan. 10: 351 (1988); *Devendraea rupicola* (Hook. f. et Thomson) Pusalkar, Taiwania 56 (3): 215 (2011).

宁夏、甘肃、青海、四川、云南、西藏；尼泊尔、印度。

矮生忍冬

●**Lonicera rupicola** var. **minuta** (Batalin) Q. E. Yang, Landrein, Borosova et J. Osborne, Fl. China 19: 624 (2012).

Lonicera minuta Batalin, Trudy Imp. S.-Peterburgsk. Bot. Sada 12: 170 (1892); *Devendraea minuta* (Batalin) Pusalkar, Taiwania 56 (3): 215 (2011).

甘肃、青海。

红花岩生忍冬

Lonicera rupicola var. **syringantha** (Maxim.) Zabel in Beissn. et al., Handb. Laubh.-Ben. 462 (1903).

Lonicera syringantha Maxim., Bull. Acad. Imp. Sci. Saint-Pétersbourg 24: 49 (1878); *Lonicera syringantha* var. *minor* Maxim., Bull. Acad. Petersb. 24: 49 (1878); *Lonicera syringantha* var. *wolfii* Rehder, Rep. (Annual) Missouri Bot. Gard. 14: 47 (1903); *Lonicera wolfii* (Rehder) K. S. Hao, Bot. Jahrb. Syst. 68: 640 (1938); *Lonicera codonantha* Rehder, J. Arnold Arbor. 22: 578 (1941); *Lonicera rupicola* subsp. *syringantha* (Maxim.) Y. C. Tang, Acta Bot. Yunnan. 10: 352 (1988); *Devendraea rupicola* (Hook. f. et Thomson) Pusalkar var. *syringantha* (Maxim.) Pusalkar, Taiwania 56 (3): 215 (2011).

宁夏、甘肃、青海、四川、云南、西藏；印度。

长白忍冬

Lonicera ruprechtiana Regel, Index Sem. Hort. Petrop., Suppl.: 19 (1869).

Xylosteon chrysantha var. *subtomentosum* Rupr., Bull. Cl. Phys.-Math. Acad. Imp. Sci. Saint-Pétersbourg 15: 369 (1857); *Lonicera chrysantha* Turcz. ex Ledeb. var. *subtomentosa* (Rupr.) Maxim., Prim. Fl. Amur. 136 (1859); *Caprifolium ruprechtianum* (Regel) Kuntze, Revis. Gen. Pl. 1: 274 (1891); *Lonicera brevisepala* P. S. Hsu et H. J. Wang, Acta Phytotax. Sin. 17: 79 (1979).

黑龙江、吉林、辽宁；朝鲜半岛、俄罗斯。

齿叶忍冬

Lonicera scabrida Franch., Nouv. Arch. Mus. Hist. Nat., sér. 2 8: 252 (1885).

Lonicera setifera Franch., J. Bot. (Morot) 10: 314 (1896); *Lonicera setifera* var. *trullifera* Rehder, J. Bot. (Morot) 10: 314 (1896); *Lonicera subdentata* Rehder, Pl. Wilson. 1 (1): 136 (1911); *Lonicera fragilis* H. Lév., Repert. Spec. Nov. Regni Veg. 13: 337 (1914).

四川、云南、西藏；印度。

藏西忍冬

Lonicera semenovii Regel, Trudy Imp. S.-Peterburgsk. Bot. Sada 5: 608 (1878).

Lonicera glauca Hook. f. et Thomson, J. Proc. Linn. Soc., Bot. 2: 166 (1858), not Hill (1768); *Caprifolium semenovii* (Regel) Kuntze, Revis. Gen. Pl. 1: 274 (1891); *Caprifolium thomsonii* Kuntze, Revis. Gen. Pl. 1: 274 (1891).

新疆、西藏；阿富汗、吉尔吉斯斯坦、哈萨克斯坦、克什米尔地区；亚洲（西南部）。

细毡毛忍冬

Lonicera similis Hemsl., J. Linn. Soc., Bot. 23: 366 (1888).

Lonicera macrantha (D. Don) Spreng. var. *biflora* Collett et Hemsl., J. Linn. Soc., Bot. 28: 63 (1890); *Caprifolium simile* (Hemsl.) Kuntze, Revis. Gen. Pl. 1: 274 (1891); *Lonicera delavayi* Franch., J. Bot. (Morot) 10: 310 (1896); *Lonicera similis* var. *delavayi* (Franch.) Rehder, Pl. Wilson. 1 (1): 142 (1911); *Lonicera buchananii* Lace, Bull. Misc. Inform. Kew 1915: 403 (1915); *Lonicera macrantha* var. *heterotricha* P. S. Hsu et H. J. Wang, Acta Phytotax. Sin. 17: 81 (1979); *Lonicera similis* var. *omeiensis* P. S. Hsu et H. J. Wang, Acta Phytotax. Sin. 17: 82 (1979); *Lonicera omeiensis* (P. S. Hsu et H. J. Wang) B. K. Zhou, Fl. Sichuan. 11: 156 (1994); *Lonicera macranthoides* Hand.-Mazz. var. *heterotricha* (P. S. Hsu et H. J. Wang) B. K. Zhou, Fl. Sichuan. 11: 159 (1994).

山西、？陕西、甘肃、？安徽、浙江、湖南、湖北、四川、贵州、云南、福建、广西；缅甸。

棘枝忍冬

Lonicera spinosa (Decne.) Jacquem. ex Walpers, Repert. Bot. Syst. (Walpers) 2: 449 (1843).

Xylosteon spinosum Decne. in Jacquem., Voy. Inde 4 (Bot.): 78 (1841); *Lonicera albertii* Regel, Trudy Imp. S.-Peterburgsk. Bot. Sada 7: 550 (1881); *Caprifolium spinosum* (Decne.) Kuntze, Revis. Gen. Pl. 1: 274 (1891); *Devendraea alberti* (Regel) Pusalkar, Taiwania 56 (3): 216 (2011); *Devendraea spinosa* (Decne.) Pusalkar, Taiwania 56 (3): 216 (2011).

新疆、西藏；印度、阿富汗、塔吉克斯坦、吉尔吉斯斯坦、哈萨克斯坦、克什米尔地区。

冠果忍冬

●**Lonicera stephanocarpa** Franch., J. Bot. (Morot) 10: 316 (1896).

陕西、宁夏、甘肃、四川。

川黔忍冬

●**Lonicera subaequalis** Rehder, Rep. (Annual) Missouri Bot. Gard. 14: 172 (1903).

Lonicera carnosifolia C. Y. Wu ex P. S. Hsu et H. J. Wang, Acta Phytotax. Sin. 17: 83 (1979).

四川、贵州。

单花忍冬

Lonicera subhispida Nakai, J. Coll. Sci. Imp. Univ. Tokyo 42 (2): 92 (1921).

Lonicera monantha Nakai, J. Coll. Sci. Imp. Univ. Tokyo 42 (2): 91 (1921).

吉林、辽宁；朝鲜半岛、俄罗斯。

唐古特忍冬

Lonicera tangutica Maxim., Bull. Acad. Imp. Sci. Saint-Pétersbourg 24: 48 (1878).

Lonicera chlamydophora W. W. Smith, Notes Roy. Bot. Gard. Edinburgh 8: 109 (1913), not K. Koch (1851); *Caprifolium tanguticum* (Maxim.) Kuntze, Revis. Gen. Pl. 1: 274 (1891); *Lonicera inconspicua* Batalin, Trudy Imp. S.-Peterburgsk. Bot. Sada 14: 172 (1895); *Lonicera saccata* Rehder, Trees et Shrubs 1: 39 (1902); *Lonicera longa* Rehder, Rep. (Annual) Missouri Bot. Gard. 14: 61 (1903); *Lonicera aemulans* Rehder, Rep. (Annual) Missouri Bot. Gard. 14: 59 (1903); *Lonicera chlamydata* W. W. Smith, Notes Roy. Bot. Gard. Edinburgh 10: 45 (1917); *Lonicera guebriantiana* Hand.-Mazz., Anz. Akad. Wiss. Wien, Math.-Naturwiss. Kl. 57: 269 (1920); *Lonicera penduliflora* Pax et K. Hoffm., Repert. Spec. Nov. Regni Veg. Beih. 12: 494 (1922); *Lonicera cylindriflora* Hand.-Mazz., Akad. Wiss. Wien, Math.-Naturwiss. Kl., Anz. 62: 67 (1926); *Lonicera kungeana* K. S. Hao, Contr. Inst. Bot. Natl. Acad. Peiping 2: 392 (1934); *Lonicera fangii* S. S. Chien, Sunyatsenia 4: 133 (1940); *Lonicera glandulifera* S. S. Chien, Sunyatsenia 4: 135 (1940); *Lonicera hopeiensis* S. S. Chien, Sunyatsenia 4: 137 (1940).

河北、山西、河南、陕西、宁夏、甘肃、青海、安徽、湖南、湖北、四川、贵州、云南、西藏、台湾；不丹、尼泊尔、印度。

新疆忍冬

Lonicera tatarica L., Sp. Pl. 1: 173 (1753).

黑龙江、辽宁、新疆；蒙古国、日本、朝鲜半岛、吉尔吉斯斯坦、俄罗斯。

新疆忍冬（原变种）

Lonicera tatarica var. **tatarica**

Lonicera tatarica var. *micrantha* Trautv., Bull. Soc. Imp. Naturalistes Moscou 39: 331 (1866); *Lonicera micrantha* (Trautv.) Trautv. ex Regel, Trudy Imp. S.-Peterburgsk. Bot. Sada 5: 609 (1877); *Lonicera tatarica* var. *puberula* Regel et Winkl., Trudy Imp. S.-Peterburgsk. Bot. Sada 6: 305 (1880); *Caprifolium micranthum* (Trautv.) Kuntze, Revis. Gen. Pl. 1: 274 (1891).

黑龙江、辽宁、新疆；蒙古国、吉尔吉斯斯坦、俄罗斯。

淡黄新疆忍冬

Lonicera tatarica var. **morrowii** (A. Gray) Q. E. Yang, Landrein, Borosova et J. Osborne, Fl. China 19: 634 (2012).

Lonicera morrowii A. Gray in Perry, Narr. Exped. China Japan 2: 313 (1856); *Xylosteon morrowii* (A. Gray) Moldenke, Phytologia 17: 114 (1968).

黑龙江、辽宁；日本、朝鲜半岛；北美洲引种并入侵。

华北忍冬

●**Lonicera tatarinowii** Maxim., Mém. Acad. Imp. Sci. St.-Pétersbourg Divers Savans 9: 138 (1859).

Caprifolium tatarinowii (Maxim.) Kuntze, Revis. Gen. Pl. 1: 274 (1891); *Lonicera leptantha* Rehder, Repert. Spec. Nov. Regni Veg. 6: 274 (1909); *Lonicera tatarinowii* var. *leptantha* (Rehder) Nakai, Fl. Sylv. Kor. 11: 81 (1921).

辽宁、内蒙古、河北、山东、河南。

毛冠忍冬

Lonicera tomentella Hook. f. et Thomson, J. Proc. Linn. Soc., Bot. 2: 167 (1858).

云南、西藏；缅甸、不丹、尼泊尔、印度。

毛冠忍冬（原变种）

Lonicera tomentella var. **tomentella**

Caprifolium tomentellum (Hook. f. et Thomson) Kuntze, Revis. Gen. Pl. 1: 274 (1891); *Lonicera tomentella* var. *conaensis* P. S. Hsu et Y. F. Huang, Fl. Xizang. 4: 495 (1985); *Devendraea tomentella* (Hook. f. et Thomson) Pusalkar, Taiwania 56 (3): 214 (2011).

云南、西藏；印度。

察瓦龙忍冬

●**Lonicera tomentella** var. **tsarongensis** W. W. Smith, Notes Roy. Bot. Gard. Edinburgh 13: 168 (1921).

Devendraea tomentella (Hook. f. et Thomson) Pusalkar var. *tsarongensis* (W. W. Smith) Pusalkar, Taiwania 56 (3): 214 (2011).

云南、西藏。

盘叶忍冬

●**Lonicera tragophylla** Hemsl., J. Linn. Soc., Bot. 23: 367 (1888).

Caprifolium tragophyllum (Hemsl.) Kuntze, Revis. Gen. Pl. 1: 274 (1891); *Lonicera harmsii* Graebn., Bot. Jahrb. Syst. 36: 101 (1905).

河北、山西、河南、陕西、宁夏、甘肃、安徽、浙江、湖北、四川、贵州。

毛花忍冬

●**Lonicera trichosantha** Bureau et Franch., J. Bot. (Morot) 5: 48 (1891).

陕西、甘肃、？青海、四川、云南、西藏。

毛花忍冬（原变种）

●**Lonicera trichosantha** var. **trichosantha**

Lonicera ovalis Batalin, Trudy Imp. S.-Peterburgsk. Bot. Sada 14: 170 (1895); *Lonicera prostrata* Rehder, Trees et Shrubs 2: 50 (1907); *Lonicera trichosantha* f. *acutiuscula* Rehder, J. Arnold Arbor. 7: 36 (1926); *Lonicera trichosantha* f. *glabrata* Rehder, J. Arnold Arbor. 7: 35 (1926).

陕西、甘肃、四川、云南、西藏。

长叶毛花忍冬

●**Lonicera trichosantha** var. **deflexicalyx** (Batalin) P. S. Hsu et H. J. Wang, Acta Phytotax. Sin. 17: 79 (1979).

Lonicera deflexicalyx Batalin, Trudy Imp. S.-Peterburgsk. Bot. Sada 12: 173 (1892); *Lonicera xerocalyx* Diels, Notes Roy. Bot. Gard. Edinburgh 5: 177 (1912); *Lonicera deflexicalyx* var. *xerocalyx* (Diels) Rehder, J. Arnold Arbor. 7: 36 (1926);

Lonicera trichosantha var. *xerocalyx* (Diels) P. S. Hsu et H. J. Wang, Acta Phytotax. Sin. 22: 29 (1984).
？陕西、甘肃、四川、云南。

管花忍冬

●**Lonicera tubuliflora** Rehder in Sargent, Pl. Wilson. 1 (1): 129 (1911).
四川。

华西忍冬

Lonicera webbiana Wall. ex DC., Prodr. (DC.) 4: 336 (1830).
Lonicera heterophylla Decne., Voy. Monde 4: 80 (1844); *Lonicera karelinii* Bunge ex Kir., Lonic. Russ. Reich. 33 (1849); *Xylosteon karelinii* (Bunge ex Kir.) Rupr., Mém. Acad. Imp. Sci. Saint-Pétersbourg, Sér. 7 7: 14, 4: 50 (1869); *Caprifolium hemsleyanum* Kuntze, Revis. Gen. Pl. 1: 274 (1891); *Caprifolium karelinii* (Bunge ex Kir.) Kuntze, Revis. Gen. Pl. 1: 274 (1891); *Lonicera heteroloba* Batalin, Trudy Imp. S.-Peterburgsk. Bot. Sada 12: 174 (1892); *Lonicera tatsienensis* Franch., J. Bot. (Morot) 10: 313 (1896); *Lonicera adenophora* Franch., J. Bot. (Morot) 10: 311 (1896); *Lonicera hemsleyana* (Kuntze) Rehder, Rep. (Annual) Missouri Bot. Gard. 14: 112 (1903); *Lonicera heterophylla* var. *karelinii* (Bunge ex Kir.) Rehder, Rep. (Annual) Missouri Bot. Gard. 14: 110 (1903); *Lonicera perulata* Rehder, Trees et Shrubs 2: 50 (1907); *Lonicera alpigena* L. var. *phaeantha* Rehder, Repert. Spec. Nov. Regni Veg. 6: 272 (1909); *Lonicera mupinensis* Rehder, Pl. Wilson. 1 (1): 138 (1911); *Lonicera webbiana* var. *mupinensis* (Rehder) P. S. Hsu et H. J. Wang, Acta Phytotax. Sin. 17: 76 (1979); *Lonicera jilongensis* P. S. Hsu et H. J. Wang, Acta Phytotax. Sin. 17: 76 (1979); *Lonicera webbiana* var. *lanpinensis* Y. C. Tang, Acta Bot. Yunnan. 10: 352 (1988).
山西、陕西、宁夏、甘肃、青海、江西、湖北、四川、云南、西藏；不丹、阿富汗、克什米尔地区。

云南忍冬

●**Lonicera yunnanensis** Franch., J. Bot. (Morot) 10: 310 (1896).
Lonicera yunnanensis var. *tenuis* Rehder, Rep. (Annual) Missouri Bot. Gard. 14: 179 (1903); *Lonicera mairei* H. Lév., Bull. Acad. Int. Geogr. Bot. 24: 289 (1914); *Lonicera ciliosissima* C. Y. Wu ex P. S. Hsu et H. J. Wang, Acta Phytotax. Sin. 17: 83 (1979); *Lonicera yunnanensis* var. *linearifolia* C. Y. Wu ex X. W. Li, Fl. Yunnan. 5: 440 (1991).
四川、云南。

刺参属 Morina L.

宽苞刺参

●**Morina bracteata** C. Y. Cheng et H. B. Chen, Acta Phytotax. Sin. 29: 190 (1991).
四川。

刺参

●**Morina chinensis** Y. Y. Pai, Repert. Spec. Nov. Regni Veg. 44: 122 (1938).
Cryptothladia chinensis (Y. Y. Pai) M. J. Cannon, Bull. Brit. Mus. (Nat. Hist.), Bot. 12 (1): 17 (1984); *Morina lorifolia* C. Y. Cheng et H. B. Chen, Acta Phytotax. Sin. 29 (2): 191 (1991).
内蒙古、甘肃、青海、四川、西藏。

绿花刺参

●**Morina chlorantha** Diels, Notes Roy. Bot. Gard. Edinburgh 5: 208 (1912).
Morina chlorantha var. *subintegra* Pax et K. Hoffmann ex H. Limpricht, Repert. Spec. Nov. Regni Veg. Beih. 12: 497 (1922); *Cryptothladia chlorantha* (Diels) M. J. Cannon, Bull. Brit. Mus. (Nat. Hist.), Bot. 12 (1): 19 (1984).
四川、云南。

黄花刺参

Morina coulteriana Royle, Ill. Bot. Himal. Mts. 1: 245 (1835).
新疆、西藏；印度、巴基斯坦、阿富汗、塔吉克斯坦、吉尔吉斯斯坦、乌兹别克斯坦。

青海刺参（小花刺参）

●**Morina kokonorica** K. S. Hao, Repert. Spec. Nov. Regni Veg. 40: 215 (1936).
Cryptothladia kokonorica (K. S. Hao) M. J. Cannon, Bull. Brit. Mus. (Nat. Hist.), Bot. 12 (1): 19 (1984).
甘肃、青海、四川、西藏。

长叶刺参

Morina longifolia Wall. ex DC., Prodr. (DC.) 4: 644 (1830).
西藏；不丹、印度、巴基斯坦。

藏南刺参

Morina ludlowii (M. J. Cannon) D. Y. Hong, Novon 20: 418 (2010).
Cryptothladia ludlowii M. J. Cannon, Bull. Brit. Mus. (Nat. Hist.), Bot. 12: 22 (1984).
西藏；不丹、印度。

多叶刺参

Morina polyphylla Wall. ex DC., Prodr. (DC.) 4: 644 (1830).
Cryptothladia polyphylla (Wall. ex DC.) M. J. Cannon, Bull. Brit. Mus. (Nat. Hist.), Bot. 12 (1): 20 (1984).
西藏；不丹、尼泊尔、印度。

甘松属 Nardostachys DC.

甘松

Nardostachys jatamansi (D. Don) DC., Prodr. (DC.) 4: 624 (1830).
Patrinia jatamansi D. Don, Prodr. Fl. Nepal. 159 (1825); *Nardostachys grandiflora* DC., Prodr. (DC.) 4: 624 (1830); *Nardostachys chinensis* Batalin, Trudy Imp. S.-Peterburgsk. Bot. Sada 13: 376 (1894).

甘肃、青海、四川、云南、西藏；不丹、尼泊尔、印度。

败酱属 Patrinia Juss.

光叶败酱（秃败酱）

●**Patrinia glabrifolia** Yamam. et Sasaki, Trans. Nat. Hist. Soc. Formosa 19: 106 (1929).
台湾。

墓头回（异叶败酱，追风箭，摆子草）

●**Patrinia heterophylla** Bunge, Enum. Pl. Chin. Bor. 35 (1833).
Patrinia graveolens Hance, Ann. Sci. Nat., Bot., sér. 4 15: 224 (1861); *Patrinia angustifolia* Hemsl. J. Linn. Soc., Bot. 23: 396 (1888); *Patrinia heterophylla* subsp. *angustifolia* (Hemsl.) H. J. Wang, Acta Phytotax. Sin. 23 (5): 383 (1985).
吉林、辽宁、内蒙古、河北、山西、山东、河南、陕西、宁夏、甘肃、青海、安徽、江苏、浙江、江西、湖南、湖北、四川、重庆、贵州。

中败酱

Patrinia intermedia (Hornem.) Roem. et Schult., Syst. Veg. 3: 90 (1818).
Fedia intermedia Hornem., Hort. Bot. Hafn. 1: 48 (1813).
新疆；蒙古国、吉尔吉斯斯坦、哈萨克斯坦、俄罗斯。

少蕊败酱（单蕊败酱，黄凤仙，山芥花）

Patrinia monandra C. B. Clarke in Hook. f., Fl. Brit. Ind. 3: 210 (1881).
Patrinia monandra var. *sinensis* Batalin, Trudy Imp. S.-Peterburgsk. Bot. Sada 13 (2): 377 (1894); *Patrinia formosana* Kitam., Acta Phytotax. Geobot. 6 (1): 18 (1937); *Patrinia punctiflora* P. S. Hsu et H. J. Wang, Acta Phytotax. Sin. 11 (2): 203 (1966); *Patrinia punctiflora* var. *robusta* P. S. Hsu et H. J. Wang, Acta Phytotax. Sin. 23 (5): 381 (1985); *Patrinia monandra* var. *formosana* (Kitam.) H. J. Wang, Acta Phytotax. Sin. 23 (5): 384 (1985).
辽宁、山东、河南、陕西、甘肃、安徽、江苏、浙江、江西、湖南、湖北、四川、重庆、贵州、云南、台湾、广西；不丹、尼泊尔、印度。

岩败酱

Patrinia rupestris (Pall.) Dufr., Hist. Nat. Valér. 54 (1811).
Valeriana rupestris Pall., Reise Russ. Reich. 3: 266 (1776).
黑龙江、吉林、辽宁、内蒙古、河北、山西、河南、陕西、宁夏、甘肃、重庆；蒙古国、俄罗斯。

败酱（黄花龙牙，黄花苦菜，苦菜）

Patrinia scabiosifolia Link, Enum. Hort. Berol. Alt. 1: 131 (1821).
Fedia serratulifolia Trevir., Ind. Sem. Hort. Bot. Vratisl. App. 2: 2 (1820), nom. invalid.; *Fedia scabiosifolia* Trevir., Nova Acta Phys.-Med. Acad. Caes. Leop.-Carol. Nat. Cur. 13: 165 (1826); *Patrinia hispida* Bunge, Pl. Mongholico-Chin. 25 (1835).
除宁夏、青海、新疆、西藏、广东、海南外中国各地；蒙古国、日本、朝鲜半岛、俄罗斯。

糙叶败酱

●**Patrinia scabra** Bunge, Pl. Mongholico-Chin. Dec. 1: 20 (1835).
Patrinia rupestris Pall. subsp. *scabra* (Bunge) H. J. Wang, Acta Phytotax. Sin. 23 (5): 382 (1985).
吉林、辽宁、内蒙古、河北、山西、河南、陕西。

西伯利亚败酱

Patrinia sibirica (L.) Juss., Ann. Mus. Natl. Hist. Nat. 10: 312 (1807).
Valeriana sibirica L., Sp. Pl. 1: 34 (1753); *Valeriana ruthenica* Willd., Sp. Pl., ed. 4 [Willd.] 1 (1): 181 (1797).
黑龙江、内蒙古；蒙古国、日本、俄罗斯。

秀苞败酱

●**Patrinia speciosa** Hand.-Mazz., Anz. Akad. Wiss. Wien, Math.-Naturwiss. Kl. 61: 21 (1924).
云南、西藏。

三叶败酱

●**Patrinia trifoliata** L. Jin et R. N. Zhao, Acta Bot. Boreal.-Occid. Sin. 22: 667 (2002).
甘肃。

攀倒甑（白花败酱，毛败酱苦菜）

Patrinia villosa (Thunb.) Dufr., Hist. Nat. Valér. 54 (1811).
辽宁、河南、安徽、江苏、浙江、江西、湖南、湖北、重庆、贵州、福建、台湾、广东、广西；日本。

攀倒甑（原亚种）

Patrinia villosa subsp. **villosa**
Valeriana villosa Thunb. in Murray, Syst. Veg., ed. 14: 81 (1784); *Patrinia ovata* Bunge, Pl. Mongholico-Chin. 23 (1835); *Patrinia dielsii* Graebn., Bot. Jahrb. Syst. 29 (5): 597 (1901); *Patrinia villosa* var. *japonica* H. Lév., Repert. Spec. Nov. Regni Veg. 10 (260-262): 439 (1912); *Patrinia villosa* var. *sinensis* H. Lév., Repert. Spec. Nov. Regni Veg. 10 (260-262): 439 (1912); *Patrinia sinensis* (H. Lév.) Koidz., Bot. Mag. (Tokyo), 63: 390 (1929).
河南、安徽、江苏、浙江、江西、湖南、湖北、重庆、贵州、福建、台湾、广东、广西；日本。

斑叶败酱

●**Patrinia villosa** subsp. **punctifolia** H. J. Wang, Acta Phytotax. Sin. 23: 380 (1985).
辽宁。

翼首花属 Pterocephalus Vaill. ex Adans.

裂叶翼首花

●**Pterocephalus bretschneideri** (Batalin) E. Pritz. ex Diels, Bot.

Jahrb. Syst. 29: 601 (1901).
Scabiosa bretschneideri Batalin, Trudy Imp. S.-Peterburgsk. Bot. Sada 14: 184 (1895); *Pterocephalodes bretschneideri* (Batalin) V. Mayer et Ehrend., Bot. J. Linn. Soc. 132 (1): 69 (2000).
四川、云南、西藏。

匙叶翼首花（翼首草）

Pterocephalus hookeri (C. B. Clarke) E. Pritz., Bot. Jahrb. Syst. 29: 601 (1901).
Scabiosa hookeri C. B. Clarke in Hook. f., Fl. Brit. Ind. 3: 218 (1881); *Pterocephalus batangensis* Pax ex K. Hoffm., Repert. Spec. Nov. Regni Veg. Beih. 12: 497 (1922); *Pterocephalodes hookeri* (C. B. Clarke) V. Mayer et Ehrend., Bot. J. Linn. Soc. 132 (1): 69 (2000).
青海、四川、云南、西藏；不丹、尼泊尔、印度。

蓝盆花属 Scabiosa L.

高山蓝盆花

Scabiosa alpestris Kar. et Kir., Bull. Soc. Imp. Naturalistes Moscou 15: 536 (1842).
Trochocephalus alpestris (Kar. et Kir.) A. Löve et D. Löve, Preslia 46 (2): 133 (1974).
新疆；吉尔吉斯斯坦、哈萨克斯坦。

阿尔泰蓝盆花

Scabiosa austroaltaica Bobrov in Schischk. et Bobrov, Fl. U. R. S. S. 24: 457 (1957) ["*austro-altaica*"].
Lomelosia austroaltaica (Bobrov) Soják, Sborn. Nár. Muz. Praze, B 43 (1): 57 (1987); *Scabiosa xinjiangensis* Y. K. Yang, G. J. Liu et J. K. Wu, Acta Bot. Boreal.-Occid. Sin. 11 (1): 98 (1991).
新疆；哈萨克斯坦。

蓝盆花（细叶山萝卜，窄叶蓝盆花）

Scabiosa comosa Fisch. ex Roem. et Schult., Syst. Veg. 3: 84 (1818).
Scabiosa fischeri DC., Prodr. (DC.) 4: 658 (1830); *Scabiosa superba* Grüning, Repert. Spec. Nov. Regni Veg. 12 (325-330): 310 (1913); *Scabiosa superba* f. *elatior* Grüning, Repert. Spec. Nov. Regni Veg. 12 (325-330): 310 (1913); *Scabiosa superba* f. *nana* Grüning, Repert. Spec. Nov. Regni Veg. 12 (325-330): 310 (1913); *Scabiosa tschiliensis* Grüning, Repert. Spec. Nov. Regni Veg. 12 (325-330): 311 (1913); *Scabiosa lachnophylla* Kitag., Rep. First Sci. Exped. Manchoukuo 4 (2): 33 (1935); *Scabiosa fischeri* f. *breviseta* Hand.-Mazz., Acta Horti Gothob. 13 (6): 230 (1939); *Scabiosa comosa* var. *lachnophylla* (Kitag.) Kitag., Rep. First Sci. Exped. Manchoukuo 4: 113 (1940); *Scabiosa hopeiensis* Nakai, J. Jap. Bot. 16 (2): 69 (1940); *Scabiosa japonica* Miq. var. *acutiloba* H. Hara, J. Jap. Bot. 16 (3): 181 (1940); *Scabiosa mansenensis* Nakai, J. Jap. Bot. 19 (9-10): 270 (1943); *Scabiosa hairalensis* Nakai, J. Jap. Bot. 19 (9-10): 273 (1943); *Scabiosa togashiana* Hurus., Bot. Mag. (Tokyo) 62: 43 (1949); *Scabiosa tschiliensis* var. *brevisecta* Hurus., Bot. Mag. (Tokyo) 62: 44 (1949); *Scabiosa tschiliensis* var. *longiseta* Hurus., Bot. Mag. (Tokyo) 62: 45 (1949); *Scabiosa austromongolica* Hurus., Bot. Mag. (Tokyo) 62: 45 (1949); *Scabiosa japonica* var. *tschiliensis* (Grüning) Hurus., J. Jap. Bot. 26 (3): 90 (1951); *Trochocephalus comosus* (Fisch. ex Roem. et Schult.) A. Löve et D. Löve, Preslia 46 (2): 134 (1974); *Scabiosa tschiliensis* var. *superba* (Grüning) S. Y. He, Fl. Reipubl. Popularis Sin. 73 (1): 81 (1986).
黑龙江、吉林、辽宁、内蒙古、河北、山西、河南、陕西、宁夏、甘肃；蒙古国、朝鲜半岛、俄罗斯。

台湾蓝盆花（玉山山萝卜）

●**Scabiosa lacerifolia** Hayata, Bot. Mag. (Tokyo) 20: 16 (1906).
台湾。

黄盆花

Scabiosa ochroleuca L., Sp. Pl. 1: 101 (1753).
新疆；蒙古国、哈萨克斯坦、俄罗斯；欧洲（中部）。

小花蓝盆花

Scabiosa olivieri Coult., Mém. Dipsac. 36 (1823).
Trochocephalus olivieri (Coult.) A. Löve et D. Löve, Preslia 46 (2): 134 (1974); *Lomelosia olivieri* (Coult.) Greuter et Burdet, Willdenowia 15 (1): 75 (1985); *Scabiosa olivieri* var. *longinvolucra* Y. K. Yang, N. R. Cui et Y. Hazit, Acta Bot. Boreal.-Occid. Sin. 11 (1): 101 (1991).
新疆；从地中海地区到亚洲中部、印度广泛分布。

毛核木属 Symphoricarpos Duhamel

毛核木

●**Symphoricarpos sinensis** Rehder in Sargent, Pl. Wilson. 1 (1): 117 (1911).
陕西、甘肃、湖北、四川、云南、广西。

莛子藨属 Triosteum L.

穿心莛子藨

Triosteum himalayanum Wall. in Roxb., Fl. Ind. 2: 180 (1824).
Triosteum fargesii Franch., J. Bot. (Morot) 10: 318 (1896); *Triosteum himalayanum* var. *chinense* Diels et Graebn., Bot. Jahrb. Syst. 29: 590 (1901); *Echium connatum* H. Lév., Cat. Pl. Yun-Nan 22 (1915); *Triosteum erythrocarpum* Harry Smith, Svensk Bot. Tidskr. 39: 46 (1945).
？河南、陕西、湖南、湖北、四川、云南、西藏；不丹、尼泊尔、印度。

莛子藨

Triosteum pinnatifidum Maxim., Bull. Acad. Imp. Sci. Saint-Pétersbourg 27: 476 (1881).
Triosteum intermedium Diels et Graebn., Bot. Jahrb. Syst. 29:

590 (1901); *Triosteum rosthornii* Diels et Graebn., Bot. Jahrb. Syst. 29: 592 (1901).
河北、山西、河南、陕西、宁夏、甘肃、青海、湖北、四川；日本。

腋花莛子藨

Triosteum sinuatum Maxim., Bull. Acad. Imp. Sci. Saint-Pétersbourg 15: 373 (1871).
吉林、辽宁、新疆；日本、俄罗斯。

双参属 Triplostegia Wall. ex DC.

双参

Triplostegia glandulifera Wall. ex DC., Prodr. (DC.) 4: 642 (1830).
Triplostegia repens Hemsl., Bull. Misc. Inform. Kew 1899 (151-152): 101 (1899); *Hoeckia aschersoniana* Engl. et Graebn., Bot. Jahrb. Syst. 29 (5): 598 (1901).
陕西、甘肃、湖北、四川、重庆、云南、西藏、台湾；缅甸、马来西亚、不丹、尼泊尔、印度。

大花双参（青羊参，大花囊苞花）

Triplostegia grandiflora Gagnep., Bull. Soc. Bot. France 47: 333 (1901).
Triplostegia delavayi Franch. ex Diels., Notes Roy. Bot. Gard. Edinburgh 5 (25): 209 (1912).
四川、云南；不丹。

缬草属 Valeriana L.

黑水缬草

Valeriana amurensis P. Smir. ex Kom., Izv. Bot. Sada Akad. Nauk S. S. S. R. 30: 214 (1932).
Valeriana officinalis L. var. *incisa* Nakai ex Mori, Enum. Pl. Corea 333 (1922); *Valeriana amurensis* f. *leiocarpa* H. Hara, J. Jap. Bot. 17 (3): 127 (1941).
黑龙江、吉林；朝鲜半岛、俄罗斯。

髯毛缬草

Valeriana barbulata Diels, Notes Roy. Bot. Gard. Edinburgh 5: 295 (1912).
四川、云南、西藏；缅甸、不丹、尼泊尔。

滇北缬草

●**Valeriana briquetiana** H. Lév., Cat. Pl. Yun-Nan, 277 (1917).
云南。

瑞香缬草

●**Valeriana daphniflora** Hand.-Mazz., Acta Horti Gothob. 9: 179 (1934).
四川、云南、西藏。

新疆缬草

Valeriana fedtschenkoi Coincy, Ecl. Pl. Hisp. 2: 15 (1895).
Valeriana longiflora Regel et Schmalh., Trudy Imp. S.-Peterburgsk. Bot. Sada 7: 384 (1880), not Willk. (1851).
新疆；阿富汗、哈萨克斯坦、吉尔吉斯斯坦、巴基斯坦。

芥叶缬草

Valeriana ficariifolia Boiss., Fl. Orient. 3: 89 (1875).
新疆；阿富汗、塔吉克斯坦、哈萨克斯坦、伊朗。

柔垂缬草

Valeriana flaccidissima Maxim., Bull. Acad. Imp. Sci. Saint-Pétersbourg 12: 228 (1867).
Valeriana faberi Graebn., Bot. Jahrb. Syst. 24 (4): 32 (1898); *Valeriana nokozanensis* Yamam., Suppl. Ic. Pl. Formos. 5: 31 (1932); *Valeriana tripteroides* Hand.-Mazz., Acta Hort. Gothoburg. 9: 173 (1934), not (Neuman) Kreyer (1930).
河南、甘肃、安徽、湖南、湖北、四川、重庆、贵州、云南、台湾；日本。

秀丽缬草（鞭枝缬草）

●**Valeriana flagellifera** Batalin, Trudy Imp. S.-Peterburgsk. Bot. Sada 13: 374 (1894).
Valeriana pseudodioica Pax et K. Hoffm., Repert. Spec. Nov. Regni Veg. Beih. 12: 496 (1922); *Valeriana venusta* L. C. Chiu, Acta Bot. Yunnan. 8 (1): 45 (1986); *Valeriana xiaheensis* L. C. Chiu, Acta Bot. Yunnan. 8 (1): 46 (1986).
甘肃、青海、四川、云南。

长序缬草（阔叶缬草，老君须）

Valeriana hardwickii Wall. in Roxburgh, Fl. Ind. 1: 166 (1820).
Valeriana hardwickii var. *hoffmeisteri* Klotzsch, Reis. Pr. Waldem. Bot. 84 (1862); *Valeriana hardwickii* var. *leiocarpa* Miq., Ann. Mus. Bot. Lugduno-Batavi 3: 115 (1867); *Valeriana rosthornii* Graebn., Bot. Jahrb. Syst. 29 (5): 599 (1901); *Valeriana helictes* Graebn., Bot. Jahrb. Syst. 29 (5): 600 (1901); *Valeriana udicola* Briq., Annuaire Conserv. Jard. Bot. Genève 17: 328 (1914); *Valeriana barbulata* Diels var. *gymnostoma* Hand.-Mazz., Acta Horti Gothob. 9 (8): 177 (1934); *Valeriana rhodoleuca* H. B. Chen et C. Y. Cheng, Guihaia 12 (2): 97 (1992).
江西、湖南、湖北、四川、重庆、贵州、云南、西藏、福建、广西；越南、泰国、老挝、缅甸、印度尼西亚、不丹、尼泊尔、印度、巴基斯坦。

横断山缬草

●**Valeriana hengduanensis** D. Y. Hong, Acta Phytotax. Sin. 30: 373 (1992).
四川、云南。

全缘叶缬草

●**Valeriana hiemalis** Graebn., Bot. Jahrb. Syst. 29: 600 (1901).
陕西、四川。

毛果缬草

●**Valeriana hirticalyx** L. C. Chiu, Acta Phytotax. Sin. 17 (3):

124 (1979).
青海、西藏。

蜘蛛香（马蹄香，大救驾，老君须）

Valeriana jatamansi W. Jones, Asiat. Res. 2: 416 (1790).
Valeriana wallichii DC., Prodr. (DC.) 4: 640 (1830); *Valeriana harmsii* Graebn., Bot. Jahrb. Syst. 24 (4): 32 (1898); *Valeriana hygrobia* Briq., Annuaire Conserv. Jard. Bot. Genève 17: 329 (1914); *Valeriana mairei* Briq., Annuaire Conserv. Jard. Bot. Genève 17: 330 (1914); *Valeriana jatamansi* var. *frondosa* Hand.-Mazz., Acta Horti Gothob. 9 (8): 171 (1934); *Valeriana jatamansi* var. *hygrobia* (Briq.) Hand.-Mazz., Acta Horti Gothob. 9 (8): 172 (1934); *Valeriana jatamansi* var. *glabra* Merr., J. Arnold Arbor. 23 (2): 196 (1942).
河南、甘肃、湖南、湖北、四川、重庆、贵州、云南、西藏；越南、泰国、不丹、尼泊尔、印度。

高山缬草

●**Valeriana kawakamii** Hayata, Icon. Pl. Formosan. 5: 82 (1915).
台湾。

披针叶缬草

●**Valeriana lancifolia** Hand.-Mazz., Acta Horti Gothob. 9: 181 (1934).
四川。

小花缬草

●**Valeriana minutiflora** Hand.-Mazz., Acta Horti Gothob. 13: 233 (1939).
青海、四川、云南、西藏。

缬草（欧缬草，珍珠香，五里香）

Valeriana officinalis L., Sp. Pl. 1: 31 (1753).
Valeriana alternifolia Bunge, Fl. Altaic. 1: 52 (1829); *Valeriana dubia* Bunge, Fl. Altaic. 1: 52 (1829); *Valeriana officinalis* var. *alternifolia* (Bunge) Ledeb., Fl. Ross. 2: 439 (1844); *Valeriana coreana* Briq., Annuaire Conserv. Jard. Bot. Genève 17: 326 (1914); *Valeriana fauriei* Briq., Annuaire Conserv. Jard. Bot. Genève 17: 327 (1914); *Valeriana chinensis* Kreyer ex Kom., Izv. Bot. Sada Akad. Nauk S. S. S. R. 30: 215 (1932); *Valeriana stubendorfii* f. *angustifolia* Kom., Izv. Bot. Sada Akad. Nauk S. S. S. R. 30: 213 (1932); *Valeriana stubendorfii* f. *verticillata* Kom., Izv. Bot. Sada Akad. Nauk S. S. S. R. 30: 213 (1932); *Valeriana stubendorfii* Kreyer ex Kom., Izv. Bot. Sada Akad. Nauk S. S. S. R. 30: 215 (1932); *Valeriana tianschanica* Kreyer ex Hand.-Mazz., Acta Horti Gothob. 9 (8): 175 (1934); *Valeriana nipponica* Nakai ex Kitag., Rep. First Sci. Exped. Manchoukuo 4 (4): 49 (1936); *Valeriana leiocarpa* Kitag., Rep. Inst. Sci. Res. Manchoukuo 5: 158 (1941); *Valeriana subbipinnatifolia* A. I. Baranov, Acta. Soc. Harb. Invest. Nat. Ethn. 111 (1966); *Valeriana alternifolia* f. *angustifolia* (Kom.) Kitag., Neo-Lin. Fl. Manshur. 596 (1979); *Valeriana fauriei* var. *leiocarpa* (Kitag.) Kitag., Neo-Lin. Fl. Manshur. 596 (1979); *Valeriana coreana* subsp. *leiocarpa* (Kitag.) Vorosch., Byull. Glavn. Bot. Sada (Moscow) 143: 31 (1987); *Valeriana pseudofficinalis* C. Y. Cheng et H. B. Chen, Bull. Bot. Res., Harbin 11 (3): 33 (1991); *Valeriana alternifolia* var. *angustifolia* (Kom.) S. H. Li, Fl. Liaoningica 2: 405 (1992); *Valeriana alternifolia* f. *verticillata* (Kom.) S. X. Li, Clavis Pl. Chinae Bor.-Or., ed. 2 (ed. P. Y. Fu): 629 (1995).
内蒙古、河北、山西、山东、河南、陕西、甘肃、青海、安徽、浙江、江西、湖南、湖北、四川、重庆、贵州、西藏、台湾；日本、俄罗斯；欧洲。

川缬草

●**Valeriana sichuanica** D. Y. Hong, Acta Phytotax. Sin. 30: 371 (1992).
四川。

窄叶缬草

●**Valeriana stenoptera** Diels, Notes Roy. Bot. Gard. Edinburgh 5: 295 (1912).
Valeriana stenoptera var. *cardaminea* Hand.-Mazz., Acta Horti Gothob. 9 (8): 180 (1934).
四川、云南、西藏。

小缬草

●**Valeriana tangutica** Batalin, Trudy Imp. S.-Peterburgsk. Bot. Sada 13: 375 (1894).
内蒙古、宁夏、甘肃、青海、四川。

毛口缬草

●**Valeriana trichostoma** Hand.-Mazz., Anz. Akad. Wiss. Wien, Math.-Naturwiss. Kl. 60: 117 (1923).
Valeriana muliensis S. K. Wu, Acta Phytotax. Sin. 25 (3): 239 (1987).
四川、云南。

六道木属 Zabelia (Rehder) Makino

六道木（六条木）

Zabelia biflora (Turcz.) Makino, Makinoa 9: 175 (1948).
Abelia biflora Turcz., Byull. Moskovsk. Obshch. Isp. Prir., Otd. Biol. 10: 152 (1837); *Abelia adenotricha* Hance, J. Bot. 9 (101): 132 (1871); *Abelia coreana* Nakai, Bot. Mag. (Tokyo) 32: 108 (1918); *Abelia biflora* var. *minor* Nakai, Rep. First Sci. Exped. Manchoukuo 4 (1): 10 (1934); *Abelia biflora* var. *coreana* (Nakai) C. F. Fang, Fl. Liaoningica 2: 370 (1992); *Abelia biflora* f. *minor* (Nakai) C. F. Fang, Clavis Pl. Chinae Bor.-Or., ed. 2: 617 (1995).
吉林、辽宁、内蒙古、河北、山西、河南、安徽；朝鲜半岛、俄罗斯。

南方六道木（太白六道木）

●**Zabelia dielsii** (Graebn.) Makino, Makinoa 9: 175 (1948).

Linnaea dielsii Graebn., Bot. Jahrb. Syst. 29: 140 (1900); *Abelia davidii* Hance, J. Bot. 6 (71): 329 (1868); *Linnaea onkocarpa* Graebn., Bot. Jahrb. Syst. 29 (1): 140 (1900); *Linnaea zanderi* Graebn., Bot. Jahrb. Syst. 29 (1): 142 (1900); *Linnaea umbellata* Graebn. et Buchw., Bot. Jahrb. Syst. 29 (1): 143 (1900); *Abelia zanderi* (Graebn.) Rehder, Pl. Wilson. 1 (1): 121 (1911); *Abelia umbellata* (Graebn. et Buchw.) Rehder, Pl. Wilson. 1 (1): 122 (1911); *Abelia dielsii* (Graebn.) Rehder, Pl. Wilson. 1 (1): 128 (1911); *Abelia onkocarpa* (Graebn.) Rehder, Pl. Wilson. 1 (1): 128 (1911); *Linnaea brachystemon* Diels, Notes Roy. Bot. Gard. Edinburgh 5 (25): 178 (1912); *Abelia brachystemon* (Diels) Rehder, J. Arnold Arbor. 9 (2-3): 117 (1928); *Abelia anhweiensis* Nakai, J. Jap. Bot. 13 (8): 557 (1937); *Abelia hersii* Nakai, J. Jap. Bot. 13 (8): 557 (1937); *Zabelia brachystemon* (Diels) Golubk., Bot. Mater. Gerb. Bot. Inst. Komarova Akad. Nauk S. S. S. R. 9: 257 (1972).

山西、河南、陕西、宁夏、甘肃、安徽、浙江、江西、湖北、四川、贵州、云南、西藏、福建。

醉鱼草状六道木

Zabelia triflora (R. Br. ex Wall.) Makino, Makinoa 9: 175 (1948).

Abelia triflora R. Br. ex Wall., Pl. Asiat. Rar. 1: 14 (1829); *Abelia angustifolia* Bureau ex Franch., J. Bot. (Morot) 5 (3): 47 (1891); *Abelia buddleioides* W. W. Smith, Notes Roy. Bot. Gard. Edinburgh 9 (42): 75 (1916); *Abelia buddleioides* var. *divergens* W. W. Smith, Notes Roy. Bot. Gard. Edinburgh 9 (42): 76 (1916); *Abelia buddleioides* var. *stenantha* Hand.-Mazz., Akad. Wiss. Wien, Math.-Naturwiss. Kl., Anz. 60: 155 (1923); *Abelia buddleioides* var. *intercedens* Hand.-Mazz., Symb. Sin. 7 (4): 1042 (1929); *Zabelia buddleioides* (W. W. Smith) Hisauchi et H. Hara, J. Jap. Bot. 29 (5): 143 (1954); *Zabelia buddleioides* var. *stenantha* (Hand.-Mazz.) Hisauchi et H. Hara, J. Jap. Bot. 29 (5): 144 (1954); *Zabelia buddleioides* var. *divergens* (W. W. Smith) Golubk., Novosti Sist. Vyssh. Rast. 9: 259 (1972); *Zabelia stenantha* (Hand.-Mazz.) Golubk., Novosti Sist. Vyssh. Rast. 9: 259 (1972).

四川、云南、西藏；尼泊尔、印度、巴基斯坦、阿富汗。

本书主要参考文献

Anderberg A A. 2009. Inuleae. *In*: Funk V A, Susanna A, Stuessy T, et al. Systematics, Evolution, and Biogeography of Compositae. Vienna: IAPT: 667-680.

Anderberg A A, Baldwin B G, Bayer R G, et al. 2007. Compositae. *In*: Kadereit J W, Jeffrey C. The Families and Genera of Vascular Plants, Vol. 8: Flowering Plants: Eudicots: Asterales. Berlin: Springer: 61-588.

Baird K E, Funk V A, Wen J, et al. 2010. Molecular phylogenetic analysis of *Leibnitzia* Cass. (Asteraceae: Mutisieae: *Gerbera*-complex), an Asian-North American disjunct genus. Journal of Systematics and Evolution, 48: 161-174.

Baldwin B G. 2009. Heliantheae alliance. *In*: Funk V A, Susanna A, Stuessy T, et al. Systematics, Evolution, and Biogeography of Compositae. Vienna: IAPT: 689-711.

Cabrera A. 1977. Mutisieae—systematic review. *In*: Heywood V H, Harborne J E, Turner B. The Biology and Chemistry of the Compositae, Vol. 2. Pittsburgh: Academic Press: 1039-1066.

Chen Y L. 1999. Flora Reipublicae Popularis Sinicae, Volume 77 (1): Senecioneae-I-Calenduleae. Beijing: Science Press: 1-329.

Chen Y S. 2016. Flora of Pan-Himalaya, Volume 48 (2): Asteraceae II Saussurea. Beijing: Science Press; Cambridge: Cambridge University Press, 48 (2): 1-356.

Chen Z D, Yang T, Lin L, et al. 2016. Tree of life for the genera of Chinese vascular plants. Journal of Systematics and Evolution, 54: 277-306.

Chiu L C. 1986. Flora Reipublicae Popularis Sinicae, Volume 73 (1): Adoxaceae. Beijing: Science Press: 1-5.

Englund M, Pornpongrungrueng P, Gustafsson M, et al. 2009. Phylogenetic relationships and generic delimitation in Inuleae subtribe Inulinae (Asteraceae) based on ITS and cpDNA sequence data. Cladistics, 25: 319-352.

Fan X Y, Zhang S M, Gao T G. 2011. *Grindelia*, a new naturalized genus of the tribe Astereae, Asteraceae in China. Plant Diversity and Resources, 33: 171-173.

Fu Z X, Zhang G J, Yan H, et al. 2016. The identity of *Aster zayuensis* Y. L. Chen (Asteraceae). Phytotaxa, 282 (1): 61-65.

Funk V A, Anderberg A A, Baldwin B G, et al. 2009. Compositae metatrees: The next generation. *In*: Funk V A, Susanna A, Stuessy T, et al. Systematics, Evolution, and Biogeography of Compositae. Vienna: IAPT: 747-777.

Funk V A, Susanna A, Stuessy T F, et al. 2009. Classification of Compositae. *In*: Funk V A, Susana A, Stuessy T F, et al. Systematics, Evolution, and Biogeography of Compositae. Vienna: IAPT: 171-189.

Gao T G, Liu Y. 2007. *Gymnocoronis*, a new naturalized genus of the tribe Eupatorieae, Asteraceae in China. Acta Phytotaxonomica Sinica, 45: 329-332.

Ge X J, Ling Y R, Zhai D T. 1999. Flora Reipublicae Popularis Sinicae, Volume 80 (2): *Taraxacum*. Beijing: Science Press: 1-75.

He S Y, Hsing C H, Yin T T. 1986. Flora Reipublicae Popularis Sinicae, Volume 73 (1): Dipsacaceae. Beijing: Science Press: 44-84.

Ho T N. 1988. Flora Reipublicae Popularis Sinicae, Volume 62: Menyanthoideae. Beijing: Science Press: 411-418.

Ho T N, Ornduff R. 1995. Menyanthaceae. *In*: Wu Z Y, Raven P H, Hong D Y. Flora of China, Volume 16. Beijing: Science Press; St. Louis: Missouri Botanical Garden Press: 140-142.

Hong D Y. 2015a. A Monograph of *Codonopsis* and Allied Genera (Campanulaceae). Pittsburgh: Academic Press; Beijing: Science Press: 1-256.

Hong D Y. 2015b. Flora of Pan-Himalaya, Volume 47: Campanulaceae-Menyanthaceae. Beijing: Science Press; Cambridge: Cambridge University Press: 1-292.

Hong D Y, Ge S, Lammers T G, et al. 2011. Campanulaceae. *In*: Wu Z Y, Raven P H, Hong D Y. Flora of China, Volume 19. Beijing: Science Press; St. Louis: Missouri Botanical Garden Press: 505-563.

Hong D Y, Howarth D G. 2011. Goodeniaceae. *In*: Wu Z Y, Raven P H, Hong D Y. Flora of China, Volume 19. Beijing: Science Press; St. Louis: Missouri Botanical Garden Press: 568-569.

Hong D Y, Lian Y S, Shen L D. 1983. Flora Reipublicae Popularis Sinicae, Volume 73 (2): Campanulaceae, Goodeniaceae & Stylidiaceae. Beijing: Science Press: 1-189.

Hong D Y, Wege J A. 2011. Stylidiaceae. *In*: Wu Z Y, Raven P H, Hong D Y. Flora of China, Volume 19. Beijing: Science Press; St. Louis: Missouri Botanical Garden Press: 566-567.

Hsu P S, Hu J Q, Wang H J. 1988. Flora Reipublicae Popularis Sinicae, Volume 72: Caprifoliaceae. Beijing: Science Press: 1-259.

Huang T C. 1998. Flora of Taiwan, Volume 4: Goodeniaceae. 2nd ed. Taipei: Editorial Committee of the Flora of Taiwan: 803-806.

Jeffrey C, Chen Y L. 1984. Taxonomic studies on the tribe Senecioneae (Compositae) of Eastern Asia. Kew Bulletin, 39: 205-446.

Jin S Y. 1995. Flora Reipublicae Popularis Sinicae, Volume 35 (1): Escallonioideae. Beijing: Science Press: 258-260.

Jin S Y, Ohba H. 2001. *Polyosma*. *In*: Wu Z Y, Raven P H, Hong D Y. Flora of China, Volume 8. Beijing: Science Press; St. Louis: Missouri Botanical Garden Press: 422-423.

Kao M T, Devol C E. 1998. Flora of Taiwan, Volume 4: Valerianaceae. 2nd ed. Taipei: Editorial Committee of the Flora of Taiwan: 760-772.

Katinas L, Pruski J, Sancho G, et al. 2008. The subfamily Mutisioideae (Asteraceae). Botanical Review, 74: 469-716.

Kita Y, Fujikawa K, Ito M, et al. 2004. Molecular phylogenetic analyses and systematics of the genus *Saussurea* and related genera (Asteraceae, Cardueae). Taxon, 53: 679-690.

Lammers T G. 1998. Flora of Taiwan, Volume 4: Campanulaceae. 2nd ed. Taipei: Editorial Committee of the Flora of Taiwan: 773-774.

Li H L. 1998. Flora of Taiwan, Volume 4: Dipsacaceae. 2nd ed. Taipei: Editorial Committee of the Flora of Taiwan: 803-806.

Li W P, Yang F S, Jivkova T, et al. 2012. Phylogenetic relationships and generic delimitation of Eurasian *Aster* (Asteraceae: Astereae) inferred from ITS, ETS and *trnL-F* sequence data. Annals of Botany, 109: 1341-1357.

Ling Y, Chen Y L, Shih C. 1985a. Flora Reipublicae Popularis Sinicae, Volume 74: Compositae. Beijing: Science Press: 1-2.

Ling Y, Chen Y L, Shih C. 1985b. Flora Reipublicae Popularis Sinicae, Volume 74: Vernonieae-Astereae. Beijing: Science Press: 2-361.

Ling Y, Chen Y L, Shih C, et al. 1979. Flora Reipublicae Popularis Sinicae, Volume 75: Inuleae-Helenieae. Beijing: Science Press: 1-391.

Ling Y R. 1991. Flora Reipublicae Popularis Sinicae, Volume 76 (2): Anthemideae II. Beijing: Science Press: 1-289.

Liu J Q, Gao T G, Chen Z D, et al. 2002. Molecular phylogeny and biogeography of the Qinghai-Tibet Plateau endemic *Nannoglottis* (Asteraceae). Molecular Phylogenetics and Evolution, 23: 307-325.

Liu J Q, Wang Y, Wang A L, et al. 2006. Radiation and diversification within the *Ligularia-Cremanthodium-Parasenecio* complex (Asteraceae) triggered by uplift of the Qinghai-Tibetan Plateau. Molecular Phylogenetics and Evolution, 38: 31-49.

Liu P L, Wan Q, Guo Y P, et al. 2012. Phylogeny of the genus *Chrysanthemum* L.: Evidence from single-copy nuclear gene and chloroplast DNA sequences. PLoS One, 7 (11): e48970.

Liu Q R. 2005. *Flaveria* Juss. (Compositae), a newly naturalized genus in China. Acta Phytotaxonomica Sinica, 43: 178-180.

Liu S W. 1989. Flora Reipublicae Popularis Sinicae, Volume 77 (2): Senecioneae II. Beijing: Science Press: 1-171.

Liu Y, Yang Q E. 2011. *Hainanecio*, a new genus of the Senecioneae, Asteraceae from China. Botanical Studies, 52: 115-120.

Nordenstam B, Kallersjo M. 2009. Calenduleae. *In*: Funk V A, Susanna A, Stuessy T, et al. Systematics, Evolution, and Biogeography of Compositae. Vienna: IAPT: 527-538.

Nordenstam B, Pelser P B, Kadereit J W, et al. 2009. Senecioneae. *In*: Funk V A, Susanna A, Stuessy T, et al. Systematics, Evolution, and Biogeography of Compositae. Vienna: IAPT: 503-525.

Nylinder S, Anderberg A A. 2015. Phylogeny of the Inuleae (Asteraceae) with special emphasis on the Inuleae-Plucheinae. Taxon, 64: 110-130.

Oberprieler C, Himmelreich S, Kallersjo M, et al. 2009. Anthemideae. *In*: Funk V A, Susanna A, Stuessy T, et al. Systematics, Evolution, and Biogeography of Compositae. Vienna: IAPT: 631-666.

Oberprieler C, Himmelreich S, Vogt R. 2007. New subtribal classification of the tribe Anthemideae (Compositae). Willdenowia, 37: 89-114.

Panero J L, Funk V A. 2002. Toward a phylogenetic subfamilial classification for the Compositae (Asteraceae). Proceedings of the Biological Society of Washington, 115: 909-922.

Panero J L, Funk V A. 2008. The value of sampling anomalous taxa in phylogenetic studies: Major clades of the Asteraceae revealed. Molecular Phylogenetics and Evolution, 47: 757-782.

Pelser P B, Nordenstam B, Kadereit J W, et al. 2007. An ITS phylogeny of tribe Senecioneae (Asteraceae) and a new delimitation of *Senecio* L. Taxon, 56: 1077-1104.

Peng C I, Chung K F, Li H L. 1998. Flora of Taiwan, Volume 4: Compositae. 2nd ed. Taipei: Editorial Committee of the Flora of Taiwan: 807-1101.

Robinson H, Schilling E, Panero J L. 2009. Eupatorieae. *In*: Funk V A, Susanna A, Stuessy T, et al. Systematics, Evolution, and Biogeography of Compositae. Vienna: IAPT: 731-744.

Sanz M, Vilatersana R, Hidalgo O, et al. 2008. Molecular phylogeny and evolution of floral characters of *Artemisia* and allies (Anthemideae, Asteraceae): Evidence from nrDNA ETS and ITS sequences. Taxon, 57: 66-78.

Shih C. 1987. Flora Reipublicae Popularis Sinicae, Volume 78 (1): Echinopsideae-Cynareae I. Beijing: Science Press, 78 (1): 1-209.

Shih C. 1997. Flora Reipublicae Popularis Sinicae, Volume 80 (1): Lactuceae. Beijing: Science Press: 1-302.

Shih C, Chen Y L, Chen Y S, et al. 2011. Asteraceae (Compositae). *In*: Wu Z Y, Raven P H, Hong D Y. Flora of China, Volume 20-21. Beijing: Science Press; St. Louis: Missouri Botanical Garden Press: 1-894.

Shih C, Fu G X. 1983. Flora Reipublicae Popularis Sinicae, Volume 76 (1): Anthemideae I. Beijing: Science Press: 1-136.

Shih C, Jin S Y. 1999. Flora Reipublicae Popularis Sinicae, Volume 78 (2): Cynareae II. Beijing: Science Press: 1-213.

Susanna A, Garcia-Jacas N. 2009. Cardueae. *In*: Funk V A, Susanna A, Stuessy T, et al. Systematics, Evolution, and Biogeography of Compositae. Vienna: IAPT: 293-313.

Tseng Y Q. 1996. Flora Reipublicae Popularis Sinicae, Volume 79: Mutisieae. Beijing: Science Press: 1-96.

Wang H J, Chiu L C. 1986. Flora Reipublicae Popularis Sinicae, Volume 73 (1): Valerianaceae. Beijing: Science Press: 5-44.

Wang Y J, Raab-Straube E V, Susanna A, et al. 2013. *Shangwua* (Compositae), a new genus from the Qinghai-Tibetan Plateau and Himalayas. Taxon, 62: 984-996.

Wang Z H, Peng H, Kilian N. 2013. Molecular phylogeny of the *Lactuca* alliance (Cichorieae Subtribe Lactucinae, Asteraceae) with focus on their Chinese centre of diversity detects potential events of reticulation and chloroplast capture. PLoS One, 8 (12): e82692.

Ward J, Bayer R, Breitwieser I, et al. 2009. Gnaphalieae. *In*: Funk V A, Susanna A, Stuessy T, et al. Systematics, Evolution, and Biogeography of Compositae. Vienna: IAPT: 539-588.

Yang K C, Chiu S T. 1998. Flora of Taiwan, Volume 4: Caprifoliaceae. 2nd ed. Taipei: Editorial Committee of the Flora of Taiwan: 738-759.

Yang Q E, Hong D Y, Malécot V, et al. 2011. Adoxaceae. *In*: Wu Z Y, Raven P H, Hong D Y. Flora of China, Volume 19. Beijing: Science Press; St. Louis: Missouri Botanical Garden Press: 570-614.

Yang Q E, Landrien S, Osborne J, et al. 2011. Caprifoliaceae. *In*: Wu Z Y, Raven P H, Hong D Y. Flora of China, Volume 19. Beijing: Science Press; St. Louis: Missouri Botanical Garden Press: 616-641.

Yuan Q, Bi Y C, Chen Y S. 2015. *Diplazoptilon* (Asteraceae) is merged with *Saussurea* based on evidence from morphology and molecular systematics. Phytotaxa, 236: 53-61.

Zhang J W, Boufford D E, Sun H. 2011. *Parasyncalathium* J W Zhang, Boufford, H. Sun (Asteraceae, Cichorieae): A new genus endemic to the Himalaya-Hengduan Mountains. Taxon, 60: 1678-1684.

Zhang J W, Nie Z L, Wen J, et al. 2011. Molecular phylogeny and biogeography of three closely related genera, *Soroseris*, *Stebbinsia*, and *Syncalathium* (Asteraceae, Cichorieae), endemic to the Tibetan Plateau, SW China. Taxon, 60: 15-26.

中文名索引

A

B

C

D

E

F

G

H

J

K

L

M

N

O

P

Q

R

S

T

W

X

Y

Z

学名索引

A

B

C

D

E

F

G

H

I

J

M

N

O

P

S

T

V

W

X

Y

Z